Leistung und Energie in Verbundsystemen

Von

Dr.-Ing. H. Požar

o. Professor an der Fakultät für Elektrotechnik
der Universität und Mitarbeiter des Institutes
für Elektrizitätswirtschaft in Zagreb

Mit 219 Textabbildungen

Wien

Springer-Verlag

1963

ISBN-13: 978-3-7091-5091-7 e-ISBN-13: 978-3-7091-5090-0
DOI: 10.1007/978-3-7091-5090-0

Softcover reprint of the hardcover 1st edition 1963

Vorwort

Bei Entscheidungen über den Ausbau von Kraftwerken und Übertragungsleitungen sind verschiedene Einflüsse und Beziehungen zu berücksichtigen. Unter Umständen können von diesen die Charakteristiken der Anlagen und die zeitliche Reihenfolge der Errichtung wesentlich beeinflußt werden. Deshalb sind diese in einem Verbundsystem herrschenden Faktoren und Beziehungen festzustellen und zu analysieren. Nur so ist es möglich, jene Anlagen zu bestimmen, deren Ausbau zu einem gegebenen Zeitpunkt am besten den technischen und wirtschaftlichen Forderungen entspricht.

Im vorliegenden Buch werden diese Faktoren und Beziehungen behandelt und untersucht. Anhand des Tagesbelastungsdiagramms werden die verschiedenen Möglichkeiten der Angleichung des Kraftwerkbetriebes an die Belastungsschwankungen dargestellt. Es werden Methoden entwickelt, wie man die Ausnutzung von Wasserkraftanlagen und die erforderliche Zusatzleistung der Wärmekraftwerke ermittelt. Außerdem wird die Abhängigkeit der in einem Verbundsystem herrschenden Verhältnisse vom Anteil der Wasserkraftenergie besprochen. Auf Grund dieser Zusammenhänge stellt der Verfasser verschiedene Forderungen auf. Und zwar: zur Sicherstellung der Stromversorgung der Abnehmer, zum Kriterium des energetischen Wertes von Wasserkraftanlagen, zur Ausbaugröße von Wasserkraftwerken und Speicherungen, zur Nutzung von Speicherungen, zur Bewertung der Übertragungs- und Umspannverluste, die durch ein gegebenes Verbundsystem beeinflußt werden, zu den Fragen der Leitungsbelastungen in einem System und zur Bestimmung der zeitlichen Reihenfolge des Ausbaues von Kraftwerken.

Eingehende Kenntnisse der in Frage kommenden Einflüsse sind nicht nur für ausgebaute und entwickelte Verbundsysteme wichtig, sondern besonders für den Aufbau von Verbundsystemen in Entwicklungsländern von grundlegender Bedeutung.

Ein wesentlicher Teil der behandelten Probleme ergab sich aus meinen Arbeiten am Institut für Elektrizitätswirtschaft in Zagreb. Für die gründliche Durchführung der umfangreichen rechnerischen Untersuchungen und die allgemeine Förderung meiner Arbeit an diesem Werk bin ich dem Institut zu besonderem Dank verpflichtet.

Weiters danke ich meinem Oberingenieur, Herrn Dipl.-Ing. Toussaint Levičnik, der mich in engster Mitarbeit, besonders bei der Bearbeitung der deutschen Ausgabe, weitgehend unterstützte. Ich danke auch Herrn Dipl.-Ing. Boris Markovčić, der die Probleme der Leistungsverluste in langen und sehr langen Leitungen als Beitrag zu einer meiner früheren Abhandlungen bearbeitet hatte. Außerdem möchte ich nicht unterlassen, meinem Assistenten, Herrn Dipl.-Ing. VJEKOSLAV FILIPOVIĆ, und meinem Mitarbeiter im Institut für Elektrizitätswirtschaft, Herrn Dipl.-Ing. BOŽIDAR UDOVIČIĆ, für ihre Hilfe zu danken. Sie halfen mir bei der Durchsicht des Manuskriptes, der Überprüfung der Abbildungen und Formeln, womit sie mich wesentlich entlasteten.

Der Springer-Verlag war in bekannter und traditioneller Sorgfalt bemüht, das Buch einwandfrei, zweckentsprechend und sauber auszustatten. Ich glaube, daß dies vollkommen gelungen ist. Meinerseits danke ich dem Verlag für seine Mühe und Sorgfalt, wie auch für die entgegenkommende Zusammenarbeit und reibungslose Abwicklung der Korrekturen.

Zagreb, im Sommer 1963

H. Požar

Inhaltsverzeichnis

Verzeichnis der vorkommenden Formelzeichen

A	Von Terrainverhältnissen und der Type des Wasserkraftwerkes abhängige Konstante im angenäherten Ausdruck der Anlagekosten eines Wasserkraftwerkes
A_g	Geometrischer Inhalt der Speicherung
A_k	Nutzinhalt der Speicherung
$\Delta A_{\max}$	Größte monatliche Entleerung des Speicherbeckens
B	Zusätzliche spezifische Anlagekosten je kW eines Wasserkraftwerkes
B_1	Zusätzliche spezifische Anlagekosten je m³/sek eines Wasserkraftwerkes
B_{1h}	Teil der zusätzlichen spezifischen Anlagekosten je m³/sek eines Wasserkraftwerkes, abhängig von der Fallhöhe
B_{1l}	Teil der zusätzlichen spezifischen Anlagekosten je m³/sek eines Wasserkraftwerkes, abhängig von der Wasserzu- und -ableitung
B_h	Teil der zusätzlichen spezifischen Anlagekosten je kW eines Wasserkraftwerkes, abhängig von der Fallhöhe
B_{hr}	Teil der relativen zusätzlichen spezifischen Anlagekosten je kW eines Wasserkraftwerkes, abhängig von der Fallhöhe
B_l	Teil der zusätzlichen spezifischen Anlagekosten je kW eines Wasserkraftwerkes, abhängig von der Wasserzu- und -ableitung
B_{lr}	Teil der relativen zusätzlichen spezifischen Anlagekosten je kW eines Wasserkraftwerkes, abhängig von der Wasserzu- und -ableitung
B_r	Relative zusätzliche spezifische Anlagekosten je kW eines Wasserkraftwerkes
B_t	Spezifische Anlagekosten von Wärmekraftwerken, bezogen auf die Leistungseinheit
C	Kapazität einer Fernleitung
C_1	Kapazität je Längeneinheit einer Fernleitung
D	Wärmeleistung
E	Erregung eines Generators
E_h	Energiewirtschaftlicher Wert eines Wasserkraftwerkes, bezogen auf die Kostenhöhe
E_{hi}	Energiewirtschaftlicher Wert eines Wasserkraftwerkes, bezogen auf die Investitionen
E_{hn}	Energiewirtschaftlicher Wert eines Wasserkraftwerkes, bezogen auf das erste Jahr
E_{hsn}	Energiewirtschaftlicher Wert eines Wasserkraftwerkes, bezogen auf die Summe der Investitionen und Betriebskosten
$E_{\min}$	Minimale Erregung eines Generators
E_v	Wert der Verluste
F	Konstante zur Bestimmung der Leistungsverluste
H	Nettogefälle im Wasserkraftwerk
H'	Nettogefälle bei Maximallast
H''	Nettogefälle bei mittlerer Belastung
H_1	Gefälle eines oberwasserseitigen Wasserkraftwerkes
H_2	Gefälle eines unterwasserseitigen Wasserkraftwerkes
H_m	Mittleres energetisches Nettogefälle
I	Investitionen im Verbundsystem
I	Strom (XI. Kapitel)
I_d	Längskomponente des Stromes
I_h	Investitionen eines Wasserkraftwerkes

I'_h	Investitionen eines Wasserkraftwerkes ohne Anlagekosten für den Zuleitungsstollen
I''_h	Investitionen für den Zuleitungsstollen eines Wasserkraftwerkes
I_{ho}	Investitionen der bestehenden Wasserkraftwerke
I_n	Nennstrom
I_q	Querkomponente des Stromes
K	Gesamte Kosten im Verbundsystem
K_a	Jährlicher Nutzen durch Verringerung der Verbrauchsbeschränkungen
K_b	Veränderliche Kosten in Wärmekraftwerken vor Errichtung neuer Wärmekraftwerke
K_{br}	Veränderliche Kosten in Wärmekraftwerken nach Errichtung neuer Wärmekraftwerke
K_h	Kosten eines Wasserkraftwerkes
K_{ho}	Jährliche Stromerzeugungskosten in den bestehenden Wasserkraftwerken
K_n	Volkswirtschaftlicher Nutzen durch Verringerung der Stromlieferungsbeschränkungen
K_t	Gesamte Kosten der Wärmekraftwerke
K'_t	Feste Kosten eines Wärmekraftwerkes
K''_t	Veränderliche Kosten eines Wärmekraftwerkes
K_s	Kostenerhöhung im Verbundsystem bei Herabsetzung der Stromlieferungsbeschränkungen
K_v	Feste jährliche Kosten einer Leitung
K_{v1}	Feste jährliche Kosten einer Leitung pro km Länge
L	Stollenlänge eines Wasserkraftwerkes (IX. Kapitel)
L	Induktivität (X. Kapitel)
P	Wirkleistung
P_h	Wasserkraftwerkleistung entsprechend dem natürlichen Wasserzufluß
$P_{h1\,max}$	Maximalleistung eines oberwasserseitigen Wasserkraftwerkes
$P'_{h1\,max}$	Maximalleistung eines oberwasserseitigen Wasserkraftwerkes, bezogen auf das unterwasserseitige Wasserkraftwerk
$P_{h2\,max}$	Maximalleistung eines unterwasserseitigen Wasserkraftwerkes
$P_{ha\,max}$	Maximale verfügbare Leistung eines Speicherwasserkraftwerkes
P_{hk}	Konstante Leistung eines Wasserkraftwerkes
P_{hKR}	Nutzbare Leistung eines Wasserkraftwerkes im kritischen Zeitabschnitt
$P_{h\,max}$	Maximalleistung von Wasserkraftwerken
$P_{h\,max\,KR}$	Maximalleistung der Wasserkraftwerke im kritischen Zeitabschnitt
P_{hq}	Verfügbare Leistung eines Laufwasserkraftwerkes
P_{hv}	Veränderliche Leistung der Wasserkraftwerke
P_i	Installierte Leistung eines Wasserkraftwerkes
P_{io}	Installierte Leistung eines Wasserkraftwerkes mit den niedrigsten spezifischen Investitionen je kWh
$P_{i\,opt}$	Optimale installierte Leistung eines Wasserkraftwerkes
P_{it}	Installierte Leistung eines Wärmekraftwerkes
P_k	Konstante Belastung
P'_{k1}	Konstante Leistung eines oberwasserseitigen Wasserkraftwerkes, bezogen auf das unterwasserseitige Wasserkraftwerk
P_{k2}	Konstante Leistung eines unterwasserseitigen Wasserkraftwerkes
P_m	Maximale Belastung einer Leitung
P_{max}	Maximale Belastung
P_{min}	Minimale Belastung
P_{mk}	Monatliche konstante Belastung
P_{mk}	Maximale Belastung einer Leitung im kritischen Zeitabschnitt (X. Kapitel)
P_{mKR}	Maximallast im kritischen Zeitabschnitt
P_{ms}	Maximale Belastung einer Leitung, die das Verbundnetz ersetzt

P'_{ms}	Summe der einzelnen maximalen Belastungen der Leitungen, welche an die das Netz ersetzende Leitung angeschlossen sind
P_{mv}	Monatliche veränderliche Belastung
P_n	Nennwirkleistung
P_{nv}	Veränderliche Belastung des n-ten Verbrauchers
P_r	Verringerung der Leistungsbeschränkung
P_t	Verfügbare Leistung der Wärmekraftwerke
P_{tk}	Erforderliche Leistung der Wärmekraftwerke im konstanten Bereich des Belastungsdiagramms
P_{tKR}	Notwendige Leistung der Wärmekraftwerke im kritischen Zeitabschnitt
$P_{t\max}$	Maximale erforderliche Leistung der Wärmekraftwerke
$P_{t\min}$	Minimale Leistung (technisches Minimum) eines Wärmekraftwerkes
P_{to}	Verfügbare Leistung der Wärmekraftwerke vor Errichtung neuer Wärmekraftwerke (VI. Kapitel)
P_{to}	Erforderliche Leistung der Wärmekraftwerke vor Errichtung eines neuen Wasserkraftwerkes (VII. Kapitel)
P_{tv}	Erforderliche Leistung der Wärmekraftwerke im veränderlichen Bereich des Belastungsdiagramms
P_v	Veränderliche Leistung
ΔP	Differenz zwischen der Maximalleistung der Wasserkraftwerke und Maximalbelastung
ΔP_{h2}	Mittlere Leistung der Zuflüsse zwischen dem Abfluß eines oberwasserseitigen Kraftwerkes und dem Wassereinlauf des unterwasserseitigen Kraftwerkes
ΔP_{hk}	Verlagerte konstante Leistung der Wasserkraftwerke
ΔP_{hv}	Verlagerte veränderliche Leistung der Wärmekraftwerke
ΔP_k	Differenz zwischen der konstanten Leistung der Wasserkraftwerke und der konstanten Belastung
ΔP_m	Maximale Leistungsverluste einer Leitung
ΔP_{mk}	Maximale Leistungsverluste einer Leitung im kritischen Zeitabschnitt
ΔP_{ms}	Maximale Leistungsverluste einer Leitung, die das Verbundnetz ersetzt
ΔP_o	Leerlauf- und Koronaverluste
ΔP_t	Erforderliche Zusatzleistung in Wärmekraftwerken durch Verluste in einer Leitung
ΔP_{tv}	Erforderliche Leistungserhöhung der Wärmekraftwerke
ΔP_v	Differenz zwischen der veränderlichen Leistung der Wasserkraftwerke und der veränderlichen Belastung
δP_h	Ungenutzte Leistung der Wasserkraftwerke
δP_{hk}	Ungenutzte konstante Leistung der Wasserkraftwerke
δP_{hv}	Ungenutzte veränderliche Leistung der Wasserkraftwerke
Q	Blindleistung (XI. Kapitel)
Q	Wassermenge in m^3/sek
Q_1	Konstanter Zufluß (m^3/sek) in das Speicherbecken des oberwasserseitigen Kraftwerkes
Q_2	Konstanter Zufluß (m^3/sek) in das Speicherbecken des unterwasserseitigen Kraftwerkes
Q_i	Ausbaugröße von Wasserkraftwerken
Q_{i1}	Ausbaugröße eines oberwasserseitigen Wasserkraftwerkes
Q_{i2}	Ausbaugröße eines unterwasserseitigen Wasserkraftwerkes
Q_{ind}	Induktive Blindleistung
Q_{kap}	Kapazitive Blindleistung
Q_m	Blindbelastung am Ende einer Leitung
$Q_{\max}$	Maximale notwendige, induktive Blindleistung
$Q_{\min}$	Minimale notwendige, induktive Blindleistung
Q_v	Blindleistungsbedarf der Abnehmer
R	Widerstand

S_n Nennscheinleistung
T Betriebszeit eines Wärmekraftwerkes
T_v Nutzungsdauer der veränderlichen Leistung
T'_v Nutzungsdauer der Leistung P_{mv}
T'_{vh} Belastungsdauer, mit der die Grenze des Auftretens von Fehlern bei Bestimmung der erforderlichen Leistung von Wärmekraftwerken bezeichnet wird
U_2 Spannung am Ende einer Leitung
V Phasenspannung
V_1 In das Speicherbecken eines oberwasserseitigen Kraftwerkes zufließende Wassermenge
V_2 In das Speicherbecken eines unterwasserseitigen Kraftwerkes zufließende Wassermenge
V_i Ausgenutztes Wasservolumen
V_n Phasennennspannung
W Energie (allgemein)
W_a Energiewert einer Wasserspeicherung
W_{ak} Nutzbarer Energiewert einer Wasserspeicherung
W_{ao} Energiespeicherungswert für die Sicherstellung der Jahresschwankungen eines Speicherbeckens
W_{az} Energiespeicherungswert des zweiten Teils eines Speicherbeckens
W_D Wärmeverbrauch
W_d Energiebedarf für einen Werktag
W_{dn} Energiebedarf für einen Sonn- und Feiertag
W_h Mögliche Stromerzeugung eines Wasserkraftwerkes
W_{h1m} Stromerzeugung eines oberwasserseitigen Wasserkraftwerkes
W'_{h1m} Stromerzeugung eines oberwasserseitigen Wasserkraftwerkes, bezogen auf das unterwasserseitige Wasserkraftwerk
W_{h2m} Stromerzeugung eines unterwasserseitigen Wasserkraftwerkes
W_{ha} Stromerzeugung eines Speicherwasserkraftwerkes
W_{hkd} Konstante Stromerzeugung für einen Tag
W_{hKR} Erzeugung eines Wasserkraftwerkes im kritischen Zeitabschnitt
W_{hKRk} Mögliche konstante Stromerzeugung eines Wasserkraftwerkes im kritischen Zeitabschnitt
W_{hKRv} Mögliche veränderliche Stromerzeugung eines Wasserkraftwerkes im kritischen Zeitabschnitt
W_{hm} Monatliche Stromerzeugung eines Wasserkraftwerkes
$W_{h\max}$ Maximale mögliche, monatliche Stromerzeugung eines Wasserkraftwerkes
W_{ho} Mögliche Stromerzeugung der bestehenden Wasserkraftwerke
W_{hq} Stromerzeugung eines Laufwasserkraftwerkes
W_{hv} Mögliche veränderliche Stromerzeugung eines Wasserkraftwerkes
W_{hvd} Veränderliche Stromerzeugung für einen Werktag
W_k Tägliche konstante Energie
W_m Monatlicher Energiebedarf
$\overline{W}_m$ Durchschnittlicher monatlicher Verbrauch
W_{mo} Monatlicher Verbrauch am Jahresbeginn
W'_{mo} Monatlicher Verbrauch am Jahresbeginn bei Voraussetzung eines Exponentialzuwachses
W_{m1} Monatlicher Verbrauch am Ende eines Jahres
W'_{m1} Monatlicher Verbrauch am Ende eines Jahres bei Voraussetzung eines Exponentialzuwachses
W_{mk} Monatlicher Bedarf an konstanter Energie
W_{mKR} Erforderliche Energie im kritischen Zeitabschnitt
W_{ms} Mittlere monatliche Stromerzeugung eines Wasserkraftwerkes
W_{mv} Monatlicher Bedarf an veränderlicher Energie
W_n Energiemenge im Zeitabschnitt der Tieflast
W_r Jährlich zusätzlich gelieferte Energie
W_t Stromerzeugung der Wärmekraftwerke

W_{tk}	Stromerzeugung der Wärmekraftwerke im konstanten Bereich des Belastungsdiagramms
W_{tv}	Stromerzeugung der Wärmekraftwerke im veränderlichen Bereich des Belastungsdiagramms
W_v	Tägliche veränderliche Energie
ΔW	Differenz zwischen der möglichen Stromerzeugung der Wasserkraftwerke und dem Bedarf
ΔW	Energieverluste in einer Leitung (X. Kapitel)
ΔW_{hk}	Verlagerte konstante Energie der Wasserkraftwerke
ΔW_{hv}	Verlagerte veränderliche Energie der Wasserkraftwerke
ΔW_k	Differenz zwischen der möglichen Stromerzeugung konstanter Energie in Wasserkraftwerken und dem Bedarf an konstanter Energie
ΔW_k	Energieverluste in einer Leitung im kritischen Zeitabschnitt (X. Kapitel)
$\Delta W'_k$	Teil der Energieverluste einer Leitung während der Zeit rt_{hk}
$\Delta W''_k$	Teil der Energieverluste einer Leitung außerhalb der Zeit rt_{hk}
ΔW_{mo}	Differenz des monatlichen Verbrauchs am Jahresbeginn bei Exponentialzuwachs und linearem Zuwachs
$\Delta W'_{mo}$	Differenz zwischen monatlichem Verbrauch und dem beweglichen Mittelwert
ΔW_{m1}	Differenz des monatlichen Verbrauchs am Ende des Jahres bei Exponentialzuwachs und linearem Zuwachs
ΔW_s	Verluste einer das Verbundnetz ersetzenden Leitung
ΔW_t	Zusätzliche Stromerzeugung der Wärmekraftwerke durch Leitungsverluste
ΔW_{tv}	Erforderliche Erhöhung der Stromerzeugung in Wärmekraftwerken
ΔW_v	Differenz zwischen der möglichen Stromerzeugung veränderlicher Energie in Wasserkraftwerken und dem Bedarf an veränderlicher Energie
δW_h	Ungenutzte Energie der Wasserkraftwerke
δW_{hk}	Ungenutzte konstante Energie der Wasserkraftwerke
δW_{hv}	Ungenutzte veränderliche Energie der Wasserkraftwerke
X_d	Längs-Synchronreaktanz eines Generators
X_q	Quer-Synchronreaktanz eines Generators
a	Relativer Energiewert einer Wasserspeicherung
a	Von Terrainverhältnissen und von der Type des Wasserkraftwerkes abhängige Konstante im angenäherten Ausdruck der jährlichen Kosten eines Wasserkraftwerkes (IX. Kapitel)
a_1	Relativwert einer oberwasserseitigen Speicherung
a_1	Verhältnis zwischen der Kapazitätserhöhung und der Grundkapazität eines Verbrauchers (VI. Kapitel)
a_1'	Relativwert einer oberwasserseitigen Speicherung, bezogen auf das unterwasserseitige Wasserkraftwerk
$a_1'{}_{\max}$	Maximaler erforderlicher Relativwert einer oberwasserseitigen Speicherung, bezogen auf das unterwasserseitige Wasserkraftwerk
a_2	Relativwert einer unterwasserseitigen Speicherung
$a_{2\max}$	Maximaler erforderlicher Relativwert einer unterwasserseitigen Speicherung
$a_{2\max c}$	Maximaler erforderlicher Relativwert einer unterwasserseitigen Speicherung, wenn der Wert von w_{2m} nach (70)
$a_{2\max d}$	Maximaler erforderlicher Relativwert einer unterwasserseitigen Speicherung, wenn $w_{2m} = 1$
a_k	Nutzbarer relativer Energiespeicherungswert
$a_{k\max}$	Maximaler erforderlicher Relativwert eines Ausgleichsbeckens
$a_{\max}$	Größter erforderlicher relativer Energiespeicherungswert
a_s	Spezifische Erzeugung der Industrie, bezogen auf die Einheit des Energieverbrauchs
a_v	Verhältnis definiert durch die Formel (183)

b Verhältnis definiert durch die Formel (184)
b Zusätzliche spezifische jährliche Kosten je kW eines Wasserkraftwerkes (IX. Kapitel)
b_t Feste spezifische Jahreskosten je Leistungseinheit der Wärmekraftwerke
c Spezifischer Wert der Industrieerzeugnisse
c_w Preis für die Wärmeeinheit im Brennstoff
e Verhältnis der variablen zur gesamten möglichen Stromerzeugung im Monat der Minimalerzeugung in den Wasserkraftwerken (IV. Kapitel)
e Relativer energiewirtschaftlicher Wert eines Wasserkraftwerkes, bezogen auf die Kostenhöhe (VII. Kapitel)
e_i Relativer energiewirtschaftlicher Wert eines Wasserkraftwerkes, bezogen auf die Investitionen
e_n Relativer energiewirtschaftlicher Wert eines Wasserkraftwerkes, bezogen auf das erste Jahr
e_{sn} Relativer energiewirtschaftlicher Wert eines Wasserkraftwerkes, bezogen auf die Summe der Investitionen und Betriebskosten
g Verhältnis P_{ms} und P'_{ms}
h_j Anteil der Wasserkraftenergie an der jährlichen Gesamterzeugung
h_{KR} Anteil der Wasserkraftenergie an der Gesamterzeugung im kritischen Zeitabschnitt
h_v Verhältnis der verfügbaren veränderlichen Energie der Wasserkraftwerke zur erforderlichen veränderlichen Energie
$h_{v\,\min}$ Verhältnis der minimalen verfügbaren veränderlichen Energie der Wasserkraftwerke zur erforderlichen veränderlichen Energie
i'' Spezifische Anlagekosten je km Zuleitungsstollen eines Wasserkraftwerkes
i_p Spezifische Investitionen für die Leistungseinheit eines Wasserkraftwerkes
i_w Spezifische Investitionen für die Stromerzeugungseinheit eines Wasserkraftwerkes
k Konstante zur Bestimmung der Leistung eines Wasserkraftwerkes nach Fallhöhe und Abflußmenge
k Verhältnis der erforderlichen Zusatzleistung in Wärmekraftwerken und maximale Leistungsverluste einer Leitung (X. Kapitel)
k Spezifische Erzeugungskosten in einem Verbundsystem (XII. Kapitel)
k_b Spezifische veränderliche Kosten pro kWh der Wärmekraftwerke
$k_{b\,\min}$ Geringste spezifische veränderliche Kosten in einem der Wärmekraftwerke eines Verbundsystems
k_{bs} Veränderliche spezifische Kosten je kWh in den Wärmekraftwerken vor Ausbau eines neuen Wasserkraftwerkes
k'_{bs} Veränderliche spezifische Kosten je kWh in den Wärmekraftwerken nach Ausbau eines neuen Wasserkraftwerkes
k_C Größe zur Bestimmung der Ersatzkapazität sehr langer Leitungen
k_m Von der Industrieerzeugung abhängige Kosten, bezogen auf die Mengeneinheit der Erzeugnisse
k_p Zusätzlicher Nutzen durch die Verringerung der Leistungsbeschränkungen
k_R Größe zur Bestimmung des Wirkwiderstandes sehr langer Leitungen
k_r Veränderliche spezifische Kosten in Wärmekraftwerken, umgerechnet auf die erhöhte Stromerzeugung der Wärmekraftwerke
k_s Verhältnis der erforderlichen Zusatzleistung in Wärmekraftwerken und der maximalen Leistungsverluste in der das Verbundnetz ersetzenden Leitung
k_w Gesamter Nutzen durch die zusätzlich gelieferte elektrische Energie

k_z	Zusätzlicher Nutzen durch zusätzliche gelieferte elektrische Energie
l	Länge einer Leitung
l_s	Länge einer das Verbundnetz ersetzenden Leitung
m	Belastungsfaktor
m_m	Monatlicher Belastungsfaktor
m_{nv}	Belastungsfaktor für den Bedarf an veränderlicher Energie des n-ten Verbrauchers
m_o	Verhältnis der kleinsten zur höchsten Belastung
m'_o	Verhältnis der konstanten zur höchsten Belastung
m'_{om}	Verhältnis der monatlichen konstanten zur höchsten Belastung
m_{tKR}	Belastungsfaktor der Wärmekraftwerke im kritischen Zeitabschnitt
n	Anzahl der Sonn- und Feiertage
p	Zinssatz
p_k	Relative Fehler bei Bestimmung der konstanten monatlichen Belastung
p_v	Verfügbare variable Leistung des behandelten Wasserkraftwerkes
Δp	Relative Leistungsverluste
Δp_{tv}	Relative Fehler bei Bestimmung der erforderlichen Leistung der Wärmekraftwerke im veränderlichen Bereich des Belastungsdiagramms
q	Verhältnis der Ausbaugröße eines oberwasserseitigen Kraftwerkes zur Ausbaugröße des unterseitigen Kraftwerkes
q	Leiterquerschnitt (X. Kapitel)
q_s	Querschnitt der das Verbundnetz ersetzenden Leitung
r	Anzahl der Werktage
s	Verhältnis der Leistung des Eigenverbrauchs zur Leistung an den Klemmen der abgehenden Leitungen eines Kraftwerkes
s	Zusätzliche Dampferzeugung (II. Kapitel)
s_d	Durchschnittlicher zusätzlicher Wärmeverbrauch
s'_d	Durchschnittlicher gesamter Wärmeverbrauch
t_h	Nutzungsdauer der konstanten Leistung eines Wasserkraftwerkes im veränderlichen Bereich des Belastungsdiagramms (VII. Kapitel)
t_h	Dauer der Ausnutzung des Betriebswassers der Wasserkraftwerke während der Naßperiode (IX. Kapitel)
t_{hk}	Dauer der konstanten Belastung der Wärmekraftwerke im veränderlichen Bereich des Belastungsdiagramms
t_{KR}	Nutzungsdauer der veränderlichen Leistung eines Wasserkraftwerkes im kritischen Zeitabschnitt (VII. Kapitel)
t_{KR}	Abszisse der Leistungsdauerkurve, mit der die Leistung im kritischen Zeitabschnitt gekennzeichnet ist (IX. Kapitel)
t_m	Dauer der Tieflast
t_{nv}	Nutzungsdauer der veränderlichen Belastung des n-ten Verbrauchers
t_{opt}	Abszisse der Leistungsdauerkurve, mit der die optimale installierte Leistung gekennzeichnet ist
t_t	Belastungsdauer der Wärmekraftwerke, durch welche die erforderliche zusätzliche Stromerzeugung für die Deckung der Leitungsverluste gekennzeichnet ist
$t_{tv\,\max}$	Maximale Nutzungsdauer der erforderlichen Leistung der Wärmekraftwerke im veränderlichen Bereich des Belastungsdiagramms
$t_{tv\,\min}$	Minimale Nutzungsdauer der erforderlichen Leistung der Wärmekraftwerke im veränderlichen Bereich des Belastungsdiagramms
t_v	Dauer der Hochlast
t_{v1}	Nutzungsdauer der veränderlichen Leistung eines oberwasserseitigen Wasserkraftwerkes ohne Erzeugung konstanter Energie
t'_{v1}	Nutzungsdauer der veränderlichen Leistung eines oberwasserseitigen Wasserkraftwerkes mit gleichzeitiger Erzeugung konstanter Energie

t'_{v1c}	Nutzungsdauer der veränderlichen Leistung eines oberwasserseitigen Wasserkraftwerkes, wenn der Wert w_{2m} nach (70)
t'_{v1d}	Nutzungsdauer der veränderlichen Leistung eines oberwasserseitigen Wasserkraftwerkes, wenn $w_{2m} = 1$
t_{v2}	Nutzungsdauer der veränderlichen Leistung eines unterwasserseitigen Wasserkraftwerkes ohne Erzeugung konstanter Energie
t'_{v2}	Nutzungsdauer der veränderlichen Leistung eines unterwasserseitigen Wasserkraftwerkes mit gleichzeitiger Erzeugung konstanter Energie
t_{vh}	Maximale Nutzungsdauer der veränderlichen Leistung eines Wasserkraftwerkes
t'_{vh}	Nutzungsdauer der veränderlichen Energie eines Wasserkraftwerkes
Δt	Zeit, bis der Wasserschwall eines oberwasserseitigen Werkes die Speicherung des unterwasserseitigen Werkes erreicht
v	Wahrscheinlichkeit
v	Verhältnis der in das Speicherbecken eines oberwasserseitigen Kraftwerkes zufließenden Wassermenge zu der in das Staubecken des unterwasserseitigen Kraftwerkes zufließenden Wassermenge (II. Kapitel)
v_B	Relative Dauer für die Gruppe B der Fälle (Abb. 70)
v_C	Relative Dauer für die Gruppe C der Fälle (Abb. 70)
v_D	Relative Dauer für die Gruppe D der Fälle (Abb. 70)
w	Gesamte Verbrauchsschwankungen
w'	Relative Energieverluste einer Leitung während der Zeit rt_{hk}
w''	Relative Energieverluste einer Leitung während der Zeit rt_t
w_{1m}	Relative Stromerzeugung eines oberwasserseitigen Wasserkraftwerkes
w_{2m}	Relative Stromerzeugung eines unterwasserseitigen Wasserkraftwerkes
w_g	Relative Stromerzeugung eines Wasserkraftwerkes in Zeiten hoher Belastung
w_k	Relative konstante Stromerzeugung eines Wasserkraftwerkes
w_{kl}	Relative Stromerzeugung eines Wasserkraftwerkes in Zeiten kleiner Belastungen
w_m	Relative mögliche Stromerzeugung eines Wasserkraftwerkes
w'_m	Relative mögliche Stromerzeugung eines Wasserkraftwerkes, für die der größte relative Energiespeicherungswert erforderlich ist
w''_m	Relative Stromerzeugung, für welche noch die Formel (75) zur Bestimmung der veränderlichen Energie gültig ist
w'''_m	Relative Stromerzeugung, für welche noch die Formel (89) zur Bestimmung der veränderlichen Energie gültig ist
w_n	Verhältnis des Energiebedarfs für Sonn- und Feiertage zum Energiebedarf an Werktagen
w'_p	Relativer monatlicher Verbrauch
w_{po}	Relativer monatlicher Verbrauch am Jahresbeginn, für den Fall der Annäherung des Verbrauchszuwachses an eine Gerade
w'_{po}	Relativer monatlicher Verbrauch am Jahresbeginn
w_{pon}	Relativer monatlicher Verbrauch am Jahresbeginn im n-ten Jahre
w_{p1}	Relativer monatlicher Verbrauch am Ende des Jahres, für den Fall der Annäherung des Verbrauchszuwachses an eine Gerade
w'_{p1}	Relativer monatlicher Verbrauch am Ende des Jahres
w_{p1n}	Relativer monatlicher Verbrauch am Ende des n-ten Jahres
w_s	Angenäherte relative saisonmäßige Verbrauchsschwankung
w'_s	Relative saisonmäßige Verbrauchsschwankung
w_t	Verringerung der Stromerzeugung der Wärmekraftwerke
w_v	Relative mögliche veränderliche Stromerzeugung eines Wasserkraftwerkes
w_v	Verhältnis des Bedarfs an veränderlicher Energie zum Gesamtbedarf (I. Kapitel)

w_v	Mögliche veränderliche Stromerzeugung des betrachteten Wasserkraftwerkes (VII. Kapitel)
Δw	Relativer Energieverlust
Δw_p	Durch den Verbrauchszuwachs auftretende Schwankungsunterschiede gegenüber dem Durchschnittswert
Δw_s	Durch saisonmäßige Verbrauchsschwankungen auftretende Schwankungsunterschiede gegenüber dem Durchschnittswert
α	Eine von den Größen, durch welche die Annäherung der Belastungskurve durch drei Gerade bestimmt wird
α	Beziehung des jährlichen Wärmestromerzeugungszuwachses zu den jährlichen Energieverlusten (X. Kapitel)
α_0	Abschnitt auf der Ordinate (Abb. 6)
α_0	Beziehung des jährlichen Wärmestromerzeugungszuwachses zu den jährlichen Energieverlusten, verursacht durch Leerlauf- und Koronaverluste (X. Kapitel)
α_h	Anteil der jährlichen Kosten eines Wasserkraftwerkes
α'_h	Anteil der jährlichen Betriebskosten eines Wasserkraftwerkes
α_m	Verhältnis der erhöhten Wärmestromerzeugung zu den Energieverlusten im gleichen Monat
α_t	Anteil der jährlichen Kosten der Wärmekraftwerke
α'_t	Anteil der jährlichen Betriebskosten der Wärmekraftwerke
β	Eine von den Größen, durch welche die Annäherung der Belastungsdauerkurve durch drei Gerade bestimmt wird
β	Beziehung der maximalen Belastung im kritischen Zeitabschnitt zur maximalen jährlichen Belastung einer Leitung (X. Kapitel)
β_0	Abschnitt auf der Abszisse (Abb. 6)
β_s	Beziehung der maximalen Belastung im kritischen Zeitabschnitt zur maximalen jährlichen Belastung einer das Verbundnetz ersetzenden Leitung
β_t	Relative feste spezifische Jahreskosten je Leistungseinheit der Wärmekraftwerke
γ	Konstante, die den Einfluß des Netzes auf den optimalen Querschnitt der untersuchten Leitung kennzeichnet
δ	Verlustfaktor
δ_k	Verlustfaktor im kritischen Zeitabschnitt
ε	Verhältnis des Bedarfs der variablen zur gesamten Energie
ε_k	Verhältnis der variablen Energie der Wasserkraftwerke zum Gesamtenergiebedarf im kritischen Zeitabschnitt
ε_{KR}	Verhältnis der variablen Energie zur Gesamterzeugung der Wasserkraftwerke im kritischen Zeitabschnitt
η	Wirkungsgrad eines Maschinensatzes
η_c	Kapazitätsausnutzung eines Abnehmers
$\overline{\eta}_c$	Durchschnittliche Kapazitätsausnutzung eines Abnehmers
η_{tr}	Wirkungsgrad eines Transformators
ϑ	Winkel zwischen Spannungs- und Erregungsvektor
ϑ_s	Winkel zwischen Spannungs- und Erregungsvektor bei der statischen Stabilitätsgrenze
$\varkappa_p$	Relativer zusätzlicher Nutzen durch Verringerung der Leistungsbeschränkungen
$\varkappa_r$	Relative veränderliche spezifische Kosten in Wärmekraftwerken, ungerechnet auf die erhöhte Stromerzeugung in den Wärmekraftwerken
$\varkappa_w$	Relativer gesamter Nutzen durch die zusätzlich gelieferte elektrische Energie
λ	Relative Erhöhung der Investitionen je Längeneinheit eines Bauabschnittes (IX. Kapitel)
λ	Leitfähigkeit des Leiterwerkstoffes (X. Kapitel)
μ	Beziehung der kleinsten zur durchschnittlichen monatlichen Stromerzeugung der Wasserkraftwerke (IV. Kapitel)

μ	Verhältnis der Verluste in den einzelnen Monaten zu den jährlichen Gesamtverlusten (X. Kapitel)
ν	Relative Belastungserhöhung eines Kessels
ϱ	Reservefaktor der Kraftwerke
ϱ_a	Reservefaktor eines Abnehmers
σ	Verhältnis der maximalen Belastung im kritischen Zeitabschnitt zur maximalen jährlichen Belastung
τ	Relative Dauer der Ausnutzung des Betriebswassers in einem Wasserkraftwerk während der Naßperiode
τ_h	Relative Belastungsdauer
τ_{hk}	Relative Dauer der konstanten Belastung der Wärmekraftwerke im veränderlichen Bereich des Belastungsdiagramms
φ	Leistungswinkel
φ_n	Nennleistungswinkel
ω	Kreisfrequenz
ω_F	Regelfähigkeit der Kesselfeuerung
ω_K	Regelfähigkeit eines Kessels

I. Belastungscharakteristiken in Verbundsystemen

1. Das Tagesbelastungsdiagramm

a) Grundbegriffe

Die Tagesbelastungskurve stellt die während eines Tages auftretenden Belastungsschwankungen dar. Ihre Form ist von der Zusammensetzung der Verbraucher im Verbundsystem abhängig.

Das Tagesbelastungsdiagramm des Verbundnetzes ist die Summe der Tagesbelastungskurven der einzelnen Kraftwerke, gemessen an den Klemmen der abgehenden Leitungen oder an den Generatorklemmen. Wenn ein Diagramm die Summe der Bedarfsanforderungen der Abnehmer darstellt, spricht man von einem Tages-Bedarfsdiagramm. Im ersten Falle werden die Netzverluste bzw. diese und der Eigenbedarf der Kraftwerke im Diagramm erfaßt, während aus dem Tages-Bedarfsdiagramm lediglich die von den Verbrauchern abgenommene Leistung und Energie ersichtlich sind.

Für die Untersuchungen der Verhältnisse in einem Verbundsystem ist es vorteilhaft, als Grundlage die Belastungsdiagramme an den Klemmen der abgehenden Leitungen zu benützen. Damit wird der Einfluß des Eigenverbrauches ausgeschaltet, dessen Anteil in Wärmekraftwerken relativ bedeutend, in Wasserkraftwerken dagegen sehr gering ist. Da der Anteil der Wasserkraftwerke an der gesamten jährlichen Stromerzeugung in weiten Grenzen schwankt, wäre es für Untersuchungen, denen die Belastungsdiagramme an den Generatorklemmen zugrunde gelegt werden, erforderlich, im voraus den Anteil der Wasserkraftwerke an der Gesamterzeugung zu bestimmen. Wenn in den weiteren Ausführungen vom Belastungsdiagramm gesprochen wird, ist darunter stets das an den Klemmen der abgehenden Leitungen abgenommene Belastungsdiagramm zu verstehen, insoferne nicht besonders darauf hingewiesen wird, um was für ein Belastungsdiagramm es sich handelt.

Im Tagesbelastungsdiagramm (Abb. 1) unterscheidet man drei grundlegende Größen: die maximale Tagesbelastung $P_{\max}$, die minimale Tagesbelastung $P_{\min}$ und die Tagesenergieerzeugung W_d. Außerdem kann man zwei relative charakteristische Größen definieren: den Belastungsfaktor und das Verhältnis zwischen der kleinsten und der größten Belastung. Der Belastungsfaktor

$$m = \frac{W_d}{24\, P_{\max}} \tag{1}$$

ist das Verhältnis zwischen der tatsächlich erzeugten Energie und der Energie, die bei Maximallast innerhalb von 24 Stunden hätte erzeugt werden können. Das Verhältnis zwischen der kleinsten und der höchsten Belastung ist durch den Ausdruck

$$m_o = \frac{P_{\min}}{P_{\max}} \tag{2}$$

dargestellt.

Der Belastungsfaktor wie auch das Verhältnis der Minimallast zur Höchstlast ist von der Art der Verbraucher im Verbundsystem abhängig. Der Belastungsfaktor ist gewöhnlich um so größer, je größer der Anteil

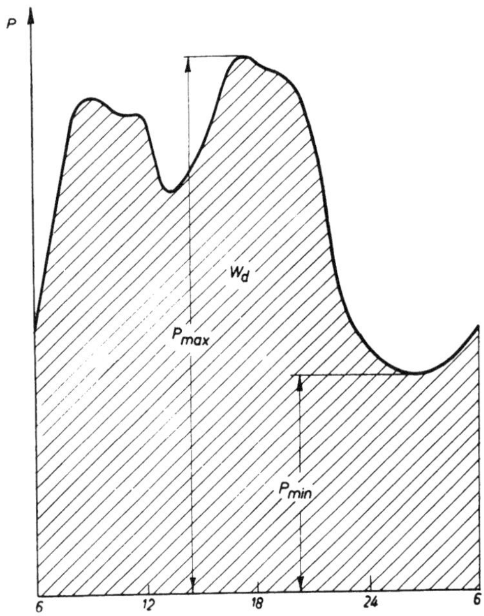

Abb. 1. Tagesbelastungskurve

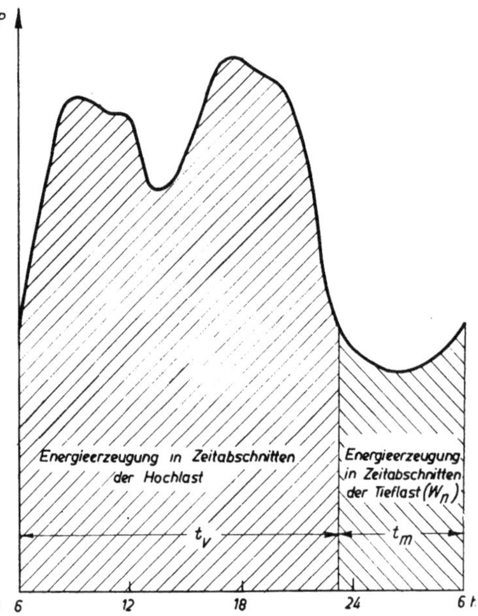

Abb. 2. Unterteilung der Tagesbelastungskurve auf Zeitabschnitte mit Hoch- und Tieflast

der Industrie am gesamten Energieverbrauch ist. Ganz besonders groß aber wird der Belastungsfaktor, wenn Verbraucher mit ganztägig konstanter oder angenähert konstanter Belastung einen wesentlichen Teil des Industrieverbrauchs darstellen (Aluminiumelektrolyse, Lichtbogenöfen u. ä.).

b) Die Aufteilung der Tagesbelastungskurve

Die Tagesbelastungskurve kann in zwei Zeitabschnitte unterteilt werden: in die Zeit der hohen Belastungen (Hochlast) und in die Zeit der kleinen Belastungen (Tieflast) (Abb. 2). Die Grenze zwischen diesen beiden Zeitabschnitten ist nicht genau definiert, ihre Dauer ist von der Form des Tagesdiagramms bzw. von der Natur der Verbraucher im System abhängig. Der Zeitabschnitt der Tieflast beträgt nur einige Stunden, was auch von der Jahreszeit abhängig ist.

Die erwähnte Unterteilung führt zur Aufteilung des Tagesbelastungsdiagramms in konstante und veränderliche Energie (Abb. 3). Der Ausgangspunkt für diese Energieaufteilung ist die Energiemenge W_n und deren Dauer t_m im Zeitabschnitt der Tieflast (Abb. 2). Mit Hilfe dieser Größen erhält man die konstante Belastung

$$P_k = \frac{W_n}{t_m} \tag{3}$$

Diese konstante Belastung, die durch die obige Beziehung definiert ist, bedeutet die durchschnittliche Belastung in Zeitabschnitten der Tieflast. Die konstante Belastung ist größer als die Minimalbelastung $P_{\min}$. Der Unterschied hängt von der Form des Belastungsdiagramms

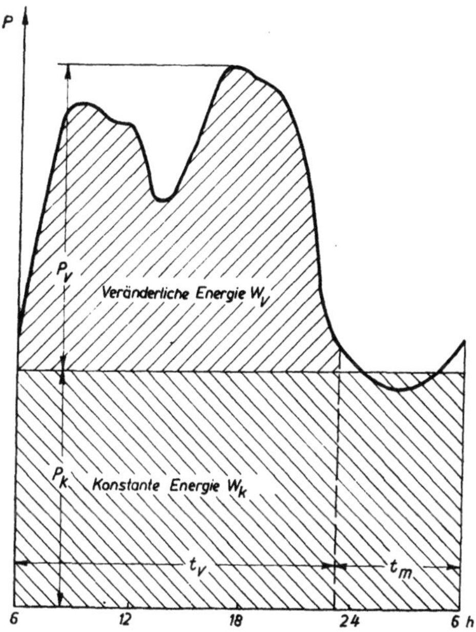

Abb. 3. Unterteilung der Tagesbelastungskurve auf veränderliche und konstante Energie

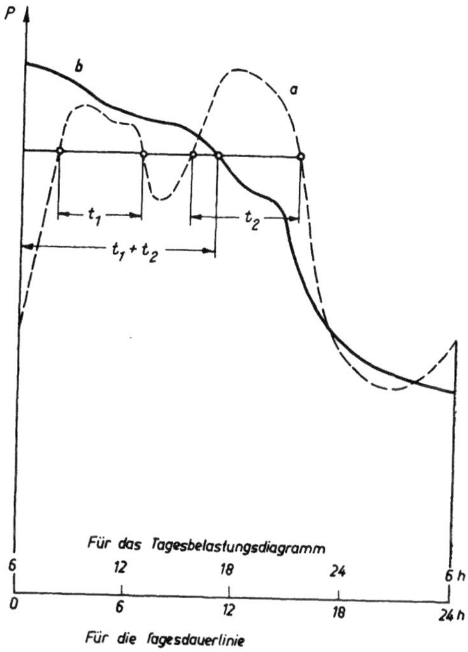

Abb. 4. Tageskennlinie (*a*) und Tagesbelastungsdauerlinie (*b*)

und von der zeitlichen Dauer der Tieflast ab. Indem man im Belastungsdiagramm die Zeitabschnitte der Tieflast mit einer Horizontalen ersetzt, entsteht ein, wenn auch geringer, Fehler. Jedoch werden, wie später ersichtlich, durch eine derartige Annäherung für die Analyse der im Verbundsystem vorliegenden Verhältnisse wesentliche Vorteile erreicht.

Die Benützung der konstanten Belastung P_k, die durch die Beziehung (3) gegeben ist, ermöglicht die Bestimmung der täglichen konstanten Energie (Abb. 3)

$$W_k = 24\, P_k \tag{4}$$

Der Rest der noch erforderlichen Tagesenergie, die als veränderliche

Stromerzeugung (Energie) W_v bezeichnet wird, da man für ihre Erzeugung eine veränderliche Leistung benötigt, kann aus der Beziehung

$$W_v = W_d - 24\, P_k \tag{5}$$

abgeleitet werden.

Die für die veränderliche Stromerzeugung erforderliche veränderliche Leistung wird mit dem Ausdruck

$$P_v = P_{\max} - P_k \tag{6}$$

dargestellt.

Durch die Unterteilung des Tagesbelastungsdiagramms auf konstante und veränderliche Stromerzeugung wird das Belastungsdiagramm mit drei Größen (z. B.: W_d, $P_{\max}$, P_k) gekennzeichnet, nachdem die restlichen Größen dadurch bereits definiert sind.

c) Die angenäherte Darstellung der Tagesbelastungsdauerlinie

Meistens ist es unterdessen gar nicht wichtig, zu welchen Zeiten die Minimal- und Maximalbelastung auftritt und es ist ebensowenig interessant, wie hoch die Belastung zu einem bestimmten Zeitpunkt war. Vorteilhafter ist es daher, anstatt des Tagesbelastungsdiagramms die Tagesbelastungsdauerlinie anzuwenden. Die Konstruktion dieser Kurve aus einem gegebenen Belastungsdiagramm wird in Abb. 4 gezeigt.

Die Anwendung der Dauerlinie ist besonders deshalb praktisch, weil sie auf einfache Weise angenähert dargestellt werden kann, womit die Möglichkeit besteht, zu einer vereinfachten Form dieser Kurve zu kommen.

Die Annäherung mit einer symbolischen Kennlinie [1], die in der Form [2]

$$\frac{P}{P_{\max}} = 1 - (1 - m_0)\left(\frac{t}{24}\right)^{\frac{m - m_0}{1 - m}} \tag{7}$$

dargestellt wird, ist bekannt. In diesem Ausdruck sind t die Anzahl der Benutzungsstunden, $P_{\max}$, m und m_0 Größen, die im Abschnitt a) dieses Kapitels definiert worden sind. Die symbolische Kennlinie wird am häufigsten auf ein Jahr bezogen [3]. In Ermangelung einer anderen Annäherungsmöglichkeit wird sie jedoch zeitweilig für die approximative Darstellung der Tagesdauerlinie angewendet, besonders dann, wenn die Ähnlichkeit der Tages- und Jahresdauerkurve berücksichtigt wird [3]. Wie jedoch an den Beispielen in Abb. 7a bis 7e gezeigt ist, kann diese Kennlinie in vielen Fällen für ausgedehnte Verbundsysteme nicht angewendet werden.

Es ist deshalb erforderlich, eine zweckmäßige, jedoch gleichzeitig auch einfachere Annäherung der Tagesdauerlinie, die den Anforderungen ausgedehnter Verbundsysteme entspricht, zu finden. Eine solche Annäherung ist erreichbar, wenn man von der Unterteilung in konstante und veränderliche Stromerzeugung ausgeht. Wie bereits erwähnt, kann ein Teil des Diagramms für die Zeit der geringen Belastungen t_m

durch eine waagrechte Linie ersetzt werden. Gleichzeitig ist sie der äußerste rechte Teil der Tagesdauerlinie (Abb. 5), von $t_v = 24 - t_m$ bis 24 Stunden, deren Ordinate die Leistung P_k (3) ist. Der restliche Teil der Kurve kann mit zwei weiteren Geraden dargestellt werden, von denen eine durch den Punkt (t_v, P_k), und die andere durch den Punkt (O, $P_{\max}$) geht. Deren Schnittpunkt ist mit den Koordinaten $\alpha\, t_v$ und $P_k + \beta\, P_v$ bezeichnet (Abb. 5). Ausgehend von der Bedingung, daß die veränderliche Energiemenge in der angenäherten Dauerlinie

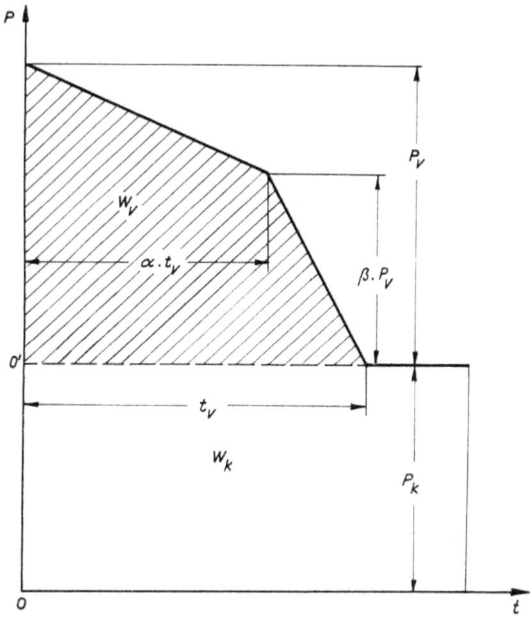

Abb. 5. Annäherung der Tagesdauerlinie durch drei Gerade

gleich dieser Energiemenge in der tatsächlichen Dauerlinie ist, erhält man die Beziehung

$$W_v = \frac{1}{2}\left[\alpha\, t_v\, P_v\,(1 - \beta) + \beta\, t_v\, P_v\,(1 + \alpha)\right] \tag{8}$$

Daraus erhält man

$$\alpha + \beta = \frac{2\, W_v}{t_v\, P_v} \tag{9}$$

Indem man

$$m'_o = \frac{P_k}{P_{\max}} \tag{10}$$

einsetzt und die Beziehungen (1) und (4) berücksichtigt, ist

$$\alpha + \beta = \frac{48}{t_v} \cdot \frac{m - m'_o}{1 - m'_o} \tag{11}$$

Die Formel (10) hat die gleiche Bedeutung wie der Ausdruck (2), jedoch ist darauf hinzuweisen, daß infolge der durchgeführten Annäherung m'_o etwas größer als m_o ist.

Theoretisch betrachtet, beträgt die größte veränderliche Strommenge, die bei den gemachten Voraussetzungen erzeugt werden kann, $W_{v\max} = t_v\, P_v$, demnach errechnet man die Summe $\alpha + \beta$ gemäß (9) ihrem Höchstwert $\alpha + \beta = 2$. In diesem Fall wird die Dauerlinie durch zwei horizontale Gerade, und zwar von $t = 0$ bis $t = t_v$ als

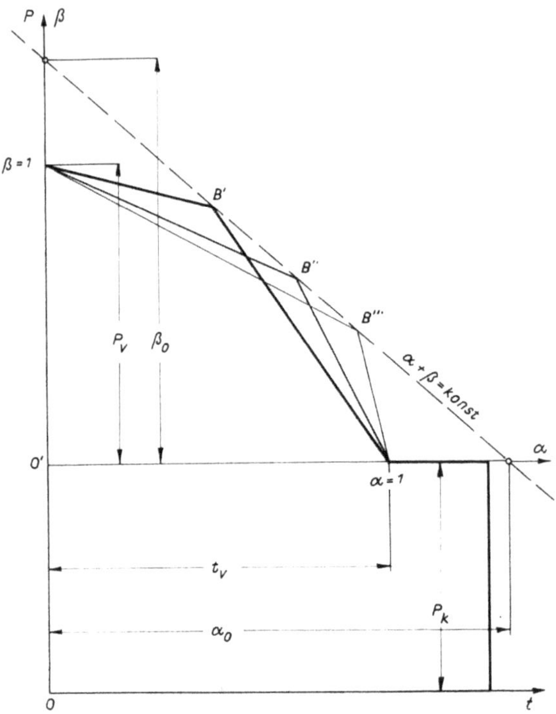

Abb. 6. Konstruktion der angenäherten Tagesdauerlinie durch drei Gerade

Gerade $P = P_{\max}$, und von $t = t_v$ bis $t = 24$ als Gerade $P = P_k$ dargestellt. Anderseits ist die kleinste variable Energiemenge $W_{v\min} = 0$, demgemäß auch $\alpha + \beta = 0$. Da weder α noch β negative Werte annehmen können, ist die Dauerlinie durch die Gerade $[P = P_{\max}$ bzw. $P_k = P_{\max}]$ für den ganzen Bereich von $t = 0$ bis $t = 24$ bestimmt. In der Praxis können nie die erwähnten Grenzverhältnisse erreicht werden, demnach kann man

$$0 < (\alpha + \beta) < 2 \tag{12}$$

setzen.

Die Gl. (9) bzw. (11) stellt im Koordinatensystem (α, β) eine Gerade dar, deren Ausgangspunkt 0′ (Abb. 5) ist. Auf der Abszisse haben wir für $\alpha = 1$ die Länge t_v, auf der Ordinate für $\beta = 1$ die Länge P_v. Die Abschnitte auf den neuen Koordinaten (Abb. 6) sind:

$$\alpha_o = \beta_o = \frac{48}{t_v} \cdot \frac{m - m'_o}{1 - m'_o} \tag{13}$$

Die Gerade, welche durch die Gl. (9) im neuen Koordinatensystem (α, β) gegeben ist, ist der geometrische Ort der sich schneidenden Geraden, durch welche der veränderliche Teil der Dauerlinie angenähert wird.

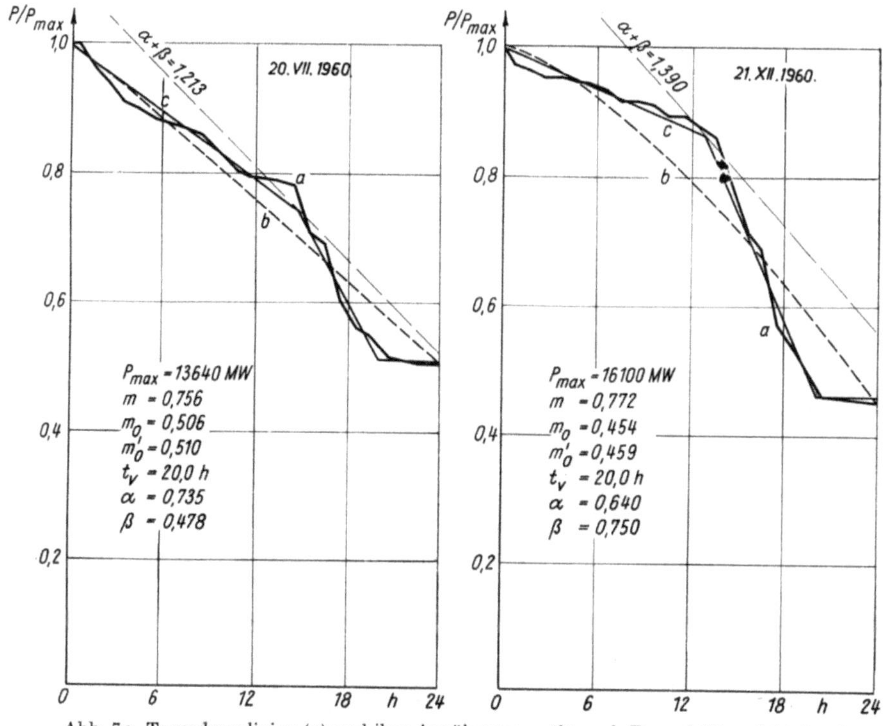

Abb. 7a. Tagesdauerlinien (a) und ihre Annäherungen (b) nach Formel (7) und (c) durch drei Gerade für das westdeutsche Verbundsystem

Diese Annäherung erfüllt die Bedingung (8), wie auch die Bedingungen, daß die Strommenge wie auch die Höchstbelastung den Größen der tatsächlichen Dauerlinie entsprechen.

Um eine Dauerkurve mit drei Geraden angenähert zu konstruieren, ist es notwendig, entsprechend der Form der wirklichen Dauerlinie die Dauer der Tieflast t_m auszuwählen, womit nach (3) die konstante Belastung P_k, die Dauer der hohen Belastungen t_v und des Verhältnisses m'_o gemäß (10) gegeben ist. Aus diesen Größen und dem bekannten Belastungsfaktor m wird demnach (11) die Summe $\alpha + \beta$ bestimmt, womit die Konstruktion der Geraden $\alpha + \beta =$ konst. möglich ist; mit deren Hilfe wird der Punkt B (Abb. 6) der am besten der Dauerlinie entspricht, gefunden.

Wenn in einem untersuchten Verbundsystem die bisherige Entwicklung der charakteristischen Größen in den verschiedenen Jahresabschnitten bekannt ist, besteht auch eine Schätzungsmöglichkeit für die zukünftige Entwicklung und daraus auch die Möglichkeit einer annähernden Bestimmung der zukünftigen Tagesdauerkurven.

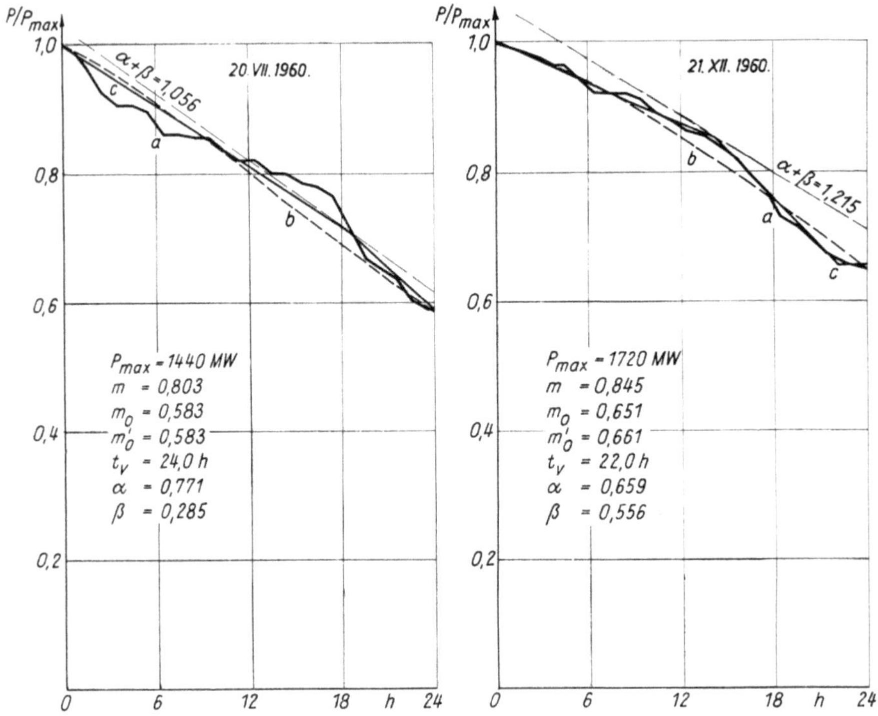

Abb. 7b. Tagesdauerlinien (a) und ihre Annäherungen (b) nach Formel (7) und (c) durch drei Gerade für das österreichische Verbundsystem

Um zu erkennen, was für Unterschiede zwischen den angenäherten und den tatsächlichen Dauerlinien auftreten, sollen die tatsächlichen und angenäherten Dauerlinien für einen Winter- und einen Sommertag in Westdeutschland [4] in Abb. 7a, Österreich [5] in Abb. 7b, Frankreich [4] in Abb. 7c, Italien [4] in Abb. 7d und Jugoslawien [6] in Abb. 7e gezeigt werden. In allen Fällen ist $t_v = 20\,h$, mit Ausnahme von Österreich, wo die beste Annäherung für $t_v = 24\,h$ und $t_v = 22\,h$ erreicht wird.

d) Die Energieinhaltslinie

Im Belastungsdiagramm wie auch in der Dauerlinie wird die Energie durch eine Fläche dargestellt. Dieses Verfahren ist in einigen Fällen für weitere Untersuchungen unvorteilhaft. Man geht deshalb auf die Darstellung der Belastungsdiagramme und Belastungsdauerlinien mit Hilfe von Energieinhaltslinien (Abb. 8) über, um die Energie durch

Längen darstellen zu können. Die Energieinhaltslinie (eindeutiger: Energie-Leistungskurve) wird durch das Integral

$$W = f(P) = \int_0^P t \cdot dP \tag{14}$$

definiert, das entweder durch Planimetrierung oder Integration des analytischen Ausdrucks bestimmt wird. Für Belastungen von 0 bis $P_{\min}$ ist $W = f(P)$ eine Gerade, die durch die Gleichung $W = 24\,P$ definiert ist, für Belastungen $P > P_{\min}$ dagegen eine Kurve mit stets ansteigender Neigung der Tangente zur Abszissenachse.

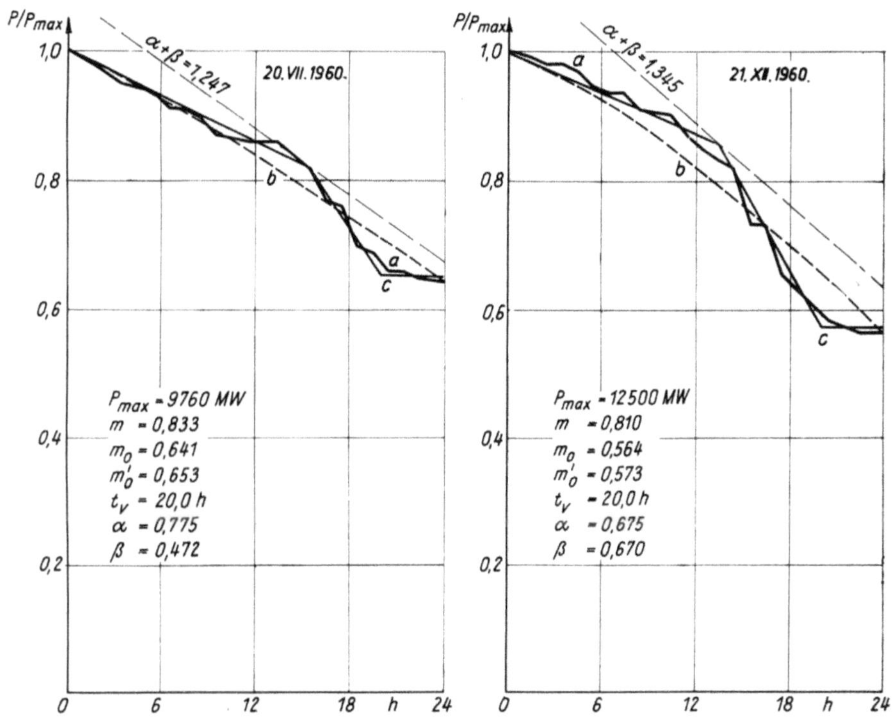

Abb. 7c. Tagesdauerlinien (*a*) und ihre Annäherungen (*b*) nach Formel (7) und (*c*) durch drei Gerade für das französische Verbundsystem

Für die Dauerkurve, die mit drei Geraden angenähert bestimmt ist (Abb. 5), lautet der analytische Ausdruck der Energieinhaltslinie für den Bereich $0 \leqq P \leqq P_k$

$$W = 24\,P \tag{15}$$

Für den Bereich $P_k \leqq P \leqq (P_k + \beta\,P_v)$ ist

$$W = 24\,P_k + t_v\,(P - P_k)\left(1 - \frac{P - P_k}{P_v}\,\frac{1 - \alpha}{2\,\beta}\right) \tag{16}$$

Dagegen ist für $(P_k + \beta\, P_v) \leqq P \leqq (P_k + P_v)$ der analytische Ausdruck der Energieinhaltslinie

$$W = 24\, P_k + \frac{1}{2}\, t_v\, (1 + \alpha)\, \beta\, P_v + \\ + \frac{1}{2}\, \alpha\, t_v\, (P - P_k - \beta\, P_v) \cdot \left[1 - \frac{P - P_k - P_v}{(1 - \beta)\, P_v}\right] \qquad (17)$$

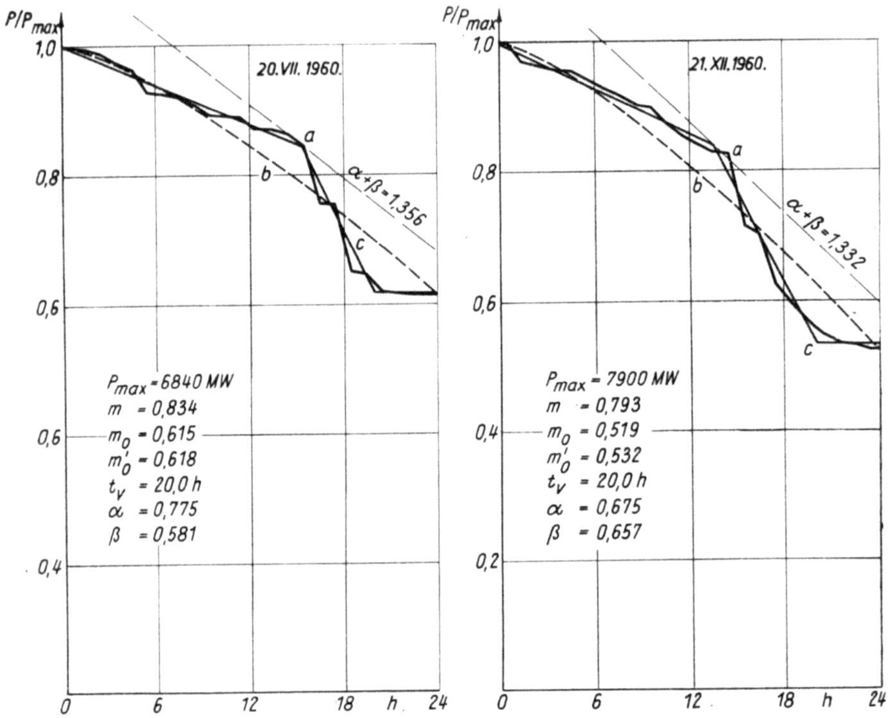

Abb. 7d. Tagesdauerlinien (*a*) und ihre Annäherungen (*b*) nach Formel (7) und (*c*) durch drei Gerade für das italienische Verbundsystem

e) Der Verbrauchsrahmen

Die Energieinhaltslinie bedingt für jeden Tag ein gesondertes Diagramm. Für eine größere Anzahl von Tagen (Monat oder Jahr) ist dafür ein erheblicher Platzaufwand erforderlich. Außerdem ist die Übersichtlichkeit beeinträchtigt. Von der Energieinhaltslinie auf den Verbrauchsrahmen [7], [8], [9] übergehend, werden diese Nachteile aufgehoben. Um die Beziehungen zwischen Energie und Leistung im Tages-Verbrauchsrahmen darzustellen, werden auf die Ordinate Energie und Leistung aufgetragen, wobei die Einheit auf der Abszisse ein Tag ist. Die Konstruktion und ein Beispiel eines Tages-Verbrauchsrahmens zeigt Abb. 9. Durch die Aufstellung von einzelnen Verbrauchsrahmen Tag für Tag wird der Verbrauchsrahmen für eine Woche, einen Monat oder ein Jahr zusammengesetzt.

2. Die Monats-Belastungsdauerlinien

a) Vereinfachungen

Die Untersuchung der Verhältnisse in einem Verbundsystem anhand der Tagesbelastungsdiagramme oder der Tagesdauerlinien beansprucht langwierige Analysen. Deshalb wird eine solche Analyse häufig auf Grund der Monats-Belastungsdauerlinien durchgeführt.

Beim Übergang von Tages- auf Monatsdauerlinien treten allerdings zwei Schwierigkeiten auf: Monate mit ungleicher Anzahl von Tagen und Unterschiede in den Belastungsdauerdiagrammen an Werk- und Sonn-(Feier-)tagen.

Die erste Schwierigkeit kann damit beseitigt werden, indem angenommen wird, daß alle Monate im Jahr die gleiche Anzahl von Tagen haben und daß jeder Monat 730 Stunden hat. Da $12 \times 730 = 8760$ Stunden sind, erhält man daraus die genaue Jahresstundenzahl.

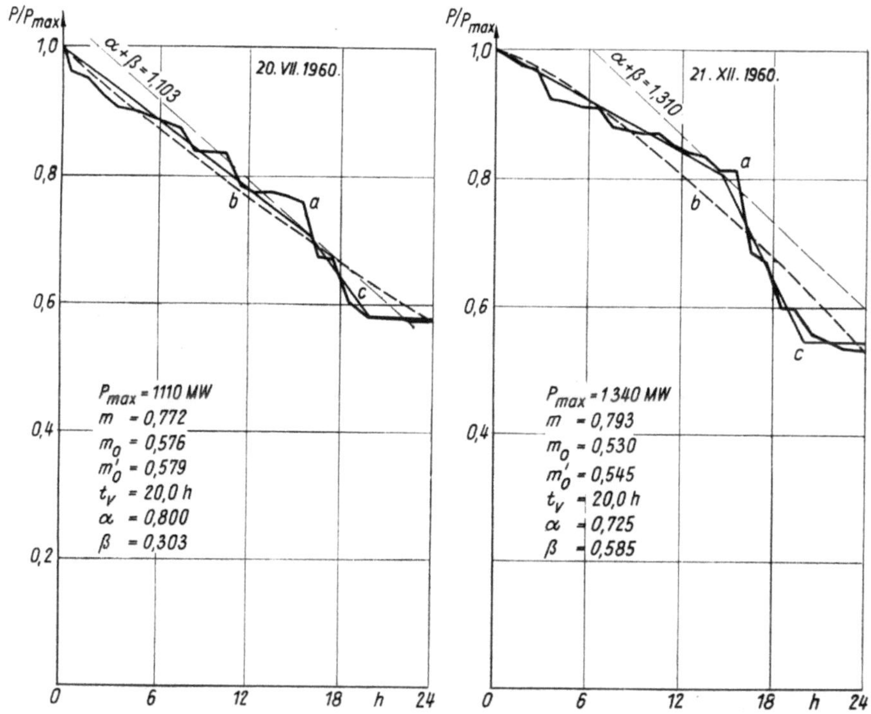

Abb. 7e. Tagesdauerlinien (*a*) und ihre Annäherungen (*b*) nach Formel (7) und (*c*) durch drei Gerade für das jugoslawische Verbundsystem

Die zweite Schwierigkeit kann durch zwei Voraussetzungen behoben werden. Es wird angenommen, daß erstens alle Werktage im Monat untereinander gleich sind und zweitens, daß an Sonn- und Feiertagen veränderliche Energie überhaupt nicht benötigt wird.

Bei Erfüllung der ersten Voraussetzung ist es notwendig, die mittlere Belastungsdauerlinie für den Werktag zu bestimmen. Diese erhält man durch Summierung der Belastungsdauer. Damit bleibt die

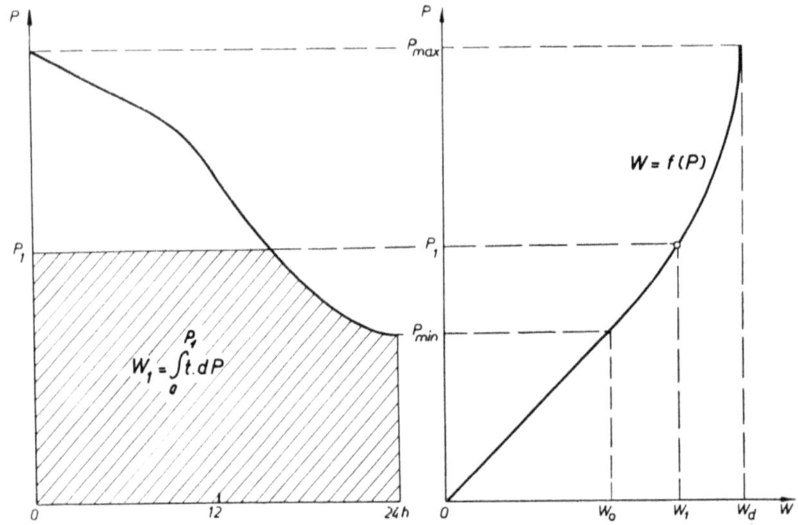

Abb. 8. Konstruktion der Energieinhaltslinie

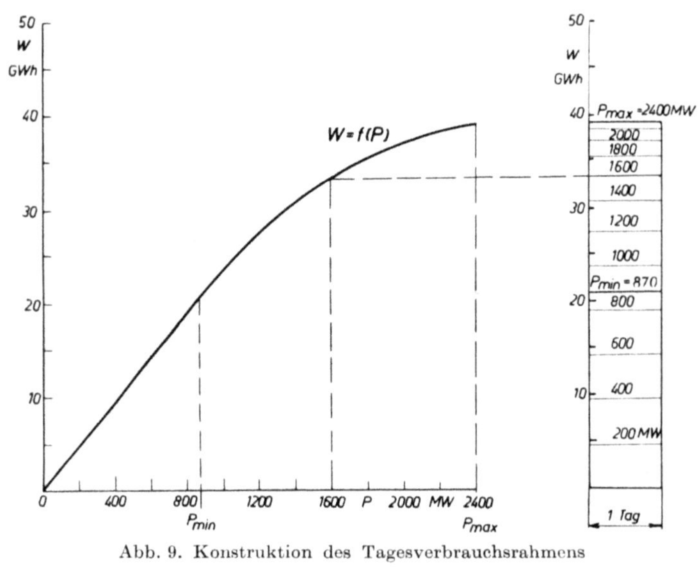

Abb. 9. Konstruktion des Tagesverbrauchsrahmens

Maximalbelastung, die innerhalb eines Monats auftritt, erhalten. Die so ermittelte werktägliche Belastungsdauerlinie stellt etwas schwerere Bedingungen dar als jene, die man erwarten dürfte, da ja die monatliche Maximalbelastung nicht an jedem Werktag auftritt. Diese Voraussetzung ist zwar ein Fehler, durch den jedoch die Untersuchungen über die Bedarfsdeckung an Sicherheit gewinnen.

Eine zweite Möglichkeit besteht in der Voraussetzung, daß sämtliche Werktage im Monat einem durchschnittlichen Werktag im Monat gleich sind. In diesem Fall kommt man zu einer etwas niedrigeren Maximalbelastung als der in jenem Monat tatsächlich erreichten oder zu erreichenden. Wenn die Vorausbestimmung von zukünftigen Verhältnissen behandelt wird, gibt diese Methode die einzige praktische Möglichkeit, da es nämlich nicht möglich ist, fein abgestufte Unterschiede im voraus zu bestimmen.

Indem man mit einer konstanten Belastung an Sonn- und Feiertagen rechnet, kommt in die Berechnung eine zweite Ungenauigkeit. Die höchsten Belastungen und der gesamte Energiebedarf ist an diesen Tagen kleiner als an Werktagen. Es darf daher mit Sicherheit angenommen werden, daß an Sonn- und Feiertagen der Energiebedarf gedeckt werden kann, wenn diese Möglichkeit für Werktage besteht.

Eine weitere Vereinfachung kann durch die Voraussetzung erreicht werden, daß in allen Monaten die Anzahl der Werktage r untereinander gleich ist. Allerdings besteht kein Hindernis, für jeden Monat die Anzahl der Werktage zu bestimmen. In allen Fällen muß jedoch die Beziehung

$$24\,(r + n) = 730 \tag{18}$$

erfüllt sein, worin n die Anzahl der monatlichen Sonn- und Feiertage bedeutet.

Zu bemerken sei, daß ein Monat mit 730 Stunden jedenfalls ein fiktiver Monat ist, weil er nicht die volle Anzahl von Tagen hat. Dieser Umstand bedeutet jedoch keine Schwierigkeit für energiewirtschaftliche Untersuchungen im Verbundsystem. Es kann nämlich auch eine derartige Aufteilung auf Werk-, Sonn- und Feiertage vorausgesetzt werden, daß weder die Anzahl der Werktage noch die der Sonn- und Feiertage eine ganze Zahl ist.

b) Annäherung der monatlichen Belastungsdauerlinie

Auf Grund der angegebenen Vereinfachungen ist es möglich, auf eine einfache Art die angenäherte Monatsbelastungsdauerlinie mit drei Geraden zu konstruieren. Im veränderlichen Teil hat sie die gleiche Form wie in der angenäherten Tagesbelastungsdauerlinie, mit dem Unterschied, daß die Abszissen mit der Anzahl der Werktage r im Monat multipliziert werden. Dabei ist zu berücksichtigen, daß die konstante Belastung 730 Stunden bzw. $24\,(r + n)$ dauert.

Bei Untersuchungen der Verhältnisse in einem beliebigen Verbundsystem geht man häufig vom monatlichen Energiebedarf W_m aus. Deshalb ist es notwendig, die dieser Energie entsprechende angenäherte Belastungsdauerkurve zu konstruieren. Dafür müssen zwei Beziehungen bekannt sein: das Verhältnis zwischen dem Energiebedarf für Sonn- und Feiertage W_{dn} und Werktage W_d

$$w_n = \frac{W_{dn}}{W_d} \tag{19}$$

und das Verhältnis zwischen dem werktägigen Bedarf an veränderlicher Energie W_v und Gesamtenergie W_d

$$w_v = \frac{W_v}{W_d} \tag{20}$$

Das Verhältnis w_n ist abhängig von der Struktur des Stromverbrauches im Verbundsystem und besonders vom Verbrauchsanteil jener Verbraucher am Gesamtverbrauch, die unter der Woche ohne Unterbrechung arbeiten. Dieses Verhältnis beträgt im französischen Verbundnetz etwa 0,63 (außer in den Sommermonaten Juli und August, in welchen der Faktor infolge der Arbeitseinstellungen einiger Industriewerke etwas ansteigt), im Verbundsystem der Schweiz zwischen 0,68 bis 0,72, im jugoslawischen Verbundsystem zwischen 0,74 und 0,80. Diese Angaben gelten für die Beziehungen w_n zwischen dem „mittleren Mittwoch" im Monat und dem darauffolgenden Sonntag für den Zeitraum von einigen vergangenen Jahren.

Auch das Verhältnis w_v ist von der Verbrauchsstruktur abhängig. Dessen Größe beeinflussen ganz besonders Großverbraucher, die mit praktisch konstanter Belastung arbeiten. So liegt das Verhältnis w_v im Westdeutschen Verbundsystem zwischen 0,33 und 0,41, in den Verbundsystemen Österreichs von 0,18 bis 0,29, der Schweiz von 0,18 bis 0,26, von Frankreich von 0,20 bis 0,29, Italiens 0,26 bis 0,35 und in Jugoslawien zwischen 0,25 und 0,32. Es ist selbstverständlich, daß die Beziehung w_v von der Jahreszeit abhängt und normal in den Wintermonaten höher als in den Sommermonten ist.

Wenn man jedoch den Einfluß der Jahreszeit auf die Beziehungen w_n und w_v analysieren will, muß man vom realisierten Verbrauch jene Konsumenten abziehen, die nur zeitweilig arbeiten (z. B.: Elektrokessel, jene Verbraucher, die ihre Betriebe in Zeiten ungünstiger Stromverhältnisse stillegen u. a.) und deren Einfluß getrennt analysieren.

Ausgehend vom monatlichen Energiebedarf W_m und den bekannten Beziehungen (19) und (20) wird der werktägige Energiebedarf durch die Beziehung

$$W_d = \frac{W_m}{r + w_n \cdot n} \tag{21}$$

bestimmt und daraus die erforderliche veränderliche Energie am Werktag unter Verwendung des Ausdrucks (20). Demnach ist die monatliche variable Energie

$$W_{mv} = r W_v \tag{22}$$

die monatliche konstante Energie

$$W_{mk} = W_m - W_{mv} \tag{23}$$

und die monatliche konstante Belastung

$$P_{mk} = \frac{W_{mk}}{24\,(r + n)} \tag{24}$$

Bei bekanntem Belastungsfaktor (l) am Werktag wird $P_{\max}$ bestimmt und daraus die veränderliche Belastung

$$P_{mv} = P_{\max} - P_{mk} \tag{25}$$

Die monatliche konstante Belastung P_{mk}, welche aus der Formel (24) gefunden wird, ist verschieden von der konstanten Belastung P_k, die auf Grund der Verhältnisse an Werktagen bestimmt wird. Der relative Fehler beträgt

$$p_k = \frac{P_{mk} - P_k}{P_k} \tag{26}$$

der unter Berücksichtigung der Beziehungen (20), (21) und (23) durch den Ausdruck

$$p_k = \frac{n}{r+n}\left(\frac{w_n}{1-w_v} - 1\right) \tag{27}$$

dargestellt wird.

Es bestehen keine Unterschiede zwischen P_{mk} und P_k, wenn $w_n = 1 - w_v$ ist. Dagegen ist der Fehler um so größer, je mehr das Verhältnis $\frac{w_n}{1-w_v}$ von 1 abweicht.

Für die angenäherte Darstellung der Dauerlinie durch drei Gerade gilt auch jetzt die Beziehung (9), nachdem für die Monatsdauerlinie der Zähler und der Nenner mit der Anzahl der Werktage multipliziert wird. Durch analoge Betrachtung wie für die Tagesdauerlinie kann die Summe $\alpha + \beta$ durch den Ausdruck

$$\alpha + \beta = \frac{48\,(r+n)}{r \cdot t_v} \, \frac{m_m - m'_{om}}{1 - m'_{om}} \tag{28}$$

dargestellt werden.

In dieser Formel ist m_m der monatliche Belastungsfaktor

$$m_m = \frac{W_m}{24\,(r+n)\,P_{\max}} \tag{29}$$

und m'_{om} das Verhältnis zwischen der konstanten und der maximalen Belastung

$$m'_{om} = \frac{P_{mk}}{P_{\max}} \tag{30}$$

Die Konstruktion der angenäherten Monatsdauerlinie ist in Abb. 10 gezeigt. Es muß darauf hingewiesen werden, daß die Größen α und β nicht genau mit den Werten der Tagesdauerlinie übereinstimmen.

c) Die Monats-Energieinhaltslinie und der Monatskonsumrahmen

So, wie es möglich ist, die Tages-Energieinhaltslinie zu bestimmen, so ist es auch möglich, die Monats-Energieinhaltslinie darzustellen, die durch den Ausdruck (14) bestimmt ist. Für die Annäherungsdauerlinie lautet der analytische Ausdruck der Energieinhaltslinie für das Intervall $0 \leqq P \leqq P_{mk}$

$$W = 24\,(r+n)\,P \tag{15a}$$

und für das Intervall $P_{mk} \leqq P \leqq (P_{mk} + \beta\, P_{mv})$

$$W = 24\,(r+n)\,P_{mk} + r\,t_v\,(P - P_{mk})\left(1 - \frac{P - P_{mk}}{P_{mv}}\,\frac{1-\alpha}{2\,\beta}\right) \quad (16\,\mathrm{a})$$

Dagegen erhält man für die Belastung

$$(P_{mk} + \beta\, P_{mv}) \leqq P \leqq (P_{mk} + P_{mv})$$

den Ausdruck

$$W = 24\,(r+n)\,P_{mk} + \frac{1}{2}\,r\,t_v\,(1+\alpha)\,\beta\,P_{mv} + \\ + \frac{1}{2}\,\alpha\,r\,t_v\,(P - P_{mk} - \beta\,P_{mv})\left[1 - \frac{P - P_{mk} - P_{mv}}{(1-\beta)\,P_{mv}}\right] \quad (17\,\mathrm{a})$$

Mit Hilfe der Energieinhaltslinie wird der Monatskonsumrahmen in gleicher Weise konstruiert, wie dies für den Tageskonsumrahmen in Abb. 9 gezeigt wurde.

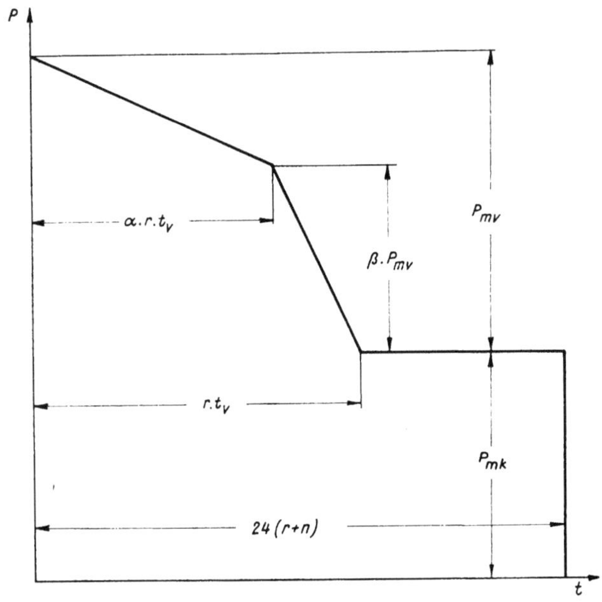

Abb. 10. Angenäherte Monats-Belastungsdauerlinie

3. Während des Jahres auftretende Verbrauchsschwankungen

a) Durch Verbrauchszuwachs bedingte Verbrauchsschwankungen

Bei einer Analyse der zukünftigen Entwicklung in einem Verbundsystem geht man häufig vom voraussichtlichen Jahresverbrauch im untersuchten Jahr aus. Um eine solche Analyse durchführen zu können, wird man vor das Problem gestellt, aus dem Jahresverbrauch Monatsgrößen (Unterlagen für einzelne Monate) abzuleiten. Dazu ist zu bemerken, daß in allen Fällen, wo Verbundsysteme, in denen Wasserkraftanlagen eine gewisse Rolle spielen, behandelt werden, Untersuchungen der Verhältnisse in einem Jahr als Einheit zu keinem Resultat führen, da in den Jahresdauerlinien der Einfluß der Jahreszeiten verwischt wird. Die Verteilung der Stromerzeugung in den Wasserkraftwerken beeinflußt nämlich innerhalb eines Jahres entscheidend die Verhältnisse im Verbundsystem. Daher ist es notwendig, von den Bedarfsanforderungen in den einzelnen Monaten auszugehen.

Die Unterschiede des Monatsverbrauchs im Laufe eines Jahres werden hauptsächlich durch zwei Faktoren beeinflußt: durch den Verbrauchszuwachs im Laufe eines Jahres und die Saisonschwankungen des Verbrauchs. In einzelnen Jahren treten auch andere Einflüsse auf (Abweichungen von durchschnittlichen Monatstemperaturen u. a.), die nicht im voraus zu bestimmen sind und daher bei den Untersuchungen nicht berücksichtigt werden können.

Der Verbrauchszuwachs ist einerseits bedingt durch den Anschluß neuer Abnehmer, andererseits aber durch größeren Verbrauch bereits bestehender Verbraucher. Weder die eine noch die andere Erscheinung ist irgendeiner Gesetzmäßigkeit unterworfen, sondern ist von verschiedenen Einflüssen abhängig. Jedoch besteht die Wahrscheinlichkeit — wenn eine große Anzahl von Abnehmern in Betracht kommt —, daß sich die Verbrauchserhöhung über das ganze Jahr hindurch verteilt beziehungsweise besteht die gleiche Wahrscheinlichkeit, daß die Verbrauchssteigerung eines bereits vorhandenen Abnehmers zu Beginn, in der Mitte oder am Ende des Jahres auftritt. Da der Verbrauch elektrischer Energie im Laufe von Jahren nach einem Exponentialgesetz ansteigt, kann diese Gesetzmäßigkeit auch auf den Anstieg innerhalb eines Jahres angewandt werden, insoferne ein größerer Anstieg in Frage kommt. Für geringeren Zuwachs kann während eines Jahres ein linear verlaufender Anstieg angenommen werden, was in den meisten Fällen genügt.

Vorausgesetzt, daß alle Monate untereinander gleich sind beziehungsweise wenn alle Tage untereinander gleich wären, und daß kein Verbrauchszuwachs und keine Verbrauchsschwankungen auftreten, würde der Verbrauch innerhalb eines Jahres auf einer horizontalen Geraden verlaufen (Abb. 11). Wenn man mit W_{mo} den monatlichen Verbrauch am Jahresbeginn ($t = 0$) und mit W_{m1} den Verbrauch am Ende des Jahres ($t = 1$) bezeichnet, gilt für den Zuwachs p die Beziehung

$$W_{m1} = W_{mo} (1 + p) \tag{31}$$

während für einen exponentialen Zuwachs im Laufe des Jahres in der Zeit t der Ausdruck

$$W_m = W_{mo} (1 + p)^t \tag{32}$$

gilt.

Wenn der Verbrauch durch relative Größen, die durch das Verhältnis $w'_p = \frac{W_m}{\overline{W}_m}$, worin $\overline{W}_m$ den durchschnittlichen monatlichen Verbrauch während eines Jahres bedeutet, dargestellt wird, muß die

Beziehung

$$\int_0^1 w'_p \, dt = 1 \tag{33}$$

gelten.

Daher ist

$$w'_{po} = \frac{1}{p} \ln (1 + p) \tag{34}$$

und

$$w'_{p1} = \frac{1 + p}{p} \cdot \ln (1 + p) \tag{35}$$

In diesen Formeln ist $w'_{po} = \frac{W_{mo}}{\overline{W}_o}$ und $w'_{p1} = \frac{W_{m1}}{\overline{W}_m}$.

Die Gleichung der Geraden lautet für den Fall der Annäherung des Verbrauches an eine Gerade (Abb. 11)

$$w_p = w_{po} (1 + p\,t) \tag{36}$$

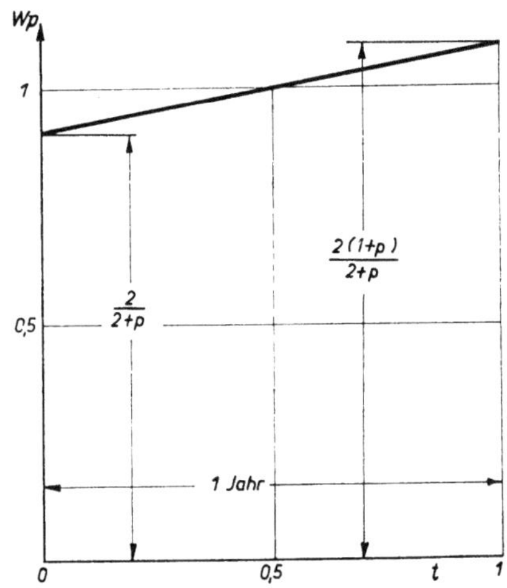

Abb. 11. Annäherung des Verbrauchszuwachses während des Jahres durch eine Gerade, ohne saisonmäßige Verbrauchsschwankungen

Unter der Bedingung (33) erhält man

$$w_{po} = \frac{2}{2 + p} \tag{37}$$

und

$$w_{p1} = \frac{2 (1 + p)}{2 + p} \tag{38}$$

Die relative Differenz der Ordinaten für $t = 0$ und $t = 1$ des Exponentialzuwachses (32) und des linearen Zuwachses (36) beträgt

$$\frac{\Delta W_{mo}}{W'_{mo}} = \frac{\Delta W_{m1}}{W'_{m1}} = 1 - \frac{2\,p}{(2 + p) \ln (1 + p)} \tag{39}$$

Für $p = 0{,}20$ (was einen bedeutenden jährlichen Zuwachs bedeutet) beträgt die relative Differenz 0,0027. Der Fehler beträgt demnach 0,27%. Das ist bei Berücksichtigung der übrigen Voraussetzungen, die bei Analysen von Verbundsystemen gemacht werden, ein sehr geringer Prozentsatz. Daher ist die lineare Annäherung des Zuwachses gerechtfertigt und annehmbar.

Der Zuwachs p stellt die jährliche Verbrauchszunahme im untersuchten Jahr unter Bezugnahme auf das vorhergehende dar. Bei bekannten Zuwachsraten einer Reihe von Jahren ist es daher möglich, gemäß (37) und (38) die Verbrauchsschwankungen während des Jahres für ein beliebiges Jahr zu bestimmen.

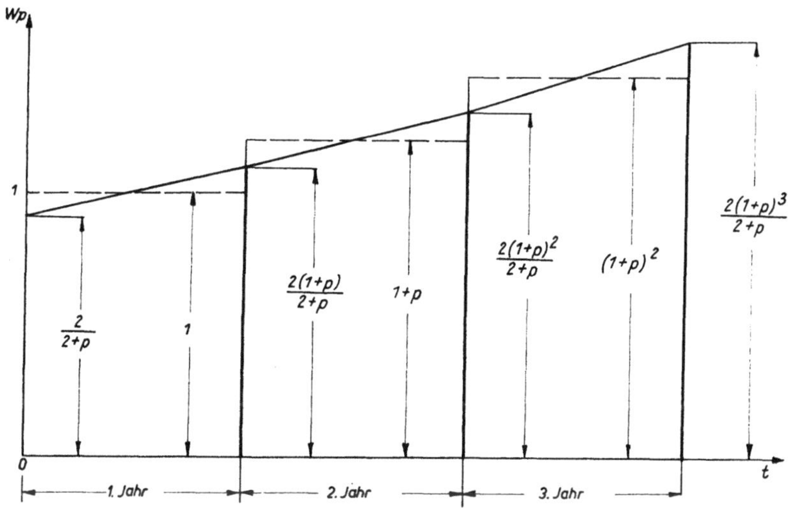

Abb. 12. Annäherung des Verbrauchszuwachses während des Jahres mit exponentiellem jährlichem Anstieg

Häufig erfolgt die Untersuchung der Verhältnisse unter der Voraussetzung, daß der jährliche Zuwachs p während des Jahres konstant ist. Angenommen, daß im ersten untersuchten Jahre der durchschnittliche Monatsverbrauch gleich 1 ist (Abb. 12), wird der Verbrauch zu Beginn und am Ende des Jahres aus den Formeln (37) und (38) bestimmt. Der mittlere Jahresverbrauch im n-ten Jahre ist $(1 + p)^{n-1}$, demnach beträgt der Verbrauch zu Beginn des n-ten Jahres

$$w_{pon} = \frac{2\,(1 + p)^{n-1}}{2 + p} \tag{40}$$

und am Ende des gleichen Jahres

$$w_{p1n} = \frac{2\,(1 + p)^{n}}{2 + p} \tag{41}$$

Auf diese Weise bleibt trotz der Annahme des linearen Anstiegs während des Jahres der exponentiale Zuwachs innerhalb einer Reihe von Jahren erhalten.

Wie weiter ersichtlich, ist es für die Bestimmung der Jahres-Gesamtschwankungen notwendig, die durch den Verbrauchszuwachs auftretenden Schwankungsunterschiede gegenüber dem Durchschnittswert der Schwankungen $w = 1$ zu kennen. Unter Berücksichtigung der Beziehung (36) betragen diese Unterschiede

$$\Delta w_p = \frac{p\,(2\,t - 1)}{2 + p} \tag{42}$$

b) Saisonmäßige Verbrauchsschwankungen

Die saisonmäßigen Verbrauchsschwankungen sind von der Zusammensetzung der Verbraucher im Verbundsystem, von den klimatischen Verhältnissen und den Lebensbedingungen der Abnehmer abhängig. Der Industrieverbrauch ist größtenteils saisonunabhängig, dagegen ist der Stromverbrauch für Beleuchtung, Beheizung und Klimaanlagen weitgehend abhängig von der Jahreszeit. Es gibt allerdings auch Industriezweige (Industrieanlagen, die auf der Grundlage von landwirtschaftlichen Erzeugnissen arbeiten), die in großem Maße saisonbedingt sind.

Einige Industriezweige (Aluminium-Elektrolysen, Karbidwerke u.ä.) nützen jedoch die elektrische Energie in jenen Zeiten, wo genügend Strom aus Wasserkraftanlagen verfügbar ist, aus. Somit ist ein solcher Industriezweig von den Wasserverhältnissen abhängig, die in manchen Ländern in verschiedenen Jahren zur gleichen Jahreszeit sehr verschieden sein können. Daher erscheint es am besten, den Verbrauch dieser Industriegruppe bei der Bestimmung der saisonbedingten Verbrauchsschwankungen auszuschließen. Natürlich ist es trotzdem notwendig, bei weiteren Untersuchungen auch diese Verbraucher zu berücksichtigen, und zwar mit einem über alle Monate gleichmäßig verteiltem Verbrauch. Erst durch detaillierte Untersuchungen kann dann bestimmt werden, zu welchen Zeiten der Energiebedarf dieser Abnehmer gedeckt werden kann.

Die saisonmäßigen Verbrauchsschwankungen sind in den einzelnen Verbundsystemen sehr verschieden. Sie müssen daher für jedes System gesondert auf Grund von Erfahrungen aus vergangenen Jahren ermittelt werden.

Die Ermittlung von saisonbedingten Verbrauchsschwankungen soll an einem Beispiel gezeigt werden. In Abb. 13 sei der Monatsverbrauch in einem Verbundsystem für die Zeit von 1953 bis 1958 dargestellt. Der Verbrauch in den einzelnen Monaten ist in Abb. 13 auf die gleiche Tagesanzahl in allen Monaten umgerechnet, wobei vorausgesetzt sei, daß die Anzahl der Tage in einem solchen Monat dem Ausdruck (18) entspricht.

Falls noch eine genauere Reduktion des tatsächlichen Verbrauchs in den einzelnen Monaten erforderlich wäre, könnte die Anzahl der Werktage r' und die der Sonn- und Feiertage n' im einzelnen Monat und Jahr berücksichtigt werden. Diese ist dann mit dem Durchschnitt der Anzahl der Werktage r und Sonn- und Feiertage n in den untereinander abgeglichenen Monaten zu vergleichen. Unter weiterer Berücksichtigung des Verhältnisses des Verbrauchs an Sonn- und Feiertagen und an Werktagen w_n, das durch den Ausdruck (19) gegeben ist, kann der reduzierte Monatsverbrauch W_m aus der Beziehung

$$W_m = W'_m \frac{r + w_n \cdot n}{r' + w_n \cdot n'} \tag{43}$$

bestimmt werden.

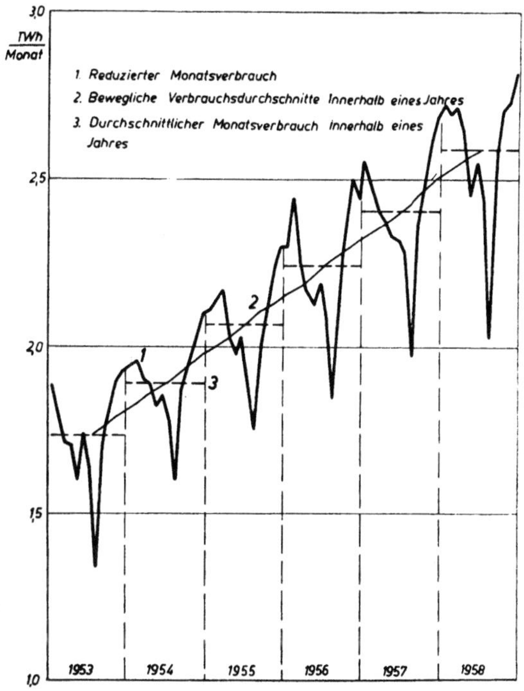

Abb. 13. Grundlegende Angaben zum Beispiel der Bestimmung von saisonmäßigen Verbrauchsschwankungen

Bei bekannten monatlichen Verbrauchswerten ist es daher möglich, die beweglichen Durchschnitte zu bestimmen, um aus den Verbrauchsschwankungen die Zuwachskomponente eliminieren zu können. Der erste Mittelwert, der aus den Angaben in Abb. 13 bestimmt werden kann, gilt für die Mitte des Abschnittes zwischen dem VI. und VII. Monat 1953 und wird aus der Beziehung

$$\overline{W}_{\text{VI}-\text{VII}} = \frac{1}{12} \sum_{\text{I. }53}^{\text{XII. }53} W_m \tag{44}$$

errechnet, während sich der zweite Mittelwert aus der Formel

$$\overline{W}_{\text{VII}-\text{VIII}} = \frac{1}{12} \sum_{\text{II. }53}^{\text{I. }54} W_m \tag{45}$$

usw. ergibt. Alle auf diese Weise errechneten Mittelwerte gelten für den Übergang zwischen zwei aufeinanderfolgenden Monaten. Für die Bestimmung des beweglichen Mittelwertes für Monatsmitte (z. B. Juli 1953) ist der Ausdruck

$$\overline{W}_{\mathrm{VII}} = \frac{1}{2}\left(\overline{W}_{\mathrm{VI-VII}} + \overline{W}_{\mathrm{VII-VIII}}\right) \tag{46}$$

anzuwenden. Analog werden auch die beweglichen Mittelwerte für die restlichen Monate im untersuchten Zeitintervall ermittelt. Natürlich ist es nicht möglich, die beweglichen Mittelwerte für die ersten und letzten sechs Monate des untersuchten Zeitabschnittes aufzustellen (falls keine Angaben über diesen Zeitabschnitt hinaus vorhanden sind).

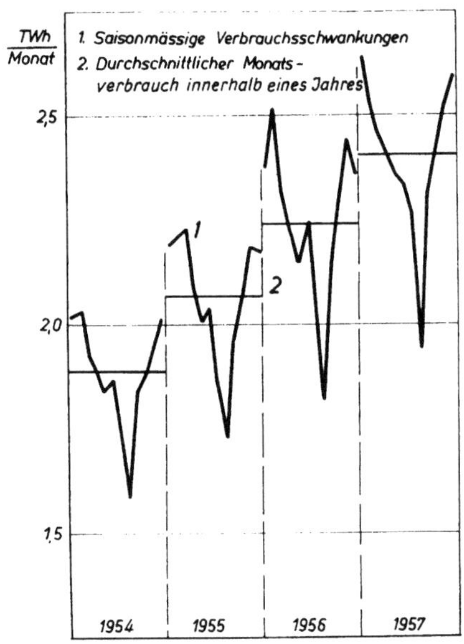

Abb. 14. Saisonmäßige Verbrauchsschwankungen unter der Voraussetzung, daß während des Jahres kein Anstieg des Verbrauchs eintritt (nach den Angaben in Abb. 13)

Die monatlichen Verbrauchsschwankungen um die beweglichen Mittelwerte stellen die Saisonschwankungen dar. Die Differenz zwischen dem monatlichen Verbrauch W_m und dem beweglichen Mittelwert im einzelnen Monat $\overline{W}_m$

$$\Delta W'_{ms} = W_m - \overline{W}_m \tag{47}$$

ist die Abweichung durch die saisonbedingten Verbrauchsschwankungen. Wenn jetzt zum durchschnittlichen Monatsverbrauch im Jahr $\overline{W}$ die saisonbedingten Abweichungen $\Delta W'_{ms}$ addiert werden, erhält man in diesem Fall die tatsächlichen Saisonschwankungen (Abb. 14) unter der Voraussetzung, daß während des Jahres keine Verbrauchssteigerung eingetreten ist, sondern daß der gesamte Zuwachs beim Übergang aus einem Jahr in das andere auftrat.

Nun ist es möglich, die relativen saisonmäßigen Verbrauchsschwankungen

$$w_s' = 1 + \frac{\Delta W'_{ms}}{\overline{W}} \tag{48}$$

für die einzelnen Monate in jedem Jahr zu bestimmen. Hat man eine größere Anzahl von Angaben als in diesem Falle zur Verfügung, ist es aus diesen Unterlagen möglich, mit genügender Genauigkeit den Median der relativen Saisonschwankungen w_{sm}, der die relative Saisonschwankung für jeden Monat charakterisiert, zu bestimmen. Als charakteristische Größe wurde ein Median gewählt, um den Einfluß der abnormal großen und kleinen Werte auszuschalten.

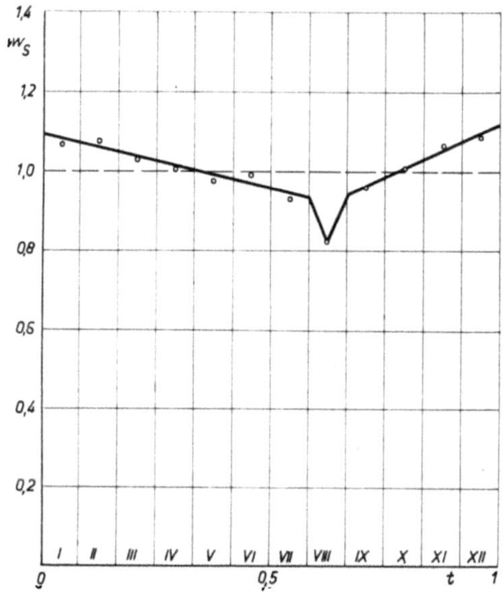

Abb. 15. Mediane der relativen saisonmäßigen Verbrauchsschwankungen und angenäherte Bestimmung der Saisonschwankungen (nach den Angaben in Abb. 13 und 14)

Die Mediane der Relativwerte, welche gemäß (48) bestimmt werden, sind in dem behandelten Beispiel durch Punkte in Abb. 15 dargestellt. Bei der Betrachtung der Verteilung der Relativwerte kann festgestellt werden, daß im gezeigten Beispiel die saisonmäßig bedingten Abweichungen im Zeitabschnitt Januar—Juli und September—Dezember angenähert mit einer Geraden dargestellt werden konnten. Der Relativwert im August weicht wegen der gemeinsamen Sommerferien, die auf dem Gebiete des untersuchten Verbundsystems üblich sind, von den anderen Werten ab. Die Annäherung durch eine Gerade ist bestimmt durch die Bedingung, daß das Quadrat der Differenz der Ordinaten einen Minimalwert darstellt. Auf Grund der Angaben in Abb. 15 kann geschätzt werden, daß sich die Werte für die einzelnen Monate noch mehr der Geraden, durch welche die Saisonschwankung angenähert wird, nähern würden, wenn man die beschriebene Reduktion auf die gleiche Anzahl von Werk- und Sonn- und Feiertagen in jedem Monat durchgeführt hätte. So gibt es z. B. in den Monaten Januar, Mai und Dezember eine größere Anzahl von Sonn- und Feiertagen, als dies der durchschnittlichen monatlichen Anzahl der Sonn- und Feiertage entspricht.

Selbstverständlich ist die Art der Annäherung der Saisonschwankungen abhängig von den Verhältnissen in den einzelnen Verbundsystemen.

Die Annäherung bedeutet demnach eine bestimmte funktionelle Beziehung, durch welche die Abhängigkeit der relativen Saisonschwankung w_s von der Zeit t (beziehungsweise vom Monat im Jahr) dargestellt wird. Mit Δw_s bestimmt man die Abweichungen vom Durchschnitt $w = 1$ durch den Ausdruck

$$\Delta w_s = w_s - 1 \tag{49}$$

c) Gesamte Verbrauchsschwankungen

Falls die Abweichungen vom Mittelwert der durch die Zunahme (42) erfolgten Schwankungen und die durch Saisonschwankungen bedingten Abweichungen (49) bekannt sind, kann die gesamte Verbrauchs-

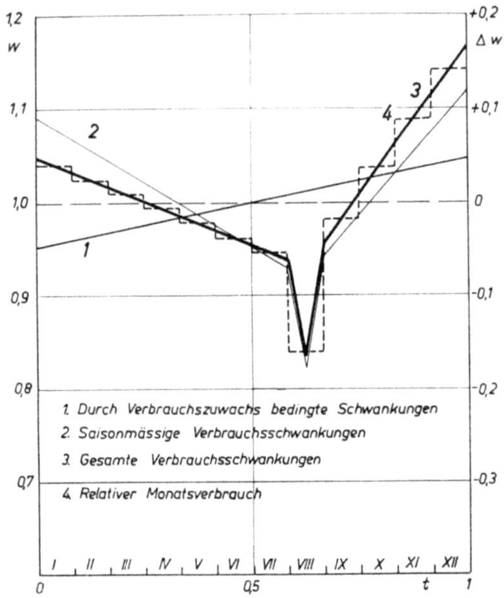

Abb. 16. Beispiel zur Bestimmung der gesamten Verbrauchsschwankungen während des Jahres

schwankung aus der Beziehung

$$w = 1 + \Delta w_p + \Delta w_s \tag{50}$$

errechnet werden, wie dies in Abb. 16 gezeigt wird.

Vorausgesetzt, daß im Monat alle Werk- und alle Sonn- und Feiertage untereinander gleich sind, bedeuten die gestrichelten Linien in Abb. 16 den Monatsverbrauch, der als Grundlage für die Bestimmung des Verbrauchs an Werktagen gemäß der Formel (21) dient. Bei bekannten Größen m (1), t_v (Länge der veränderlichen Belastungsdauer), α oder β (9) und w_v (20) errechnet man alle für die Ermittlung der notwendigen Energie und Leistung erforderlichen Daten. Alle genannten Größen müssen für das untersuchte Verbundsystem anhand von Angaben aus der Vergangenheit unter Berücksichtigung der Entwicklungstendenz bestimmt werden.

Falls Verbraucher, die während des Jahres wegen ihrer Abhängigkeit von den Wasserverhältnissen nur zeitweise arbeiten (Lichtbogenöfen, Aluminiumelektrolysen, Elektrokessel usw.) im Verhältnis zu anderen Verbrauchern einen wesentlichen Anteil des Verbrauchs darstellen, so ist es vorteilhaft, bei der Bestimmung der oben genannten charakteristischen Größen auf Grund von Angaben aus vorhergehenden Zeitabschnitten ihren Bedarf unberücksichtigt zu lassen. Man behandelt dann zuerst die Angaben über die erforderliche Energie und Leistung ohne diese Abnehmer und addiert dann zu diesen die Werte für die Energie und Leistung der oben genannten Verbraucher.

Es ist dann mit dem Gesamtbedarf möglich, weitere Untersuchungen zu beginnen.

d) Bestimmung der Schwankungen der übrigen Verbrauchscharakteristiken

Um die erforderlichen Verbrauchscharakteristiken zu bestimmen, genügen nicht allein Angaben über den Energiebedarf. Um die Aufteilung auf konstante und variable Energie und Leistung durchführen zu können, müssen noch zwei weitere Größen bekannt sein, wie z. B. die konstante Energie und die Maximalbelastung. Es können jedoch auch zwei andere Größen angegeben werden, z. B. das Verhältnis der veränderlichen zur konstanten Energie und der Belastungsfaktor, oder das Verhältnis zwischen der konstanten und maximalen Belastung und die Maximalbelastung usw. Zur Bestimmung der angenäherten Belastungsdauerlinie ist außerdem noch die Größe t_v und α oder β (Kapitel I, 1c) erforderlich, da in den oben angeführten Größen die Summe $\alpha + \beta$ bereits erfaßt ist.

Um die Gesamtschwankungen dieser Größen während eines Jahres zu bestimmen, kann das gleiche Verfahren, das in den bisherigen Abschnitten dieses Kapitels beschrieben wurde, angewendet werden, mit dem Unterschied, daß anstatt der Verbrauchssteigerung die Änderungstendenzen der in Frage kommenden charakteristischen Größen in Rechnung zu stellen sind.

II. Grundlegende Kennzeichen von Wasser- und Wärmekraftwerken

1. Energetische Charakteristiken von Kraftwerken

Die grundlegende Charakteristik eines Kraftwerkes ist seine installierte Leistung. Diese wird durch die arithmetische Summe der Nennleistungen der Generatoren (MVA) beziehungsweise durch die arithmetische Summe der Turbinenleistungen, gemessen an den Generatorklemmen (MW), definiert. Die installierte Leistung ist demnach die Nennleistung eines Kraftwerkes.

Für energiewirtschaftliche Untersuchungen ist es jedoch erforderlich, auch die Maximalleistung eines Kraftwerkes zu kennen, wobei der Betrieb der Maschinensätze in Verbindung mit allen übrigen Einrichtungen der Anlage zu berücksichtigen ist. Dagegen beachtet man bei der Bestimmung der installierten Leistung jedes Aggregat für sich ohne Rücksicht auf die übrigen Teile der Anlage. Die Maximalleistung ist daher jene erreichbare Höchstleistung, die von einem Kraftwerk unter der Voraussetzung, daß alle Anlageteile betriebsfähig sind, erzeugt werden kann. Für Wasserkraftwerke seien außerdem der optimale Durchfluß und das optimale Gefälle vorausgesetzt, für Wärmekraftwerke dagegen das Vorhandensein genügender Brennstoffmengen bestimmter Qualität und genügender Kühlwassermengen normaler Temperatur mit einem entsprechenden Reinheitsgrad für die Kondensatorkühlung. Bei Bestimmung der Maximalleistung wird nicht die Erreichung des optimalen Wirkungsgrades gefordert, doch sind die Einflüsse sämtlicher Anlagenteile zu berücksichtigen: bei Wasserkraftwerken die Dimensionen der Wasserzuführungen, der Druckleitung, des Wasserabflusses usw., bei Wärmekraftwerken die Leistung der Brennstoff-Transportanlagen und -Aufbereitung, der Kessel, des Aschentransportes, der Wasserzuführung und dergleichen. Man unterscheidet die Maximalleistung an den Generatorklemmen (maximale Bruttoleistung) und die maximale Leistung an den Klemmen der abgehenden Leitungen (maximale Nettoleistung).

Außer der bereits bei optimalen Betriebsbedingungen definierten Maximalleistung muß die verfügbare Leistung bekannt sein, wie auch die Größe der Maximalleistung, die in einem Kraftwerk zu einem bestimmten Zeitpunkt erzeugt werden kann. Dabei sind die tatsächlich auftretenden Verhältnisse zu berücksichtigen (Störungen, Reparaturen und Untersuchungen). Vorausgesetzt sei, daß keinerlei Begrenzungen hinsichtlich der Blindstromerzeugung bestehen. Bei der Bestimmung der verfügbaren Leistung eines Wasserkraftwerkes sind der verfügbare Wasserzufluß und das Gefälle in Betracht zu ziehen, bei Wärmekraftwerken die Qualität des Brennstoffes, die Wassermengen und deren Temperaturen. Auch in diesem Fall unterscheidet man die verfügbare Leistung an den Generatorklemmen und an den Klemmen der abgehenden Leitungen.

Bei Wasserkraftwerken besteht noch eine weitere charakteristische

Größe, die ihrer Bedeutung nach der installierten Leistung entspricht. Das ist die Größe des Ausbauzuflusses eines Wasserkraftwerkes. Dieser ist durch die maximale Durchflußmenge (m^3/sek), welche bei normalen Betriebsbedingungen unter Berücksichtigung sämtlicher Anlageteile ausgenützt werden kann, gegeben.

Weiters wird ein Wasserkraftwerk gekennzeichnet durch die mögliche mittlere Jahresstromerzeugung (GWh), die als arithmetischer Mittelwert der möglichen Jahreserzeugung in einer beobachteten, möglichst langen Reihe von Jahren bestimmt wird. Die mögliche Jahreserzeugung ist die maximale Stromerzeugung eines Wasserkraftwerkes, die bei Ausnützung der größtmöglichen Wassermenge unter optimalen Bedingungen möglich ist. Dabei ist die Begrenzung durch die Ausbaugröße des Werkes zu berücksichtigen. Bei der Bestimmung des Wasserzuflusses sind eine eventuell vorhandene eigene Wasserspeicherung wie auch Speicherungen anderer oberwasserseitig gelegener Wasserkraftwerke in Betracht zu ziehen. Außerdem ist ein unter Umständen erforderlicher Wasserbedarf für die Schiffahrt, landwirtschaftliche und ähnliche Zwecke zu beachten. Dabei muß vorausgesetzt werden, daß alle Anlagenteile einsatzfähig sind, daß keinerlei Beschränkungen der Energieabnahme vorliegen und keine Begrenzungen der Erzeugung durch Netzverhältnisse bestehen (Reserve, Blindstromerzeugung, Frequenzregulierung u. ä.).

Im Gegensatz zu den Wasserkraftwerken besteht bei Wärmekraftwerken nicht die Notwendigkeit, getrennt die mögliche Jahresstromerzeugung zu bestimmen, da diese proportional der Maximalleistung ist. Vorausgesetzt wird, daß unbegrenzte Brennstoffmengen zur Verfügung stehen, was praktisch stets der Fall sein dürfte. Für Untersuchungen und Instandhaltung kann man etwa 1000 h/Jahr annehmen [10]. Außerdem ist die Stromerzeugung von Wärmekraftwerken hauptsächlich von der Möglichkeit des Energieabsatzes und erst in zweiter Linie von der technischen Möglichkeit der Stromerzeugung abhängig.

Je nach dem Vorhandensein und der Größe eines Speicherbeckens gibt es Laufwerke, Speicherwerke mit Tagesspeicherung und Speicherwerke mit Saisonspeicherung. Zu unterscheiden sind der geometrische und der Nutzinhalt eines Speicherbeckens. Der geometrische Inhalt ist das gesamte Wasservolumen, das zwischen dem Boden des Speicherbeckens und dessen Höchstwasserspiegel gespeichert werden kann. Der Nutzinhalt ist dagegen der Wasserinhalt zwischen den Marken des höchsten und tiefsten Wasserspiegels bei Normalbetrieb, der bei normalen Betriebsverhältnissen ausgenützt werden kann. Die niedrigste Wassermarke muß nicht mit dem tiefsten Wasserstand bei der Entleerung des Speicherbeckens zwecks Revisionen und Instandsetzungen identisch sein. Bei energiewirtschaftlichen Betrachtungen ist der Nutzinhalt eines Speicherbeckens von besonderer Bedeutung.

Um die Beziehung zwischen dem Nutzinhalt und der Größe eines Wasserkraftwerkes zu definieren, wurde der Begriff der Entleerungsdauer eines Speicherbeckens eingeführt. Darunter ist die kürzeste erforderliche Durchflußzeit des Nutzinhaltes durch die Turbinen zu verstehen, vorausgesetzt, daß inzwischen dem Staubecken kein Wasser zugeführt wurde. Laufkraftwerke sind jene Wasserkraftwerke, deren Wasserspeicherung in weniger als zwei Stunden verbraucht wird. Für die Entleerung des Speicherbeckens eines Wasserkraftwerkes mit Tagesspeicherung werden 2 Stunden bis 400 Stunden benötigt, wogegen für die Entleerung des Speicherbeckens bei einem Wasserkraftwerk mit Saisonspeicherung über 400 Stunden zu rechnen sind [11].

Der Nutzinhalt kann auch als relativer Inhalt im Verhältnis zur innerhalb eines Jahres zufließenden Gesamtwassermenge dargestellt werden.

Außerdem kann ein Speicherbecken durch seinen energetischen Wert gekennzeichnet werden. Darunter ist jene elektrische Energie zu verstehen, die im zugehörigen Wasserkraftwerk und in allen weiteren unterwasserseitig gelegenen Wasserkraftwerken bei Entleerung des Nutzinhaltes ohne Wasserzufluß in das Staubecken und ohne Wasserverluste erzeugt werden könnte.

2. Leistung und mögliche Stromerzeugung eines Wasserkraftwerkes

Die in einem Wasserkraftwerk an den Generatorklemmen erzeugte Leistung ist durch die Formel

$$P = 9{,}81\, Q \cdot H \cdot \eta \text{ kW} \tag{51}$$

ausgedrückt. Darin ist Q die durch die Turbinen durchfließende Wassermenge in m^3/sek, H das Nettogefälle in m und η der Wirkungsgrad des Maschinensatzes (Produkt des Wirkungsgrades der Turbine und des Generators). Um die Leistung an den Klemmen der abgehenden Leitungen zu bestimmen, muß der Wirkungsgrad der Transformatoren η_{tr} und das Verhältnis s zwischen der Leistung des Eigenverbrauchs und der Leistung an den Klemmen der abgehenden Leitungen gemäß

$$P = 9{,}81\, Q \cdot H\,(1 - s)\,\eta \cdot \eta_{tr} \tag{52}$$

berücksichtigt werden.

Die für den Eigenbedarf benötigte Leistung bewegt sich in Wasserkraftwerken zwischen 0,25 bis 2,5% der installierten Leistung [12]. Die oberen Werte beziehen sich auf Niederdruckwasserkraftwerke bis 30 m (abhängig von der Art des Antriebes der Erregermaschine und der Kühlwasserleitung), die unteren Werte gelten für Hochdruckwasserkraftwerke.

Wenn die grundlegenden Kennwerte der Maschinensätze noch nicht festliegen, kann bei Vorprojekten von Wasserkraftwerken die Leistung nach der Formel

$$P = k \cdot Q \cdot H \tag{53}$$

bestimmt werden, wobei k eine Konstante der Größe 7,5 bis 8,0 bedeutet. Der Wert $k = 8$ gilt für Aggregate mit einer Leistung $P \geqq 10$ MW, während für Maschinensätze mit einer Leistung $P = 1$ MW $k = 7{,}5$

beträgt [13]. Dort, wo kleinere Änderungen des Bruttogefälles in Frage kommen, kann an Stelle des tatsächlichen Nettogefälles in den Ausdruck (53) das mittlere energetische Nettogefälle eingesetzt werden, welches sich aus dem Ausdruck

$$H_n = \frac{2}{3} H' + \frac{1}{3} H'' \tag{54}$$

ergibt. Darin bedeutet H' das Nettogefälle bei Maximallast und H'' das Nettogefälle bei mittlerer Belastung oder bei der mittleren nutzbaren Durchflußmenge [13].

Die mögliche Stromerzeugung eines Wasserkraftwerkes an den Generatorklemmen wird durch den Ausdruck

$$W = \frac{9.81}{3600} \int_0^T Q \cdot H \cdot \eta \, dt \text{ kWh} \tag{55}$$

bestimmt, während für die Stromerzeugung an den Klemmen der abgehenden Leitungen gemäß dem analogen Ausdruck die Beziehung (52) anzuwenden ist. Unter Berücksichtigung der Formel (53) und der Beziehung für das mittlere Energiegefälle (54) ergibt sich der Ausdruck

$$W = \frac{k H_n}{3600} \int_0^T Q \, dt \text{ kWh} \tag{56}$$

Die Zeit t wird in Sekunden eingesetzt, die Stromerzeugung in kWh ausgedrückt, weswegen in den Nenner 3600 einzusetzen ist. Der Wert des Integrals stellt das Wasservolumen V_i, das in der Zeit T entsprechend der Ausbaugröße Q_i eines Wasserkraftwerkes ausgenützt werden kann, dar. Die mögliche Stromerzeugung eines Wasserkraftwerkes beträgt demnach

$$W = \frac{k H_n V_i}{3600} \tag{57}$$

Auf Grund der angegebenen Formeln wird die mögliche Tages-, Monats- und Jahresstromerzeugung bestimmt. Diese Angaben bieten jedoch keinen Einblick in die Verteilung der Stromerzeugung während des Tages, was aber für die Bestimmung der Absatzmöglichkeit der Energie von großer Bedeutung ist. Deshalb muß nun die Möglichkeit bestehen, die gesamte mögliche Stromerzeugung auf die mögliche Erzeugung zur Zeit der Hochlast und der Tieflast beziehungsweise in veränderliche und konstante Stromerzeugung aufzuteilen. Diese Aufteilung der Gesamterzeugung auf die Zeiten der Hoch- und Tieflast wie auf variable und konstante Stromerzeugung erfolgt anhand des Tagesbelastungsdiagramms, wie des im Kapitel I, 1 b dargestellt wurde.

3. Die Aufteilung der möglichen Stromerzeugung eines Wasserkraftwerkes auf variable und konstante Energie

Vorerst soll die variable und die konstante Stromerzeugung eines Wasserkraftwerkes bestimmt werden. Wie später gezeigt wird, ist nämlich diese Art der Aufteilung interessanter, und außerdem ist der Übergang auf die Stromerzeugung in den Zeiten der Hoch- und Tieflast einfach.

Unter der variablen Stromerzeugung ist jene Energiemenge zu verstehen, die ein Wasserkraftwerk bei einer beliebigen Leistung

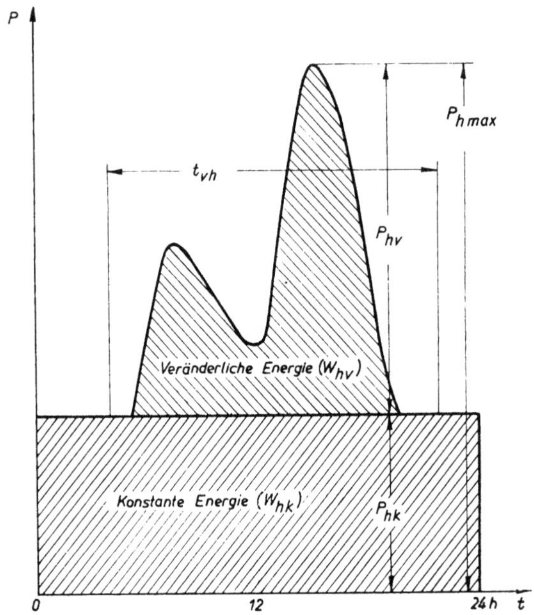

Abb. 17. Aufteilung der Stromerzeugung von Wasserkraftwerken auf veränderliche und konstante Energie

(zwischen der konstanten und maximalen Leistung) in den Zeiten hoher Belastung liefern kann, ohne daß dabei ein Wasserüberlauf entsteht. Die konstante Stromerzeugung ist jene, welche ein Wasserkraftwerk bei konstanter Leistung abgeben muß, um Wasserüberläufe zu vermeiden. In Abb. 17 ist die Aufteilung auf variable und konstante Stromerzeugung im Tagesbelastungsdiagramm eines Wasserkraftwerkes gezeigt.

a) Der maximal erforderliche Energiewert der Speicherung

Man bestimmt vorerst den erforderlichen Energiewert der Speicherung unter der Bedingung, daß eine größtmögliche veränderliche Stromlieferung in einer möglichst kurzen Zeit bei der größten möglichen Leistung ohne Überlauf erreicht werde. Es sei im untersuchten Zeitabschnitt $P_{h\,\max}$ die Maximalleistung des Wasserkraftwerkes und P_h jene Kraftwerksleistung, die das Wasserkraftwerk besitzen sollte, wenn man das Betriebswasser so ausnützen wollte, wie dies dem natürlichen Wasserzufluß entspricht.

Ausgehend von kleinen Zuflußmengen beziehungsweise kleiner Leistung P_h (Abb. 18) ist es wegen der bestehenden Speichermöglichkeit und der kleinen Leistung P_h möglich, die gesamte dem Wasserkraftwerk zufließende Wassermenge in Zeiten großer Belastung für die Stromerzeugung auszunützen. Im Zeitabschnitt von r Werk- und n Sonn- und Feiertagen beträgt die Gesamtstromerzeugung

$$W_{hm} = 24\,(r + n)\,P_h \tag{58}$$

Da die gesamte Stromerzeugung an Werktagen bei Ausnützung der Maximalleistung in t'_{vh} Stunden/Tag (Abb. 18) erfolgt, beträgt die gesamte Erzeugung

$$W_{hm} = r\,t'_{vh}\,P_{h\max} \tag{59}$$

Dem gegenüber besteht an Sonn- und Feiertagen kein Bedarf für veränderliche Stromerzeugung, wie dies bereits bei der Bestimmung der Monats-Belastungsdauerlinie im Kapitel I, 2b vorausgesetzt wurde. Gleichzeitig werden auch an jenen Tagen im Vergleich zum werktäglichen Energiebedarf geringere Energiemengen benötigt. Diese Voraussetzung ist um so mehr gerechtfertigt, da an Werktagen mit nachfolgendem Sonn- bzw. Feiertag meistens der Stromverbrauch geringer ist. Es ist demnach anzunehmen, daß der sonntägige variable Strombedarf durch den kleineren Stromverbrauch des vorangehenden Werktages gedeckt werden kann. Deshalb wird an Tagen, an denen

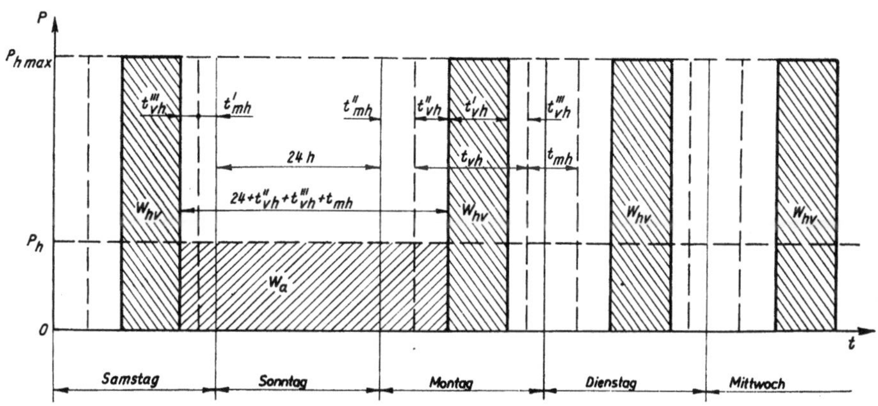

Abb. 18. Der erforderliche Energiespeicherungswert W_a bei geringem Wasserdargebot bzw. kleiner mittlerer Leistung P_h

nicht gearbeitet wird, das Speicherbecken gefüllt, um die Stromerzeugung an Werktagen erhöhen zu können. Da die Stromerzeugung auf einen Zeitabschnitt hoher Belastung t'_{vh} konzentriert ist, füllt sich das Speicherbecken auch in den Zeiten t''_{vh}, t'''_{vh} und t_{mh} (Abb. 18). Um den gesamten Wasserzufluß während eines Sonn- oder Feiertags und während der Zeit $t'''_{vh} + t'_{mh}$ am vorangehenden Werktag und während der Zeit $t''_{mh} + t''_{vh}$ am nachfolgenden Werktag speichern zu können, ist der folgende Energiewert der Speicherung erforderlich:

$$W_a = (24 + t_{mh} + t''_{vh} + t'''_{vh})\,P_h \tag{60}$$

Unter Berücksichtigung, daß gemäß Abb. 18

$$t_{mh} + t''_{vh} + t'''_{vh} = 24 - t'_{vh} \tag{61}$$

ist und daß man für P_h und t'_{vh} die Werte von (58) und (59) einsetzen darf, erhält man den Ausdruck für den erforderlichen Energiespeicherungswert

$$W_a = \frac{W_{hm}}{24\,(r+n)}\left(2 \cdot 24 - \frac{W_{hm}}{r\,P_{h\max}}\right) \tag{62}$$

Für das untersuchte Verbundsystem ist in obiger Formel der benötigte Energiespeicherungswert eine Funktion der gesamten Stromerzeugung des untersuchten Wasserkraftwerkes.

Um relative Werte einzuführen, soll die relative Erzeugung im untersuchten Zeitabschnitt mit

$$w_m = \frac{W_{hm}}{24\,(r+n)\,P_{h\max}} \tag{63}$$

und der relative Speicherungswert mit

$$a = \frac{W_a}{24\,P_{h\max}} \tag{64}$$

definiert werden.

Daher kann der Ausdruck (62) in der Form

$$a = w_m\left(2 - \frac{r+n}{r} \cdot w_m\right) \tag{65}$$

dargestellt werden.

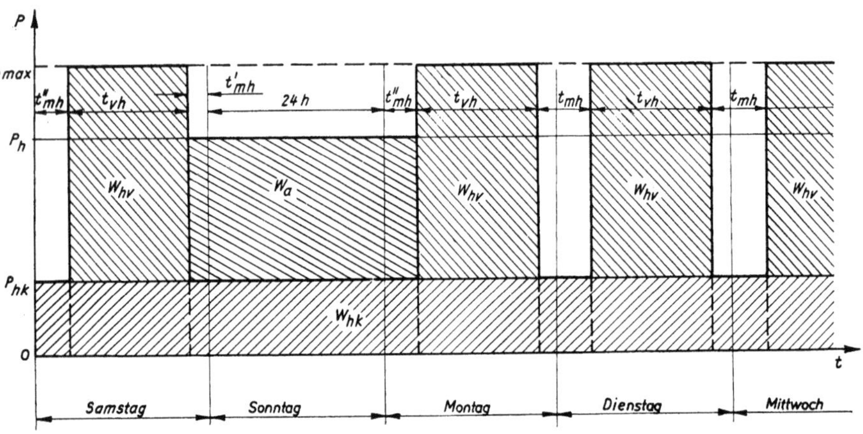

Abb. 19. Der erforderliche Energiespeicherungswert W_a bei großem Wasserdargebot bzw. größerer mittlerer Leistung P_h

Es soll jetzt der Fall untersucht werden, daß P_h groß ist bzw. so groß sei, daß es im Zeitabschnitt der Hochlast nicht möglich ist, die gesamte Wassermenge auszunützen (Abb. 19). Um einen Überlauf zu vermeiden, wird das Wasser für die konstante Stromerzeugung ausgenützt. Die Gesamterzeugung im untersuchten Zeitabschnitt kann daher in der Form

$$W_{hm} = 24\,(r + n)\,P_{hk} + r\,t_{vh}\,(P_{h\,\max} - P_{hk}) \tag{66}$$

ausgedrückt werden, worin mit P_{hk} die konstante Leistung bezeichnet wird, mit der das Wasserkraftwerk Sonn- und Feiertags und im Zeitabschnitt der Tieflast an Werktagen arbeitet. Um die gesamte während eines Sonn- bzw. Feiertags und in der Zeit t'_{mh} eines Werktags vor einem Sonn- oder Feiertag und in der Zeit t''_{mh} eines Werktags nach einem Sonn- oder Feiertag zufließende Wassermenge aufspeichern zu können, muß der Energiespeicherungswert

$$W_a = (24 + t_{mh})\,(P_h - P_{hk}) \tag{67}$$

betragen. Bei Einsetzung von $24 - t_{vh}$ für t_{mh} und der Ausdrücke für P_h und P_{hk} aus den Formeln (58) und (66) ergibt sich

$$W_a = \frac{r\,t_{vh}\,(2 \cdot 24 - t_{vh})}{24\,(r + n) - r\,t_{vh}} \left[P_{h\,\max} - \frac{W_{hm}}{24\,(r + n)}\right] \tag{68}$$

Mit Einführung der relativen Werte aus (63) und (64) erhält man

$$a = \frac{r\,t_{vh}}{24} \cdot \frac{2 \cdot 24 - t_{vh}}{24\,(r + n) - r\,t_{vh}}\,(1 - w_m) \tag{69}$$

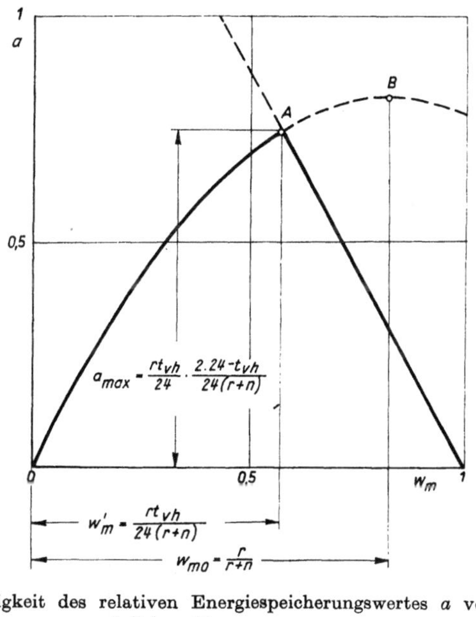

Abb. 20. Abhängigkeit des relativen Energiespeicherungswertes a von der relativen möglichen Stromerzeugung w_m

Auch jetzt ist der erforderliche Energiewert der Speicherung für das behandelte Wasserkraftwerk im untersuchten Verbundsystem eine Funktion der gesamten möglichen Stromerzeugung.

Die Parabel (65) und die Gerade (69) schneiden sich im Punkt A (Abb. 20). Dieser Schnittpunkt bedeutet den größten relativen Energiespeicherungswert, der für die größtmögliche Stromerzeugung in Zeiten der Hochlast bzw. für die größtmögliche Erzeugung der variablen Energie erforderlich ist. Der größte relative Energiespeicherungswert $a_{\max}$ wird erreicht, wenn das Wasserkraftwerk die relative mögliche Stromerzeugung

$$w'_m = \frac{r\, t_{vh}}{24\,(r + n)} \tag{70}$$

hat, da dies der Wert der Abszisse des Schnittpunktes der Parabel und der Geraden ist. Indem man den Ausdruck (70) in die Formeln (65) oder (69) einsetzt, erhält man

$$a_{\max} = \frac{r\, t_{vh}}{24} \cdot \frac{2 \cdot 24 - t_{vh}}{24\,(r + n)} \tag{71}$$

Die Ordinate des Schnittpunktes zwischen der Parabel und der Geraden bedeutet den maximalen erforderlichen Energiewert der Speicherung, weil der Scheitelpunkt B (Abb. 20) der Parabel stets rechts vom Schnittpunkt A liegt. Der auf der Parabel liegende Punkt B (65) mit der Abszisse $\frac{r}{r + n}$ wird stets größer als w'_m (70), weil t_{vh} stets kleiner als 24 h ist.

Es wird darauf hingewiesen, daß t_{vh} nicht mit der Größe t_v, von der im Kapitel I, 1 c die Rede ist, zu verwechseln ist. Die Größe t_v bedeutet nämlich die Dauer der veränderlichen Belastung, während dagegen die Zeit t_{vh} zwecks Sicherung des Stromabsatzes aus dem Wasserkraftwerk kürzer sein muß.

Diese Frage soll noch im Kapitel IV behandelt werden.

Der Ausdruck (71) gilt im Sinne der Ableitung für den Fall, daß nach r Werktagen ein Sonntag oder Feiertag folgt, und zwar für ein beliebiges „r“.

Im Fall, daß z. B. nach r Werktagen zwei Feiertage („Nicht-Werktage“) folgen würden, kommt man analog zum nachstehenden Ausdruck für den maximal erforderlichen Energiespeicherungswert:

$$a_{\max} = \frac{r'\, t_{vh}}{24} \cdot \frac{3 \cdot 24 - t_{vh}}{24\,(r' + n')} \tag{72}$$

Sobald $a_{\max}$ bekannt ist, kann man die mögliche veränderliche und konstante Stromerzeugungsmöglichkeit bestimmen.

b) Die mögliche variable und konstante Stromerzeugung

Bei der Bestimmung der variablen und konstanten Energiemenge unterscheidet man zwei Fälle.

Der erste Fall, daß der nutzbare Energiewert der Speicherung a_k größer ist als der maximal erforderliche Wert $a_{\max}$, der durch die Beziehung (71) bestimmt bzw. bei Erfüllung der Ungleichung

$$a_k \geqq a_{\max} \tag{73}$$

ist.

Der zweite Fall, wenn die Ungleichung

$$a_k < a_{\max} \tag{74}$$

erfüllt wird.

Zuerst soll der Fall, der durch die Ungleichung (73) dargestellt ist, betrachtet werden. Bei kleinen Zuflußmengen, d. h. für kleine Werte von P_h, liegen die Verhältnisse wie sie in Abb. 18 dargestellt sind. Dann ist die mögliche variable Stromerzeugung im betrachteten Zeitabschnitt gleich der möglichen Gesamterzeugung. Mit anderen Worten, die gesamte Stromerzeugung kann in den Zeiten der Hochlast erfolgen. Indem man die relative Erzeugung der variablen Energie w_v analog dem Ausdruck (63) definiert, erhält man die Beziehung

$$w_v = w_m \tag{75}$$

Dieser Ausdruck gilt in den Grenzen

$$0 \leqq W_{hm} \leqq r\, t_{vh} \cdot P_{h\max} \tag{76}$$

bzw. in relativen Größen dargestellt,

$$0 \leqq w_m \leqq \frac{r\, t_{vh}}{24\,(r+n)} \tag{77}$$

Die Verhältnisse für größere Zuflußmengen bzw. größere Stromerzeugung sind in Abb. 19 gezeigt. In diesem Falle ist die mögliche veränderliche Stromerzeugung

$$W_{hv} = r\, t_{vh}\,(P_{h\max} - P_{hk}) \tag{78}$$

Wenn man für P_{hk} die Werte aus (66) einsetzt, erhält man aus diesem Ausdruck

$$W_{hv} = \frac{r\, t_{vh}}{24\,(r+n) - r\, t_{vh}}\,[24\, P_{h\max}\,(r+n) - W_{hm}] \tag{79}$$

Nach Einführung relativer Größen wird

$$w_v = \frac{r\, t_{vh}}{24\,(r+n) - r\, t_{vh}}\,(1 - w_m) \tag{80}$$

Dieser Ausdruck (80) gilt für

$$\frac{r\, t_{vh}}{24\,(r+n)} \leqq w_m \leqq 1 \tag{81}$$

Demnach beträgt die relative Gesamterzeugung

$$w'_m = \frac{r\, t_{vh}}{24\,(r+n)} \tag{82}$$

wobei die Art, wie die variable Energiemenge zu bestimmen ist, von ihr abhängt. Wenn nämlich die relative Gesamterzeugung $w_m \leqq w'_m$ ist, wird die relative variable Energiemenge gemäß (75) ermittelt; wenn aber $w_m \geqq w'_m$ ist, ist der Ausdruck (80) anzuwenden.

Jedoch ist es zweckmäßiger, zuerst die konstante Energiemenge zu bestimmen. Man kann demnach aus der Bedingung, daß die Summe der konstanten und variablen Energie gleich der Gesamtenergie ist, die variable Energiemenge errechnen. Demnach ist bei $w_m \leqq w'_m$ die relative konstante Energiemenge $w_k = 0$; wenn aber $w_m \geqq w'_m$ ist, dann wird

$$w_k = \frac{24\,(r + n)\,w_m - r\,t_{vh}}{24\,(r + n) - r\,t_{vh}} \tag{83}$$

In Abb. 21 sind die Beziehungen $w_v = f\,(w_m)$ und $w_k = f\,(w_m)$ dargestellt. Die größte variable Energiemenge kann erzeugt werden, wenn die Gesamterzeugung den Wert w'_m (82) erreicht.

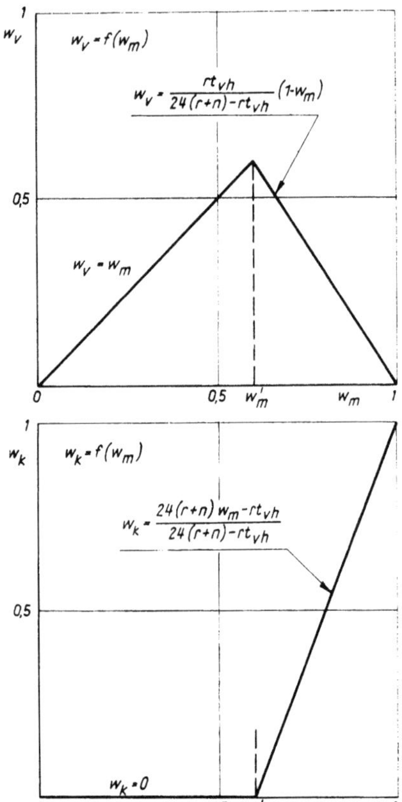

Abb. 21. Die veränderliche relative Stromerzeugung w_v und konstante relative Stromerzeugung w_k in Abhängigkeit von der relativen möglichen Stromerzeugung w_m für $a_k \geqq a_{\max}$

Nun soll der Fall für die Erfüllung der Ungleichung (74) untersucht werden.

Bei sehr kleinen Leistungen P_h bzw. sehr kleiner Stromerzeugung liegen auch für diesen Fall die Verhältnisse wie dies in Abb. 18 gezeigt wird. Daher gilt für die Bestimmung der variablen Energie die Beziehung (75). Bis zu welchen Grenzen die Formel (75) angewendet werden kann, wird durch den Ausdruck (65), der den in Abb. 18 dargestellten Verhältnissen entspricht, bestimmt. Jedoch ist nun anstatt a der nutzbare Energiewert der Speicherung a_k zu setzen. Die Grenze für die Gültigkeit der Formel (75) ist demnach

$$w''_m = \frac{r}{r+n}\left(1 - \sqrt{1 - \frac{r+n}{r} \cdot a_k}\right) \tag{84}$$

wobei für $a_k = a_{\max}$ des Ausdrucks (71) in die Formel (82) übergeht. Das positive Vorzeichen vor der Wurzel ist ohne Bedeutung, da w''_m

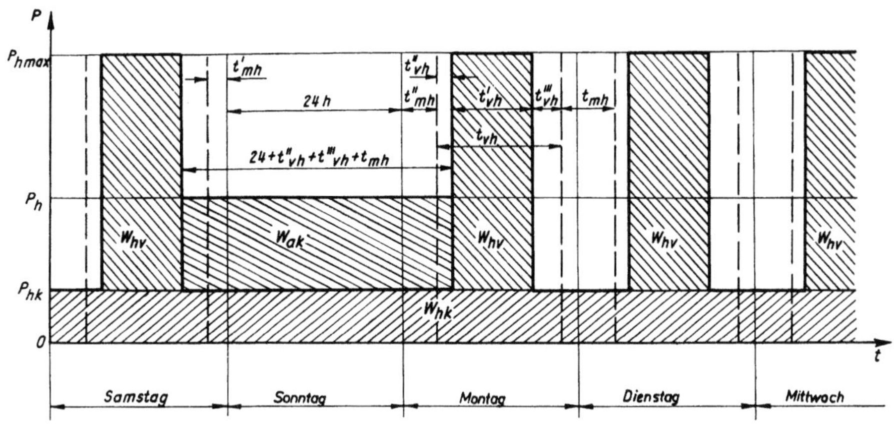

Abb. 22. Veränderliche und konstante Energieerzeugung für $a_k > a_{\max}$ und $w''_m \leqq w_m \leqq w'''_m$

dann praktisch stets größer als 1 wäre, was jedoch gemäß der Definition für die relativ mögliche Erzeugung bedeutungslos ist. Dementsprechend gilt für

$$0 \leqq w_m \leqq w''_m \tag{85}$$

die Beziehung (75).

Die Verhältnisse für eine relative Gesamterzeugung, die größer als w''_m (84) ist, sind in Abb. 22 dargestellt. Die variable Stromerzeugung beträgt in diesem Falle

$$W_{hv} = rt'_{vh}\,(P_{h\max} - P_{hk}) \tag{86}$$

Der Zusammenhang des nutzbaren Energiewertes einer Speicherung und der konstanten Leistung ist dagegen aus der Formel

$$W_{ak} = (2 \cdot 24 - t'_{vh})\,(P_h - P_{hk}) \tag{87}$$

ersichtlich, und es gilt daher für die variable Stromerzeugung

$$W_{hv} = r\,t'_{vh}\left[P_{h\max} - \frac{W_{hm}}{24\,(r+n)} + \frac{W_{ak}}{2 \cdot 24 - t'_{vh}}\right] \tag{88}$$

Bei Berücksichtigung der relativen Werte (63) und (64) lautet der Ausdruck (88)

$$w_v = \frac{rt'_{vh}}{24\,(r+n)}\left(1 - w_m + \frac{24}{2 \cdot 24 - t'_{vh}} \cdot a_k\right) \tag{89}$$

Durch den Ausdruck für die relative konstante Energie w_k kann auch die konstante Energie W_{hkd} für einen Tag mit

$$W_{hkd} = 24\, P_{h\,\max}\, w_k \tag{99}$$

dargestellt werden. Es ist hiebei gleichgültig, ob es sich um einen Werk- oder Sonn-(Feier-)tag handelt, da keine Unterschiede in bezug auf konstante Energie bestehen.

Außer der Tagesenergie sind häufig auch Unterlagen über die monatlichen konstanten und variablen Energiemengen von Bedeutung. Bei Bestimmung dieser Energiemengen wurde vorausgesetzt, daß z. B. auf einen Sonntag 6 Werktage, dann ein Sonntag und wieder 6 Werktage usw. folgen. Demnach besteht das Verhältnis $\frac{r}{r+n} = \frac{6}{7} = 0{,}857$. Bei Betrachtung eines Monats wird allerdings dieses Verhältnis nicht eingehalten, ebenso wird auch nicht die Reihenfolge der Sonn- und Werktage übereinstimmen. In einer genauen Rechnung müßte man nämlich alle möglichen Kombinationen für die Variationen von Sonn-(Feier-) und Werktagen, wie auch die tatsächlichen Verhältnisse, die in den einzelnen Monaten auftreten, unter Berücksichtigung der beweglichen Feiertage behandeln. Bekanntlich gibt es Feiertage, die datummäßig festliegen, jedoch auf verschiedene Wochentage fallen, und Feiertage, die an einen bestimmten Wochentag gebunden sind, nicht aber an ein bestimmtes Datum. Alle diese Umstände verursachen beträchtliche Schwierigkeiten, ohne jedoch im Verhältnis zu diesen eine wesentlich größere Genauigkeit der Rechnung zu ergeben. Deshalb sei, wie bereits im Kapitel I, 2b gezeigt wurde, vorausgesetzt, daß in allen Monaten die gleiche Anzahl von Werk- und Sonn-(Feier-)tagen auftritt. Diese soll der durchschnittlichen monatlichen Anzahl der Werk- und Sonn- bzw. Feiertage entsprechen. Um die veränderlichen und konstanten Energiemengen zu bestimmen, ist daher diese durchschnittliche Anzahl in die Formeln einzusetzen. Wenn durchschnittlich $r = 25$ Tage vorausgesetzt werden, ist das Verhältnis $\frac{r}{r+n} = 0{,}822$. Damit entsteht im Vergleich zu einer Woche mit einem Sonn- bzw. Feiertag ein Unterschied von 4,2%. Wenn man berücksichtigt, daß der Monatsbedarf an veränderlicher und konstanter Energie (Kapitel I, 2b) unter Voraussetzung der gleichen Anzahl der monatlichen Werk- und Sonn-(Feier-)tage bestimmt wurde, ist der Einfluß dieser Ungenauigkeit noch geringer.

Aus den relativen veränderlichen und konstanten Energiemengen w_v und w_k bestimmt man die monatliche veränderliche und konstante Energie unter analoger Anwendung der Formel (63).

d) Ausnützung der veränderlichen Energie

Die variable Energiemenge wird unter der Voraussetzung bestimmt, daß die größtmögliche Strommenge in der kürzest möglichen Zeit durch die größte mögliche Leistung erzeugt wird; das bedeutet: unter den schwersten Bedingungen in bezug auf die Ausnutzung des Speicherbeckens. Bei den Betrachtungen sind im Kapitel II, 3b gerade deshalb die Belastungsdiagramme durch Rechtecke dargestellt. Unterdessen ist es möglich, in allen Fällen, wenn für $a_k \geqq a_{\max}$ die Ungleichung

$$w_m < \frac{r\, t_{vh}}{24\,(r+n)} \tag{100}$$

und für $a_k < a_{\max}$ die Ungleichung

$$w_m < 1 - \frac{24}{r\, t_v} \cdot \frac{24\,(r+n) - r\, t_{vh}}{2 \cdot 24 - t_{vh}}\, a_k \tag{101}$$

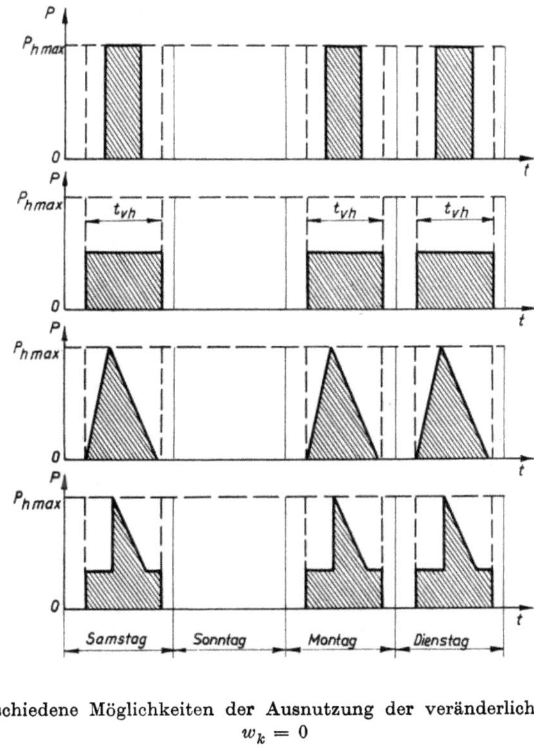

Abb. 24. Verschiedene Möglichkeiten der Ausnutzung der veränderlichen Energie für $w_k = 0$

befriedigt werden kann, die Erzeugung der variablen Energie im Rahmen eines beliebigen Belastungsdiagramms zu realisieren. Allerdings unter der Bedingung, daß die Maximallast nicht größer als die Maximalleistung des Wasserkraftwerkes ist. Verschiedene Möglichkeiten dafür sind in Abb. 24 und 25 dargestellt.

In Fällen, wo die Ungleichungen (100) und (101) nicht befriedigt werden, ist es nicht möglich, ohne Wasserverluste von der rechteckigen

Form des Diagramms (Abb. 19) abzugehen. Deshalb muß t_{vh} so gewählt werden, daß $t_{vh} < t_v$ ist.

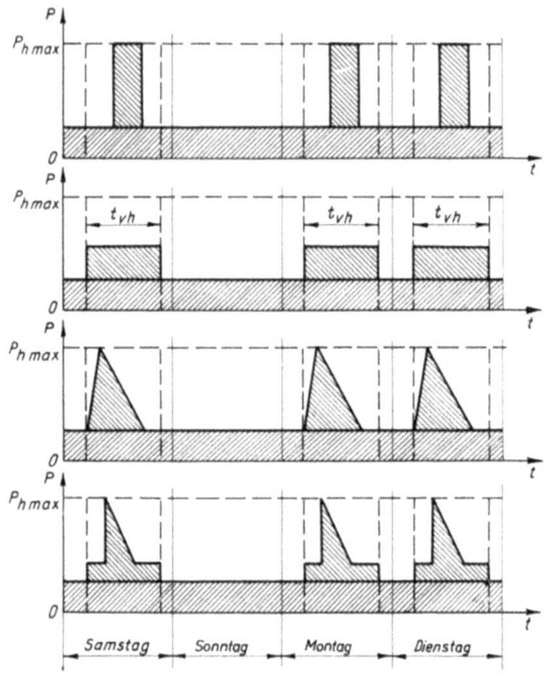

Abb. 25. Verschiedene Möglichkeiten der Ausnutzung der veränderlichen Energie für $w_k \neq 0$ und $a_k < a_{\max}$

e) Bestimmung der möglichen Stromerzeugung in Zeiten der Hoch- und Tieflast

Bei bekannter veränderlicher und konstanter Energie ist, wie bereits erwähnt, die mögliche Stromerzeugung in den Zeiten der Hoch- und Tieflast auf einfache Weise zu bestimmen. Die gesamte variable Energie fällt in die Zeitabschnitte der Hochlast, während auf die konstante Stromerzeugung in dieser Zeit nur ein Teil, der proportional der Dauer der Hochlast ist, entfällt. Daher beträgt die mögliche Stromerzeugung in Zeiten hoher Belastungen

$$w_g = w_v + w_k \frac{r\,t_v}{24\,(r + n)} \tag{102}$$

und in Zeiten kleiner Belastungen

$$w_{kl} = w_k \left[1 - \frac{r\,t_v}{24\,(r + n)}\right] \tag{103}$$

4. Der Einfluß der oberwasserseitigen Speicherungen auf die Erzeugung der veränderlichen und konstanten Energie

Die Betrachtungen des vorherigen Abschnittes gelten nur für den Fall, wo ein konstanter Zufluß in die Speicherung besteht. Diese Bedingung ist stets erfüllt, wenn auf der Oberwasserseite des untersuchten Wasserkraftwerkes kein Speicherwerk besteht. Vom oberwasserseitigen Speicherwerk wird das in das unterwasserseitige Speicherbecken zufließende Wasser so ausgenützt, wie das im vorigen Kapitel dargestellt wurde. Dadurch wird das unterwasserseitige Wasserkraftwerk durch das oberwasserseitige beeinflußt. Um diese Beeinflussung zu erfassen, muß das Verhältnis der in das Speicherbecken des oberwasserseitigen Kraftwerkes zufließenden Wassermenge V_1 und der in das Staubecken des unterwasserseitigen Kraftwerkes zufließenden Wassermenge V_2 berücksichtigt werden. Die Wassermenge V_2 setzt sich zusammen aus dem Zufluß in das Speicherbecken aus dem oberwasserseitigen Wasserkraftwerk und den Zuflüssen zwischen dem Ablaufkanal dieses Kraftwerkes und dem Einlaufbauwerk des unterwasserseitigen Kraftwerkes. Dieses Verhältnis ist

$$v = \frac{V_1}{V_2} = \frac{Q_1}{Q_2} \tag{104}$$

worin Q_1 und Q_2 die konstanten Zuflüsse in die Speicherbecken in m^3/sek bedeuten. Wie weiter ersichtlich, wird die Möglichkeit der variablen Stromerzeugung des unterwasserseitigen Staubeckens auch durch das Verhältnis der Ausbaugröße beider Wasserkraftwerke beeinflußt, das durch die Beziehung

$$q = \frac{Q_{i1}}{Q_{i2}} \tag{105}$$

gegeben ist.

Außerdem ist es vorteilhaft, die Leistung, die Energie, die relative Stromerzeugung und den relativen Energiespeicherungswert des oberwasserseitigen Kraftwerkes auf das Gefälle und die Maximalleistung des unterwasserseitigen Kraftwerkes zu beziehen. Die Leistung und die Energie reduziert man durch Multiplikation des Verhältnisses des Gefälles $\frac{H_2}{H_1}$ beider Kraftwerke. Die relative Stromerzeugung des oberwasserseitigen Wasserkraftwerkes ist durch die Beziehung

$$w_{1m} = \frac{W_{h1m}}{24\,(r+n)\,P_{h1\,\max}} \tag{106}$$

ausgedrückt, wobei W_{h1m} auf das Gefälle des unterwasserseitigen Kraftwerkes umzurechnen ist. Indem der neue Wert der Stromerzeugung W'_{h1m} durch die Maximalleistung des unterwasserseitigen Kraftwerkes dividiert wird, erhält man die Beziehung

$$w_{1m} = \frac{H_1}{H_2}\,\frac{P_{h2\max}}{P_{h1\max}}\,\frac{W'_{h1m}}{24\,(r+n)\,P_{h2m}} \tag{107}$$

Bei Berücksichtigung der Ausdrücke (53) und (105), des Energieverhältnisses W'_{h1m} und der Energie des unterwasserseitigen Kraftwerkes gilt die durch die Formel (104) definierte Beziehung, vorausgesetzt, daß Fallhöhe und Wirkungsgrad konstant sind. Daraus ergibt sich

$$w_{1m} = \frac{v}{q} w_{2m} \tag{108}$$

Ausgehend von der Formel (64) findet man auf analoge Weise, daß der Relativwert der oberwasserseitigen Speicherung a'_1, bezogen auf das unterwasserseitige Wasserkraftwerk, durch

$$a_1' = q\, a_1 \tag{109}$$

ausgedrückt werden kann. Darin bedeutet a_1 den relativen, nicht reduzierten Wert der oberwasserseitigen Speicherung, der aus der Formel (64) abgeleitet wurde.

a) Der erforderliche Energiewert der unterwasserseitigen Speicherung

Zu bestimmen ist der erforderliche Energiewert der unterwasserseitigen Speicherung unter der Bedingung der größten möglichen veränderlichen Stromerzeugung.

Die Methode für die Bestimmung des Energiewertes der Speicherung des oberwasserseitigen Wasserkraftwerkes ist abhängig von der Größe des Verhältnisses q (105) zur Größe des Verhältnisses v (104).

Es sei zuerst vorausgesetzt, daß der relative reduzierte Energiewert der oberwasserseitigen Speicherung

$$a'_{k1} \geqq a'_{1\,\max} = q \frac{r\, t_{vh}}{24} \cdot \frac{2 \cdot 24 - t_{vh}}{24\,(r + n)} \tag{110}$$

ist.

Dieser Ausdruck (110) wurde unter Verwendung der Formel (109) aus der Beziehung (71) abgeleitet.

Unter Zugrundelegung kleiner Werte der Größe q soll der Einfluß von q und v auf die Bestimmung des erforderlichen Energiespeicherungswertes dargestellt werden. Man untersucht daher die Verhältnisse des oberwasserseitigen und unterwasserseitigen Wasserkraftwerkes in Abhängigkeit von der relativen Stromerzeugung

$$w_{2m} = \frac{W_{h2m}}{24\,(r + n)\,P_{h2m}} \tag{111}$$

des unterwasserseitigen Kraftwerkes. Nun ist es möglich, die Abhängig-

Tabelle 1. *Formeln zur Bestimmung des erforderlichen relativen Energiespeicherungswertes des ober- und unterwasserseitigen Wasserkraftwerkes im Fall 1 (zu Abb. 26)*

Fall 1.

$0 \leqq q \leqq \frac{r\, t_{vh}}{24\,(r + n)}\, v$

$a'_1 = f(w_{2m})$

$$a = \frac{q}{v}\,\frac{r\,t_{vh}}{24\,(r+n)}\;;\; b = \frac{q}{v}$$

$$O - A_1 : a'_1 = v\,w_{2m}\left(2 - \frac{r+n}{r}\,\frac{v}{q}\,w_{2m}\right)$$

$$A_1 - B_1 : a'_1 = q\,\frac{r\,t_{vh}}{24}\,\frac{2\cdot 24 - t_{vh}}{24\,(r+n) - r\,t_{vh}}\left(1 - \frac{v}{q}\,w_{2m}\right)$$

$$a'_{1\,\max} = q\,\frac{r\,t_{vh}}{24}\,\frac{2\cdot 24 - t_{vh}}{24\,(r+n)}$$

$a_2 = f(w_{2m})$

$A.\ a'_{k1} \geqq a'_{1\,\max}$

$$c = \frac{r\,t_{vh}}{24\,(r+n)}\;;\; d = 1$$

Zustand I; $O - A$: $a_2 = w_{2m}\,(1-v)\left(2 - \frac{r+n}{r}\,w_{2m}\right) + \frac{r+n}{r}\,(v-q)\,w_{2m}$

Zustand II; $A - B$: $a_2 = w_{2m}\,(1-v)\left(2 - \frac{r+n}{r}\,w_{2m}\right) + q\left(\frac{t_{vh}}{24} - \frac{r+n}{r}\,w_{2m}\right) + \left(2 - \frac{t_{vh}}{24}\right)\frac{24\,(r+n)\,w_{2m}\,v - r\,t_{vh}\,q}{24\,(r+n) - r\,t_{vh}}$

Zustand III; $B - C$: $a_2 = w_{2m}\left(2 - \frac{r+n}{r}\,w_{2m}\right)$

Zustand IV; $C - D$: $a_2 = \frac{r\,t_{vh}}{24}\,\frac{2\cdot 24 - t_{vh}}{24\,(r+n) - r\,t_{vh}}\,(1 - w_{2m})$

$B.\ a'_{k1} < a'_{1\,\max}$

$$k = \frac{r}{r+n}\,\frac{q}{v}\left(1 - \sqrt{1 - \frac{r+n}{r}\,\frac{a'_{k1}}{q}}\right)$$

$$l = \frac{q}{v}\left[1 - \frac{a'_{k1}}{r\,t_{vh}}\,\frac{24}{r\,t_{vh}}\,\frac{24\,(r+n) - r\,t_{vh}}{2\cdot 24 - t_{vh}}\right]$$

$$f_1(w_{2m}) = \frac{q - v\,w_{2m}}{1 - w_{2m}}\,w_{2m}\left(2 - \frac{r+n}{r}\,w_{2m}\right)$$

$$e' : a'_{k1} = f_1(w_{2m});\quad f' : a'_{k1} = f_1(w_{2m})$$

$$t'_{v1} = 12\left[\left(2 + \frac{a'_{k1}}{q - w_{2m}\,v}\right) - \sqrt{\left(2 + \frac{a'_{k1}}{q - w_{2m}\,v}\right)^2 - 4\,\frac{r+n}{r}\,\frac{a'_{k1}}{q - w_{2m}\,v}}\right]$$

Zustand XIV; $K - E,\ F - L$: $a_2 = w_{2m}\,(1-v)\left(2 - \frac{r+n}{r}\,w_{2m}\right) + \left(2 - \frac{t'_{v1}}{24}\right)\frac{24\,(r+n)\,w_{2m}\,v - r\,t'_{v1}\,q}{24\,(r+n) - r\,t'_{v1}} + \left(\frac{t'_{v1}}{24} - \frac{r+n}{r}\,w_{2m}\right) q$

Zustand XV; $E - F$: $a_2 = \left(2 - \frac{r+n}{r}\,w_{2m}\right)\left[w_{2m}\,(1-v) + \frac{24\,(r+n)\,w_{2m}\,v - r\,t'_{v1}\,q}{24\,(r+n) - r\,t'_{v1}}\right]$

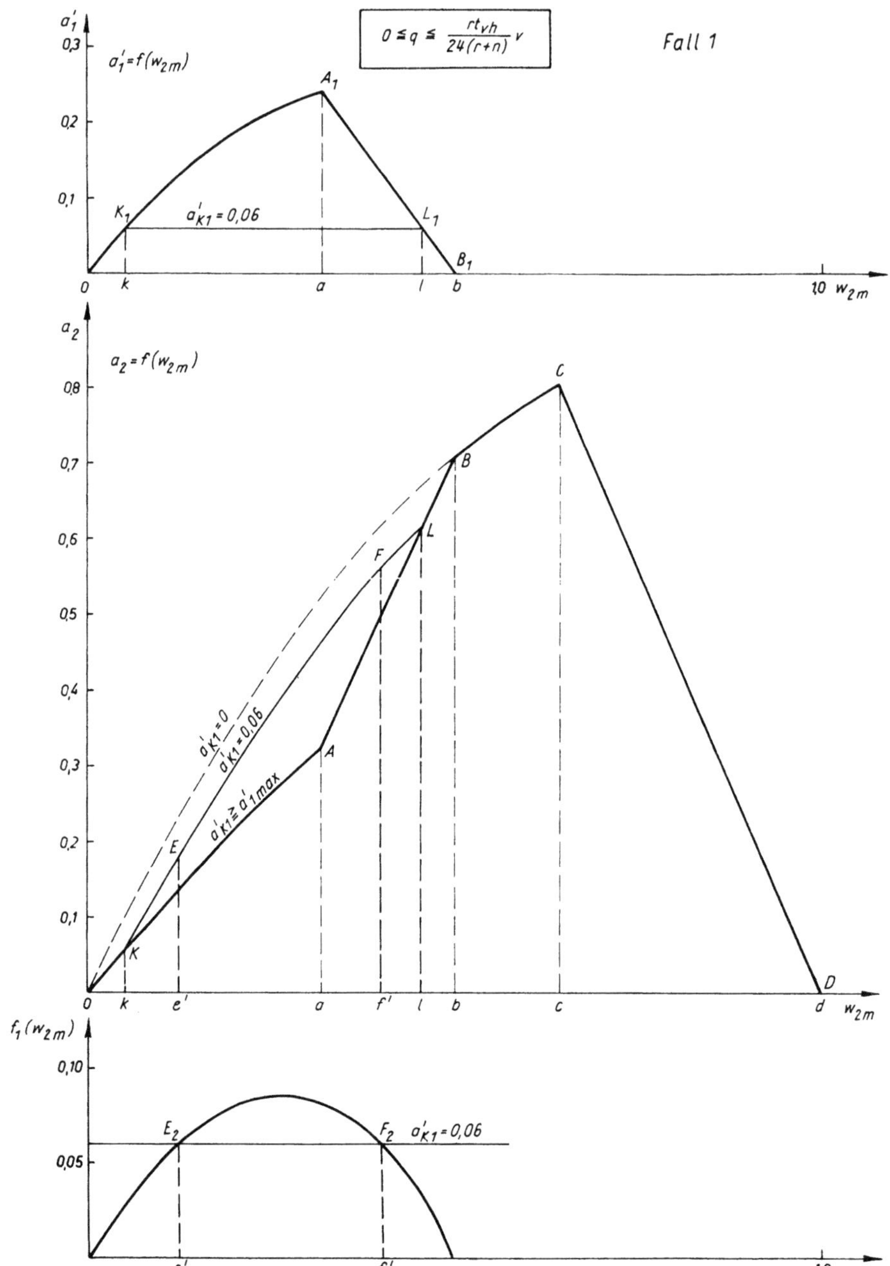

Abb. 26. Der erforderliche relative Energiespeicherungswert des ober- und unterwasserseitigen Kraftwerkes in Abhängigkeit von der möglichen relativen Stromerzeugung des unterwasserseitigen Kraftwerkes im Fall 1 (Beispiel für $v = 0{,}60$ und $q = 0{,}30$)

keit des erforderlichen Energiespeicherungswertes des oberwasserseitigen Kraftwerkes $a_1' = f(w_{2m})$ und des Energiespeicherungswertes des unterwasserseitigen Kraftwerkes $a_2 = f(w_{2m})$ für $a'_{k1} = 0$ nach den Formeln (65) und (69) unter Berücksichtigung der Abhängigkeit und Beziehungen gemäß (108) und (109) zeichnerisch darzustellen (Abb. 26). Damit sind die vier grundlegenden relativen Grenzwerte der Stromerzeugung (in Abb. 26 bezeichnet mit a, b, c und d), die von der Arbeitsweise des oberwasserseitigen Kraftwerkes (a und b) und des unterwasserseitigen Kraftwerkes (c und d) abhängig sind, gegeben. Diese Kennlinien entsprechen jenen in Abb. 20, während a und c dem Wert w'_m (82) entsprechen, was aus der Tab. 1 zu entnehmen ist. Für eine relative Stromerzeugung $w_{2m} < a$ können beide Wasserkraftwerke nur variable Energie erzeugen, für $a < w_{2m} < b$ muß im oberwasserseitigen Kraftwerk jedoch auch eine konstante Energie erzeugt werden, um Verluste von Betriebswasser zu vermeiden. Das unterwasserseitige Kraftwerk kann auch weiterhin nur veränderliche Energie erzeugen. Bei einer weiteren Vergrößerung von w_{2m} ($b < w_{2m} < c$) arbeitet das oberwasserseitige Kraftwerk mit Vollast, dagegen kann das unterwasserseitige Kraftwerk noch immer nur veränderliche Energie abgeben.

Erst wenn $c < w_{2m} < d$ wird, muß das unterwasserseitige Kraftwerk außer veränderlicher auch konstante Energie erzeugen, während das oberwasserseitige Kraftwerk auch jetzt voll belastet bleibt. Bei $w_{2m} = d$ arbeiten beide Wasserkraftwerke konstant mit Vollast. Diese Art der Betriebsführung kann so lange eingehalten werden, bis Punkt b mit dem Punkt c zusammenfällt. Dies geschieht, wenn

$$0 \leqq q \leqq \frac{r\, t_{vh}}{24\,(r+n)}\, v \tag{112}$$

wird.

Um den erforderlichen Energiespeicherungswert einer Wasserspeicherung zu bestimmen, ist als Grundlage jener Zustand zu betrachten, der zwischen zwei Grenzen der relativen Stromerzeugung auftritt. Im Fall 1 (112) treten vier Zustandserscheinungen (I bis IV) auf, die in Abb. 27a gezeigt sind. Der erforderliche Energiespeicherungswert wird mit W_a bezeichnet (enger schraffierte Flächen), ΔP_{h2} bedeutet die mittlere Leistung der Zuflüsse zwischen dem Abfluß des oberwasserseitigen Kraftwerkes und dem Wassereinlauf des unterwasserseitigen Kraftwerkes. Mit P_{h2} wird die gesamte mittlere Zuflußleistung des unterwasserseitigen Kraftwerks bezeichnet. Die Diagramme in Abb. 27a zeigen die Leistung des unterwasserseitigen Kraftwerks, als ob dieses keine eigene Wasserspeicherung hätte, als Summe der Leistung ΔP_{h2} und Leistung des oberwasserseitigen Kraftwerks, umgerechnet auf das Gefälle des unterwasserseitigen Kraftwerkes. Weiters ist in diesem Diagramm noch die Belastung des unterwasserseitigen Kraftwerks eingetragen (gestrichelte Fläche). Dabei sei vorausgesetzt, daß eine möglichst große veränderliche Stromerzeugung gefordert wird. Mit Hilfe des Diagramms in Abb. 27a kann für jede Zustandsform der relative Energiewert der erforderlichen Speicherung bestimmt werden.

Beispielsweise soll gezeigt werden, wie der relative Energiespeicherungswert für die Zustandserscheinung II gefunden wurde. Der erforderliche Energiespeicherungswert W_a kann bei Verwendung der Bezeichnungen aus Abb. 27a durch die Beziehung

$$W_a = (2 \cdot 24 - t_{v2}) \Delta P_{h2} + (t_{vh} - t_{v2}) P'_{h1\max} + (2 \cdot 24 - t_{vh}) P'_{k1} \tag{113}$$

dargestellt werden.

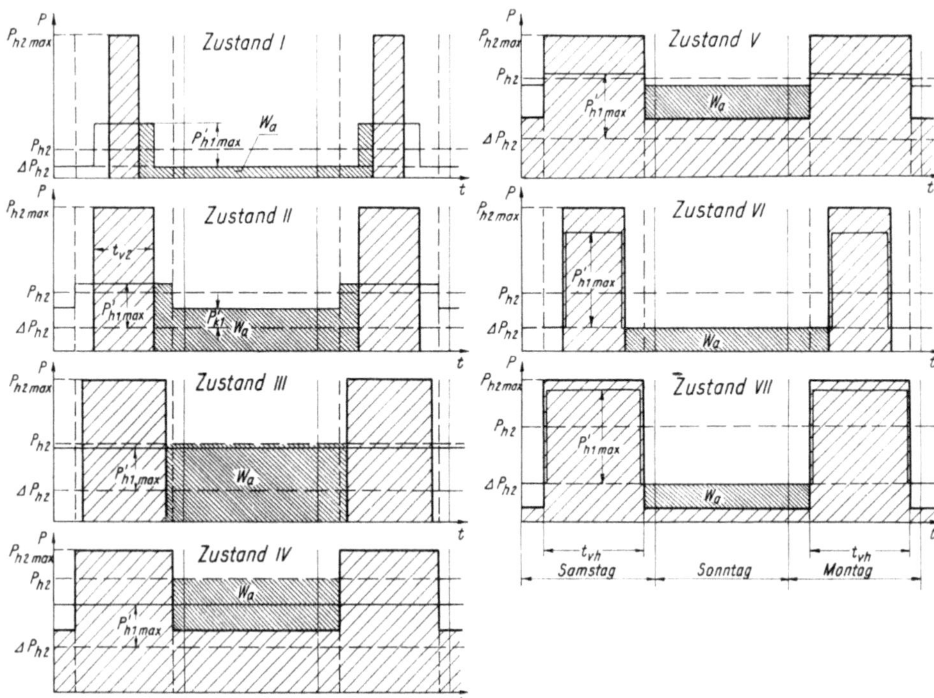

Abb. 27a. Zustandserscheinungen der regulierten Stromerzeugung zur Bestimmung des erforderlichen Energiespeicherungswertes der unterwasserseitigen Speicherung, wenn der relative energetische Wert der oberwasserseitigen Speicherung größer ist als der maximal erforderliche (Zustand I—VII)

Bei Anwendung der Formeln (59) und (111) sowie unter Berücksichtigung, daß t_{v2} der Größe t'_{vh} entspricht, erhält man

$$t_{v2} = 24 \frac{r + n}{r} w_{2m} \tag{114}$$

Der Wert ΔP_{h2} kann durch

$$\Delta P_{h2} = \frac{W_{h2m} (1 - v)}{24 (r + n)} \tag{115}$$

ausgedrückt werden. Demnach ist bei Benützung der Formel (111)

$$\Delta P_{h2} = P_{h2\max} (1 - v) w_{2m} \tag{116}$$

Indem man für $P'_{h1\max}$ den Ausdruck (105) anwendet, kann für

$$P'_{h1\max} = q P_{h2\max} \tag{117}$$

gesetzt werden. Die Größe P'_{k1} wird mit Benützung der Gl. (66) in nachstehender Form ausgedrückt:

$$P'_{k1} = \frac{W'_{h1m} - r t_{vh} P'_{h1\max}}{24 (r + n) - r t_{vh}} \tag{118}$$

Indem man $W'_{h1m} = v W_{h2m}$ setzt, die Beziehungen (105) und (111) berücksichtigt, das erste Glied im Zähler mit $24 \cdot P_{h2\max} (r + n)$ und das zweite Glied im Zähler mit $P_{h2\max}$ dividiert und multipliziert, erhält man schließlich für P'_{k1} den Ausdruck

$$P'_{k1} = P_{h2\max} \frac{24 (r + n) w_{2m} \cdot v - r t_{vh} q}{24 (r + n) - r t_{vh}} \tag{119}$$

Wenn man nun die Werte aus (114), (116), (117) und (119) in die Gl. (113) einsetzt und mit $24 \cdot P_{h2\max}$ dividiert, um den relativen Energiespeicherungswert zu bestimmen, erhält man den Ausdruck für a_2, der für die Zustandsform II in Tab. 1 angegeben ist.

In analoger Weise bestimmt man die Ausdrücke für den relativen Energiespeicherungswert auch für die übrigen Zustandserscheinungen.

Tabelle 2. *Formeln zur Bestimmung des erforderlichen relativen Energiespeicherungswertes des ober- und unterwasserseitigen Wasserkraftwerkes im Fall 2 (zu Abb. 28)*

Fall 2.

$$\frac{r t_{vh}}{24 (r + n)} v \leqq q \leqq v$$

$$a'_1 = f (w_{2m})$$

wie Fall 1.

$$a_2 = f (w_{2m})$$

A. $a'_{k1} \geqq a'_{1\max}$

$$c = \frac{r t_{vh}}{24 (r + n)} ; \; d = 1$$

Zustand I; $O - A$: $$a_2 = w_{2m} (1 - v) \left(2 - \frac{r + n}{r} w_{2m}\right) + \frac{r + n}{r} (v - q) w_{2m}$$

Zustand II; $A - C$: $$a_2 = w_{2m} (1 - v) \left(2 - \frac{r + n}{r} w_{2m}\right) + q \left(\frac{t_{vh}}{24} - \frac{r + n}{r} w_{2m}\right) + \left(2 - \frac{t_{vh}}{24}\right) \frac{24 (r + n) w_{2m} v - r t_{vh} q}{24 (r + n) - r t_{vh}}$$

Zustand V; $C - B$: $a_2 = \left(2 - \frac{t_{vh}}{24}\right) \frac{r\, t_{vh}\, [(1 - q) - w_{2m}\,(1 - v)]}{24\,(r + n) - r\, t_{vh}}$

Zustand IV; $B - D$: $a_2 = \frac{r\, t_{vh}}{24} \frac{2 \cdot 24 - t_{vh}}{24\,(r + n) - r\, t_{vh}} (1 - w_{2m})$

$B.$ $a'_{k1} < a'_{1\max}$

$$k = \frac{r}{r + n} \frac{q}{v} \left(1 - \sqrt{1 - \frac{r + n}{r} \frac{a'_{k1}}{q}}\right)$$

$$l = \frac{q}{v} \left[1 - \frac{a'_{k1}}{q} \frac{24}{r\, t_{vh}} \frac{24\,(r + n) - r\, t_{vh}}{2 \cdot 24 - t_{vh}}\right]$$

$$f_1\,(w_{2m}) = \frac{q - v\, w_{2m}}{1 - w_{2m}} w_{2m} \left(2 - \frac{r + n}{r} w_{2m}\right) \;;\; e' : a'_{k1} = f_1\,(w_{2m})$$

$$t'_{v1} = 12 \left[2 + \frac{a'_{k1}}{q - w_{2m}\, v} - \sqrt{\left(2 + \frac{a'_{k1}}{q - w_{2m}\, v}\right)^2 - 4 \frac{r + n}{r} \frac{a'_{k1}}{q - w_{2m}\, v}}\right]$$

Zustand XIV; $K - E$: $a_2 = w_{2m}\,(1 - v) \left(2 - \frac{r + n}{r} w_{2m}\right) +$

$$+ \left(2 - \frac{t'_{v1}}{24}\right) \frac{24\,(r + n)\, w_{2m}\, v - r\, t'_{v1}\, q}{24\,(r + n) - r\, t'_{v1}} + \left(\frac{t'_{v1}}{24} - \frac{r + n}{r} w_{2m}\right) q$$

Zustand XV; $E - C'$: $a_2 = \left(2 - \frac{r + n}{r} w_{2m}\right) \left[w_{2m}\,(1 - v) + \right.$

$$\left. + \frac{24\,(r + n)\, w_{2m}\, v - r\, t'_{v1}\, q}{24\,(r + n) - r\, t'_{v1}}\right]$$

Zustand XVI; $C' - L$: $a_2 = \left(2 - \frac{t_{vh}}{24}\right) \left[w_{2m} - \frac{r\, t'_{v1}\,(q - w_{2m}\, v)}{24\,(r + n) - r\, t'_{v1}} - \right.$

$$\left. - \frac{24\,(r + n)\, w_{2m} - r\, t_{vh}}{24\,(r + n) - r\, t_{vh}}\right]$$

Tabelle 3. *Formeln zur Bestimmung des erforderlichen relativen Energiespeicherungswertes des ober- und unterwasserseitigen Wasserkraftwerkes im Fall 3 (zu Abb. 29)*

Fall 3.

$$v \leqq q \leqq \frac{24\,(r + n)\, v}{24\,(r + n)\, v + r\, t_{vh}\,(1 - v)}$$

$a'_1 = f\,(w_{2m})$

wie Fall 1.

$a_2 = f\,(w_{2m})$

$A.$ $a'_{k1} \geqq a'_{1\max}$

$$c = \frac{r\, t_{vh}}{24\,(r + n)} \;;\quad d = 1 \;;\quad g = \frac{1 - q}{1 - v} \;;\quad h = \frac{24\,(r + n) - r\, t_{vh}\,(1 - q)}{24\,(r + n) - r\, t_{vh}\,(1 - v)}$$

Zustand VI; $O - C$: $a_2 = w_{2m}(1 - v)\left(2 - \frac{r+n}{r} w_{2m}\right)$

Zustand VII; $C - A$: $a_2 = \left(2 - \frac{t_{vh}}{24}\right)\left[\frac{r\, t_{vh}(1 - w_{2m})}{24(r+n) - r\, t_{vh}} - w_{2m} v\right]$

Zustand V; $A - G$: $a_2 = \left(2 - \frac{t_{vh}}{24}\right)\frac{r\, t_{vh}[(1-q) - w_{2m}(1-v)]}{24(r+n) - r\, t_{vh}}$

Zustand VIII; $G - D$: $a_2 = \left(2 - \frac{t_{vh}}{24}\right)\frac{r\, t_{vh}[w_{2m}(1-v) - (1-q)]}{24(r+n) - r\, t_{vh}}$

Zustand IX; $D - H$: $a_2 = \left(2 - \frac{t_{vh}}{24}\right)\left[1 - w_{2m} + \frac{r\, t_{vh}(q - w_{2m} v)}{24(r+n) - r\, t_{vh}}\right]$

$B.$ $a'_{k1} < a'_{1\max}$

$$k = \frac{r}{r+n}\frac{q}{v}\left(1 - \sqrt{1 - \frac{r+n}{r}\frac{a'_{k1}}{q}}\right)$$

$$l = \frac{q}{v}\left[1 - \frac{a'_{k1}}{q}\frac{24}{r\, t_{vh}}\frac{24(r+n) - r\, t_{vh}}{2 \cdot 24 - t_{vh}}\right]$$

$$f_2(w_{2m}) = 12\frac{r+n}{r}\left\{1 - \frac{r\, t_{vh}}{24(r+n)} + \frac{q - w_{2m} v}{w_{2m}(1-v) - (1-q)} - \right.$$
$$\left. - \sqrt{\left[1 - \frac{r\, t_{vh}}{24(r+n)} + \frac{q - w_{2m} v}{w_{2m}(1-v) - (1-q)}\right]^2 - 4\frac{r\, t_{vh}}{24(r+n)}\frac{1 - w_{2m}}{w_{2m}(1-v) - (1-q)}}\right\}$$

$$f_3(w_{2m}) = \frac{24(r+n)(1 - w_{2m})\, t_{vh}}{[24(r+n) - r\, t_{vh}](q - w_{2m} v) + r\, t_{vh}(1 - w_{2m})}$$

$$f_4(w_{2m}) = 24\frac{r+n}{r}\frac{1 - w_{2m}}{1 - q - w_{2m}(1-v)}$$

$$t'_{v1} = 12\left[2 + \frac{a'_{k1}}{q - w_{2m} v} - \sqrt{\left(2 + \frac{a'_{k1}}{q - w_{2m} v}\right)^2 - 4\frac{r+n}{r}\frac{a'_{k1}}{q - w_{2m} v}}\right]$$

$$e': f_2(w_{2m}) = t'_{v1};\quad f': f_3(w_{2m}) = t'_{v1};\quad h': f_4(w_{2m}) = t'_{v1}$$

Zustand XV; $K - C'$: $a_2 = \left(2 - \frac{r+n}{r} w_{2m}\right)\left[w_{2m}(1-v) + \right.$
$\left. + \frac{24(r+n) w_{2m} v - r\, t'_{v1} q}{24(r+n) - r\, t'_{v1}}\right]$

Zustand XVI; $C' - E'$: $a_2 = \left(2 - \frac{t_{vh}}{24}\right)\left[w_{2m} - \frac{r\, t'_{v1}(q - w_{2m} v)}{24(r+n) - r\, t'_{v1}} - \right.$
$\left. - \frac{24(r+n) w_{2m} - r\, t_{vh}}{24(r+n) - r\, t_{vh}}\right]$

Zustand XVII; $E' - F'$: $a_2 = \left(2 - \frac{t_{vh}}{24}\right)\left[w_{2m} - \frac{r\, t'_{v1}(q - w_{2m} v)}{24(r+n) - r\, t'_{v1}} - \right.$
$\left. - \frac{24(r+n) w_{2m} - r\, t_{vh}}{24(r+n) - r\, t_{vh}}\right] + 2\frac{t'_{v1}}{24}\frac{24(r+n)(q - w_{2m} v)}{24(r+n) - r\, t'_{v1}} -$
$- \frac{t_{vh} + t'_{v1}}{24}\frac{24(r+n)(1 - w_{2m}) + r\, t'_{v1}[q - 1 + w_{2m}(1-v)]}{24(r+n) - r\, t'_{v1}}$

$$\text{Zustand XVIII; } F'-D'\text{:}\quad a_2 = \left(2 - \frac{t'_{v1}}{24}\right)\left[w_{2m}v - \frac{r\,t_{vh}\,(1-w_{2m})}{24\,(r+n) - r\,t_{vh}} - \right.$$
$$\left. - \frac{24\,(r+n)\,w_{2m}\,v - r\,t'_{v1}\,q}{24\,(r+n) - r\,t'_{v1}}\right] + \frac{t_{vh} - t'_{v1}}{24}\,\frac{24\,(r+n)\,(1-w_{2m})}{24\,(r+n) - r\,t_{vh}}$$

$$\text{Zustand XIX; } D'-L\text{:}\quad a_2 = \left(2 - \frac{t'_{v1}}{24}\right)\left[1 - w_{2m} + \frac{r\,t'_{v1}\,(q - w_{2m}\,v)}{24\,(r+n) - r\,t'_{v1}}\right]$$

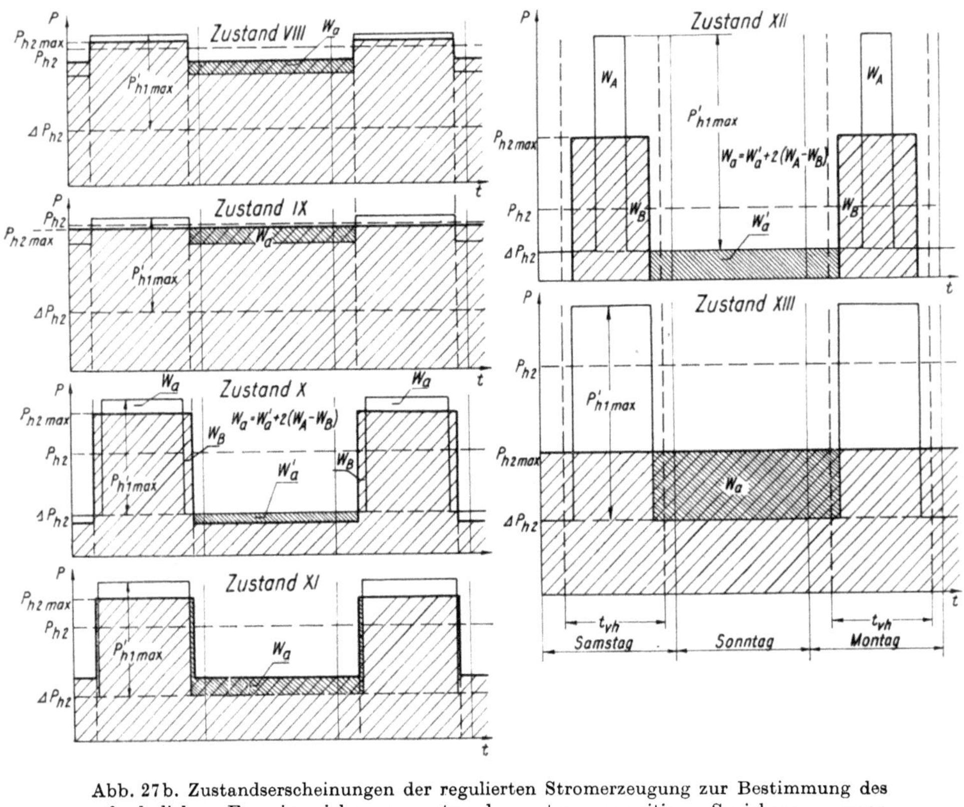

Abb. 27b. Zustandserscheinungen der regulierten Stromerzeugung zur Bestimmung des erforderlichen Energiespeicherungswertes der unterwasserseitigen Speicherung, wenn der relative energetische Wert der oberwasserseitigen Speicherung größer ist als der minimal erforderliche (Zustand VIII—XIII)

Alle erwähnten Ausdrücke sind für den Fall 1 in Tab. 1 enthalten. Die Abhängigkeit von w_{2m} für $v = 0{,}6$ und $q = 0{,}3$ zeigt Abb. 26.

Außer den bereits angegebenen Größen für die Bestimmung von a_2 für die übrigen Zustandsformen werden noch folgende Größen benötigt:

$$t_{v1} = 24\,\frac{r+n}{r}\cdot\frac{v}{q}\,w_{2m} \tag{120}$$

und

$$P_{k2} = P_{h2\max}\,\frac{24\,(r+n)\,w_{2m} - r\,t_{vh}}{24\,(r+n) - r\,t_{vh}} \tag{121}$$

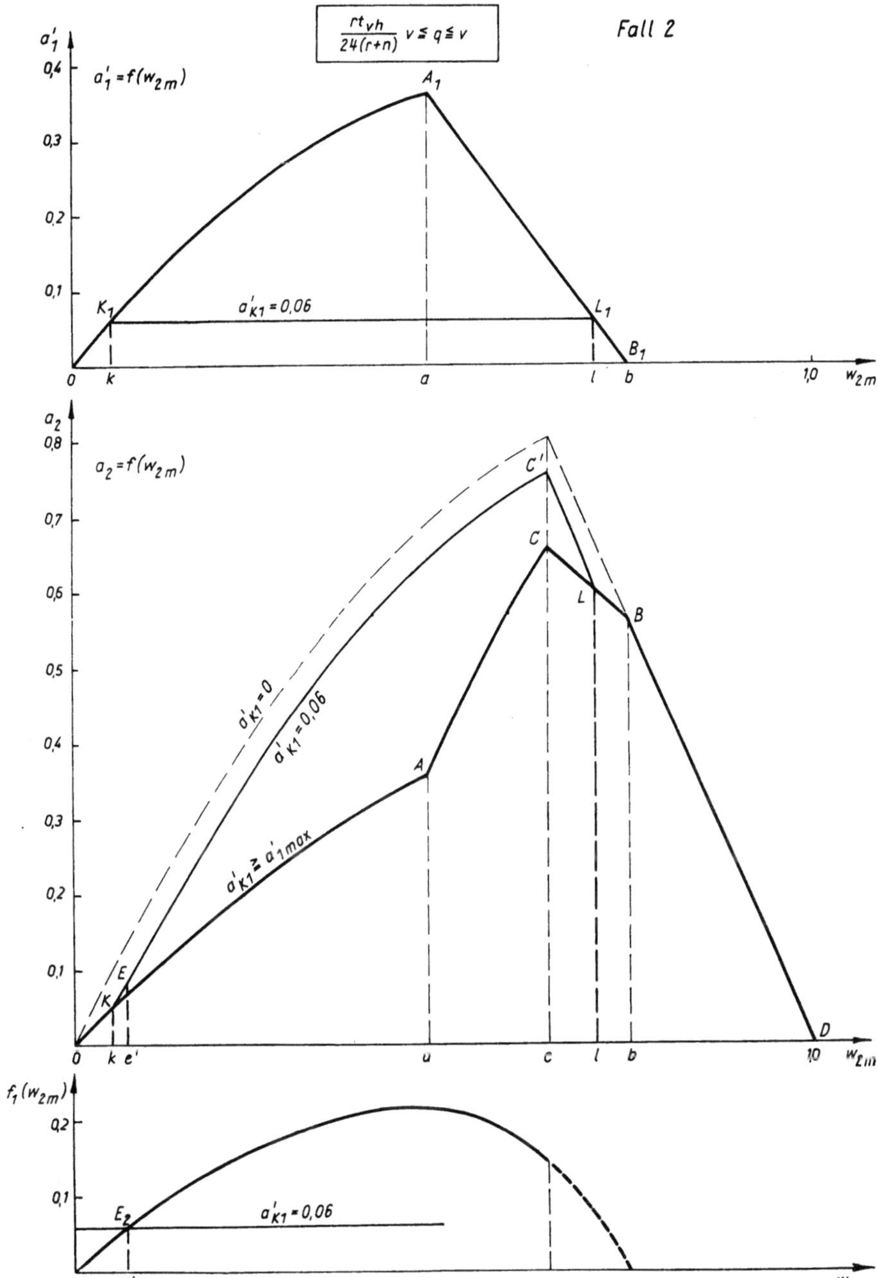

Abb. 28. Der erforderliche relative Energiespeicherungswert des ober- und unterwasserseitigen Kraftwerkes in Abhängigkeit von der möglichen relativen Stromerzeugung des unterwasserseitigen Kraftwerkes im Fall 2 (Beispiel für $v = 0{,}6$ und $q = 0{,}45$)

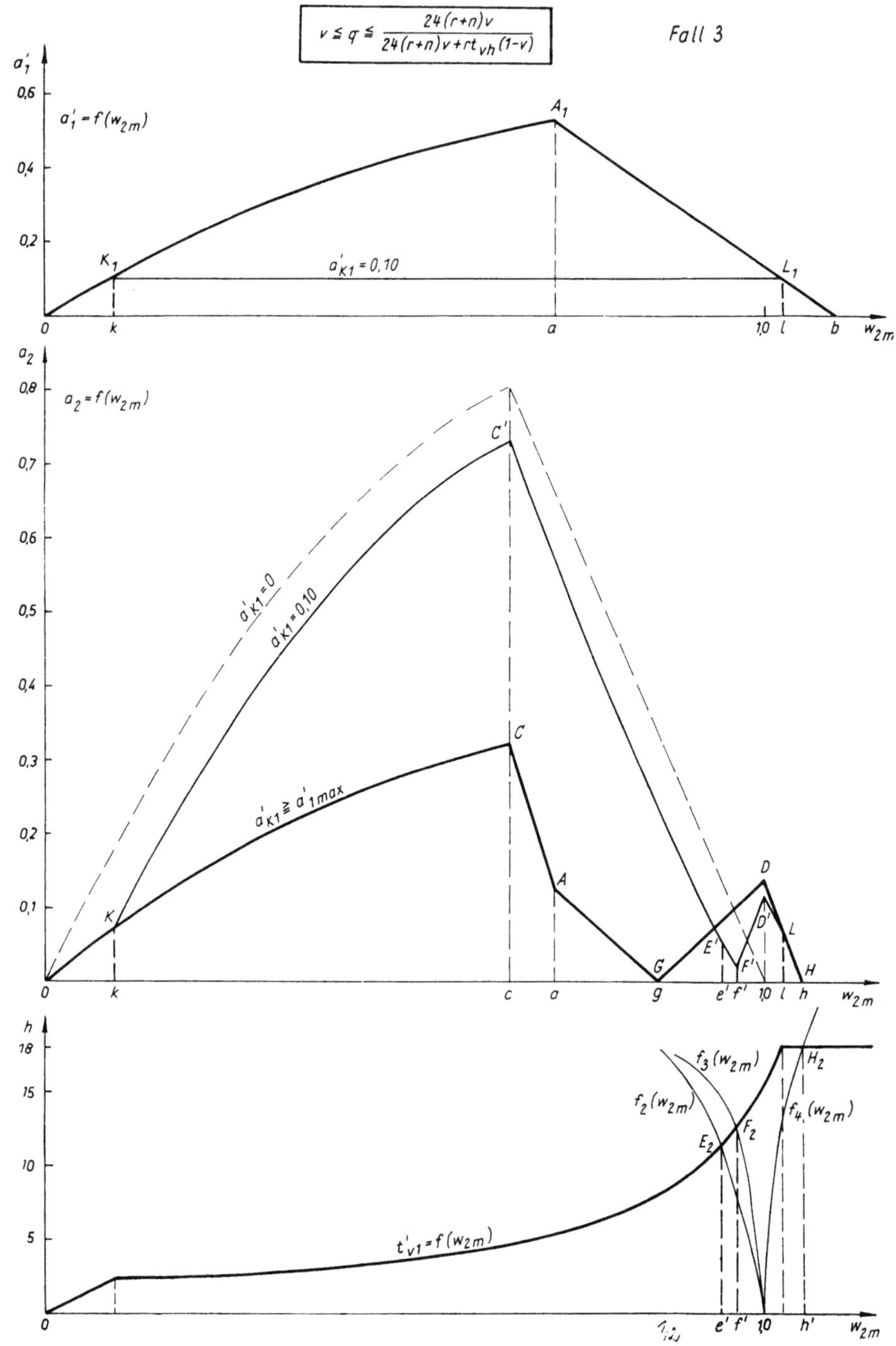

Abb. 29. Der erforderliche relative Energiespeicherungswert des ober- und unterwasserseitigen Kraftwerkes in Abhängigkeit von der möglichen relativen Stromerzeugung des unterwasserseitigen Kraftwerkes im Fall 3 (Beispiel für $v = 0{,}60$ und $q = 0{,}66$)

Abb. 28 zeigt die Beziehungen $a_1' = f(w_{2m})$ und $a_2 = f(w_{2m})$ für den Fall 2, daß

$$\frac{r\,t_{vh}}{24\,(r+n)}\,v \leqq q \leqq v \tag{122}$$

ist. Es handelt sich dabei darum, daß der Punkt b (Abb. 28) zwischen die Punkte c und d fällt. Das bedeutet, daß das oberwasserseitige Kraftwerk dauernd mit voller Leistung arbeiten kann, wenn im unterwasserseitigen Kraftwerk konstante und veränderliche Energie erzeugt wird. Außer den Zustandsformen I, II und IV erscheint nun noch die Zustandsform V (Abb. 27a), wenn nämlich im oberwasserseitigen und unterwasserseitigen Kraftwerk außer der variablen auch konstante Energie erzeugt werden soll. Deshalb ändert sich auch geringfügig der analytische Ausdruck für $a_2 = f(w_{2m})$ (Tab. 2).

Der dritte Fall (Abb. 29 und Tab. 3) tritt ein, wenn

$$v \leqq q \leqq \frac{24\,(r+n)\,v}{24\,(r+n)\,v + r\,t_{vh}\,(1-v)} \tag{123}$$

ist.

Nun besteht die Möglichkeit, das unterwasserseitige Kraftwerk voll auszunützen, obwohl die zufließende Wassermenge kleiner ist als jene,

Tabelle 4. *Formeln zur Bestimmung des erforderlichen relativen Energiespeicherungswertes des ober- und unterwasserseitigen Wasserkraftwerkes im Fall 4 (zu Abb. 30)*

Fall 4.

$$\frac{24\,(r+n)\,v}{24\,(r+n)\,v + r\,t_{vh}\,(1-v)} \leqq q \leqq v\,\frac{24\,(r+n) - r\,t_{vh}\,(1-v)}{24\,(r+n)\,(2\,v-1) + r\,t_{vh}\,(1-v)}$$

$a'_1 = f(w_{2m})$

wie Fall 1.

$a_2 = f(w_{2m})$

A. $a'_{k1} \geqq a'_{1\,\max}$

$$c = \frac{r\,t_{vh}}{24\,(r+n)}\,; \quad d = 1$$

$$e = -\frac{1}{2}\,\frac{24\,(r+n)\,(2\,q-1)\,v + r\,t_{vh}\,(1-v)\,q}{24\,(r+n)\,(1-v)\,v} + \\ + \sqrt{\frac{1}{4}\left[\frac{24\,(r+n)\,(2\,q-1)\,v + r\,t_{vh}\,(1-v)\,q}{24\,(r+n)\,(1-v)\,v}\right]^2 + \frac{r\,t_{vh}\,q}{24\,(r+n)\,(1-v)\,v}}$$

$$f = \frac{r\,t_{vh}}{24\,(r+n)\,v + r\,t_{vh}\,(1-v)}\,; \quad h = \frac{24\,(r+n) - r\,t_{vh}\,(1-q)}{24\,(r+n) - r\,t_{vh}\,(1-v)}$$

Zustand VI; $O - C$: $a_2 = w_{2m}(1 - v)\left(2 - \frac{r+n}{r} w_{2m}\right)$

Zustand VII; $C - E$: $a_2 = \left(2 - \frac{t_{vh}}{24}\right)\left[\frac{r\, t_{vh}(1 - w_{2m})}{24(r+n) - r\, t_{vh}} - w_{2m} v\right]$

Zustand X; $E - F$: $a_2 = \left(2 - \frac{t_{vh}}{24}\right)\left[\frac{r\, t_{vh}(1 - w_{2m})}{24(r+n) - r\, t_{vh}} - w_{2m} v\right] +$

$$+ \frac{r+n}{r} w_{2m} \frac{v}{q}[2q - 1 + w_{2m}(1 - v)] - \frac{t_{vh}}{24}[1 - w_{2m}(1 - v)]$$

Zustand XI; $F - A$: $a_2 = \left(2 - \frac{t_{vh}}{24}\right)\left[w_{2m} v - \frac{r\, t_{vh}(1 - w_{2m})}{24(r+n) - r\, t_{vh}}\right] +$

$$+ [1 - w_{2m}(1 - v)]\left(\frac{t_{vh}}{24} - \frac{r+n}{r}\frac{v}{q} w_{2m}\right)$$

Zustand VIII; $A - D$: $a_2 = \left(2 - \frac{t_{vh}}{24}\right)\frac{r\, t_{vh}[w_{2m}(1 - v) - (1 - q)]}{24(r+n) - r\, t_{vh}}$

Zustand IX; $D - H$: $a_2 = \left(2 - \frac{t_{vh}}{24}\right)\left[1 - w_{2m} + \frac{r\, t_{vh}(q - w_{2m} v)}{24(r+n) - r\, t_{vh}}\right]$

B. $a'_{k1} < a'_{1\max}$

$$k = \frac{r}{r+n}\frac{q}{v}\left(1 - \sqrt{1 - \frac{r+n}{r}\frac{a'_{k1}}{q}}\right);\quad l = \frac{q}{v}\left[1 - \frac{a'_{k1}}{q}\frac{24}{r\, t_{vh}}\frac{24(r+n) - r\, t_{vh}}{2 \cdot 24 - t_{vh}}\right]$$

$$f_2(w_{2m}) = 12\frac{r+n}{r}\left\{1 - \frac{r\, t_{vh}}{24(r+n)} + \frac{q - w_{2m} v}{w_{2m}(1 - v) - (1 - q)} - \right.$$

$$\left. - \sqrt{\left[1 - \frac{r\, t_{vh}}{24(r+n)} + \frac{q - w_{2m} v}{w_{2m}(1 - v) - (1 - q)}\right]^2 - 4\frac{r\, t_{vh}}{24(r+n)}\frac{1 - w_{2m}}{w_{2m}(1 - v) - (1 - q)}}\right\}$$

$$f_3(w_{2m}) = \frac{24(r+n)(1 - w_{2m})\, t_{vh}}{[24(r+n) - r\, t_{vh}](q - w_{2m} v) + r\, t_{vh}(1 - w_{2m})}$$

$$f_4(w_{2m}) = 24\frac{r+n}{r}\frac{1 - w_{2m}}{1 - q - w_{2m}(1 - v)}$$

$$t'_{v1} = 12\left[2 + \frac{a'_{k1}}{q - v\, w_{2m}} - \sqrt{\left(2 + \frac{a'_{k1}}{q - v\, w_{2m}}\right)^2 - 4\frac{r+n}{r}\frac{a'_{k1}}{q - v\, w_{2m}}}\right]$$

$$e' : f_2(w_{2m}) = t'_{v1};\quad f' : f_3(w_{2m}) = t'_{v1};\quad h' : f_4(w_{2m}) = t'_{v1}$$

Zustand XV; $K - C'$: $a_2 = \left(2 - \frac{r+n}{r} w_{2m}\right)\left[w_{2m}(1 - v) + \right.$

$$\left. + \frac{24(r+n)\, v\, w_{2m} - r\, t'_{v1}\, q}{24(r+n) - r\, t'_{v1}}\right]$$

Zustand XVI; $C' - E'$: $a_2 = \left(2 - \frac{t_{vh}}{24}\right)\left[w_{2m} - \frac{r\, t'_{v1}(q - w_{2m} v)}{24(r+n) - r\, t'_{v1}} - \right.$

$$\left. - \frac{24(r+n)\, w_{2m} - r\, t_{vh}}{24(r+n) - r\, t_{vh}}\right]$$

Zustand XVII; $E'-F'$: $$a_2 = \left(2 - \frac{t_{vh}}{24}\right)\left[w_{2m} - \frac{r\,t'_{v1}\,(q - w_{2m}\,v)}{24\,(r+n) - r\,t'_{v1}} - \frac{24\,(r+n)\,w_{2m} - r\,t_{vh}}{24\,(r+n) - r\,t_{vh}}\right] + 2\,\frac{t'_{v1}}{24}\,\frac{24\,(r+n)\,(q - w_{2m}\,v)}{24\,(r+n) - r\,t'_{v1}} - \frac{t_{vh} + t'_{v1}}{24}\,\frac{24\,(r+n)\,(1 - w_{2m}) + r\,t'_{v1}\,[q - 1 + w_{2m}\,(1 - v)]}{24\,(r+n) - r\,t'_{v1}}$$

Zustand XVIII; $F'-D'$: $$a_2 = \left(2 - \frac{t'_{v1}}{24}\right)\left[w_{2m}\,v - \frac{r\,t_{vh}\,(1 - w_{2m})}{24\,(r+n) - r\,t_{vh}} - \frac{24\,(r+n)\,w_{2m}\,v - r\,t'_{v1}\,q}{24\,(r+n) - r\,t'_{v1}}\right] + \frac{t_{vh} - t'_{v1}}{24}\,\frac{24\,(r+n)\,(1 - w_{2m})}{24\,(r+n) - r\,t_{vh}}$$

Zustand XIX; $D'-H'$: $$a_2 = \left(2 - \frac{t'_{v1}}{24}\right)\left[1 - w_{2m} + \frac{r\,t'_{v1}\,(q - w_{2m}\,v)}{24\,(r+n) - r\,t'_{v1}}\right]$$

die für die volle Ausnützung des oberwasserseitigen Kraftwerkes erforderlich wäre. Dieser Fall (123) kann jedoch nicht eintreten, wenn $W_A > W_B$ ist. Die Bedeutung von W_A und W_B ist aus Abb. 27b, Zustandsform X, zu entnehmen. Der Fall 3 unterscheidet sich von den vorherigen (Fall 1 und 2) und bei kleinen w_{2m}, weil jetzt $t_{v1} < t_{v2}$ ist (Zustandsform VI und VII), während vorher stets $t_{v1} > t_{v2}$ war (Zustandsform I und II). Auch im Fall 3 wirken die Größen a, c und d in gleicher Weise wie in den Fällen 1 und 2, während die Größe b ohne Einfluß bleibt, wie dies später gezeigt wird. Der Grenzwert g wird durch die Ausdrücke $P_{k2} = P'_{k1} + \Delta P_{h2}$ und $P_{h2\,\max} = P'_{h1\,\max} + \Delta P_{h2}$ gekennzeichnet. P_{k2} ist die konstante Leistung des unterwasserseitigen Kraftwerkes. In diesem Fall ist $a_2 = 0$. Wenn $a < w_m < g$, entsteht die Zustandsform V (Abb. 27a). Wenn $w_{2m} > g$ ist (Zustandsform VIII und IX), entleert sich in Zeiten kleiner Belastungen das Staubecken anstatt sich aufzufüllen. Dies war in den bisher angestellten Betrachtungen der Fall. Deshalb besteht die Notwendigkeit einer Vergrößerung der Speicherung mit wachsendem w_{2m}, bis $w_{2m} = d = 1$ erreicht wird. Für $w_{2m} > 1$ entsteht der Zustand IX, wobei $a_2 = 0$ wird, sobald die Bedingung $P_{h2\,\max} = P'_{kl} + \Delta P_{h2}$ erfüllt ist. Dies tritt ein, wenn $w_{2m} < b$. Deshalb hat die Größe b keinen Einfluß auf den erforderlichen Speicherungswert.

Bei weiterer Vergrößerung des Verhältnisses q erhält man den Fall 4, der sich in den Grenzen

$$\frac{24\,(r+n)\,v}{24\,(r+n)\,v + r\,t_{vh}\,(1 - v)} \leqq q \leqq v \cdot \frac{24\,(r+n) - r\,t_{vh}\,(1 - v)}{24\,(r+n)\,(2\,v - 1) + r\,t_{vh}\,(1 - v)} \tag{124}$$

bewegt, was aus den Bedingungen $a \geqq g$ und $c \leqq e$ hervorgeht. Es entsteht dann zwischen den Punkten c und f (Abb. 30) ein Zustand, in dem $W_A = W_B$ wird. Dies ist der Fall bei $w_{2m} = e$ (Abb. 30 und Tab. 4). Wenn $w_{2m} > e$ ist, muß man für die Bestimmung des relativen Energiespeicherungswertes nicht nur W'_a (Zustandsform X in Abb. 27b)

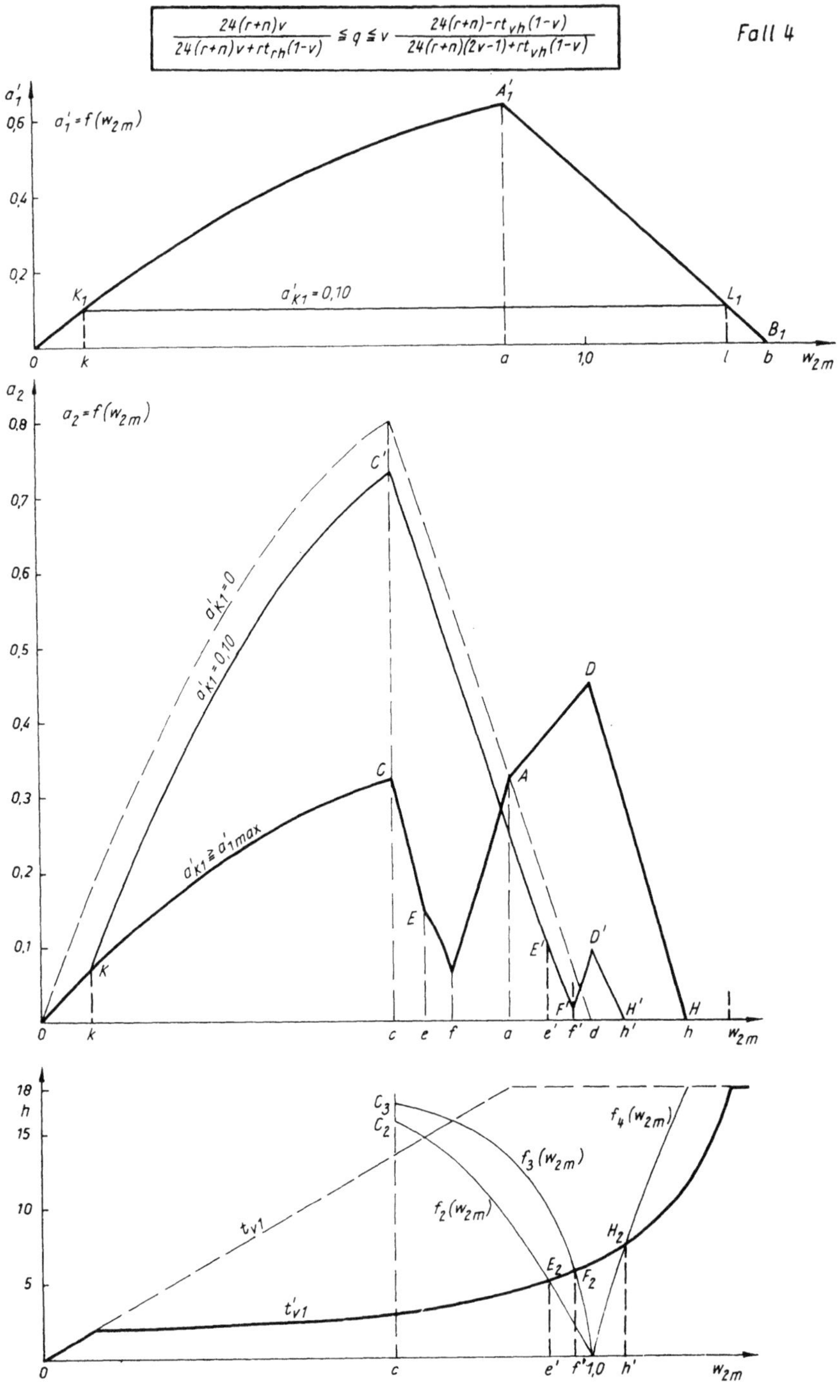

Abb. 30. Der erforderliche relative Energiespeicherungswert des ober- und unterwasserseitigen Kraftwerkes in Abhängigkeit von der möglichen relativen Stromerzeugung des unterwasserseitigen Kraftwerkes im Fall 4 (Beispiel für $v = 0{,}60$ und $q = 0{,}80$)

Tabelle 5. *Formeln zur Bestimmung des erforderlichen relativen Energiespeicherungswertes des ober- und unterwasserseitigen Wasserkraftwerkes im Fall 5 (zu Abb. 31)*

Fall 5.

$$v \frac{24(r+n) - r\,t_{vh}(1-v)}{24(r+n)(2v-1) + r\,t_{vh}(1-v)} \leqq q \leqq \frac{v}{2v-1}$$

$$a'_1 = f(w_{2m})$$

wie Fall 1.

$$a_2 = f(w_{2m})$$

A. $a'_{k1} \geqq a'_{1\,\max}$

$$c = \frac{r\,t_{vh}}{24(r+n)}; \qquad d = 1$$

$$e = \frac{1}{1-v}\left(1 - \frac{2qv}{q+v}\right); \qquad f = \frac{r\,t_{vh}}{24(r+n)v + r\,t_{vh}(1-v)}$$

$$h = \frac{24(r+n) - r\,t_{vh}(1-q)}{24(r+n) - r\,t_{vh}(1-v)}$$

Zustand VI; $O - E$: $a_2 = w_{2m}(1-v)\left(2 - \frac{r+n}{r} w_{2m}\right)$

Zustand XII; $E - C$: $a_2 = w_{2m}(1-v)\left(2 - \frac{r+n}{r} w_{2m}\right) +$

$$+ \frac{r+n}{r} w_{2m}\left\{2v - \left(1 + \frac{v}{q}\right)[1 - w_{2m}(1-v)]\right\}$$

Zustand X; $C - F$: $a_2 = \left(2 - \frac{t_{vh}}{24}\right)\left[\frac{r\,t_{vh}(1-w_{2m})}{24(r+n) - r\,t_{vh}} - w_{2m} v\right] +$

$$+ \frac{r+n}{r} w_{2m} \frac{v}{q}\,[2q - 1 + w_{2m}(1-v)] - \frac{t_{vh}}{24}[1 - w_{2m}(1-v)]$$

Zustand XI; $F - D$: $a_2 = \left(2 - \frac{t_{vh}}{24}\right)\left[w_{2m} v - \frac{r\,t_{vh}(1-w_{2m})}{24(r+n) - r\,t_{vh}}\right] +$

$$+ [1 - w_{2m}(1-v)]\left(\frac{t_{vh}}{24} - \frac{r+n}{r}\frac{v}{q} w_{2m}\right)$$

Zustand XIII; $D - A$: $a_2 = \left(2 - \frac{r+n}{r} w_{2m} \frac{v}{q}\right)[1 - w_{2m}(1-v)]$

Zustand IX; $A - G$: $a_2 = \left(2 - \frac{t_{vh}}{24}\right)\left[1 - w_{2m} + \frac{r\,t_{vh}(q - w_{2m} v)}{24(r+n) - r\,t_{vh}}\right]$

B. $a'_{k1} < a'_{1\,\max}$

$$k = \frac{r}{r+n}\frac{q}{v}\left(1 - \sqrt{1 - \frac{r+n}{r}\frac{a'_{k1}}{q}}\right)$$

$$l = \frac{q}{v}\left[1 - \frac{a'_{k1}}{q}\frac{24}{r\,t_{vh}}\frac{24(r+n) - r\,t_{vh}}{2 \cdot 24 - t_{vh}}\right]$$

$$w_{2m} \leqq c : f_2(w_{2m}) = 12 \frac{r+n}{r} \left\{ 1 - w_{2m} + \frac{q - w_{2m} v}{w_{2m}(1-v) - (1-q)} - \right.$$

$$\left. - \sqrt{\left[1 - w_{2m} + \frac{q - w_{2m} v}{w_{2m}(1-v) - (1-q)} \right]^2 - 4 \frac{w_{2m}(1 - w_{2m})}{w_{2m}(1-v) - (1-q)}} \right\}$$

$$w_{2m} \geqq c : f_2(w_{2m}) = 12 \frac{r+n}{r} \left\{ 1 - \frac{r\, t_{vh}}{24(r+n)} + \frac{q - w_{2m} v}{w_{2m}(1-v) - (1-q)} - \right.$$

$$- \sqrt{\left[1 - \frac{r\, t_{vh}}{24(r+n)} + \frac{q - w_{2m} v}{w_{2m}(1-v) - (1-q)} \right]^2 - 4 \frac{r\, t_{vh}}{24(r+n)} \frac{1 - w_{2m}}{w_{2m}(1-v) - (1-q}$$

$$w_{2m} \geqq c : f_3(w_{2m}) = \frac{24(r+n)(1 - w_{2m})\, t_{vh}}{[24(r+n) - r\, t_{vh}](q - w_{2m} v) + r\, t_{vh}(1 - w_{2m})}$$

$$f_4(w_{2m}) = 24 \frac{r+n}{r} \frac{1 - w_{2m}}{1 - q - w_{2m}(1-v)}$$

$$t'_{v1} = 12 \left[2 + \frac{a'_{k1}}{q - w_{2m} v} - \sqrt{\left(2 + \frac{a'_{k1}}{q - w_{2m} v} \right)^2 - 4 \frac{r+n}{r} \frac{a'_{k1}}{q - w_{2m} v}} \right]$$

$$e' : f_2(w_{2m}) = t'_{v1}; \quad f' : f_3(w_{2m}) = t'_{v1}; \quad h' : f_4(w_{2m}) = t'_{v1}$$

Zustand XV; $K' - C'$: $$a_2 = \left(2 - \frac{r+n}{r} w_{2m} \right) \left[w_{2m}(1-v) + \right.$$
$$\left. + \frac{24(r+n) w_{2m} v - r\, t'_{v1} q}{24(r+n) - r\, t'_{v1}} \right]$$

Zustand XVI; $C' - E'$: $$a_2 = \left(2 - \frac{t_{vh}}{24} \right) \left[w_{2m} - \frac{r\, t'_{v1}(q - w_{2m} v)}{24(r+n) - r\, t'_{v1}} - \right.$$
$$\left. - \frac{24(r+n) w_{2m} - r\, t_{vh}}{24(r+n) - r\, t_{vh}} \right]$$

Zustand XVII; $E' - F'$: $$a_2 = \left(2 - \frac{t_{vh}}{24} \right) \left[w_{2m} - \frac{r\, t'_{v1}(q - w_{2m} v)}{24(r+n) - r\, t'_{v1}} - \right.$$
$$\left. - \frac{24(r+n) w_{2m} - r\, t_{vh}}{24(r+n) - r\, t_{vh}} \right] + 2 \frac{t'_{v1}}{24} \frac{24(r+n)(q - w_{2m} v)}{24(r+n) - r\, t'_{v1}} -$$
$$- \frac{t_{vh} + t'_{v1}}{24} \frac{24(r+n)(1 - w_{2m}) + r\, t'_{v1}[q - 1 + w_{2m}(1-v)]}{24(r+n) - r\, t'_{v1}}$$

Zustand XVIII; $F' - D'$: $$a_2 = \left(2 - \frac{t'_{v1}}{24} \right) \left[w_{2m} v - \frac{r\, t_{vh}(1 - w_{2m})}{24(r+n) - r\, t_{vh}} - \right.$$
$$\left. - \frac{24(r+n) w_{2m} v - r\, t'_{v1} q}{24(r+n) - r\, t'_{v1}} \right] + \frac{t_{vh} - t'_{v1}}{24} \frac{24(r+n)(1 - w_{2m})}{24(r+n) - r\, t_{vh}}$$

Zustand XIX; $D' - H'$: $$a_2 = \left(2 - \frac{t'_{v1}}{24} \right) \left[1 - w_{2m} + \frac{r\, t'_{v1}(q - w_{2m} v)}{24(r+n) - r\, t'_{v1}} \right]$$

sondern auch die zweifache Differenz $W_A - W_B$ berücksichtigen. Denn bei $W_A > W_B$ und bei Füllung des Speicherbeckens in Zeiten kleiner Belastungen ist der Speicherinhalt, der mit der Energie W'_a definiert ist, ungenügend. In solchen Fällen ist nämlich ein größerer verfügbarer Nutzinhalt des Staubeckens erforderlich, da die gesamte im Speicherbecken während der Füllungsperiode W_A verbleibende Wassermenge nicht während der Entleerungsperiode W_B am Vortage eines Sonn- bzw. Feiertages ausgenützt werden kann. Die analoge Überlegung gilt auch für den auf einen Sonn-(Feier-)tag folgenden Werktag. Die Zustandsform X bleibt so lange bestehen, bis die konstante Leistung des unterwasserseitigen Kraftwerks gleich der Leistung des Zuflusses ΔP_{h2} wird (Punkt f in Abb. 30).

Bei größeren w_{2m} (Zustandsform XI in Abb. 27b) ist bei kleinen Belastungen eine Leerung des Speicherbeckens erforderlich. Daher bleiben die Differenzen $W_A - W_B$ ohne Einfluß.

Die Vergrößerung des Verhältnisses q führt zum Fall 5 (Abb. 31), wenn

$$v \cdot \frac{24\,(r+n) - r\,t_{vh}\,(1-v)}{24\,(r+n)\,(2\,v-1) + r\,t_{vh}\,(1-v)} \leqq q \leqq \frac{v}{2\,v-1} \tag{125}$$

ist. Die Zustandsform fällt nämlich zwischen die Punkte 0 und c, wenn $W_A = W_B$ ist. Der Punkt e in Abb. 31 wird durch den Ausdruck in Tab. 5 definiert. Demnach wird $W_A > W_B$ für den Wert w_{2m} größer als e. So entsteht die Zustandsform XII (Abb. 27b), die von der Form X insofern verschieden ist, da das unterwasserseitige Kraftwerk jetzt keine konstante Energie erzeugt. Die Zustandsform XII bleibt so lange bestehen, bis $w_{2m} = e$ wird, worauf der Zustand X erscheint. Im Fall 5 kommt auch die Zustandsform XIII vor (Abb. 27b), die dann auftritt, wenn $a > 1$ wird.

Abschließend sei der Fall 6 untersucht, wenn

$$q \geqq \frac{v}{2\,v-1} \tag{126}$$

ist und der Punkt e (Abb. 31) links vom Ausgangspunkt des Koordinatensystems liegt. Im ganzen Bereich von 0 bis c besteht der Zustand XII. Für größere Werte von w_{2m} liegen dagegen die Verhältnisse wie im Fall 5.

Die bisherigen Untersuchungen erfolgten unter der Voraussetzung, daß das oberwasserseitige Speicherbecken größer ist als jenes, das maximal für die größtmögliche variable Stromerzeugung notwendig wäre. Es ist jedoch möglich, daß $a'_{k1} < a_{k1\,\max}$ wird. Deshalb kann die Notwendigkeit auftreten, auch für diesen Fall den erforderlichen Speicherinhalt für das unterwasserseitige Kraftwerk zu bestimmen.

Auch jetzt sei der Ausgangspunkt der durch die Beziehung (112) definierte Fall 1. In Abb. 26 sind die Verhältnisse für den Fall, daß $a'_{k1} = 0{,}06$ ist, dargestellt. Der Punkt a hat jetzt keine Bedeutung mehr, dagegen sind aber die Punkte k und l, die durch den Schnittpunkt der Horizontalen $a'_{k1} =$ konst. mit $a'_1 = f\,(w_{2m})$ bestimmt sind, maßgebend. Für $w_{2m} < k$ und für $w_{2m} > l$ ist der Nutzinhalt der Speicherung größer als der notwendige Inhalt; damit ist der erforderliche Energiespeicherungswert des unterwasserseitigen Staubeckens bereits bestimmt. Bei $k \leqq w_{2m} \leqq l$ (Fall 1, Abb. 26) kann im unterwasserseitigen Kraftwerk ausschließlich variable Energie erzeugt werden. Das bedeutet, daß der Bereich k bis l innerhalb von 0 bis c liegt. Innerhalb dieses Bereiches sind zwei Zustandsformen möglich: der

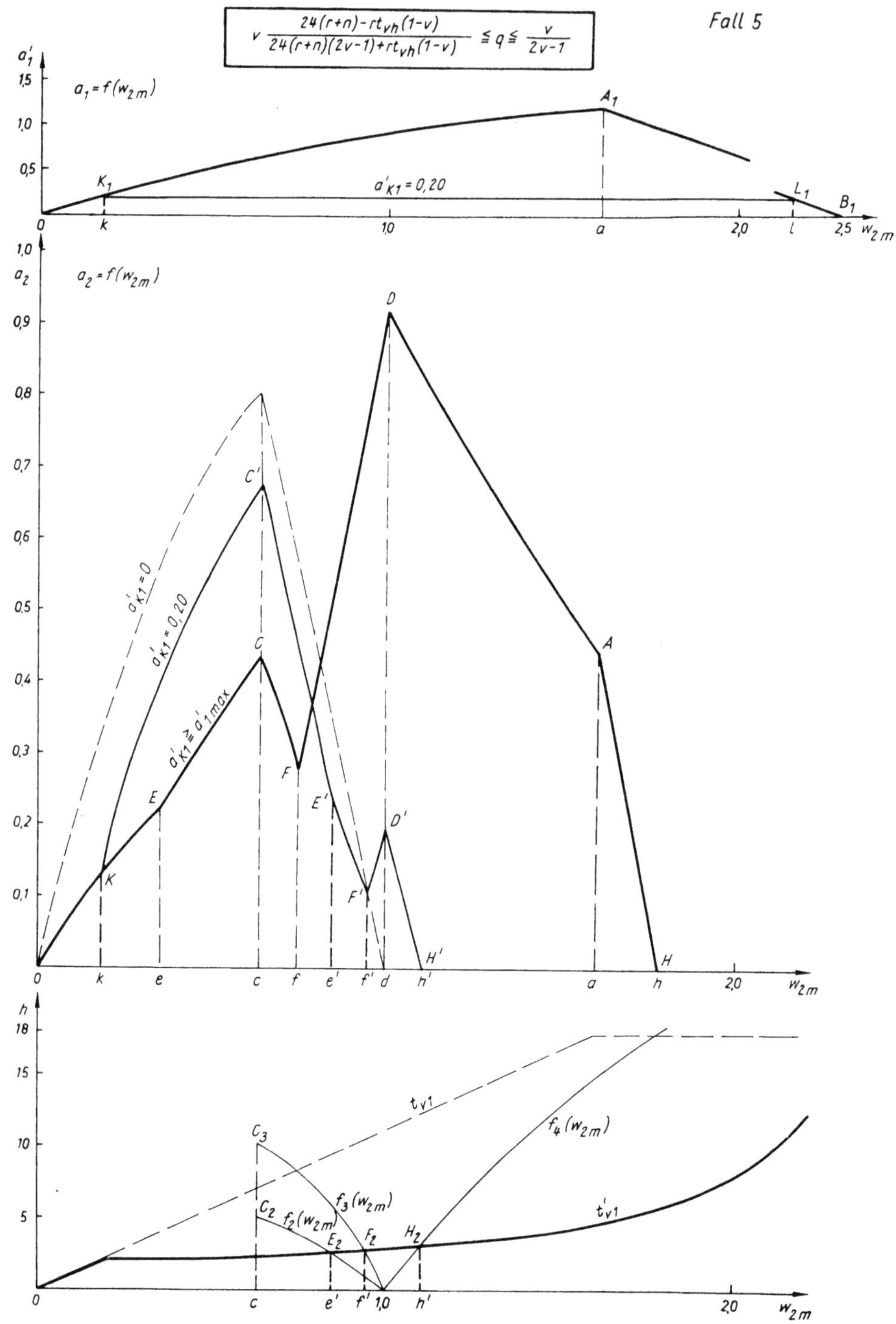

Abb. 31. Der erforderliche relative Energiespeicherungswert des ober- und unterwasserseitigen Kraftwerkes in Abhängigkeit von der möglichen relativen Stromerzeugung des unterwasserseitigen Kraftwerkes im Fall 5 (Beispiel für $v = 0{,}60$ und $q = 1{,}50$)

Zustand XIV (Abb. 32), wenn $t'_{v1} > t_{v2}$ und der Zustand XV, wenn $t'_{v1} < t_{v2}$ ist. Erwähnt sei, daß t'_{v1} die Dauer der veränderlichen Belastung des Kraftwerkes bedeutet, wenn der Nutzinhalt der Speicherung kleiner als das erforderliche Speichervolumen ist. Dagegen bedeutet t_{v2} die Dauer der veränderlichen Belastung des Kraftwerkes dann, wenn der Nutzinhalt der Speicherung gleich oder größer als das erforderliche Speichervolumen ist. Bei Gleichsetzung von t_{v2} (114) und t'_{v1} (aus 91) unter Verwendung der Beziehungen (108) und (109) — der Ausdruck für t'_{v1} ist in Tab. 1 enthalten — erhält man den relativen Speicherungswert, für den die Bedingung $t_{v2} = t'_{v1}$ erfüllt ist. Der Ausdruck für diesen Speicherungswert ist durch $f_1(w_{2m})$ ausgedrückt

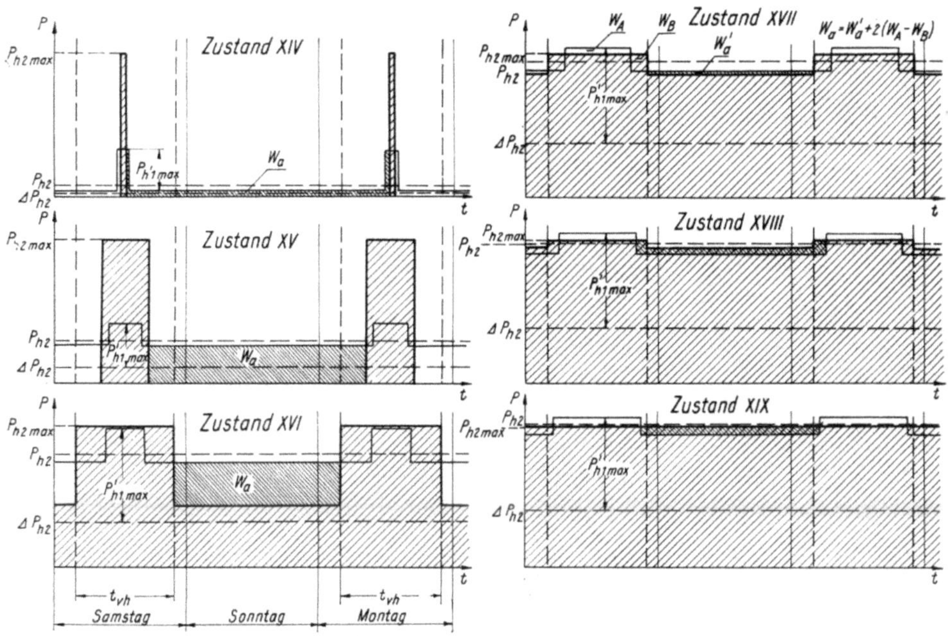

Abb. 32. Zustandserscheinungen der regulierten Stromerzeugung zur Bestimmung des erforderlichen Energiespeicherungswertes der unterwasserseitigen Speicherung, wenn der relative energetische Wert der oberwasserseitigen Speicherung kleiner ist als der maximal erforderliche (Zustand XIV—XIX)

und in Tab. 1 angegeben. Den Verlauf der Kurve $f_1(w_{2m})$ zeigt Abb. 26. Nach Eintragung des nutzbaren Speicherinhaltes in dieses Diagramm findet man die Punkte E_2 und F_2, aus denen sich der Wert für w_{2m} bei $t_{v2} = t'_{v1}$ ergibt. Im Bereich $f_1(w_{2m}) > a'_{k1}$ wird $t_{v2} > t'_{v1}$, bei $f_1(w_{2m}) < a'_{k1}$ wird jedoch $t_{v2} < t'_{v1}$. Damit sind die Bereiche, in denen die Zustandsformen XIV und XV vorkommen, definiert. So besteht auch die Möglichkeit, den Verlauf der Kurve $a_2 = f(w_{2m})$ gemäß den in Tab. 1 angegebenen Ausdrücken zu bestimmen.

Im Fall 2 (Abb. 28) treten wiederum die Zustandsformen XIV

und XV (Abb. 32) auf. Die Grenze zwischen diesen beiden wird durch $f_1(w_{2m})$ gefunden. Allerdings ist darauf hinzuweisen, daß $f_1(w_{2m})$ nur dann eine Bedeutung hat, wenn $t_{v2} < t_{vh}$ bzw. wenn $w_{2m} < c$ ist. Weiters erscheint im Fall 2 die Zustandsform XVI (Abb. 32), wenn das unterwasserseitige Wasserkraftwerk außer variabler auch konstante Energie erzeugen muß. Der Zustand XVI tritt ein, wenn $w_{2m} > c$ ist.

Im Fall 3 kommt der Zustand XIV nicht vor, da stets $a'_{k1} > f_1(w_{2m})$ ist. Dagegen treten außer den Zustandsformen XV und XVI noch die Zustandserscheinungen XVII, XVIII und XIX auf (Abb. 32). Die Grenze zwischen den Zustandsformen XVI und XVII wird durch die Funktion $f_2(w_{2m})$ bestimmt, die in Tab. 3 angegeben ist. Deren Verlauf zeigt Abb. 29. Die Funktion $f_2(w_{2m})$ bedeutet die Zeitdauer von t'_{v1},

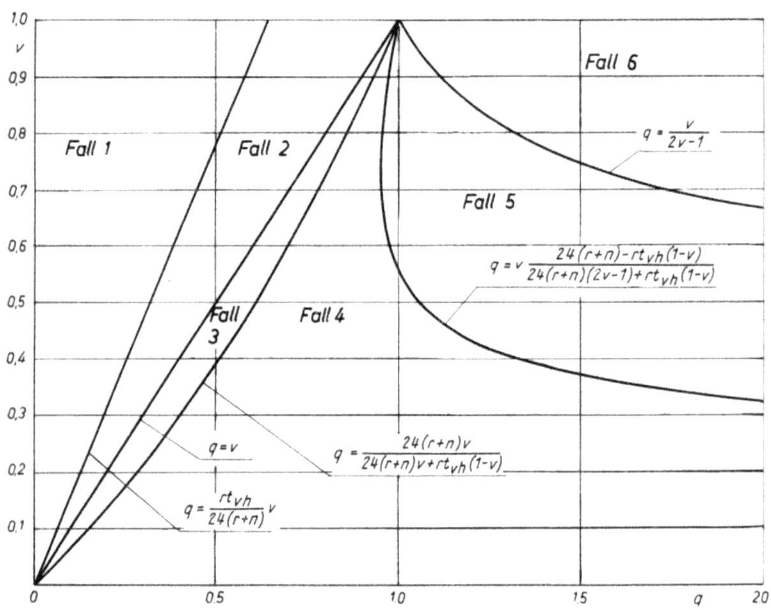

Abb. 33. Grenzwerte der in Abb. 26, 28 bis 31 und in Tab. 1 bis 5 dargestellten Fälle

wo $W_A = W_B$ wird. Der Schnittpunkt dieser Kurve mit jener, die die Abhängigkeit t'_{v1} von w_{2m} darstellt, ergibt den Punkt E_2. Dieser bestimmt die relative Stromerzeugung w_{2m} bei $W_A = W_B$. Die Differenz zwischen W_A und W_B beeinflußt den erforderlichen Energiespeicherungswert, solange als $P_{k2} < P'_{k1} + \Delta P_{h2}$ ist. Die Gleichwertigkeit von P_{k2} und der Summe P'_{k1} und ΔP_{h2} wird durch die Funktion $f_3(w_{2m})$ bestimmt. Auch diese gibt jenen Wert der Zeitdauer von t'_{v1} an, bei dem die erwähnte Gleichwertigkeit erreicht wird. Im Schnittpunkt der Kurve $f_3(w_{2m})$ mit der Kurve t'_{v1} liegt der Punkt F_2, der die Grenze zwischen den Zustandsformen XVII und XVIII anzeigt. Die größte relative Erzeugung besteht bei $w_{2m} = 1$, bei der noch der Zustand XVIII erscheint, während für $w_{2m} > 1$ der Zustand XIX eintritt. In Abb. 29 ist auch der Verlauf der Funktion $f_4(w_{2m})$, der jenen Wert von t'_{v1} angibt, bei dem $a_2 = 0$ wird, gezeigt. Im Fall 3 hat diese Funktion keine Bedeutung, da $h' > l$ ist, denn die Kurve $f_4(w_{2m})$ schneidet die Kurve t'_{v1}, wenn $t'_{v1} = t_{vh}$ wird.

Die Fälle 4 und 5 unterscheiden sich von Fall 3 allein dadurch, daß die Funktion $f_4(w_{2m})$ in Erscheinung tritt, da $h' < l$ ist. Der Fall 5 jedoch unterscheidet sich vom Fall 4 dadurch, daß für die relativ größere Speicherung a'_{k1} die Möglichkeit besteht, daß diese Zustandsform bei $W_A > W_B$ auftritt, und zwar auch dann, wenn $w_{2m} < c$ ist. In diesem Falle berechnet man a_2 aus der Beziehung, die für die Zustandsform XVII (Tab. 4) gilt, indem anstatt t_{vh} der Ausdruck t_{v2} (114) gesetzt wird.

Die Beispiele in Abb. 26 bis 31 sind unter der Voraussetzung gezeichnet, daß $v = 0{,}6$ ist. Dagegen sind in Abb. 33 die Grenzen der erörterten Beispiele in Abhängigkeit von der Größe v dargestellt. Man erkennt, daß alle Fälle 1 bis 6 für größere Werte von v auftreten können, während für kleine Werte von v nur die ersten vier Fälle in Betracht kommen.

b) Der maximal erforderliche Speicherinhalt

Der größte erforderliche Speicherinhalt tritt dann auf, wenn die relative mögliche Stromerzeugung w_{2mc} des unterwasserseitigen Kraftwerkes den durch die Beziehung (70) angegebenen Wert erreicht oder wenn die relativ mögliche Stromerzeugung $w_{2md} = 1$ wird. Im ersten Fall ergibt sich der größte relative Speicherungswert aus der Formel

$$a_{2\max c} = \frac{r\, t_{vh}}{24} \cdot \frac{2 \cdot 24 - t_{vh}}{24\,(r+n)} \cdot \frac{24\,(r+n)\left(1 - \frac{t'_{v1c}}{t_{vh}}\, q\right) - r\, t'_{v1c}\,(1-v)}{24\,(r+n) - r\, t'_{v1c}} + \Delta a_2 \tag{127}$$

Darin ist

$$\Delta a_2 = 2\,\frac{t'_{v1c}}{24} \cdot \frac{24\,(r+n)\, q - r\, t_{vh} \cdot v}{24\,(r+n) - r\, t'_{v1c}} - \frac{t_{vh} + t'_{v1c}}{24} \cdot \frac{24\,(r+n) - r\, t_{vh} + r\, t'_{v1c}\left[q - 1 + \frac{r t_{vh}}{24\,(r+n)}\,(1-v)\right]}{24\,(r+n) - r\, t'_{v1c}} \tag{127a}$$

Für den zweiten Fall gilt die Beziehung

$$a_{2\max d} = \frac{r\, t'_{v1d}}{24} \cdot \frac{2 \cdot 24 - t'_{v1d}}{24\,(r+n) - r\, t'_{v1d}} \cdot (q - v) \tag{128}$$

In den obigen Formeln bedeutet t'_{v1c} die Zeitdauer der veränderlichen Belastung des oberwasserseitigen Wasserkraftwerkes bei der möglichen relativen Stromerzeugung w_{2mc}. Mit t'_{v1d} wird dagegen die Zeitdauer der veränderlichen Belastung des oberwasserseitigen Kraftwerkes bei der möglichen relativen Stromerzeugung w_{2md} bezeichnet. Falls der nutzbare Speicherinhalt *kleiner* ist als der erforderliche Inhalt, bestimmt man den Wert t'_{v1c} gemäß dem Ausdruck für t'_{v1} aus Tab. 1 bis 5. Wenn jedoch der Nutzinhalt der Speicherung *größer* ist als der

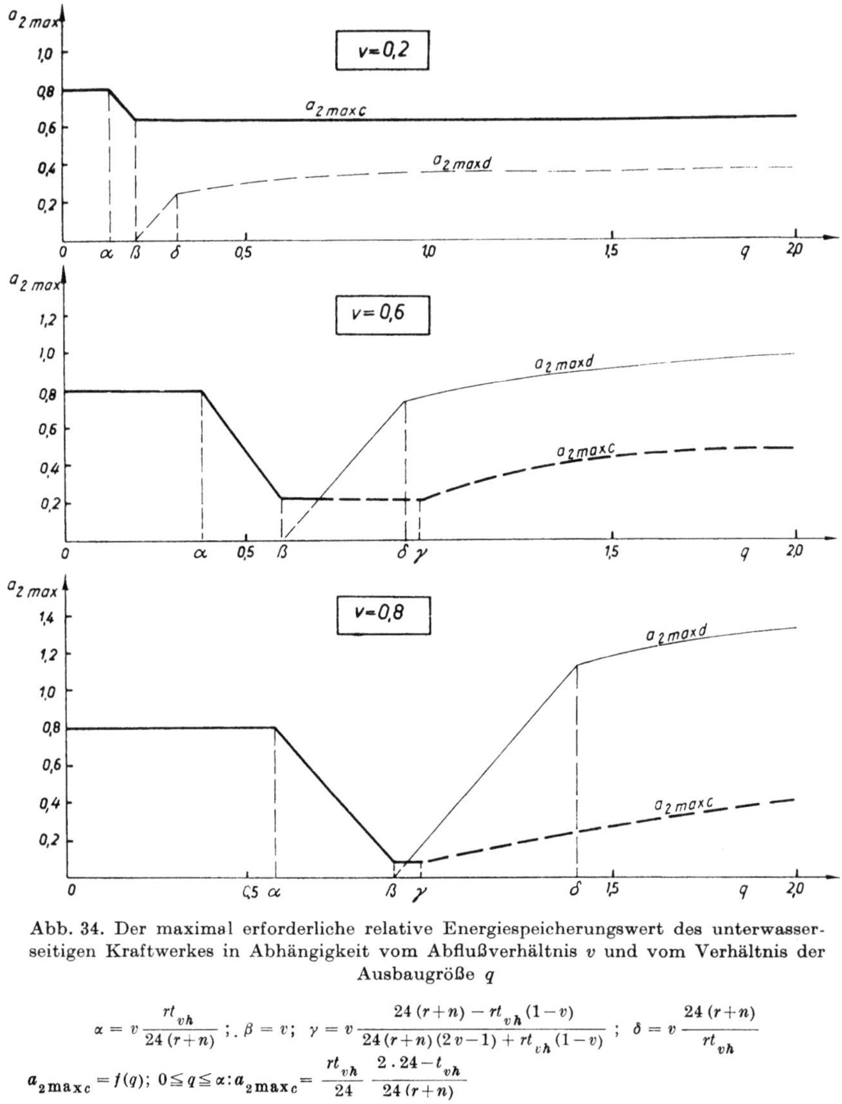

Abb. 34. Der maximal erforderliche relative Energiespeicherungswert des unterwasserseitigen Kraftwerkes in Abhängigkeit vom Abflußverhältnis v und vom Verhältnis der Ausbaugröße q

$$\alpha = v \frac{rt_{vh}}{24\,(r+n)}\,;\; \beta = v;\; \gamma = v \frac{24\,(r+n) - rt_{vh}\,(1-v)}{24\,(r+n)\,(2v-1) + rt_{vh}\,(1-v)}\,;\; \delta = v \frac{24\,(r+n)}{rt_{vh}}$$

$$a_{2\max c} = f(q);\; 0 \leqq q \leqq \alpha : a_{2\max c} = \frac{rt_{vh}}{24} \frac{2\,.\,24 - t_{vh}}{24\,(r+n)}$$

$$\alpha \leqq q \leqq \beta : a_{2\max c} = \frac{rt_{vh}}{24} \frac{2\,.\,24 - t_{vh}}{24\,(r+n)} \frac{24\,(r+n)\,(1-q) - rt_{vh}\,(1-v)}{24\,(r+n) - rt_{vh}}$$

$$\beta \leqq q \leqq \gamma : a_{2\max c} = \frac{rt_{vh}}{24} \frac{2\,.\,24 - t_{vh}}{24\,(r+n)}\,(1-v)$$

$$\gamma \leqq q \leqq \infty : a_{2\max c} = \frac{rt_{vh}}{24} \frac{2\,.\,24 - t_{vh}}{24\,(r+n)}\,(1-v) + \frac{t_{vh}}{24} \left\{ 2v - \left(1 + \frac{v}{q}\right) \left[1 - \frac{rt_{vh}}{24\,(r+n)}\,(1-v) \right] \right\}$$

$$a_{2\max d} = f(q);\; 0 \leqq q \leqq \beta : a_{2\max d} = 0$$

$$\beta \leqq q \leqq \delta : a_{2\max d} = \frac{rt_{vh}}{24} \frac{2\,.\,24 - t_{vh}}{24\,(r+n) - rt_{vh}}\,(q-v)$$

$$\delta \leqq q \leqq \infty : a_{2\max d} = v \left(2 - \frac{r+n}{r} \frac{v}{q}\right)$$

erforderliche Inhalt, ist für t'_{v1c} jener Wert einzusetzen, welcher dem Wert für t_{v1} im Einzelfall entspricht. Dieser Wert kann 0, t_{vh} oder ein Wert entsprechend der Formel (120) sein.

Die Beziehungen (127) und (128) findet man, indem für a_2 in den Zustandsdarstellungen XVII bzw. XIX die entsprechenden Werte für w_{2m} eingesetzt werden. Die Größe Δa_2 berücksichtigt die Vergrößerung des erforderlichen Speicherungswertes, wenn $W_A > W_B$ ist. Mit Δa_2 ist nur dann zu rechnen, wenn $\Delta a_2 > 0$ ist. In allen anderen Fällen ist $\Delta a_2 = 0$ zu setzen.

Die oben angegebenen Beziehungen gelten für alle Fälle. Maßgebend ist jener Ausdruck, der höhere Werte ergibt.

Abb. 34 zeigt die Abhängigkeit $a_{2\,\max}$ von q für verschiedene Werte von v, wenn $a'_{k1} \geqq a'_{1\,\max}$ ist. Bei Verwendung der Beziehungen (127), (127a) und (128) sind außerdem die Ausdrücke für $a_{2\,\max} = f(q)$ angegeben. Aus den Angaben in Abb. 34 ist ersichtlich, daß für große Werte von v und große Werte von q das größte erforderliche Speichervolumen notwendig ist. Anhand der letzten Beziehung in Abb. 34 erhält man den größten erforderlichen Speicherinhalt. Indem man $q = \infty$ setzt, ergibt sich, daß $a_{2\,\max\,\max} = 2\,v$ ist, wodurch das größtmögliche erforderliche Volumen gekennzeichnet ist. Demnach treten keinerlei Schwierigkeiten auf, um die größtmögliche veränderliche Stromerzeugung zu erzielen, wenn die Entleerungszeit des Speicherbeckens des unterwasserseitigen Wasserkraftwerkes gleich oder größer als 24 v Stunden ist. Diese Zeitdauer wird aus den Beziehungen (64) und für $a_{2\,\max\,\max}$ gefunden.

c) Bestimmung der veränderlichen und konstanten Energiemenge

Die Methode für die Bestimmung der veränderlichen und konstanten Energiemenge des oberwasserseitigen Wasserkraftwerkes wurde bereits in diesem Kapitel unter 3b beschrieben. Diese gilt auch für das unterwasserseitige Kraftwerk, wenn der nutzbare Energiespeicherungswert gleich oder größer ist als der maximal erforderliche Speicherungswert. Dabei soll man sich nicht durch die Form der Kurve $a_2 = f(w_{2m})$ für große Werte von w_{2m} beeinflussen lassen. Eine so große Speicherung ist nämlich gerade erforderlich, um das günstigste Belastungsdiagramm ($w_{2m} < 1$) bzw. eine möglichst volle Ausnützung des Betriebswassers ($w_{2m} > 1$) zu erzielen. Das bedeutet, daß für den durch die Beziehung (77) dargestellten Fall die relative veränderliche Energiemenge gemäß (75) und für den Fall nach (81) aus der Formel (80) bestimmt wird.

Gleiches gilt auch für jene Fälle, wo $a_{k2} < a_{2\,\max}$ ist. Hier bestimmt man die veränderliche Energiemenge aus der Beziehung (89). Dabei ist zu erwähnen, daß anstatt der Größe t'_{vh} der Wert t'_{v2} einzusetzen ist, der die Dauer der variablen Belastung des unterwasserseitigen Kraftwerkes angibt, wenn $a_{k2} < a_{2\,\max}$ ist. Jedoch kann t'_{v2} nicht aus der Beziehung (91) bestimmt werden, da auch der Einfluß der oberwasserseitigen Speicherung berücksichtigt werden muß. Um die

Tabelle 6. *Formeln zur Bestimmung der Dauer der veränderlichen Belastung des ober- und unterwasserseitigen Kraftwerkes im Fall 1 (zu Abb. 35)*

Fall 1.

$$\boxed{0 \leqq q \leqq \frac{r\, t_{vh}}{24\,(r+n)}\, v}$$

$$0 - A'_2:\ t_{v1} = 24\,\frac{r+n}{r}\,\frac{v}{q}\, w_{2m} \quad \text{für } a'_{k1} \geqq a'_{1\,\max}$$

$$0 - C'_2:\ t_{v2} = 24\,\frac{r+n}{r}\, w_{2m} \quad \text{für } a_{k2} \geqq a_{2\,\max}$$

$$\boxed{a'_{k1} \geqq a'_{1\,\max}}$$

Zustand I; $O - S''_2:\ t_{v2} = 24\,\frac{r+n}{r}\, w_{2m}$

Zustand XX; $$S''_2 - A_2:\ t'_{v2} = 12\left\{2 + \frac{a_{k2} + \left(2 - \frac{r+n}{r}\right) q}{1 - q - w_{2m}\,(1-v)} - \sqrt{\left[2 + \frac{a_{k2} + \left(2 - \frac{r+n}{r}\right) q}{1 - q - w_{2m}\,(1-v)}\right]^2 - 4\,\frac{r+n}{r}\,\frac{a_{k2} + \left(2 - \frac{r+n}{r}\right) w_{2m}\, v}{1 - q - w_{2m}\,(1-v)}}\right\}$$

Zustand XXI; $$A_2 - B_2:\ t'_{v2} = 12\left\{2 + \frac{a_{k2} + (q - w_{2m}\, v)\left(2 - \frac{r+n}{r}\right)\frac{24\,(r+n)}{24\,(r+n) - r t_{vh}}}{1 - q - w_{2m}\,(1-v)} - \sqrt{\left[2 + \frac{a_{k2} + (q - w_{2m}\, v)\left(2 - \frac{r+n}{r}\right)\frac{24\,(r+n)}{24\,(r+n) - r t_{vh}}}{1 - q - w_{2m}\,(1-v)}\right]^2 - 4\,\frac{r+n}{r}\,\frac{a_{k2} + (q - w_{2m}\, v)\left(2 - \frac{r+n}{r}\right)\frac{r t_{vh}}{24\,(r+n) - r t_{vh}}}{1 - q - w_{2m}\,(1-v)}}\right\}$$

Zustand Abb. 22; $$B_2 - T_2:\ t'_{v2} = 12\left[2 + \frac{a_{k2}}{1 - w_{2m}} - \sqrt{\left(2 + \frac{a_{k2}}{1 - w_{2m}}\right)^2 - 4\,\frac{r+n}{r}\,\frac{a_{k2}}{1 - w_{2m}}}\right]$$

$$\boxed{a'_{k1} < a'_{1\,\max}}$$

$$m \text{ für } t'_{v1} = t'_{v2}$$

$$\mathrm{O} - K_3\colon\; t_{v1} = 24\,\frac{r+n}{r}\,\frac{v}{q}\,w_{2m}$$

$$\text{Zustand Abb. 22; } K_3 - L'_3\colon\; t'_{v1} = 12\left[2 + \frac{a'_{k1}}{q - w_{2m}\,v} - \sqrt{\left(2 + \frac{a'_{k1}}{q - w_{2m}\,v}\right)^2 - 4\,\frac{r+n}{r}\,\frac{a'_{k1}}{q - w_{2m}\,v}}\,\right]$$

$$\mathrm{O} - S'_3\colon\quad t_{v2} = 24\,\frac{r+n}{r}\,w_{2m}$$

$$\text{Zustand XXVIII; } S'_3 - M\colon\; t'_{v2} = 12\left\{2 + \frac{a_{k2}\,[24\,(r+n) - r\,t'_{v1}] + \frac{r+n}{r}\,r\,t'_{v1}\,(q - w_{2m}\,v)}{24\,(r+n)\,(1 - w_{2m}) - r\,t'_{v1}\,[1 - q - w_2\,(1 - v)]} - \right.$$

$$\left. - \sqrt{\left[2 + \frac{a_{k2}\,[24\,(r+n) - r\,t'_{v1}] + \frac{r+n}{r}\,r\,t'_{v1}\,(q - w_{2m}\,v)}{24\,(r+n)\,(1 - w_{2m}) - r\,t'_{v1}\,[1 - q - w_{2m}\,(1 - v)]}\right]^2 - 4\,\frac{r+n}{r}\,\frac{a_{k2}\,[24\,(r+n) - r\,t'_{v1}] + 2\,r\,t'_{v1}\,(q - w_{2m}\,v)}{24\,(r+n)\,(1 - w_{2m}) - r\,t'_{v1}\,[1 - q - w_{2m}\,(1 - v)]}}\,\right\}$$

$$\text{Zustand XXVII; } M - L_3\colon\; t'_{v2} = 12\left\{2 + \frac{a_{k2} + (q - w_{2m}\,v)\left(2 - \frac{r+n}{r}\right)\frac{24\,(r+n)}{24\,(r+n) - rt'_{v1}}}{1 - q - w_{2m}\,(1 - v)} - \right.$$

$$\left. - \sqrt{\left[2 + \frac{a_{k2} + (q - w_{2m}\,v)\left(2 - \frac{r+n}{r}\right)\frac{24\,(r+n)}{24\,(r+) - rt'_{v1}}}{1 - q - w_{2m}\,(1 - v)}\right]^2 - 4\,\frac{r+n}{r}\,\frac{a_{k2} + (q - w_{2m}\,v)\left(2 - \frac{r+n}{r}\right)\frac{rt'_{v1}}{24\,(r+n) - rt'_{v1}}}{1 - q - w_{2m}\,(1 - v)}}\,\right\}$$

$$\text{Zustand XXI; }\quad L_3 - B_3\colon\; t'_{v2} = 12\left\{2 + \frac{a_{k2} + (q - w_{2m}\,v)\left(2 - \frac{r+n}{r}\right)\frac{24\,(r+n)}{24\,(r+n) - rt_{vh}}}{1 - q - w_{2m}\,(1 - v)} - \right.$$

$$\left. - \sqrt{\left[2 + \frac{a_{k2} + (q - w_{2m}\,v)\left(2 - \frac{r+n}{r}\right)\frac{24\,(r+n)}{24\,(r+n) - rt_{vh}}}{1 - q - w_{2m}\,(1 - v)}\right]^2 - 4\,\frac{r+n}{r}\,\frac{a_{k2} + (q - w_{2m}\,v)\left(2 - \frac{r+n}{r}\right)\frac{rt_{vh}}{24\,(r+n) - rt_{vh}}}{1 - q - w_{2m}\,(1 - v)}}\,\right\}$$

$$\text{Zustand Abb. 22; } B_3 - T_3\colon\; t'_{v2} = 12\left[2 + \frac{a_{k2}}{1 - w_{2m}} - \sqrt{\left(2 + \frac{a_{k2}}{1 - w_{2m}}\right)^2 - 4\,\frac{r+n}{r}\,\frac{a_{k2}}{1 - w_{2m}}}\,\right]$$

Tabelle 7. *Formeln zur Bestimmung der Dauer der veränderlichen Belastung des ober- und unterwasserseitigen Kraftwerkes im Fall 2 (zu Abb. 37)*

Fall 2.

$$\frac{r\,t_{vh}}{24\,(r+n)}\,v \leqq q \leqq v$$

$O - A'_2$ und $O - C'_2$ wie Fall 1.

$$a'_{k1} \geqq a'_{1\,\max}$$

Zustand I; $\quad O - S''_2\colon \quad t_{v2} = 24\,\frac{r+n}{r}\,w_{2m}$

Zustand XX; $\quad S''_2 - A_2\colon \; t'_{v2} = 12\left\{2 + \frac{a_{k2} + \left(2 - \frac{r+n}{r}\right) q}{1 - q - w_{2m}\,(1 - v)} - \right.$

$$\left. - \sqrt{\left[2 + \frac{a_{k2} + \left(2 - \frac{r+n}{r}\right) q}{1 - q - w_{2m}\,(1 - v)}\right]^2 - 4\,\frac{r+n}{r}\,\frac{a_{k2} + \left(2 - \frac{r+n}{r}\right) w_{2m}\,v}{1 - q - w_{2m}\,(1 - v)}}\right\}$$

Zustand XXI; $\quad A_2 - B_2\colon \; t'_{v2} = 12\left\{2 + \frac{a_{k2} + (q - w_{2m}\,v)\left(2 - \frac{r+n}{r}\right)\frac{24\,(r+n)}{24\,(r+n) - r t_{vh}}}{1 - q - w_{2m}\,(1 - v)} - \right.$

$$\left. - \sqrt{\left[2 + \frac{a_{k2} + (q - w_{2m}\,v)\left(2 - \frac{r+n}{r}\right)\frac{24\,(r+n)}{24\,(r+n) - r t_{vh}}}{1 - q - w_{2m}\,(1 - v)}\right]^2 - 4\,\frac{r+n}{r}\,\frac{a_{k2} + (q - w_{2m}\,v)\left(2 - \frac{r+n}{r}\right)\frac{r t_{vh}}{24\,(r+n) - r t_{vh}}}{1 - q - w_{2m}\,(1 - v)}}\right\}$$

Zustand Abb. 22; $\quad B_2 - T_2\colon \; t'_{v2} = 12\left[2 + \frac{a_{k2}}{1 - w_{2m}} - \sqrt{\left(2 + \frac{a_{k2}}{1 - w_{2m}}\right)^2 - 4\,\frac{r+n}{r}\,\frac{a_{k2}}{1 - w_{2m}}}\right]$

$$\boxed{a'_{k1} < a'_{1\,\max}}$$

$$m \text{ für } t'_{v1} = t'_{v2}$$

$$O - K_3: \quad t_{v1} = 24\,\frac{r+n}{r}\,\frac{v}{q}\,w_{2m}$$

Zustand Abb. 22; $K_3 - L'_3$: $$t'_{v1} = 12\left[2 + \frac{a'_{k1}}{q - w_{2m}\,v} - \sqrt{\left(2 + \frac{a'_{k1}}{q - w_{2m}\,v}\right)^2 - 4\,\frac{r+n}{r}\,\frac{a'_{k1}}{q - w_{2m}\,v}}\right]$$

$$O - S'_3: \quad t_{v2} = 24\,\frac{r+n}{r}\,w_{2m}$$

Zustand XXVIII; $S'_3 - M$: $$t'_{v2} = 12\left\{2 + \frac{a_k\,[24\,(r+n) - r\,t'_{v1}] + \frac{r+n}{r}\,r\,t'_{v1}\,(q - w_{2m}\,v)}{24\,(r+n)\,(1 - w_{2m}) - r\,t'_{v1}\,[1 - q - w_2\,(1 - v)]} - \right.$$
$$\left. - \sqrt{\left[2 + \frac{a_{k2}\,[24\,(r+n) - r\,t'_{v1}] + \frac{r+n}{r}\,r\,t'_{v1}\,(q - w_{2m}\,v)}{24\,(r+n)\,(1 - w_{2m}) - r\,t'_{v1}\,[1 - q - w_{2m}\,(1 - v)]}\right]^2 - 4\,\frac{r+n}{r}\,\frac{a_{k2}\,[24\,(r+n) - r\,t'_{v1}] + 2\,r\,t'_{v1}\,(q - w_{2m}\,v)}{24\,(r+n)\,(1 - w_{2m}) - r\,t'_{v1}\,[1 - q - w_{2m}\,(1 - v)]}}\right\}$$

Zustand XXVII; $M - L_3$: $$t'_{v2} = 12\left\{2 + \frac{a_{k2} + (q - w_{2m}\,v)\left(2 - \frac{r+n}{r}\right)\frac{24\,(r+n)}{24\,(r+n) - rt'_{v1}}}{1 - q - w_{2m}\,(1 - v)} - \right.$$
$$\left. - \sqrt{\left[2 + \frac{a_{k2} + (q - w_{2m}\,v)\left(2 - \frac{r+n}{r}\right)\frac{24\,(r+n)}{24\,(r+n) - rt'_{v1}}}{1 - q - w_{2m}\,(1 - v)}\right]^2 - 4\,\frac{r+n}{r}\,\frac{a_{k2} + (q - w_{2m}\,v)\left(2 - \frac{r+n}{r}\right)\frac{rt'_{v1}}{24\,(r+n) - rt'_{v1}}}{1 - q - w_{2m}\,(1 - v)}}\right\}$$

Zustand XXI; $L_3 - B_3$: $$t'_{v2} = 12\left\{2 + \frac{a_{k2} + (q - w_{2m}\,v)\left(2 - \frac{r+n}{r}\right)\frac{24\,(r+n)}{24\,(r+n) - rt_{vh}}}{1 - q - w_{2m}\,(1 - v)} - \right.$$
$$\left. - \sqrt{\left[2 + \frac{a_{k2} + (q - w_{2m}\,v)\left(2 - \frac{r+n}{r}\right)\frac{24\,(r+n)}{24\,(r+n) - rt_{vh}}}{1 - q - w_{2m}\,(1 - v)}\right]^2 - 4\,\frac{r+n}{r}\,\frac{a_{k2} + (q - w_{2m}\,v)\left(2 - \frac{r+n}{r}\right)\frac{rt_{vh}}{24\,(r+n) - rt_{vh}}}{1 - q - w_{2m}\,(1 - v)}}\right\}$$

Zustand Abb. 22; $B_3 - T_3$: $$t'_{v2} = 12\left[2 + \frac{a_{k2}}{1 - w_{2m}} - \sqrt{\left(2 + \frac{a_{k2}}{1 - w_{2m}}\right)^2 - 4\,\frac{r+n}{r}\,\frac{a_{k2}}{1 - w_{2m}}}\right]$$

Tabelle 8. *Formeln zur Bestimmung der Dauer der veränderlichen Belastung des ober- und unterwasserseitigen Kraftwerkes im Fall 3 (zu Abb. 38)*

Fall 3.

$$v \leqq q \leqq \frac{24\,(r+n)\,v}{24\,(r+n)\,v - r t_{vh}\,(1-v)}$$

$O - A'_2$ und $O - C'_2$ wie Fall 1.

$$a'_{k1} \geqq a'_{1\max}$$

m' und m'' für $t'_{v2} = t_{v1}$

Zustand VI; $\quad O - S''_2$: $\quad t_{v2} = 24\,\frac{r+n}{r}\,w_{2m}$

Zustand XXII; $\quad S''_2 - M'_2$:

$$t'_{v2} = 12\left\{2 + \frac{a_{k2} + \frac{r+n}{r}\,w_{2m}\,v}{1 - w_{2m}\,(1-v)} - \sqrt{\left[2 + \frac{a_{k2} + \frac{r+n}{r}\,w_{2m}\,v}{1 - w_{2m}\,(1-v)}\right]^2 - 4\,\frac{r+n}{r}\,\frac{a_{k2} + 2\,w_{2m}\,v}{1 - w_{2m}\,(1-v)}}\right\}$$

Zustand XX; $\quad M'_2 - M''_2$:

$$t'_{v2} = 12\left\{2 + \frac{a_{k2} + \left(2 - \frac{r+n}{r}\right) q}{1 - q - w_{2m}\,(1-v)} - \sqrt{\left[2 + \frac{a_{k2} + \left(2 - \frac{r+n}{r}\right) q}{1 - q - w_{2m}\,(1-v)}\right]^2 - 4\,\frac{r+n}{r}\,\frac{a_{k2} + \left(2 - \frac{r+n}{r}\right) w_{2m}\,v}{1 - q - w_{2m}\,(1-v)}}\right\}$$

Zustand XXII; $\quad M''_2 - T''_2$: $\quad t'_{v2}$ wie $S''_2 - M'_2$

$$a'_{k1} < a'_{1\max}$$

$$O - K_3: \quad t_{v1} = 24\,\frac{r+n}{r}\,\frac{v}{q}\,w_{2m}$$

Zustand Abb. 22; $\quad K_3 - L'_3$:

$$t'_{v1} = 12\left[2 + \frac{a'_{k1}}{q - w_{2m}\,v} - \sqrt{\left(2 + \frac{a'_{k1}}{q - w_{2m}\,v}\right)^2 - 4\,\frac{r+n}{r}\,\frac{a'_{k1}}{q - w_{2m}\,v}}\right]$$

$$O - S'_3: \quad t_{v2} = 24\,\frac{r+n}{r}\,w_{2m}$$

Zustand XXVIII; $S'_3 - T'_3$: $$t'_{v2} = 12\left\{2 + \frac{a_{k2}\,[24\,(r+n) - r\,t'_{v1}] + \frac{r+n}{r}\,rt'_{v1}\,(q - w_{2m}\,v)}{24\,(r+n)\,(1 - w_{2m}) - rt'_{v1}\,[1 - q - w_{2m}\,(1-v)]} - \sqrt{\left[2 + \frac{a_{k2}\,[24\,(r+n) - r\,t'_{v1}] + \frac{r+n}{r}\,rt'_{v1}\,(q - w_{2m}\,v)}{24\,(r+n)\,(1 - w_{2m}) - rt'_{v1}\,[1 - q - w_{2m}\,(1-v)]}\right]^2 - 4\,\frac{r+n}{r}\,\frac{a_{k2}\,[24\,(r+n) - rt'_{v1}] + 2\,rt'_{v1}\,(q - w_{2m}\,v)}{24\,(r+n)\,(1 - w_{2m}) - rt'_{v1}\,[1 - q - w_{2m}\,(1-v)]}}\right\}$$

Größe t'_{v2} zu bestimmen, ist daher eine eingehende Untersuchung erforderlich.

Es sei zuerst vorausgesetzt, daß der Nutzinhalt der Speicherung des oberwasserseitigen Kraftwerkes größer oder gleich dem erforderlichen Volumen ($a'_{k1} \geqq a'_{1\,\max}$) ist, wobei die Verhältnisse für die bereits beschriebenen fünf Fälle (II. Kapitel, 4b) untersucht werden sollen.

Für den Fall 1 sind die Verhältnisse in Abb. 35 und Tab. 6 dargestellt. Bei kleinen Werten von w_{2m} ($0 < w_{2m} < s''$) ist die nutzbare Speicherung des unterwasserseitigen Wasserkraftwerkes größer als die erforderliche Speicherung. Deshalb wird t_{v2} aus (114) bestimmt. Für ein größeres w_{2m} ($s'' < w_{2m} < a$) ist $t'_{v2} < t_{v1}$. Es entsteht so die Zustandsform XX (Abb. 36), für die der Wert t'_{v2} nach der Formel in Tab. 6 gefunden werden kann. Bei einer weiteren Vergrößerung von w_{2m} wird $t_{v1} = t_{vh}$. Nun entsteht der Zustand XXI, der so lange bestehen bleibt bis $w_{2m} = b$ wird, falls nämlich das oberwasserseitige Kraftwerk über solche Wassermengen verfügt, daß ein konstanter Betrieb mit Vollast möglich ist. Für das unterwasserseitige Kraftwerk entsteht nun ein Zustand, als ob kein oberwasserseitiges Wasserkraftwerk vorhanden wäre. Daher ist für die Bestimmung von t'_{v2} so lange die Beziehung (91) maßgebend, bis $w_{2m} = t$ wird, wofür $w_{2m} > t$ die Forderung $a_{k2} > a_2$ gilt.

Für den Fall 2 (Abb. 37 und Tab. 7) herrschen die gleichen Verhältnisse wie in Fall 1. Dagegen tritt im Fall 3 (Abb. 38 und Tab. 8) auch der Zustand XXII (Abb. 36) in Erscheinung, mit $t'_{v2} > t_{v1}$. Dieser Zustand besteht für $s'' < w_{2m} < m'$ und $m'' < w_{2m} < t''$. Die Punkte M'_2 und M''_2 werden durch den Schnittpunkt der Kurve $t'_{v2} = f(w_{2m})$ und der Geraden $t_{v1} = f(w_{2m})$ bestimmt. Im Fall 3 können für kleinere Werte von a_{k2} (bei $a_{k2} < a_2$ für $w_{2m} = 1$) auch die Zustandsformen XXIII und XXIV auftreten. Darüber soll im Fall 4 Näheres gesagt werden.

Im Fall 4 (Abb. 39 und Tab. 9) ist für die angenommene Größe von a_{k2} der Wert $t'_{v2} > t_{v1}$, was der Zustandsform XXII (Abb. 36) entspricht. Bei kleineren Werten von a_{k2} kann auch der Zustand XX eintreten. Für größere Werte von w_{2m} entsteht die Zustandsform XXIII

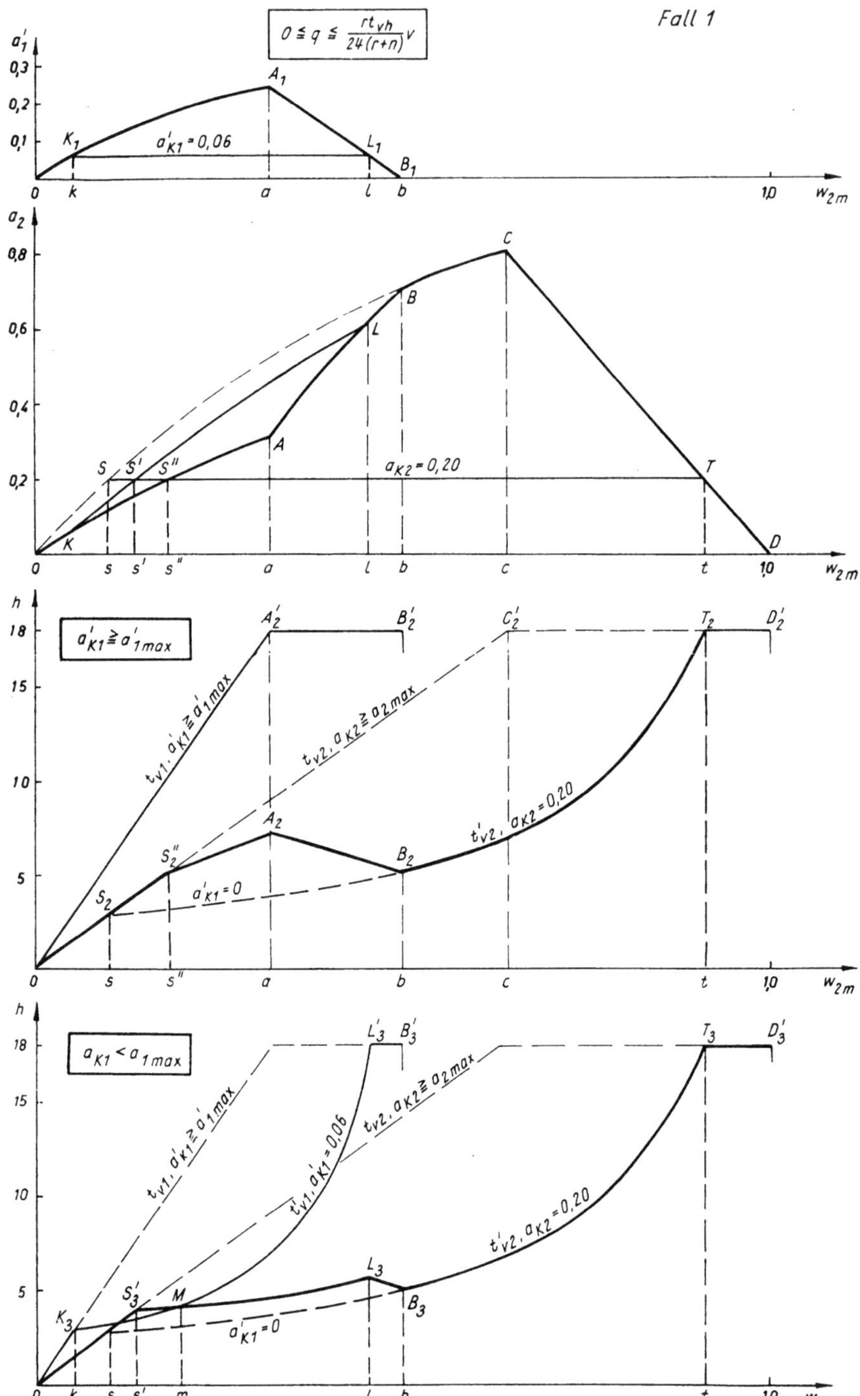

Abb. 35. Legende siehe S. 75

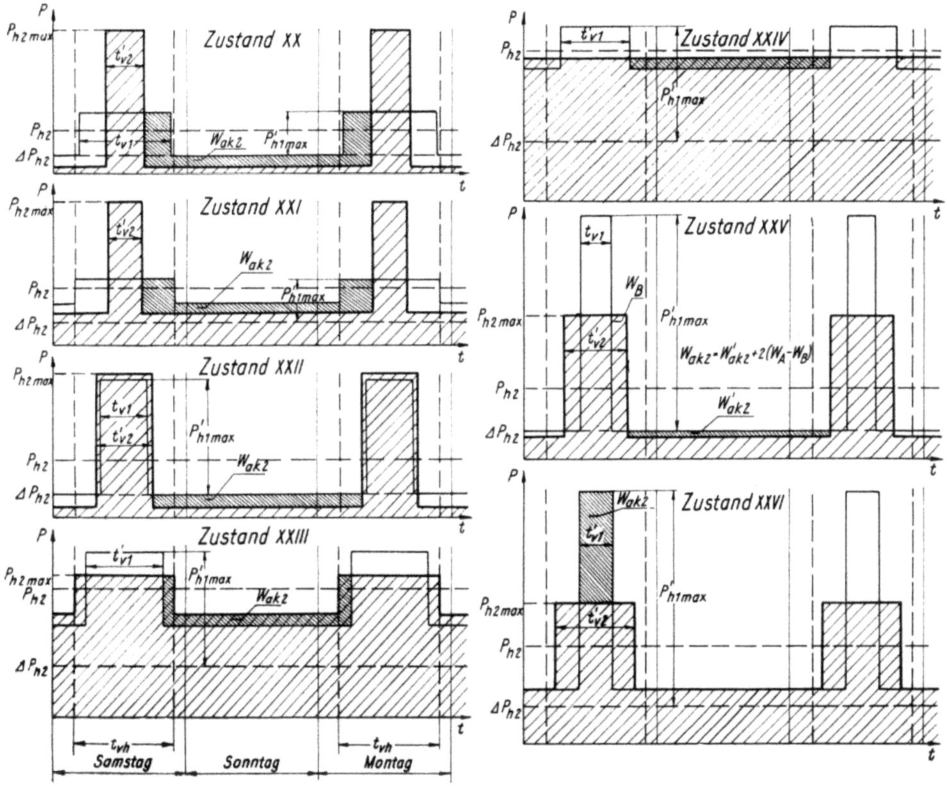

Abb. 36. Zustandserscheinungen der regulierten Stromerzeugung zur Bestimmung der Dauer der veränderlichen Belastung des unterwasserseitigen Kraftwerkes, wenn der relative energetische Wert der oberwasserseitigen Speicherung größer ist als der maximal erforderliche (Zustand XX – XXVI)

Abb. 35. Dauer der veränderlichen Belastung des ober- und unterwasserseitigen Kraftwerkes in Abhängigkeit von der möglichen relativen Stromerzeugung des unterwasserseitigen Kraftwerkes im Fall 1 (Beispiel $v = 0{,}60$ und $q = 0{,}30$)

Abb. 37. Dauer der veränderlichen Belastung des ober- und unterwasserseitigen Kraftwerkes in Abhängigkeit von der möglichen relativen Stromerzeugung des unterwasserseitigen Kraftwerkes im Fall 2 (Beispiel $v = 0{,}60$ und $q = 0{,}45$)

Abb. 38. Dauer der veränderlichen Belastung des ober- und unterwasserseitigen Kraftwerkes in Abhängigkeit von der möglichen relativen Stromerzeugung des unterwasserseitigen Kraftwerkes im Fall 3 (Beispiel $v = 0{,}60$ und $q = 0{,}66$)

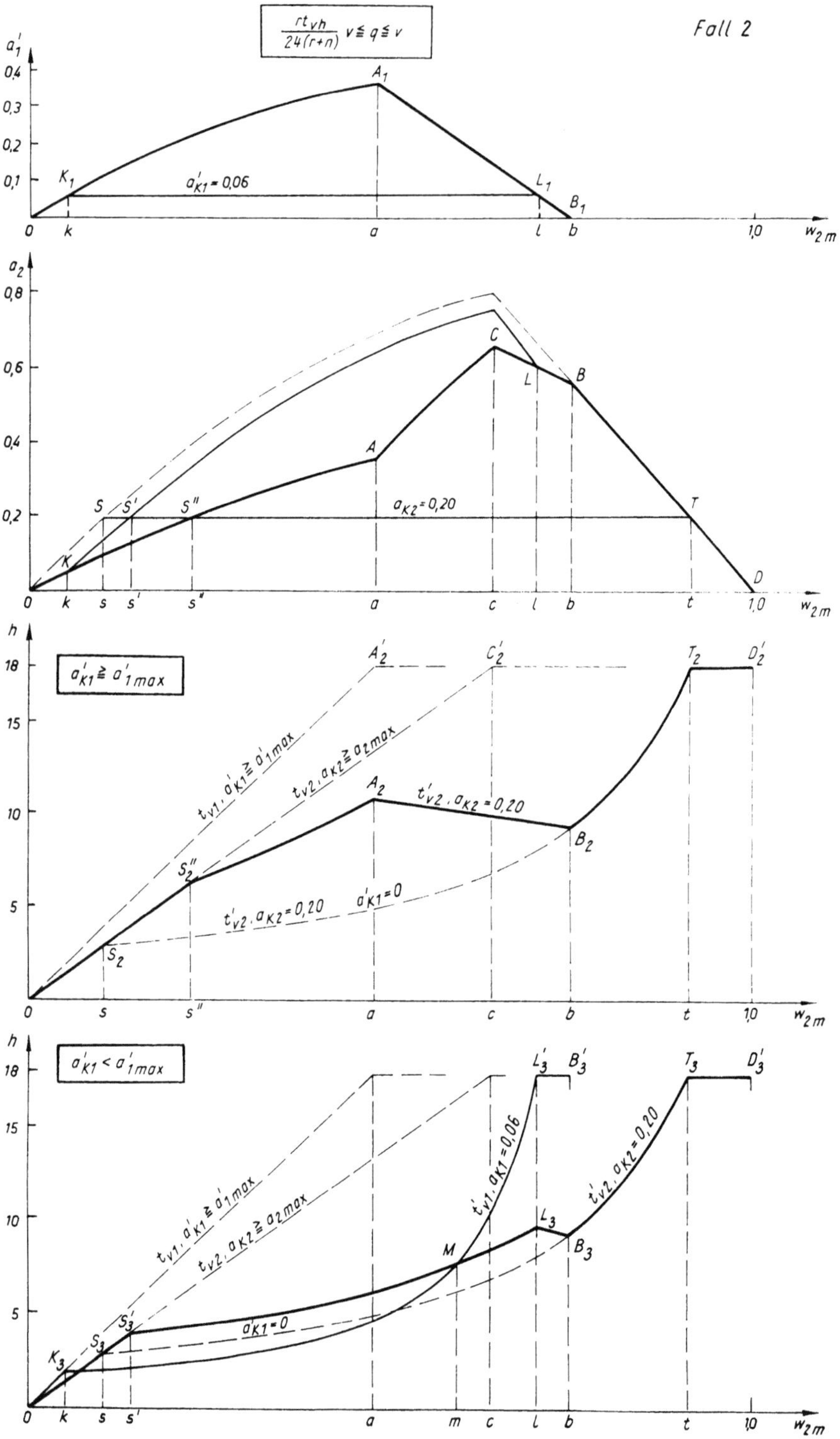

Abb. 37. Legende siehe S. 75

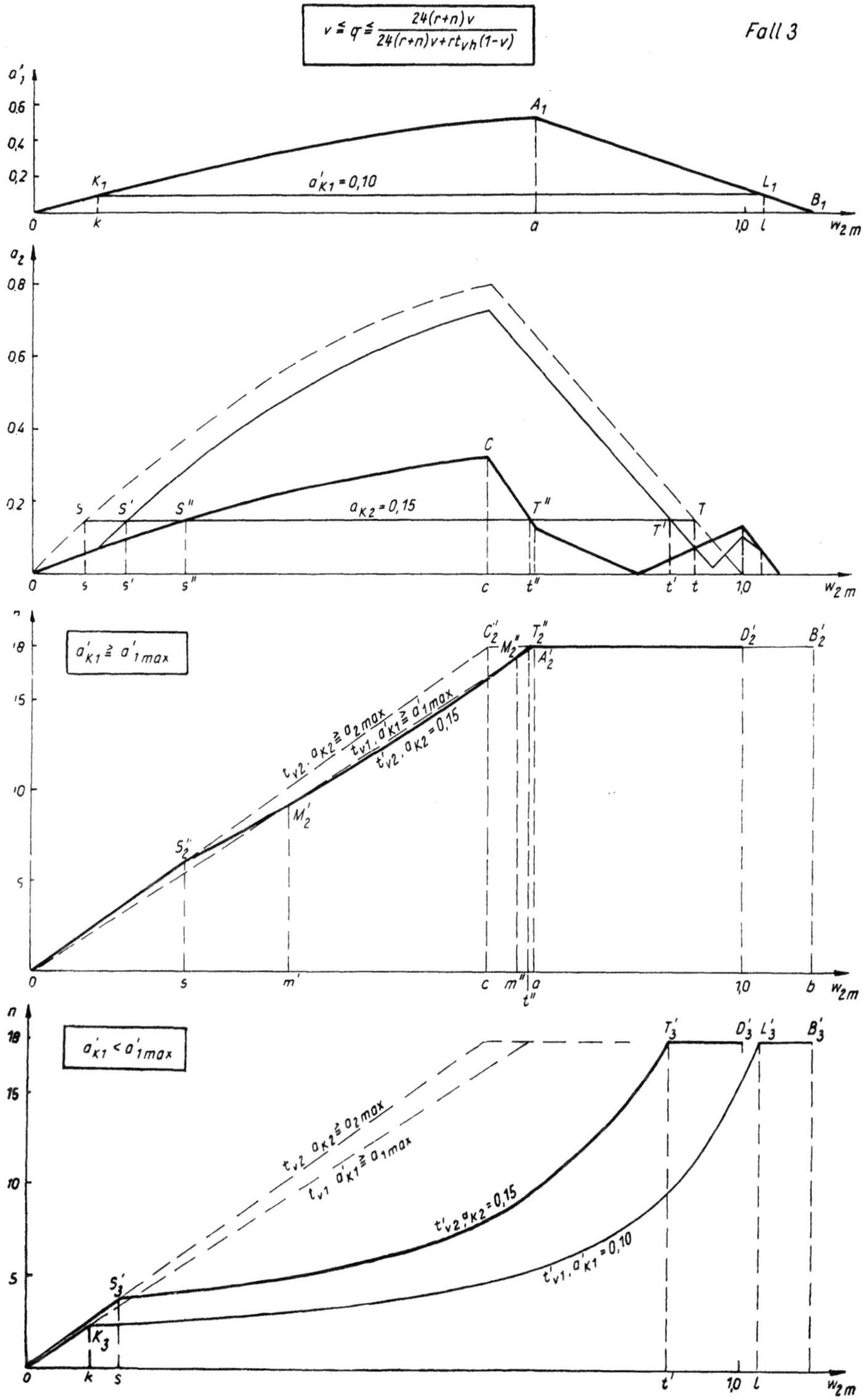

Abb. 38. Legende siehe S. 75

Tabelle 9. *Formeln zur Bestimmung der Dauer der veränderlichen Belastung des ober- und unterwasserseitigen Kraftwerkes im Fall 4 (zu Abb. 39)*

Fall 4.

$$\frac{24\,(r+n)\,v}{24\,(r+n)\,v + r\,t_{vh}\,(1-v)} \leqq q \leqq v\,\frac{24\,(r+n) - r\,t_{vh}\,(1-v)}{24\,(r+n)\,(2\,v-1) + r\,t_{vh}\,(1-v)}$$

$O - A'_2$ und $O - C'_2$ wie Fall 1.

$$a'_{k1} \geqq a'_{1\,\max}$$

Zustand VI; $O - S''_2$: $t_{v2} = 24\,\frac{r+n}{r}\,w_{2m}$

Zustand XXII; $S''_2 - T''_2$:

$$t'_{v2} = 12\left\{2 + \frac{a_{k2} + \frac{r+n}{r}\,w_{2m}\,v}{1 - w_{2m}\,(1-v)} - \sqrt{\left[2 + \frac{a_{k2} + \frac{r+n}{r}\,w_{2m}\,v}{1 - w_{2m}\,(1-v)}\right]^2 - 4\,\frac{r+n}{r}\,\frac{a_{k2} + 2\,w_{2m}\,v}{1 - w_{2m}\,(1-v)}}\right\}$$

$O - X_2$: $t_{v1} = 24\,\frac{r+n}{r}\,\frac{v}{q}\,w_{2m}$

Zustand XXIII; $X_2 - D_2$: $t'_{v1} = 12\left\{2 + \dfrac{a_{k2} - \dfrac{r+n}{r}(1 - w_{2m}) + \left(2 - \dfrac{t_{vh}}{24}\right)\dfrac{24(r+n)(1-w_{2m})}{24(r+n) - rt_{vh}}}{q - 1 + w_{2m}(1-v)} -\right.$

$$\left. - \sqrt{\left[2 + \frac{a_{k2} - \frac{r+n}{r}(1 - w_{2m}) + \left(2 - \frac{t_{vh}}{24}\right)\frac{24(r+n)(1-w_{2m})}{24(r+n) - rt_{vh}}}{q - 1 + w_{2m}(1-v)}\right]^2 - 4\,\frac{r+n}{r}\,\frac{a_{k2} - 2(1 - w_{2m}) + 2\left(2 - \frac{t_{vh}}{24}\right)\frac{24(r+n)(1-w_{2m})}{24(r+n) - rt_{vh}}}{q - 1 + w_{2m}(1-v)}}\right\}$$

Zustand XXIV; $D_2 - Y_2$: $t'_{v1} = 12\left\{2 + \dfrac{a_{k2} - \dfrac{r+n}{r}(1 - w_{2m})}{q - 1 + w_{2m}(1-v)} -\right.$

$$\left. - \sqrt{\left[2 + \frac{a_{k2} - \frac{r+n}{r}(1 - w_{2m})}{q - 1 + w_{2m}(1-v)}\right]^2 - 4\,\frac{r+n}{r}\,\frac{a_{k2} - 2(1 - w_{2m})}{q - 1 + w_{2m}(1-v)}}\right\}$$

$$\boxed{a'_{k1} < a'_{1\,\max}}$$

$$O - K_3: \quad t_{v1} = 24\,\frac{r+n}{r}\,\frac{v}{q}\,w_{2m}$$

Zustand Abb. 22.; $K_3 - L'_3$: $t'_{v1} = 12\left[2 + \dfrac{a'_{k1}}{q - w_{2m}v} - \sqrt{\left(2 + \dfrac{a'_{k1}}{q - w_{2m}v}\right)^2 - 4\,\dfrac{r+n}{r}\,\dfrac{a'_{k1}}{q - w_{2m}v}}\right]$

$$O - S'_3: \quad t_{v2} = 24\,\frac{r+n}{r}\,w_{2m}$$

Zustand XXVIII; $S'_3 - T'_3$: $t'_{v2} = 12\left\{2 + \dfrac{a_{k2}\,[24(r+n) - r\,t'_{v1}] + \dfrac{r+n}{r}\,r\,t'_{v1}\,(q - w_{2m}v)}{24(r+n)(1 - w_{2m}) - r\,t'_{v1}\,[1 - q - w_{2m}(1-v)]} -\right.$

$$\left. - \sqrt{\left[2 + \frac{a_{k2}\,[24(r+n) - r\,t'_{v1}] + \frac{r+n}{r}\,r\,t'_{v1}\,(q - w_{2m}v)}{24(r+n)(1 - w_{2m}) - r\,t'_{v1}\,[1 - q - w_{2m}(1-v)]}\right]^2 - 4\,\frac{r+n}{r}\,\frac{a_{k2}\,[24(r+n) - r\,t'_{v1}] + 2\,r\,t'_{v1}\,(q - w_{2m}v)}{24(r+n)(1 - w_{2m}) - r\,t'_{v1}[1 - q - w_{2m}(1-v)]}}\right\}$$

Tabelle 10. *Formeln zur Bestimmung der Dauer der veränderlichen Belastung des ober- und unterwasserseitigen Kraftwerkes im Fall 5 (zu Abb. 40)*

Fall 5.

$$v \frac{24\,(r+n) - r\,t_{vh}\,(1-v)}{24\,(r+n)\,(2\,v-1) + r\,t_{vh}\,(1-v)} \leqq q \leqq \frac{v}{2\,v-1}$$

$O - A'_2$ und $O - C'_2$ wie Fall 1.

$$a'_{k1} \geqq a'_{1\,\max}$$

$$f_5(w_{2m}) = 24\,\frac{r+n}{r}\,\frac{v}{q}\,w_{2m}\left[\frac{2\,q}{1 - w_{2m}\,(1-v)} - 1\right]; \quad z : t'_{v2} = f_5(w_{2m})$$

$$f_6(w_{2m}) = 24\,\frac{r+n}{r}\,\frac{w_{2m}\,v}{1 - w_{2m}\,(1-v)}; \quad z' : t'_{v2} = f_6(w_{2m})$$

Zustand VI; $O - S''_2$: $t_{v2} = 24\,\frac{r+n}{r}\,w_{2m}$

Zustand XXII; $S''_2 - Z$:

$$t'_{v2} = 12\left\{2 + \frac{a_{k2} + \frac{r+n}{r}\,w_{2m}\,v}{1 - w_{2m}\,(1-v)} - \sqrt{\left[2 + \frac{a_{k2} + \frac{r+n}{r}\,w_{2m}\,v}{1 - w_{2m}\,(1-v)}\right]^2 - 4\,\frac{r+n}{r}\,\frac{a_{k2} + 2\,w_{2m}\,v}{1 - w_{2m}\,(1-v)}}\right\}$$

Zustand XXV; $Z - Z'$:

$$t'_{v2} = 24\,\frac{r+n}{r}\,\frac{a_{k2} + 2\,w_{2m}\,v - \frac{r+n}{r}\,\frac{v}{q}\,w_{2m}\,[2\,q - 1 + w_{2m}\,(1-v)]}{(1 - w_{2m})\left(2 - \frac{r+n}{r}\right) + a_{k2} + 2\,w_{2m}\,v - \frac{r+n}{r}\,\frac{v}{q}\,w_{2m}\,[2\,q - 1 + w_{2m}\,(1-v)]}$$

Zustand XXVI; $\quad Z' - Z'': \; t'_{v2} = 24 \, \dfrac{r+n}{r} \, \dfrac{a_{k2} + (1 - w_{2m}) \dfrac{t'_{v1}}{24}}{a_{k2} + \dfrac{r+n}{r} (1 - w_{2m})}$

$$O - Z'_2: \; t_{v1} = 24 \, \frac{r+n}{r} \, \frac{v}{q} \, w_{2m}$$

Zustand XXVI; $\quad Z'_2 - Z''_2: \quad t'_{v1} = \dfrac{24 \, a_{k2}}{q - 1 + w_{2m} (1 - v)}$

Zustand XXIII; $\quad Z''_2 - D_2: \; t'_{v1} = 12 \left\{ 2 + \dfrac{a_{k2} - \dfrac{r+n}{r} (1 - w_{2m}) + \left(2 - \dfrac{t_{vh}}{24}\right) \dfrac{24 (r+n)(1 - w_{2m})}{24 (r+n) - r t_{vh}}}{q - 1 + w_{2m} (1 - v)} - \right.$

$$\left. - \sqrt{\left[2 + \frac{a_{k2} - \dfrac{r+n}{r} (1 - w_{2m}) + \left(2 - \dfrac{t_{vh}}{24}\right) \dfrac{24 (r+n)(1 - w_{2m})}{24 (r+n) - r t_{vh}}}{q - 1 + w_{2m} (1 - v)} \right]^2 - 4 \, \frac{r+n}{r} \, \frac{a_{k2} - 2 (1 - w_{2m}) + \left(2 - \dfrac{t_{vh}}{24}\right) \dfrac{24 (r+n)(1 - w_{2m})}{24 (r+n) - r t_{vh}}}{q - 1 + w_{2m} (1 - v)}} \right\}$$

Zustand XXIV; $\quad D_2 - Y_2: \; t'_{v1} = 12 \left\{ 2 + \dfrac{a_{k2} - \dfrac{r+n}{r} (1 - w_{2m})}{q - 1 + w_{2m} (1 - v)} - \right.$

$$\left. - \sqrt{\left[2 + \frac{a_{k2} - \dfrac{r+n}{r} (1 - w_{2m})}{q - 1 + w_{2m} (1 - v)} \right]^2 - 4 \, \frac{r+n}{r} \, \frac{a_{k2} - 2 (1 - w_{2m})}{q - 1 + w_{2m} (1 - v)}} \right\}$$

$$\boxed{a'_{k1} < a'_{1\,\max}}$$

$$f'_5 (w_{2m}) = t'_{v1} \left[1 - 2 \, \frac{1 - q - w_{2m} (1 - v)}{1 - w_{2m} + \dfrac{r t'_{v1} (q - w_{2m} v)}{24 (r+n) - r t'_{v1}}} \right]; \qquad m'': t'_{v2} = f'_5 (w_{2m})$$

Fortsetzung der Tabelle 10

$$f'_6\,(w_{2m}) = 24\,\frac{r+n}{r}\,\frac{\dfrac{rt'_{v1}\,(q-w_{2m}\,v)}{24\,(r+n)-rt'_{v1}}}{1-w_{2m}+\dfrac{rt'_{v1}\,(q-w_{2m}\,v)}{24\,(r+n)-rt'_{v1}}}$$

$$O - K_3:\quad t_{v1} = 24\,\frac{r+n}{r}\,\frac{v}{q}\,w_{2m}$$

Zustand Abb. 22; $K_3 - L'_3:\quad t'_{v1} = 12\left[2+\dfrac{a'_{k1}}{q-w_{2m}\,v}-\sqrt{\left(2+\dfrac{a'_{k1}}{q-w_{2m}\,v}\right)^2-4\,\dfrac{r+n}{r}\,\dfrac{a'_{k1}}{q-w_{2m}\,v}}\right]$

$$O - S'_3:\quad t_{v2} = 24\,\frac{r+n}{r}\,w_{2m}$$

Zustand XXVIII; $S'_3 - M'':\quad t'_{v2} = 12\left\{2+\dfrac{a_{k2}\,[24\,(r+n)-r\,t'_{v1}]+\dfrac{r+n}{r}\,rt'_{v1}\,(q-w_{2m}\,v)}{24\,(r+n)\,(1-w_{2m})-rt'_{v1}\,[1-q-w_{2m}\,(1-v)]}-\right.$

$$\left.-\sqrt{\left[2+\frac{a_{k2}\,[24\,(r+n)-r\,t'_{v1}]+\dfrac{r+n}{r}\,rt'_{v1}\,(q-w_{2m}\,v)}{24\,(r+n)\,(1-w_{2m})-rt'_{v1}\,[1-q-w_{2m}\,(1-v)]}\right]^2-4\,\frac{r+n}{r}\,\frac{a_{k2}\,[24\,(r+n)-rt'_{v1}]+2\,rt'_{v1}\,(q-w_{2m}\,v)}{24\,(r+n)\,(1-w_{2m})-rt'_{v1}\,[1-q-w_{2m}\,(1-v)]}}\right\}$$

Zustand XXIX; $M'' - T'_3:\quad t'_{v2} = 24\,\dfrac{r+n}{r}\,\dfrac{a_{k2}+B}{(1-w_{2m})\left(2-\dfrac{r+n}{r}\right)+a_{k2}+B}$

$$B = 2\,\frac{rt'_{v1}\,(q-w_{2m}\,v)}{24\,(r+n)-rt'_{v1}}-\frac{t'_{v1}}{24}\left[2q-1+w_{2m}\,(1-v)-\frac{24\,(r+n)\,w_{2m}\,v-r\,t'_{v1}\,q}{24\,(r+n)-rt'_{v1}}\right]$$

(Abb. 36), bei der in Zeiten kleiner Belastungen die Leerung der Speicherung des unterwasserseitigen Kraftwerkes notwendig ist, um eine möglichst vorteilhafte Ausnutzung des Betriebswassers in diesem Kraftwerk zu erreichen. Eine Kürzung der Zeitdauer der veränderlichen Belastung des unterwasserseitigen Kraftwerkes würde zu einer Vergrößerung der erforderlichen Speicherung führen. Eine Verlängerung der Zeitdauer ist jedoch unmöglich, da das Wasserkraftwerk bereits mit der maximalen Zeit der veränderlichen Belastung t_{vh} arbeitet. Wenn man nicht einen Teil der zur Verfügung stehenden Wassermenge verlieren will, besteht daher nur ein Ausweg, nämlich eine kürzere Ausnützungszeit der veränderlichen Belastung des oberwasserseitigen Kraftwerkes. Ähnlich ist auch die Lage für den Zustand XXIV, wenn dem unterwasserseitigen Kraftwerk so große Wassermengen zur Verfügung stehen, daß es dauernd mit Vollast arbeiten kann und daß jede Belastungsschwankung mit noch größeren Wasserverlusten verbunden wäre. Für $x < w_{2m} < y$ besteht demnach $t'_{v1} < t_{vh}$ auch dann, wenn der Speicherinhalt des oberwasserseitigen Kraftwerkes gleich oder größer als der erforderliche Speicherinhalt ist.

Im Fall 5 (Abb. 40 und Tab. 10) treten zwei neue Zustandsdarstellungen auf, die in den bisher beschriebenen Fällen nicht vorkamen. Für $s'' < w_{2m} < z$ besteht mit Rücksicht auf das Speichervolumen die Zustandsform XXII. Durch den großen Wert von q ist die Summe $P'_{h1\,max} + \varDelta P_{h2}$ größer als $P_{h2\,max}$. Dies hat jedoch keinen Einfluß auf W_{ak2}, so lange $W_A < W_B$ bleibt. Die Bedeutung der Größen W_A und W_B ist aus dem Zustand XXV in Abb. 36 ersichtlich. Wenn $W_A = W_B$ gesetzt wird, können die Werte für t'_{v2}, für welche die erwähnte Gleichsetzung erfüllt ist, bestimmt werden. Diese Werte von t'_{v2} zeigt die Funktion $f_5\,(w_{2m})$. Durch den Schnittpunkt der Kurve $f_5\,(w_{2m})$ und t'_{v2} für den Zustand XXII wird der Punkt Z bestimmt und dann die Gleichsetzung $W_A = W_B$ erreicht. Für größere Werte von w_{2m} ist der Zustand XXV maßgebend, und zwar so lange, bis $P_{k2} = \varDelta P_{h2}$ bzw. $W_A = 2\,W_B$ (Zustand XXVI) erreicht wird. Aus dieser Gleichsetzung kann wiederum t'_{v2} als Funktion $f_6\,(w_{2m})$ bestimmt werden. Durch deren Schnittpunkt wird die Grenze zwischen den Zustandserscheinungen XXV und XXVI (Punkt Z' in Abb. 40) gekennzeichnet. Für $w_{2m} > z'$ ist die vorteilhafteste Lösung der Zustand XXVI, wo der Betrieb des oberwasser- und unterwasserseitigen Wasserkraftwerkes so zu führen ist, als ob die Speichervolumen kleiner wären als die erforderlichen Volumina, wobei der Zustand $P_{k2} = P'_{k1} + \varDelta P_{h2}$ erhalten bleiben muß. Wenn $t'_{v2} = t_{vh}$ wird, erscheint der Zustand XXIII, bei noch größeren Werten von w_{2m} jedoch der Zustand XXIV. Beide sind bereits aus Fall 4 bekannt.

Zu erwähnen ist, daß die Zustandsformen XXV und XXVI auch im Fall 4 auftreten können. Die Feststellung erfolgt mit Hilfe von $f_5\,(w_{2m})$ und $f_6\,(w_{2m})$.

Nun sollen jene Betriebsfälle untersucht werden, wenn $a'_{k1} < a'_{1\,max}$ und $a_{k2} < a_{2\,max}$ ist. Alle sind in den gleichen Abbildungen und Tabellen wie die früher behandelten enthalten.

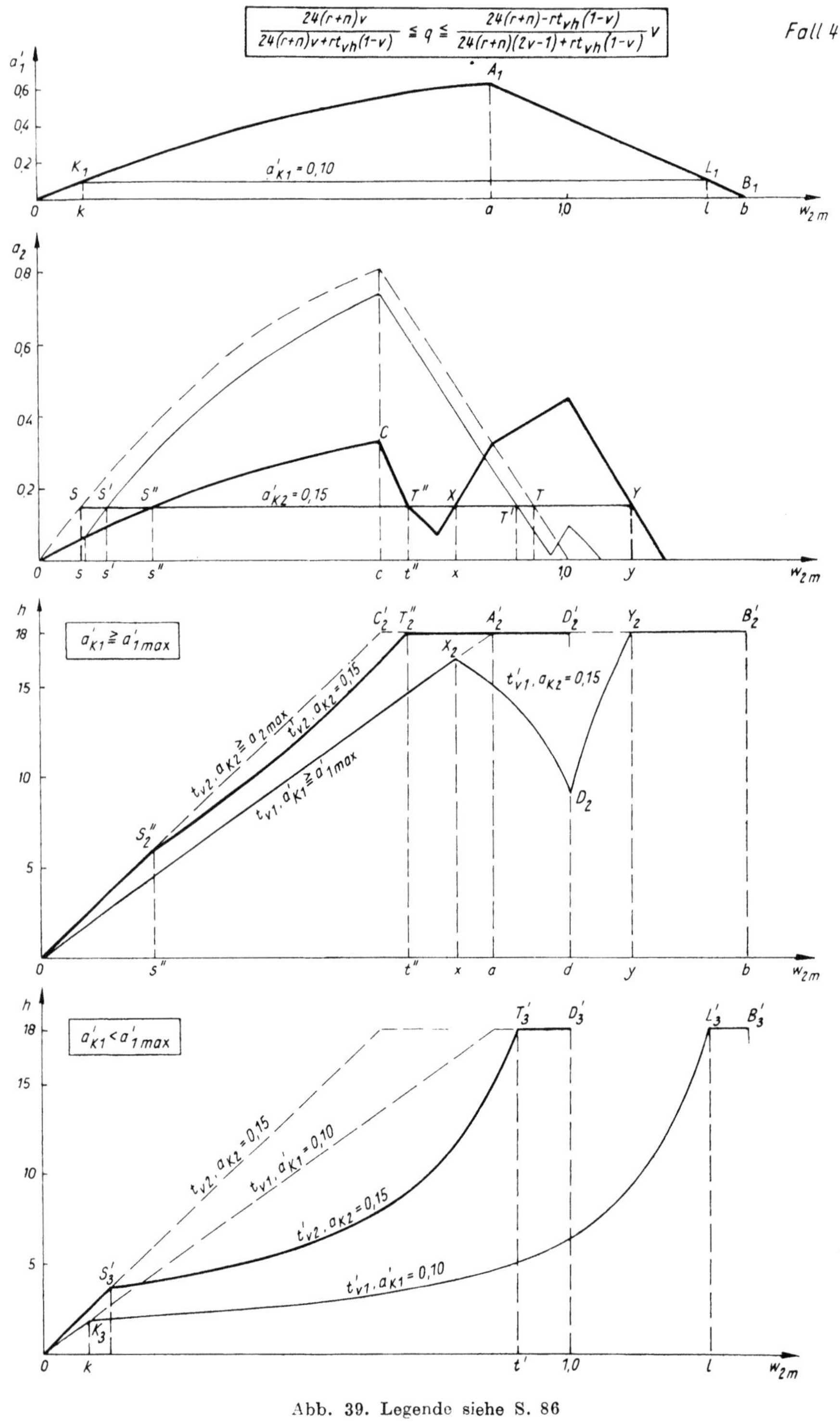

Abb. 39. Legende siehe S. 86

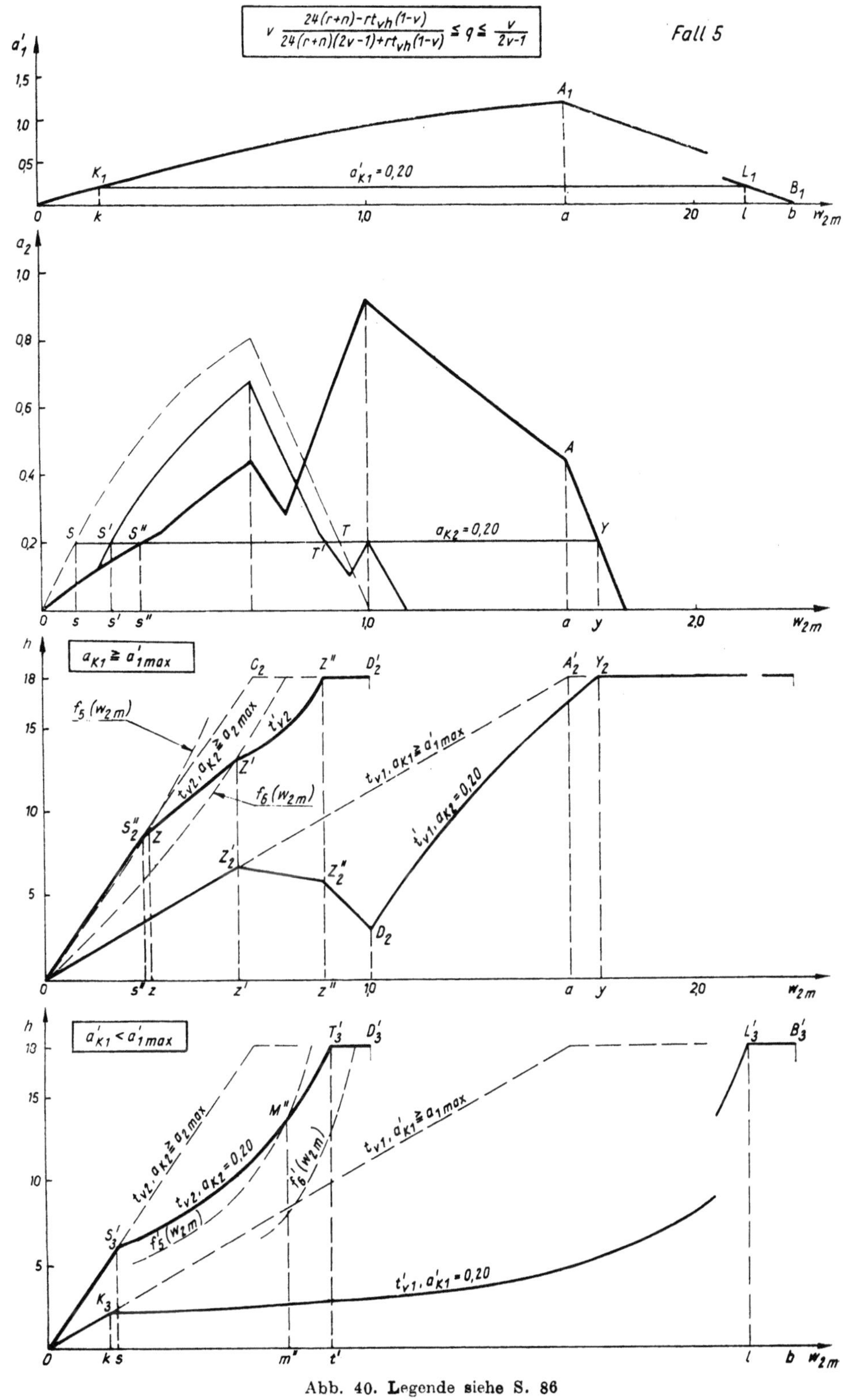

Abb. 40. Legende siehe S. 86

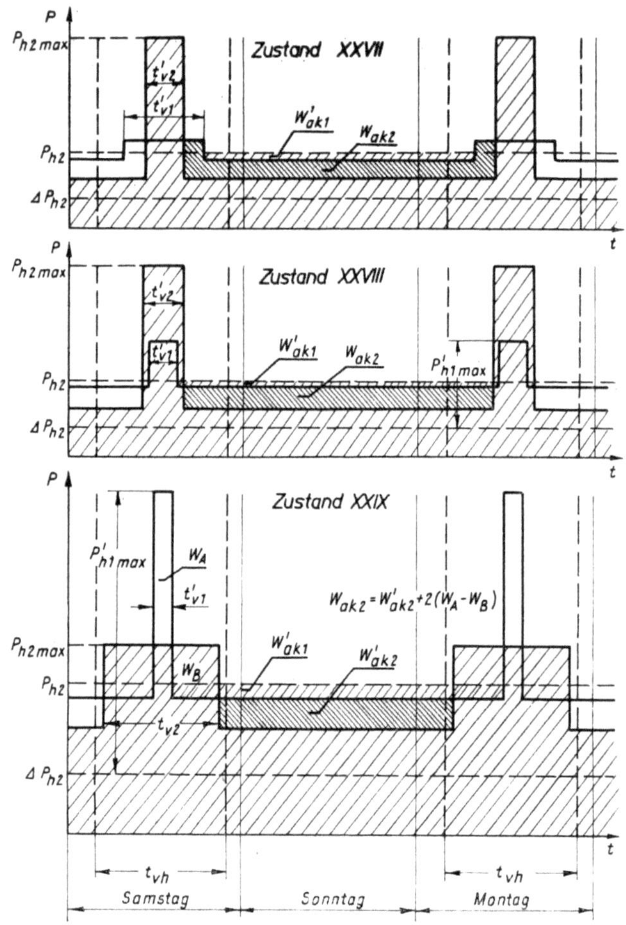

Abb. 41. Zustandserscheinungen der regulierten Stromerzeugung zur Bestimmung der Dauer der veränderlichen Belastungen des unterwasserseitigen Kraftwerkes, wenn der relative energetische Wert der oberwasserseitigen Speicherung kleiner ist als der maximal erforderliche (Zustand XXVII – XXIX)

Abb. 39. Dauer der veränderlichen Belastung des ober- und unterwasserseitigen Kraftwerkes in Abhängigkeit von der möglichen relativen Stromerzeugung des unterwasserseitigen Kraftwerkes im Fall 4 (Beispiel $v = 0{,}60$ und $q = 0{,}80$)

Abb. 40. Dauer der veränderlichen Belastung des ober- und unterwasserseitigen Kraftwerkes in Abhängigkeit von der möglichen relativen Stromerzeugung des unterwasserseitigen Kraftwerkes im Fall 5 (Beispiel $v = 0{,}60$ und $q = 1{,}50$)

Für kleine Werte von q (Fall 1) entstehen zwei neue Zustandserscheinungen XXVII und XXVIII (Abb. 41). In der ersten Zustandserscheinung ist $t'_{v1} > t'_{v2}$, in der zweiten $t'_{v1} < t'_{v2}$. Die Grenze zwischen diesen beiden Erscheinungsformen ist der Punkt M (Abb. 35). Für ihn ist $t'_{v1} = t'_{v2}$. Für $l < w_{2m} < b$ ist der oberwasserseitige Speicherinhalt größer als der erforderliche Inhalt. So erhält man den Zustand XXI (Abb. 36), der bereits für $a'_{k1} \geqq a'_{1\,\max}$ behandelt wurde. Wie schon erwähnt, hat das oberwasserseitige Kraftwerk bei $w_{2m} > b$ keinen Einfluß auf das unterwasserseitige.

Die gleichen Verhältnisse liegen auch im Fall 2 vor.

Im Fall 3 und 4 kommt der Zustand XXVII überhaupt nicht vor, wohl aber der Zustand XXVIII.

Im Fall 5 erscheint für den angenommenen relativen Speicherungswert a_{k2} die Zustandsform XXIX dann, wenn $w_{2m} > m''$ ist. Mit der Funktion $f'_5\,(w_{2m})$, die gleichbedeutend mit $f_5\,(w_{2m})$ ist, kann der Punkt M'' bestimmt werden.

Für größere Werte von a'_{k1} und kleinere Werte a_{k2} können die Zustandsformen XXIII, XXIV und XXVI vorkommen. In diesen Fällen bestimmt man die Werte t'_{v1} und t'_{v2} mit den gleichen Formeln die für die Beziehung $a'_{k1} \geqq a'_{1\,\max}$ gelten.

d) Wasserkraftwerkskette

In den bisherigen Betrachtungen wurden stets nur zwei Wasserkraftwerke behandelt. Diese Betrachtungen können sich jedoch auch auf eine Kette von Wasserkraftwerken erstrecken. Die Untersuchungen beginnen bei den ersten zwei obersten Wasserkraftwerken der Kette, wie das in den bisherigen Abschnitten dieses Kapitels beschrieben wurde. Darauf werden das zweite und dritte Kraftwerk analysiert, wobei alle Größen auf das dritte Werk bezogen werden. Falls der erforderliche Speicherinhalt des zweiten Kraftwerkes größer oder gleich dem nutzbaren Speicherinhalt ist, kann das zweite Wasserkraftwerk in bezug auf das dritte Werk genau so behandelt werden wie dies bereits bei der Beziehung des ersten Werkes zum zweiten der Fall war, und zwar ohne Rücksicht auf die Kurvenform von $a_2 = f\,(w_{2m})$. Falls jedoch die obige Bedingung nicht erfüllt ist, sind in die Rechnung die Werte $t'_{v2} = f\,(w_{3m})$ einzusetzen. Diese werden wie $t'_{v1} = f\,(w_{2m})$ bestimmt.

Indem stets je zwei und zwei Wasserkraftwerke behandelt werden, besteht die Möglichkeit, für eine Kette von unmittelbar hintereinander angeordneten Kraftwerken die veränderliche und konstante Energie zu bestimmen, was letzten Endes auch der Zweck dieser Erörterungen ist.

e) Der erforderliche Energiespeicherungswert von Wasserkraftwerken, die am gleichen Wasserlauf in größerer Entfernung voneinander liegen

Die bisherigen Betrachtungen befaßten sich mit unmittelbar hintereinander liegenden Wasserkraftwerken. Wenn jedoch Kraftwerke in größerer Entfernung hintereinander angeordnet sind, dann wird eine gewisse Zeit $\varDelta t$ benötigt, bis der Wasserschwall des oberwasserseitigen Werkes die Speicherung des unterwasserseitigen, tiefer gelegenen Werkes erreicht. Wenn dabei kurze Zeiten Δt (Größenordnung ein bis zwei Stunden) in Frage kommen, kann mit genügender Genauigkeit mit $\Delta t = 0$ gerechnet werden. Das gilt besonders für jene Fälle, wo der Speicherinhalt des oberwasserseitigen Kraftwerkes kleiner als der maximal erforderliche Speicherinhalt ist.

Der Einfluß der Entfernung zwischen den Wasserkraftwerken kann durch Heranziehung des Speicherbeckens des oberwasserseitigen Kraftwerkes als Ausgleichbecken, das den Wasserdurchsatz ausgleichen soll, ausgeschaltet werden. Eine weitere Möglichkeit besteht in der Vergrößerung des Speicherbeckens des unterwasserseitigen Kraftwerkes, wenn dieses Becken nicht genügend groß ist, um den erwähnten Einfluß zu beseitigen.

Wenn ein Ausgleichbecken unmittelbar unter einem Wasserkraftwerk, dessen Durchflußmenge reguliert werden soll, liegt, dann ist der erforderliche relative Energiespeicherungswert des Ausgleichbeckens, bezogen auf das oberwasserseitige Wasserkraftwerk,

$$a_{k\,\max} = \frac{r t'_{v1c}}{24} \frac{2 \cdot 24 - t'_{v1c}}{24\,(r+n)} \cdot \frac{24\,(r+n) - r t_{vh}}{24\,(r+n) - r t'_{v1c}} \tag{129}$$

Darin bedeutet t'_{v1c} die Dauer der veränderlichen Belastung des oberwasserseitigen Kraftwerkes. Diese Dauer wird erreicht, wenn w_{1m} die Werte nach der Formel (70) annimmt; dann ist der größte Speicherinhalt für den Ausgleich des Durchflusses erforderlich. Der Ausdruck (129) gilt für $a_{k1} < a_{1\,\max}$. Dagegen ist für $a_{k1} \geqq a_{1\,\max}$ anstatt t'_{v1c} die Zeit t_{vh} einzusetzen.

Bei der Bestimmung des erforderlichen maximalen relativen Speicherungswertes des unterwasserseitigen entfernten Kraftwerkes ist zu berücksichtigen, daß durch den Abstand der Kraftwerke nur dann das maximal erforderliche Volumen beeinflußt wird, wenn die relative Stromerzeugung gleich der Größe des Ausdruckes (70) ist. Für $w_{2m} = 1$ ist der maximal erforderliche Speicherinhalt für ein beliebiges Δt gleich dem erforderlichen Inhalt für $\Delta t = 0$, der durch die Beziehung (128) gegeben wird. Für die Bestimmung des maximalen relativen Speicherungswertes für w_{2m} gemäß (70) unterscheidet man vier Fälle.

Im Fall A, der dem durch die Beziehung (112) definierten Fall gleich ist, hat die Zeit Δt keinen Einfluß auf den maximal erforderlichen Speicherinhalt des unterwasserseitigen Kraftwerkes. Das erforderliche Maximalvolumen kommt nämlich erst dann in Betracht, wenn das

Tabelle 11. *Formeln zur Bestimmung des erforderlichen maximalen Energiespeicherungswertes des unterwasserseitigen, in größerer Entfernung liegenden Wasserkraftwerkes für* $w_{2m} = \dfrac{r\,t_{vh}}{24\,(r+n)}$

Fall *A*:

$$\boxed{0 \leqq q \leqq \frac{r\,t_{vh}}{24\,(r+n)}\,v}$$

für alle Zustände

$$a_{2\,\max} = \frac{r\,t_{vh}}{24}\,\frac{2 \cdot 24 - t_{vh}}{24\,(r+n)}$$

Fall B:

$$\boxed{\frac{r\,t_{vh}}{24\,(r+n)}\,v \leqq q \leqq 1 - \frac{r\,t_{vh}}{24\,(r+n)}\,(1-v)}$$

Zustand $B\,1$: $\Delta t = 0$;

$$a_{2\max 0} = \frac{r\,t_{vh}}{24}\;\frac{2\cdot 24 - t_{vh}}{24\,(r+n)}\;\frac{24\,(r+n)\left(1 - \frac{t'_{v1c}}{t_{vh}}\,q\right) - r\,t'_{v1c}\,(1-v)}{24\,(r+n) - r\,t'_{v1c}}$$

Zustand $B\,2$: $0 < \Delta t \leqq \frac{1}{2}\,(t_{vh} - t'_{v1c})$;

$a_{2\max}$ wie Zustand $B\,1$

Zustand $B\,3$: $\frac{1}{2}\,(t_{vh} - t'_{v1c}) \leqq \Delta t \leqq \frac{1}{2}\,(t_{vh} + t'_{v1c})$;

$$a_{2\max} = a_{2\max 0} + \left(\frac{\Delta t}{24} - \frac{1}{2}\,\frac{t_{vh} - t'_{v1c}}{24}\right)\frac{24\,(r+n)\,q - r\,t_{vh}\,v}{24\,(r+n) - r\,t'_{v1c}}$$

Zustand $B\,4$: $\frac{1}{2}\,(t_{vh} + t'_{v1c}) \leqq \Delta t \leqq 24 + \frac{1}{2}\,(t_{vh} - t'_{v1c})$;

$$a_{2\max} = a_{2\max 0} + \frac{t'_{v1c}}{24}\;\frac{24\,(r+n)\,q - r\,t_{vh}\,v}{24\,(r+n) - r\,t'_{v1c}}$$

Fall C:

$$\boxed{1 - \frac{r\,t_{vh}}{24\,(r+n)}\,(1-v) \leqq q \leqq q'}$$

Zustand $C\,1$: $\Delta t = 0$;

$a_{2\max} = a_{2\max 0}$

Zustand $C\,2$: $0 < \Delta t \leqq \frac{1}{2}\,(t_{vh} - t'_{v1c}) - t'_{v1c}\,\cdot$

$$\cdot\,\frac{[24\,(r+n) - r\,t'_{v1c}]\left[q - 1 + \frac{r t_{vh}}{24\,(r+n)}\,(1-v)\right]}{24\,(r+n) - r\,t_{vh} + r\,t'_{v1c}\left[q - 1 + \frac{r t_{vh}}{24\,(r+n)}\,(1-v)\right]};$$

$a_{2\max} = a_{2\max 0}$

Zustand $C\,3$: $\frac{1}{2}\,(t_{vh} - t'_{v1c}) - t'_{v1c}\,\cdot$

$$\cdot\,\frac{[24\,(r+n) - r\,t'_{v1c}]\left[q - 1 + \frac{r t_{vh}}{24\,(r+n)}\,(1-v)\right]}{24\,(r+n) - r\,t_{vh} + r\,t'_{v1c}\left[q - 1 + \frac{r t_{vh}}{24\,(r+n)}\,(1-v)\right]} \leqq \Delta t \leqq \frac{1}{2}\,(t_{vh1} - t'_{v1c})$$

$$a_{2\max} = a_{2\max 0} + \frac{t'_{v1c}}{24}\left[q - 1 + \frac{r\,t_{vh}}{24\,(r+n)}\,(1-v)\right] -$$

$$-\left(\frac{1}{2}\,\frac{t_{vh} - t'_{v1c}}{24} - \frac{\Delta t}{24}\right)\frac{24\,(r+n) - r\,t_{vh} + r\,t'_{v1c}\left[q - 1 + \frac{r t_{vh}}{24\,(r+n)}\,(1-v)\right]}{24\,(r+n) - r\,t'_{v1c}}$$

Zustand B 1 entspricht $\Delta t = 0$, wobei der erforderliche Speicherinhalt auch für den Zustand B 2 unverändert bleibt. Im Zustand B 3 erreicht ein Teil des Wasserschwalls aus dem oberwasserseitigen Kraftwerk das tiefer gelegene in Zeitabschnitten der Tieflast. Den vollen werktägigen Wasserschwall, der sich im unterwasserseitigen Wasserkraftwerk im Zeitabschnitt der Tieflast auswirkt, zeigt der Zustand B 4. Bei der Bestimmung des Wertes $a_{2\,\max}$ sei angenommen, daß keine Formverzerrung des Wasserschwalls eintritt, weswegen die angeführten Formeln den maximalen theoretischen Wert bedeuten. Außerdem sind

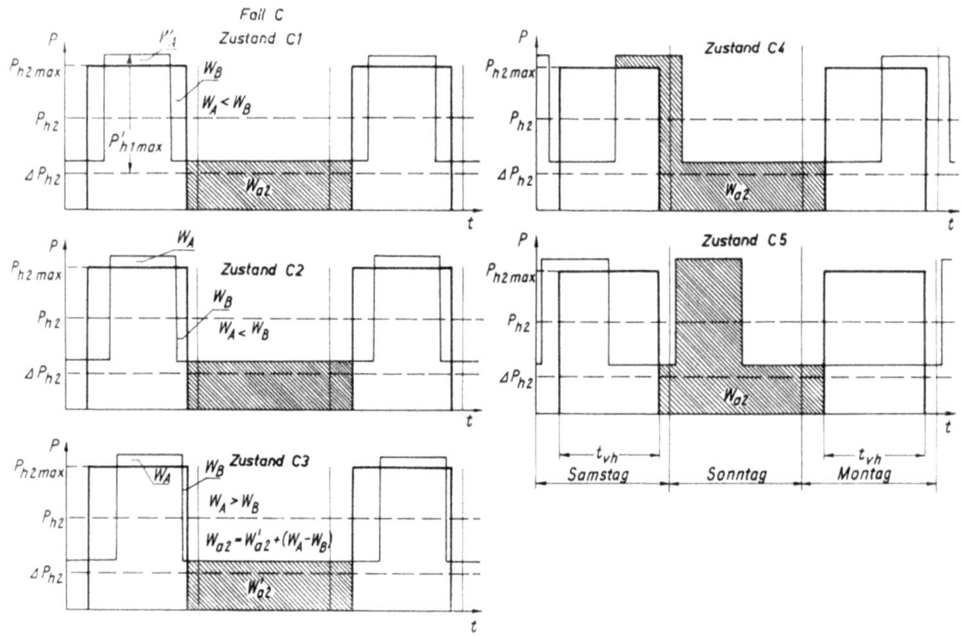

Abb. 43. Zustandserscheinungen der regulierten Stromerzeugung im unterwasserseitigen Kraftwerk für $w_{2m} = \frac{r t_{vh}}{24\,(r + n)}$ zur Bestimmung des erforderlichen maximalen Energiespeicherungswertes für das unterwasserseitige Kraftwerk (Fall C)

die Formeln bis $\Delta t = 24$ h angegeben, da für größere Abstände so große Formveränderungen des Schwalles auftreten, daß der Einfluß des oberwasserseitigen Kraftwerkes vernachlässigt werden kann. Alle Formeln für $a_{2\,\max}$ setzten voraus, daß $a'_{k1} < a'_{1\,\max}$ ist. Deshalb sind für $a'_{k1} \geqq a'_{1\,\max}$ anstatt t'_{v1c} die Werte für t_{v1} nach der Formel (120) einzusetzen.

Im Fall C gelten die Grenzen

$$1 - \frac{r t_{vh}}{24\,(r + n)}\,(1 - v) \leqq q \leqq q' \qquad (131)$$

In diesem Ausdruck bedeutet q' jenen Wert des Verhältnisses q, bei dem $W_A = W_B$ für w_{2m} gemäß (70) und bei $\Delta t = 0$ (Abb. 43) wird.

Bei $a'_{k1} \geqq a'_{1\,\max}$ ist die Größe q' gleich der oberen Grenze des Falles 4 (124). Innerhalb der Grenzen von (131) liegt bei $\Delta t = 0$ die Beziehung $W_A < W_B$. Mit wachsendem Δt wird W_B kleiner, während W_A unverändert bleibt. Die Grenze zwischen den Zustandsdarstellungen $C\,2$ und $C\,3$ bildet die Zeit Δt, wenn $W_A = W_B$ erreicht wird. Der Zustand $C\,3$ bleibt so lange erhalten, bis $W_B = 0$ wird und der Zustand $C\,4$ eintritt. Die Ausdrücke für die Grenzen von Δt und $a_{2\max}$ sind in Tab. 11 angegeben.

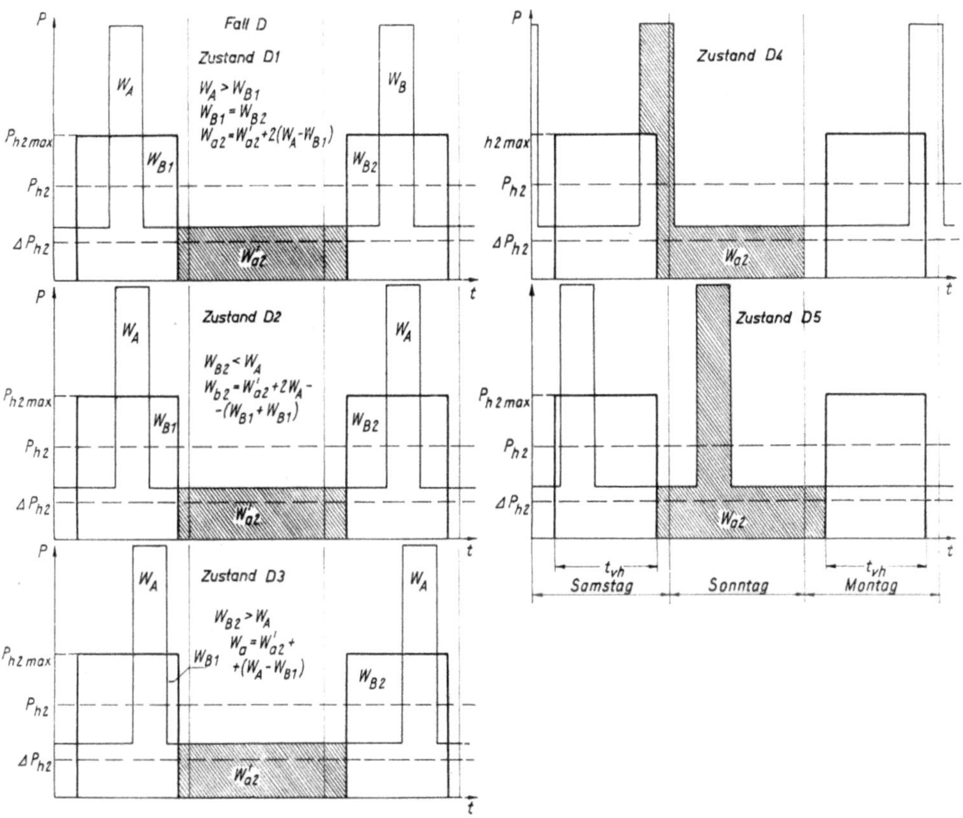

Abb. 44. Zustandserscheinungen der regulierten Stromerzeugung im unterwasserseitigen Kraftwerk für $w_{2m} = \dfrac{r t_{vh}}{24\,(r + n)}$ zur Bestimmung des erforderlichen maximalen Energiespeicherungswertes für das unterwasserseitige Kraftwerk (Fall D)

Der Fall D (Abb. 44) tritt ein, wenn $q > q'$ ist, wobei $W_A > W_B$ schon bei $\Delta t = 0$ wird. Es ist allerdings notwendig, W_{B1} von W_{B2} zu unterscheiden. Solange erreicht wird, daß $W_{B2} = W_A$ ist, herrscht der Zustand $D\,2$. Für diesen hat der maximal erforderliche Speicherungswert den gleichen Wert wie für $\Delta t = 0$. Bei $W_{B2} > W_A$ (Zustand $D\,3$) haben die während eines Werktages nach einem Sonn- oder Feiertag herrschenden Verhältnisse keinen Einfluß mehr auf den erforderlichen Speicherinhalt. Es treten nun die gleichen Verhältnisse wie im Zustand *C* 3 auf. Die Zustandsdarstellungen *D* 4 und *D* 5 entsprechen den Darstellungen *C* 4 und *C* 5.

Auch in diesen Fällen ist es notwendig, das erforderliche Volumen für w_{2m} nach (70) und $w_{2m} = 1$ zu vergleichen. Der größere Wert stellt den größten maximalen Speicherinhalt des unterwasserseitig entfernt liegenden Kraftwerkes dar.

f) Schwankungen des Wasserzuflußverhältnisses

Die in diesem Kapitel gezeigten Diagramme beruhen auf der Voraussetzung, daß das Wasserzuflußverhältnis v (104) eine konstante Größe ist. Eine derartige Annahme kann mit genügender Genauigkeit für Wasserkraftwerke gelten, die keine Saisonspeicherbecken besitzen. Falls im oberwasserseitigen Kraftwerk jedoch ein Saisonspeicherbecken besteht, kann das Verhältnis v innerhalb sehr beträchtlicher Grenzen schwanken. Das Verhältnis v bedeutet nämlich die Beziehung der aus der Saisonspeicherung entnommenen Wassermenge zur Summe der Zuflüsse hinter dem Speicherbecken und vor dem unterwasserseitigen Kraftwerk und der erwähnten entnommenen Wassermenge. Allerdings müssen bei der Bestimmung sämtlicher Größen die Schwankungen des Zuflußverhältnisses berücksichtigt werden.

5. Anpassung der Kraftwerke an das Belastungsdiagramm

Hinsichtlich der Anpassung der Kraftwerksbelastung an das Belastungsdiagramm bestehen wesentliche Unterschiede zwischen Wasserkraftwerken und Wärmekraftwerken.

Speicherkraftwerke mit Druckstollen können den Belastungsschwankungen mit jener Geschwindigkeit folgen, die der des Wasserturbinenreglers entspricht, das bedeutet praktisch: augenblicklich. Für Speicherkraftwerke mit Freispiegelzuleitung genügt dagegen für eine länger andauernde Belastungserhöhung nicht allein ein Öffnen der Absperrorgane vor der Turbine, sondern es müssen auch die Einrichtungen am Wassereinlauf der Wasserfassung entsprechend betätigt werden. Um eine Belastungserhöhung in einem Wasserkraftwerk mit Freispiegelzuleitung zu erreichen, ist daher mit einer Zeitverschiebung zu rechnen, die mindestens so groß ist, als das Wasser benötigt, um vom Einlauf bis zur Turbine zu gelangen. Das gilt praktisch auch bei Herabsetzungen der Belastung, wenn man Überläufe vermeiden will.

Der Grenzfall für die Erhöhung der Belastung in Speicherkraftwerken ist die maximale Leistung, die vom bestehenden Gefälle im beobachteten Zeitpunkt abhängt, vom Zufluß in das Speicherbecken jedoch unabhängig ist. Wie lange ein Wasserkraftwerk mit der Maximalleistung arbeiten kann, hängt von der Ausbaugröße, vom Zufluß und dem Speicherinhalt ab. Die zeitliche Dauer der maximalen Leistung eines Wasserkraftwerkes — falls eine solche überhaupt notwendig — ist dagegen von dessen Rolle im Verbundsystem abhängig.

In Laufkraftwerken ist die Maximalleistung durch die dargebotene Wassermenge und das verfügbare Gefälle gegeben, da den Turbinen nicht mehr Wasser zugeführt werden darf als zufließt. Im entgegengesetzten Fall sinkt der Oberwasserspiegel ab und die Turbinen bleiben schließlich ohne Wasser. Natürlich besteht die Möglichkeit, ein Laufkraftwerk den Betriebsverhältnissen anzupassen, jedoch ist jede Abweichung von der dem Wasserzufluß entsprechenden Leistung mit Wasserverlusten verbunden.

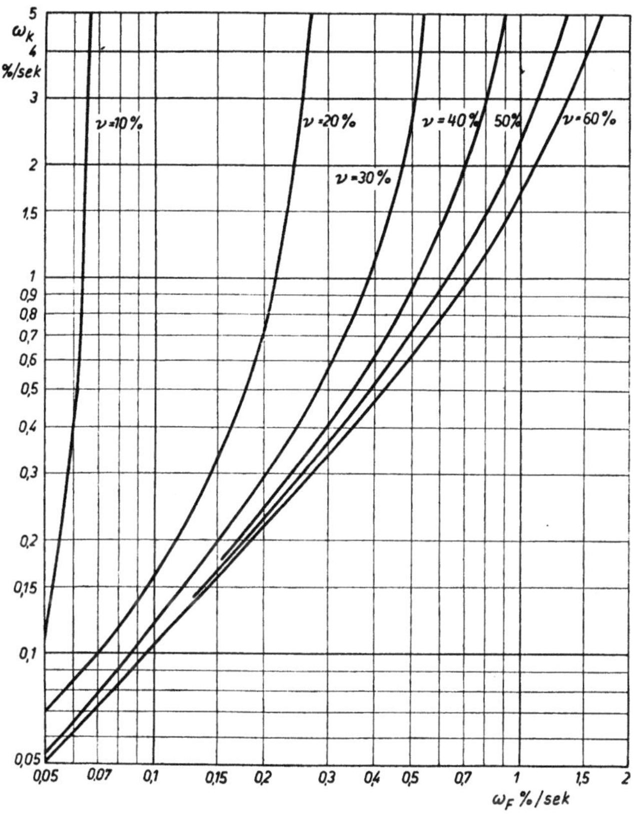

Abb. 45. Regulierfähigkeit eines Kessels ω_K in Abhängigkeit von der Regulierfähigkeit der Feuerung ω_F für verschiedene Werte der Belastungssteigerung ν in % der maximalen Kesselleistung bei einer vorausgesetzten zusätzlichen Dampferzeugung s = 2 kg/t/h bei 5% Druckabnahme

Weder bei Speicherkraftwerken noch bei Laufkraftwerken bestehen technische Schwierigkeiten für eine Betriebseinstellung und erneute Inbetriebsetzung. Eine Begrenzung der Inbetriebsetzungszeit bzw. eine Verpflichtung für den Durchsatz bestimmter Wassermengen kann allerdings die Folge von Verpflichtungen gegenüber unterwasserseitig gelegenen Nutznießern sein.

Bei Wärmekraftwerken sind zu unterscheiden die Anpassungsmöglichkeit an die Belastungsänderungen bei Hochlast und die Anpassung bei Tieflast.

Die Änderungsgeschwindigkeit der Kesselbelastung hängt von zwei Faktoren ab: von der Regelfähigkeit der Kesselfeuerung und der Hilfsbetriebe und von der Möglichkeit einer Wärmespeicherung im Kessel. Die Regelfähigkeit der Feuerung ω_F und Beeinflussung der Hilfseinrichtungen wird definiert als Möglichkeit der Belastungserhöhung in % der maximalen Kesselleistung in 1 Sekunde. Diese Fähigkeit beträgt bei Naturumlaufkesseln von etwa 0,1%/sek bis etwa 0,8%/sek [14]. Sie ist von der Art der Feuerung, Bauart des Kessels und vom Brennstoff abhängig und kann bei einem Zwangsumlaufkessel auch bis 3%/sek betragen. Die Wärmespeicherungsfähigkeit im Kesselwasser erhöht die Möglichkeit einer raschen Änderung der Kesselbelastung. MUSIL [14] gibt für die Regelfähigkeit eines Kessels ω_K folgenden Ausdruck an, in dem beide oben erwähnten Faktoren erfaßt sind:

$$\omega_K = \frac{\omega_F}{1 - 720\,\frac{s\,\omega_F}{\nu^2}}\ \%/\text{sek} \tag{132}$$

Es sind: s die zusätzliche Dampferzeugung in kg pro t/h der Kesselleistung, ν die Belastungserhöhung in % der maximalen Kesselleistung. Die Regelfähigkeit eines Kessels ist in Abb. 45 gezeigt, wobei vorausgesetzt ist, daß $s = 2$ kg/t/h, was ein durchschnittlicher Wert für die zusätzliche Dampferzeugung ist.

Die Geschwindigkeitsbegrenzung von Belastungsänderungen bei Dampfturbinen ist bedingt durch die zusätzlichen Spannungen des Gehäuses als Folge der Temperatur- und Dampfdruckänderungen. Vorausgesetzt, daß die Turbine beim Anfahren gut vorgewärmt ist, kann die Geschwindigkeit der Belastungsänderungen durch Diagramme [15] dargestellt werden (Abb. 46). Die mittlere gestrichelte Linie bedeutet die mögliche Belastungsänderung nach einem von vornherein festgesetzten Fahrplan. Außerdem sind Belastungsänderungen zulässig entlang jeder Linie, die zwischen der oberen und unteren Begrenzungslinie liegt. Wenn jedoch die Belastung von der unteren auf die obere Grenzlinie ansteigt, darf die weitere Belastungsänderung nur an der oberen Grenzlinie erfolgen.

Aus dem Vergleich der Angaben in Abb. 45 und 46 ist zu entnehmen, daß die Möglichkeit der Anpassung an die Betriebsverhältnisse von der Turbine abhängig ist. Die zulässige Geschwindigkeit der Belastungsänderung ist bei der Dampfturbine kleiner als jene der Kesselbelastung.

Die Frage der Anpassung an die Belastungsverhältnisse in Zeiten der Tieflast ist jedoch nicht nur ein technisches, sondern auch ein wirtschaftliches Problem. Prinzipiell gibt es nämlich zwei Möglichkeiten: die erste, die betriebsmäßige Abstellung eines Teiles der Maschinensätze oder Wärmekraftwerke, deren Inbetriebsetzung zwecks Deckung der Stromversorgung in den Zeitabschnitten der Hochlast notwendig war; die zweite, keine Stillsetzung in Zeiten der Tieflast.

Das Abstellen von Maschinensätzen verursacht zusätzliche Brennstoffkosten für die Inbetriebsetzung des Kessels und der Turbine sowie für die Stillstandzeit (Entgasung, Langsamlauf des Maschinensatzes u. ä.). Anderseits aber bedingt der durchgehende Betrieb der Maschinensätze, daß diese oder ein Teil von ihnen mit kleiner Belastung arbeiten. In diesem Falle ist der Wirkungsgrad gering, wodurch ein zusätzlicher Brennstoffverbrauch entsteht. Indem man den zusätzlichen Verbrauch, der durch die Stillsetzung entsteht, mit dem durch den durchlaufenden Betrieb entstehenden vergleicht, kann man über die Art der Betriebsführung entscheiden [16]. Allerdings ist dabei die Zeitdauer der geringen Belastungen zu berücksichtigen. Solche Verhältnisse herrschen in einem Verbundsystem, das ausschließlich mit Wärmekraftwerken betrieben

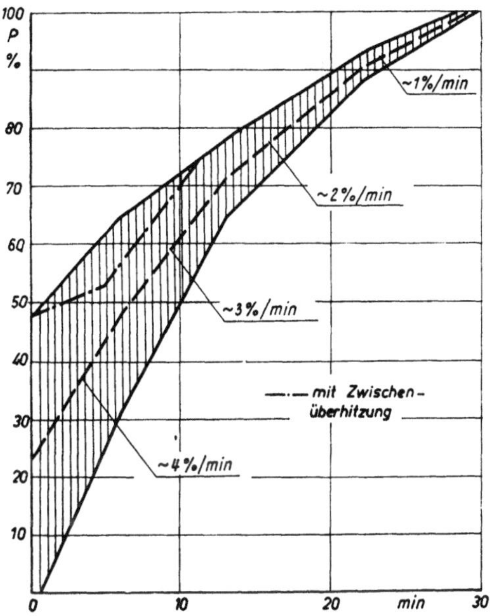

Abb. 46. Grenzen der Geschwindigkeit von Belastungsänderungen einer Dampfturbine [15]

wird oder in dem der Anteil der Wasserkraftwerke keine wesentliche Bedeutung hat, wenn das Verhältnis der minimalen und maximalen Belastung m_0 (2) nicht zu klein ist.

In einem Verbundsystem mit einem wesentlichen Anteil an Wasserkraftwerken wird in Zeiten mit genügender Wasserführung eine betriebsmäßige Abstellung von Maschinensätzen in Wärmekraftwerken notwendig, um Wasserüberläufe in den Zeiten der Tieflast zu vermeiden. Es ist nämlich wegen des technischen Minimums [17] in Wärmekraftwerken unmöglich, die Stromerzeugung unter eine bestimmte Grenze zu senken. So ein Zustand kann auch in Systemen, wo ausschließlich Wärmekraftwerke arbeiten, eintreten, falls das Verhältnis m_0 (2) sehr klein ist. Dann ist die Summe der technischen Minima der Maschinensätze größer als die kleinste Belastung. Im ersten Falle bedeutet die

Abstellung von Maschinensätzen eine Herabsetzung des gesamten Brennstoffverbrauchs. Diese Maßnahme ist noch vorteilhafter als im Falle, daß nur die Differenz des Brennstoffverbrauchs bei günstigem und ungünstigem Wirkungsgrad in Frage kommt. Im zweiten Fall ist die Stillegung der Maschinensätze als Folge des ungünstigen Belastungsdiagramms unvermeidlich.

Das technische Minimum der Kessel hängt vom System der Feuerung und vom Brennstoff ab. Die Folge davon ist, daß eine stabile Feuerführung unter einer gewissen Belastung nicht mehr erhalten werden kann. Kessel mit Rostfeuerung können auch im Leerlauf in Betrieb gehalten werden. Dies ist jedoch bei Kesseln mit Kohlenstaubfeuerung unmöglich, da das technische Minimum dieser Kessel hauptsächlich vom Gehalt an flüchtigen Bestandteilen im Brennstoff abhängt. Das technische Minimum solcher Kessel kann durch Zuführung hocherhitzter

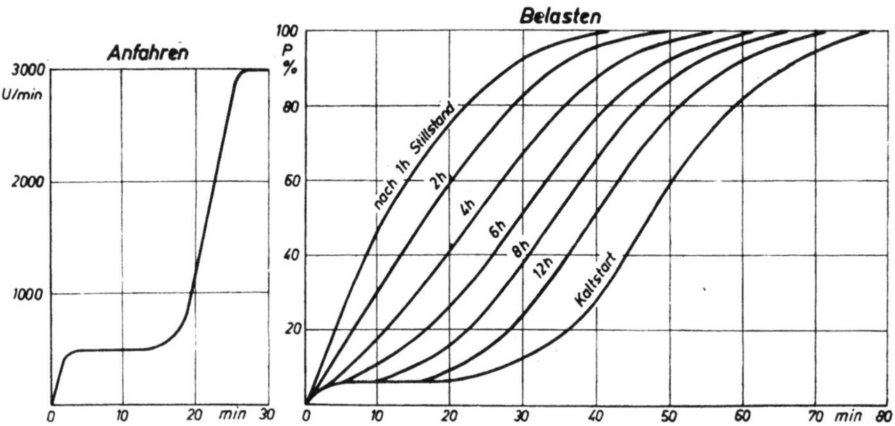

Abb. 47. Dauer der Inbetriebsetzung und Belastungsaufnahme einer Dampfturbine für 525° C Dampfeintrittstemperatur [19]

Luft in den Verbrennungsraum herabgesetzt werden. Eine weitere Maßnahme ist die Einrichtung einer Hilfsfeuerung, z. B. mit Zerstäuberdüsen für Rohöl, die nur bei Betrieb mit reduziertem technischem Minimum arbeitet.

Das technische Minimum von Turboaggregaten ist durch die Dampftemperaturen am Turbinenaustritt [16] gegeben. Praktisch ist auch ein Leerlauf möglich, unter der Bedingung, daß besondere Maßnahmen für die Kühlung des Ejektors (Ausnutzung von Rohwasser) und die Dampfzuleitung in die Speisewasserentgasung [19] getroffen werden.

Der Brennstoffverbrauch für die Wiederinbetriebsetzung ist von der Dauer der Betriebsunterbrechung und der für die Wiederaufnahme des Betriebes erforderlichen Zeit abhängig. Während der nächtlichen Betriebsunterbrechung (4 bis 8 Stunden) kühlen sich weder Kessel noch Turbine [18] so weit ab, daß für den Kessel eine längere Anheizzeit

[16] und für den Turbogenerator eine längere Zeit für den Anlauf und die Belastungsaufnahme notwendig wäre [19]. Abb. 47 zeigt die Inbetriebsetzung und Belastungsaufnahme eines Turbogenerators mit einer Dampf-Eintrittstemperatur von 525° C [19] in Abhängigkeit von der Dauer der Betriebsunterbrechung.

6. Die Kosten in Kraftwerken

Man unterscheidet zwei Gruppen von Kosten: feste und veränderliche Kosten.

Die festen Kosten sind meistens proportional den Anlage-(Investitions-)Kosten. Der überwiegende Anteil entfällt auf Zinsen, Abschreibungen, Erneuerungen u. ä. Die Ausgaben für die Instandhaltung, Personalkosten, Verwaltung usw. sind von den Investitionen unabhängig, ebenso auch weitgehend unabhängig von der Stromerzeugung des Kraftwerkes. Daher dürfen diese ebenfalls als Kosten in proportionaler Abhängigkeit von den Anlagekosten dargestellt werden.

Die veränderlichen Kosten sind wesentlich von der Betriebsart der Anlage abhängig. Der überwiegende Kostenanteil entfällt auf die Kosten für die Betriebsstoffe, dagegen ein weitaus geringerer Anteil auf Personalausgaben und Instandhaltung, die vom Betrieb der Anlage abhängen.

In Wasserkraftwerken gibt es praktisch nur feste Kosten, die man durch die Formel

$$K_h = \alpha_h \, I_h \tag{133}$$

ausdrücken kann. In diesem Ausdruck sind α_h der Anteil der jährlichen Kosten, I_h die Investitionen. Der Anteil der jährlichen Kosten ist abhängig vom Zinsfuß und der Art des Wasserkraftwerkes bzw. vom Verhältnis der Anlagekosten der baulichen Anlagen zu den Ausrüstungskosten. Bekanntlich sind die Abschreibungen und Instandhaltungskosten für die Ausrüstungsteile höher als für die Bauwerke [20].

In Wärmekraftwerken treten neben den festen Kosten auch wesentliche veränderliche Kosten auf. Der Anteil der festen jährlichen Kosten α_t ist in Wärmekraftwerken normalerweise höher als α_h, da der Anteil der Ausrüstung in Wärmekraftwerken größer als in Wasserkraftwerken ist. Dazu sind die Investitionen praktisch betrachtet proportional der installierten Leistung eines Wärmekraftwerkes P_{it}, insoferne Wärmekraftwerke mit ähnlichen Dampfparametern und annähernd gleichen Größen der Maschinensätze in Frage kommen. Die festen jährlichen Kosten in Wärmekraftwerken können demnach wie folgt ausgedrückt werden:

$$K'_t = \alpha_t \, B_t \, P_{it} \tag{134}$$

wobei B_t die spezifischen Anlagekosten, bezogen auf die Leistungseinheit, bedeutet. Die veränderlichen Kosten sind verhältnisgleich der Menge des Brennstoffverbrauchs oder der Wärmemenge, die mit dem Brennstoff zugeführt wird. Bei bekannter Wärmeverbrauchslinie eines Wärmekraftwerkes und bekanntem Belastungsdiagramm (oder Belastungsdauerlinie) eines Wärmekraftwerkes kann mit Hilfe der in Abb. 48 [14] gezeigten Konstruktion der Wärmeverbrauch W_D bestimmt werden. Die Wärmeverbrauchslinie ist durch $D = f(P)$ definiert, worin D die zugeführte Wärme in kcal/h, P die Belastung bedeutet. Der gesamte Wärmeverbrauch ergibt sich aus

$$W_D = \int_0^t D\,dt \tag{135}$$

während die veränderlichen Kosten durch

$$K''_t = c_W\, W_D \tag{136}$$

ausgedrückt werden; darin ist c_W der Preis für die Wärmeeinheit im Brennstoff.

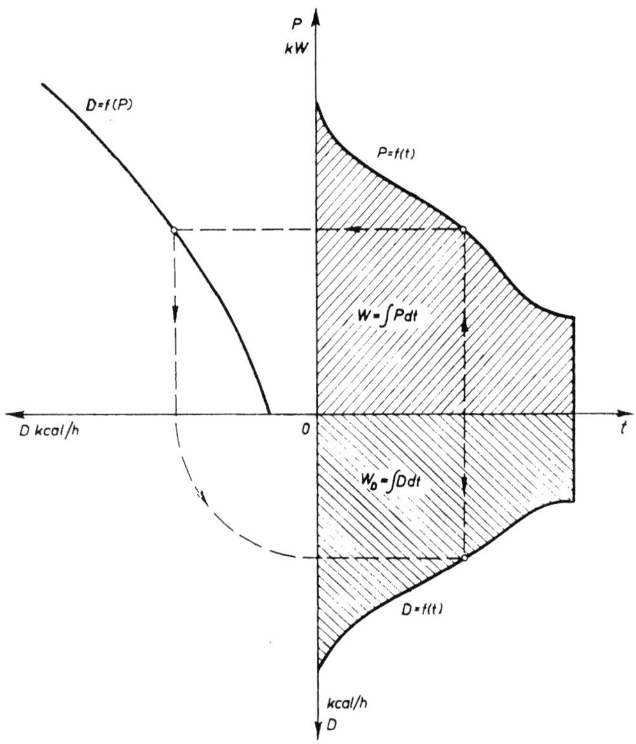

Abb. 48. Bestimmung des Wärmeverbrauches W_D von Wärmekraftwerken aus der Belastungsdauerlinie $P = f(t)$ mit Hilfe der Wärmeverbrauchslinie $D = f(P)$

Die in dieser Form definierten veränderlichen jährlichen Kosten sind unvorteilhaft für Betriebsuntersuchungen im Verbundsystem. Daher wird die Wärmeverbrauchslinie annähernd durch eine Gerade dargestellt (Abb. 49). Durch eine genauere Form der Annäherung

(Abb. 49a) wird auch der Leerlaufverbrauch D_0 und die Betriebszeit T des Wärmekraftwerkes berücksichtigt, demnach ist der Wärmeverbrauch für die Energieerzeugung W gleich

$$W_D = D_0 T + s_d W \tag{137}$$

Für einfache Rechnungen und geringere Genauigkeit (Abb. 49b) kann die erforderliche Wärmemenge auch aus

$$W_D = s'_d W \tag{138}$$

bestimmt werden. Die Größe s_d bedeutet den durchschnittlichen zusätzlichen Wärmeverbrauch (kcal/kWh), s'_d den durchschnittlichen gesamten Wärmeverbrauch (kcal/kWh).

In beiden Fällen ermittelt man die veränderlichen Kosten aus (136).

Bei Berücksichtigung des Wärmepreises im Brennstoff werden für die angenäherte Konstruktion der Wärmeverbrauchslinie durch eine Gerade (Abb. 49b) die erforderlichen Kosten aus der Beziehung

$$K''_t = k_b W \tag{139}$$

ermittelt. Es bedeutet $k_b = c_W s'_d$.

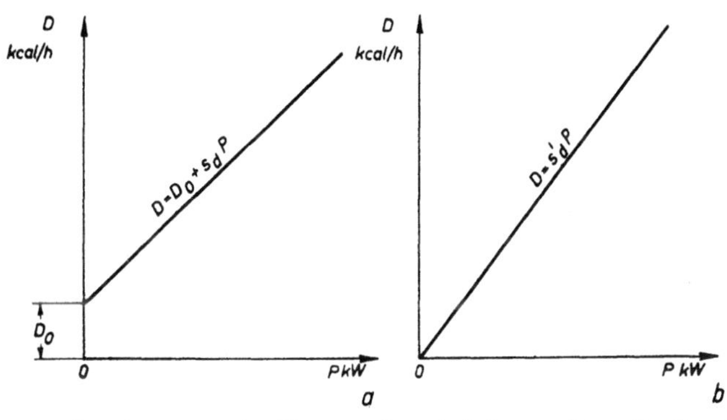

Abb. 49. Annäherungen der Wärmeverbrauchslinie von Dampfkraftwerken

Wie bereits erwähnt, sind in Wasserkraftanlagen die jährlichen Kosten praktisch unabhängig von der Stromerzeugung. Dagegen ist in Wärmekraftwerken ein wesentlicher Kostenanteil von der Stromerzeugung und von der Betriebsführung abhängig. Darin besteht der grundlegende betriebswirtschaftliche Unterschied zwischen Wasser- und Wärmekraftwerken. Allerdings ist damit auch die Grundlage für die Betriebsführung dieser beiden hauptsächlichen Kraftwerksarten gegeben.

Es sei noch erwähnt, daß die gleichen energiewirtschaftlichen Charakteristiken hinsichtlich der Kosten wie für Wasserkraftwerke so auch für Windkraftanlagen und Gezeitenanlagen gelten. Dagegen sind mit Kernenergie betriebene Wärmekraftwerke in mancher Hinsicht gleich den üblichen Wärmekraftwerken.

III. Leistung und Energie — Einsatz der Kraftwerke im Verbundsystem

1. Verbundsystem bestehend aus Wärmekraftwerken

Zur Deckung des Stromverbrauchs müssen die Kraftwerke während eines untersuchten Zeitabschnittes mit der erforderlichen Leistung die entsprechende Energie erzeugen.

In einem Verbundsystem, bestehend ausschließlich aus Wärmekraftwerken, kann der Strombedarf der Abnehmer stets gedeckt werden, wenn die Summe der verfügbaren Leistungen der Wärmekraftwerke ΣP_t größer oder gerade gleich der Maximalbelastung innerhalb des untersuchten Zeitabschnittes ist. Im Wärmekraftwerk seien genügende Brennstoffvorräte vorausgesetzt, was ja praktisch stets zutrifft. Der Bedarf kann demnach gedeckt werden, wenn

$$\Sigma P_t \geqq P_{\max} \tag{140}$$

ist. Selbstredend müssen alle untereinander verglichenen Größen am gleichen Punkt des Netzes, z. B. an den Klemmen der abgehenden Leitungen der Kraftwerke, untersucht werden. Außerdem ist zu berücksichtigen, daß die Summe der verfügbaren Leistung in Wärmekraftwerken stets kleiner ist als die Summe der Maximalleistung infolge der Revisionen, Instandhaltungsarbeiten und Störungen. In Anbetracht dieser Umstände wird die erforderliche Maximalleistung der Wärmekraftwerke durch die Beziehung

$$P_{t\max} = \varrho\, \Sigma P_{t'} \tag{141}$$

ausgedrückt, wobei mit ϱ der Reservefaktor und mit ΣP_t die erforderliche Summe der verfügbaren Leistung bezeichnet ist.

Die optimale Verteilung der Belastung auf die einzelnen Kraftwerke und in diesen auf die einzelnen Maschinensätze ist bestimmt durch die Zuwachskosten und den Zuwachsverbrauch. Diese Unterlagen findet man aus möglichst genauen Wärmeverbrauchslinien, wie dies aus der einschlägigen Literatur [21], [22], [23] oder [24] zu entnehmen ist. Eine derartige Verteilung der Belastung ist in einem bereits in Betrieb stehendem Verbundsystem unerläßlich und von maßgebender Bedeutung für die Lastverteilung im Netz und die Betriebsführung in den Kraftwerken. Für Betriebsuntersuchungen im Verbundsystem ist allerdings diese Aufteilung der Belastung unvorteilhaft, weil ja hier die zukünftige Entwicklung untersucht werden soll. Unbekannt sind daher genauere Wärmeverbrauchslinien einer größeren Anzahl von Kraftwerken. Außerdem würden sich auch bei genauen Wärmeverbrauchslinien sehr komplizierte Berechnungen ergeben, wodurch letzten Endes jede Analyse fraglich wird. Deshalb ist der normale Ausgangszustand die in Abb. 49b gezeigte Annäherung, in der mit einem mittleren spezifischen Wärmeverbrauch oder mit mittleren spezifischen Kosten k_b je kWh gerechnet wird. Unter solchen Voraussetzungen wird die Lage eines Wärmekraftwerkes im Belastungsdiagramm bzw. in der Belastungsdauerlinie nach seinen veränderlichen spezifischen Kosten bestimmt. In den untersten Teil des Belastungsdiagramms wird das Wärmekraftwerk mit den geringsten spezifischen Kosten eingesetzt. Dadurch ist es möglich, daß dieses Kraftwerk mit seiner verfügbaren Leistung weitgehendst an der Stromerzeugung beteiligt ist. Über diesem Kraftwerk trägt man dann im Belastungsschaubild das Wärmekraftwerk mit den nächsten höheren spezifischen Kosten ein. Man verfährt in diesem Sinne der Reihe nach, bis das ganze Belastungsdiagramm ausgefüllt ist.

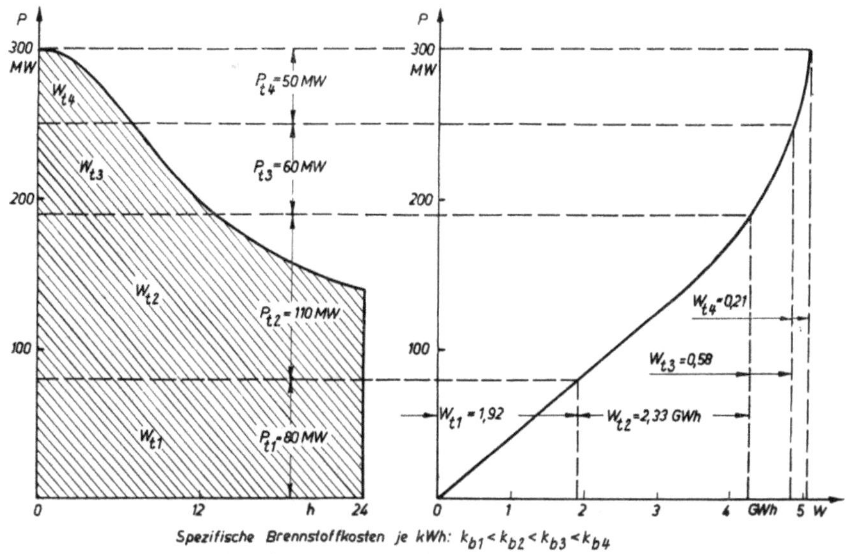

Abb. 50. Wärmekraftwerke in der Dauer- und Energieinhaltslinie

Abb. 50 zeigt die Lage von vier Wärmekraftwerken im Tagesbelastungsdiagramm und in der Energieinhaltslinie. Ihre Lage wird allein durch die spezifischen Brennstoffkosten bestimmt, ohne Rücksicht auf ihre Eignung, sich den Belastungsänderungen anzupassen. Meistens handelt es sich bei Kraftwerken mit höherem spezifischem Verbrauch um Anlagen mit niedrigeren Dampfkennzahlen und Maschinensätzen kleinerer Leistung, die leichter Belastungsschwankungen folgen können.

Außerdem wurde bei der Bestimmung der Lage der Kraftwerke in Abb. 50 vorausgesetzt, daß die Kraftwerke 3 und 4 abgestellt werden, sobald die Belastung so weit zurückgegangen ist, daß ihre Leistung nicht mehr benötigt wird. Es können jedoch auch solche Verhältnisse angenommen werden, daß ein Abstellen der beiden erwähnten Wärmekraftwerke weder aus wirtschaftlichen noch aus technischen Gründen gerechtfertigt ist. Dann ist der Betrieb so einzuteilen, daß die Wärmekraftwerke die ganze Zeit durch arbeiten. Es ist jedoch dafür zu sorgen, daß dann ihre Belastung nicht unter das technische Minimum fällt (Kapitel II, 5).

Abb. 51 zeigt die Lage der Wärmekraftwerke im Diagramm unter der Voraussetzung des technischen Minimums von 20% der erforderlichen Leistung.

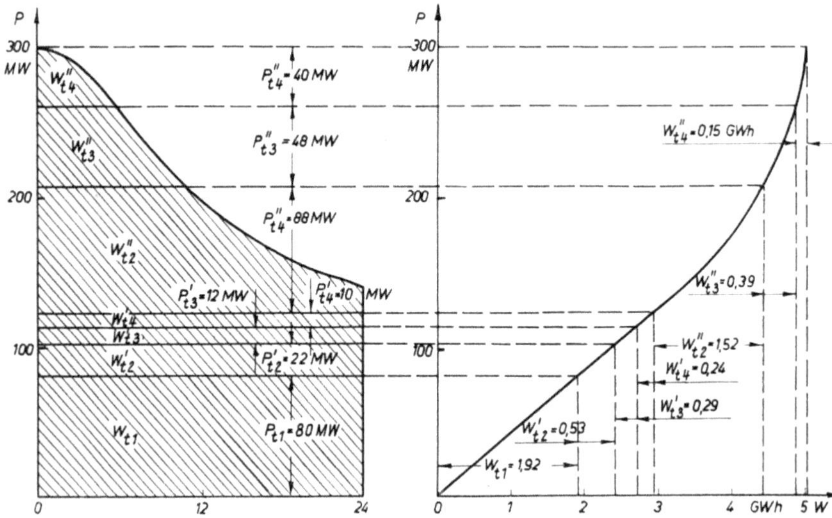

Abb. 51. Wärmekraftwerke in der Dauer- und Energieinhaltslinie, wenn während der Nacht der Betrieb nicht eingestellt wird

2. Verbundsystem mit Wärme- und Laufkraftwerken

Bei Laufkraftwerken ist zu unterscheiden zwischen der verfügbaren Leistung der Maschinensätze der ganzen Anlage und der verfügbaren Leistung P_{hq}, bezogen auf das dargebotene Betriebswasser. Für die Beurteilung der Möglichkeit der Bedarfsdeckung ist die Leistung P_{hq} bzw. der Zufluß des Kraftwerkes maßgebend, nicht aber die Maximalleistung, die das Wasserkraftwerk bei einem Zufluß, der gleich oder größer als die Ausbaugröße ist, haben könnte (Kapitel II, 1). Da die mögliche Stromerzeugung eines Laufwerkes proportional der Leistung P_{hq} ist, kann ein solches Wasserkraftwerk in bezug auf die Bedarfsdeckungsmöglichkeit wie ein Wärmekraftwerk mit der verfügbaren Leistung P_{hq} behandelt werden. Die Leistung P_{hq} ist selbstverständlich von der veränderlichen Wasserdarbietung abhängig. Wenn daher von der Leistung eines solchen Kraftwerkes gesprochen wird, ist darunter jene Leistung zu verstehen, die dem Wasserdargebot jenes Kraftwerkes im untersuchten Zeitpunkt entspricht. Unbedingt erforderlich und auch ausreichend für die Bedarfsdeckung ist deshalb die Forderung, daß

$$\Sigma P_{hq} + \Sigma P_t \geqq P_{\max} \tag{142}$$

ist.

Bei Berücksichtigung der Lage eines Laufkraftwerkes im Belastungsdiagramm kann daher angenommen werden, als ob ein Wärmekraftwerk mit der verfügbaren Leistung P_{hq} behandelt wird, dessen veränderliche spezifische Kosten je kWh $k_b = 0$ sind. Damit ist die Forderung, Lauf-

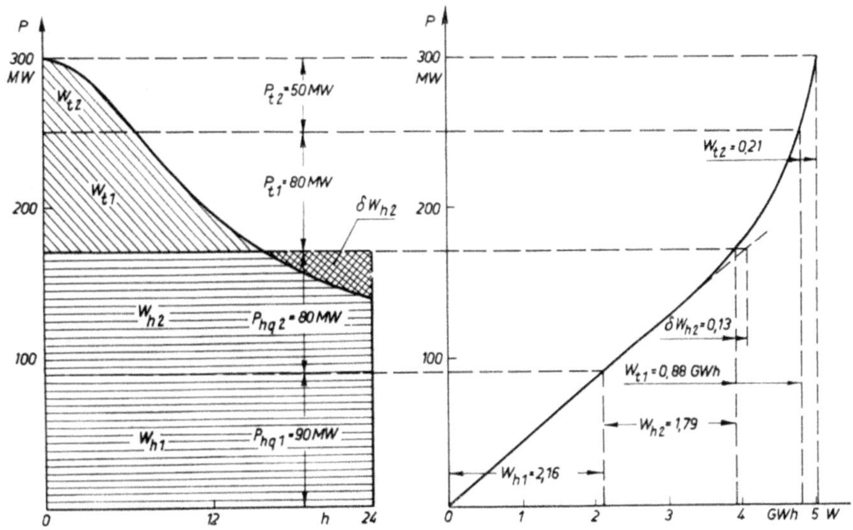

Abb. 52. Wasser-Laufkraftwerke und Wärmekraftwerke in der Dauer- und Energieinhaltslinie

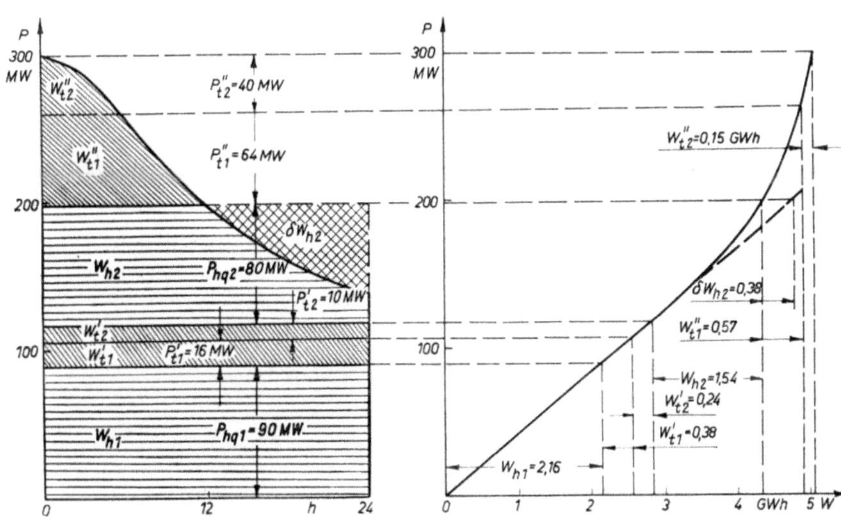

Abb. 53. Wasser-Laufkraftwerke und Wärmekraftwerke in der Dauer- und Energieinhaltslinie, wenn während der Nacht in den Wärmekraftwerken der Betrieb nicht eingestellt wird

Wasserkraftwerke in den untersten Teil des Belastungsdiagramms unterzubringen (Abb. 52), gerechtfertigt. Sobald $\Sigma P_{hq} > P_{\min}$ ist, tritt in den Wasserkraftwerken ein Überlauf ein. Vom wirtschaftlichen Standpunkt ist es einerlei, in welchem Wasserkraftwerk es zum Überlauf kommt bzw. wie sich die Überlaufmenge auf die einzelnen Wasserkraftwerke verteilt.

Vorausgesetzt, daß die Wärmekraftwerke, ganz gleichgültig aus welchem Grund, während der Nacht in Betrieb bleiben, erfolgt der Einsatz der Kraftwerke entsprechend der Abb. 53. In diesem Fall kommt es in den Wasserkraftwerken zum Überlauf, wenn $\Sigma P_{hq} + \Sigma P_{t\,\mathrm{min}} > P_{\mathrm{min}}$ ist. $P_{t\,\mathrm{min}}$ bedeutet hier das technische Minimum eines Wärmekraftwerkes.

3. Verbundsystem mit Wärmekraft- und Speicherwasserkraftwerken

Zum Unterschied vom Laufkraftwerk, dessen Leistung vom Durchfluß und Gefälle im untersuchten Zeitpunkt abhängt, kann ein Speicherkraftwerk stets mit der dem Gefälle im untersuchten Zeitpunkt entsprechenden Höchstleistung, ohne Rücksicht auf den Zufluß ins Speicherbecken, arbeiten. Damit ist allerdings nicht angegeben, wie lange das Speicherwerk mit seiner Maximalbelastung arbeiten kann. Diese Zeit ist abhängig von der Größe des Speicherbeckens, von der Größe des Zuflusses und der erforderlichen Stromerzeugung des Speicherwerkes in dem dem untersuchten Zeitabschnitt folgenden Zeitintervall. Deshalb genügt für ein Verbundsystem, in dem auch Speicherkraftwerke arbeiten, nicht allein die Erfüllung der Bedingung

$$\Sigma P_{hq} + \Sigma P_t + \Sigma P_{ha\,\mathrm{max}} \geqq P_{\mathrm{max}} \tag{143}$$

$P_{ha\,\mathrm{max}}$ bedeutet in diesem Ausdruck die Höchstleistung des Speicherwerkes. Die Bedingung (143) ist allerdings unerläßlich. Wenn nämlich diese nicht erfüllt ist, kann auch der Strombedarf nicht gedeckt werden. Es muß daher außer der Bedingung (143) noch eine weitere Bedingung erfüllt werden, die durch folgende Beziehung ausgedrückt werden kann:

$$\Sigma W_{hq} + \Sigma W_t + \Sigma W_{ha} \geqq W_d \tag{144}$$

Darin sind mit W_{hq}, W_t, W_{ha} die Stromerzeugung des Laufwasserkraftwerkes, des Wärmekraftwerkes und des Speicherkraftwerkes, die für die Strombedarfsdeckung ausgenützt werden können, ausgedrückt. Dabei ist selbstverständlich die Form des Belastungsdiagramms zu berücksichtigen.

Bei Betrachtung des Zustandes, daß die Bedingung (143), nicht aber die Bedingung (144) erfüllt ist, soll zwecks Vereinfachung angenommen werden, daß zwei Wärmekraftwerke und nur ein Speicherkraftwerk im System arbeiten. Im Beispiel in Abb. 54 ist die verfügbare Leistung der Wärmekraftwerke $P_t = 170$ MW und des Speicherwerkes $P_{ha\,\mathrm{max}} = 180$ MW. Die verfügbare Leistung ist damit größer als die 300 MW betragende Maximalbelastung. Das Speicherwerk kann 0,86 GWh, die Wärmekraftwerke mit ihrer Leistung maximal 3,95 GWh erzeugen. Die Form des Belastungsdiagramms wurde hiebei berücksichtigt. Die mögliche Gesamterzeugung beträgt 4,81 GWh, während der Gesamtbedarf 5,04 GWh ist. Daraus ist zu ersehen, daß, obwohl

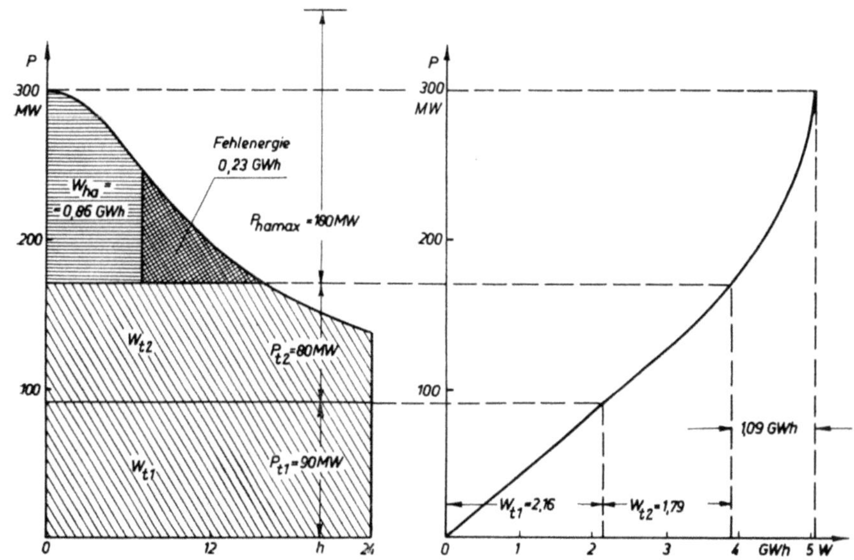

Abb. 54. Speicher-Wasserkraftwerk mit unzureichender Stromerzeugungsmöglichkeit und Wärmekraftwerke in der Dauer- und Energieinhaltslinie

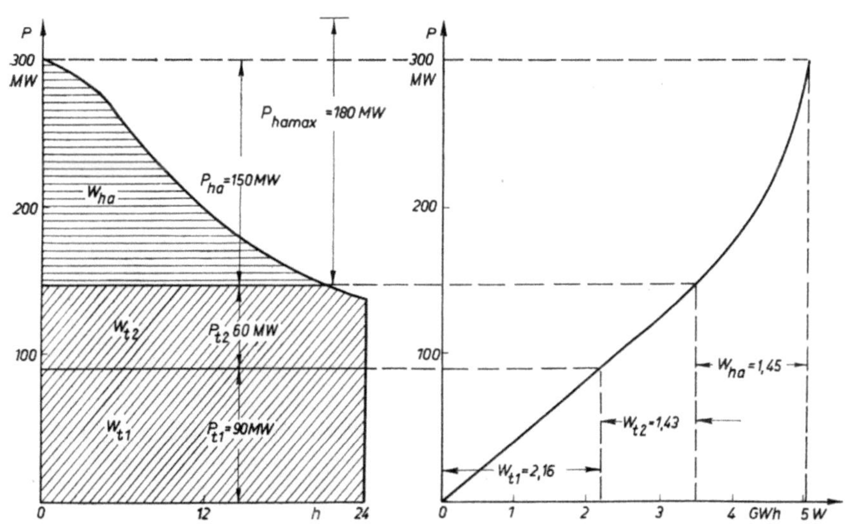

Abb. 55. Speicher-Wasserkraftwerk mit kleiner, jedoch ausreichender Stromerzeugungsmöglichkeit und Wärmekraftwerke in der Dauer- und Energieinhaltslinie

die Summe der Kraftwerksleistungen größer als die Maximalbelastung ist, der Bedarf nicht gedeckt werden kann.

Der Bedarf könnte jedoch gedeckt werden, wenn im Speicherkraftwerk die Stromerzeugung über 1,09 GWh möglich wäre. Es soll untersucht werden, wie sich die Verhältnisse gestalten, wenn die mögliche Stromerzeugung klein, jedoch größer als 1,09 GWh ist (Abb. 55). Das Speicherkraftwerk liegt im obersten Teil des Diagramms; trotzdem kann es nicht bis zur Maximalleistung belastet werden. Daher bleiben im Beispiel (Abb. 55) noch 30 MW nicht ausgenützt. Gerade in diesem Fall besteht Gleichheit der rechten und linken Seite des Ausdrucks (144), wobei die Ungleichung (143) erfüllt ist.

Die ganze mögliche Stromerzeugung des Speicherwerkes kann im vorliegenden Fall in der Spitze des Belastungsdiagramms untergebracht werden, wenn die mögliche Erzeugung kleiner oder gleich 2,16 GWh ist. Wenn $W_{ha} = 2{,}16$ GWh ist, kann das Wasserkraftwerk bis zur vollen Leistung belastet werden. Diese Lösung ist auch die optimale Lösung, denn sie gibt die Möglichkeit, die geringste erforderliche Leistung des Wärmekraftwerkes in Anspruch zu nehmen. Das bedeutet, daß es nicht notwendig ist, irgendwelche Kraftwerke oder Turboaggregate mit geringer Wirtschaftlichkeit in Betrieb zu nehmen, die sonst in Betrieb hätten gestellt werden müssen, wenn es nicht möglich wäre, die größte noch mögliche Leistung des Wasserkraftwerkes auszunützen.

Wenn unterdessen die Stromerzeugung des Speicherwerkes größer ist als — wie in diesem Beispiel — 2,16 GWh, besteht keine Möglichkeit, aus dem Wasserkraftwerk den ganzen Teil der veränderlichen Belastung im Diagramm ohne Wasserverluste zu decken. Es sei z. B. die mögliche Stromerzeugung des Speicherkraftwerkes 2,37 GWh. Für den veränderlichen Teil ist eine Leistung von 160 MW und eine Stromerzeugung von 1,68 GWh erforderlich. Es verbleiben demnach 0,69 GWh. Diese Stromerzeugung kann im Bereich der konstanten Belastung mit einer Leistung von 28,7 MW erzeugt werden. Diese steht jedoch nicht zur Verfügung, weil die Maximalleistung des Wasserkraftwerkes 180 MW beträgt, wovon bereits 160 MW durch den variablen Bereich des Belastungsdiagramms besetzt sind. Daher könnte ein Teil der Stromerzeugung des Wasserkraftwerkes nicht ausgenützt werden. Um den optimalen Einsatz der Wasserkraftenergie zu erreichen, ist es notwendig, die mögliche Stromerzeugung auf den variablen und konstanten Bereich des Belastungsdiagramms so zu verteilen, daß die Ausnützung der dargebotenen Wassermenge und der Maximalleistung des Wasserkraftwerkes möglich ist. Eine solche Aufteilung im Diagramm für die mögliche Erzeugung von 2,37 GWh zeigt Abb. 56.

Durch die Vergrößerung der möglichen Stromerzeugung des Speicherwerkes rückt ein immer größerer Teil in den konstanten Bereich des Belastungsdiagramms. Dagegen gelangen die Wärmekraftwerke immer mehr in einen höheren Teil des Diagramms. Wenn die mögliche Stromerzeugung des Speicherwerkes gleich der maximalen Stromerzeugung wird, würde schließlich das Speicherkraftwerk in bezug auf seinen Platz im Belastungsdiagramm einem Laufwerk gleichgestellt werden. So ein Fall kann bei vollem Speicherbecken eintreten, wenn der Zufluß gleich oder größer als dessen Ausbaugröße ist, oder wenn vom Speicherkraftwerk eine möglichst große Stromerzeugung gefordert wird, um den Bedarf decken zu können.

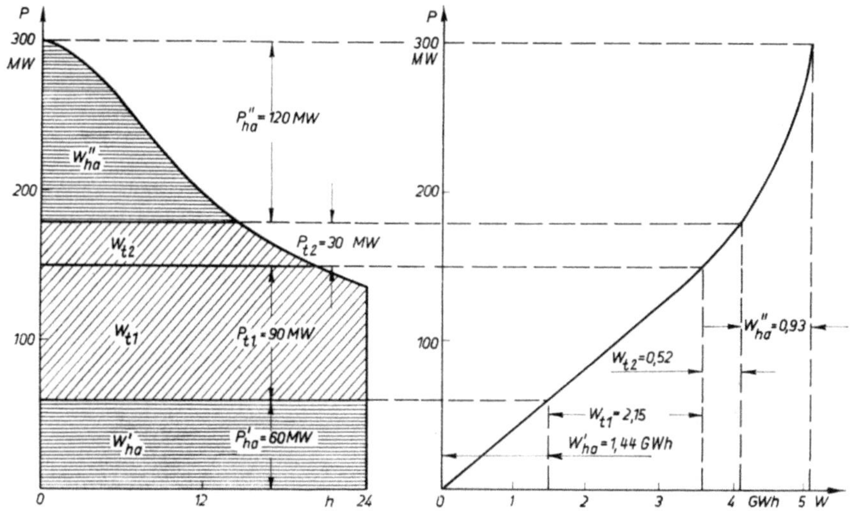

Abb. 56. Speicher-Wasserkraftwerke mit einer Erzeugungsmöglichkeit, die nicht in der Spitze des Belastungsdiagramms untergebracht werden kann und Wärmekraftwerke in der Dauer- und Energieinhaltslinie

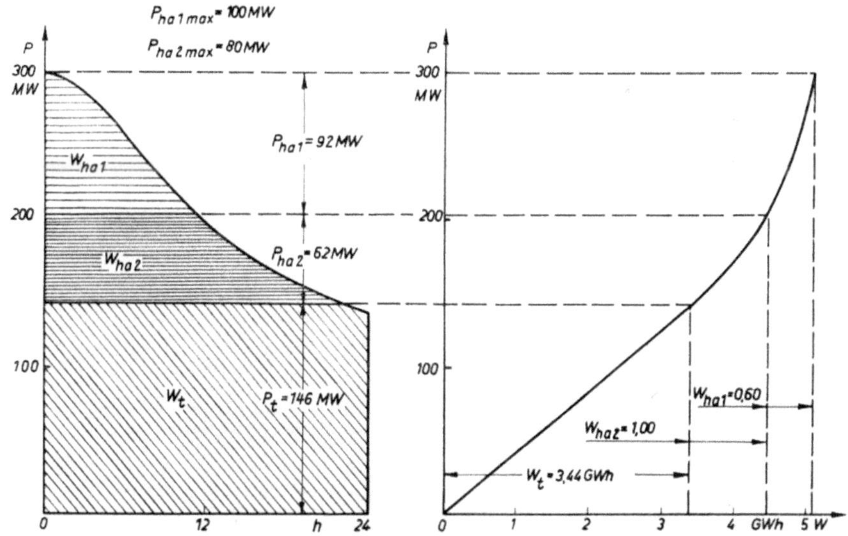

Abb. 57. Zwei Speicher-Wasserkraftwerke in der Dauer- und Energieinhaltslinie (Alternative: Speicherwerk 1 in der Spitze des Diagramms)

Wenn in einem Verbundsystem mehrere Speicherkraftwerke arbeiten, ist deren Stromerzeugung im Belastungsdiagramm so aufzuteilen, daß eine möglichst große und so weit als durchführbar, vollkommene Ausnützung des Betriebswassers im Rahmen einer möglichst großen Leistungsabgabe erfolgt. Dies wird erreicht, wenn im obersten Teil des Diagramms das Wasserkraftwerk mit der kleinsten relativ möglichen Stromerzeugung angeordnet wird. Darunter wird das Wasserkraftwerk mit der nächsten größeren relativen Stromerzeugung gesetzt usw. Die relative Stromerzeugung eines Speicherkraftwerkes ist das Verhältnis zwischen der möglichen Stromerzeugung W_{ha} und der maximal möglichen Stromerzeugung 24 $P_{ha\,max}$. Zwecks Darstellung der Differenz, die bei Nichtbeachtung des oben angegebenen Grundsatzes auftritt, wurde angenommen, daß zwei Speicherkraftwerke vorhanden sind. Davon hat ein Kraftwerk eine Maximalleistung von 100 MW und eine mögliche Stromerzeugung von 0,60 GWh am Beobachtungstage, das zweite 80 MW und 1,00 GWh. Das erste Kraftwerk hat somit eine kleinere relative Stromerzeugung als das zweite Kraftwerk. In Abb. 57 liegt im obersten Teil des Belastungsdiagramms das erste Wasserkraftwerk, in Abb. 58 ist dagegen im obersten Teil das zweite Wasserkraftwerk angeordnet. Im ersten Fall benötigen die Wärmekraftwerke eine kleinere Leistung bei gleicher Stromerzeugung als im zweiten Fall.

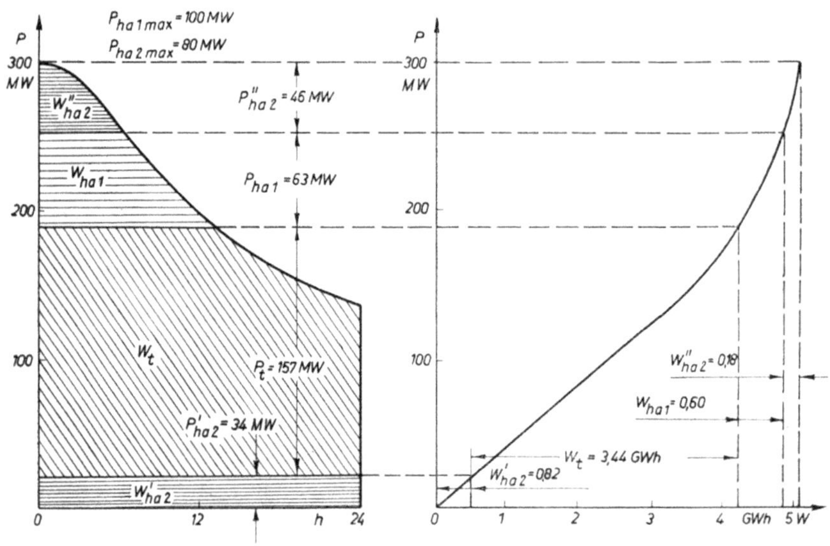

Abb. 58. Zwei Speicher-Wasserkraftwerke in der Dauer- und Energieinhaltslinie (Alternative: Speicherwerk 2 in der Spitze des Diagramms)

4. Bemerkungen zum dargestellten Kraftwerkseinsatz

Bei der Betrachtung des Einsatzes der Kraftwerke wurde stets vorausgesetzt, daß vom Kraftwerk ein zwischen zwei Horizontalen liegender Teil des Belastungsdiagramms gedeckt wird. Diese Voraussetzung wird im Normalfall bei Laufkraftwerken erfüllt, da es nur so möglich ist, eine größtmögliche Ausnützung der dargebotenen Wassermenge zu erreichen. Bei Speicherkraftwerken ist jedoch eine derartige Voraussetzung lediglich eine Annäherung, die eine Vereinfachung des Rechnungsvorganges ermöglichen soll. Bei Speicherkraftwerken ist es weder hinsichtlich der Leistung noch in bezug auf die mögliche Stromerzeugung erforderlich, deren Erzeugung im Diagramm zwischen zwei Horizontalen darzustellen. Es besteht z. B. kein Hindernis, daß die beiden behandelten Speicherkraftwerke anstatt der in Abb. 57 gezeigten Form im Belastungsdiagramm entsprechend Abb. 59 eingesetzt werden. In beiden Fällen übersteigt die Maximalbelastung der Wasserkraftwerke nicht die Maximalleistung des einzelnen Wasserkraftwerkes, die Stromerzeugung ist jedoch untereinander in beiden Fällen gleich. Die günstigste Aufteilung der Belastung auf die Speicher-

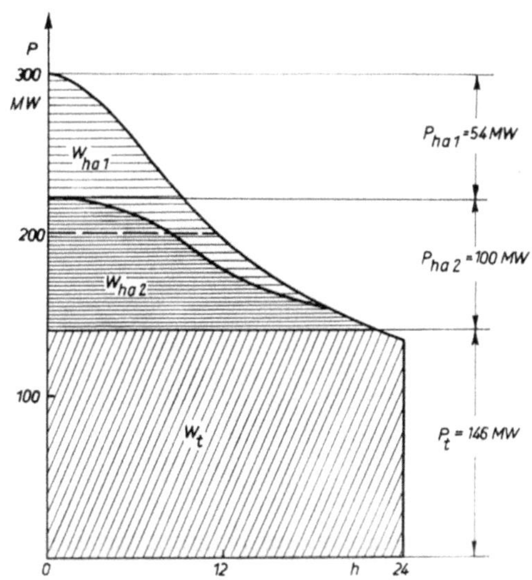

Abb. 59. Eine von den Möglichkeiten zur Unterbringung von zwei Wasser-Speicherkraftwerken in der Dauerkurve (entsprechend Alternative in Abb. 57)

kraftwerke ist von der Lage dieser Werke zu den Verbrauchern und von der optimalen Verteilung der Belastung der Wasserkraftwerke untereinander abhängig. Dabei muß natürlich die Forderung gestellt werden, daß aus der dargebotenen Wassermenge die größte mögliche Energie erzeugt wird [23].

Um eine möglichst große Energiemenge mit einer möglichst kleinen Leistung in Wärmekraftwerken zu erzeugen, ist es am günstigsten, daß die Gesamterzeugung der Wärmekraftwerke zwischen zwei Horizontalen des Belastungsdiagramms eingesetzt wird. Wenn ein Energiemangel besteht, ist daher in diesem Sinne zu verfahren. Wie die Belastung innerhalb der einzelnen Wärmekraftwerke aufzuteilen ist, hängt von den eingehenderen Wärmeverbrauchslinien bzw. dem Zuwachsverbrauch der Wärmekraftwerke und deren Maschinensätzen ab [21].

Die dargestellte Methode zur Bestimmung der Lage der verschiedenen Kraftwerke im Belastungsdiagramm ist nur eine angenäherte Bestimmung des Einsatzes der einzelnen Kraftwerke. Sie leistet jedoch auch Dienste bei einer Untersuchung der Möglichkeiten der Bedarfsdeckung mit der verfügbaren Leistung und Energie der Wasserkraftwerke und verfügbaren Leistung der Wärmekraftwerke.

IV. Ausnutzung der dargebotenen Energie und Leistung aus Wasserkraftwerken und Bestimmung der erforderlichen Leistung und Stromerzeugung aus Wärmekraftwerken

1. Der Zweck von Betriebsanalysen

In einem Verbundsystem mit Wasserkraft- und Wärmekraftwerken ist es unbedingt notwendig, energetische Untersuchungen durchzuführen. Nur auf diese Weise ist es möglich festzustellen, wie groß der nutzbare Anteil der dargebotenen Energie und Leistung der Wasserkraftwerke ist und welche erforderliche zusätzliche Leistung und Stromerzeugung der Wärmekraftwerke als Ergänzung der Wasserkraftanlagen benötigt wird. Ein weiterer Zweck ist die Untersuchung des Einsatzes von Wärmekraftwerken im Verbundsystem und ob mit den vorgesehenen Kraftwerken der Strombedarf gedeckt werden kann.

Eine solche Analyse ist notwendig, um die erforderlichen Unterlagen für energiewirtschaftliche Betrachtungen und möglichst genaue Kenntnisse der energetischen Situation im Verbundsystem zu erhalten. Von besonderer Wichtigkeit sind Unterlagen über die künftige Entwicklung, die betriebstechnischen Eigenschaften der neuen Kraftwerke, die Möglichkeiten der Bedarfsdeckung, die zu erwartenden Kosten u. ä.

Wenn in einem Verbundnetz ausschließlich Wärmekraftwerke arbeiten, ist unter normalen Umständen eine eingehende Betriebsanalyse nicht in einem solchen Umfang erforderlich, als wenn außer Wärmekraftwerken auch Wasserkraftanlagen vorhanden und besonders dann, wenn die Wasserkraftwerke wesentlich an der gesamten Stromerzeugung beteiligt sind. Zu erwähnen ist, daß heute kaum noch Wasserkraftwerke ohne ein, wenn auch kleines, Speicherbecken gebaut werden. Wenn Wärmekraft- und Wasserkraftwerke vorhanden sind, dann sind auch die Möglichkeiten genügender Leistung und Stromerzeugung zu untersuchen, um den Verbrauch decken zu können. Wie bereits im vorigen Kapitel gezeigt wurde, müssen dafür die Bedingungen gemäß den Formeln (143) und (144) erfüllt sein.

In den weiteren Ausführungen sollen zwei Methoden dargestellt werden. Die erste ist nur für kleine, die zweite für kleine und größere Verbundsysteme anwendbar.

2. Die Methode des Verbrauchsrahmens

a) Aufstellung des Tagesverbrauchsrahmens

Der Verbrauchsrahmen wird aus der Energieinhaltslinie konstruiert, wie dies bereits in Abb. 9 gezeigt wurde. Die Aufstellung des Verbrauchsrahmens geschieht in gleicher Weise wie die Bestimmung des Einsatzes eines Kraftwerkes, was bereits im Kapitel III behandelt wurde. Der Unterschied besteht nur in der Darstellungsweise der Kraftwerke im Belastungsdiagramm. Im Verbrauchsrahmen werden nämlich die Leistungen und Energiemengen durch Längen dargestellt.

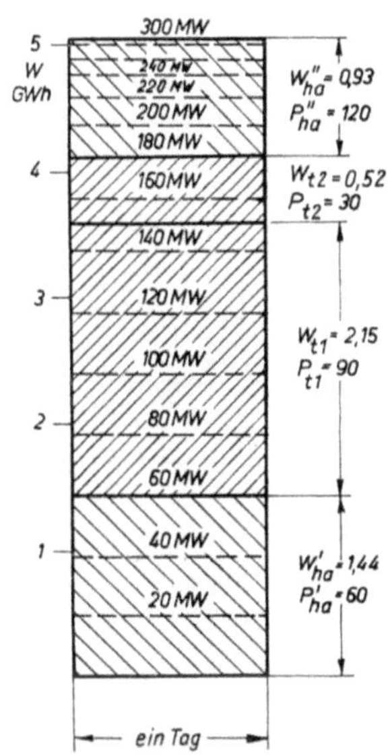

Abb. 60. Beispiel eines ausgefüllten Verbrauchsrahmens. Die Lage der Kraftwerke entspricht dem Beispiel in Abb. 56

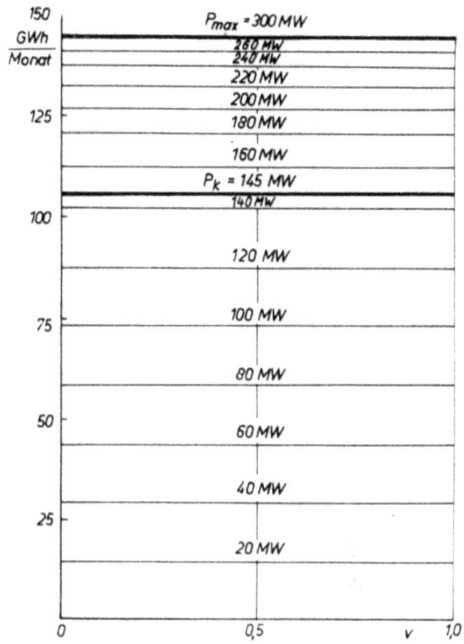

Abb. 61. Beispiel für einen Monatsverbrauchsrahmen

Abb. 60 zeigt den Verbrauchsrahmen entsprechend der Belastungsdauer- und Energieinhaltslinie, die bei der Darstellung des Beispieles in Kapitel III verwendet wurden. In der gleichen Abbildung ist auch die Lage der Kraftwerke im Verbrauchsrahmen für das in Abb. 56 gezeigte Beispiel eingezeichnet.

Wenn nun die Tages-Verbrauchsrahmen eines ganzen Jahres nebeneinander gezeichnet und für jeden Tag entsprechend der erforderlichen Leistung und Energie der Kraftwerke aufgestellt werden, können in einem einzigen Diagramm die innerhalb eines Jahres auftretenden Verhältnisse gezeigt werden. Dabei sind allerdings die hydrologischen Unterlagen eines bestimmten Jahres zu berücksichtigen. Für weitere Jahre kann das Verfahren wiederholt werden, womit man auf diese Weise die Verhältnisse für eine Reihe von hydrologischen Jahren bestimmen kann.

b) Aufstellung des Monats-Verbrauchsrahmens

Die Arbeit mit Tagesverbrauchsrahmen ist außerordentlich zeitraubend, besonders dann, wenn die Verhältnisse für eine Reihe von Jahren zu bestimmen sind. Deshalb ist es vorteilhafter, auf Monatsverbrauchsrahmen überzugehen. Als Grundlage dienen die Monats-Belastungsdauerlinien, z. B. gemäß der in Abb. 10 gezeigten Annäherung, und die Wahrscheinlichkeitskurven der Wasserdarbietung der Wasserkraftwerke. Auf Grund dieser können die Wahrscheinlichkeitskurven der mittleren und maximalen Leistungen bzw. die Wahrscheinlichkeitskurven der möglichen Stromerzeugung und Maximalleistung der Wasserkraftwerke bestimmt werden. Durch die Aufstellung von Verbrauchsrahmen für eine Reihe von Zustandsverhältnissen erhält man im Verbrauchsrahmen die Lage der verschiedenen Kraftwerke bei bestimmten Verhältnissen. Damit ist die Möglichkeit gegeben, die zu erwartenden Zustandsverhältnisse für einen untersuchten Monat im Voraus zu bestimmen.

Am einfachsten dürfte dieses Verfahren an einem Beispiel gezeigt werden. Es sei vorausgesetzt, daß eine Monats-Belastungsdauerlinie mit folgenden Kennwerten behandelt wird: Maximalbelastung $P_{\max} = 300$ MW; konstante Belastung $P_{mk} = 145$ MW; Dauer der Hochlast am Werktag $t_v = 18$ Stunden; die Verhältniszahlen $\alpha = 0{,}286$ und $\beta = 0{,}832$; Anzahl der Werktage im Monat $r = 25$ Tage; Anzahl der Stunden im Monat $24\,(r + n) = 730$ Stunden. Aus diesen Angaben kann entsprechend Kapitel I, 2c die Energieinhaltslinie bestimmt werden. Mit Hilfe dieser Linie kann dann mit der in Kapitel I, 1e beschriebenen Methode der Verbrauchsrahmen für den untersuchten Monat (Abb. 61) konstruiert werden. Auf der Abszisse werden die Wahrscheinlichkeitswerte v aufgetragen; der dargestellte Verbrauchsrahmen zeigt daher für den gegebenen Monat stets das gleiche Belastungsdiagramm bei beliebigen hydrologischen Verhältnissen.

Für die Aufstellung eines gegebenen Verbrauchsrahmens stehen zur Verfügung Lauf-Wasserkraftwerke (HE 1), ein Speicherkraftwerk (HE 2) mit einem Tagesspeicherbecken, das hinsichtlich seines Energiewertes die Ungleichung (82) befriedigt, und Wärmekraftwerke mit einer erforderlichen Leistung. Die mögliche Stromerzeugung der Wasserkraftwerke ist durch die Wahrscheinlichkeitskurven (Abb. 62) gegeben, und zwar getrennt für alle Laufkraftwerke und für das Speicherkraftwerk. Bei der Zusammenstellung der Wahrscheinlichkeitslinien wurde die Gleichzeitigkeit der Erscheinungen berücksichtigt, daher erscheinen die Stromerzeugungsmöglichkeiten, die mit gleicher Wahrscheinlichkeit auftreten, auch zu gleicher Zeit. Der vorliegende Fall behandelt demnach Wasserkraftwerke mit gleichen oder zumindest sehr ähnlichen hydrologischen Eigenschaften. Es bestehen aber keine Schwierigkeiten, auch von der Wahrscheinlichkeitskurve z. B. der Laufwerke auszugehen und dann, bei Berücksichtigung der gleichzeitigen Erscheinungen, die Kennlinie der möglichen Stromerzeugung des Speicherwerkes zu zeichnen. Diese Kennlinie muß keine fallende Tendenz haben, sondern kann sogar Sprünge in der Erzeugung aufweisen. Es ist selbstverständlich, daß es sich in diesem Fall nicht um die Wahrscheinlichkeitslinie des behandelten Speicherkraftwerkes handeln würde. In Abb. 62 setzen die Kennlinien gleichzeitig die mögliche Stromerzeugung und die mittlere Leistung (in einem andern Maßstab) voraus, die Kurve der Laufwerke zeigt aber gleichzeitig auch die Maximalleistung. Beim Speicherwerk ist vorausgesetzt, daß stets die Maximalleistung vorhanden ist, da in Rechnung gestellt wurde, daß die Schwankungen des Gefälles in Abhängigkeit vom Wasserzufluß und der Stauhöhe wegen ihrer Geringfügigkeit vernachlässigt werden können.

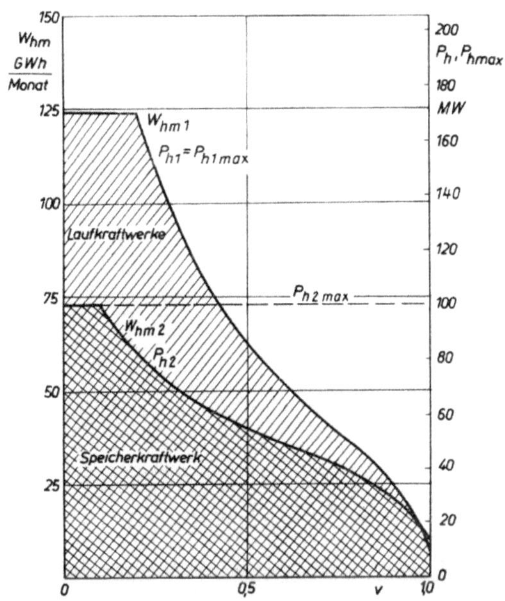

Abb. 62. Monatliche Stromerzeugungsmöglichkeiten der Laufkraftwerke W_{hm1} und des Speicherkraftwerkes W_{hm2}, der mittleren Leistungen (P_{h1} und P_{h2}) und der maximalen Leistungen ($P_{h1\,max}$ und $P_{h2\,max}$) im beobachteten Monat. Darstellung durch Wahrscheinlichkeitskurven

Abb. 63 zeigt den ausgefüllten Verbrauchsrahmen. Bei dessen Ausfüllung wurde festgestellt, daß fünf verschiedene Fälle A, B, C, D, E auftreten können. Bei Hochwasser (Fall A) kann das gesamte dargebotene Wasser weder in den Laufwerken noch im Speicherkraftwerk ausgenützt werden, wobei die Maximalbelastung größer als die Summe der Maximalleistungen der Wasserkraftwerke ist. Um eine möglichst vorteilhafte Ausnutzung des Betriebswassers zu erzielen, werden die Wärmekraftwerke in der Spitze des Diagramms mit dem Rest der Leistung, die nach dem Einsatz der Maximalleistungen der Wasserkraftwerke verbleibt, untergebracht. Im Fall B besteht eine ähnliche Lage wie im Falle A, jedoch mit dem Unterschied, daß das Wasserdargebot in den Laufkraftwerken geringer ist als ihre Ausbaugröße. Deshalb ist auch die zur Verfügung stehende Leistung der Laufkraftwerke kleiner als im Fall A. Die verfügbare Leistung der Laufkraftwerke ist jedoch noch immer größer als die konstante Belastung, deshalb kommt es noch immer zum Überlauf. Durch die Anordnung des Speicherkraftwerkes oberhalb der Laufwerke im Verbrauchsrahmen wird trotz Ausnützung der Maximalleistung des Speicherkraftwerkes nicht der gesamte Wasserzufluß dieser Anlage verbraucht (Abb. 64). Wegen Verringerung der verfügbaren Leistung der Laufkraftwerke (Abb. 65) muß daher die notwendige Leistung aus den Wärmekraftwerken erhöht werden.

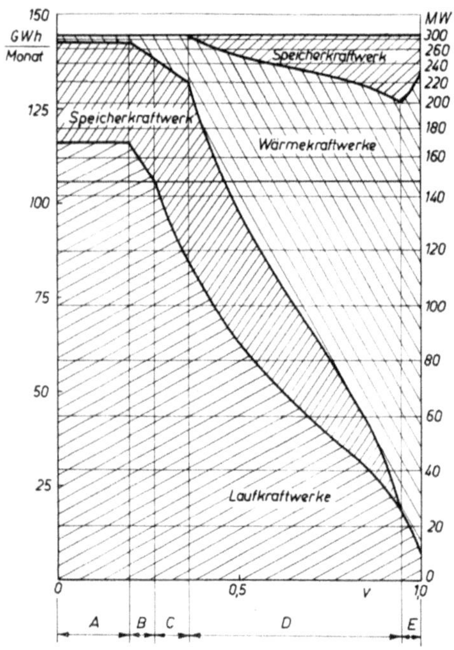

Abb. 63. Durch Erzeugung der Kraftwerke gemäß Abb. 62 ausgefüllter Verbrauchsrahmen

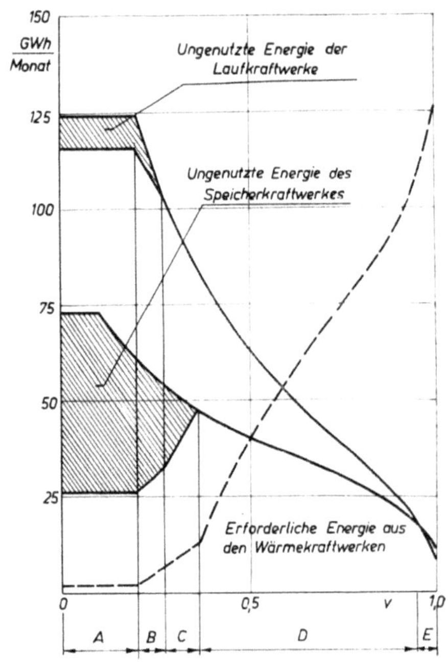

Abb. 64. Ausgenutzte und ungenutzte Energie der Wasserkraftwerke und die zur Ausfüllung des Verbrauchsrahmens nach Abb. 63 erforderliche Stromerzeugung der Wärmekraftwerke

Im Fall C kann die gesamte mögliche Stromerzeugung der Laufwerke ausgenützt werden, da deren Leistung kleiner ist als die konstante Belastung, jedoch ist es nicht möglich, gleichzeitig das gesamte dem Speicherwerk zufließende Wasser auszunützen. Infolge der abnehmenden verfügbaren Leistung aus den Laufwerken steigt der Leistungsbedarf in den Wärmekraftwerken. Wie im Fall A und B wird auch jetzt die in der Spitze liegende Fläche des Belastungsdiagramms von den Wärmekraftwerken ausgefüllt.

Im Fall D gibt es keinen Überlauf mehr (Abb. 64), das Speicherkraftwerk rückt immer mehr in die Spitze des Belastungsdiagramms. Nachdem die mögliche Erzeugung dieses Wasserkraftwerkes herabgesetzt wurde, besteht nun die Möglichkeit, ihm auch diesen Platz im Belastungsdiagramm zuzuweisen. Ein Teil der Stromerzeugung des Speicherwerkes verlagert sich in den konstanten Bereich des Belastungsdiagramms. Dieser Zustand bleibt so lange erhalten, bis die mögliche Stromerzeugung des Speicherwerkes so klein wird, daß dieses mit seiner Maximalleistung in die Spitze rückt, wodurch der Fall E eintritt. Es liegt dann die gesamte mögliche Stromerzeugung des Speicherwerkes in der Spitze des Diagramms, so daß die Gesamtleistung dieses Werkes gar nicht ausgenützt werden kann (Abb. 65). Deshalb erfolgt ein rascher Anstieg der erforderlichen Leistung aus den Wärmekraftwerken.

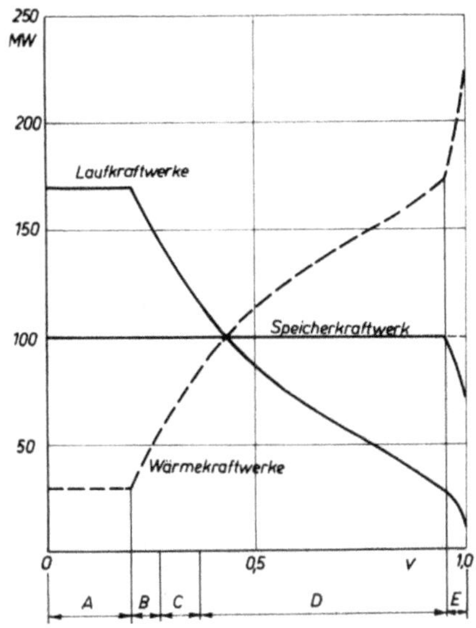

Abb. 65. Leistungseinsatz der Wasserkraftwerke und Wärmekraftwerke zur Ausfüllung des Verbrauchsrahmens nach Abb. 63

Wie bereits erwähnt, ist aus der Darstellungsweise des Verbrauchsrahmens (Abb. 63) die Stromerzeugung der Kraftwerke wie auch deren Ausnützung bzw. deren Leistungen ersichtlich. Zwecks besserer Erläuterung sind in Abb. 64 die Stromerzeugung und in Abb. 65 die Ausnützung der Leistungen der Wasserkraftwerke und die erforderliche Leistung der Wärmekraftwerke dargestellt.

Bei der Ausfüllung des Verbrauchsrahmens in Abb. 63 wurde vorausgesetzt, daß der Betrieb der Wärmekraftwerke während der Nacht eingestellt wird. Es bestehen unterdessen keinerlei grundlegende Schwierigkeiten für die Ausfüllung des Verbrauchsrahmens, wenn man mit durchlaufendem Betrieb der Wärmekraftwerke rechnet. Allerdings ist es dann notwendig, das technische Minimum in jenen Zeiten zu berücksichtigen, in denen die Wärmekraftwerke für die Bedarfsdeckung nicht benötigt werden. Bei solchen Verhältnissen sind die Wärmekraftwerke im konstanten Belastungsteil des Belastungsdiagramms mit der dem technischen Minimum entsprechenden Leistung unterzubringen.

Im angeführten Beispiel wurden mehrere Laufwerke gemeinsam behandelt, was stets möglich ist. Vorausgesetzt wurde allerdings ein einziges Speicherkraftwerk. Es soll darauf hingewiesen werden, daß alle Laufkraftwerke als eine einzige Wasserkraftanlage betrachtet werden können, da bei solchen Werken eine Proportionalität zwischen verfügbarer Leistung und möglicher Stromerzeugung besteht. Dagegen muß jedes Speicherwerk für sich behandelt werden. Denn deren Lage im Belastungsdiagramm ist ja abhängig vom Verhältnis der möglichen Stromerzeugung zur Maximalleistung (Kapitel III, 3).

Im Beispiel (Abb. 63) wurde so gerechnet, daß im Speicherkraftwerk größere Überläufe auftreten als in den Laufkraftwerken. Die Rechnung hätte ebenso auch mit entgegengesetzter Voraussetzung durchgeführt werden können. Es hätte sich damit nichts in bezug auf den erforderlichen Einsatz von Wärmekraftwerken geändert. Da aber in diesem Beispiel ein Werk mit Tagesspeicherung in Betracht kommt, ist es einerlei, ob die Überläufe in den Laufkraftwerken oder am Speicherwerk auftreten. Falls jedoch ein Saisonspeicherwerk in Frage käme, würde die Lageverteilung der Wasserkraftwerke ohne Zweifel in der in Abb. 63 gezeigten Weise vorteilhafter sein.

Schließlich sei darauf hingewiesen, daß bei der Zusammenstellung des Monats-Verbrauchsrahmens eine Reihe von Zustandsverhältnissen untersucht wird. Alle diese Möglichkeiten können auftreten und jede von diesen wird getrennt behandelt. Bei der Betrachtung des einzelnen Falles ist vorausgesetzt, daß die Durchflußmengen der Wasserkraftwerke im Zeitraum einer Woche, die einen Belastungszyklus darstellt, konstant sind. Unter Anwendung der in Kapitel I, 2a angegebenen Vereinfachung sind nämlich bei Zugrundelegung des wöchentlichen Belastungszyklus die Monatsbelastungsdauerlinie und demnach auch der Monats-Verbrauchsrahmen konstruiert.

3. Methode der veränderlichen und konstanten Energie

a) Allgemeines

Aus den bisherigen Ausführungen ist ersichtlich, daß bei der Anwendung des Verbrauchsrahmens jedes Speicherkraftwerk getrennt behandelt ist. Deshalb ist diese Methode unzweckmäßig, wenn es sich um eine größere Anzahl von Speicherwerken handelt. Dies trifft in jedem etwas größerem Verbundsystem zu, wo die Stromerzeugung der Wasserkraftwerke nicht vernachlässigt werden kann. Außerdem gibt es wenige Wasserkraftwerke, die überhaupt keine Speicherungsmöglichkeit besitzen. Deshalb ist es vorteilhaft, bei energiewirtschaftlichen Untersuchungen von Systemen mit einer größeren Anzahl von Speicherkraftwerken die Methode der veränderlichen und konstanten Energie anzuwenden.

Bei derartigen Analysen sind zur Bestimmung des Strombedarfes drei Größen erforderlich: die erforderliche veränderliche Energie W_{mv}, die erforderliche veränderliche Belastung P_{mv} und die erforderliche konstante Energie W_{mk}. Alle genannten Unterlagen sind auf einen

Monat zu beziehen, denn Monatsanalysen werden in der Praxis am häufigsten angewendet. Es würde sich natürlich nichts ändern, wenn eine derartige Untersuchung für eine Woche oder einen Werktag durchgeführt würde. Die konstante Belastung P_{mk} muß nicht gesondert angegeben werden, da sie durch die erforderliche konstante Energie aus der Beziehung (24) bestimmt ist.

Um die Stromerzeugungsmöglichkeit von Wasserkraftwerken zu bestimmen, müssen anderseits bekannt sein: die mögliche veränderliche Energieerzeugung W_{hv}, die veränderliche Leistung P_{hv} und die konstante Energieerzeugung W_{hk}, da die Beziehung analog dem Ausdruck (24) gilt.

Vorausgesetzt, daß folgende Größen gleich sind:

$$W_{mv} = W_{hv} \tag{145}$$

$$P_{mv} = P_{hv} \tag{146}$$

$$W_{mk} = W_{hk} \tag{147}$$

entsteht die Frage, ob in diesem Fall der Strom- und Leistungsbedarf gedeckt ist.

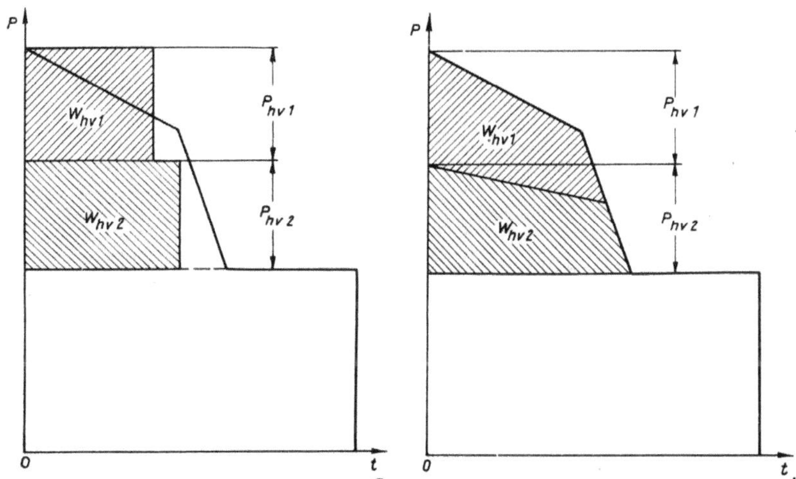

Abb. 66. Beispiel verschiedener Möglichkeiten der Bedarfsdeckung an veränderlicher Energie durch die Erzeugung von zwei Wasserkraftwerken, wenn $W_{mv} = W_{hv1} + W_{hv2}$ ist

Ohne besondere Beweise ist es offensichtlich, daß die Gl. (147) eine notwendige und genügende Bedingung der Bedarfsdeckung für Energie und Leistung ist, da es sich um eine Belastung und Stromerzeugung mit konstanter Leistung handelt.

Die Möglichkeit der Bedarfsdeckung muß jedoch näher untersucht werden, wenn die Gl. (145) und (146) erfüllt sind. Vorausgesetzt sei, daß der Bedarf durch die Dauerlinie in Abb. 66 und die mögliche Erzeugung der veränderlichen Energie von zwei Speicherwerken durch Rechtecke in Abb. 66a dargestellt ist. Die Darstellung der möglichen veränderlichen Energieerzeugung beruht auf den Ausführungen im

Kapitel II, 3b. Dort wurde die größte mögliche zeitliche Konzentration der Stromerzeugung aus Wasserkraftwerken vorausgesetzt und damit auch der ungünstigste Fall für die Ausnützung der Speicherung. Es bestehen dagegen keine Hindernisse, daß sich die Ausnützung der möglichen variablen Energie nach dem Bedarf richtet, wie dies in den Abb. 24 und 25 gezeigt ist. Dazu müssen zwei Bedingungen erfüllt sein: die Maximalbelastung des neuen Belastungsdiagramms darf nicht größer sein als die höchste veränderliche Leistung des Wasserkraftwerkes, und die Fläche des neuen Diagrammes darf nicht größer sein als jene des ursprünglichen rechteckigen Belastungsdiagramms. Abb. 66b zeigt eine der Ausnützungsmöglichkeiten der veränderlichen Energie aus Wasserkraftwerken, die in Abb. 66a dargestellt sind. Es soll darauf hingewiesen werden, daß eine sehr große Anzahl von Möglichkeiten für die Ausnützung der variablen Energie besteht, in denen die Bedingungen aus (145) und (146) erfüllt werden.

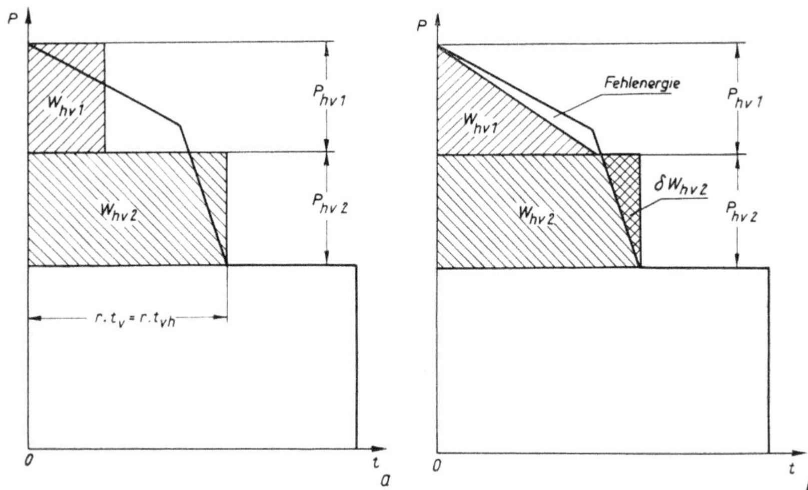

Abb. 67. Beispiel, wenn der Bedarf an veränderlicher Energie durch die Erzeugung aus zwei Wasserkraftwerken nicht gedeckt werden kann, obwohl $W_{mv} = W_{hv1} + W_{hv2}$ ist

Allerdings kann der Fall eintreten, daß trotz der erfüllten Bedingungen aus (145) und (146) der Bedarf an veränderlicher Energie nicht gedeckt werden kann. Einen solchen Fall zeigt Abb. 67. Das Wasserkraftwerk im unteren Teil des variablen Bereiches des Diagramms hat ein so großes Wasserdargebot, daß dessen Betrieb nach dem Diagramm in Abb. 19 geführt werden muß. Dieser Zustand tritt auf, wenn bei Bestimmung der möglichen variablen Energieerzeugung so gerechnet wird, daß die Zeit t_{vh} gleich der Zeitdauer der Hochlast t_v ist, wie das in Kapitel I, 1c definiert wurde. Deshalb tritt auch ein Überschuß an veränderlicher Energie δW_{hv2} auf, der nicht ausgenützt werden kann, obwohl Mangel an veränderlicher Energie besteht (Abb. 67b). Um derartige Fälle zu vermeiden, soll die veränderliche Energie der Wasserkraftwerke mit der Voraussetzung, daß $t_{vh} < t_v$ ist, bestimmt werden.

Daher ist in Kapitel II, 3 eine besondere Größe t_{vh} für die Dauer der Hochlastperiode bei der Bestimmung der möglichen variablen Stromerzeugung in Wasserkraftwerken eingeführt worden. Wenn man die gesamte variable Energiemenge bei Erfüllung der Gl. (145) und (146) ausnutzen will und wenn in allen Kraftwerken derartige Wassermengen verfügbar sind, so daß die veränderliche Energie in der Zeit t_{vh} (Abb. 19) erzeugt werden muß, ist die Zeit t_{vh} so zu wählen, daß sie gleich der Nutzungszeit T_v der veränderlichen Leistung P_{mv} ist. Die Nutzungszeit T_v ist die Basis des Rechtecks mit der Höhe P_{mv}, dessen Fläche der veränderlichen Energiemenge W_{mv} (Abb. 68a) entspricht. Bei Anwendung der Beziehung (10) kann die Größe T_v aus der Formel

$$T_v = \frac{\alpha + \beta}{2} t_v \tag{148}$$

gefunden werden.

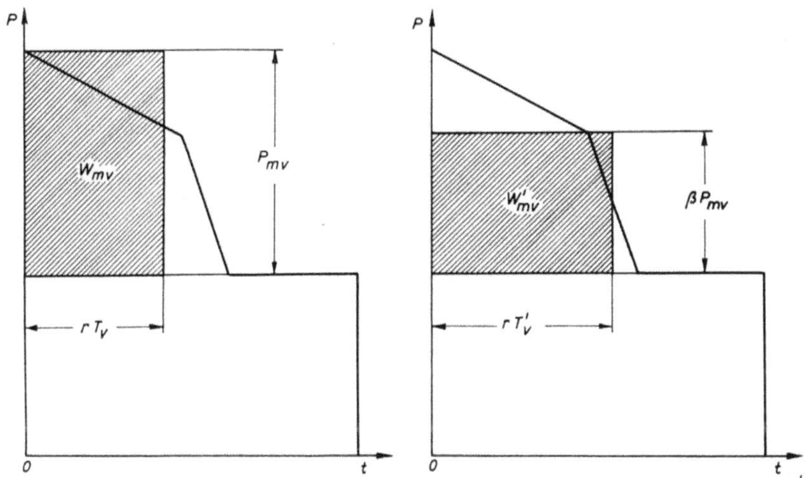

Abb. 68. Definitionen der Zeiten T_v (148) und T_v' (150)

Es ist jedoch damit zu rechnen, daß ein ausgedehntes Verbundsystem behandelt wird. Daher treten nicht in allen Wasserkraftwerken solche Wassermengen auf, daß die gesamte variable Energie nach dem Schaubild in Abb. 19 erzeugt werden müßte, sei es wegen der hydrographischen Unterschiede in den Wasserführungen, sei es wegen der Kraftwerke mit Saisonspeicherung, deren Speicherbecken gefüllt werden, wenn andere Speicherwerke gezwungen werden, nach dem Diagramm in Abb. 19 zu arbeiten. Deshalb dürfte es nicht notwendig werden, $t_{vh} = T_v$ (148) zu setzen, sondern dürfte die Erfüllung der Bedingung

$$T_v < t_{vh} < t_v \tag{149}$$

genügen. Es ist jedoch bei Beachtung der obigen Bemerkung mit genügender Sicherheit anzunehmen, daß t_{vh} gleich der Nutzungsdauer T'_v der Leistung $\beta\, P_{mv}$ ist, wie dies durch das Rechteck in Abb. 68b definiert ist. Der Wert von T'_v kann für den Fall der Annäherung der Dauerlinie durch drei Gerade aus der Beziehung

$$T'_v = \frac{1 + a}{2} t_v \tag{150}$$

bestimmt werden.

Die Gl. (145), (146) und (147) werden praktisch nie erfüllt. Um jedoch trotzdem den Bedarf im variablen Teil des Belastungsdiagramms durch die Leistung P_{tv} und Stromerzeugung W_{tv} bzw. im konstanten Teil des Diagramms durch die Leistung P_{tk} und Stromerzeugung W_{tk} zu befriedigen, ist der Einsatz von Wärmekraftwerken erforderlich oder muß ein Teil der variablen Energie ΔW_{hv} der Wasserkraftwerke in den konstanten Bereich bzw. durch Verschiebung eines Teiles der konstanten Energie ΔW_{hk} der Wasserkraftwerke in den veränderlichen Bereich des Belastungsdiagramms verlagert werden. Dabei ist auch die nicht ausgenützte variable Energie δW_{hv} wie auch die nicht ausgenützte konstante Energie δW_{hk} der Wasserkraftwerke zu berücksichtigen, insoferne solche vorhanden ist.

Die Verschiebungen der Energie aus einem Bereich des Belastungsdiagramms in den anderen ist mit Verschiebungen der Leistung aus dem variablen Teil des Diagramms in den konstanten und umgekehrt verbunden. Es muß daher festgestellt werden, was für Beziehungen zwischen der verlagerten Leistung und Energie herrschen, insoferne derartige Beziehungen überhaupt bestehen.

Bei der Verschiebung variabler Energie ΔW_{hv} in den konstanten Bereich des Diagramms muß variable Leistung herangezogen werden. Diese erhält man aus der Formel

$$\Delta P_{hv} = \frac{\Delta W_{hv}}{24\,(r + n)} \tag{151}$$

Im Nenner befindet sich die Anzahl der Stunden des untersuchten Zeitintervalls (z. B. ein Monat), weil die verschobene variable Energie nun als konstante Energie, die mit konstanter Leistung erzeugt wird, auftritt. Dabei entstehen keine Verluste, da keinerlei Schwierigkeiten bestehen, anstatt veränderlicher, konstante Energie zu erzeugen, wie dies in Kapitel II, 3 erläutert wurde. Es herrschen also feste Beziehungen zwischen der verlagerten veränderlichen Energie und der verlagerten veränderlichen Leistung.

Die in den variablen Bereich des Belastungsdiagramms verlagerte konstante Energie ΔW_{hk} ist stets kleiner als jene Energie, die mit der gleichen Leistung ΔP_{hk} im konstanten Bereich des Belastungsdiagramms erzeugt werden kann, da im veränderlichen Bereich die verlagerte Leistung ΔP_{hk} nicht während der ganzen Zeit ausgenutzt wird. Demnach entsteht die Beziehung

$$\Delta W_{hk} < 24\,(r + n)\,\Delta P_{hk} \tag{152}$$

die auf alle Fälle erfüllt sein muß. Wenn man außerdem berücksichtigt, daß der Zeitabschnitt der Hochlast $r \cdot t_v$ Stunden dauert, kann der Ausdruck (152) auch in folgender Form geschrieben werden:

$$\Delta W_{hk} < r\, t_v\, \Delta P_{hk} \tag{153}$$

Zur Möglichkeit der Ausnützung der verlagerten konstanten Energie und Bestimmung der Größe t_{vh} ist festzustellen, daß die verlagerte konstante Energiemenge der Bedingung

$$\Delta W_{hk} \leqq r\, t_{vh}\, \Delta P_{hk} \tag{154}$$

entsprechen muß.

Die untere Grenze für ΔW_{hk} kann auch sehr kleine Werte annehmen, allerdings ist sie größer als Null, da eine Verschiebung der Leistung ohne Stromerzeugung unmöglich ist.

Ebenso ist es wichtig, die Werte der nicht ausgenützten Energie und Leistung zu kennen. Wohl muß darauf hingewiesen werden, daß keine Beziehungen zwischen der nicht ausgenützten veränderlichen Energie δW_{hv} und der nicht ausgenützten veränderlichen Leistung δP_{hv} bestehen. Es kann daher vorkommen, daß eine nicht ausgenützte variable Leistung auftritt, obwohl kein Überschuß an variabler Energie vorhanden ist ($\delta W_{hv} = 0$). Ebenso kann der umgekehrte Fall eintreten, daß nicht ausgenützte variable Energie vorhanden ist, jedoch ohne unausgenützte variable Leistung ($\delta P_{hv} = 0$). Wenn anderseits ein Überschuß an konstanter Leistung in Wasserkraftwerken ΔP_k erscheint, muß auch ein Überschuß an konstanter Energie vorhanden sein. Dieser beträgt

$$\Delta W_k = 24\,(r + n)\,\Delta P_k \tag{155}$$

Wenn es aber zu Verlagerungen konstanter Energie in den variablen Bereich des Belastungsdiagramms kommt, bleibt dann ein Teil der konstanten Energie ungenützt (154). Demnach besteht zwischen ungenützter konstanter Energie und Leistungsüberschuß die Beziehung

$$\delta W_{hk} \leqq 24\,(r + n)\,\Delta P_k \tag{156}$$

Bei Berücksichtigung aller bisher erwähnten Möglichkeiten können folgende Gleichungen aufgestellt werden, die erfüllt sein müssen, um in bezug auf Stromerzeugung und Leistung der Kraftwerke den Bedarf decken zu können:

$$W_{mv} = (W_{hv} - \Delta W_{hv} + \Delta W_{hk} - \delta W_{hv}) + W_{tv} \tag{157}$$

$$P_{mv} = (P_{hv} - \Delta P_{hv} + \Delta P_{hk} - \delta P_{hv}) + P_{tv} \tag{158}$$

$$W_{mk} = (W_{hk} - \Delta W_{hk} + \Delta W_{hv} - \delta W_{hk}) + W_{tk} \tag{159}$$

$$P_{mk} = (P_{hk} - \Delta P_{hk} + \Delta P_{hv} - \delta P_{hk}) + P_{tk} \tag{160}$$

Die oben angeführten Gleichungen zeigen den allgemeinen Fall, denn in der Praxis tritt nicht gleichzeitig die Notwendigkeit von Verlagerung veränderlicher und konstanter Energie auf und besteht nicht die gleichzeitige Notwendigkeit der Verlagerung veränderlicher oder konstanter Leistung. Daher treten auf der rechten Seite der obigen

Gleichungen entweder das zweite oder dritte Glied auf, nicht aber beide Glieder gleichzeitig.

In den Gl. (157) und (159) bedeuten die eingeklammerten Ausdrücke die Energie der Wasserkraftwerke, die für die Deckung des variablen bzw. konstanten Bereichs des Belastungsdiagramms ausgenützt werden kann. Diese nutzbare Energie unterscheidet sich im allgemeinen Fall von der möglichen Stromerzeugung der Wasserkraftwerke W_{hv} und W_{hk} um die verlagerte Energie ΔW_{hv} und ΔW_{hk} und die um ungenutzte Restenergie δW_{hv} und δW_{hk}.

Die eingeklammerte Summe der Gl. (158) bedeutet die variable Belastung der Wasserkraftwerke zur Zeit der größten Belastung des Systems. Diese maximal ausgenützte variable Leistung der Wasserkraftwerke unterscheidet sich allgemein von der maximalen verfügbaren Leistung der Wasserkraftwerke um den Wert der nicht ausgenutzten und um den Wert der verlagerten Leistung. Anderseits aber bedeutet der eingeklammerte Ausdruck der Gl. (160) die Belastung der Wasserkraftwerke in Zeiten kleiner Belastungen.

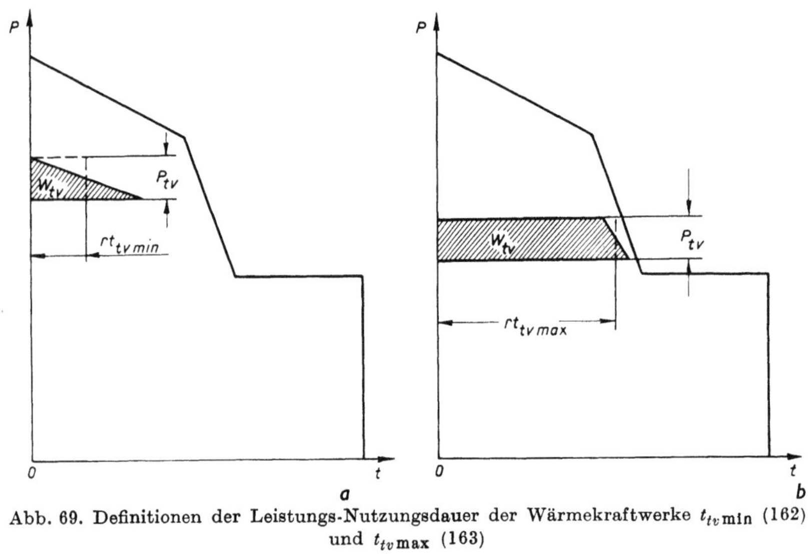

Abb. 69. Definitionen der Leistungs-Nutzungsdauer der Wärmekraftwerke $t_{tv\,\min}$ (162) und $t_{tv\,\max}$ (163)

Vor Übergang auf die Betrachtung der einzelnen Fälle dürften noch einige Ausführungen über die erforderliche Leistung und Stromerzeugung der Wärmekraftwerke zweckmäßig sein.

Im konstanten Bereich des Diagramms ist mit der erforderlichen Leistung der Wärmekraftwerke auch deren Erzeugung durch den Ausdruck

$$W_{tk} = 24\,(r + n)\,P_{tk} \tag{161}$$

gegeben.

Die Notwendigkeit des Einsatzes von Wärmekraftwerken zwecks Deckung des veränderlichen Bedarfs im Belastungsdiagramm kann durch unzureichende Leistung in Zeiten der Maximalbelastung des Systems, durch unzureichende Energie in diesem Bereich der Belastungskennlinie oder wegen Mangels an Energie und Leistung auftreten.

Wenn lediglich nur ein Mangel an Leistung erscheint, ist es erwünscht, durch Wärmekraftwerke mit der erforderlichen Leistung möglichst wenig Energie zu erzeugen. In dieser Hinsicht bestehen allerdings meistens Beschränkungen deshalb, weil es nicht möglich, oft aber auch unerwünscht ist, Wärmekraftwerke raschen Belastungsänderungen auszusetzen. Dieser Zustand erscheint durch die Forderung, daß ein Wärmekraftwerk die Spitze oder einen hoch gelegenen Teil des Belastungsdiagramms ausfüllen soll. Um das zu vermeiden, muß damit gerechnet werden, daß die Leistung eines Wärmekraftwerkes als Deckung bei Mangel an veränderlicher Leistung an Werktagen nicht unter einer minimalen Zeitdauer $t_{tv\,\min}$ eingesetzt werden darf. Die Zeitdauer ist anhand der Betriebseigenschaften der Wärmekraftwerke zu ermitteln. Die kürzeste Einsatzdauer der Leistung von Wärmekraftwerken beträgt im untersuchten Zeitabschnitt (z. B. ein Monat) $r\,t_{tv\,\min}$ (Abb. 69a). Falls ausschließlich Leistungsmangel im veränderlichen Teil des Belastungsdiagramms herrscht, beträgt die notwendige Stromerzeugung der Wärmekraftwerke, die mit der Leistung P_{tv} an der Deckung der fehlenden Leistung beteiligt sind,

$$W_{tv} = r\,t_{tv\,\min}\,P_{tv} \tag{162}$$

Falls im variablen Bereich des Belastungsdiagramms nur Energie fehlt, ist es empfehlenswert, diese Energie mit einer möglichst kleinen Leistung der Wärmekraftwerke zu erzeugen. Das bedeutet eine möglichst große Ausnutzung der eingesetzten Leistung. Die Nutzungsdauer $t_{tv\,\max}$ der eingesetzten Leistung (Abb. 69b) ist durch die Form der Dauerkurve gegeben. Auf Grund der gleichen Betrachtungen wie für t_{vh} kann geschätzt werden, daß $t_{tv\,\max}$ nicht größer als T'_v (150) zu sein braucht. Wenn im variablen Bereich lediglich Energiemangel herrscht, der durch die Erzeugung der Wärmekraftwerke W_{tv} ausgeglichen werden sollte, beträgt die für den Ausgleich dieses Fehlbetrages erforderliche Leistung

$$P_{tv} = \frac{W_{tv}}{r t_{tv\,\max}} \tag{163}$$

Schließlich wäre zu erwähnen, daß die Methode der veränderlichen und konstanten Energie jeder beliebigen Form der Belastungsdauerkurve entspricht; Bedingung dafür ist, daß die Zeitdauer t_{vh} bestimmt wird, da diese für die Aufteilung der möglichen Stromerzeugung der Wasserkraftwerke auf variable und konstante Energie maßgebend ist.

b) Mögliche Betriebsfälle und Aufstellung von Energie- und Leistungsbilanzen

Im Rahmen der Untersuchungen der möglichen gegenseitigen Beziehungen von charakteristischen Verbrauchsgrößen und charakteristischen Größen der Wasserkraftwerke ergeben sich 18 mögliche

Betriebsfälle, die in Abb. 70 angegeben sind. In diesen Fällen sind nicht jene einbezogen, wo zwischen zwei einander gegenseitig entsprechenden Größen gleiche Werte auftreten (z. B. $P_{h\,\max} = P_{\max}$). Solche Fälle bedeuten nämlich Grenzfälle der in Abb. 70 aufgezählten 18 Betriebsfälle.

Die in Frage kommenden charakteristischen Verbrauchsgrößen sind: die Maximalbelastung $P_{\max}$, die erforderliche Gesamtenergie W_m, die erforderliche konstante Energie W_{mk}, die erforderliche variable Energie W_{mv} und die erforderliche variable Leistung P_{mv}. Außerdem die charakteristischen Größen der Wasserkraftwerke: die Maximalleistung $P_{h\,\max}$, die gesamte mögliche Stromerzeugung W_h, die mögliche konstante Energieerzeugung W_{hk}, die mögliche variable Energieerzeugung W_{hv} und die variable Leistung P_{hv}.

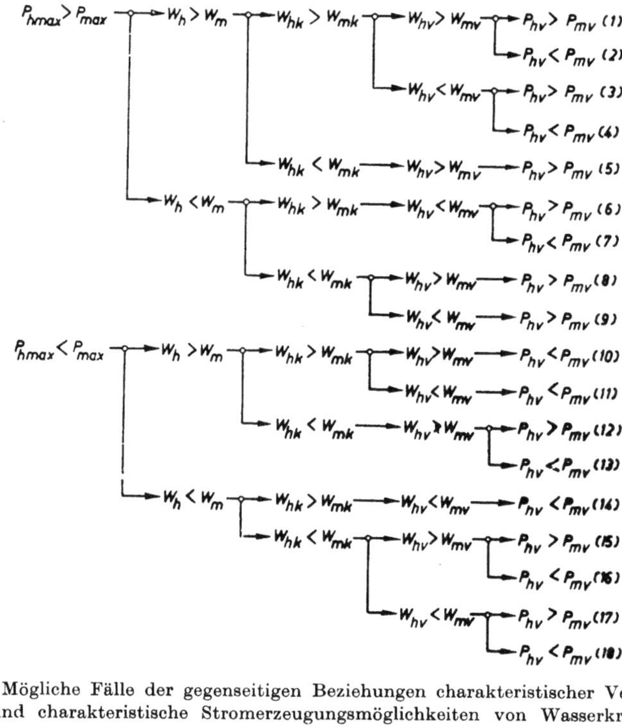

Abb. 70. Mögliche Fälle der gegenseitigen Beziehungen charakteristischer Verbrauchsgrößen und charakteristische Stromerzeugungsmöglichkeiten von Wasserkraftwerken

Es wird darauf hingewiesen, daß zur Bestimmung des Betriebsfalls, dem der untersuchte Zustand im Verbundsystem angehört, jene Größe W_{hk} (Abb. 70) der konstanten Energie, die an die Verbraucher abgegeben werden kann, zu wählen ist. Dabei ist zu berücksichtigen, daß der Überschuß an konstanter Energie im untersten Teil des veränderlichen Bereiches des Belastungsdiagramms untergebracht wird. Dieser Hinweis gilt allerdings nur dann, wenn $W_{hk} > W_{mk}$ ist. Bei der rechnerischen Bearbeitung von Energie- und Leistungsbilanzen ist die gesamt-mögliche Erzeugung konstanter Energie einzusetzen; aus der Rechnung ergibt sich dann, welcher Anteil davon ausgenützt werden kann.

Im folgenden sollen die in Abb. 70 angegebenen Betriebsfälle erörtert werden.

In den ersten fünf Fällen — Fall (1) bis (5) — werden Zustandserscheinungen behandelt, bei denen der Energiebedarf ohne Einsatz von Wärmekraftwerken gedeckt werden kann, da stets die Ungleichungen (143) und (144) erfüllt sind. Die fehlende Energie und Leistung im variablen bzw. konstanten Bereich des Belastungsdiagramms kann durch Verlagerung der Energie und Leistung aus dem konstanten bzw. variablen Bereich des Belastungsdiagramms gedeckt werden.

Tabelle 12. *Energiebilanz nach der Methode der konstanten und veränderlichen Energie für den Fall 5 (Abb. 70)*

Fall 5.

	Bezeichnungen für		Energie GWh	Leistung MW
	Energie	Leistung		
Zusammen				
Wasserkraftwerke	W_h	$P_{h\max}$	1142,3	2210,0
Bedarf	W_m	$P_{\max}$	1100,0	2150,0
Differenz	ΔW	ΔP	+ 42,3	+ 60,0
Veränderlicher Bereich				
Wasserkraftwerke	W_{hv}	P_{hv}	405,0	1200,0
Bedarf	W_{mv}	P_{mv}	297,0	1050,0
Differenz	ΔW_v	ΔP_v	+ 108,0	+ 150,0
aus dem konstanten Bereich	ΔW_{hk}	ΔP_{hk}	—	—
in den konstanten Bereich	ΔW_{hv}	ΔP_{hv}	— 65,7	— 90,0
Wärmekraftwerke	W_{tv}	P_{tv}	—	—
Ungenutzt	δW_{hv}	δP_{hv}	— 42,3	— 60,0
Konstanter Bereich				
Wasserkraftwerke	W_{hk}	P_{hk}	737,7	1010,0
Bedarf	W_{mk}	P_{mk}	803,0	1100,0
Differenz	ΔW_k	ΔP_k	— 65,7	— 90,0
aus dem veränderlichen Bereich	ΔW_{hv}	ΔP_{hv}	+ 65,7	+ 90,0
in den veränderlichen Bereich	ΔW_{hk}	ΔP_{hk}	—	—
Wärmekraftwerke	W_{tk}	P_{tk}	—	—
Ungenutzt	δW_{hk}	δP_{hk}	—	—
Wärmekraftwerke gesamt	W_t	P_t	—	—
Ungenutzt gesamt	δW_h	δP_h	42,3	60,0

Es besteht z. B. im Fall (5) ein Überschuß an Energie und Leistung im veränderlichen Bereich, daher kann dieser Überschuß zur Deckung des Fehlbetrages im konstanten Bereich herangezogen werden, was am Rechenbeispiel in Tab. 12 gezeigt wird. In diesem Beispiel werden zur Deckung des Fehlbetrags im konstanten Diagrammbereich 65,7 GWh benötigt, die als Überschuß im veränderlichen Teil des Belastungsdiagramms vorhanden sind. Für die Verschiebung der dazu erforderlichen Energie ist eine Leistung von 90,0 MW erforderlich, die ebenfalls als Überschuß im veränderlichen Teil vorhanden ist. Die benötigte Leistung für die Verlagerung der variablen Energie ist durch (151) bestimmt, vorausgesetzt, daß $24\,(r + n) = 730$ Stunden sind, da es sich um eine Monatsbilanz handelt. Nach der Verschiebung der notwendigen veränderlichen Energie und Leistung in den konstanten Bereich bleibt im variablen Bereich ein Überschuß von 42,3 GWh und 60,0 MW übrig. Diese Mengen werden in den Bilanzen mit negativen Vorzeichen bezeichnet, da es sich um Wasserüberläufe bzw. ungenützte Energie handelt. Der untere Teil der Tabelle enthält Angaben über die erforderliche Stromerzeugung und Leistung der Wärmekraftwerke wie auch über die gesamte ungenutzte Energie und Leistung der Wasserkraftwerke (im Beispiel in Tab. 12 sind Wärmekraftwerke nicht erforderlich).

In den Fällen (6) und (9) besteht ein Leistungsüberschuß in den Wasserkraftwerken im Augenblick der Maximallast. Trotzdem ist jedoch der Einsatz von Wärmekraftwerken in beiden Fällen aus Energiemangel erforderlich.

In den Fällen (6) und (7) erscheint im konstanten Bereich ein Überschuß an Energie und Leistung. Ein Teil der fehlenden veränderlichen Energie kann durch Verlagerung konstanter Energie gedeckt werden. Dagegen kann die gesamte fehlende Leistung des veränderlichen Bereichs durch den Leistungsüberschuß aus dem konstanten Bereich ersetzt werden, da die Bedingung $P_{h\,\mathrm{max}} > P_{\mathrm{max}}$ erfüllt ist. Trotz Verschiebung der konstanten Energie in den veränderlichen Bereich bleibt ein Fehlbetrag übrig, der aus Wärmekraftwerken gedeckt werden muß, unter der Bedingung, daß die notwendige Stromerzeugung mit möglichst kleiner Leistung erfolgt. Um diese Forderung zu erfüllen, muß die Nutzungsdauer der Leistung in den Wärmekraftwerken $t_{tv\,\mathrm{max}}$ (163) sein. Tab. 13 bringt ein zahlenmäßiges Beispiel für den Fall (7). Die Verlagerung der konstanten Energie aus Wasserkraftwerken erfolgte unter der Voraussetzung, daß $\alpha = 0{,}60$ ist. Demnach ist $T'_v = t_{vh} = 0{,}80\, t_v$ (150); daraus ergibt sich bei $t_v = 18$ Stunden und $r = 25$ Tage für $r\, t_{vh} = 360$ Stunden/Monat. Das ist die längste mögliche Nutzungsdauer der konstanten Energie im veränderlichen Bereich. Im Sinne der Ausführungen am Ende des Kapitels IV, 3a hat auch $r\, t_{tv\,\mathrm{max}}$ denselben Wert. Im Beispiel in Tab. 13 können mit einem Leistungsüberschuß von 100,0 MW aus dem konstanten Bereich in den veränderlichen Bereich 36,0 GWh verlagert werden. Es bleibt jedoch ein ungedeckter Rest von 56,0 GWh übrig, der bei $r\, t_{tv\,\mathrm{max}} = 360$ Stunden mit einer Leistung von 155,6 MW aus den Wärmekraftwerken ausgeglichen werden kann. Ungenutzt bleiben 37,0 GWh konstanter Energie und 175,6 MW veränderlicher Leistung. Der Fall (6) unterscheidet

Tabelle 13. *Energiebilanz nach der Methode der konstanten und veränderlichen Energie für den Fall 7 (Abb. 70)*

Fall 7.

	Bezeichnungen für		Energie GWh	Leistung MW
	Energie	Leistung		
Zusammen				
Wasserkraftwerke	W_h	$P_{h\max}$	1081,0	2170,0
Bedarf	W_m	$P_{\max}$	1100,0	2150,0
Differenz	ΔW	ΔP	− 19,0	+ 20,0
Veränderlicher Bereich				
Wasserkraftwerke	W_{hv}	P_{hv}	205,0	970,0
Bedarf	W_{mv}	P_{mv}	297,0	1050,0
Differenz	ΔW_v	ΔP_v	− 92,0	− 80,0
aus dem konstanten Bereich	ΔW_{hk}	ΔP_{hk}	+ 36,0	+ 100,0
in den konstanten Bereich	ΔW_{hv}	ΔP_{hv}	—	—
Wärmekraftwerke	W_{tv}	P_{tv}	+ 56,0	+ 155,6
Ungenutzt	δW_{hv}	δP_{hv}	—	− 175,6
Konstanter Bereich				
Wasserkraftwerke	W_{hk}	P_{hk}	876,0	1200,0
Bedarf	W_{mk}	P_{mk}	803,0	1100,0
Differenz	ΔW_k	ΔP_k	+ 73,0	+ 100,0
aus dem veränderlichen Bereich	ΔW_{hv}	ΔP_{hv}	—	—
in den veränderlichen Bereich	ΔW_{hk}	ΔP_{hk}	− 36,0	− 100,0
Wärmekraftwerke	W_{tk}	P_{tk}	—	—
Ungenutzt	δW_{hk}	δP_{hk}	− 37,0	—
Wärmekraftwerke gesamt	W_t	P_t	56,0	155,6
Ungenutzt gesamt	δW_h	δP_h	37,0	175,6

sich vom Fall (7), in Tab. 13, nur durch den Überschuß an veränderlicher Leistung, weswegen die ungenutzte Leistung der Wasserkraftwerke noch größer wird.

In den Fällen (8) und (9) besteht ein Fehlbetrag von Energie und Leistung im konstanten Bereich und ein Leistungsüberschuß im variablen Bereich. Im Fall (8) kann ein Teil der überschüssigen Leistung im veränderlichen Bereich teilweise zur Deckung des Fehlbetrages im konstanten Bereich ausgenützt werden. Es besteht nämlich ein Überschuß an variabler Energie, was im Fall (9) nicht erreicht werden kann, weil ein derartiger Überschuß nicht vorhanden ist. Der Fall (8) ist in Tab. 14 dargestellt. Darin wird der variable Energieüberschuß von 43,0 GWh mit einer Leistung von 58,9 MW, die durch (151) bestimmt wurde, in den konstanten Bereich verlagert. Trotz der Verschiebung aus dem variablen Bereich bleibt im konstanten Bereich ein Fehlbetrag, der mit einer Stromerzeugung von 30,0 GWh aus Wärmekraftwerken

Tabelle 14. *Energiebilanz nach der Methode der konstanten und veränderlichen Energie für den Fall 8 (Abb. 70)*

Fall 8.

	Bezeichnungen für Energie	Bezeichnungen für Leistung	Energie GWh	Leistung MW
Zusammen				
Wasserkraftwerke	W_h	$P_{h\,max}$	1070,0	2190,0
Bedarf	W_m	P_{max}	1100,0	2150,0
Differenz	ΔW	ΔP	− 30,0	+ 40,0
Veränderlicher Bereich				
Wasserkraftwerke	W_{hv}	P_{hv}	340,0	1190,0
Bedarf	W_{mv}	P_{mv}	297,0	1050,0
Differenz	ΔW_v	ΔP_v	+ 43,0	+ 140,0
aus dem konstanten Bereich	ΔW_{hk}	ΔP_{hk}	—	—
in den konstanten Bereich	ΔW_{hv}	ΔP_{hv}	− 43,0	− 58,9
Wärmekraftwerke	W_{tv}	P_{tv}	—	—
Ungenutzt	δW_{hv}	δP_{hv}	—	− 81,1
Konstanter Bereich				
Wasserkraftwerke	W_{hk}	P_{hk}	730,0	1000,0
Bedarf	W_{mk}	P_{mk}	803,0	1100,0
Differenz	ΔW_k	ΔP_k	− 73,0	− 100,0
aus dem veränderlichen Bereich	ΔW_{hv}	ΔP_{hv}	+ 43,0	+ 58,9
in den veränderlichen Bereich	ΔW_{hk}	ΔP_{hk}	—	—
Wärmekraftwerke	W_{tk}	P_{tk}	+ 30,0	+ 41,1
Ungenutzt	δW_{hk}	δP_{hk}	—	—
Wärmekraftwerke gesamt	W_t	P_t	30,0	41,1
Ungenutzt gesamt	δW_h	δP_h	—	81,1

ergänzt werden muß, wofür eine Leistung von 41,1 MW nötig ist. In den Wasserkraftwerken bleibt eine Leistung von 81,1 MW ungenutzt, wogegen ungenutzte Energie in den Wasserkraftwerken nicht auftritt. Im Fall (9) ist für die Deckung des Bedarfes im variablen und konstanten Bereich der Einsatz von Wärmekraftwerken notwendig. Allerdings werden im variablen Bereich die Wärmekraftwerke nur zur Deckung der fehlenden Energie herangezogen, da Leistungsüberschuß besteht. Deshalb ist die erforderliche Leistung der Wärmekraftwerke gemäß der Forderung nach bestmöglicher Ausnützung (163) zu bestimmen. In den Fällen (8) und (9) ist die Gesamtstromerzeugung der Wärmekraftwerke gerade so groß wie der Gesamtbetrag der fehlenden Energie ΔW.

In den Fällen (10) und (13) herrscht Energieüberschuß. Der zusätzliche Einsatz von Wärmekraftwerken ist jedoch notwendig, da die Maximalleistung der Wasserkraftwerke kleiner als die Maximalbelastung

Tabelle 15. *Energiebilanz nach der Methode der konstanten und veränderlichen Energie für den Fall 10 (Abb. 70)*

Fall 10.

	Bezeichnungen für		Energie GWh	Leistung MW
	Energie	Leistung		
Zusammen				
Wasserkraftwerke	W_h	$P_{h\max}$	1186,0	2070,0
Bedarf	W_m	$P_{\max}$	1100,0	2150,0
Differenz	ΔW	ΔP	+ 86,0	− 80,0
Veränderlicher Bereich				
Wasserkraftwerke	W_{hv}	P_{hv}	310,0	870,0
Bedarf	W_{mv}	P_{mv}	297,0	1050,0
Differenz	ΔW_v	ΔP_v	+ 13,0	− 180,0
aus dem konstanten Bereich	ΔW_{hk}	ΔP_{hk}	+ 23,0	+ 100,0
in den konstanten Bereich	ΔW_{hv}	ΔP_{hv}	—	—
Wärmekraftwerke	W_{tv}	P_{tv}	+ 12,0	+ 80,0
Ungenutzt	δW_{hv}	δP_{hv}	− 48,0	—
Konstanter Bereich				
Wasserkraftwerke	W_{hk}	P_{hk}	876,0	1200,0
Bedarf	W_{mk}	P_{mk}	803,0	1100,0
Differenz	ΔW_k	ΔP_k	+ 73,0	+ 100,0
aus dem veränderlichen Bereich	ΔW_{hv}	ΔP_{hv}	—	—
in den veränderlichen Bereich	ΔW_{hk}	ΔP_{hk}	− 23,0	− 100,0
Wärmekraftwerke	W_{tk}	P_{tk}	—	—
Ungenutzt	δW_{hk}	δP_{hk}	− 50,0	—
Wärmekraftwerke gesamt	W_t	P_t	12,0	80,0
Ungenutzt gesamt	δW_h	δP_h	98,0	—

ist. In allen vier erwähnten Fällen muß die Größe der eingesetzten Leistung der Wärmekraftwerke dem gesamten Fehlbetrag der Leistung entsprechen. Die Einsatzdauer dieser Leistung ist auf die kürzeste mögliche Zeit zu beschränken. Tab. 15 zeigt diesen Fall (10). Die gesamte ungedeckte Leistung beträgt 80,0 MW, die minimale Stromerzeugung der Wärmekraftwerke beträgt 12,0 GWh (162), wobei angenommen wurde, daß $t_{tv\,\min} = 6$ Stunden/Tag bzw. $r\, t_{tv\,\min} = 150$ Stunden/Monat ist. Durch die zusätzliche Stromerzeugung der Wärmekraftwerke wird der Energieüberschuß im veränderlichen Bereich noch größer, obwohl noch immer ein Leistungsfehlbetrag von 100,0 MW besteht, der durch Verschiebung der überschüssigen Leistung aus dem konstanten Bereich gedeckt werden kann. Welche Energiemenge aus dem konstanten Bereich verlagert wird, ist bedeutungslos, da es für das Endresultat gleichgültig ist, ob konstante oder variable Energie ungenutzt bleibt. In bezug auf die verlagerte konstante Energie besteht im Fall (11) kein solcher Zustand, daß es notwendig wäre, die größte mögliche Energiemenge zu verlagern, um die fehlenden Reste der Energie zu decken, die noch nach der minimalen Stromerzeugung der Wärmekraftwerke übrig bleiben. In den Fällen (12) und (13) wird die gesamte fehlende Energie und Leistung durch Verschiebung der variablen Energie und Leistung gedeckt, ohne Rücksicht, ob ein Überschuß oder Fehlbetrag an variabler Leistung besteht. In jedem Falle ist es am vorteilhaftesten, die Wärmekraftwerke im veränderlichen Teil unterzubringen und diese mit möglichst geringer Stromerzeugung zu beteiligen.

In den Fällen (14) bis (18) besteht Mangel an Energie und Leistung. Wenn Überschuß an konstanter Energie vorliegt, wie im Fall (14), muß ein Teil davon in den veränderlichen Bereich gebracht werden, jedoch so, daß der gesamte Leistungsüberschuß bei größtmöglicher Ausnutzung ($r\,t_{vh}$ Stunden) ebenfalls verlagert wird. Der restliche Fehlbetrag ist durch die erforderliche Leistung und Stromerzeugung aus Wärmekraftwerken zu decken. Im Fall (15) besteht Mangel an konstanter Energie und Leistung, dagegen aber Überschuß an variabler Energie und Leistung. Die gesamte mögliche Erzeugung der Wasserkraftwerke muß ausgenützt werden, das kann aber nur durch Verschiebung der variablen Energie erreicht werden, wofür auch variable Leistung, die durch die Beziehung (151) bestimmt wird, erforderlich ist. Diese Maßnahme kann ohne weiteres durchgeführt werden, wenn

$$\Delta P_v \geqq \frac{\Delta W_v}{24\,(r+n)} \tag{164}$$

ist. In diesem Fall wird der restliche Fehlbetrag im konstanten Bereich aus Wärmekraftwerken ergänzt, und es treten Verhältnisse, ähnlich wie in Tab. 14 dargestellt, auf. Wenn jedoch die Ungleichung (164) nicht erfüllt wurde bzw. wenn

$$\Delta P_v < \frac{\Delta W_v}{24\,(r+n)} \tag{165}$$

wird, dann braucht man für die Verschiebung der veränderlichen Überschußenergie ΔW_v eine größere Leistung als jene, die als veränderliche Überschußleistung ΔP_v erscheint. Falls nun der Gesamtüberschuß der veränderlichen Energie verlagert werden soll, dann ist eine zusätzliche Leistung aus Wärmekraftwerken erforderlich, um damit den entstandenen Leistungsfehlbetrag zu ersetzen. Diese zusätzliche, aus Wärmekraftwerken benötigte Leistung wird dann

$$P_{tv1} = \frac{\Delta W_v}{24\,(r+n)} - \Delta P_v \tag{166}$$

betragen.

Mit Hilfe dieser Leistung könnte der Gesamtüberschuß der veränderlichen Energie ohne zusätzliche Verluste verlagert werden, wenn es möglich wäre, die Leistung P_{tv1} ohne Energieerzeugung auszunutzen. Im Sinne der Voraussetzung muß mit der eingesetzten Leistung P_{tv1} die kleinste mögliche Energiemenge

$$W_{tv1} = P_{tv1}\, r\, t_{tv\,\min} \tag{167}$$

erzeugt werden. Deshalb entsteht ein zusätzlicher Energieüberschuß der Wasserkraftwerke, der genau der Erzeugung W_{tv1} entspricht. Für die Verschiebung dieses Überschusses muß weitere Leistung der Wasserkraftwerke herangezogen werden. Um den so entstehenden Fehlbetrag an Leistung auszugleichen, muß von den Wärmekraftwerken weitere zusätzliche Leistung abgegeben werden, die

$$P_{tv2} = \frac{W_{tv1}}{24\,(r+n)} \tag{168}$$

beträgt oder durch Einsetzen der Werte aus (167) in anderer Form

$$P_{tv2} = P_{tv1} \frac{r\,t_{tv}\min}{24\,(r+n)} \tag{169}$$

ausgedrückt werden kann.

Diese neue Leistung P_{tv2} erfordert eine weitere Stromerzeugung in den Wärmekraftwerken, die

$$W_{tv2} = P_{tv1}\, r\, t_{tv}\min \tag{170}$$

bzw. bei Anwendung der Formel (169)

$$W_{tv2} = P_{tv1} \frac{(r\,t_{tv}\min)^2}{24\,(r+n)} \tag{171}$$

beträgt.

Die neue Energie verursacht einen neuen Energieüberschuß in den Wasserkraftwerken, womit eine weitere zusätzliche Leistung dieser Kraftwerke notwendig wird, um den Überschuß verlagern zu können. Damit die so aufgetretene Fehlleistung ersetzt werden kann, wird schließlich wiederum weitere neue Leistung aus den Wärmekraftwerken beansprucht.

Diese neue Leistung der Wärmekraftwerke beträgt

$$P_{tv3} = \frac{W_{tv2}}{24\,(r+n)} \tag{172}$$

Bei Anwendung von (171) erhält man

$$P_{tv3} = P_{tv1} \left[\frac{r\,t_{tv}\min}{24\,(r+n)}\right]^2 \tag{173}$$

Ähnliche Betrachtungen könnten fortgesetzt werden. Demnach kann als allgemein geltende Formel

$$P_{tvk} = P_{tv1} \left[\frac{r\,t_{tv}\min}{24\,(r+n)}\right]^{k-1} \tag{174}$$

aufgestellt werden.

Die gesamte erforderliche Leistung der Wärmekraftwerke für die Verschiebung der variablen Überschußenergie beträgt demnach

$$P_{tv} = P_{tv1} \sum_{1}^{k} \left[\frac{r\,t_{tv}\min}{24\,(r+n)}\right]^{k-1} \tag{175}$$

Für $k = \infty$ erhält man

$$P_{tv} = P_{tv1}\left[1 + \frac{r\, t_{tv\min}}{24\,(r+n) - r\, t_{tv\min}}\right] \tag{176}$$

oder nach Einsetzung der Werte für P_{tv1} aus (166)

$$P_{tv} = \frac{\Delta W_v - 24\,(r+n)\,\Delta P_v}{24\,(r+n) - r\, t_{tv\min}} \tag{177}$$

Tabelle 16. *Energiebilanz nach der Methode der konstanten und veränderlichen Energie für den Fall 15 (Abb. 70)*

Fall 15.

	Bezeichnungen für		Energie GWh	Leistung MW
	Energie	Leistung		
Zusammen				
Wasserkraftwerke	W_h	$P_{h\max}$	997,0	1970,0
Bedarf	W_m	$P_{\max}$	1100,0	2150,0
Differenz	ΔW	ΔP	– 103,0	– 180,0
Veränderlicher Bereich				
Wasserkraftwerke	W_{hv}	P_{hv}	340,0	1070,0
Bedarf	W_{mv}	P_{mv}	297,0	1050,0
Differenz	ΔW_v	ΔP_v	+ 43,0	+ 20,0
aus dem konstanten Bereich	ΔW_{hk}	P_{hk}	–	–
in den konstanten Bereich	ΔW_{hv}	ΔP_{hv}	– 50,3	– 68,9
Wärmekraftwerke	W_{tv}	P_{tv}	+ 7,3	+ 48,9
Ungenutzt	δW_{hv}	δP_{hv}	–	–
Konstanter Bereich				
Wasserkraftwerke	W_{hk}	P_{hk}	657,0	900,0
Bedarf	W_{mk}	P_{mk}	803,0	1100,0
Differenz	ΔW_k	ΔP_k	– 146,0	– 200,0
aus dem veränderlichen Bereich	ΔW_{hv}	ΔP_{hv}	+ 50,3	+ 68,9
in den veränderlichen Bereich	ΔW_{hk}	ΔP_{hk}	–	–
Wärmekraftwerke	W_{tk}	P_{tk}	+ 95,7	+ 131,1
Ungenutzt	δW_{hk}	δP_{hk}	–	–
Wärmekraftwerke gesamt	W_t	P_t	103,0	180,0
Ungenutzt gesamt	δW_h	δP_h	–	–

Wenn man voraussetzt, daß $r\, t_{tv\min} = 150$ Stunden und $24\,(r+n) = 730$ Stunden beträgt, ΔW_v in GWh und ΔP_v in MW einsetzt, erhält man aus (177) $P_{tv} = 1{,}724\, \Delta W_v - 1{,}259\, \Delta P_v$ in MW. Die erforderliche Leistung der Wärmekraftwerke im variablen Bereich des Zahlenbeispiels für den Fall (15), der in Tab. 16 gezeigt wird, beträgt $P_{tv} = 48{,}9$ MW, die erforderliche Stromerzeugung der Wärme-

Tabelle 17. *Energiebilanz nach der Methode der konstanten und veränderlichen Energie für den Fall 16 (Abb. 70)*

Fall 16.

	Bezeichnungen für		Energie GWh	Leistung MW
	Energie	Leistung		
Zusammen				
Wasserkraftwerke	W_h	$P_{h\,max}$	997,0	1900,0
Bedarf	W_m	P_{max}	1100,0	2150,0
Differenz	ΔW	ΔP	– 103,0	– 250,0
Veränderlicher Bereich				
Wasserkraftwerke	W_{hv}	P_{hv}	340,0	1000,0
Bedarf	W_{mv}	P_{mv}	297,0	1050,0
Differenz	ΔW_v	ΔP_v	+ 43,0	– 50,0
aus dem konstanten Bereich	ΔW_{hk}	ΔP_{hk}	–	–
in den konstanten Bereich	ΔW_{hv}	ΔP_{hv}	– 63,6	– 87,1
Wärmekraftwerke	W_{tv}	P_{tv}	+ 20,6	+ 137,1
Ungenutzt	δW_{hv}	δP_{hv}	–	–
Konstanter Bereich				
Wasserkraftwerke	W_{hk}	P_{hk}	657,0	900,0
Bedarf	W_{mk}	P_{mk}	803,0	1100,0
Differenz	ΔW_k	ΔP_k	– 146,0	– 200,0
aus dem veränderlichen Bereich	ΔW_{hv}	ΔP_{hv}	+ 63,6	+ 87,1
in den veränderlichen Bereich	ΔW_{hk}	ΔP_{hk}	–	–
Wärmekraftwerke	W_{tk}	P_{tk}	+ 82,4	+ 112,9
Ungenutzt	δW_{hk}	δP_{hk}	–	–
Wärmekraftwerke gesamt	W_t	P_t	103,0	250,0
Ungenutzt gesamt	δW_h	δP_h	–	–

kraftwerke $W_{tv} = r\, t_{tv\,\min} P_{tv} = 7{,}3$ GWh. Der gesamte Überschuß an Leistung und Energie, der durch den Einsatz der Wärmekraftwerke entstanden ist, wird nun in den konstanten Bereich des Diagramms verlagert. Es gibt daher keine ungenutzte veränderliche Leistung und keine ungenutzte veränderliche Energie. Das Verhältnis zwischen der verlagerten veränderlichen Energie und verlagerten veränderlichen Leistung muß genau $24\,(r + n)$ betragen, womit auch eine Kontrolle für die Richtigkeit der Berechnung gegeben ist. Der noch verbleibende Fehlbetrag konstanter Energie wird nach Verlagerung der veränderlichen Energie durch weiteren Einsatz von Wärmekraftwerken gedeckt.

Einen ähnlichen Zustand erhält man im Fall (16), denn auch hier ist, bei Beachtung des Vorzeichens von ΔP_v, die Ungleichung (164) erfüllt. Die Gl. (166) lautet dann

$$P_{tv1} = \frac{\Delta W_v}{24\,(r + n)} + \Delta P_v, \tag{178}$$

denn ΔP_v ist nun negativ. Durch analoge Überlegungen erhält man den gleichen Ausdruck für P_{tv} (177) wie im Fall (15), mit dem Unterschied, daß vor dem Glied mit ΔP_v das Vorzeichen geändert wird. Man kann daher annehmen, daß (177) ebenso für den Fall (15) wie auch (16) gilt, wobei das Vorzeichen der variablen Fehlleistung zu berücksichtigen ist. Im Beispiel für den Fall (16) in Tab. 17 ist die erforderliche Leistung der Wärmekraftwerke bei gleichen Voraussetzungen wie im Fall (15) durch den Ausdruck $P_{tv} = 1{,}724\, \Delta W_v + 1{,}259\, \Delta P_v$ bestimmt, wenn für ΔW_v und ΔP_v deren absolute Werte eingesetzt werden.

Im Fall (17) besteht ein Fehlbetrag an veränderlicher Energie. Deshalb ist dafür der Einsatz einer entsprechenden Leistung der Wärmekraftwerke, bei optimaler Ausnützung von $t_{tv\,\max}$, notwendig, um diesen Fehlbetrag zu eliminieren.

Im Fall (18) besteht Fehlenergie und Fehlleistung sowohl im veränderlichen als auch im konstanten Bereich des Belastungsdiagramms. Bei derartigen Verhältnissen genügt es, die Fehlbeträge mit entsprechender Leistung und Energie aus Wärmekraftwerken zu decken. Diese Regel gilt allerdings nicht, wenn die erforderliche Stromerzeugung der Wärmekraftwerke — selbstverständlich bei minimaler Ausnützung von $t_{tv\,\min}$ der zugehörigen Leistung — größer ist als der Fehlbetrag der veränderlichen Energie ΔW_v. Jetzt würde nämlich die ungenutzte veränderliche Energie der Wasserkraftwerke in Erscheinung treten. Wenn demnach die Ungleichung

$$- \Delta W_v > - r\, t_{tv\min} P_v \tag{179}$$

erfüllt wird (bei Beachtung der Vorzeichen für ΔW_v und ΔP_v) tritt nach Inbetriebsetzung der Wärmekraftwerke variable Überschußenergie

$$\Delta W'_v = - \Delta W_v + r\, t_{tv\,\min} \Delta P \tag{180}$$

auf. Diese muß in den konstanten Bereich verlagert werden. Nun kann die gleiche Überlegung auch für den Fall (15) mit $\Delta W'_v$ als variable Überschußenergie und mit $\Delta P_v = 0$ als Differenz der veränderlichen Leistung durchgeführt werden. Man kann daraus entnehmen, daß für die Verschiebung dieses zusätzlichen Überschusses, bei Berücksichtigung der Formel (180) die erforderliche Zusatzleistung der Wärmekraftwerke

$$P'_{tv} = \frac{- \Delta W_v + 24\,(r+n)\, \Delta P_v}{24\,(r+n) - r t_{tv\,\min}} \tag{181}$$

beträgt. Die erforderliche Gesamtleistung der Wärmekraftwerke im veränderlichen Bereich beträgt

$$P_{tv} = \frac{- \Delta W_v + r t_{tv\,\min}\, \Delta P_v}{24\,(r+n) - r t_{tv\,\min}} \tag{182}$$

Dabei wurde die Fehlleistung ΔP_v berücksichtigt, durch deren Ausgleich der Überschuß $\Delta W'_v$ in Erscheinung tritt.

Die Formel (182) ist demnach gleichbedeutend dem Ausdruck (177), in dem die Werte für ΔW_v und ΔP_v mit ihren Vorzeichen eingesetzt

Tabelle 18. *Energiebilanz nach der Methode der konstanten und veränderlichen Energie für den Fall 17 (Abb. 70)*

Fall 18.

	Bezeichnungen für Energie	Bezeichnungen für Leistung	Energie GWh	Leistung MW
Zusammen				
Wasserkraftwerke	W_h	$P_{h\,max}$	949,0	1820,0
Bedarf	W_m	P_{max}	1100,0	2150,0
Differenz	ΔW	ΔP	− 151,0	− 330,0
Veränderlicher Bereich				
Wasserkraftwerke	W_{hv}	P_{hv}	292,0	920,0
Bedarf	W_{mv}	P_{mv}	297,0	1050,0
Differenz	ΔW_v	ΔP_v	− 5,0	− 130,0
aus dem konstanten Bereich	ΔW_{hk}	ΔP_{hk}	—	—
in den konstanten Bereich	ΔW_{hv}	ΔP_{hv}	− 18,3	− 25,1
Wärmekraftwerke	W_{tv}	P_{tv}	+ 23,3	+ 155,1
Ungenutzt	δW_{hv}	δP_{hv}	—	—
Konstanter Bereich				
Wasserkraftwerke	W_{hk}	P_{hk}	657,0	900,0
Bedarf	W_{mk}	P_{mk}	803,0	1100,0
Differenz	ΔW_k	ΔP_k	− 146,0	− 200,0
aus dem veränderlichen Bereich	ΔW_{hv}	ΔP_{hv}	+ 18,3	+ 25,1
in den veränderlichen Bereich	ΔW_{hk}	ΔP_{hk}	—	—
Wärmekraftwerke	W_{tk}	P_{tk}	+ 127,7	+ 174,9
Ungenutzt	δW_{hk}	δP_{hk}	—	—
Wärmekraftwerke gesamt	W_t	P_t	151,0	330,0
Ungenutzt gesamt	δW_h	δP_h	—	—

sind. Das zum Fall (18) gehörende Beispiel ist, bei Erfüllung der Ungleichung (179), in Tab. 18 dargestellt. Die erforderliche Leistung der Wärmekraftwerke im veränderlichen Bereich wird nun bei gleichen Voraussetzungen wie im Fall (16) durch den Ausdruck $P_{tv} = - 1{,}724\,\Delta W_v + 1{,}259\,\Delta P_v$ bestimmt. Für ΔW_v und ΔP_v sind die absoluten Werte einzusetzen.

c) Bemerkungen zur Methode der konstanten und veränderlichen Energie

Die Methode der variablen und konstanten Energie bietet in einigen Fällen in bezug auf die Ausnützung der variablen und konstanten Energie und Leistung von Wasserkraftwerken nur ein angenähertes Ergebnis. Bekanntlich ist es notwendig, die Zeitdauer der großen Belastungen (t_{vh}), die für die Bestimmung der veränderlichen Energiemenge von Wasserkraftwerken maßgebend ist, abzuschätzen. Dies wurde bereits in Kapitel IV, 3a erwähnt. Ein derartiger Fehler entsteht, wenn die Wasserkraftwerke variable Energie während der Zeit $r T'_v = r t_{vh}$ (Abb. 68b) erzeugen, wo t_{vh} durch die Beziehung (150) definiert ist und deren veränderliche Leistung P_{hv} größer als βP_{mv} ist. Die über den Wert von βP_{mv} gehende Leistung ist durch den Ausdruck

$$a_v = \frac{P_{hv} - \beta P_{mv}}{(1 - \beta) P_{mv}} \tag{183}$$

bestimmt. Dessen Anwendung ist für die Ermittlung von Fehlern zweckdienlich. Wie aus den weiteren Ausführungen ersichtlich sein wird, ist der Fehler von der kürzesten Nutzungsdauer $t_{tv\,\min}$ der Maximalleistung der im veränderlichen Bereich des Diagramms eingesetzten Wärmekraftwerke abhängig. Daher ist es vorteilhaft, auch diese Zeitdauer durch eine relative Größe auszudrücken

$$b = \frac{t_{tv\,\min}}{\alpha\, t_v} \tag{184}$$

Zur Erläuterung der Ursache der entstehenden Fehler sollen drei Fälle mit verschiedenen Größen von a_v behandelt werden. Dabei sei stets vorausgesetzt, daß die gesamte veränderliche Energie der Wasserkraftwerke bei der Maximaldauer von t_{vh} erzeugt wird. Das bedeutet, daß im untersuchten Zeitpunkt in allen Wasserkraftwerken das dargebotene Wasser nach dem Diagramm in Abb. 19 ausgenützt wird. In bezug auf die Größe des Fehlers bedeutet diese Voraussetzung den ungünstigsten Fall. Außerdem sei angenommen, daß in allen drei Fällen, die untersucht werden sollen, $b = 0{,}25$ ist. Daraus sieht man, daß mit einer kurzen minimalen Nutzungsdauer der Wärmekraftwerke im variablen Bereich gerechnet wurde, weil $t_{tv\,\min}$ z. B. für $t_v = 18$ Stunden und $\alpha = 0{,}6$ nur 2,7 Stunden beträgt. Ein kleiner Wert von $t_{tv\,\min}$ wurde deshalb angenommen, da ein kleines $t_{tv\,\min}$ einen größeren Fehler verursacht, was auch weiter unten gezeigt werden soll (Abb. 74).

Zur besseren Darstellung des möglichen Auftretens von Fehlern soll der in Tab. 12 bis 18 gezeigte Verbrauch untersucht werden. Es werden drei charakteristische Fälle behandelt.

Im ersten Fall (Tab. 19, Abb. 71) wurde vorausgesetzt, daß $a_v = 0{,}2$ ist. Daher ist bei Anwendung des Verhältnisses (183) die variable Leistung der Wasserkraftwerke $P_{hv} = \beta P_{mv} + a_v (1 - \beta) P_{mv}$. Die mögliche Erzeugung variabler Energie in Wasserkraftwerken (Abb. 71a) beträgt $r\, t_{vh}\, P_{hv} = \frac{1}{2} (1 + \alpha)\, r\, t_v\, P_{hv}$ (150). Außerdem wurde angenommen, daß $W_{hk} < W_{mk}$ ist. In Anwendung der in Kapitel IV, 3b erörterten Grundsätze gelangt man mit den erwähnten Annahmen zur Bilanz, die in Tab. 19 aufgestellt ist. Diese zeigt, daß der Bedarf an veränderlicher Energie durch die Stromerzeugung W_{tv} und Leistung P_{tv} der Wärmekraftwerke, die gleich den Fehlbeträgen der veränderlichen Energie ΔW_v und Leistung ΔP_v ist, gedeckt werden kann. Eine eingehende Untersuchung zeigt unterdessen (Abb. 71b), daß diese Überlegung unzutreffend ist. Denn bei Einsatz der Leistungen

Tabelle 19. *Energiebilanz nach der Methode der konstanten und veränderlichen Energie für $a_v = 0{,}2$ (183)*

	Bezeichnungen für		Energie GWh	Leistung MW
	Energie	Leistung		
Zusammen				
Wasserkraftwerke	W_h	$P_{h\max}$	858,3	1562,0
Bedarf	W_m	$P_{\max}$	1100,0	2150,0
Differenz	ΔW	ΔP	– 241,7	– 588,0
Veränderlicher Bereich				
Wasserkraftwerke	W_{hv}	P_{hv}	274,3	762,0
Bedarf	W_{mv}	P_{mv}	297,0	1050,0
Differenz	ΔW_v	ΔP_v	– 22,7	– 288,0
aus dem konstanten Bereich ..	ΔW_{hk}	ΔP_{hk}	—	—
in den konstanten Bereich ...	ΔW_{hv}	ΔP_{hv}	—	—
Wärmekraftwerke	W_{tv}	P_{tv}	+ 22,7	+ 288,0
Ungenutzt	δW_{hv}	δP_{hv}	—	—
Konstanter Bereich				
Wasserkraftwerke	W_{hk}	P_{hk}	584,0	800,0
Bedarf	W_{mk}	P_{mk}	803,0	1100,0
Differenz	ΔW_k	ΔP_k	– 219,0	– 300,0
aus dem veränderlichen Bereich	ΔW_{hv}	ΔP_{hv}	—	—
in den veränderlichen Bereich	ΔW_{hk}	ΔP_{hk}	—	—
Wärmekraftwerke	W_{tk}	P_{tk}	+ 219,0	+ 300,0
Ungenutzt	δW_{hk}	δP_{hk}	—	—
Wärmekraftwerke gesamt	W_t	P_t	241,7	588,0
Ungenutzt gesamt	δW_h	δP_h	—	—

der Wärmekraftwerke P_{tv}, der in Tab. 19 angegeben ist, kann ein Teil der Energie der Wasserkraftwerke $\delta W'_{hv}$ nicht ausgenützt werden. Dementsprechend kann ein Teil des Bedarfs $\Delta W'_v = \delta W'_{hv}$ aus der in Tab. 19 angegebenen Erzeugung der Wärmekraftwerke nicht gedeckt werden. Der Teil der Energie $\delta W'_{hv}$ kann nicht ausgenützt werden, da durch die Leistung $a_v (1 - \beta) P_{mv}$ in diesem Bereich des Diagramms nicht die ganze Energie, die mit dieser Leistung erzeugt werden könnte, untergebracht werden kann. Demnach scheint es, als ob das in Tab. 19 gefundene Resultat ein unrichtiges Bild der gesamten erforderlichen Stromerzeugung $W_{tv} + W_{tk}$ und der erforderlichen Gesamtleistung $P_{tv} + P_{tk}$ der Wärmekraftwerke gibt. Eine derartige Auffassung ist aber nicht zutreffend. Indem die eingesetzte Leistung der Wärmekraftwerke für die Deckung der variablen Belastung um ΔP_{tv} erhöht wird, bleibt die Leistung der Wasserkraftwerke $\Delta P'_{hv} = \Delta P_{tv}$ frei zur Verfügung. Damit ist es möglich, einen Teil der veränderlichen Energie

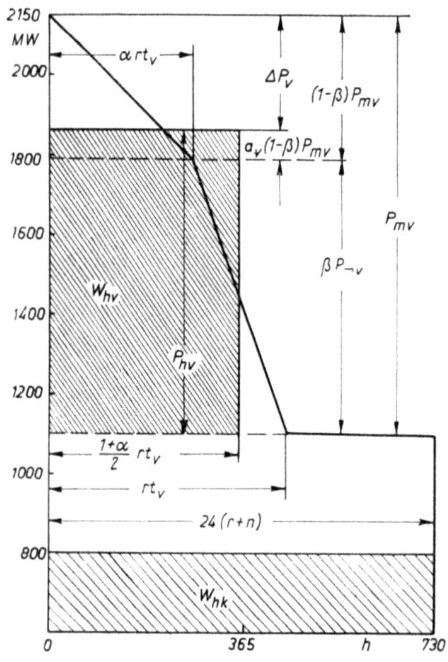

Abb. 71a. Stromerzeugungsmöglichkeit der Wasserkraftwerke für den Fall nach Tab. 19

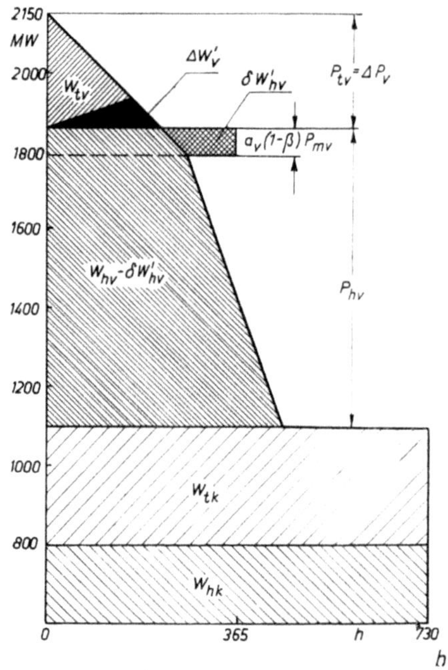

Abb. 71b. Ungenutzte Wasserkraftenergie $\delta W'_{hv}$ und ungedeckter Bedarf $\Delta W'_v$ nach der Bilanz in Tab. 19

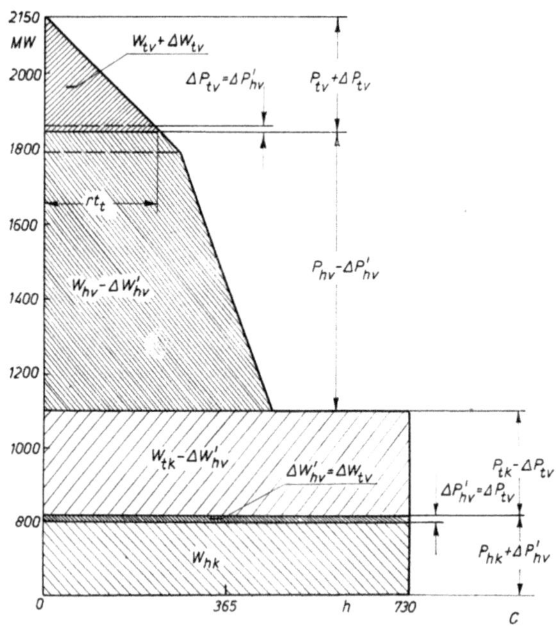

Abb. 71c. Korrigierte veränderliche und konstante Leistung von Wasserkraft- und Wärmekraftwerken zur Bedarfsdeckung für den Fall in Tab. 19

in den konstanten Bereich zu verschieben und so jene veränderliche Energie auszunützen, die in Abb. 71 b nicht ausgenützt werden kann. Jetzt wird die Leistung ΔP_{tv} so bestimmt, daß

$$\Delta P_{tv}\, 24\, (r + n) = \Delta P_{tv}\, r\, t_t + \delta W'_{hv} \tag{185}$$

ist. Die linke Seite der Gl. (185) bedeutet die gesamte variable Energie der Wasserkraftwerke, die wegen der Leistungserhöhung der Wärmekraftwerke um ΔP_{tv} in den konstanten Bereich des Belastungsdiagramms verlagert werden kann. Für die Verschiebung in den konstanten Bereich wird ein Teil der veränderlichen Leistung der

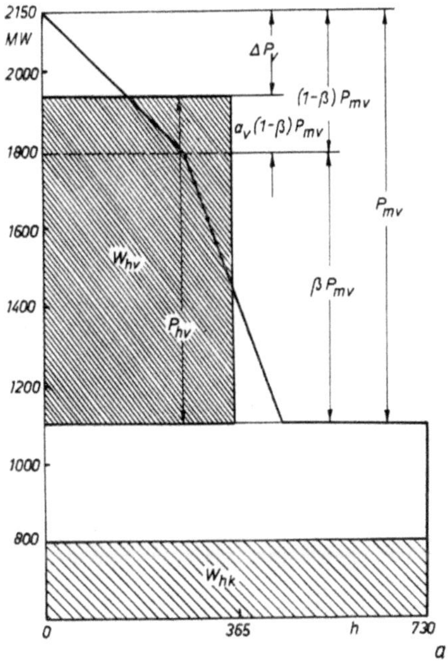

Abb. 72a. Stromerzeugungsmöglichkeit der Wasserkraftwerke für den Fall in Tab. 20

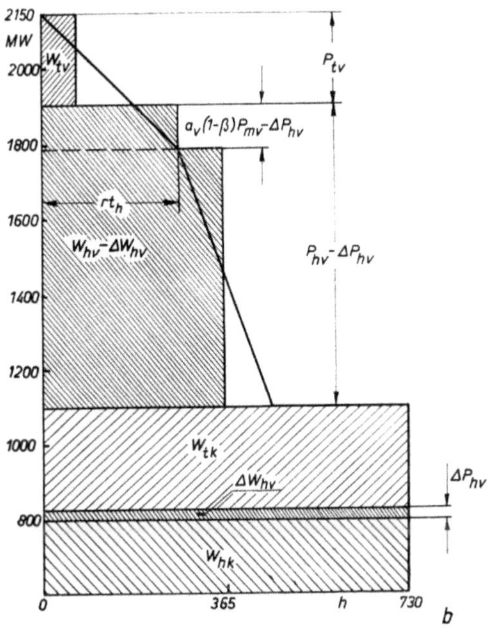

Abb. 72b. Stromerzeugungsmöglichkeiten der Wasserkraftwerke nach Verlagerung eines Teiles der veränderlichen Energie der Wasserkraftwerke in den konstanten Bereich des Belastungsdiagramms nach Tab. 20

Wasserkraftwerke $\Delta P'_{hv}$ ausgenützt, der gleich der Leistungserhöhung der Wärmekraftwerke ΔP_{tv} ist. Die veränderliche Energie der Wasserkraftwerke, die in den konstanten Bereich zu verlagern ist, ist gleich der Summe des Produktes der Leistungserhöhung ΔP_{tv} und der Nutzungsdauer $r\, t_t$ (Abb. 71 c) dieser Leistung und der Energiemenge $\delta W'_{hv}$. Durch die Leistungserhöhung um ΔP_{tv} erhält man die Energieaufteilung nach Abb. 71 c. Die Vergrößerung der eingesetzten Leistung der Wärmekraftwerke im veränderlichen Bereich verursacht eine ebenso große Herabsetzung des Leistungseinsatzes und der Erzeugung der

Wärmekraftwerke im konstanten Bereich. Es gelten nämlich die Beziehungen

$$\Delta P_{tv} = \Delta P'_{hv} = \frac{\delta W'_{hv}}{24\,(r + n) - r t_t} \tag{186}$$

und

$$\Delta W_{tv} = \Delta W'_{hv} = \Delta P_{tv}\, r\, t_t + \Delta W'_v = \Delta P'_{hv}\, r\, t_t + \delta W'_{hv} \tag{186a}$$

wobei $\Delta W'_v = \delta W'_{hv}$ ist. Daher haben sich nach erfolgter Korrektur die Gesamterzeugung und die erforderliche Gesamtleistung der Wärmekraftwerke nicht geändert. Geändert hat sich indessen die Verteilung der erforderlichen Energie und Leistung der Wärmekraftwerke innerhalb

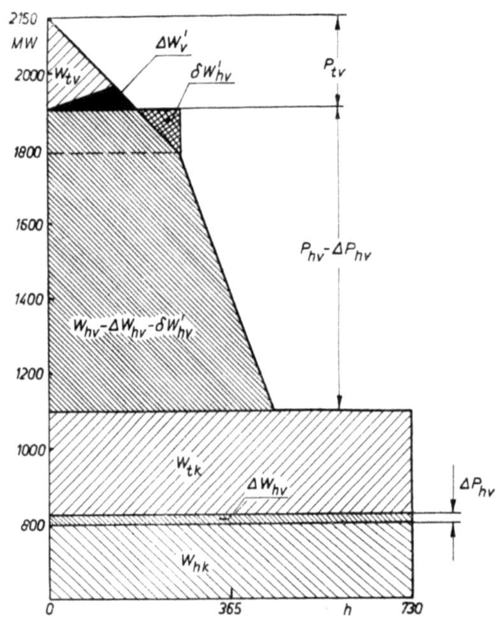

Abb. 72c. Ungenutzte Wasserkraftenergie $\delta W'_{hv}$ und ungedeckter Bedarf $\Delta W'_v$ nach der Bilanz in Tab. 20

des variablen und konstanten Bereichs im Belastungsdiagramm. Die erforderliche Leistung der Wärmekraftwerke im variablen Bereich ist nach Tab. 19 festgelegt, sie ist um ΔP_{tv} kleiner als die tatsächlich benötigte Leistung. Der Fehler gegenüber der gesamterforderlichen veränderlichen Leistung beträgt daher

$$\Delta p_{tv} = \frac{\Delta P_{tv}}{P_{mv}} \cdot 100\% \tag{187}$$

Auf ähnliche Weise kann auch der Fehler für die erforderliche Energie der Wärmekraftwerke ermittelt werden.

Im ersten erläuterten Beispiel ist die erforderliche Stromerzeugung der Wärmekraftwerke in Tab. 19 gleich der veränderlichen Fehlenergie ΔW_v, da die Ungleichung (179) nicht erfüllt wird. Mit Erhöhung der Leistung P_{hv} gelangt man bei unveränderten Voraussetzungen ihrer Ausnützung, also durch Vergrößerung von a_v, zum Zustand, wo die Ungleichung (179) erfüllt ist und die erforderliche Leistung der Wärmekraftwerke nach den Formeln (182) oder (177) bestimmt wird. Ein derartiger Fall besteht für $a_v = 0{,}4$ (Tab. 20 und Abb. 72a). Nun ist

Tabelle 20. *Energiebilanz nach der Methode der konstanten und veränderlichen Energie für $a_v = 0{,}4$ (183)*

	Bezeichnungen für		Energie GWh	Leistung MW
	Energie	Leistung		
Zusammen				
Wasserkraftwerke	W_h	$P_{h\max}$	884,2	1634,0
Bedarf	W_m	$P_{\max}$	1100,0	2150,0
Differenz	ΔW	ΔP	− 215,8	− 516,0
Veränderlicher Bereich				
Wasserkraftwerke	W_{hv}	P_{hv}	300,2	834,0
Bedarf	W_{mv}	P_{mv}	297,0	1050,0
Differenz	ΔW_v	ΔP_v	+ 3,2	− 216,0
aus dem konstanten Bereich	ΔW_{hk}	ΔP_{hk}	—	—
in den konstanten Bereich	ΔW_{hv}	ΔP_{hv}	− 19,6	− 26,8
Wärmekraftwerke	W_{tv}	P_{tv}	+ 16,4	+ 242,8
Ungenutzt	δW_{hv}	δP_{hv}	—	—
Konstanter Bereich				
Wasserkraftwerke	W_{hk}	P_{hk}	584,0	800,0
Bedarf	W_{mk}	P_{mk}	803,0	1100,0
Differenz	ΔW_k	ΔP_k	− 219,0	− 300,0
aus dem veränderlichen Bereich	ΔW_{hv}	ΔP_{hv}	+ 19,6	+ 26,8
in den veränderlichen Bereich	ΔW_{hk}	ΔP_{hk}	—	—
Wärmekraftwerke	W_{tk}	P_{tk}	+ 199,4	+ 273,2
Ungenutzt	δW_{hk}	δP_{hk}	—	—
Wärmekraftwerke gesamt	W_t	P_t	215,8	516,0
Ungenutzt gesamt	δW_h	δP_h	—	—

P_{tv} größer als ΔP_v, daher wird es möglich sein, einen Teil der Leistung ΔP_{hv} und der Energie ΔW_{hv} aus dem veränderlichen in den konstanten Bereich zu verlagern. Deshalb wird auch die Leistung der Wasserkraftwerke $a_v (1 - \beta) P_{mv} - \Delta P_{hv}$ mit einer kürzeren Nutzungsdauer $r\, t_h$ in Abb. 72b kleiner. Bei Berücksichtigung der Anpassungsmöglichkeit an die Belastungslinie (Abb. 72c) kann, wie bereits im ersten Fall (Abb. 71b), festgestellt werden, daß auch hier ein Teil $\delta W'_{hv}$ der veränderlichen Energie der Wasserkraftwerke, die nicht ausgenützt werden kann, und ein Teil des Bedarfs $\Delta W'_v$, der nicht gedeckt werden kann, übrig bleibt, obwohl nach Tab. 20 keine Überschüsse an Wasserkraftenergie vorhanden sind und Möglichkeiten der Verbrauchsdeckung bestehen. Wie im ersten Fall kann auch jetzt (Abb. 72d) auf gleiche Weise gezeigt werden, daß nur ein Fehler in der Verteilung der erforderlichen Leistung der Wärmekraftwerke auf den veränderlichen und konstanten Bereich vorliegt. Für diesen Fall gelten alle Formeln, die für die dargestellten Verhältnisse in Abb. 71 entwickelt wurden.

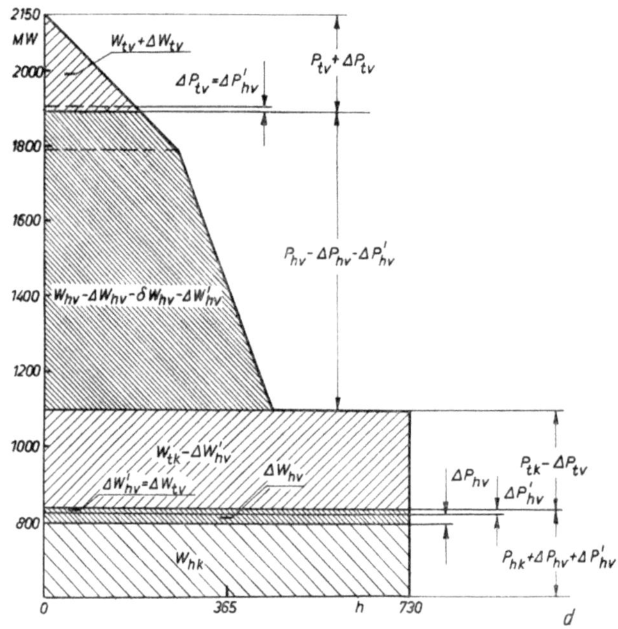

Abb. 72d. Korrigierte veränderliche und konstante Leistung von Wasser- und Wärmekraftwerken zur Bedarfsdeckung für den Fall in Tab. 20

Durch weitere Leistungssteigerung P_{hv} bzw. Vergrößerung von a_v wird die Dauer der Nutzungszeit $r\,t_h$ herabgesetzt, weshalb auch $\delta\,W'_{hv}$ kleiner wird. Dies führt schließlich zur Möglichkeit der Ausnutzung veränderlicher Energie auch ohne Leistungserhöhung in den Wärmekraftwerken, nämlich auch mit $\Delta\,P_{tv} = 0$. So einen Fall für $a_v = 0{,}8$ zeigen Tab. 21 und Abb. 73a bis 73c. Es besteht demnach vollkommene Übereinstimmung zwischen Tab. 21 und der Möglichkeit der Realisierung.

Der bei der Aufteilung der Gesamtleistung auf variable und konstante Leistung der Wärmekraftwerke auftretende Fehler $\Delta\,p_{tv}$ (187) wird in % der veränderlichen Leistung P_{mv} ausgedrückt. Abb. 74 zeigt diesen Fehler als Funktion von a_v (183) für $\alpha + \beta = 1{,}25$ und $\alpha = 0{,}60$ für verschiedene Größen von b (184). Die Kennlinie $\Delta\,p'_{tv}$ zeigt den

Fehler für den in Abb. 71 dargestellten Fall bzw. wenn die Ungleichung (179) nicht erfüllt ist, während die Kennlinie $\Delta p''_{tv}$ den Fehler für den in Abb. 72 dargestellten Fall bzw. wenn die Ungleichung (179) erfüllt ist, anzeigt. Der Schnittpunkt dieser Kurven gibt den Wert von a_{v0}, wobei die rechte und die linke Seite der Ungleichung (179) ausgeglichen werden. Zur Bestimmung des Fehlers sind also jene Kurventeile der Abb. 74 maßgebend, deren Verlauf durch volle Linien dargestellt ist. Die Linie $\Delta p'_{tv}$ ist von der Größe b unabhängig, dagegen hat diese Größe auf die Linie $\Delta p''_{tv}$ einen bedeutenden Einfluß. Je

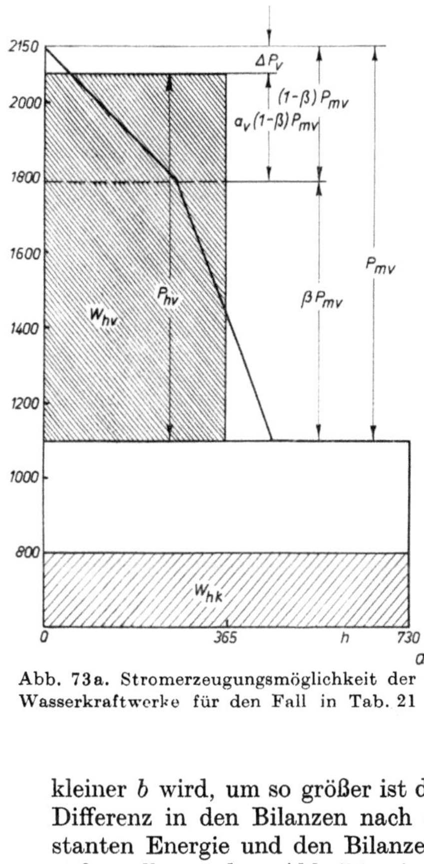

Abb. 73a. Stromerzeugungsmöglichkeit der Wasserkraftwerke für den Fall in Tab. 21

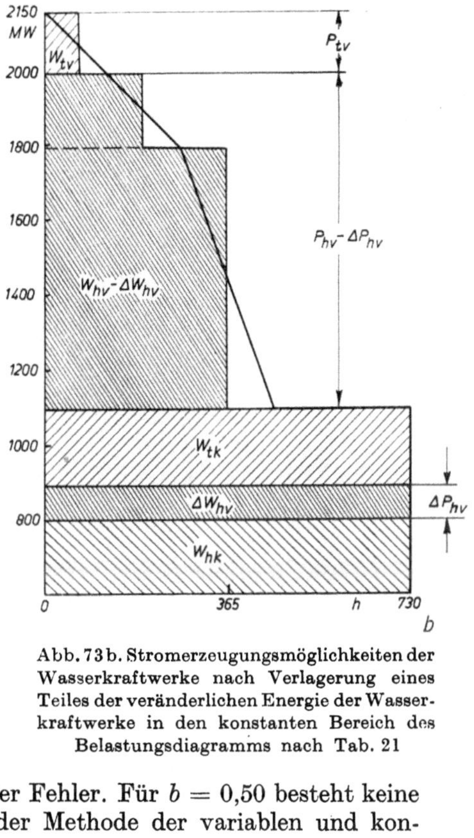

Abb. 73b. Stromerzeugungsmöglichkeiten der Wasserkraftwerke nach Verlagerung eines Teiles der veränderlichen Energie der Wasserkraftwerke in den konstanten Bereich des Belastungsdiagramms nach Tab. 21

kleiner b wird, um so größer ist der Fehler. Für $b = 0{,}50$ besteht keine Differenz in den Bilanzen nach der Methode der variablen und konstanten Energie und den Bilanzen, die auf Grund genauerer Analysen aufgestellt wurden. Abb. 75 zeigt die Fehler für $b = 0{,}25$, jedoch für verschiedene $\alpha + \beta$ und verschiedene Werte von α. Man sieht, daß bei gleichem α der Fehler größer wird, je kleiner $\alpha + \beta$ ist.

Es wird darauf hingewiesen, daß die Größe der Fehler, die in Abb. 74 und 75 gezeigt werden, auf Grund der Voraussetzung, daß alle Wasserkraftwerke nach dem Diagramm in Abb. 19 arbeiten, ermittelt wurden. Der Fehler wäre geringer oder würde ganz verschwinden, wenn man in Rechnung stellte, daß auch der kleinere Teil

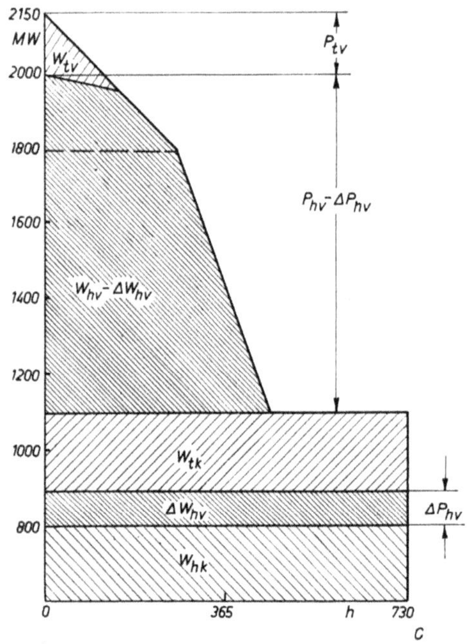

Abb. 73c. Stromerzeugungsmöglichkeit der Wasserkraftwerke bei Anpassung an den Bedarf ohne Korrekturen, bezogen auf die Bilanz in Tab. 21

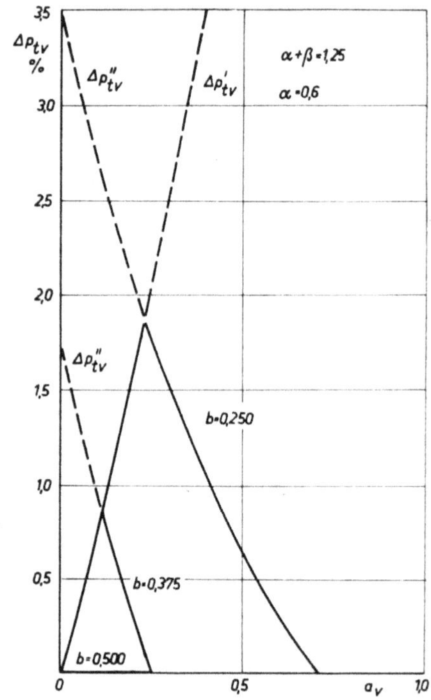

Abb. 74. Der Fehler Δp_{tv} (187) in der Verteilung der erforderlichen Leistung der Wärmekraftwerke bei Deckung des veränderlichen und konstanten Bereichs im Belastungsdiagramm für verschiedene Werte von b (184)

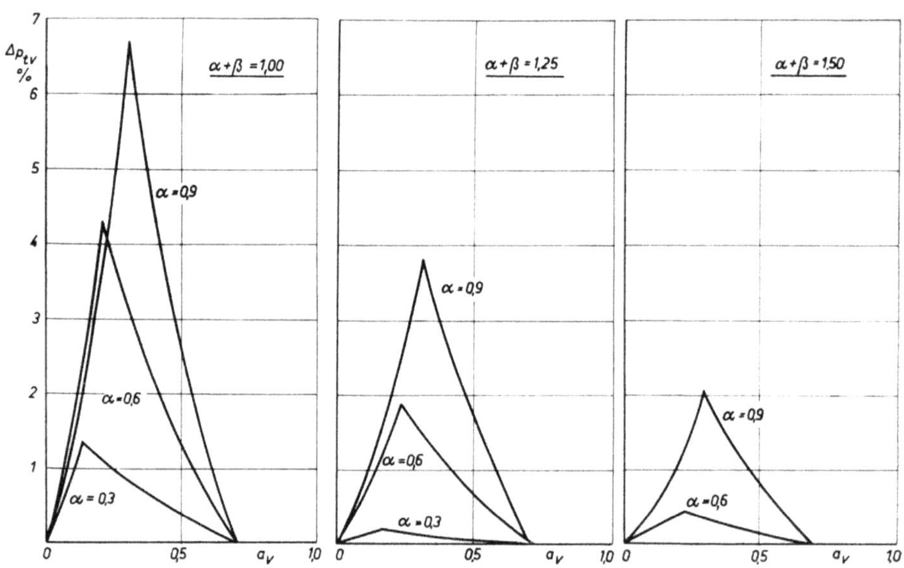

Abb. 75. Der Fehler Δp_{tv} (187) in der Verteilung der erforderlichen Leistung der Wärmekraftwerke bei Deckung des veränderlichen und konstanten Bereichs im Belastungsdiagramm für $b = 0,25$ (184) und verschiedene Werte von $\alpha + \beta$ (9)

Tabelle 21. *Energiebilanz nach der Methode der konstanten und veränderlichen Energie für $a_v = 0,8$ (183)*

	Bezeichnungen für		Energie GWh	Leistung MW
	Energie	Leistung		
Zusammen				
Wasserkraftwerke	W_h	$P_{h\max}$	936,1	1778,0
Bedarf	W_m	$P_{\max}$	1100,0	2150,0
Differenz	ΔW	ΔP	− 163,9	− 372,0
Veränderlicher Bereich				
Wasserkraftwerke	W_{hv}	P_{hv}	352,1	978,0
Bedarf	W_{mv}	P_{mv}	297,0	1050,0
Differenz	ΔW_v	ΔP_v	+ 55,1	− 72,0
aus dem konstanten Bereich ..	ΔW_{hk}	ΔP_{hk}	—	—
in den konstanten Bereich ...	ΔW_{hv}	ΔP_{hv}	− 66,1	− 90,6
Wärmekraftwerke	W_{tv}	P_{tv}	+ 11,0	+ 162,6
Ungenutzt	δW_{hv}	δP_{hv}	—	—
Konstanter Bereich				
Wasserkraftwerke	W_{hk}	P_{hk}	584,0	800,0
Bedarf	W_{mk}	P_{mk}	803,0	1100,0
Differenz	ΔW_k	ΔP_k	− 219,0	− 300,0
aus dem veränderlichen Bereich	ΔW_{hv}	ΔP_{hv}	+ 66,1	+ 90,6
in den veränderlichen Bereich	ΔW_{hk}	ΔP_{hk}	—	—
Wärmekraftwerke	W_{tk}	P_{tk}	+ 152,9	+ 209,4
Ungenutzt	δW_{hk}	δP_{hk}	—	—
Wärmekraftwerke gesamt	W_t	P_t	163,9	372,0
Ungenutzt gesamt	δW_h	δP_h	—	—

der Wasserkraftwerke den Betrieb nach den Diagrammen in Abb. 18 oder Abb. 22 führen könnte. Dies dürfte auch meistens der Fall sein. Deshalb ist dieser Fehler in der Aufteilung der erforderlichen Leistung der Wärmekraftwerke auf variable und konstante Leistung nicht so wesentlich, daß dafür genauere Untersuchungen erforderlich wären als jene, die in der vorgeschlagenen Methode der konstanten und veränderlichen Energie vorgesehen sind. Außerdem sei erwähnt, daß die angegebenen Fehler nur dann auftreten, wenn bei den in Abb. 71 und 72 gezeigten Voraussetzungen noch ein Fehlbetrag an konstanter Energie besteht ($W_{hk} < W_{mk}$). Es ist nämlich dann von wesentlicher Bedeutung, die gesamte veränderliche Energie auszunützen. Bei $W_{hk} > W_{mk}$ ist es dagegen bedeutungslos, ob variable oder konstante Energie verbraucht wird.

Ein zweiter Fehler entsteht durch Vorausbestimmung der Größe $t_{tv\max}$ (163). Um nämlich die zur Bedarfsdeckung im veränderlichen Bereich des Diagramms erforderliche Leistung der Wärmekraftwerke bestimmen zu können, war es notwendig, im voraus die Größe $t_{tv\,max}$ abzuschätzen. Diese Größe wird benützt im Falle, daß

$$(W_{mv} - W_{hv}) > r\, t_{tv\,max}\, (P_{mv} - P_{hv}) \tag{188}$$

ist oder wenn durch die Leistung $P_{tv} = P_{mv} - P_{hv}$ bei Ausnützung von $r\, t_{tv\,max}$ die Fehlenergie $W_{mv} - W_{hv}$ nicht gedeckt werden kann. In diesem Fall errechnet man die erforderliche Energie der Wärmekraftwerke aus der Formel

$$P_{tv} = \frac{W_{mv} - W_{hv}}{r\, t_{tv\,max}} \tag{189}$$

Tabelle 22. *Energiebilanz nach der Methode der konstanten und veränderlichen Energie, wenn die Erzeugungsmöglichkeit der veränderlichen Energie sehr klein ist und die erforderliche Leistung der Wärmekraftwerke nach (163) oder (189) ermittelt wird*

	Bezeichnungen für		Energie GWh	Leistung MW
	Energie	Leistung		
Zusammen				
Wasserkraftwerke	W_h	$P_{h\,max}$	30,0	500,0
Bedarf	W_m	P_{max}	1100,0	2150,0
Differenz	ΔW	ΔP	− 1070,0	− 1650,0
Veränderlicher Bereich				
Wasserkraftwerke	W_{hv}	P_{hv}	30,0	500,0
Bedarf	W_{mv}	P_{mv}	297,0	1050,0
Differenz	ΔW_v	ΔP_v	− 267,0	− 550,0
aus dem konstanten Bereich	ΔW_{hk}	ΔP_{hk}	—	—
in den konstanten Bereich	ΔW_{hv}	ΔP_{hv}	—	—
Wärmekraftwerke	W_{tv}	P_{tv}	+ 267,0	+ 741,7
Ungenutzt	δW_{hv}	δP_{hv}	—	− 191,7
Konstanter Bereich				
Wasserkraftwerke	W_{hk}	P_{hk}	—	—
Bedarf	W_{mk}	P_{mk}	803,0	1100,0
Differenz	ΔW_k	ΔP_k	− 803,0	− 1100,0
aus dem veränderlichen Bereich	ΔW_{hv}	ΔP_{hv}	—	—
in den veränderlichen Bereich	ΔW_{hk}	ΔP_{hk}	—	—
Wärmekraftwerke	W_{tk}	P_{tk}	+ 803,0	+ 1100,0
Ungenutzt	δW_{hk}	δP_{hk}	—	—
Wärmekraftwerke gesamt	W_t	P_t	1070,0	1841,7
Ungenutzt gesamt	δW_h	δP_h	—	191,7

Ein Beispiel für solche Fälle zeigt Tab. 22 und Abb. 76a. Man sieht jedoch, daß die in Tab. 22 bestimmte Leistung P_{tv} für die Bedarfsdeckung ungenügend ist, da es mit dieser Leistung P_{tv} nach dem gegebenen Belastungsdiagramm nicht möglich ist, die für die Bedarfsdeckung notwendige Energiemenge W_{tv} zu erzeugen. Dieser Fehlbetrag der Energie $\Delta W'_v$ (Abb. 76b) würde tatsächlich auftreten. Er ist jedoch aus der Bilanz in Tab. 22 nicht ersichtlich und könnte durch Leistungssteigerung der Wärmekraftwerke um den Betrag ΔP_{tv} ergänzt werden. Deshalb bedeutet diese Größe einen Fehler. Angenommen, daß der Fehler aus der Differenz zwischen der Leistung P_{tv} nach

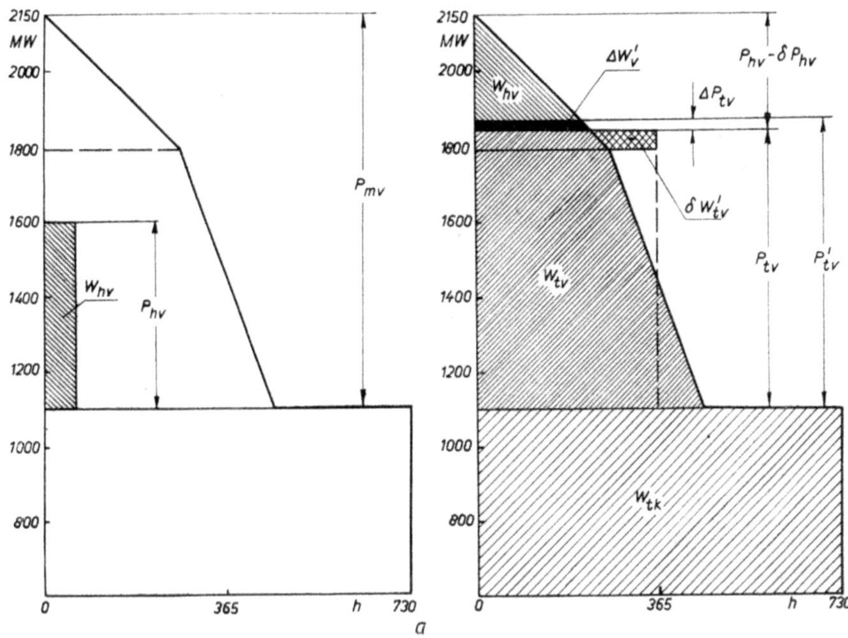

Abb. 76a. Stromerzeugungsmöglichkeit der Wasserkraftwerke für den Fall in Tab. 22

Abb. 76b. Ungenutzte Wärmekraftenergie $\delta W'_{tv}$, Mangelleistung der Wärmekraftwerke ΔP_{tv} und ungedeckter Bedarf $\Delta W'_v$ nach der Bilanz in Tab. 22

Tab. 22 und der Leistung P'_{tv}, die für die tatsächliche Bedarfsdeckung erforderlich wäre, entsteht, kann der relative Fehler durch die Beziehung

$$\Delta p_{tv} = \frac{P_{tv} - P'_{tv}}{P_{mv}} 100\% \qquad (190)$$

ausgedrückt werden. Für das in Abb. 76 gezeigte Beispiel ist daher der Fehler negativ.

Es soll nun der in Tab. 23 und Abb. 77a gezeigte Fall behandelt werden, wenn mehr variable Energie vorhanden und ebenfalls die Ungleichung (188) erfüllt ist. Man sieht nun, daß (Abb. 77b) die nach Tab. 23 bestimmte Leistung P_{tv} etwas größer ist als es für die Bedarfsdeckung unbedingt notwendig wäre (P'_{tv}). In diesem Fall erhält der durch den Ausdruck (190) bestimmte Fehler ein positives Vorzeichen.

Wenn man die mit der Methode der konstanten und variablen

Tabelle 23. *Energiebilanz nach der Methode der konstanten und veränderlichen Energie, wenn die mögliche variable Energieerzeugung größer als in Tab. 22 angegeben ist und die erforderliche Leistung der Wärmekraftwerke nach (163) oder (189) ermittelt wird*

	Bezeichnungen für		Energie GWh	Leistung MW
	Energie	Leistung		
Zusammen				
Wasserkraftwerke	W_h	$P_{h\max}$	128,0	890,0
Bedarf	W_m	$P_{\max}$	1100,0	2150,0
Differenz	ΔW	ΔP	− 972,0	− 1260,0
Veränderlicher Bereich				
Wasserkraftwerke	W_{hv}	P_{hv}	128,0	890,0
Bedarf	W_{mv}	P_{mv}	297,0	1050,0
Differenz	ΔW_v	ΔP_v	− 169,0	− 160,0
aus dem konstanten Bereich	ΔW_{hk}	ΔP_{hk}	—	—
in den konstanten Bereich	ΔW_{hv}	ΔP_{hv}	—	—
Wärmekraftwerke	W_{tv}	P_{tv}	+ 169,0	+ 469,4
Ungenutzt	δW_{hv}	δP_{hv}	—	− 309,4
Konstanter Bereich				
Wasserkraftwerke	W_{hk}	P_{hk}	—	—
Bedarf	W_{mk}	P_{mk}	803,0	1100,0
Differenz	ΔW_k	ΔP_k	− 803,0	− 1100,0
aus dem veränderlichen Bereich	ΔW_{hv}	ΔP_{hv}	—	—
in den veränderlichen Bereich	ΔW_{hk}	ΔP_{hk}	—	—
Wärmekraftwerke	W_{tk}	P_{tk}	+ 803,0	+ 1100,0
Ungenutzt	δW_{hk}	δP_{hk}	—	—
Wärmekraftwerke gesamt	W_t	P_t	972,0	1569,4
Ungenutzt gesamt	δW_h	δP_h	—	309,4

Energie erhaltenen Resultate mit dem tatsächlichen Bedarf vergleicht, erscheint in beiden Fällen bei der Bestimmung der Leistung aus den Wärmekraftwerken ein Fehler. Genau bestimmt ist dagegen die erforderliche Stromerzeugung der Wärmekraftwerke. Für kleine, variable Energiemengen aus Wasserkraftwerken ist dieser Fehler negativ, für größere hingegen positiv. Um sich ein Bild über die Größe dieses Fehlers machen zu können, ist in Abb. 78 die Abhängigkeit des Fehlers vom Verhältnis der verfügbaren veränderlichen Energie der Wasserkraftwerke W_{hv} zur erforderlichen variablen Energie gezeigt. Dieses Verhältnis wird mit h_v bezeichnet. Es besteht kein Fehler, wenn die variable Energie der Wasserkraftwerke gleich dem Gesamtbedarf der variablen Energie ist und wenn die zur Verfügung stehende variable Energie gerade den oberen, engeren Teil des Diagramms zu decken vermag. Ein großer negativer Fehler zeigt sich für kleine Werte von β. Dieser

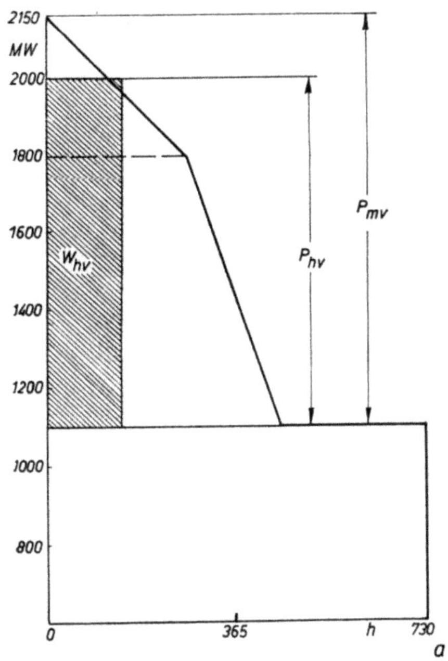

Abb. 77a. Stromerzeugungsmöglichkeit der Wasserkraftwerke für den Fall in Tab. 23

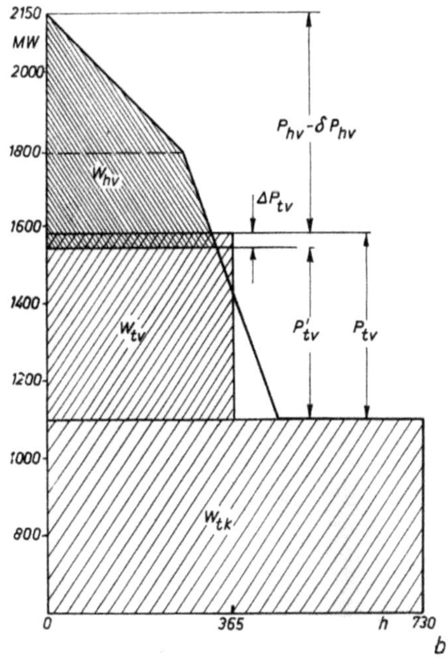

Abb. 77b. Leistungsüberschuß der Wärmekraftwerke ΔP_{tv} nach der Bilanz in Tab. 23

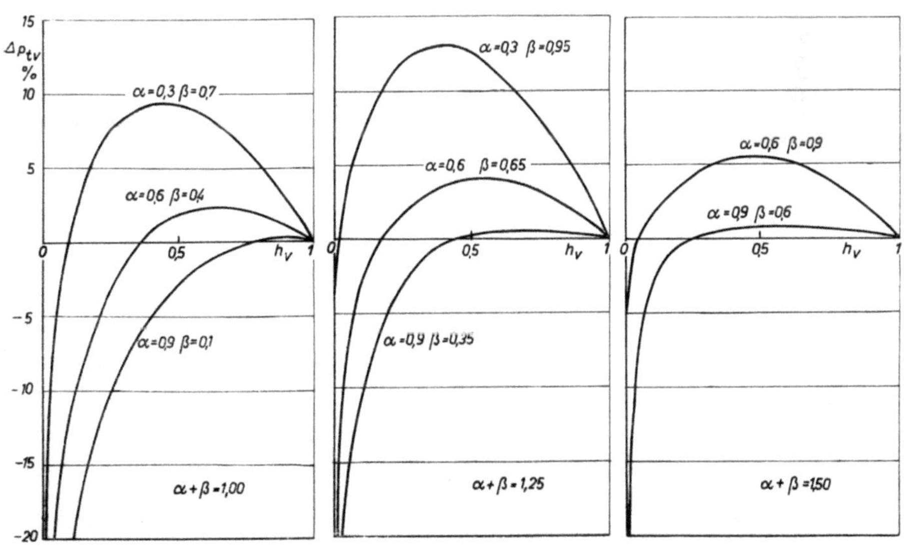

Abb. 78. Der Fehler Δp_{tv} (190) in der Bestimmung der erforderlichen Leistung der Wärmekraftwerke nach der Methode der konstanten und veränderlichen Energie, wenn die erforderliche Leistung für verschiedene Werte $\alpha + \beta$ (9) nach (163) oder (189) bestimmt wird

Fehler wird um so größer, je kleiner die Summe $\alpha + \beta$ ist. Die größten positiven Fehler zeigen sich bei kleinem α.

Man könnte jedoch einen falschen Begriff über die tatsächliche Erscheinung der Fehler erhalten, wenn sich die Beobachtungen nur auf Abb. 78 beschränken würden, ohne dabei zu berücksichtigen, daß diese Fehler nur dann auftreten, wenn die Ungleichung (188) erfüllt ist. Um ein Bild darüber zu erhalten, wann die Ungleichung (188) gilt, soll als Charakteristik der Möglichkeiten der Wasserkraftwerke im variablen Bereich des Belastungsdiagramms die Größe T_{vh} gezeigt werden, die sich aus der Beziehung

$$r\,T_{vh} = \frac{W_{hv}}{P_{hv}} \tag{191}$$

ergibt. Sie stellt die Ausnützung der verfügbaren veränderlichen Leistung der Wasserkraftwerke in h/Monat dar. Wenn diese Größe und das Verhältnis h_v in die Ungleichung (188) eingesetzt werden, zeigt es sich, daß die in Abb. 78 gezeigten Fehler dann auftreten, wenn

$$r\,T_{vh} < \frac{1}{2}\,rt_v\,\frac{(\alpha + \beta)\,t_{tv\max}\,h_v}{t_{tv\max} - \frac{1}{2}\,t_v\,(\alpha + \beta)\,(1 - h_v)} \tag{192}$$

ist. Der rechtsseitige Ausdruck kann als Grenzwert von $r\,T'_{vh}$ betrachtet werden, und es erscheinen die Fehler, wenn $r\,T_{vh} < r\,T'_{vh}$ ist. Abb. 79 zeigt die Abhängigkeit der Größe $r\,T'_{vh}$ von h_v.

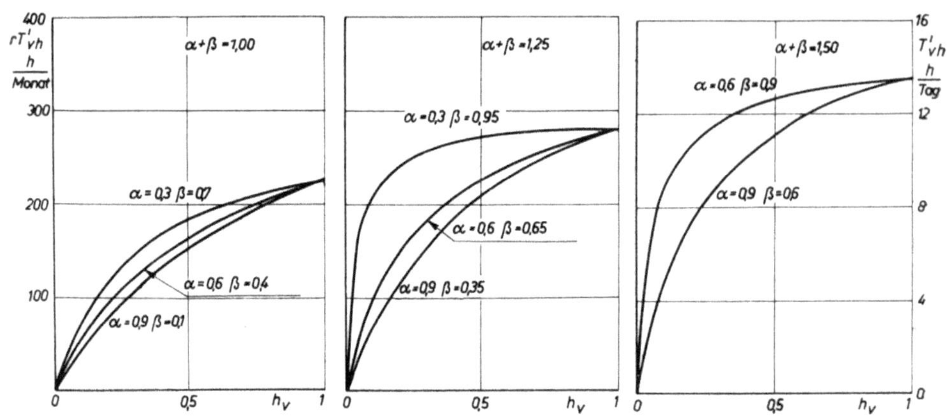

Abb. 79. Abhängigkeit der durch den rechtsseitigen Teil des Ausdruckes (192) definierten Größe $r\,T'_{vh}$ vom Verhältnis der verfügbaren veränderlichen Energie der Wasserkraftwerke und der erforderlichen veränderlichen Energie h_v für verschiedene Werte von $\alpha + \beta$ (9)

Bei Gegenüberstellung der Abb. 78 und 79 können in großen Zügen die im System herrschenden Verhältnisse, welche die Fehlergrößen beeinflussen, analysiert werden. Bei Niederwasser kann die Stromerzeugung der Wasserkraftwerke, die zumindest über ein kleines Speicherbecken verfügen, auf die Zeitabschnitte der Hochlast konzentriert werden; die überwiegende Mehrzahl der Wasserkraftwerke besitzt

Speicherbecken, zumindest für eine Nutzungszeit von einigen Stunden. Daher ist damit zu rechnen, daß bei Niederwasser ein beträchtlicher Teil der Gesamtenergie der Wasserkraftwerke als variable Energie erzeugt wird.

Die Größe h_v wird daher selbst in Verbundsystemen mit geringerem Anteil an Wasserkrafterzeugung nicht so klein sein, daß man in den Bereich großer negativer Fehler geraten würde. Wenn z. B. mit h_j der Anteil der Wasserkraftenergie an der jährlichen Gesamterzeugung, mit ε das Verhältnis des Bedarfs der variablen zur gesamten Energie, mit μ die Beziehung der kleinsten zur durchschnittlichen monatlichen Stromerzeugung der Wasserkraftwerke und mit e das Verhältnis der variablen zur gesamten möglichen Stromerzeugung im Monat der Minimalerzeugung in den Wasserkraftwerken bezeichnet wird, kann die minimale relativ mögliche veränderliche Energie durch die Beziehung

$$h_{v\,\min} = h_j \frac{e\,\mu}{\varepsilon} \tag{193}$$

ausgedrückt werden. Wenn z. B. $e = 0{,}90$, $\mu = 0{,}3$ und $\varepsilon = 0{,}3$, $h_j = 0{,}20$ ist, wird $h_{v\,\min} = 0{,}18$. Demnach ist $h_{v\,\min}$ mit 20% Wasserkraft hoch, womit in überwiegender Zahl der praktischen Fälle große negative Fehler vermieden werden (Abb. 79). Wenn ein höherer Prozentsatz an Wasserkraftenergie in Frage kommt, ist der Bereich, wo Fehler auftreten können, wesentlich enger, daher kommen nur Fehler für größere h_v in Frage. Es kann z. B. für $h_j = 0{,}60$ bei gleichen Voraussetzungen wie oben ein Fehler zwischen $h_v = 0{,}54$ und $h_v = 1{,}00$ auftreten. Bei Wasserdarbietungen, die über den Minimalwerten liegen, wächst die variable Energie, die verfügbare Leistung P_{hv} jedoch fällt durch den gleichzeitigen Anstieg der konstanten Energie. Wie groß die Nutzungsdauer T_{vh} der Leistung P_{vh} in diesem Falle sein wird, ist abhängig von der installierten Leistung der Wasserkraftwerke und vom Anteil der veränderlichen Energie an der Gesamterzeugung der Wasserkraftwerke. Es kann jedoch als sicher angenommen werden, daß die Nutzungsdauer mit wachsenden Stromerzeugungsmöglichkeiten der Wasserkraftwerke steigt, bis nicht der Wert t_{vh} erreicht wird, der die längste mögliche Nutzungsdauer darstellt. Damit ist aber auch der maximale Wert für h_v erreicht. Durch weitere Erhöhung der möglichen Stromerzeugung in den Wasserkraftwerken bleibt die Ausnützung der variablen Leistung unverändert, während der Anteil von h_v immer kleiner wird. Zur Erläuterung der oben geschilderten Veränderungen ist in Abb. 80 die Abhängigkeit der Größe $r\,T'_{vh}$ von h_v gemäß Abb. 79 für $\alpha = 0{,}6$ und $\beta = 0{,}65$ wie auch die Abhängigkeit der Größe $r\,T_{vh}$ von h_v bei einem Anteil der Wasserkraftwerke $h_j = 0{,}2$, 0,4, 0,6 und 0,8 dargestellt. Ferner sei angenommen, daß die installierte Leistung der Wasserkraftwerke so groß sei, daß die jährliche Nutzungsdauer der maximalen Leistung der Wasserkraftwerke 4000 h/Jahr beträgt. Der Verlauf der Kurve $r\,T_{vh}$ ist unter der Voraussetzung dargestellt, daß von der Gesamterzeugung bei $\mu = 0{,}3$ der Anteil der variablen Energie $e = 0{,}9$ beträgt, während dieser Anteil für $\mu = 1{,}0$, $e = 0{,}50$ ist.

Es soll der Fall untersucht werden, wenn $h_j = 0{,}4$ ist. Die Größe von $r\,T_{vh}$ ist für kleine Werte von μ kleiner als $r\,T'_{vh}$, bis $\mu_0 = 0{,}725$ wird. Im Bereich $\mu = 0$ bis μ_0 wird die Ungleichung (192) befriedigt, in diesem Bereich ist es möglich, daß Fehler auftreten können. Wenn μ größer als μ_0 wird, ist die Ungleichung (192) nicht erfüllt, und die Bestimmung der tatsächlich erforderlichen Leistung der Wärmekraftwerke erfolgt nicht nach der Beziehung (189). Es tritt also in einem relativ engen Bereich der Werte für μ ein Fehler auf, und das bereits

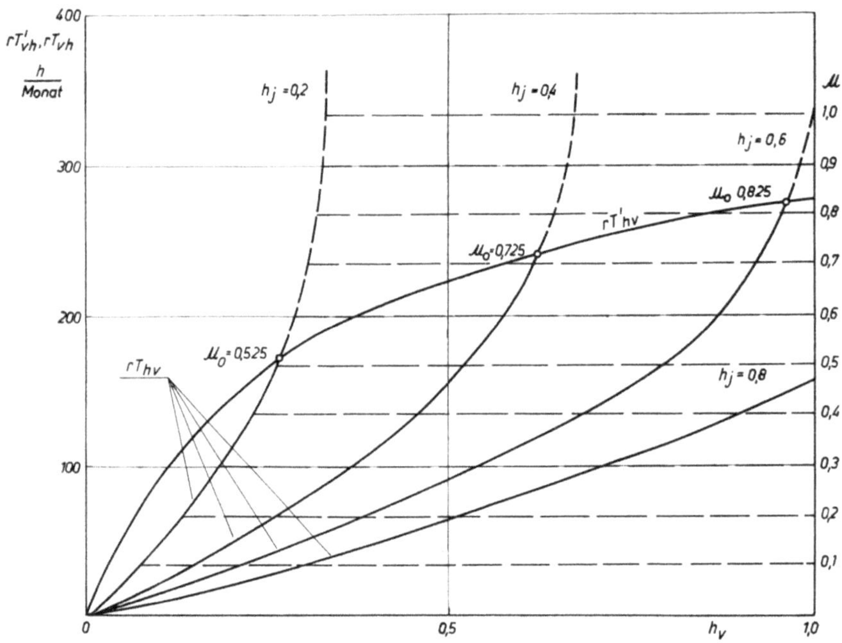

Abb. 80. Abhängigkeit der durch den rechtsseitigen Teil des Ausdruckes (192) definierten Größe $r\,T'_{vh}$ und der Größe $r\,T_{vh}$ (191) vom Verhältnis der verfügbaren veränderlichen Energie der Wasserkraftwerke und der erforderlichen veränderlichen Energie h_v für verschiedene Anteile der Wasserkraftenergie an der gesamten Jahreserzeugung h_j für $\alpha + \beta = 1{,}25$ und für $\alpha = 0{,}6$. Der Fehler $\Delta\,p_{tv}$ bei der Bestimmung der erforderlichen Leistung der Wärmekraftwerke entsteht, wenn $r\,T_{vh} < r\,T'_{vh}$ ist (192)

für einen etwas größeren Prozentsatz der Wasserkraftenergie im Verbundsystem und etwas höhere Werte für β nur in Bereichen, wo ein positiver Fehler erscheint. Dieser positive Fehler gibt ein etwas ungünstigeres Bild der Verhältnisse, er ist jedoch bei Berücksichtigung der Größe und Häufigkeit dieser Erscheinung so gering, daß er keinerlei Einfluß auf das Resultat der Analyse der Verhältnisse in einem längeren Zeitabschnitt haben kann.

Wenn jedoch eine genauere Bestimmung der erforderlichen Leistung der Wärmekraftwerke im variablen Bereich des Diagramms in Frage kommt, kann im Einzelfall die in Abb. 76 oder 77 gezeigte Methode angewendet werden.

V. Charakteristiken der Stromerzeugungsmöglichkeiten in Wasserkraftwerken und Belastungen in Wärmekraftwerken in einem Verbundsystem

1. Charakteristische Jahre als Grundlage für Energie- und Leistungsanalysen

a) Das charakteristische Regeljahr

Manchmal wird für eine Analyse der Verhältnisse in einem behandelten Wasserkraftwerk oder Verbundsystem das Regeljahr als Grundlage der energiewirtschaftlichen Untersuchungen angenommen. Als Regeljahr ist ein tatsächliches Jahr zu wählen, dessen mittlere Jahresdarbietung (oder mögliche mittlere Jahresstromerzeugung) ungefähr gleich der mittleren, langjährigen Wasserdarbietung (oder der mittleren möglichen langjährigen Stromerzeugung) ist. Dabei soll die Verteilung der Jahresdarbietung in einem auf diese Weise bezeichneten tatsächlichen Jahr möglichst der häufigst vorkommenden Verteilung entsprechen. In einem auf diese Weise ausgewählten Jahr verschwinden die extrem auftretenden Erscheinungen. Daher erhält man einerseits kleinere Überläufe als jene, die tatsächlich zu erwarten wären, anderseits aber erhält man als Ergebnis eines solchen Jahres, das als Unterlage energiewirtschaftlicher Analysen dienen soll, daß die unwirtschaftlichen Wärmekraftwerke in geringerem Ausmaß eingesetzt werden sollten als dies im tatsächlichen Betrieb erforderlich wäre.

Man kann daraus entnehmen, daß man ein derartiges Regeljahr kaum als maßgebend betrachten kann. Wenn man aber die Ergebnisse eines derart ausgewählten Regeljahres für ein einzelnes Wasserkraftwerk als maßgebend betrachten würde, entsteht die Frage, wie dann die mögliche Stromerzeugung und deren Verteilung im Laufe des Jahres in einem Verbundsystem mit mehreren Wasserkraftwerken bestimmt werden könnte. Wenn die Daten eines Regeljahres als maßgebend für ein einzelnes Wasserkraftwerk angenommen werden, erscheint es naheliegend, daß man ein Regeljahr für ein Verbundsystem — als Ganzes betrachtet — durch Addition der Regeljahre der einzelnen Wasserkraftwerke erhalten könnte. In einem auf diese Weise gefundenen Regeljahr eines Verbundsystems ist jedes Wasserkraftwerk mit seiner möglichen Stromerzeugung beteiligt. Diese kommt ziemlich nahe an die langjährige mittlere Stromerzeugung heran. Deshalb ist ein auf diese Weise ermitteltes Regeljahr richtig bestimmt. Vom Standpunkt der Verteilung der Erzeugung im Laufe eines Jahres ist jedoch die Wahl eines Regeljahres unbefriedigend, da auch diesmal die Extremwerte verschwinden. Als Beispiel zeigt Abb. 81 die Monatserzeugungen in einem Regeljahr, das als Summe von Regeljahren einzelner Kraftwerke eines gegebenen Verbundsystems bestimmt wurde und die monatlichen Erzeugungen von vier Jahren, die tatsächlich auftraten und bezogen auf die Jahreserzeugung am nächsten an die mittlere langjährige Stromerzeugung herankommen. Alle Angaben beziehen sich auf den gleichen 30jährigen Zeitabschnitt. Die möglichen Monatserzeugungen dieser oben erwähnten vier Jahre entsprechen den tatsächlichen Monatserzeugungen, da derartige Erzeugungen tatsächlich mit den vorgesehenen Wasserkraftwerken realisiert werden konnten und dabei die Gleichzeitigkeit dieser Erscheinungen berücksichtigt wurde.

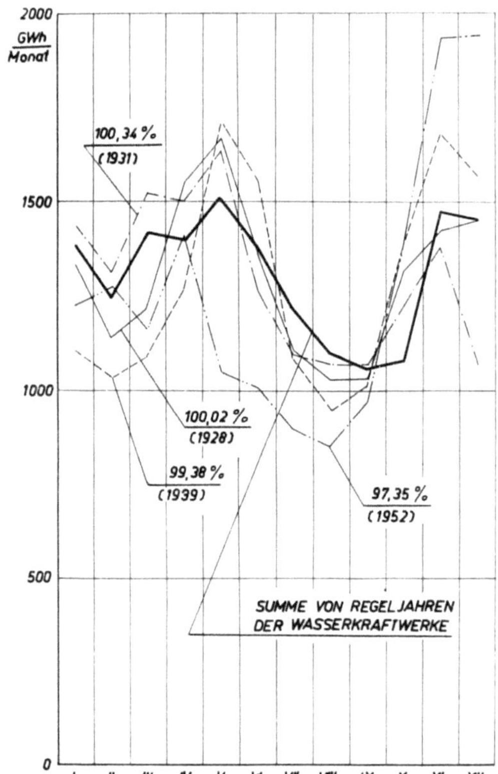

Abb. 81. Mögliche monatliche Stromerzeugung in einem Regeljahr des Verbundsystems, die als Summe der monatlichen Erzeugungen in Regeljahren der Wasserkraftwerke definiert ist und die möglichen Stromerzeugungen in vier tatsächlich aufgetretenen Jahren im ganzen Verbundsystem bei einer ungefähr mittleren Jahreserzeugung (zu den Kurven ist für jedes der vier Jahre der Prozentsatz der durchschnittlichen Jahreserzeugung angegeben)

Eine andere Lösung besteht darin, daß ein tatsächlich aufgetretenes Jahr gleichzeitig für alle Wasserkräfte des Verbundsystems ausgesucht wird. In diesem Fall ist eine realere Darstellung der Verteilung der Erzeugung im ganzen Verbundsystem innerhalb eines Jahres gewährleistet. Allerdings macht eine solche Lösung den Vergleich der einzelnen Wasserkraftwerke untereinander unmöglich. Die Jahreserzeugung eines einzelnen Wasserkraftwerkes in einem so gewählten, tatsächlich aufgetretenen Jahr kann nämlich wesentlich von der langjährigen Erzeugung dieses Werkes abweichen. Daher kann das untersuchte Wasserkraftwerk

Tabelle 24. *Abweichungen der Jahreserzeugung vom 30jährigen Durchschnitt in verschiedenen Wasserkraftwerken für zwei tatsächlich aufgetretene Jahre, die in bezug auf das gesamte Verbundsystem in der Jahreserzeugung möglichst nahe an das Regeljahr herankommen*

Wasser-kraft-werke	30jähriger Durch-schnitt GWh	Jahr 1928		Jahr 1939	
		Jahres-erzeugung GWh	Abweichun-gen vom Mittelwert %	Jahres-erzeugung GWh	Abweichun-gen vom Mittelwert %
A	478,5	397,0	− 17,05	484,6	+ 1,27
B	1 361,1	1 141,0	− 16,17	1 379,2	+ 1,33
C	1 983,0	2 114,1	+ 6,61	2 090,6	+ 5,43
D	1 792,9	1 772,0	− 1,17	1 690,2	− 5,73
E	365,4	395,8	+ 8,32	336,1	− 8,02
F	442,9	440,6	− 0,52	412,7	− 6,82
G	680,6	524,0	− 23,00	668,9	− 1,72
Z	783,9	685,9	− 12,51	831,3	+ 6,05
Alle Wasser-kraft-werke	15 551,9	15 555,2	+ 0,02	15 456,0	− 0,62

zufällig als besser oder schlechter im Vergleich mit den übrigen Wasserkraftwerken beurteilt werden. In Tab. 24 sind die Angaben für eine Reihe von Wasserkraftwerken des gleichen Verbundsystems für zwei tatsächlich aufgetretene Jahre angeführt, die in bezug auf die Gesamterzeugung aller Wasserkraftwerke am nächsten an den 30jährigen Durchschnitt herankommen.

Die erste wie auch die zweite Methode zur Bestimmung eines charakteristischen Regeljahres für ein Verbundsystem als Ganzes betrachtet gibt ein verfälschtes Bild der zu erwartenden Verhältnisse, was zu falschen Schlüssen führen kann.

b) Das charakteristische Trockenjahr

Wenn ein Regeljahr, wie oben definiert, als Grundlage für energiewirtschaftliche Analysen angenommen wird, dann ist es auch unumgänglich notwendig, die Verhältnisse in einem Trockenjahr zu untersuchen, um die Möglichkeiten der Bedarfsdeckung zu bestimmen und den erforderlichen Ausbau neuer Kraftwerke festzulegen.

Als Grundlage wird ein Trockenjahr mit einer Stromerzeugung, die z. B. mit einem Wahrscheinlichkeitswert von 0,9 auftritt, angenommen. Auch jetzt können zur Bestimmung zwei Wege angewendet werden.

Nach der ersten Art wird für jedes Wasserkraftwerk die jährliche Stromerzeugung, die z. B. mit einem Wahrscheinlichkeitswert von 0,9 auftritt, festgelegt. Durch die Summierung der so bestimmten einzelnen Stromerzeugungen erhält man die Erzeugung eines Verbundsystems in einem Trockenjahr. Die gesamte Jahreserzeugung der Wasserkraftwerke des ganzen Systems, die auf diese Weise gefunden wurde, ist geringer als die tatsächliche Stromerzeugung der Wasserkraftwerke, die mit einem Wahrscheinlichkeitswert von 0,9 gesichert ist, denn ein angenommenes Trockenjahr tritt nicht an allen Gewässern gleichzeitig auf. Zur Veranschaulichung dieses Zustandes ist in Abb. 82 die Wahrscheinlichkeitskurve der jährlichen Wasserstromerzeugung eines Verbundsystems im Vergleich zur Kennlinie, die die Summe nach den Ordinaten der Wahrscheinlichkeitskurven für jedes einzelne Wasserkraftwerk zeigt,

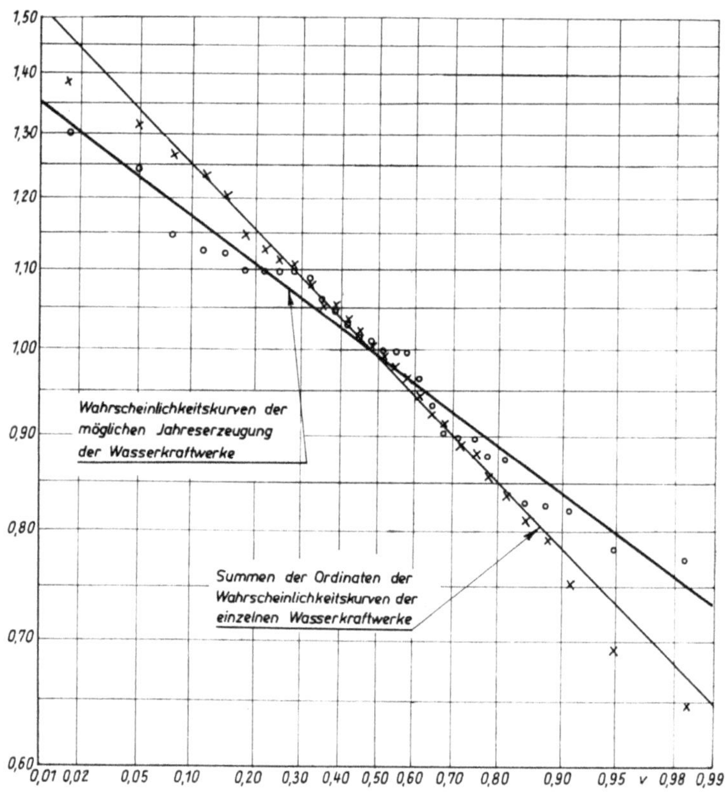

Abb. 82. Wahrscheinlichkeitskurven der Jahreserzeugung in den Wasserkraftwerken eines Verbundsystems

dargestellt. Von den genannten Kurven wird demnach für die zweite Kurve vorausgesetzt, daß in allen Wasserkraftwerken gleichzeitig Jahre mit gleichem reichlichem Wasserdargebot und gleicher Trockenheit auftreten. Die größten Unterschiede zwischen diesen beiden Kurven erscheinen bei den größten und kleinsten jährlichen Stromerzeugungen. So findet man z. B. im besonders trockenen Jahr des gesamten Verbundsystems eine Jahreserzeugung, die 77,3% der mittleren Jahreserzeugung beträgt. Wenn dagegen außerordentliche Trockenjahre an allen Wasserläufen gleichzeitig auftreten würden, dann würde die jährliche Stromerzeugung nur 64,7% der durchschnittlichen Jahreserzeugung betragen.

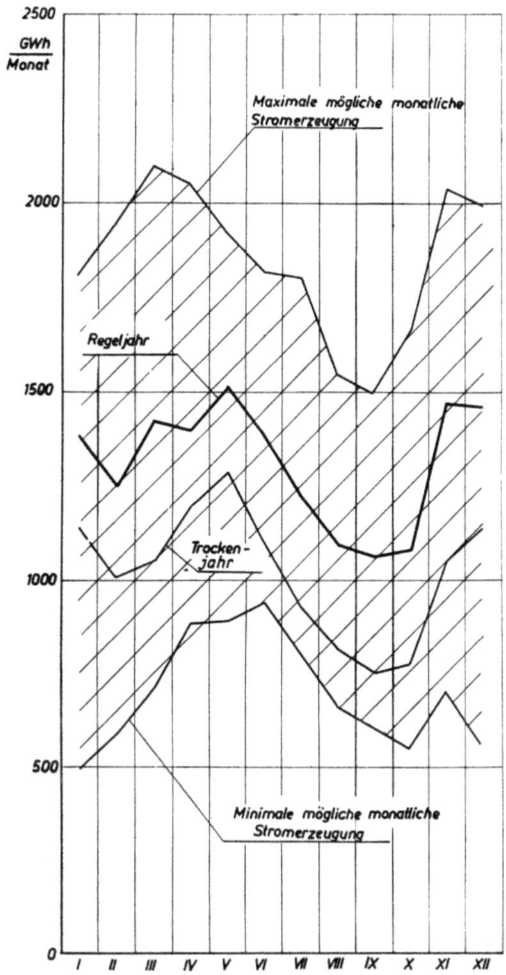

Abb. 83. Mögliche monatliche Erzeugungen im Regel- und Trockenjahr, die größten und kleinsten möglichen Monatserzeugungen der Wasserkraftwerke in einem Verbundsystem während 30 Jahren

Bei der zweiten Art zur Bestimmung eines charakteristischen Trockenjahres wird für alle Wasserkraftwerke als Grundlage das gleiche Jahr vorweggenommen, in dem im Gesamtsystem die Stromerzeugung mit einem bestimmten Wahrscheinlichkeitswert (z. B. 0,9) erreicht werden könnte. Nun entsteht die gleiche Lage wie bei der Bestimmung eines mittleren Regeljahres. Einzelne Wasserkraftwerke erscheinen wesentlich günstiger, andere dagegen können als besonders ungünstig dargestellt werden.

In bezug auf die Verteilung der Stromerzeugung innerhalb eines Jahres herrschen ähnliche Verhältnisse wie im Falle eines Regeljahres.

Einen noch klareren Begriff, wie wenig maßgebend Regeljahre und Trockenjahre unter Umständen sein können, erhält man aus Abb. 83. Diese zeigt ein Regeljahr und ein Trockenjahr als Summe von Regel- und Trockenjahren einzelner Wasserkraftwerke und die größten und kleinsten monatlichen Stromerzeugungen im untersuchten 30jährigen Zeitraum.

2. Wahrscheinlichkeitskurven der möglichen Stromerzeugung und der Leistungen von Wasserkraftwerken

a) Bestimmung der Wahrscheinlichkeitskurven

Unterlagen über die Verhältnisse, die in einem Verbundsystem herrschen und auf Grund eines gewählten Regeljahres und Trockenjahres zusammengestellt wurden, geben demnach kein richtiges Bild, weder in bezug auf die Möglichkeiten noch auf die Verteilung der Erzeugung innerhalb eines Jahres.

Es ist nämlich unmöglich, aus einer Reihe von Jahren, deren Unterlagen zur Verfügung stehen, gewisse charakteristische Jahre herauszugreifen. Wenn das schon für ein einzelnes Wasserkraftwerk möglich wäre, so wäre es aber ganz unmöglich für ein ganzes Verbundsystem, wenn man die Bedingung, alle Charakteristiken der Stromerzeugung, wie des Systems so der Wasserkraftwerke, zu erhalten und darüber hinaus auch noch die gegenseitige Vergleichsmöglichkeit der Wasserkraftwerke zu ermitteln, erfüllen wollte. Um das zu erreichen, wäre es wahrscheinlich notwendig, eine größere Anzahl von charakteristischen Jahren auszuwählen. Trotzdem wäre damit noch keine Sicherheit gegeben, daß gerade jene charakteristischen Jahre ausgewählt wurden, die allen Bedingungen genügen.

Daher ist die Auswahl und Analyse von nur einigen ausgewählten Jahren abzulehnen, und es wird notwendig, auf die Untersuchungen einer Reihe von Jahren, und das der gleichen Reihe von Jahren, für alle Wasserkraftwerke des Systems, überzugehen. Auf diese Weise werden alle Verhältnisse, die in den einzelnen Wasserkraftwerken und im Gesamtsystem auftraten und die mit Wahrscheinlichkeit auch zukünftig erwartet werden können, berücksichtigt, insoferne dabei Unterlagen einer längeren Reihe von Jahren benützt wurden. Mit einer derartigen längeren Reihe von Jahren werden Zeitabschnitte mit großen Wasserdarbietungen wie auch große Dürreperioden erfaßt. Dadurch können Unterlagen über die extremen Erzeugungsmöglichkeiten gewonnen werden.

Außerdem erhält man durch die Untersuchung der Verhältnisse, die gleichzeitig in einer Reihe von Wasserkraftwerken auftraten, noch Unterlagen über die gegenseitige energiewirtschaftliche Ergänzung der Wasserkraftwerke und Wasserabflüsse. Dies wäre aus den Unterlagen von ausgewählten charakteristischen Jahren unmöglich sicher zu bestimmen.

Mit Recht kann man einwenden, daß die Analyse der Verhältnisse auf Grund einer großen Anzahl von Unterlagen aus einer Reihe von Jahren unmöglich ist. Indem man z. B. nur die monatlichen Stromerzeugungsmöglichkeiten einer 30jährigen Beobachtungsreihe untersucht, erhält man 360 Angaben. Diese Anzahl wächst jedoch wesentlich, wenn man auf die Bestimmung der Erzeugungsmöglichkeiten veränderlicher und konstanter Energie und auf die Bestimmung der veränderlichen und konstanten Leistung übergeht (Kapitel II, 3 und II, 4).

Unterdessen ist es nicht notwendig, diese Untersuchungen mit allen Angaben auszuarbeiten, es genügt vielmehr, auf Grund dieser Angaben die Wahrscheinlichkeitskurven der Erzeugungsmöglichkeit oder anderer erforderlicher Größen aufzustellen und anhand dieser Kurven die gewünschte Analyse durchzuführen.

Es besteht eine Reihe von Methoden [3] für die Bestimmung der Wahrscheinlichkeitskurven zur Bestimmung der Wasserdarbietung, die auch für die Aufzeichnung der Wahrscheinlichkeitskurven der möglichen Stromerzeugung in Wasserkraftwerken angewendet werden können. Die Methode von Gibrat ([25], [26] und [27]) ist einfach in ihrer Anwendung, da keine Berechnungen größeren Umfanges dafür erforderlich sind. Es werden nämlich alle Werte nach ihrer Größe ohne Rücksicht auf deren zeitliches Auftreten geordnet. Die Erzeugungswerte werden auf die Ordinate mit logarithmischer Skala entsprechend der Lage in der Reihenfolge „i“ der Erzeugungen aufgetragen. Diese Wahrscheinlichkeit v_i, die durch ihren Wert in der Reihenfolge bestimmt ist, ergibt sich aus der Beziehung

$$v_i = \frac{2\,i - 1}{2\,n} \tag{194}$$

worin n die Anzahl der Glieder in der Reihenfolge bedeutet. Die Wahrscheinlichkeitsskala ist durch den Wert des Integrals

$$v = \frac{1}{\sqrt{2\pi}} \int e^{-\frac{x^2}{2}}\, dx \tag{195}$$

gegeben, der auf der Abszisse rechts und links des Wertes 0,50 aufgetragen wird (Abb. 84).

Nach Eintragung der einzelnen Werte in das Koordinatensystem Wahrscheinlichkeit—Logarithmus dürfte es in einzelnen Fällen möglich sein, durch diese Punkte eine Annäherungsgerade zu legen. Wenn das nicht möglich ist, müssen die Ordinaten aller Punkte um den gleichen konstanten Wert W_0 so lange verringert werden, bis eine solche Lage der Punkte erreicht wird, daß durch sie angenähert eine Gerade gelegt werden kann. Im auf Abb. 84 gezeigten Beispiel wird das für $W_0 = 20$ GWh erreicht. Durch Verschiebung der Punkte um W_0 nach oben kann die Wahrscheinlichkeitskurve gezeichnet werden, deren analytischen Ausdruck mit dem Integral (195) dargestellt wird, vorausgesetzt, daß $\frac{x^2}{2} = z^2$ ist, worin

$$z = a \log (W - W_0) + b \tag{196}$$

ist. In dieser Formel (196) sind a und b Konstanten, die durch zwei

Punkte der Geraden durch Verschiebung um W_0 bestimmt sind. Für diese können aus dem Diagramm in Abb. 84 die Werte für W und die Wahrscheinlichkeit v abgelesen werden. Mit Hilfe von v bestimmt man dann aus den Tabellen die Werte für x (195) bzw. für z.

Durch Übertragung der Punkte aus der Kurve in Abb. 84 kann die Wahrscheinlichkeitskurve im linearen Koordinatensystem auf einfache Weise gefunden werden (Abb. 85).

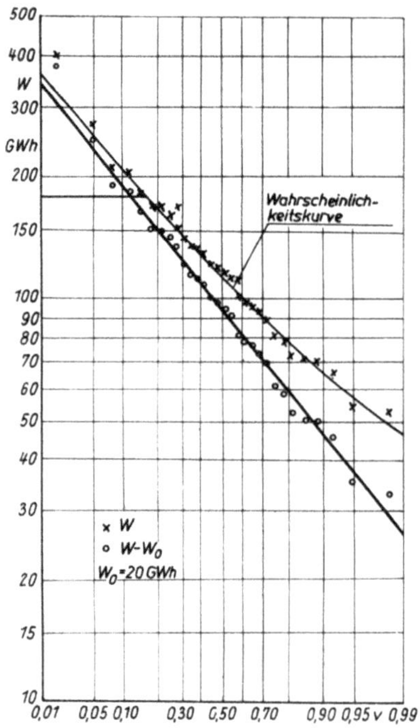

Abb. 84. Beispiel zur Bestimmung der Wahrscheinlichkeitskurve der möglichen Stromerzeugung eines Wasserkraftwerkes im Koordinatensystem Logarithmus-Wahrscheinlichkeit

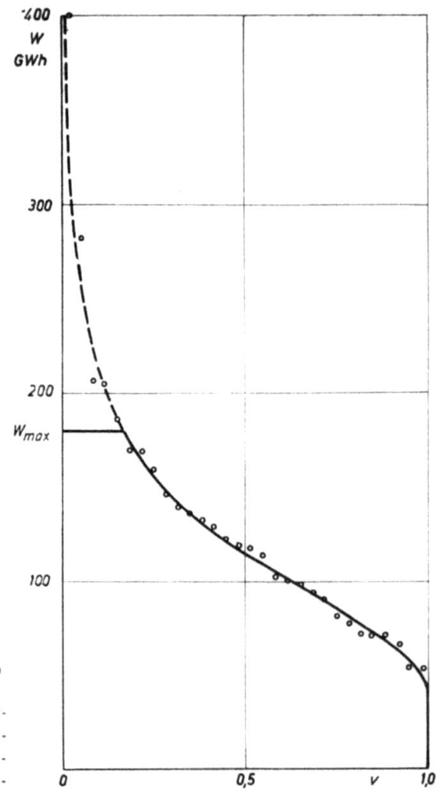

Abb. 85. Wahrscheinlichkeitskurve der Abb. 84 im Koordinatensystem mit linearer Skala auf Ordinate und Abszisse

Mit der beschriebenen Methode stellt man ebenfalls die Wahrscheinlichkeitskurven der 10tägigen oder monatlichen Stromerzeugung auf, sei es für jeden Monat getrennt, sei es für ein ganzes Jahr. Indem die mögliche Stromerzeugung eines Wasserkraftwerkes mit einer begrenzten Maximalleistung behandelt wird, ist auch dessen maximale Stromerzeugung begrenzt. Erwähnt sei, daß die mögliche Erzeugung als Grundlage für die Bestimmung der Kurve in Abb. 84 ohne Rücksicht auf die Maximalleistung des Wasserkraftwerkes berechnet wurde.

Wichtiger sind dagegen die Stromerzeugungsmöglichkeiten des gesamten Verbundsystems. Wenn die Erzeugungsmöglichkeit im System während einer Dekade oder eines bestimmten Monats (z. B. Februar 1956) gesucht wird, dann ist die Stromerzeugung sämtlicher Wasserkraftwerke, die in der betreffenden Dekade oder im betreffenden Monat hätte erzeugt werden können, wenn alle untersuchten Wasserkraftwerke zu diesem Zeitpunkt ausgebaut wären, zu summieren. Deshalb ist bei der Untersuchung der im Verbundsystem herrschenden Verhältnisse auch der Ausbauzustand der Wasserkraftwerke festzustellen. Die Summenwerte der gleichzeitig in allen Wasserkraftwerken eines Verbundsystems in einzelnen Zeitabschnitten (Dekade oder Monat) möglichen Stromerzeugungen sind die Grundlagen für die Bestimmung der Wahrscheinlichkeitskurven der möglichen Stromerzeugung der Wasserkraftwerke eines Verbundsystems.

Bei der Bearbeitung der Wahrscheinlichkeitskurven eines Wasserkraftwerkes sind zwei Fälle zu unterscheiden. Der erste Fall liegt vor, wenn die mögliche Stromerzeugung kleiner war als die maximal mögliche Stromerzeugung. Im zweiten Fall ist die mögliche Stromerzeugung gleich der maximalen. Für Wahrscheinlichkeitskurven, die auf ein ganzes Verbundsystem bezogen werden, sind jedoch drei Fälle zu unterscheiden.

Der erste Fall besteht, wenn in allen Wasserkraftwerken die größte Stromerzeugungsmöglichkeit vorhanden ist, was in größeren Systemen mit Saisonspeicherwerken äußerst selten vorkommt. Der zweite Fall tritt ein, wenn der größte Teil der Wasserkraftwerke im betrachteten Zeitabschnitt mit der größten möglichen Stromerzeugung arbeiten kann. Im dritten Fall ist die Stromerzeugung aller Wasserkraftwerke, oder praktisch aller Wasserkraftwerke des Systems, kleiner als die maximal mögliche Stromerzeugung. Im ersten Fall wird die Wahrscheinlichkeitskurve eine Horizontale, während in den beiden übrigen Fällen die Wahrscheinlichkeitskurven im Koordinatensystem Wahrscheinlichkeit — Logarithmus durch zwei Gerade verschiedener Neigungen (Abb. 86) oder durch zwei Kurven dargestellt werden. Der Schnittpunkt dieser Linien ist die Grenze zwischen dem zweiten und dritten Fall. Die verschiedenen Neigungen der Geraden bzw. der verschiedenartige Verlauf der Kurven sind die Folge der beschränkten Erzeugungsmöglichkeit in den einzelnen Wasserkraftwerken durch die Beschränkung der Maximalleistung oder der beschränkten Ausbaugröße.

Auf gleiche Art kann auch die Wahrscheinlichkeitskurve für die Erzeugung der konstanten Energie bestimmt werden, und das gesondert für jedes Wasserkraftwerk gemäß Kapitel II, 3 bzw. II, 4. Durch Summierung dieser Erzeugungen findet man die gesamte konstante Energieerzeugung des betreffenden Systems. Normalerweise wird mit der Verringerung der Gesamtenergieerzeugung auch die Erzeugung der konstanten Energie kleiner. Daher entspricht die abnehmende Reihe der Erzeugungsmöglichkeiten konstanter Energie nach dem Zeitpunkt des Auftretens der abnehmenden Reihe der gesamten möglichen Stromerzeugung. Obwohl dies nicht in allen Fällen vorkommt, entsteht doch kein größerer Fehler, wenn die Wahrscheinlichkeitskurve gemäß der Reihe nach den abnehmenden Erzeugungen der konstanten Energie bestimmt wird, ohne Rücksicht auf das gleichzeitige Auftreten der gesamten möglichen Erzeugung und der Erzeugung konstanter Energie. Den Unterschied zwischen diesen beiden Reihenfolgen für die Verhältnisse in einem Monat im untersuchten Ausbauzustand der Wasser-

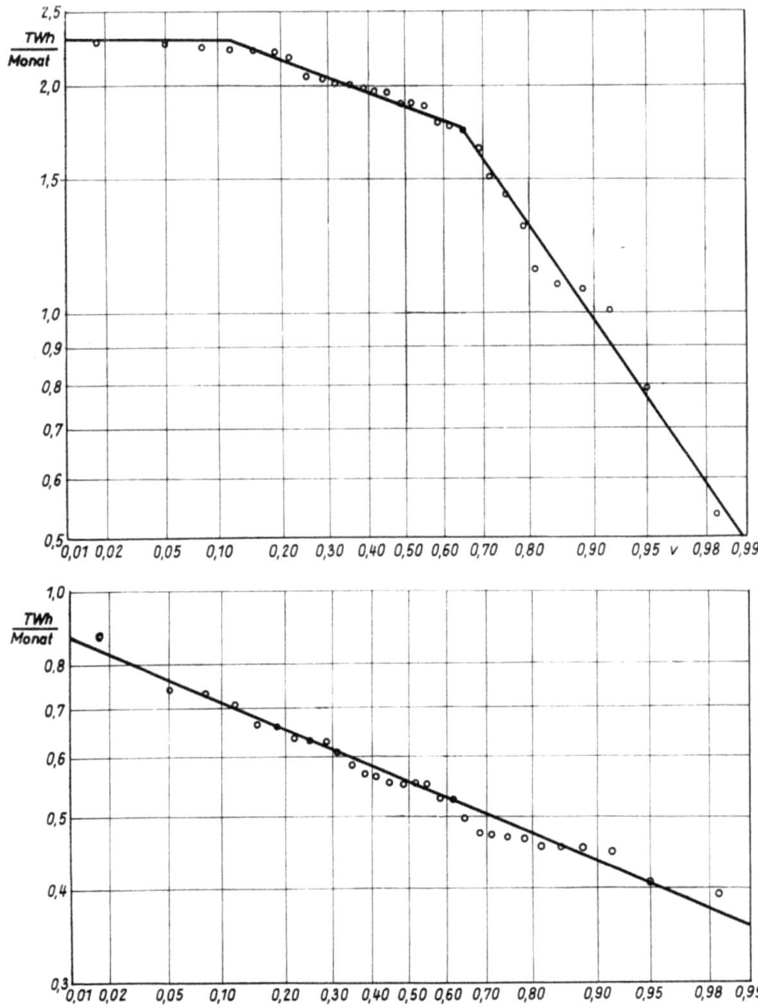

Abb. 86. Beispiele von Wahrscheinlichkeitskurven der möglichen monatlichen Stromerzeugung in Wasserkraftwerken des Verbundsystems: *a* für einen niederschlagsreichen und *b* für einen trockenen Monat

kraftwerke in einem Verbundsystem zeigt Abb. 87. Auch jetzt können drei verschiedene Fälle auftreten, ähnlich wie dies bei den Wahrscheinlichkeitskurven der möglichen gesamten Stromerzeugung gezeigt wurde. Im ersten Fall fallen die horizontalen Geraden für die gesamte und konstante Energie zusammen.

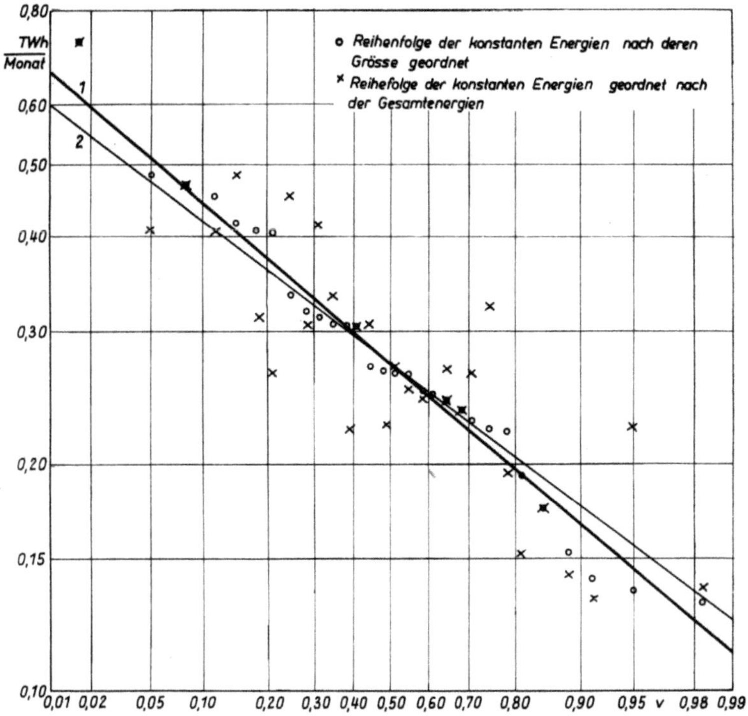

Abb. 87. Beispiel für die Annäherung der Wahrscheinlichkeitskurve der monatlichen Erzeugung konstanter Energie. (1) Reihenfolge nach Größe der Monatserzeugung konstanter Energie, (2) Reihenfolge der Monatserzeugung konstanter Energie nach der Größe der möglichen gesamten Monatserzeugungen

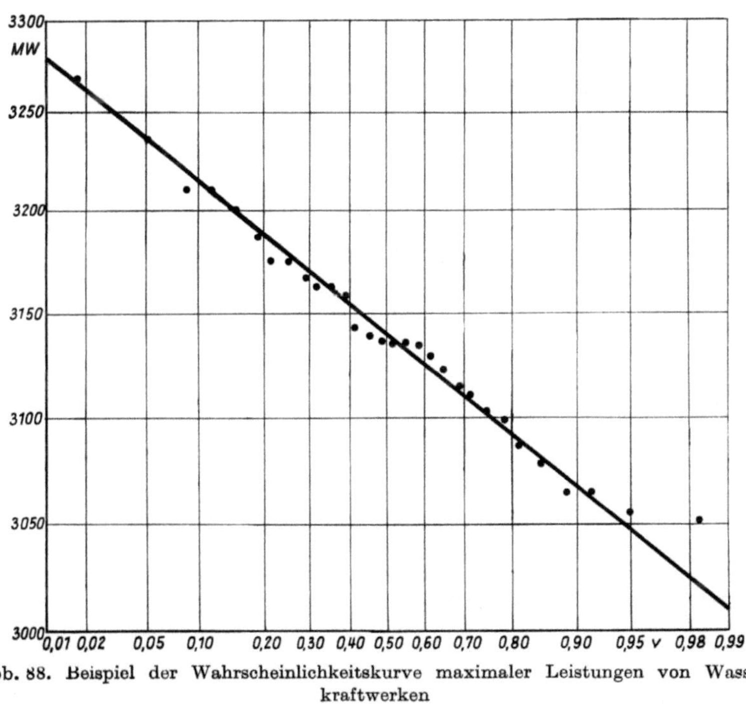

Abb. 88. Beispiel der Wahrscheinlichkeitskurve maximaler Leistungen von Wasserkraftwerken

Die gleiche Lage besteht bei der Bestimmung der Wahrscheinlichkeitskurve der maximalen Leistungen (Abb. 88).

Mit den Wahrscheinlichkeitskurven der gesamten möglichen Stromerzeugung, der konstanten Energie und der Maximalleistung von Wasserkraftwerken sind alle erforderlichen Größen für die Kennzeichnung der Ausnützungsmöglichkeiten dieser Art von Kraftwerken gegeben. Diese Kurven sind für jeden Monat aufzustellen, indem man von Dekaden oder Monaten ausgeht. Sie zeigen alle Zustandsverhältnisse, die in einem Monat erwartet werden können.

b) Anwendung der Wahrscheinlichkeitskurven

Durch Vergleich der Wahrscheinlichkeitskurven für die Erzeugungsmöglichkeiten der Wasserkraftwerke mit deren Energie- und Leistungsbedarf ist es möglich, die auftretenden Fälle zu erkennen (Kapitel IV, 3b)

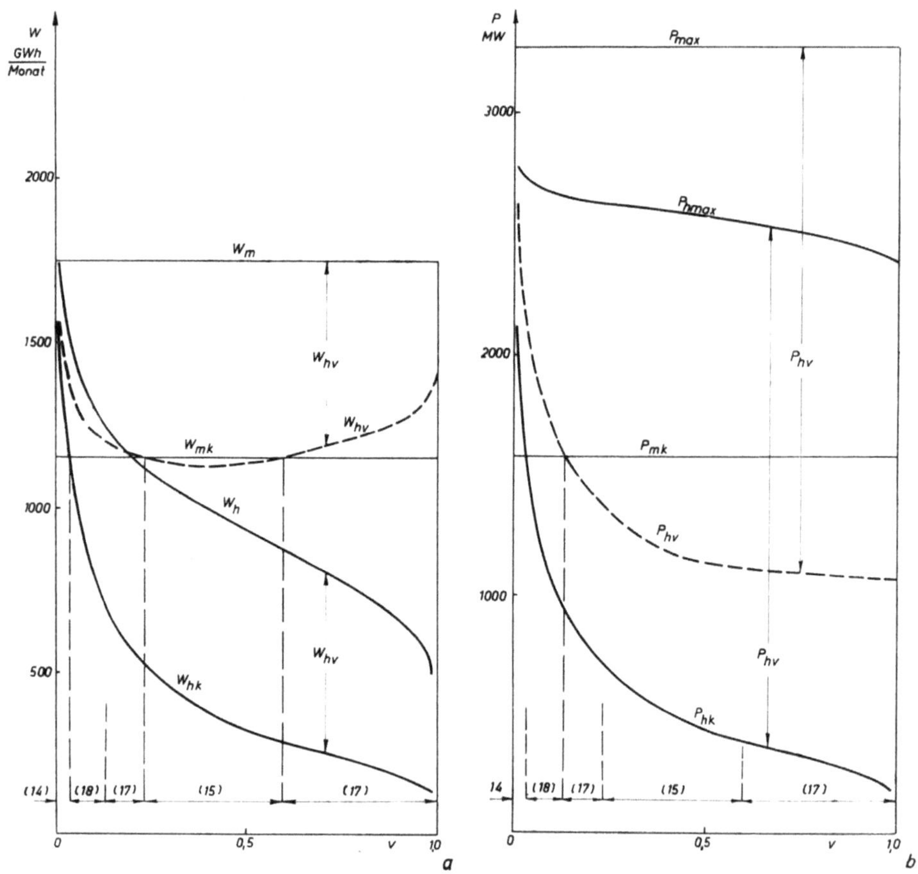

Abb. 89. Möglichkeiten der Stromerzeugung (*a*) und Leistungserzeugung (*b*) in Wasserkraftwerken und der Energie- und Leistungsbedarf (*a* und *b*) in einem Verbundsystem innerhalb eines Monates. Die eingeklammerten Zahlen bezeichnen die Fälle in Abb. 70

und dementsprechend die Ausnützung der Wasserkraftwerke und den erforderlichen zusätzlichen Einsatz von Wärmekraftwerken zu bestimmen.

Abb. 89 zeigt die Erzeugungsmöglichkeiten von Wasserkraftwerken auf zwei Diagrammen (getrennt Energien und Leistungen). Der Bedarf ist durch horizontale Gerade dargestellt, da die Verhältnisse im System in einem bestimmten Monat und für einen bestimmten Verbrauch, der von den in den Wasserkraftwerken herrschenden Verhältnissen

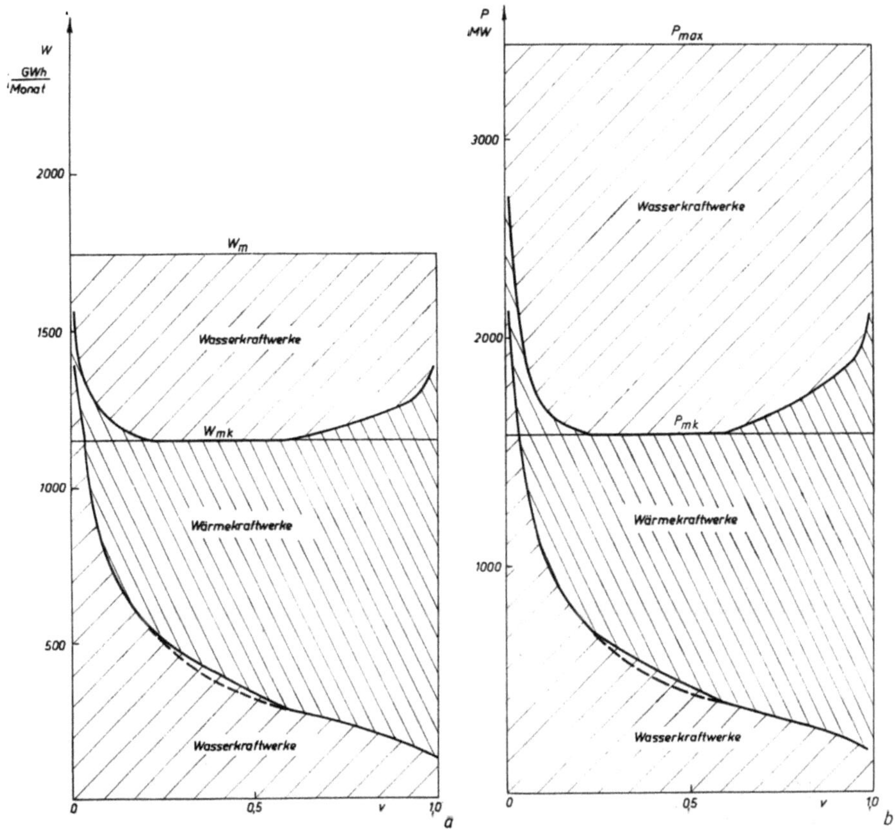

Abb. 90. Nutzbare Energie von Wasserkraftwerken und erforderliche Erzeugung von Wärmekraftwerken (*a*) und nutzbare Leistung von Wasserkraftwerken und erforderliche Belastung von Wärmekraftwerken (*b*) für die in Abb. 89 dargestellten Verhältnisse

unabhängig ist, betrachtet werden. Die Grenzen, innerhalb welcher die in Abb. 70 gezeigten Fälle auftreten, sind aus Abb. 89 zu entnehmen. Die Angaben für jeden Wahrscheinlichkeitswert zeigen eine der möglichen Zustandserscheinungen, die im untersuchten System und im betrachteten Monat auftreten können. In Anwendung der Methode der variablen und konstanten Energie (Kapitel IV, 3) bestimmt man nun die nutzbare Stromerzeugung und Leistung der Wärmekraftwerke für eine Reihe von Wahrscheinlichkeitswerten. Auf Grund einer solchen Analyse können die Diagramme nach Abb. 90 ausgearbeitet werden. Die Angaben dieser Diagramme über Leistungen und Energiemengen dienen als Unterlagen für weitere Untersuchungen.

3. Belastungskurven von Wärmekraftwerken

a) Belastungsdauerkurven von Wärmekraftwerken

Bei bekanntem Strombedarf (Abb. 90a) und Leistungsbedarf (Abb. 90b) aus Wärmekraftwerken ist es möglich, für eine Reihe von Zustandserscheinungen die Belastungsdauerlinien der Wärmekraftwerke aufzustellen. Die Dauer der konstanten Belastung ist bereits durch die Tatsache der konstanten Belastung gegeben, indessen kann man für den variablen Teil der Stromerzeugung annehmen, daß ein rechteckiges Belastungsdiagramm in Frage kommt. Diese Voraussetzung ist um so

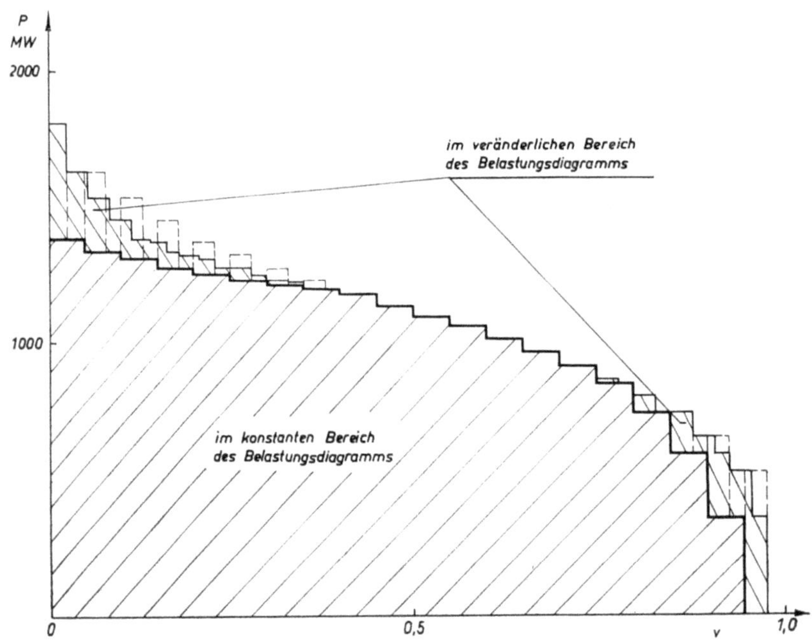

Abb. 91. Beispiel zur Bestimmung von Belastungsdauerlinien von Wärmekraftwerken für die in Abb. 89 angeführten Verhältnisse

mehr berechtigt, wenn eine größere Anzahl von Zustandserscheinungen, deren Kurven in Abb. 90 gezeigt sind, behandelt wird. Abb. 91 zeigt Belastungsdauerkurven von Wärmekraftwerken für zwanzig Zustandserscheinungen der in Abb. 90 gezeigten Kurven. Die Zustandserscheinungen entsprechen den Wahrscheinlichkeitswerten gemäß dem Ausdruck (194), wo i die laufende Zahl der Zustandserscheinung und n die Gesamtzahl der untersuchten Zustandserscheinung bedeutet. Für das Beispiel in Abb. 91 sind die Werte für $v_1 = 0{,}025$, $v_2 = 0{,}075$ usw.

Durch Summierung der Belastungszeiten erhält man eine Stufenkurve, die die Belastungsdauerkurve der Wärmekraftwerke bei den bereits erwähnten Voraussetzungen zeigt. So eine Kurve ist eine Annäherung an die Belastungsdauerkurve der Wärmekraftwerke. Bei Berücksichtigung der Belastungen der Wärmekraftwerke bei sehr kleinen und sehr großen Wahrscheinlichkeitswerten kann mit Hilfe der oben beschriebenen Annäherungskurve die Belastungsdauerkurve der Wärmekraftwerke (Abb. 92) gezeichnet werden. In dieser ist die Belastung gesondert für die Deckung des konstanten und gesondert für die Deckung des variablen Bereichs des Belastungsdiagramms eingetragen.

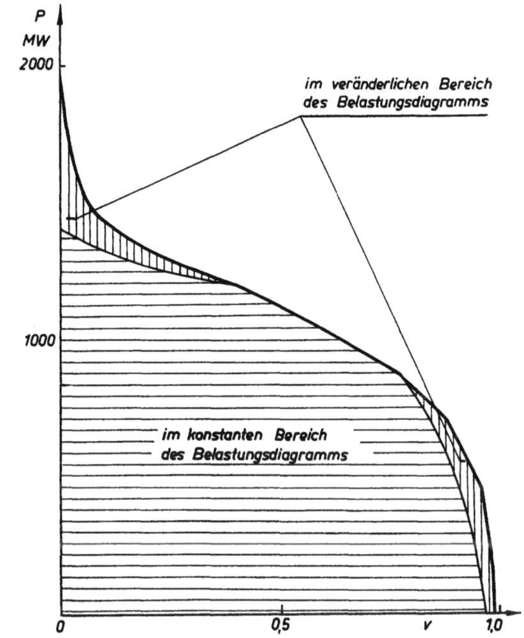

Abb. 92. Angenäherte Belastungsdauerlinie von Wärmekraftwerken für die in Abb. 89 angeführten Verhältnisse

Abb. 92 zeigt die Dauerlinie für einen Monat. Durch Summierung der Abszissen der Monatslinien ergeben sich die Jahres-Belastungsdauerlinien.

Um den Einfluß des prozentuellen Anteils der Wasserkraftenergie an der Gesamterzeugung in einem System zu zeigen, werden beispielsweise die Belastungsdauerkurven von Wärmekraftwerken eines Verbundsystems für einen Anteil der Wasserkraft mit 20%, 40%, 60% und 80% gezeigt (Abb. 93). In allen Fällen wird vorausgesetzt, daß Wasserkraftwerke mit gleichen charakteristischen Eigenschaften, sei es in bezug auf die Verteilung der Wasserdarbietung, sei es in bezug auf die Ausnützung der installierten Leistung, behandelt werden. Bei einem größeren prozentuellen Anteil der Wasserkraft fällt die Belastungsdauerkurve der Wärmekraftwerke schneller, dazu verringert sich die Erzeugung der Wärmekraftwerke im veränderlichen Bereich des Belastungsdiagramms. Im Verbundsystem, auf das sich die Kurven in Abb. 93 beziehen, hat der überwiegende Teil der Wasserkraftwerke Speicherbecken, die zumindest für eine Tagesspeicherung genügen. Interessant ist der Vergleich des Verhältnisses der maximalen erforder-

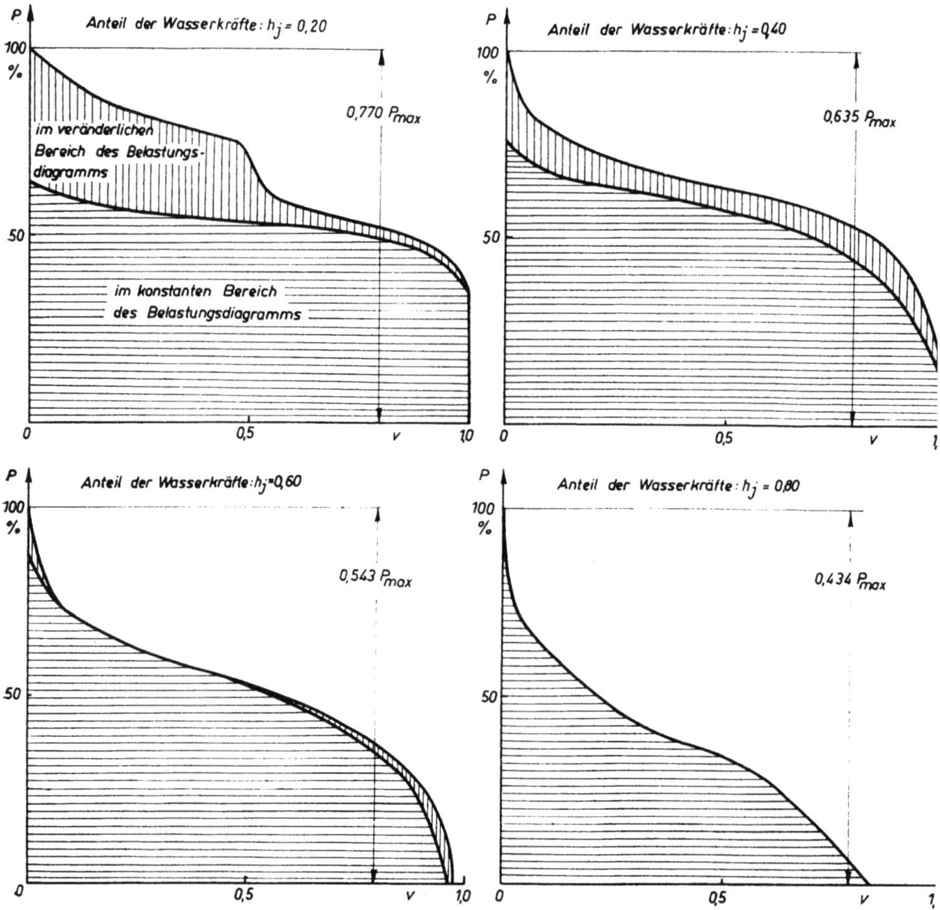

Abb. 93. Beispiele von Jahresbelastungsdauerlinien von Wärmekraftwerken für verschiedene Anteile von Wasserkraftenergie h_j an der Gesamterzeugung eines Verbundsystems (100% = erforderliche Maximalleistung der Wärmekraftwerke)

lichen Leistung der Wärmekraftwerke für verschiedene Anteile der Wasserkraftenergie und der maximalen Jahresbelastung. Wenn der Anteil der Wasserkräfte 20% beträgt, ist die maximal erforderliche Leistung aus Wärmekraftwerken 77,0% der maximalen Belastung. Bei einem Anteil der Wasserkraft von 80% muß die maximal erforderliche Leistung der Wärmekraftwerke 43,4% der Maximalbelastung sein. Obwohl die Maximalleistung der Wasserkraftwerke auf den vierfachen

Betrag anstieg, ist die erforderliche Leistung der Wärmekraftwerke erst auf 56% der erforderlichen Leistung zurückgegangen.

Wie bereits erwähnt wurde, besitzt im als Beispiel gezeigten Verbundsystem der überwiegende Teil der Wasserkraftwerke Speicherbecken, die zumindest für eine Tagesspeicherung genügen. Die variable Energie beträgt 54,3% der gesamten möglichen Stromerzeugung der Wasserkraftwerke. Vorausgesetzt, daß alle Wasserkraftwerke, die keine Saisonspeicherbecken besitzen, Laufkraftwerke sind, würde der Anteil der veränderlichen Energie 39,7% der gesamten möglichen Stromerzeugung der Wasserkraftwerke betragen. In diesem Fall wird die erforderliche verfügbare Maximalleistung der Wärmekraftwerke etwas ansteigen. Dieser Zuwachs würde 4,9% für einen Anteil der Wasserkraftenergie von 20% und 8,2% für einen Anteil der Wasserkraftenergie von 80% betragen.

b) Geordnete Diagramme der Tageshöchstlast von Wärmekraftwerken

Manchmal haben Angaben über die Belastungsdauer eine untergeordnete Bedeutung, wichtig ist dagegen das Auftreten des werktägigen Belastungsmaximums. Ein derartig geordnetes Diagramm, das den Verhältnissen der Abb. 90 entspricht, dessen maximale Tagesbelastungen jedoch nach deren Größe geordnet dargestellt werden, zeigt Abb. 94.

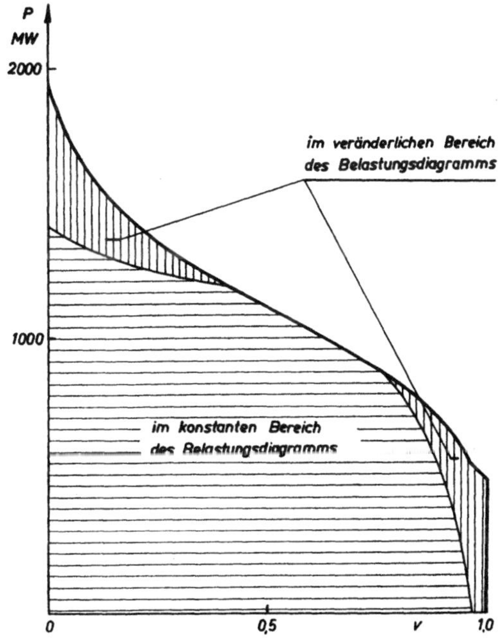

Abb. 94. Geordnetes Diagramm der maximalen Tagesbelastungen von Wärmekraftwerken für die in Abb. 89 dargestellten Verhältnisse

Es soll besonders darauf hingewiesen werden, daß in dem geordneten Tages-Maximalbelastungsdiagramm die Maximalbelastungen der Sonn-

(Feier-)tage unberücksichtigt geblieben sind. Daher kann es als Unterlage für die Untersuchung der Möglichkeiten der jährlichen Überholung der Wärmekraftwerke benützt werden. Diese Überholung kann auch einige Wochen beanspruchen. Außerdem dienen diese Angaben auch zur Bestimmung der erforderlichen Belastungsbeschränkungen der Verbraucher bei Energiemangel, da in solchen Fällen jene Verbraucher betroffen werden (Kapitel VI), die nicht nur an Sonn- und Feiertagen arbeiten können, um dann an Werktagen ihren Betrieb vollkommen oder teilweise einzustellen.

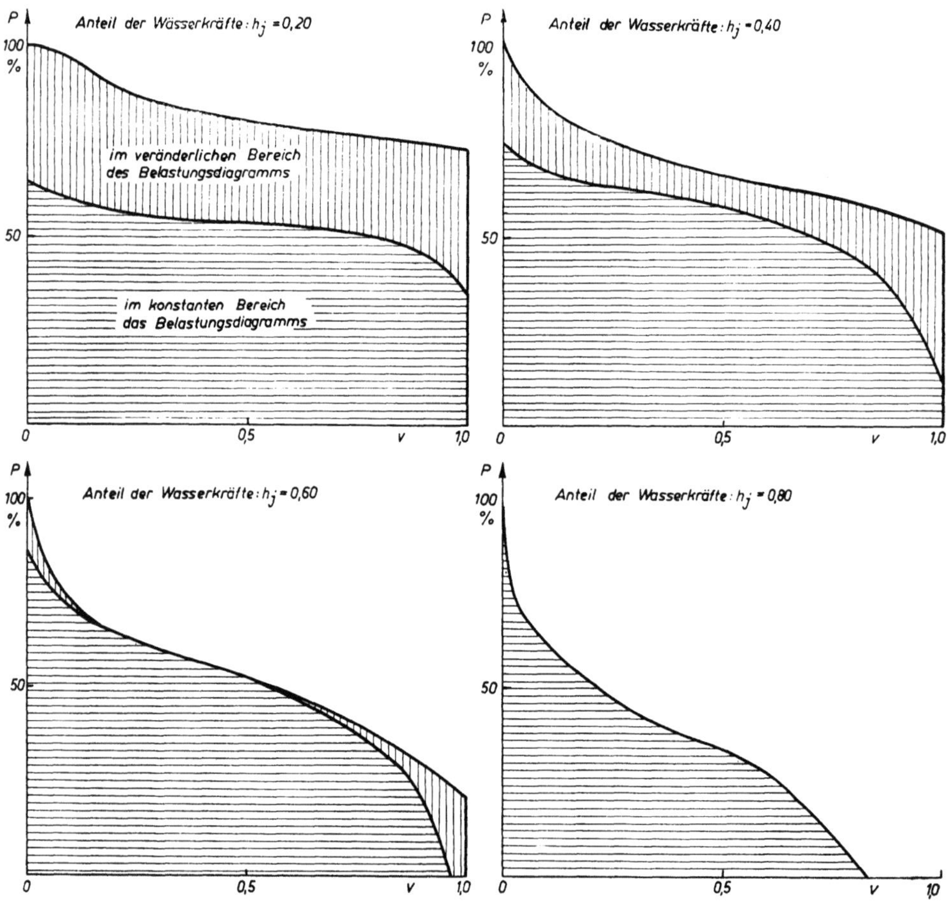

Abb. 95. Beispiele geordneter Jahreskennlinien maximaler Tagesbelastungen von Wärmekraftwerken für verschiedene Anteile von Wasserkraftenergie h_j an der Gesamterzeugung des Verbundsystems (100% = erforderliche Maximalleistung der Wärmekraftwerke). Die Beispiele gelten für die in Abb. 93 angeführten Verhältnisse

Die Zusammenstellung eines geordneten Jahresdiagramms der Tagesmaximalbelastungen erfolgt in gleicher Weise wie die der Jahres-Belastungsdauerlinie.

Abb. 95 bringt die geordneten Diagramme der Tagesmaximalbelastungen der Wärmekraftwerke für jene Fälle, für die in Abb. 93 die Belastungsdauerkurven der Wärmekraftwerke gezeigt wurden. Bei einem kleinen Anteil von Wasserkraft bestehen wesentliche Unterschiede in den Belastungsdauerkurven und geordneten Tages-Maximalbelastungsdiagrammen der Wärmekraftwerke. Unter derartigen Umständen wird nämlich die Leistung der Wärmekraftwerke wesentlich zur Deckung des variablen Bereichs im Belastungsdiagramm herangezogen.

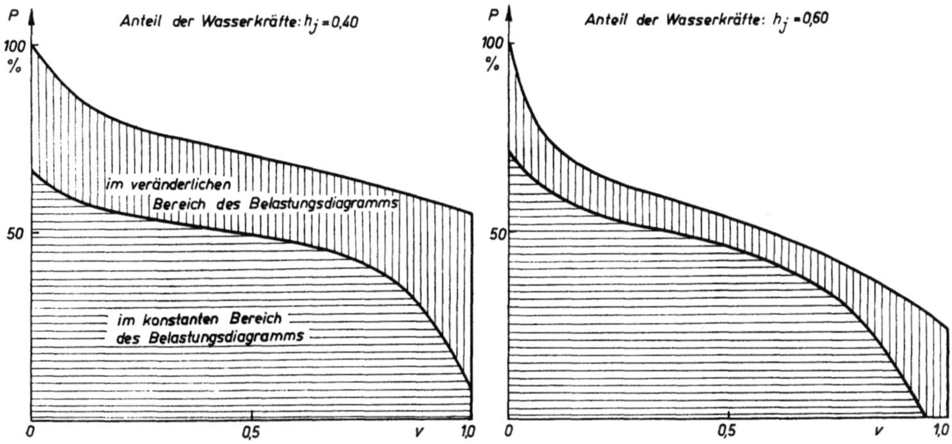

Abb. 96. Beispiele geordneter Jahreskennlinien von Tages-Höchstbelastungen von Wärmekraftwerken für Verhältnisse ähnlich wie in Abb. 95, jedoch bei größerem Anteil der Wasser-Laufkraftwerke

Wo jedoch der Anteil der Wasserkräfte wesentlich ist, gibt es keinen Unterschied zwischen der Dauerkurve und dem geordneten Diagramm der maximalen Tagesbelastungen der Wärmekraftwerke.

Eine Vergrößerung des Anteils der Laufkraftwerke übt einen größeren Einfluß auf das geordnete Diagramm der maximalen Tagesbelastungen aus als auf die Belastungsdauerkurve. Ein größerer Anteil der Laufkraftwerke führt nicht allein zur Erhöhung der erforderlichen Leistung, sondern auch zur Erweiterung des Einsatzes der Leistung der Wärmekraftwerke, um den variablen Bereich im Belastungsdiagramm auszufüllen. In Abb. 96 werden die geordneten Diagramme der maximalen Tagesbelastungen für dasselbe Verbundsystem, auf das sich die Diagramme in Abb. 95 beziehen, gezeigt, wenn die Anteile der Wasserkraft 40% und 60% betragen.

c) Bestimmung der veränderlichen Kosten in Wärmekraftwerken

Ausgehend von der Belastungsdauerkurve von Wärmekraftwerken und bei bekannten veränderlichen spezifischen Kosten k_b (139) der einzelnen Wärmekraftwerke eines Verbundsystems, können die veränderlichen Gesamtkosten für das ganze betreffende Verbundsystem bestimmt werden (Abb. 97). Dazu muß die Kennlinie $P_t = f(k_b)$ aufgestellt werden, in der P_t die Summe der verfügbaren Leistungen der Wärmekraftwerke, ausgehend von dem Wärmekraftwerk mit den geringsten veränderlichen Kosten k_b, ist. Um die Beziehung $P_t = f(k_b)$ zu finden, sind die einzelnen Wärmekraftwerke in Reihenfolge nach der Größe der veränderlichen Kosten zu ordnen. Tatsächlich erhält man damit eine Stufenkurve, die in Abb. 97b durch eine Näherungskurve ersetzt wurde.

Durch Multiplikation der Abszisse t (h/jährl.) der Kurve $P_t = f(t)$ und der Abszisse k_b (Geldwert/kWh) der Kurve $P = f(k_b)$ für gleiche Werte von P_t erhält man die Größe $t \cdot k_b$ (Geldwert/kW jährl.), die

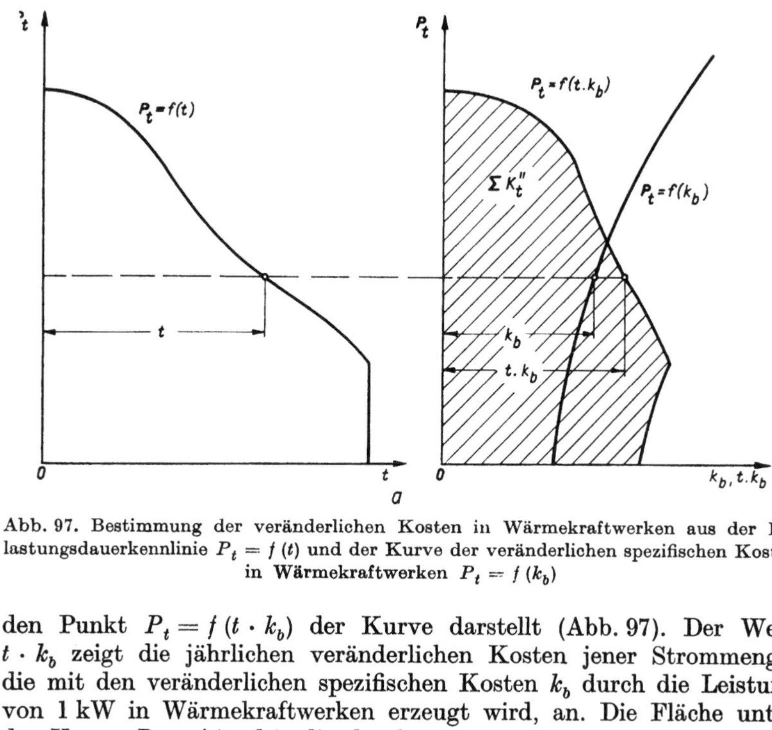

Abb. 97. Bestimmung der veränderlichen Kosten in Wärmekraftwerken aus der Belastungsdauerkennlinie $P_t = f(t)$ und der Kurve der veränderlichen spezifischen Kosten in Wärmekraftwerken $P_t = f(k_b)$

den Punkt $P_t = f(t \cdot k_b)$ der Kurve darstellt (Abb. 97). Der Wert $t \cdot k_b$ zeigt die jährlichen veränderlichen Kosten jener Strommenge, die mit den veränderlichen spezifischen Kosten k_b durch die Leistung von 1 kW in Wärmekraftwerken erzeugt wird, an. Die Fläche unter der Kurve $P_t = f(t \cdot k_b)$, die durch

$$\int t\, k_b\, dP \tag{197}$$

ausgedrückt werden kann, ist proportional den veränderlichen Gesamtkosten in den Wärmekraftwerken des Systems.

Bei der Bestimmung der Kurve $P_t = f(k_b)$ ist auch auf die unbedingt erforderliche Reserveleistung der Wärmekraftwerke Rücksicht zu nehmen. Zweifellos wäre es ungerechtfertigt, die gesamte Reserveleistung durch Wärmekraftwerke mit den größten veränderlichen spezifischen Kosten sicherzustellen. Bei allen Wärmekraftwerken ist ja eine gewisse Instandhaltungszeit vorzusehen, außerdem können in allen Wärmekraftwerken Störungen auftreten. Bei Berücksichtigung aller dieser Möglichkeiten und wenn die Wahrscheinlichkeit von Störungen und der erforderlichen Instandhaltungszeit für alle Wärmekraftwerke untereinander gleich wäre, muß die Kurve $P_t = f(k_b)$, bei Voraussetzung einer Leistungsminderung der Wärmekraftwerke, so bestimmt werden, als ob die gesamte Reserveleistung, verteilt auf alle Wärmekraftwerke, proportional ihrer Höchstleistung wäre. Anstatt der Höchstleistung eines Wärmekraftwerkes $P_{t\max}$ muß demnach

$$P_t = \frac{P_{t\max}}{\varrho} \tag{198}$$

in Rechnung gesetzt werden, wo ϱ ($\varrho > 1$) der Reservefaktor ist.

4. Der kritische Zeitabschnitt in einem Verbundsystem

Unter dem Begriff des kritischen Zeitabschnittes in einem Verbundsystem ist jener Zeitraum des Jahres zu verstehen, in dem für die Deckung der Bedarfsanforderungen der größte Leistungseinsatz der Wärmekraftwerke erforderlich wird. Wenn in einem System ausschließlich Wärmekraftwerke arbeiten, fällt der kritische Zeitabschnitt mit dem Tage der Höchstlast zusammen. Dagegen erscheint in einem Verbundsystem mit einem wesentlichen Anteil von Wasserkraft der kritische Zeitabschnitt meistens in der Zeit des kleinsten Wasserdargebotes. Dieser Zustand muß allerdings nicht gerade im Zeitraum der geringsten auftretenden Abflüsse auftreten, weil ja der kritische Zeitabschnitt von den Schwankungen der Abflußmengen während des Jahres und von den Saisonschwankungen des Stromverbrauchs abhängig ist.

Im geordneten Tages-Höchstlastdiagramm der Wärmekraftwerke stellt die maximale Belastung (für $v = 0$) die notwendige Leistung der Wärmekraftwerke im kritischen Zeitabschnitt P_{tKR} dar (Abb. 98). Wie jedoch später im Kapitel VI gezeigt wird, ist es nicht immer gerechtfertigt, in allen Fällen die Anforderungen der Verbraucher zu befriedigen. Deshalb wird tatsächlich eine geringere Leistung der Wärmekraftwerke benötigt (z. B. P'_{tKR} in Abb. 98). In diesem Fall ist als kritischer Zeitabschnitt jener Zeitraum anzusehen, der bei $v = v_{KR}$ vorkommt oder jene Zeit, in der mit der Leistung P'_{tKR} alle Verbrauchsanforderungen der Abnehmer gedeckt werden können. Im Zeitabschnitt $v < v_{KR}$ ist die Höchstbelastung der Wärmekraftwerke ebenfalls gleich P'_{tKR}, da eine größere Leistung der Wärmekraftwerke überhaupt nicht zur Verfügung steht.

Wesentlich ist es, den Belastungsfaktor der Wärmekraftwerke im kritischen Zeitabschnitt zu kennen. Er zeigt nämlich das Verhältnis zwischen der erforderlichen Stromerzeugung und der Belastung der Wärmekraftwerke an. Der Belastungsfaktor der Wärmekraftwerke im kritischen Zeitabschnitt m_{tKR} ist von der Form des Belastungsdiagramms, vom Verhältnis h_{KR} der Wasserkraft zur erforderlichen Gesamterzeugung im kritischen Zeitabschnitt und vom Verhältnis ε_{KR}

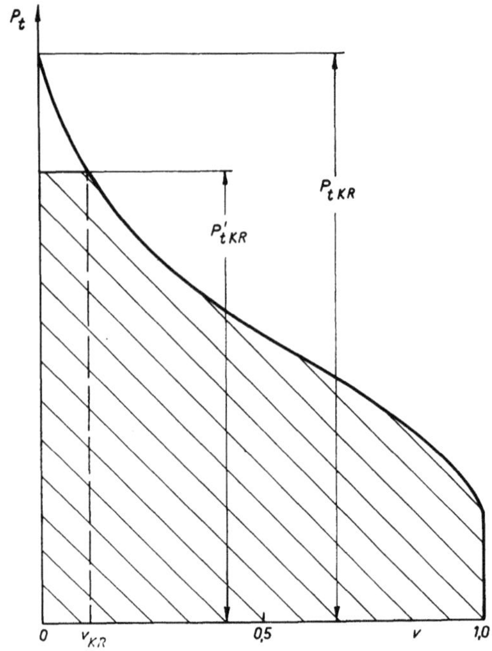

Abb. 98. Definition der erforderlichen verfügbaren Leistung in Wärmekraftwerken für kritische Zeitabschnitte. P_{tKR} ist die erforderliche Leistung für die vollständige Deckung des Verbrauchs, P'_{tKR} die erforderliche Leistung bei eingeschränkter Stromversorgung einzelner Verbrauchsgruppen

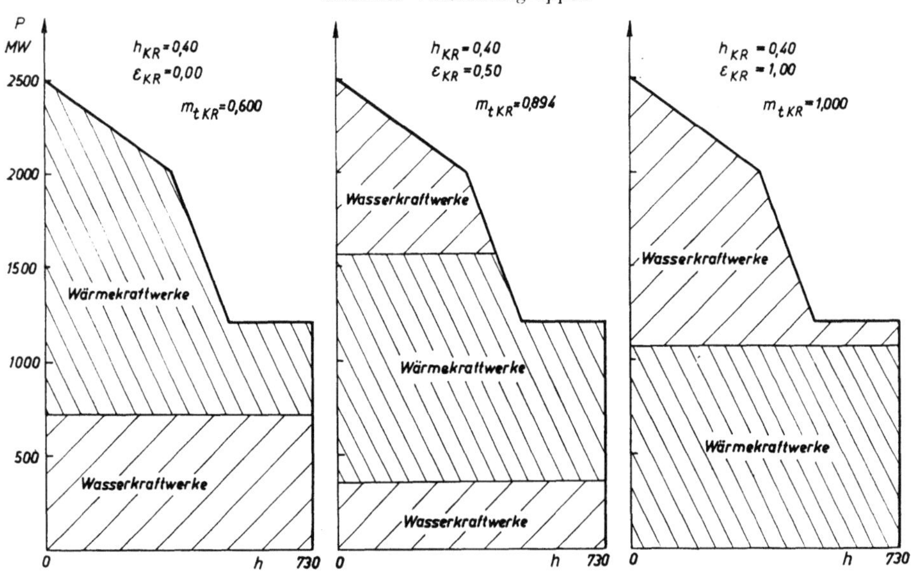

Abb. 99. Einfluß des Verhältnisses der veränderlichen Energie zur Gesamterzeugung der Wasserkraftwerke ε_{KR} auf den Belastungsfaktor der Wärmekraftwerke m_{tKR} im kritischen Zeitabschnitt

der variablen Energie zur Gesamterzeugung der Wasserkraftwerke im kritischen Zeitabschnitt abhängig. Ausgehend von der Monats-Belastungsdauerlinie im kritischen Zeitabschnitt nach Abb. 99 soll beispielsweise der Belastungsfaktor der Wärmekraftwerke in Abhängigkeit vom Verhältnis h_{KR} und ε_{KR} gezeigt werden. In Abb. 99 sind drei Fälle angeführt, in denen stets der gleiche Anteil der Wasserkraft h_{KR} besteht, jedoch verschiedene prozentuelle Anteile veränderlicher Energie ε_{KR}. In allen drei Fällen ist also die gleiche erforderliche Wärmekraftenergie vorhanden, jedoch muß für ihre Erzeugung im ersten Fall eine wesentlich größere Leistung ($m_{tKR} = 0{,}60$) aufgewendet

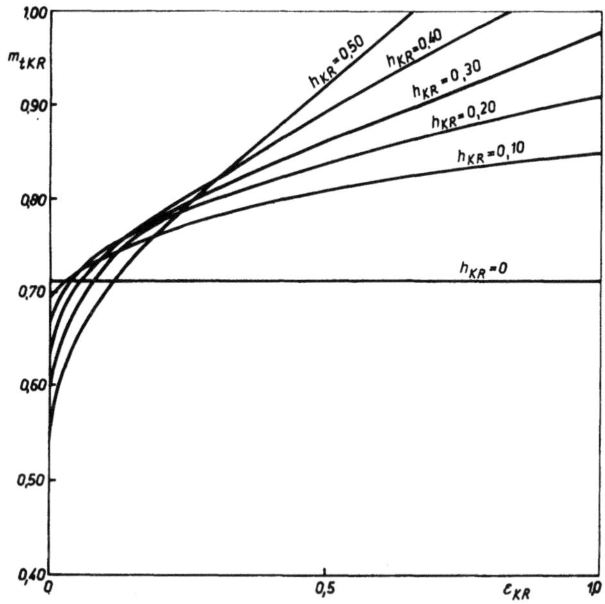

Abb. 100. Beispiel für die Abhängigkeit des Belastungsfaktors von Wärmekraftwerken m_{tKR} vom Verhältnis der veränderlichen Energie und der gesamten möglichen Stromerzeugung der Wasserkraftwerke ε_{KR} und vom Verhältnis der gesamten möglichen Stromerzeugung der Wasserkraftwerke und der erforderlichen Energie h_{KR} im kritischen Zeitabschnitt

werden, als im dritten Fall ($m_{tKR} = 1{,}00$), wenn die gesamte Energie der Wasserkraftwerke als variable Energie erzeugt werden kann ($\varepsilon_{KR} = 1{,}00$). Abb. 100 zeigt für die gleiche Belastungsdauerlinie die Abhängigkeit des Belastungsfaktors der Wärmekraftwerke m_{tKR} vom Verhältnis ε_{KR} für konstante Anteile der Wasserkraft h_{KR}. Der Nutzen des vergrößerten Verhältnisses ε_{KR} ist offensichtlich, da mit der größeren Erzeugungsmöglichkeit der variablen Energie der Belastungsfaktor der Wärmekraftwerke größer wird. Dies setzt letzten Endes den notwendigen Ausbau von Wärmekraftwerken herab. Der günstigste Einfluß der Vergrößerung der Beziehung ε_{KR} ist um so größer, je größer das Verhältnis h_{KR} ist.

5. Leistungsreserve im Verbundsystem

Auf Grund der Diagramme in Abb. 89 und 90 ist es möglich, die ungenutzte Leistung der Wasserkraft- und Wärmekraftwerke zu bestimmen (Abb. 101). Unter ungenutzter Leistung ist jene Leistung zu verstehen, die im Zeitpunkt der werktägigen Hochlast nicht ausgenützt werden kann. Selbstverständlich gelten die Angaben im Diagramm nur für den in Abb. 89 gezeigten Fall. Bei Hochwasser wird ja die gesamte oder beinahe die gesamte Leistung der Wasserkraftwerke im

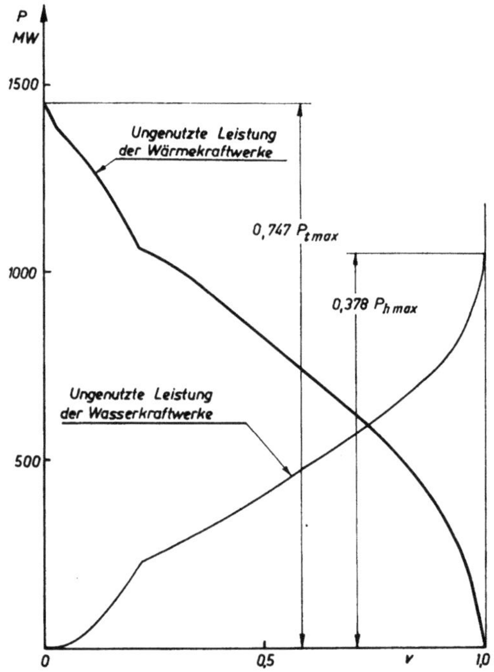

Abb. 101. Ungenutzte Leistung der Wasser- und Wärmekraftwerke für die in Abb. 89 dargestellten Verhältnisse

Augenblick der Höchstlast ausgenützt, weshalb keine Leistungsreserve in den Wasserkraftwerken besteht. Dagegen haben zu dieser Zeit die Wärmekraftwerke eine besonders große ungenutzte Leistung. Eine Störung an einem Maschinensatz in den Wasserkraftwerken oder ein Ausfall eines der Wasserkraftwerke kann deshalb die Versorgung der Verbraucher nicht in Frage stellen. Umgekehrt ist bei besonders kleinem Niederwasser in den Wasserkraftwerken eine beträchtliche ungenutzte Leistung vorhanden, die aber bei einer Störung in den Wärmekraftwerken nicht verwertet werden kann, weil ja der dargebotene Wasserzufluß in den Wasserkraftwerken bereits so ausgenützt wird, daß die höchstmögliche Ausnützung der Leistung der Wasserkraftwerke besteht.

Daher ist es nötig, in den Wärmekraftwerken für eine entsprechende Reserveleistung zu sorgen, die als Ersatz für ausgefallene Maschinensätze in Wärmekraftwerken oder ganzer Wärmekraftwerke eingesetzt werden kann. In Wasserkraftwerken ist dagegen keine Reserveleistung erforderlich, da bei Hochwasser Defekte in Wasserkraftwerken durch Leistung der Wärmekraftwerke ausgeglichen werden können, während ein Störungsausfall in Wasserkraftwerken bei Niederwasser durch ungenutzte installierte Leistung der Wasserkraftwerke gedeckt wird.

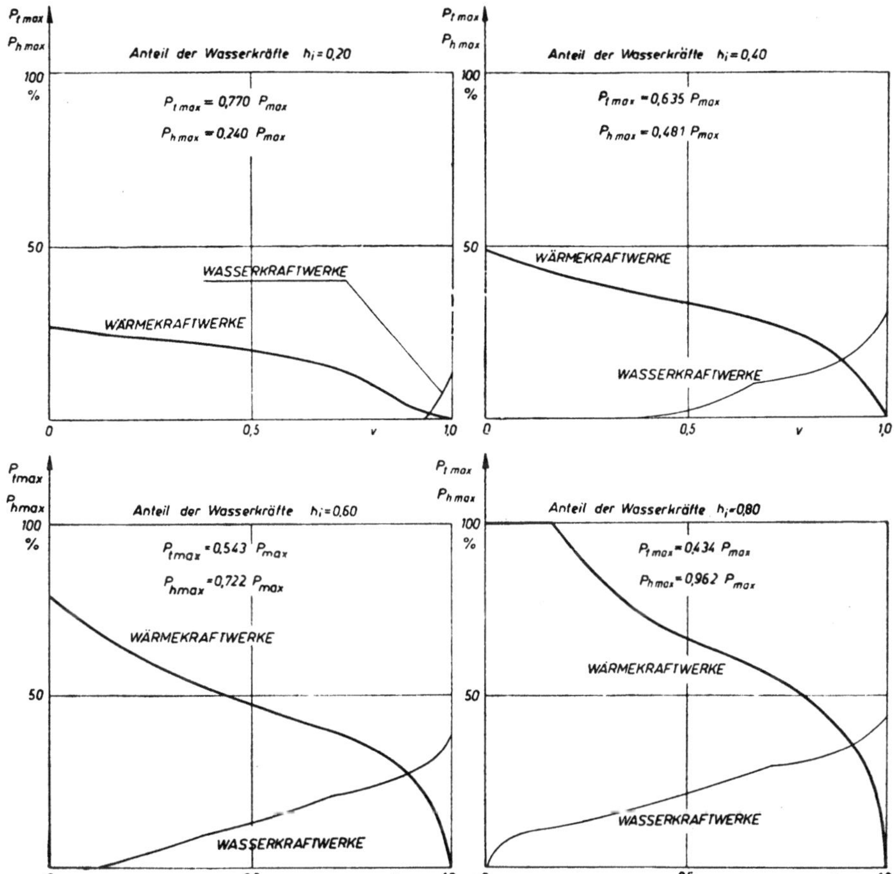

Abb. 102. Ungenutzte Leistung der Wasser- und Wärmekraftwerke für verschiedene Anteile der Wasserkraftenergie an der Gesamtstromerzeugung eines Verbundsystems. Die Beispiele gelten für die in Abb. 93 und 95 dargestellten Verhältnisse

Als Beispiel ist in Abb. 102 die ungenutzte Leistung in Wasser- und Wärmekraftwerken für ein Verbundsystem, für das die Diagramme in Abb. 93 und 95 gelten, dargestellt. Umgerechnet auf die maximale verfügbare Leistung kann festgestellt werden, daß die größten ungenutzten Leistungen in einem Verbundsystem dann auftreten, wenn der Anteil der Wasserkräfte an der Gesamterzeugung des Systems bedeutend ist. Für alle in Abb. 102 gezeigten Fälle gilt das bereits in bezug auf die erforderlichen Reserven in Wasserkraftwerken und Wärmekraftwerken gesagte. Bei Vergleich der Kurven in Abb. 102 kann man allerdings bemerken, daß relativ bedeutende ungenutzte Leistungen in Wärme- und Wasserkraftwerken weit häufiger in Verbundsystemen mit großem Anteil von Wasserkräften in Erscheinung treten.

Ausdrücklich sei darauf hinzuweisen, daß in allen Fällen, wo ungenutzte Leistung der Wärmekraftwerke auftritt, die erforderliche Reserveleistung von der maximalen Leistung des Wärmekraftwerkes bereits abgezogen ist. Daher besteht für den Fall, daß keine ungenutzte Leistung mehr vorhanden ist, noch immer die Reserveleistung für Störungsfälle.

VI. Sicherung der Energieversorgung der Verbraucher

1. Nach- und Vorteile von Verbrauchsbeschränkungen elektrischer Energie

In einem Verbundsystem, in dem ausschließlich Wärmekraftwerke arbeiten, kann durch den Ausbau einer genügenden Anzahl von Kraftwerken mit genügender Leistung jeder Energieverbrauch voll gedeckt werden. Um den gleichen Zustand in einem System mit Wärme- und Wasserkraftwerken zu erreichen, müssen die Möglichkeiten für die Erzeugung genügender Leistung und genügender Energie vorhanden sein. Es ist jedoch fraglich, ob die Errichtung von Kraftwerken in diesem Umfang anzustreben ist, daß die volle Energieversorgung der Abnehmer zu jeder Zeit und in jeder auftretenden oder zu erwartenden Situation gewährleistet ist. In Verbundsystemen, in denen Verbraucher mit Lichtbogenöfen (wie z. B. Karbidöfen, Elektrostahlöfen), Aluminiumelektrolysen u. ä. angeschlossen sind, ist man allgemein der Ansicht, daß eine Gewährleistung der Stromlieferung zu jeder Jahreszeit nicht erforderlich ist. In Abb. 103 ist beispielsweise der Monatsverbrauch einiger Industriegruppen, die zu verschiedenen Jahreszeiten mit eingeschränktem Verbrauch von Strom arbeiten, gezeigt. Der höchste erreichte Monatsverbrauch im einzelnen Jahr wurde als 100% angenommen. Die Stromversorgung solcher Abnehmer wird vertraglich geregelt, wodurch beispielsweise in verschiedenen Monaten die Höchstleistung beschränkt wird, oder höhere Tarifsätze vereinbart oder ähnliche Maßnahmen getroffen werden.

Dieser Zustand ist für die Abnehmer nachteilig, da in diesen Zeitabschnitten die Erzeugung in ihren Anlagen teilweise oder gänzlich eingestellt werden muß, obwohl keine anderen Erzeugungsschwierigkeiten bestehen. Es entstehen daher für die Industrie Verluste, die der Differenz des Wertes der Erzeugnisse, die hergestellt worden wären und der Rohstoffkosten, Personalkosten (ausschließlich der von der

Produktion abhängige Anteil), Energiekosten u. ä., die für die gleiche Menge der Erzeugnisse erforderlich gewesen wären, entsprechen.

Dagegen sind solche Verhältnisse für das System vorteilhaft. Durch die verringerten Belastungen der Abnehmer im Verbundsystem ist der Ausbau einer geringeren Anzahl von Kraftwerken bzw. eine kleinere Leistung in den Kraftwerken und eine kleinere Stromerzeugung erforderlich. Die Verbrauchseinschränkungen treten im kritischen Zeitpunkt bzw. unter Umständen auf, die sich nicht wesentlich von diesen Verhältnissen unterscheiden. Die zusätzliche Energielieferung in den kritischen Zeitabschnitten ist unter normalen Verhältnissen wirtschaftlicher aus Wärmekraftwerken als aus Wasserkraftwerken, da zu jenem Zeitpunkt die gesamte Leistung der Wärmekraftwerke für die Ver-

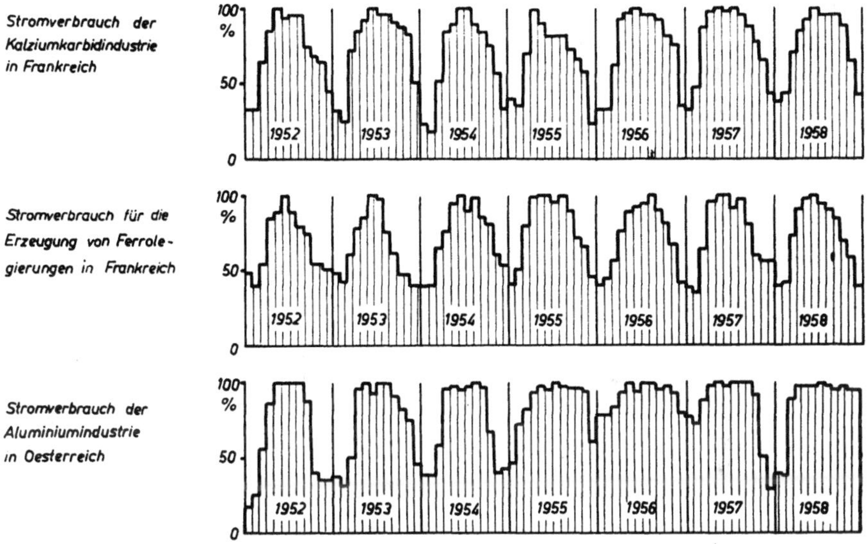

Abb. 103. Monatliche Verbrauchsschwankungen einiger Abnehmergruppen. Der höchste erreichte Monatsverbrauch in den einzelnen Jahren ist mit 100% bezeichnet

brauchsdeckung zur Verfügung steht. Das ist bei einem Wasserkraftwerk nicht der Fall, da dieses, wie im Kapitel V gezeigt wurde, nur einen Teil seiner Leistung ausnützen kann. Dieses ist abhängig von der eigenen Stromerzeugungsmöglichkeit und von der Erzeugung anderer Wasserkraftwerke in diesem Zeitabschnitt. Durch Einschränkung der Belastung bei den Verbrauchern verringert sich der Ausbau der Wärmekraftwerke und deren Stromerzeugung. Der dadurch im System auftretende Nutzen setzt sich zusammen aus der Summe der Minderausgaben für den Ausbau einer kleineren Anzahl von Wärmekraftwerken und Ersparnissen durch deren verminderte Stromerzeugung. Allerdings bedeutet eine verminderte Stromerzeugung nicht immer eine Herabsetzung der Kosten in den Wärmekraftwerken. Denn, wie später gezeigt wird, fällt durch die Verringerung der Stromerzeugung in den

Wärmekraftwerken auch der Bedarf an Neubauten solcher Kraftwerke, die kleine veränderliche spezifische Kosten haben.

Die Differenz zwischen dem Nutzen der Elektrizitätswirtschaft und dem Verlust in der Industrie bedeutet den Nutzen (wenn dieser größer als der Verlust ist) oder den Verlust (wenn dieser überwiegt) für die gesamte Volkswirtschaft. Das Optimum für diese entsteht, wenn der Nutzen seinen Höchstwert erreicht.

2. Die Bedingungen für den optimalen Umfang der Verbrauchsbeschränkungen

Bei der Bestimmung des optimalen Umfanges der Verbrauchsbeschränkungen soll von in der Praxis herrschenden Verhältnissen ausgegangen werden. Es sei vorausgesetzt, daß in einem der nächsten Jahre bestimmte, im Ausbau befindliche Wasserkraftwerke oder solche, deren Fertigstellung bis zum angenommenen Zeitpunkt gesichert ist und bereits bestehende oder im Ausbau befindliche Wärmekraftwerke für den Verbrauch zur Verfügung stehen. Unter normalen Umständen genügen diese Wärmekraftwerke nicht, um den gesamten Bedarf decken zu können. Es wäre daher die Errichtung neuer Wärmekraftwerke notwendig, um Verbrauchsbeschränkungen elektrischer Energie zu verringern oder auszuschließen. Nun entsteht die Frage, welche Leistungen in Wärmekraftwerken neu installiert werden sollten oder in welchem Umfang die Verbrauchsbeschränkungen zu erfolgen hätten, um das Optimum für die Volkswirtschaft zu erzielen.

Der Ausbau neuer Wärmekraftwerke bringt der Industrie Nutzen und Vorteile für die Volkswirtschaft durch eine vermehrte Erzeugung. Eine Verkürzung der Verbrauchsbeschränkungen verringert Schädigungen der Verbraucher. Der jährliche Nutzen kann durch die Formel

$$K_a = \sum_{n=1}^{n} (c_n - k_{mn})\, a_{sn} \cdot W_{rn} \tag{199}$$

ausgedrückt werden. Darin ist c der Wert der Erzeugnisse jener Industrie, deren Betrieb durch die Verbrauchsbeschränkungen stillgelegt oder eingeschränkt würde, z. B. in Geldwert/kg; k_m von der Erzeugung abhängige Kosten (Rohstoffe, Personalausgaben, Energie u. ä.), bezogen auf die Mengeneinheit der Erzeugnisse (ebenfalls Geldwert/kg); a_s die spezifische Erzeugung der Industrie, bezogen auf die Einheit des Energieverbrauchs (in diesem Fall kg/kWh); W_r bedeutet die jährlich zusätzlich gelieferte Energiemenge (kWh/Jahr), durch welche die Industrie diesen Nutzen erzielen konnte. Das Summenzeichen wird deshalb gesetzt, da die vergrößerte Stromlieferung für verschiedene Abnehmergruppen erfolgt.

Außer dem durch die Differenz zwischen dem Wert der Erzeugnisse und den vorerwähnten Kosten entstehenden Nutzen kann von Fall zu Fall als Folge einer verringerten Verbrauchseinschränkung noch zusätzlicher Nutzen erzielt werden. Ein solcher zusätzlicher Nutzen kann durch eine Verminderung der Lagerhaltung, die für eine ununterbrochene Lieferung der Erzeugnisse erforderlich wäre, oder durch eine

Verringerung der Arbeitsgänge oder ähnliche Ursachen entstehen. Es kann in Rechnung gestellt werden, daß der zusätzliche Nutzen proportional der Produktionsmenge ist, die durch die zusätzlich gelieferte elektrische Energie hergestellt werden konnte. Der Proportionalitätsfaktor wird mit k_z (Geldwert/kg) bezeichnet, daher ist für den n-ten Abnehmer dieser Nutzen $k_{zn} a_{sn} W_{rn}$.

Durch Errichtung neuer Wärmekraftwerke wird die maximale Leistungsbeschränkung der Abnehmer herabgesetzt. Dieser Umstand bringt in gewissen Fällen weiteren Nutzen. So ein Fall kann bei Verbrauchern mit Lichtbogenöfen auftreten, in denen die Ausmauerung z. B. eine Lebensdauer von zwei Jahren hätte, durch die Abstellung der Öfen aber jährlich erneuert werden muß. Wenn keine Stromlieferungsbeschränkungen erfolgen und demnach auch keine jährliche Stillsetzung der Öfen, werden die Kosten für die Ofenzustellung auf die Hälfte absinken, verglichen mit den gleichen Kosten, die durch eine jedes Jahr wiederkehrende Strombeschränkung auftreten würden. Man kann annehmen, daß dieser zusätzliche Nutzen proportional der Verringerung der reduzierten Leistung ist. Er kann demnach für den n-ten Abnehmer durch den Ausdruck $k_{pn} P_{rn}$, in dem k_{pn} den zusätzlichen Nutzen in Geldwert/kW jährlich und P_{rn} die Verringerung der Leistungsbeschränkung bedeuten, ausgedrückt werden.

Bezugnehmend auf die beiden oben erwähnten Nutzfaktoren kann der Ausdruck (199) in der Form

$$K_a = \sum_{n=1}^{n} [(c_n - k_{mn} + k_{zn}) a_{sn} W_{rn} + k_{pn} P_{rn}] \tag{200}$$

geschrieben werden.

Dabei ist zu berücksichtigen, daß $k_z = 0$ und $k_p = 0$ sein können. Zwecks Vereinfachungen der Bezeichnungen setzt man

$$k_{wn} = (c_n - k_{mn} + k_{zn}) a_{sn} \tag{201}$$

Damit erhält die Formel (200) die Form

$$K_a = \sum_{n=1}^{n} (k_{wn} W_{rn} + k_{pn} P_{rn}) \tag{202}$$

Es bedeutet k_{wn} den durch die Verminderung der Strombegrenzung erzielten Nutzen für eine kWh und k_{pn} den jährlichen Nutzen durch die Verminderung der Strombegrenzung für ein kW.

Um die Stromlieferungsbeschränkungen herabzusetzen, ist jedoch eine Kostenerhöhung im Verbundsystem notwendig. Diese Erhöhung kann durch die Formel

$$K_s = (1 + \Delta p) \varrho b_t P_r + (1 + \Delta w) k_r W_r \tag{203}$$

dargestellt werden. Darin sind Δp der relative Leistungsverlust zwischen den Kraftwerken und Abnehmern, ϱ der Reservefaktor in den Wärmekraftwerken, b_t die festen spezifischen Jahreskosten je Leistungseinheit, bezogen auf die abgehenden Leitungen der Kraftwerke in Geldwert/kW jährlich, P_r die verringerte Leistungsbeschränkung bei den Verbrauchern, Δw der relative Energieverlust zwischen den Kraftwerken und Abnehmern, k_r die veränderlichen spezifischen Kosten der erhöhten Stromerzeugung in den Wärmekraftwerken in Geldwert/kWh, und W_r die Herabsetzung der reduzierten Energie, bezogen auf die Abnehmer. Dazu ist zu berücksichtigen, daß $P_r = \Sigma P_{rn}$ und $W_r = \Sigma W_{rn}$ ist.

Die Größen Δp und Δw können als konstant betrachtet werden, obwohl dies tatsächlich nicht zutrifft. Es handelt sich jedoch um relativ kleine Werte. Außerdem handelt es sich um Einschränkungen der Stromlieferungen an meistens in der Nähe von Kraftwerken oder großen Umspannstationen liegende Großverbraucher. Allerdings ist zu bemerken, daß Δp und Δw auch negative Werte annehmen können. Das kann besonders dann vorkommen, wenn der Abnehmer, dessen Strombezug herabgesetzt wird, in unmittelbarer Nähe des Kraftwerkes liegt. Eine Erhöhung der Strombelieferung dieses Abnehmers verringert die Möglichkeit der Belieferung der übrigen, weiter entfernt gelegenen Verbraucher. In diesem Falle können daher die gemeinsamen Verluste trotz einer Erhöhung der Stromlieferung kleiner werden.

Die veränderlichen spezifischen Kosten in Wärmekraftwerken, umgerechnet auf die vermehrte Stromerzeugung der Wärmekraftwerke, können durch folgenden Ausdruck gezeigt werden:

$$k_r = \frac{K_{br} - K_b}{W_r} \tag{204}$$

K_b sind die gesamten veränderlichen Kosten in den Wärmekraftwerken des Systems *vor* der Errichtung neuer Wärmekraftwerke und daher *vor* der Verringerung der Stromlieferungsbeschränkungen, K_{br} die gesamten veränderlichen Kosten in den Wärmekraftwerken *nach* der erfolgten Herabsetzung der Energielieferungsbeschränkungen um den Wert W_r und daher *nach* Errichtung neuer Wärmekraftwerke.

Zur Darstellung der gegenseitigen Beziehungen der Größen K_{br} und K_b werden die gesamten veränderlichen Kosten in den Wärmekraftwerken ohne und mit Stromlieferungsbeschränkungen, wie in Kapitel V, 3 c angegeben, bestimmt. Die Abb. 104 und 105 zeigen das Belastungsdiagramm der Wärmekraftwerke (erforderliche Leistung $P_{t\,\max}$) bei gänzlicher Aufhebung aller Beschränkungen der Stromlieferung und das mögliche Belastungsdiagramm der Wärmekraftwerke (zur Verfügung stehende Leistung P_{to}) vor der Errichtung neuer Wärmekraftwerke. Im ersten Fall beträgt die zur Verfügung stehende Leistung der Wärmekraftwerke $P_{to} = 0{,}4\ P_{t\,\max}$, im zweiten $P_{to} = 0{,}8\ P_{t\,\max}$. In beiden Fällen haben $\frac{2}{3}$ der verfügbaren Leistung der Wärmekraftwerke geringere veränderliche spezifische Kosten. Das restliche Drittel der Wärmekraftwerke arbeitet unwirtschaftlicher. Die Abhängigkeit der veränderlichen spezifischen Kosten k_b von der eingesetzten Leistung ist durch die Kennlinien $P_t = f\,(k_b)$ dargestellt. In beiden Fällen wird angenommen, daß die Aufhebung der Beschränkungen durch eine Leistung $P_r = 0{,}2\ P_{\max}$ gewünscht sei und daß deshalb um diesen Betrag die Leistung der Kraftwerke zu vergrößern ist, und zwar in

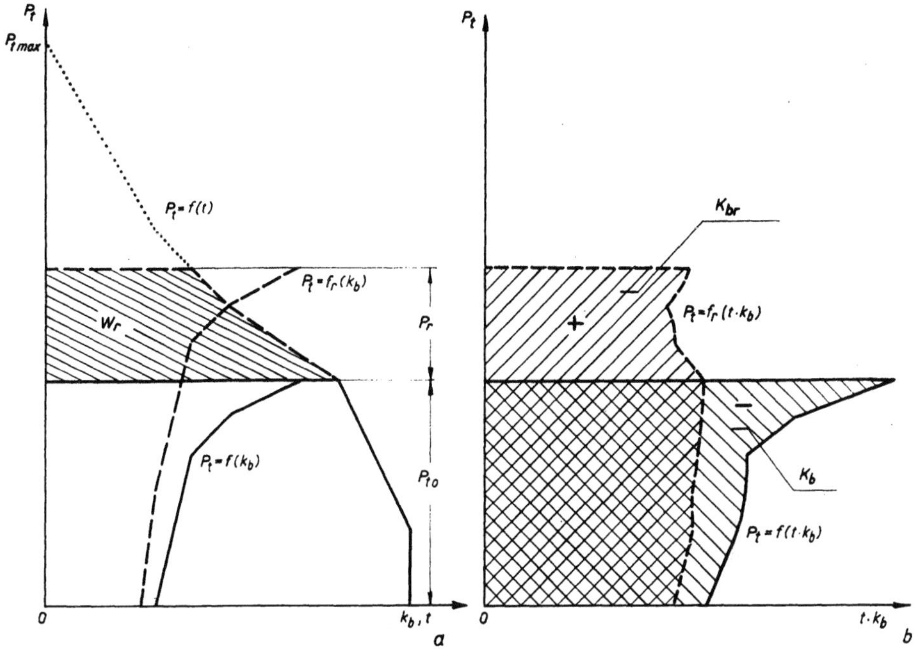

Abb. 104. Erforderliche monatliche veränderliche Kosten von Wärmekraftwerken vor und nach (K_b und K_{br}) teilweiser Herabsetzung der Stromverbrauchsbeschränkungen bei einem kleinen P_{to}

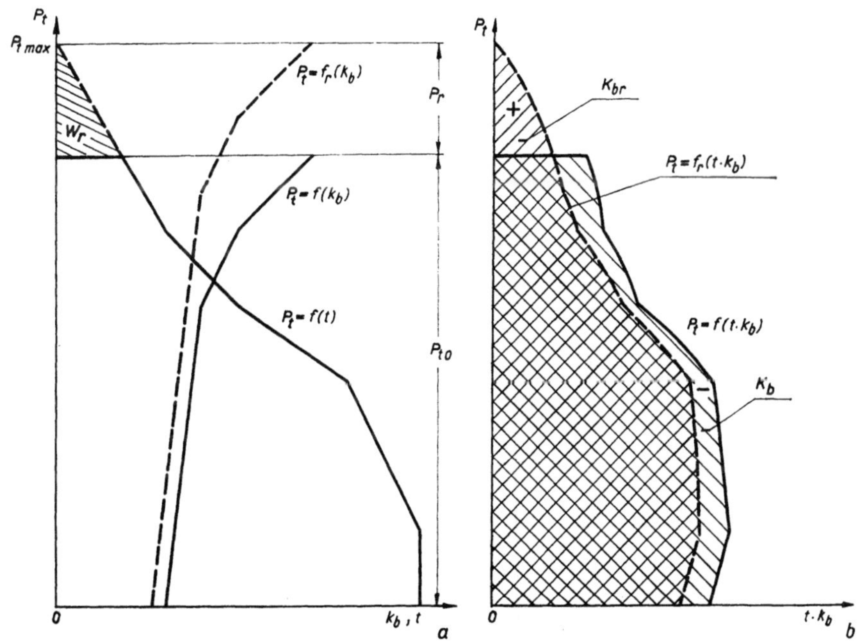

Abb. 105. Erforderliche veränderliche Kosten von Wärmekraftwerken vor und nach (K_b und K_{br}) Aufhebung der Stromverbrauchsbeschränkungen bei einem großen P_{to}

beiden Fällen mit gleichen veränderlichen spezifischen Kosten für die zusätzliche Leistung. Durch Multiplikation der Größen t und k_b für die gleiche Leistung erhält man die Kurven $P = f\,(t \cdot k_b)$ für den Fall, daß die Beschränkungen nicht vermindert werden. Die Kennlinie

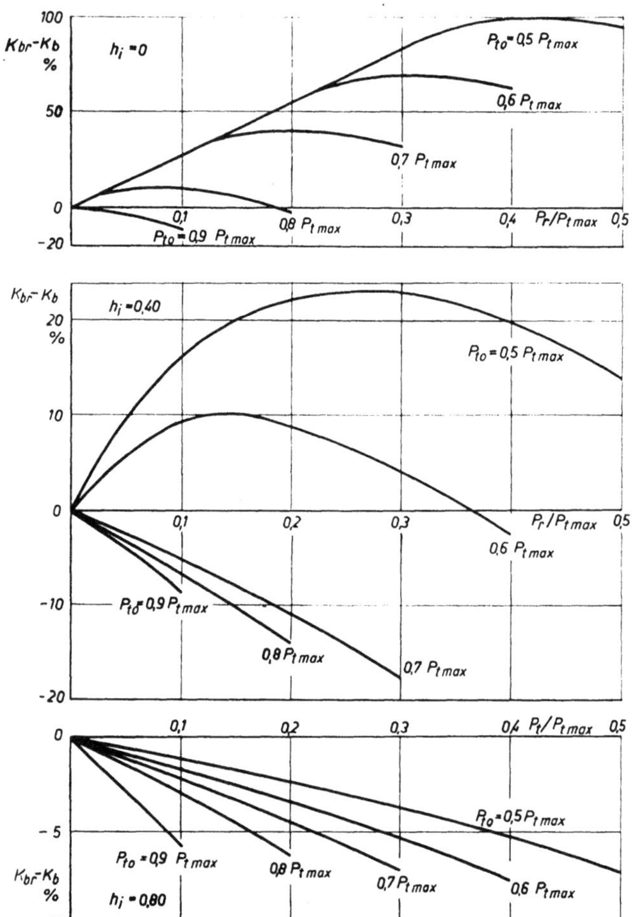

Abb. 106. Differenz der erforderlichen veränderlichen Kosten von Wärmekraftwerken vor und nach (K_b und K_{br}) Herabsetzung der Stromverbrauchsbeschränkungen bei verschiedenen verfügbaren Ausgangsleistungen der Wärmekraftwerke P_{to} und verschiedenen Anteilen von Wasserkraftenergie h_j an der Gesamterzeugung eines Verbundsystems

$P = f_r\,(t \cdot k_b)$ gilt dagegen dann, wenn durch den Bau von Wärmekraftwerken die Beschränkungen herabgesetzt werden. Die Flächen unter den Kurven bedeuten die gesamten veränderlichen Kosten in den Wärmekraftwerken des Verbundsystems.

Im ersten Fall (Abb. 104) ist $K_{br} > K_b$, da die Vergrößerung der Stromerzeugung um W_r größere veränderliche Kosten erfordert (Fläche bezeichnet mit +) als die Verringerung der Kosten (Fläche bezeichnet mit —) für die ursprüngliche Stromerzeugung beträgt. Diese Verringerung entsteht durch die Errichtung neuer, mit größerer Wirtschaftlichkeit arbeitender Wärmekraftwerke Im zweiten Fall (Abb. 105) ist die Lage umgekehrt, da $K_{br} < K_b$ ist. Daher ist im ersten Fall $k_r > 0$ (204), im zweiten $k_r < 0$.

Das Vorzeichen der Größe k_r ist daher für ein gegebenes Belastungsdiagramm oder für eine gegebene Belastungsdauerkurve und für eine gegebene Struktur von Wärmekraftwerken bzw. den gegebenen Verlauf der Kennlinie $P_t = f(k_b)$ von den Leistungen P_{to} und P_r abhängig. Außerdem hängt die Größe k_r von der Form der Belastungsdauerkurve ab.

Zwecks Darstellung der angeführten Einflüsse sind die Differenzen $K_{br} - K_b$ (Abb. 106) für das Verbundsystem, dessen Belastungsdauerkurven in Kapitel V, 3 als Beispiel gezeigt wurden, angegeben. Behandelt werden die Fälle, wenn im System ausschließlich Wärmekraftwerke arbeiten ($h_j = 0$), und wenn der Anteil der Wasserkraftwerke an der Gesamterzeugung 40 und 80% beträgt ($h_j = 0{,}40$ und $h_j = 0{,}80$). Bei der Bestimmung aller Größen wurde vorausgesetzt, daß die Lieferungsbeschränkung der elektrischen Energie bei jenen Abnehmern erfolgt, die Energie bei konstanter Belastung verbrauchen. Die Differenz $K_{br} - K_b$ ist in Prozenten ausgedrückt. Mit 100% wird die maximale Kostendifferenz, die für $h_j = 0$ und $P_{to} = 0{,}5\, P_{t\,\max}$ auftritt, bezeichnet. Anhand der Angaben in Abb. 106 ist es ersichtlich, daß für die gleiche Form der Dauerkurve (gleiches h_j) die Differenz $K_{br} - K_b$ um so kleiner ist und sogar negativ wird, je größer die Leistung P_{to} (Ausgangsleistung für diese Betrachtungen) wird. Die Differenzen der Verhältnisse für verschiedene Anteile der Wasserkraftenergie folgen aus dem Verlauf der verschiedenen Belastungsdauerkurven (Abb. 93).

Noch bedeutender ist der Einfluß des Anteils der Wasserkraftenergie h_j (Abb. 107) auf die Größe k_r (204) bzw. ihren Relativwert $\varkappa_r$ als Verhältnis des Wertes k_r zu $k_{b\,\min}$. Die Größe $k_{b\,\min}$ sind die geringsten spezifischen veränderlichen Kosten in einem der Wärmekraftwerke des Verbundsystems. Auch in diesem Fall ist dies die Folge der Steilheit der geordneten Tages-Höchstlastdauerkurve der Wärmekraftwerke. Denn bei einer besonders steilen Belastungsdauerkurve und bedeutender Leistungserhöhung in Wärmekraftwerken kommt es nicht zu einer wesentlichen Verringerung der reduzierten Energiemenge W_r.

Die in Abb. 106 und 107 gezeigten Kennlinien gelten naturgemäß nur für das untersuchte Verbundsystem unter den angegebenen Voraussetzungen. Sie sind für andere Verbundsysteme nicht anwendbar, obwohl sie den Einfluß der einzelnen Faktoren auf die beobachteten Größen anzeigen.

Da alle vorerwähnten Größen bekannt sind, ist es möglich, den optimalen Umfang der Verbrauchsbeschränkungen bzw. die optimale Verringerung der Beschränkungen zu bestimmen. Die Differenz zwischen K_a (202) und K_s (203) bedeutet den durch die Beschränkungen für die Volkswirtschaft entstehenden Nutzen K_n. Das Optimum für die Volkswirtschaft wird erzielt, wenn der Wert für K_n sein Maximum erreicht. Wie bereits vorausgesetzt, sind alle Größen in (202) und (203) konstant, außer W_{rn}, P_{rn}, W_r, P_r und k_r. Alle diese Größen sind Funktionen der Leistung P_r, durch die eine Verringerung der Stromlieferungsbeschränkungen erreicht wird. Daher ist der volkswirtschaftliche Nutzen

$$K_n = f(P_r) \tag{205}$$

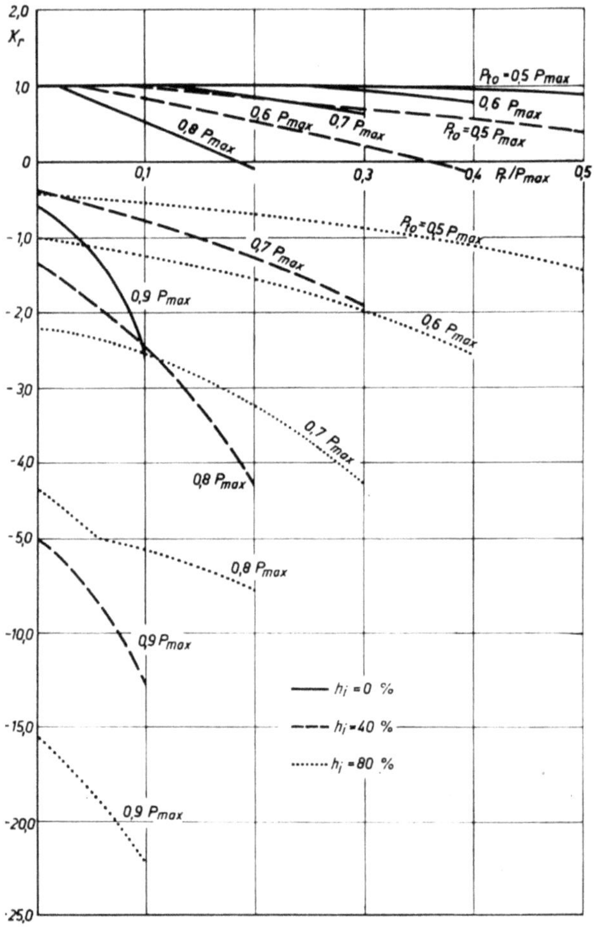

Abb. 107. Die durch den Erzeugungszuwachs entstehenden relativen veränderlichen spezifischen Kosten von Wärmekraftwerken bei verschiedenen verfügbaren Ausgangsleistungen der Wärmekraftwerke P_{t0} und verschiedenen Anteilen von Wasserkraftenergie h_j an der Gesamtstromerzeugung eines Verbundsystems

Aus dieser Beziehung erhält man nach der Bedingung für den Extremfall

$$\begin{aligned}(1 + \Delta p)\,\varrho\, b_t = \sum_{n=1}^{n} k_{wn} \frac{d\, W_{rn}}{d\, P_r} + \sum_{n=1}^{n} k_{pn} \frac{d\, P_{rn}}{d\, P_r} - \\ - (1 + \Delta w)\left(k_r \frac{d\, W_r}{d\, P_r} + W_r \frac{d\, k_r}{d\, P_r}\right)\end{aligned} \tag{206}$$

Zu berücksichtigen ist, daß das zweite rechte Glied nur für einen von den Verbrauchern einen Endwert hat, und zwar gerade für jenen, bei dem eine Änderung der Leistung P_r auch eine Änderung der reduzierten Leistung zur Folge hat. Für alle übrigen Verbraucher ist der Differentialquotient Null. Das zweite Glied hat daher den Wert k_{ps}, worin sich der Index s auf den erwähnten Verbraucher bezieht. Anstatt W_r kann auch ΣW_{rn} gesetzt werden. Daher kann die Formel (206) in der endgültigen Fassung

$$(1 + \Delta p)\, \varrho\, b_t = \sum_{n=1}^{n} [k_{wn} - (1 + \Delta w)\, k_r] \frac{d\, W_{rn}}{d\, P_r} + + k_{ps} - (1 + \Delta w)\, W_r \frac{d\, k_r}{d\, P_r} \tag{207}$$

lauten.

Außerdem werden noch *relative* Geldwertgrößen eingeführt, um *absolute* Geldwertgrößen zu vermeiden. Dies erfolgt so, daß man alle Geldwertgrößen im Verhältnis zu $k_{b\,\mathrm{min}}$ ausdrückt. Wie bereits früher erwähnt, sind $k_{b\,\mathrm{min}}$ die geringsten spezifischen veränderlichen Kosten in einem der Wärmekraftwerke des Verbundsystems. Deshalb werden der linke und der rechte Teil der Gl. (207) durch $k_{b\,\mathrm{min}}$ dividiert und folgende relative Größen eingeführt:

$$\varkappa_{wn} = \frac{k_{wn}}{k_{b\,\mathrm{min}}}\,; \quad \varkappa_r = \frac{k_r}{k_{b\,\mathrm{min}}}\,; \quad \varkappa_{ps} = \frac{k_{ps}}{k_{b\,\mathrm{min}}} \text{ und } \beta_t = \frac{b_t}{k_{b\,\mathrm{min}}}$$

Die Gl. (207) lautet dann

$$(1 + \Delta p)\, \varrho\, \beta_t = \sum_{n=1}^{n} [\varkappa_{wn} - (1 + \Delta w)\, \varkappa_r] \frac{d\, W_{rn}}{d\, P_r} + + \varkappa_{ps} - (1 + \Delta w)\, W_r \frac{d\, \varkappa_r}{d\, P_r} \tag{208}$$

Nun ist noch zu ermitteln, ob der Extremwert, für den die Bedingung (208) gilt, auch das Maximum der Funktion (205) ist. Bei Verwendung der Beziehungen aus (208) hat die zweite Ableitung der genannte Funktion den Wert

$$\frac{d^2 K_n}{d\, P_r^2} = \sum_{n=1}^{n} [\varkappa_{wn} - (1 + \Delta w)\, \varkappa_r] \frac{d^2\, W_{rn}}{d\, P_r^2} - - 2\,(1 + \Delta w) \frac{d\, \varkappa_r}{d\, P_r} \frac{d\, W_r}{d\, P_r} - (1 + \Delta w)\, W_r \frac{d^2\, \varkappa_r}{d\, P_r^2} \tag{200}$$

Wenn es sich um ein Maximum handelt, muß der Ausdruck (209) negativ sein. Die Summe des rechten Teiles der Gleichung ist stets negativ, denn $\frac{d^2\, W_{rn}}{d\, P_r^2}$ ist immer negativ, weil $\frac{d\, W_r}{d\, P_r} = f\,(P_r)$ eine abnehmende (fallende) Funktion und $\varkappa_r$ im Normalfall im Vergleich zu $\varkappa_{wn}$ klein ist. Falls dagegen $\varkappa_r > 0$ und $\varkappa_{w1} < \varkappa_r$ für Verbraucher mit kleinstem $\varkappa_{w1}$ und kleinem P_{to} ist, dann wird der Einfluß der übrigen Abnehmer so groß, daß die Summe trotzdem negativ wird.

Durch den kleinsten Wert P_{to} werden nämlich die Stromverbrauchsbeschränkungen der übrigen Abnehmer verringert. In praktischen Fällen dürfte allerdings $\varkappa_r < 0$ sein und daher der Ausdruck in der eckigen Klammer stets einen positiven Wert annehmen. Das zweite Glied wird, mit Berücksichtigung seines Vorzeichens, ebenfalls stets positiv sein, da $\frac{d\,\varkappa_r}{d\,P_r} < 0$ und $\frac{d\,W_r}{d\,P_r} > 0$ ist. Bei Beachtung des Vorzeichens ist auch das dritte Glied immer positiv, was bereits aus der Kurvenform in Abb. 107 erkennbar ist. Wie praktische Berechnungen zeigen, sind indessen das zweite und dritte Glied wesentlich kleiner als die Summe, die das erste Glied darstellt. Damit ist die Bedingung erfüllt, daß die zweite Ableitung der Funktion $K_n = f\,(P_r)$ stets eine negative Größe ist. Die Gl. (208) bedeutet demnach das Maximum der erwähnten Funktion.

3. Bestimmung des optimalen Umfanges der Verbrauchsbeschränkungen

Um den optimalen Umfang der Verbrauchsbeschränkungen bestimmen zu können, ist meist die Reihenfolge der Verbraucher, die bei Energie- und Leistungsmangel abzustellen sind, festzulegen. Wenn in einem Verbundsystem Energie- und Leistungsmangel auftritt, dann wird an erster Stelle der Verbrauch jenes Abnehmers eingeschränkt, bei dem der geringste Verlust entsteht, also dort, wo das kleinste $\varkappa_w$ vorhanden ist. Die nächste Einschränkung ist beim nächstgrößeren $\varkappa_w$ vorzunehmen. Indem der Verbraucher mit kleinstem $\varkappa_w$ mit dem Index 1 und das nächstgrößere $\varkappa_w$ mit dem Index 2 bezeichnet wird, erhält man $\varkappa_{w1} < \varkappa_{w2} < \ldots < \varkappa_{wn}$.

Als Grundlage für die Analyse dient das geordnete Diagramm der Tages-Maximalbelastungen der Wärmekraftwerke (Kapitel V, 3 b), mit dem die erforderliche Leistung aus den Wärmekraftwerken im variablen und konstanten Bereich des Belastungsdiagramms dargestellt werden kann. Um die Deutlichkeit zu verbessern, sind im oberen Teil des Diagramms die Leistungen der Wärmekraftwerke, die im konstanten Bereich des Belastungsdiagramms arbeiten, eingetragen. Im unteren Teil dagegen liegen die Leistungen, die im veränderlichen Bereich (Abb. 108) ausgenützt werden. In einem solchen Diagramm können nun die erforderlichen Leistungen für die verschiedenen Verbrauchergruppen eingetragen werden. In den oberen Rand des Diagramms kommt der Verbraucher mit dem Index 1 (kleinsten $\varkappa_w$), und weiter der Reihe nach entsprechend den Werten von $\varkappa_w$ geordnet, die übrigen. Die Einsetzung in das Diagramm soll entsprechend jener Leistung erfolgen, die der Abnehmer zur Zeit der Höchstlast des Systems, umgerechnet auf die abgehenden Leitungen der Kraftwerke, benötigt (Leistungen P_1, $P_2 \ldots$ in Abb. 108).

In erster Linie kommen industrielle Großverbraucher, die nur geringe saisonbedingte Leistungs- und Spitzenbelastungsschwankungen aufweisen, in Frage. Es ist daher anzunehmen, daß die Saison keinen Einfluß auf den Verbrauch und die Maximalbelastung hat. Außerdem besteht kein Hindernis, auch diese Schwankungen, insoferne sie bedeutend sind, zu berücksichtigen. Allerdings muß man dann von den geordneten Diagrammen der maximalen Tagesbelastungen der Wärmekraftwerke ausgehen und diese für jede Jahreszeit und im äußersten Fall für jeden Monat aufstellen.

Die verschiedenen Verbraucher sind in Gruppen entsprechend der Größe $\varkappa_w$ (z. B. Textilindustrie, Nahrungsmittelindustrie u. ä.) aufzuteilen. Spezielle Großabnehmer wie z. B. Karbidwerke, Aluminiumwerke, Stickstoffwerke u. ä. sind gesondert zu behandeln.

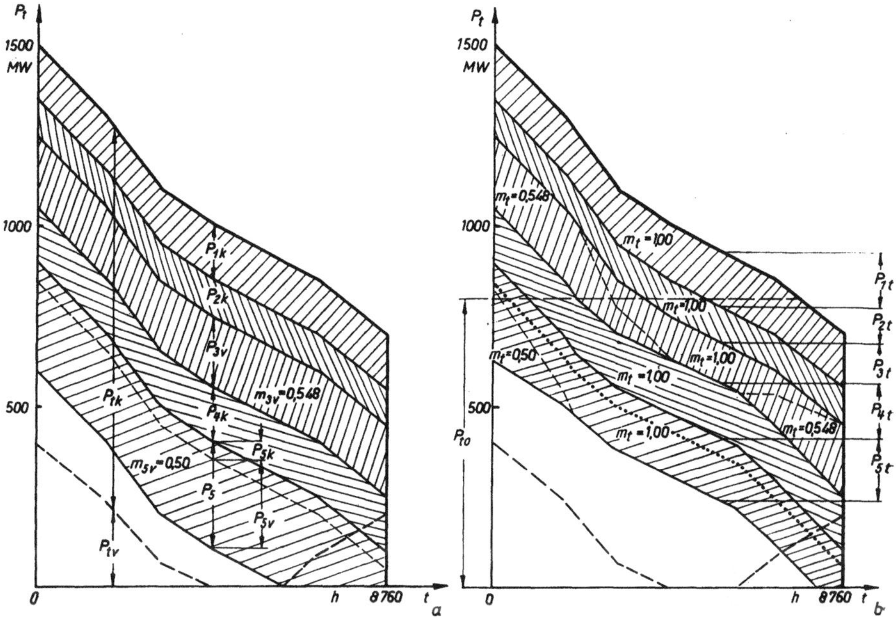

Abb. 108. Erforderliche Leistung einiger Abnehmergruppen im Zeitabschnitt der Höchstlast des Systems (*a*) und erforderliche Leistung der Wärmekraftwerke für die Versorgung dieser Abnehmergruppen (*b*). Darstellung im geordneten Tages-Höchstlastdiagramm (Zahlenbeispiel)

Außerdem besteht ein Unterschied zwischen den Verbrauchern, die ständig mit konstanter oder praktisch konstanter Leistung arbeiten und solchen, die konstante und veränderliche oder ausschließlich veränderliche Energie abnehmen. Wie bereits erwähnt, sind die in das Diagramm einzusetzenden Leistungen der einzelnen Verbraucher gleich den Belastungen im Augenblick der Maximalbelastung des Verbundsystems. Dieser Grundsatz gilt für alle oben genannten Verbraucher. Für die Kennzeichnung des in Frage kommenden Verbrauchers wird zur Indexzahl noch der Buchstabe k oder v, je nachdem ob es sich um Verbraucher konstanter oder variabler Energie handelt, gesetzt (konstante Energie die Verbraucher 1, 2 und 4, veränderliche Energie der Verbraucher 3 in Abb. 108). Bei Verbrauchern, die veränderliche und konstante Energie beanspruchen (Verbraucher 5), werden die konstante und variable Energie getrennt angegeben. Außerdem ist für jeden Verbraucher variabler

Energie auch der Belastungsfaktor für den veränderlichen Anteil angeführt und durch die Beziehung

$$m_{nv} = \frac{r t_{nv}}{24\,(r + n)} \tag{210}$$

bestimmt. Mit t_{nv} wird die Nutzungsdauer der Belastung P_{nv} des n-ten Verbrauchers im Moment der werktägigen Maximallast bezeichnet.

In Abb. 108a sind die Maximalleistungen, die von den Abnehmern benötigt werden, dargestellt. Das bedeutet jedoch nicht, daß in allen Fällen eine so große Leistung der Wärmekraftwerke benötigt wird, um den in Frage kommenden Verbraucher zu versorgen.

Es sollen zuerst die Verhältnisse untersucht werden, wenn Wärmekraftwerke nur im konstanten Bereich des Belastungsdiagramms erforderlich sind, also dann, wenn die Wasserkraftwerke über genügende Energiemengen und Leistungen verfügen, um den ganzen veränderlichen Bereich des Belastungsdiagramms aufzufüllen. So ein Zustand entspricht den Fällen (8) und (15) in Abb. 70. Wenn der Abnehmer konstante Energie verbraucht, wird für die Deckung seines Bedarfs gerade jene Leistung der Wärmekraftwerke benötigt, die diesem Bedarf entspricht. In diesem Fall kann daher $P_{1k} = P_{1t}$ gesetzt werden, was im neuen Diagramm in Abb. 108b einzutragen ist. Der gleiche Fall besteht bei den Verbrauchern (2) und (4). Der Verbraucher (3) benötigt ausschließlich variable Energie mit einem durch die Beziehung (210) bestimmten Belastungsfaktor. Für die Energieversorgung eines solchen Abnehmers wird nicht eine Leistung der Wärmekraftwerke beansprucht, die gleich der zur Zeit der Höchstlast erforderlichen Leistung wäre. Denn in den Fällen (8) und (15) steht genügend veränderliche Leistung und Energie aus Wasserkraftwerken zur Verfügung. Zur Darstellung dieses Zustandes soll das Beispiel in Tab. 25, die für den Fall (15) zusammengestellt wurde, angewendet werden. Man kann erkennen, daß die gleiche Situation auch für den Fall (8) in Abb. 70 vorliegt. Wenn nun die Verbrauchsbeschränkung eines Abnehmers, der nur variable Energie beansprucht, aufgehoben werden soll, bestimmt man die erforderliche Leistung der Wärmekraftwerke aus der Formel

$$P_{nt} = m_{nv} P_{nv} \tag{211}$$

Im untersuchten Fall besteht nämlich kein Leistungsmangel, um die Verbrauchsbeschränkung zu eliminieren, sondern nur Energiemangel. Dieser wird durch die Erzeugung der Wärmekraftwerke im konstanten Bereich des Belastungsdiagramms ersetzt. Das zeigt auch das in Tab. 25 dargestellte Beispiel, in welchem für Verbraucher von 50 MW und 20 GWh eine Leistung der Wärmekraftwerke von 27,4 MW benötigt wird, da der Belastungsfaktor $m_{3v} = 0{,}548$ ist. Die analogen Überlegungen gelten auch für den Abnehmer (5) mit dem Unterschied, daß gesondert die konstante und gesondert die veränderliche Belastung behandelt werden. Demnach können in Fällen, wo Wärmekraftwerke nur im konstanten Bereich des Belastungsdiagramms erforderlich sind, Verbrauchsbeschränkungen eines beliebigen Abnehmers durch Wärme-

Tabelle 25. *Beispiel zur Bestimmung des Einflusses der Aufhebung von Verbrauchsbeschränkungen eines Abnehmers mit ausschließlichem veränderlichen Energiebedarf, wenn die Verhältnisse im System dem Fall 15 in Abb. 70 entsprechen*

	Bezeichnungen für		Vor Aufhebung der Verbrauchsbeschränkungen		Nach Aufhebung der Verbrauchsbeschränkungen	
	Energie	Leistung	Energie GWh	Leistung MW	Energie GWh	Leistung MW
Zusammen						
Wasserkraftwerke	W_h	$P_{h\max}$	705,0	1670,0	705,0	1670,0
Bedarf	W_m	$P_{\max}$	1080,0	2100,0	1100,0	2150,0
Differenz	ΔW	ΔP	− 375,0	− 430,0	− 395,0	− 480,0
Veränderlicher Bereich						
Wasserkraftwerke	W_{hv}	P_{hv}	340,0	1170,0	340,0	1170,0
Bedarf	W_{mv}	P_{mv}	277,0	1000,0	297,0	1050,0
Differenz	ΔW_v	ΔP_v	+ 63,0	+ 170,0	+ 43,0	+ 120,0
aus dem konstanten Bereich	ΔW_{hk}	ΔP_{hk}	—	—	—	—
in den konstanten Bereich	ΔW_{hv}	ΔP_{hv}	− 63,0	− 86,3	− 43,0	− 58,9
Wärmekraftwerke	W_{tv}	P_{tv}	—	—	—	—
Ungenutzt	δW_{hv}	δP_{hv}	—	− 83,7	—	− 61,1
Konstanter Bereich						
Wasserkraftwerke	W_{hk}	P_{hk}	365,0	500,0	365,0	500,0
Bedarf	W_{mk}	P_{mk}	803,0	1100,0	803,0	1100,0
Differenz	ΔW_k	ΔP_k	− 438,0	− 600,0	− 438,0	− 600,0
aus dem veränderlichen Bereich	ΔW_{hv}	ΔP_{hv}	+ 63,0	+ 86,3	+ 43,0	+ 58,9
in den veränderlichen Bereich	ΔW_{hk}	ΔP_{hk}	—	—	—	—
Wärmekraftwerke	W_{tk}	P_{tk}	+ 375,0	+ 513,7	+ 395,0	+ 541,1
Ungenutzt	δW_{hk}	δP_{hk}	—	—	—	—
Wärmekraftwerke gesamt	W_t	P_t	375,0	513,7	395,0	541,1
Ungenutzt gesamt	δW_h	δP_h	—	83,7	—	61,1

kraftwerke, deren Leistung der mittleren Belastung des Verbrauchers entspricht, beseitigt werden.

So einfache Beziehungen liegen jedoch nicht vor, wenn die Wärmekraftwerke im konstanten und veränderlichen Bereich des Belastungsdiagramms arbeiten sollen, obwohl für die Abnehmer mit konstanter Leistung alles oben gesagte zutrifft. Bei der Behandlung von Verbrauchern veränderlicher Energie sind zwei mögliche Fälle zu unterscheiden. Der erste Fall liegt vor, wenn die Maximalleistung der Wasserkraftwerke kleiner ist als die Maximalbelastung, also wenn $P_{h\max} < P_{\max}$

der zweite, wenn $P_{h\,\max} > P_{\max}$ ist. Es können also im ersten Fall die Betriebsfälle (15) bis (18), im zweiten die Betriebsfälle (8) und (9) aus Abb. 70 auftreten. In den übrigen Betriebsfällen aus Abb. 70 kann praktisch keine Notwendigkeit von Verbrauchsbeschränkungen auftreten, da es sich stets um Betriebsverhältnisse mit relativ großen Wasserdarbietungen handelt.

Zuerst sollen die Verhältnisse für $P_{h\,\max} < P_{\max}$ behandelt werden. In den Betriebsfällen (16) und (18) ist die erforderliche Leistung der Wärmekraftwerke für die Aufhebung der Verbrauchsbeschränkungen

Tabelle 26. *Beispiel zur Bestimmung des Einflusses der Aufhebung von Verbrauchsbeschränkungen eines Abnehmers mit ausschließlichem veränderlichen Energiebedarf, wenn die Verhältnisse im System dem Fall 16 in Abb. 70 entsprechen*

	Bezeichnungen für		Vor Aufhebung der Verbrauchsbeschränkungen		Nach Aufhebung der Verbrauchsbeschränkungen	
	Energie	Leistung	Energie GWh	Leistung MW	Energie GWh	Leistung MW
Zusammen						
Wasserkraftwerke	W_h	$P_{h\max}$	997,0	1890,0	997,0	1890,0
Bedarf	W_m	$P_{\max}$	1080,0	2100,0	1100,0	2150,0
Differenz	ΔW	ΔP	− 83,0	− 210,0	− 103,0	− 260,0
Veränderlicher Bereich						
Wasserkraftwerke	W_{hv}	P_{hv}	340,0	990,0	340,0	990,0
Bedarf	W_{mv}	P_{mv}	277,0	1000,0	297,0	1050,0
Differenz	ΔW_v	ΔP_v	+ 63,0	− 10,0	+ 43,0	− 60,0
aus dem konstanten Bereich	ΔW_{hk}	ΔP_{hk}	—	—	—	—
in den konstanten Bereich	ΔW_{hv}	ΔP_{hv}	− 81,2	− 111,4	− 65,5	− 89,7
Wärmekraftwerke	W_{tv}	P_{tv}	+ 18,2	+ 121,4	+ 22,5	+ 149,7
Ungenutzt	δW_{hv}	δP_{hv}	—	—	—	—
Konstanter Bereich						
Wasserkraftwerke	W_{hk}	P_{hk}	657,0	900,0	657,0	900,0
Bedarf	W_{mk}	P_{mk}	803,0	1100,0	803,0	1100,0
Differenz	ΔW_k	ΔP_k	− 146,0	− 200,0	− 146,0	− 200,0
aus dem veränderlichen Bereich	ΔW_{hv}	ΔP_{hv}	+ 81,2	+ 111,4	+ 65,5	+ 89,7
in den veränderlichen Bereich	ΔW_{hk}	ΔP_{hk}	—	—	—	—
Wärmekraftwerke	W_{tk}	P_{tk}	+ 64,8	+ 88,6	+ 80,5	+ 110,3
Ungenutzt	δW_{hk}	δP_{hk}	—	—	—	—
Wärmekraftwerke gesamt	W_t	P_t	83,0	210,0	103,0	260,0
Ungenutzt gesamt	δW_h	δP_h	—	—	—	—

gleich den Verbrauchsanforderungen zur Zeit der Höchstlast. Für die Darstellung dieses Zustands ist ein Beispiel in Tab. 26, das für den Betriebsfall (16) gilt, angeführt. Allein im Fall (17) besteht eine etwas andere Lage, wo im veränderlichen Bereich Energiemangel bei Überschußleistung auftritt. Daher ist es notwendig, die für die Aufhebung der Beschränkungen benötigte Energie mit einer möglichst kleinen Leistung der Wärmekraftwerke zu erzeugen. Aus Sicherheitsgründen wurde bei der Aufstellung der Bilanzen in Kapitel IV, 3b angenommen, daß die größte mögliche Leistungsnutzung der Wärmekraftwerke $r\,t_{tv\,\max}$ beträgt. Unterdessen ist es sicher, daß mit der Leistung P_{nt} der Wärmekraftwerke, die gleich der Bedarfsanforderung des Verbrauchers P_{nv} ist, gerade jene Energie erzeugt werden kann, die der behandelte Abnehmer benötigt, wenn die Dauer der Bedarfsanforderung des Verbrauchers in der Zeit der veränderlichen Belastung des Systems $r\,t_{nv}$ größer als $r\,t_{tv\,\max}$ ist. In diesem Falle ist der Belastungsfaktor der veränderlichen Leistung der Wärmekraftwerke gleich dem Belastungsfaktor des Verbrauchers. Wenn dagegen $r\,t_{nv} < r\,t_{tv\,\max}$ ist, verringert sich die erforderliche Leistung der Wärmekraftwerke, da nun die benötigte Energie durch eine verlängerte Nutzungsdauer erzeugt werden kann. Die benötigte Leistung der Wärmekraftwerke beträgt dann

$$P_{nt} = \frac{r t_{nv}}{r t_{tv\,\max}}\, P_{nv} \qquad (212)$$

Als Beispiel dafür ist in Tab. 27 der Fall für $r\,t_{nv} = 200$ h/Monat und für $r\,t_{tv\,\max} = 360$ h/Monat gezeigt. Der Fall, daß $r\,t_{nv} < r\,t_{tv\,\max}$, ist sehr selten, da normalerweise Verbraucher mit einem kleinen $r\,t_{nv}$ ein großes $\varkappa_w$ haben. Sie kommen daher bei einer Verbrauchsbeschränkung kaum an die Reihe. Außerdem entstehen durch diesen Zustand nur dann Folgen, wenn der Betriebsfall (17) aus Abb. 70 eintritt. Daher genügt es für praktische Rechnungen anzunehmen, daß lediglich die Betriebsfälle (16) oder (18) auftreten können, obgleich keine prinzipiellen Hindernisse vorliegen, um auch den Fall (17) zu berücksichtigen, wenn er öfters erscheint. Dann ist es allerdings notwendig, den Fall (17) von den anderen Betriebsfällen zu trennen, was zu praktischen Schwierigkeiten führt.

Bei $P_{h\,\max} > P_{\max}$ kommt allein der Fall (9) in Betracht, da im Fall (8) im veränderlichen Bereich des Belastungsdiagramms kein Bedarf für Wärmekraftwerke besteht. Auch nun gilt alles für den Fall (17) gesagte, mit dem Unterschied, daß jetzt die bei $rt_{nv} < rt_{tv\,\max}$ auftretenden Umstände auf einfache Weise in Betracht gezogen werden.

Auf Grund der obigen Erörterungen ist es möglich, vom Diagramm in Abb. 108a, welches die Bedarfsanforderungen im Augenblick der Maximalbelastung zeigt, auf das Diagramm 108b überzugehen. Aus diesem sind die erforderlichen Leistungen der Wärmekraftwerke für die Bedarfsdeckung der Abnehmer oder, was gleichbedeutend ist, die erforderliche Leistung der Kraftwerke für die Aufhebung der Verbrauchsbeschränkungen bei den einzelnen Abnehmern, zu entnehmen.

Tabelle 27. *Beispiel zur Bestimmung des Einflusses der Aufhebung von Verbrauchsbeschränkungen eines Abnehmers mit ausschließlichem veränderlichen Energiebedarf, wenn die monatliche Nutzungsdauer der veränderlichen Belastung des Abnehmers* $r\,t_{nv}$ *kleiner ist als die vorgesehene maximale monatliche Nutzungsdauer der Wärmekraftwerke* $r\,t_{t\max}$ *im veränderlichen Bereich des Belastungsdiagramms*

	Bezeichnungen für		Vor Aufhebung der Verbrauchsbeschränkungen		Nach Aufhebung der Verbrauchsbeschränkungen	
	Energie	Leistung	Energie GWh	Leistung MW	Energie GWh	Leistung MW
Zusammen						
Wasserkraftwerke	W_h	$P_{h\max}$	917,0	2080,0	917,0	2080,0
Bedarf	W_m	$P_{\max}$	1090,0	2100,0	1100,0	2150,0
Differenz	ΔW	ΔP	− 173,0	− 20,0	− 183,0	− 70,0
Veränderlicher Bereich						
Wasserkraftwerke	W_{hv}	P_{hv}	260,0	1180,0	260,0	1180,0
Bedarf	W_{mv}	P_{mv}	287,0	1000,0	297,0	1050,0
Differenz	ΔW_v	ΔP_v	− 27,0	+ 180,0	− 37,0	+ 130,0
aus dem konstanten Bereich	ΔW_{hk}	ΔP_{hk}	—	—	—	—
in den konstanten Bereich	ΔW_{hv}	ΔP_{hv}	—	—	—	—
Wärmekraftwerke	W_{tv}	P_{tv}	+ 27,0	+ 75,0	+ 37,0	+ 102,8
Ungenutzt	δW_{hv}	δP_{hv}	—	− 255,0	—	− 232,8
Konstanter Bereich						
Wasserkraftwerke	W_{hk}	P_{hk}	657,0	900,0	657,0	900,0
Bedarf	W_{mk}	P_{mk}	803,0	1100,0	803,0	1100,0
Differenz	ΔW_k	ΔP_k	− 146,0	− 200,0	− 146,0	− 200,0
aus dem veränderlichen Bereich	ΔW_{hv}	ΔP_{hv}	—	—	—	—
in den veränderlichen Bereich	ΔW_{hk}	ΔP_{hk}	—	—	—	—
Wärmekraftwerke	W_{tk}	P_{tk}	+ 146,0	+ 200,0	+ 146,0	+ 200,0
Ungenutzt	δW_{hk}	δP_{hk}	—	—	—	—
Wärmekraftwerke gesamt	W_t	P_t	173,0	275,0	183,0	302,8
Ungenutzt gesamt	δW_h	δP_h	—	255,0	—	232,8

Die erforderlichen Leistungen der Wärmekraftwerke werden vom kleinsten Wert $\varkappa_w$ ausgehend nach dem größeren bestimmt. Dies ist wichtig, denn durch die Verbrauchsbeschränkung eines Abnehmers veränderlicher Energie verringert sich die erforderliche Leistung der Wärmekraftwerke in veränderlichem Bereich. Daher wird der Bereich, in dem aus Wärmekraftwerken nur konstante Energie benötigt wird, immer größer und damit auch der Bereich, in dem die von den Verbrauchern benötigte variable Energie durch die konstante Energieerzeugung der Wärmekraftwerke gedeckt werden kann.

Die Flächen des Diagramms in Abb. 108b bedeuten nicht immer Energiemengen. Deshalb sind auch Vermerke über den Belastungsfaktor der Wärmekraftwerke m_t eingetragen. Bereiche mit verschiedenem m_t für den gleichen Verbraucher sind durch eine gestrichelte Linie abgegrenzt. Durch Multiplikation der Flächen mit dem Belastungsfaktor der Wärmekraftwerke ermittelt man die für die Aufhebung der Verbrauchsbeschränkungen notwendige Energie aus den Wärmekraftwerken.

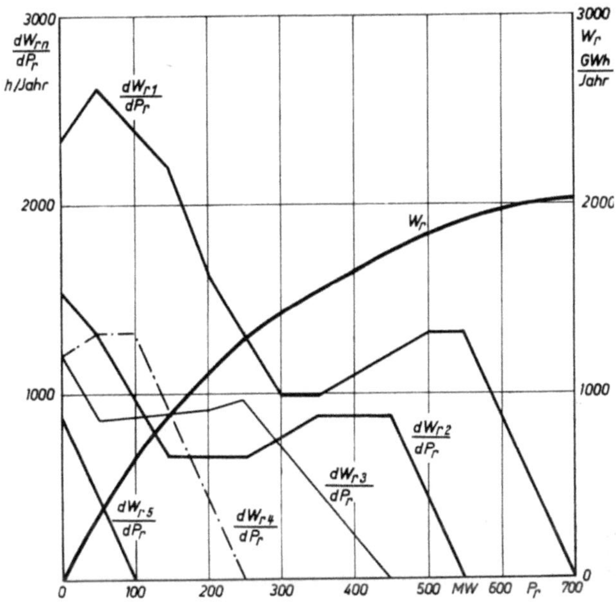

Abb. 109. Abhängigkeit der Werte $\frac{d\,W_{rn}}{d\,P_r}$ und W_r von der Leistung P_r für den in Abb. 108 gezeigten Fall

Demnach ist das Diagramm 108b die Grundlage zur Bestimmung der Größen $\frac{d\,W_{rn}}{d\,P_r}$ und W_r, die für die Ermittlung der Werte des Ausdruckes (208) gebraucht werden. Wie weiter ersichtlich, kann auf Grund des erwähnten Ausdruckes die optimale Leistung $P_{r\,\mathrm{opt}}$ bestimmt werden. Sie ist als Größe jener Leistung definiert, um welche die Verbrauchsbeschränkung zu verringern ist, um das beste wirtschaftliche Ergebnis zu erzielen. Wie bereits vorher erwähnt, geht man von der verfügbaren Leistung P_{to} aus, die auch im Diagramm in Abb. 108b bezeichnet ist. Dieser Wert bedeutet die Größe $P_r = 0$. Die Größe $\frac{d\,W_{rn}}{d\,P_r}$ zeigt die Nutzungsdauer (h/Jahr) des Leistungszuwachses $d\,P_r$. Für $m_t = 1{,}00$ ist die Nutzungsdauer gleich der auf der Abszisse abgelesenen Zeit, für $m_t < 1{,}00$ sind die abgelesenen Zeiten noch mit dem Belastungsfaktor m_t zu multiplizieren. Der Wert von $\frac{d\,W_{rn}}{d\,P_r}$ muß für jede Verbrauchergruppe gesondert ermittelt werden. In Abb. 109 sind die Werte von $\frac{d\,W_{rn}}{d\,P_r}$ für alle fünf der in Abb. 108 angeführten Verbrauchergruppen angegeben. Die Abb. 109 zeigt ebenfalls die Abhängigkeit $W_r = f\,(P_r)$ gemäß Abb. 108 unter Berücksichtigung des Belastungsfaktors. Um den Wert des ersten Gliedes der Gl. (208) zu erhalten, ist beispielshalber angenommen worden, daß $\varkappa_w$ hintereinander folgende Werte annimmt: 1,5; 2; 6; 10 und 30 und daß sich $\varkappa_r$ linear (als erste Annäherung) mit wachsendem P_r ändert. Bei $P_r = 0$ beträgt

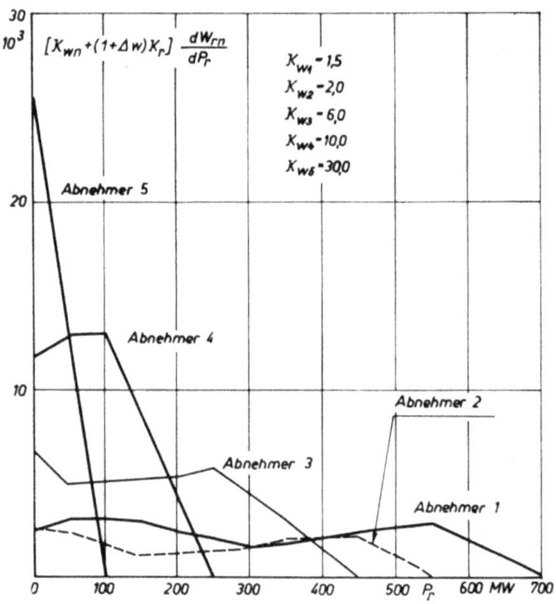

Abb. 110. Abhängigkeit des ersten rechtsseitigen Gliedes im Ausdruck (208) von P_r für einzelne Abnehmergruppen im Beispiel in Abb. 108

$\varkappa_r = 0{,}4$, für $P_r = 700$ MW ist $\varkappa_r = -1{,}0$. Die Größen Δp und Δw wurden vernachlässigt. Bei diesen Voraussetzungen erhält man die Summanden des ersten Gliedes des Ausdrucks (208), wie das in Abb. 110 gezeigt ist; ihre Summe zeigt die Kurve a in Abb. 111. Zu erwähnen ist, daß die Glieder der Gl. (208) die Dimension h/Jahr haben, da alle Geldwertgrößen in bezug auf $k_{b\,\min}$ ausgedrückt sind. Durch Multiplikation der einzelnen Glieder mit $k_{b\,\min}$ gelangt man zur Dimension Geldwert/kW jährlich. Das dritte Glied wird durch Multiplikation der Energie W_r mit $\frac{d\,\varkappa_r}{d\,P_r}$ ermittelt; $\frac{d\,\varkappa_r}{d\,P_r}$ beträgt unter den angenommenen Voraussetzungen $-2{,}0 \cdot 10^{-6}$ je kW. Das dritte Glied in Abb. 111 stellt die Kurve b dar. Durch Addition der Kurven a und b erhält man die Summe des ersten und dritten Gliedes (Kurve $a + b$), welcher noch der Wert von $\varkappa_p$ hinzuzufügen ist, und zwar nur für jenen Bereich, in dem sich die maximale reduzierte Leistung Verbrauchers ändert. Im vorliegenden Beispiel wurde vorausgesetzt, daß nur beim ersten und fünften Abnehmer $\varkappa_p > 0$ ist. Daher ist im Bereich 550 bis 700 MW für den Verbraucher 1 der Kurve $a + b$ der Wert $\varkappa_{p1}$, und im Bereich 0 bis 100 der Wert k_{p5} hinzugefügt und eingezeichnet.

So erhält man schließlich die Kurve für die rechte Seite der Gl. (208). Indem man eine horizontale Gerade in der der linken Seite der erwähnten Gleichung entsprechenden Entfernung von der Abszisse zieht, gelangt man zum Schnittpunkt R (Abb. 111), der die optimale Leistung $P_{r\,\mathrm{opt}}$ kennzeichnet.

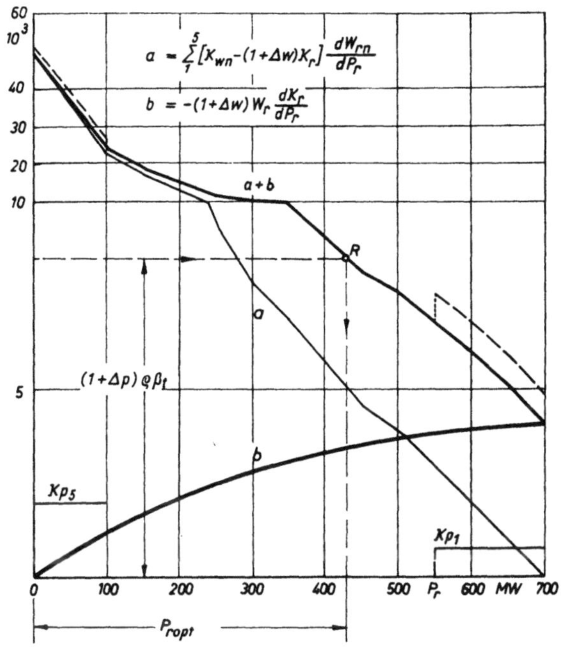

Abb. 111. Abhängigkeit der rechten Seite des Ausdruckes (208) vom Wert P_r (Beispiel in Abb. 108) und ein Beispiel zur Bestimmung der optimalen Verbrauchsbeschränkung $P_{r\,\mathrm{opt}}$

Bei Übertragung dieser Leistung in das Diagramm in Abb. 108 kann festgestellt werden, daß mit einer Verbrauchsbeschränkung der ersten drei Abnehmergruppen zu rechnen ist. Ebenso ist es möglich, auch die Stundenanzahl der Verbrauchsbeschränkungen abzulesen. Dabei darf man jedoch nicht außer Acht lassen, wie das in Abb. 108 gezeigte Diagramm gefunden wurde. Es ist daher am günstigsten, Stunden in Tage umzuwandeln und festzustellen, durch welche Anzahl von Tagen Verbrauchsbeschränkungen erforderlich sind. Im angeführten Beispiel kann festgestellt werden, daß die Notwendigkeit von Verbrauchsreduktionen durch 92 Tage jährlich besteht. Diese Anzahl von Tagen gilt gleichzeitig für den Abnehmer 1, während für den Verbraucher 2 der Verbrauch durch 44 Tage zu reduzieren wäre und für den Verbraucher

3 durch 8 Tage im Jahr. Für Verbraucher mit dem Belastungsfaktor 1,0 bedeutet die Anzahl der Tage mit Verbrauchsbeschränkungen auch die Tage der tatsächlichen Betriebseinstellung. Bei Abnehmern mit einem Belastungsfaktor kleiner als 1 sind in die Tageszahl der Beschränkungen auch Sonn-(Feier-)tage, die zwischen Werktage fallen, an denen eine Verbrauchsbeschränkung erforderlich ist, eingerechnet. Es ist nämlich meistens kaum anzunehmen, daß ein Abnehmer dieser Art, dessen Stromverbrauch Werktags eingeschränkt wird, nur am Sonn-(Feier-)tag arbeiten würde, obwohl das aus energetischen Gesichtspunkten möglich wäre.

Schließlich sei erwähnt, daß die angegebene Anzahl der Tage, an denen eine Reduzierung des Energieverbrauchs notwendig ist, nur eine durchschnittliche Anzahl von Tagen in einer Reihe von Jahren bedeutet. Daher werden Jahre mit einer längeren und solche mit einer kürzeren Reduktionsdauer auftreten.

4. Einfluß der Verhältnisse im Verbundsystem auf den Umfang der Verbrauchsbeschränkungen

Der Umfang der Stromverbrauchsbeschränkungen wird durch das erste Glied der Gl. (208) entscheidend beeinflußt.

Die Größe $\varkappa_{wn}$ ist von der Art der Abnehmer abhängig. Aus diesem Grunde wird in einem Verbundsystem mit Großverbrauchern, die ein kleines $\varkappa_w$ haben, auch die Kurve a in Abb. 111 kleine Ordinaten aufweisen, was ein kleines $P_{r\,\text{opt}}$ zur Folge hat. Das heißt, daß es vorteilhaft ist, relativ große Leistungen zu beschränken bzw. kleine zusätzliche Leistungen in den Wärmekraftwerken für die Aufhebung der Verbrauchsbeschränkungen auszubauen. Indem man den optimalen Umfang der Beschränkungen in zwei Verbundsystemen, die sich nur in der Struktur ihrer Abnehmer unterscheiden, vergleicht, kann man erkennen, daß in jenem Verbundsystem größere Beschränkungen berechtigt sind, in dem ein größerer prozentueller Anteil von Verbrauchern mit kleinem $\varkappa_w$ vorhanden ist bzw. wo ein größerer prozentueller Anteil von Verbrauchern mit Lichtbogenöfen, großen elektrolytischen Anlagen u. ä. arbeitet.

Die restlichen zwei Größen $\varkappa_r$ und $\frac{d\,W_r}{d\,P_r}$, die für das erste Glied der rechten Seite der Gl. (208) von Bedeutung sind, werden von der Struktur der Verbraucher im System und vom Anteil der Wasserkraftenergie am Gesamtstromverbrauch des Systems beeinflußt. Die Struktur der Verbraucher ist bedeutsam, weil von ihr die Form des Tagesbelastungsdiagramms, daher auch die Form der Belastungsdauerkurve, abhängt. Dieser Einfluß ist allerdings geringer als jener des Anteils der Wasserkraftenergie h_j auf die Belastungsdauerkurve.

Mit wachsendem Anteil der Wasserkraftenergie an der Gesamtstromerzeugung eines Verbundsystems wird die Größe $\varkappa_r$ immer kleiner (Abb. 107), mit zunehmendem h_j wird der Wert des Ausdrucks in der eckigen Klammer der Gl. (208) immer größer. Daher könnte man im ersten Augenblick annehmen, daß der Wert des ganzen ersten Gliedes wächst. Jedoch erscheint im ersten Glied auch der Differentialquotient

$\frac{d\,W_r}{d\,P_r}$, der mit zunehmendem Anteil der Wasserkraftenergie immer kleiner wird. Da $\varkappa_r$ in der Summe mit $\varkappa_w$ vorkommt und weil normalerweise $\varkappa_w > |\varkappa_r|$ ist, muß bei Berücksichtigung eingehender Analysen darauf geschlossen werden, daß auf den Zahlenwert des ersten Gliedes auf der rechten Seite der Gl. (208) die Größe $\frac{d\,W_r}{d\,P_r}$ einen größeren Einfluß hat als $\varkappa_r$. Demnach wird das erste Glied auf der rechten Seite der Gl. (208), bei gleicher Struktur der Abnehmer, immer kleiner, je größer der Anteil der Wasserkraftwerke an der Gesamterzeugung des Systems wird.

In einem Verbundsystem, in dem Verbraucher mit einem kleinen $\varkappa_w$ einen wesentlichen prozentuellen Anteil am Gesamtverbrauch haben und in dem der Anteil der Wasserkraftenergie h_j^{u} groß ist, sind, wie man sieht, auch wesentliche Stromverbrauchsbeschränkungen berechtigt.

5. Einfluß eines Verbundsystems auf Großabnehmer mit zeitweisen Stromverbrauchsbeschränkungen

Eine teilweise oder gänzliche zeitweilige Einstellung der Energielieferung hat für die einzelnen Abnehmer in bezug auf die Ausnutzung der Fabrikationsanlagen zwei nachteilige Folgen: Betriebseinschränkungen und Ungleichmäßigkeiten in der Erzeugung während des Jahres und Schwankungen der Jahreserzeugung.

Ein diskontinuierlicher Betrieb während des Jahres hat nachteilige Folgen, die bereits vorher genannt wurden und die in der Formel zur Bestimmung des optimalen Ausmaßes der Verbrauchsbeschränkungen einbezogen sind. Jedoch gibt es außerdem noch weitere negative Komponenten. Es ist nämlich nicht mit völliger Sicherheit feststellbar, zu welcher Jahreszeit die Notwendigkeit einer teilweisen oder vollkommenen Verbrauchsbeschränkung eintritt. Diese Unsicherheit der Voraussage bedeutet für die Abnehmer jedenfalls Schwierigkeiten, besonders dann, wenn zwischen der Elektrizitätswirtschaft und solchen Abnehmern nicht eine enge Zusammenarbeit besteht. Während der Betriebseinstellung werden die Verbraucher natürlich bestrebt sein, dringende Instandsetzungsarbeiten oder eventuelle Umbauten der Anlagen durchzuführen, um dann, wenn wieder elektrische Energie zur Verfügung steht, wenig Zeit zu verlieren. Dafür müssen natürlich Arbeitskräfte und Material bereitgestellt werden. Es wäre daher für die Arbeitnehmer außerordentlich wichtig, den Zeitpunkt und die Dauer der Verbrauchsbeschränkungen im voraus zu kennen. In Verbundsystemen, deren Wasserkraftwerke an Wasserläufen liegen, deren Wasser überwiegend aus Gletschern und Eisablagerungen kommt, ist die Sicherheit von Voraussagen jedenfalls größer als in Systemen, deren Wasserkraftwerke an Wasserläufen errichtet sind, deren Wasserdarbietungen unmittelbar von den Niederschlägen abhängen. Das Vorhandensein größerer Speicherbecken erhöht natürlich die Sicherheit von Voraussagen für die Stromerzeugung der Wasserkraftwerke und damit auch der Vorausbestimmung von Stromlieferungsbeschränkungen. Indessen sind Voraussagen auf längere Zeitabschnitte stets schwierig, sowohl in Verbundsystemen mit geringen Speichermöglichkeiten wie auch in Systemen mit großen Speicherbecken, da die zeitliche Verteilung und die den Kraftwerken und Speicherbecken zufließenden Wassermengen unbekannt sind. Normalerweise sind Voraussagen für Zeiten mit Niederwasser sicherer, weil dann die Schwankungen der Zuflüsse wesentlich kleiner sind, als für Zeitabschnitte mit Mittel- und Hochwasser. Außerdem wird auch der Verbrauch aus den Speicherbecken so geregelt, daß größere gespeicherte Wassermengen für die Zeitabschnitte mit Niederwasser gesichert werden.

Aus allen diesen Gründen erscheint es unvorteilhaft, den Verbrauch jener Abnehmer, deren Strombezug zeitweise reduziert wird, durch Tarifmaßnahmen zu regeln, wie z. B. daß für verbrauchte Energie oder bereitgestellte Leistung in vorausbestimmten Monaten erhöhte Tarifsätze eingeführt werden. Es kann nämlich der Fall eintreten, daß gerade in jenen Monaten, für die niedrige Tarifsätze vorgesehen sind, die Notwendigkeit von Verbrauchsbeschränkungen eintritt, während gerade in dieser Zeit die Verbraucher mit kleinem $\varkappa_w$ mit voller Belastung arbeiten. Ebenso treten Verluste auf, wenn in Zeitabschnitten mit erhöhten Tarifsätzen der Stromverbrauch sinkt, jedoch die Stromerzeugungsmöglichkeiten gleichzeitig, obwohl vorhanden, nicht voll ausgenützt werden. Es muß daher ein elastischeres System geschaffen werden, daß eine bessere Anpassung des Verbrauchs im Rahmen der Stromerzeugungsmöglichkeiten zuläßt, wobei eine optimale Ausnutzung der industriellen und elektrowirtschaftlichen Kapazitäten anzustreben ist.

Ohne Rücksicht darauf ist es jedenfalls erforderlich, die Wahrscheinlichkeit der Stromverbrauchsbeschränkungen in den verschiedenen Jahreszeiten zu kennen, um eventuell erforderliche Beschränkungen zu bestimmen. Die Wahrscheinlichkeit des Auftretens von Stromverbrauchsbeschränkungen kann auf Grund der Kenntnisse der hydrologischen Verhältnisse für eine Reihe von vergangenen Jahren für Wasserkraftwerke, die im beobachteten Jahr in Betrieb sein, und auf Grund der verfügbaren Leistung der Wärmekraftwerke ermittelt werden. Nach Ermittlung der erforderlichen Reduktionen in einer Reihe von Jahren, getrennt für jeden Monat, ist es möglich, die Kurven, wie in Abb. 112 gezeigt, aufzustellen. Diese zeigen als Beispiel für zwei Monate die Wahrscheinlichkeit von Stromverbrauchsbeschränkungen für zwei Verbrauchergruppen. Im Monat A ist eine teilweise Stromverbrauchsbeschränkung des Verbrauchers 1 mit 0,58 Wahrscheinlichkeitswert, dagegen eine vollständige Einstellung der Stromlieferung an diesen Verbraucher mit 0,05 Wahrscheinlichkeitswert zu erwarten. Mit dem gleichen Wahrscheinlichkeitswert ist eine teilweise Energiebeschränkung des Verbrauchers 2 vorzusehen, jedoch keineswegs dessen vollkommene Stillegung. Im Monat B ist keine vollständige Stillegung des Verbrauchers 1, und überhaupt keine Verbrauchsreduktion des Verbrauchers 2 zu erwarten.

Kennlinien wie in Abb. 112 abgebildet, können selbstredend nur ein allgemeines Bild über die Wahrscheinlichkeiten von Stromverbrauchsbeschränkungen geben. Jedoch geben sie keinen Aufschluß darüber, wann diese Notwendigkeit auftritt. Doch können solche Kurven (Abb. 112) für eine grundlegende Orientierung der zu erwartenden zeitlichen Verteilung der Stromreduktionen und daher als Hilfsmittel für die ungefähre Vorausbestimmung der Betriebseinschränkungen dienen. Wesentlich genauere Voraussagen sind auf ein bis zwei Monate auf Grund des Wasserstandes der Speicherbecken und Wasserdarbietung, unter Berücksichtigung der Charakteristiken der Abflüsse, möglich. Allgemein ist zu sagen, daß Vorausbestimmungen um so unsicherer sind, je größer der Anteil der Wasserkraftenergie an der gesamten Stromerzeugung und je kleiner der Energiespeicherungswert der Staubecken ist.

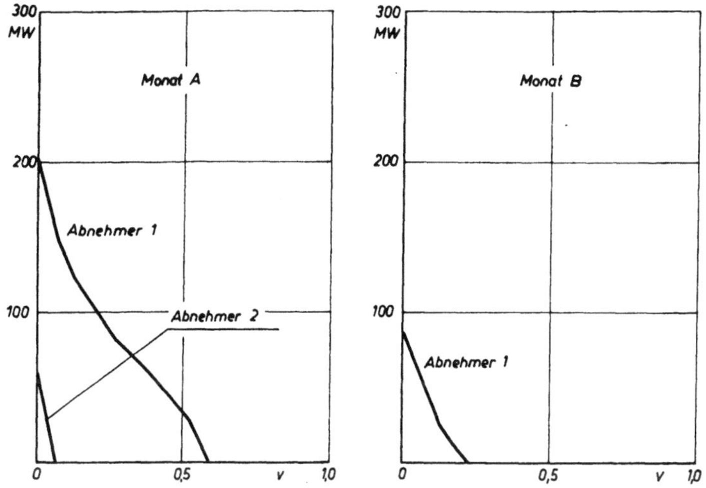

Abb. 112. Beispiele von Wahrscheinlichkeitskurven für Verbrauchsbeschränkungen

Indessen ist es die Aufgabe der Elektrizitätswirtschaft, Voraussagen aufzustellen und ihre Schätzungen den Großverbrauchern mitzuteilen, damit diese über die Aussichten der elektrischen Energieversorgung unterrichtet sind.

Wie bereits erwähnt, besteht eine zweite Schwierigkeit in den Schwankungen der jährlichen Energiemengen, die den Abnehmern zur Verfügung stehen bzw. Erzeugungsschwankungen jener Industrie, die von Stromverbrauchsbeschränkungen betroffen ist. Diese Schwankungen können als Veränderungen der Nutzung der maximalen jährlichen Erzeugungskapazität der betreffenden Abnehmer dargestellt werden. Als maximale jährliche Erzeugungskapazität bezeichnet man die Summe der monatlichen Durchschnittskapazitäten. Die mittlere monatliche Erzeugungskapazität findet man unter der Annahme, daß die Reparaturarbeiten gleichmäßig über das ganze Jahr verteilt sind. Wenn man aber damit rechnet, daß die gesamten Reparaturen nur während einiger Monate erfolgten, dürfte es möglich sein, in den Monaten ohne Reparaturarbeiten einen höheren monatlichen Energieverbrauch zu erreichen als dies der durchschnittlichen monatlichen Erzeugungskapazität entspricht.

In diesem Fall wird es dann möglich sein, die maximale monatliche Kapazität zu erreichen. Wenn P_1 die für die mittlere Monatskapazität erforderliche mittlere Leistung bedeutet, dann ist die für den Betrieb mit maximaler Produktionskapazität erforderliche Leistung $\varrho_a P_1$. Der Faktor ϱ_a ist größer als 1 und wird als Reservefaktor des Abnehmers bezeichnet. P_1 ist jene Leistung, die in die Rechnung zur Bestimmung der optimalen Größe der Stromverbrauchsbeschränkungen einzusetzen ist.

Wenn die hydrologischen Verhältnisse für eine Reihe von Jahren bekannt sind, ist es möglich, die Ausnützung der Erzeugungsmöglichkeiten der Abnehmer für jedes Jahr getrennt zu bestimmen. Die Linie a

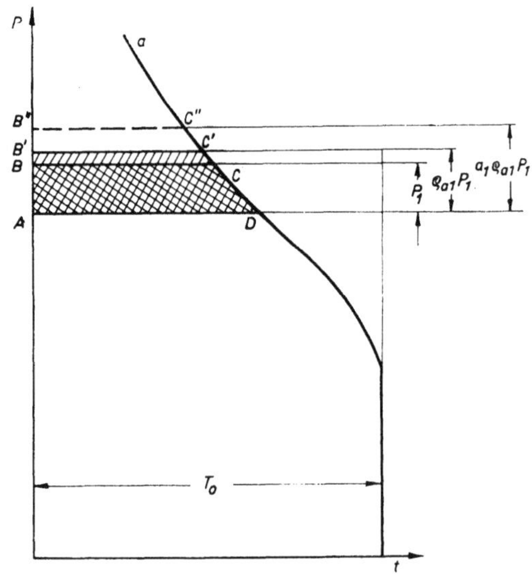

Abb. 113. Lage des ersten von Verbrauchsbeschränkungen betroffenen Abnehmers in der Dauerkurve der Summe der nutzbaren Leistung der Wasserkraftwerke und verfügbare Leistung der Wärmekraftwerke in einem der untersuchten Jahre. P_1 ist die mittlere Belastung der Abnehmer bei Voraussetzung, daß die Überholungsarbeiten gleichmäßig über das ganze Jahr verteilt sind. ϱ_{a1} P_1 Belastung der Abnehmer ohne Überholungsarbeiten, a_1 ϱ_{a1} P_1 Belastung bei erhöhter Erzeugungskapazität des Abnehmers

(Abb. 113) ist die Dauerkurve der Summe der nutzbaren täglichen Maximalleistungen der Wasserkraftwerke und der verfügbaren Leistungen der Wärmekraftwerke in einem der untersuchten Jahre. Wenn nicht mit einem Betrieb mit maximaler Kapazität außerhalb des Zeitabschnittes der Stromverbrauchsbeschränkungen gerechnet wird, ist die Ausnützung η_c das Verhältnis der Fläche $ABCD$ zum Rechteck mit der Fläche $P_1 T_0$. Indem dieses Verfahren durch eine Reihe von Jahren wiederholt wird, erhält man die Wahrscheinlichkeitskennlinie der Nutzungsmöglichkeit der Erzeugungskapazitäten der Abnehmer. Ein solches Beispiel zeigt Abb. 114 (die Kurve $\varrho_{a1} = 1{,}00$). Eine höhere

Nutzungsdauer dieser Kapazitäten kann durch die Ausnützung der Maximalkapazität in Zeitabschnitten, in denen Energie und Leistung zur Verfügung steht und durch Verlegung der Instandhaltungsarbeiten in den Zeitraum mit Energiemangel erreicht werden. In diesem Fall ist die Ausnützung der Kapazität gleich dem Verhältnis der $AB'C'D$ zum gleichen Rechteck P_1T_0 (Abb. 113). Die Ausnützungswahrscheinlichkeit der Kapazität bei dieser Betriebsart zeigt die Kurve mit der Bezeichnung $\varrho_{a1} = 1{,}10$ in Abb. 114. Bestimmt wird diese Kennlinie mit der Voraussetzung, daß der Teil der Kurve a im Abschnitt von C' bis D eine Gerade mit bestimmter Neigung ist und der Reservefaktor des Abnehmers $\varrho_{a1} = 1{,}10$ beträgt. Die Betriebsführung mit Nutzung der Maximalkapazität in energetisch günstigen Zeitabschnitten verbessert die durchschnittliche Kapazitätsnutzung (Angaben für $\bar{\eta}_c$ in Abb. 114), die Wahrscheinlichkeit der vollen Kapazitätsnutzung und verringert deren Schwankungen.

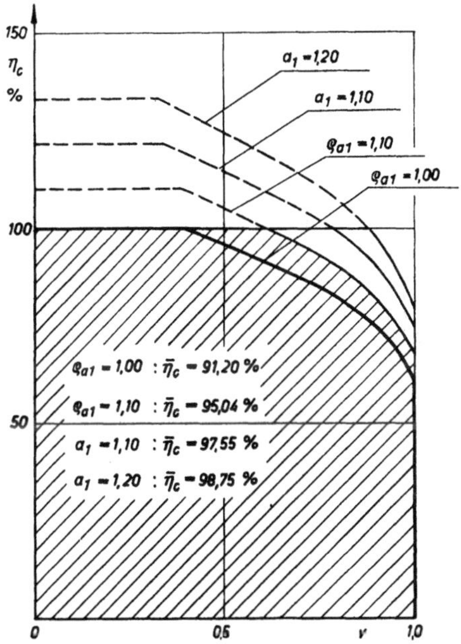

Abb. 114. Nutzungswahrscheinlichkeit der Jahreserzeugungskapazität eines Abnehmers η_c bei Nutzung der mittleren Abnehmerleistung, wenn die Überholungsarbeiten über das ganze Jahr verteilt sind ($\varrho_{a1} = 1{,}00$), bei Überholungsarbeiten in Zeiten von Energiemangel ($\varrho_{a1} = 1{,}10$) und bei vorhandener zusätzlicher Erzeugungskapazität von 10% und 20% ($a_1 = 1{,}10$ und $a_1 = 1{,}20$). Die durchschnittliche Kapazitätsnutzung des Abnehmers ist $\bar{\eta}_c$

Eine weitere Verbesserung kann durch Kapazitätserhöhung der Abnehmer, die mit der Größe $a_1 > 1$ definiert ist und das Verhältnis zwischen der Kapazitätserhöhung und Grundkapazität bedeutet, erreicht werden. Diese erhöhte Kapazität wird ebenso in Zeiten günstiger Energiedarbietung ausgenützt (Abb. 113). Deren Nutzungsmöglichkeit zeigt

Abb. 114. Für $a_1 = 1{,}10$ und $a_1 = 1{,}20$ ist die Nutzungsmöglichkeit auf Basis der Grundkapazität bestimmt. Die Zusatzkapazität dient lediglich zur Verbesserung der Ausnützung in Trockenjahren. Wenn dagegen die Zusatzkapazität jederzeit, wenn sich dafür eine Möglichkeit bietet, ausgenützt werden würde, dann schiene es, als ob ein größerer Verbraucher angeschlossen wäre. Bei gleicher verfügbarer Leistung aus den Wärmekraftwerken bestünde eine noch geringere durchschnittliche Kapazitätsnutzung und noch größere Schwankungen der Kapazitätsnutzung. Wenn man mit der Zusatzkapazität rechnen würde wie mit einer Kapazität, die stets ausgenützt wird, wenn sich dafür Möglichkeiten bieten, dann müßte neuerlich die Bestimmung der optimalen Größe

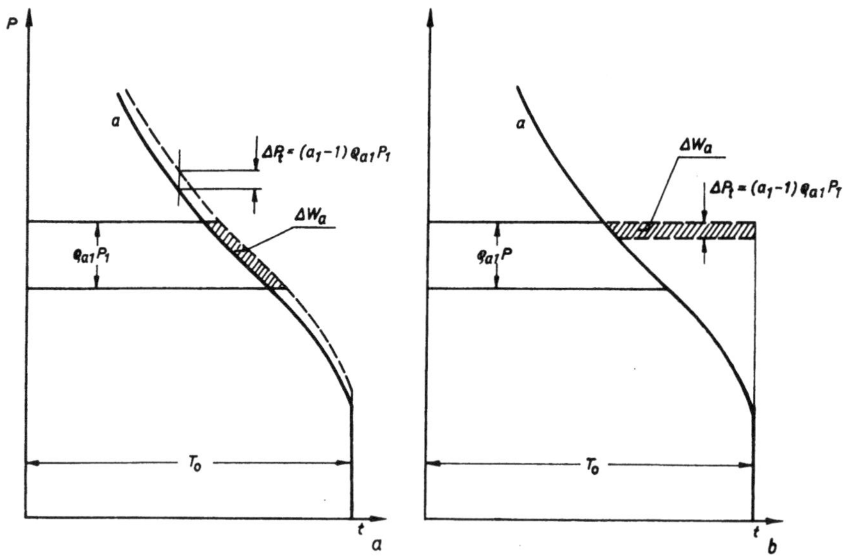

Abb. 115. Vergrößerung der Nutzung der Erzeugungskapazität eines Abnehmers durch Ausbau eines Wärmekraftwerkes mit einer verfügbaren Leistung ΔP_t, welches (*a*) für die allgemeine Stromversorgung, (*b*) für den Eigenbedarf des behandelten Abnehmers ausgenutzt wird

der Stromverbrauchsbeschränkungen durchgerechnet werden. Wie man aus dem Beispiel in Abb. 114 ersehen kann, verbessert sich durch den Ausbau einer Zusatzkapazität die durchschnittliche Ausnützung der Grundkapazität, vergrößert sich die Wahrscheinlichkeit der Ausnützung der Grundkapazität und verringern sich die jährlichen Schwankungen der Kapazitätsnutzung.

Es wäre nun noch zu vergleichen, wie sich die Errichtung eines zusätzlichen Wärmekraftwerkes mit einer verfügbaren Leistung, die gleich der Leistung zur Deckung der Zusatzkapazität ist, auf die Kapazitätsnutzung der Abnehmer auswirken würde. Es bestehen zwei verschiedene Fälle. Der erste Fall: das zusätzliche Wärmekraftwerk ist ein Bestandteil des Verbundsystems und dessen Stromerzeugung wird an die Abnehmer nach deren Ordnung (Reihenfolge der Stromverbrauchsbeschränkungen, geordnet nach der Größe von $\varkappa_w$), die bei der Bestimmung des Umfanges der optimalen Strombegrenzungen festgelegt wurde, abgegeben (Abb. 115a). Der zweite Fall: Das zusätzliche Wärmekraftwerk ist ein Teil der Anlagen des behandelten Abnehmers und seine Erzeugung dient ausschließlich den Zwecken dieses Abnehmers (eigene Industriekraftwerke) (Abb. 115b). Im ersten Fall ist die Stromversorgung des behandelten Verbrauchers wesentlich ungünstiger (Abb. 116a) als im Fall, daß der Abnehmer seine Produktionskapazität um die gleiche Leistung erhöhen würde. Trotz der Verbesserung gegenüber dem Fall 1 ist der Zustand im zweiten Fall ungünstiger als wenn die Erzeugungskapazität des Abnehmers erhöht würde (Abb. 116b). Natürlich gilt das Beispiel in Abb. 116 nur für den vorausgesetzten Neigungswinkel der Kennlinie a in Abb. 115. Es wurde nämlich voraus-

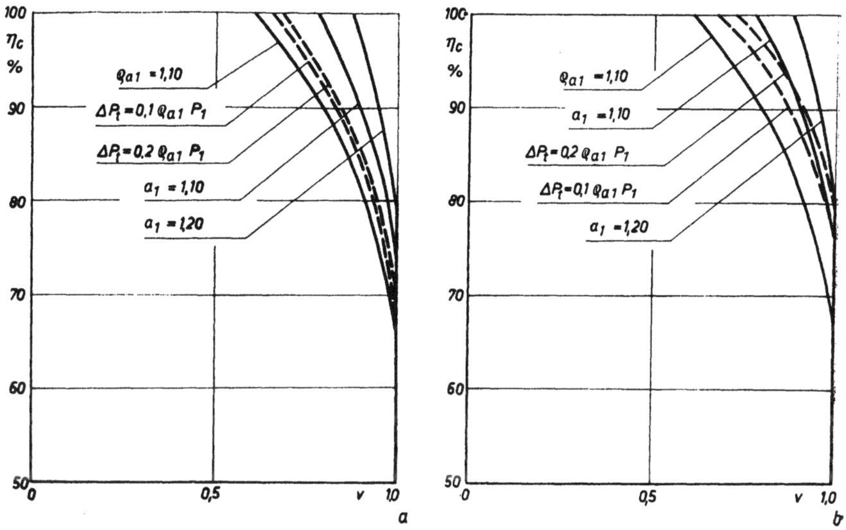

Abb. 116. Wahrscheinlichkeit der Nutzung der Erzeugungskapazität eines Abnehmers durch den Ausbau eines Wärmekraftwerkes mit einer verfügbaren Leistung ΔP_t für die Fälle (a) und (b) in Abb. 115 im Vergleich zu den Fällen in Abb. 114

gesetzt, daß das Abszissenverhältnis $\overline{BC} : \overline{AD} = 0{,}9$ ist. Mit der Verringerung des Abszissenverhältnisses erhöht sich der Einfluß der Leistungserhöhung der Wärmekraftwerke und verringert sich die Auswirkung der Vergrößerung der Produktionskapazität der Abnehmer. Das Abszissenverhältnis ist von den Charakteristiken der Wasserkraftwerke im System und von der Größe des Leistungsbedarfes des Abnehmers abhängig.

Praktisch ist jedoch damit zu rechnen, daß immer eine Erhöhung der Produktionskapazität des Abnehmers wirtschaftlich mehr gerechtfertigt ist als die Errichtung von zusätzlichen Kraftwerken. Nicht allein wegen der Vergrößerung der Nutzungsmöglichkeit der Erzeugungskapazität des Verbrauchers, sondern auch wegen der dafür notwendigen niedrigen Anlagekosten. Bei der Beurteilung der Wirtschaftlichkeit der

Lösung durch zusätzliche Leistung aus Wärmekraftwerken, die ausschließlich zur Vergrößerung der Kapazitätsnutzung der Abnehmer dienen sollen, ist zu berücksichtigen, daß es vom volkswirtschaftlichen Standpunkt ungerechtfertigt wäre, die Leistung dieser werkseigenen Wärmekraftwerke für Verbraucher mit geringen finanziellen Verlusten $\varkappa_w$ bei Verbrauchsbegrenzungen auszunutzen, während gleichzeitig Verbraucher mit größeren finanziellen Verlusten ihren Betrieb einschränken müßten. Denn gerade die Abnehmer mit geringen Verlusten sind den größten Schwankungen der Kapazitätsnutzung ausgesetzt.

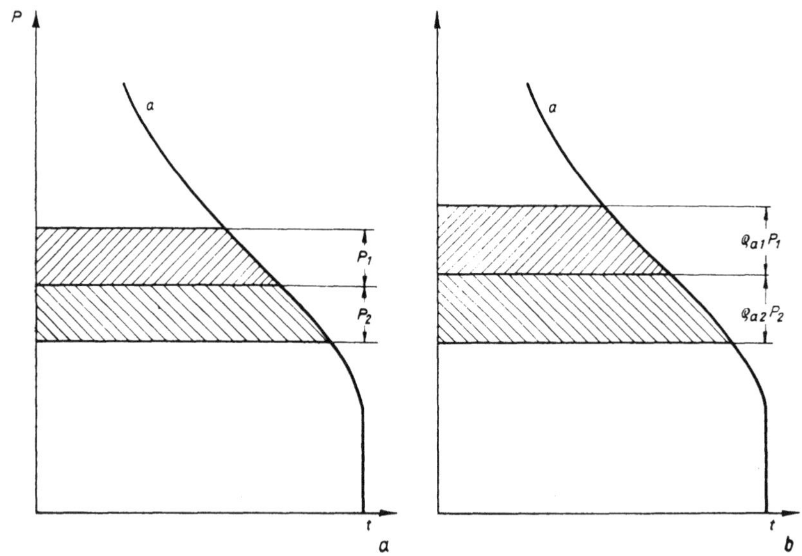

Abb. 117. Zwei von Verbrauchsbeschränkungen betroffene Abnehmer in der Dauerkurve der nutzbaren Summenleistung von Wasserkraftwerken und der verfügbaren Leistung der Wärmekraftwerke in einem der untersuchten Jahre; (*a*) bei Nutzung der mittleren Belastung, die bei der Voraussetzung ermittelt wird, daß die Überholungsarbeiten während des ganzen Jahres erfolgen, (*b*) bei Nutzung der Höchstlast in Zeitabschnitten mit genügendem Energiedargebot, während die Überholungsarbeiten in Zeitabschnitten von Energiemangel erfolgen

In den bisherigen Betrachtungen wurde die Untersuchung der Verhältnisse unter der Voraussetzung durchgeführt, daß sich die Maßnahmen zur Verbesserung der Kapazitätsnutzung auf die Verbrauchergruppe mit den geringsten Produktionsverlusten durch die Stromverbrauchsbeschränkungen bezieht (kleinstes $\varkappa_w$). Wenn die vorgenannten Maßnahmen auch auf die Verbrauchergruppe mit nächstgroßem $\varkappa_w$ ausgedehnt werden, dann werden sich diese Maßnahmen auch auf die Verbraucher mit kleinstem $\varkappa_w$ auswirken, sei es, daß eine Reservekapazität, die durch das Verhältnis ϱ_a gekennzeichnet ist, eingesetzt wird, oder daß eine zusätzliche Kapazität, die durch das Verhältnis a definiert ist, vorgesehen wird. Abb. 117a zeigt die Lage der Abnehmer ohne Ausnützung von Reserveleistung, Abb. 117b mit Ausnützung einer Leistungsreserve. Die Kapazitätsnutzung des Verbrauchers

1 wird bei Einsatz einer Leistungsreserve des Verbrauchers 2 kleiner, da sich der Verbraucher 1 zum engeren Teil des Diagramms zwischen der Kurve *a* und der Ordinatenachse verschiebt. Der gleiche Zustand liegt auch im Fall einer Kapazitätsvergrößerung des Verbrauchers 2 vor. Zur Darstellung dieser Unterschiede zeigt Abb. 118 die mögliche Kapazitätsnutzung des Verbrauchers 1 unter den für Abb. 114 geltenden Voraussetzungen. Außerdem ist angenommen, daß sich gleichzeitig die Kapazität des Verbrauchers 1 und Verbrauchers 2 um den gleichen Prozentsatz erhöht und daß die benötigten Leistungen für beide Abnehmer untereinander gleich sind.

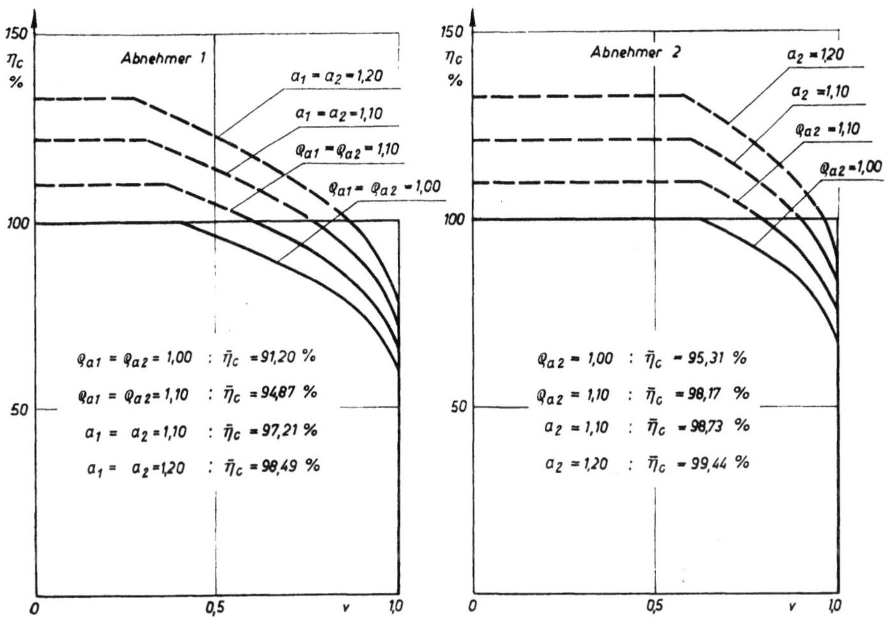

Abb. 118. Wahrscheinlichkeit der möglichen Nutzung der Jahreskapazität η_c zweier von Verbrauchsbeschränkungen betroffener Abnehmer für die in Abb. 113 gezeigten Fälle unter der Voraussetzung, daß beide Verbraucher mit gleicher Belastung arbeiten

Wenn die Daten für den Verbraucher 1 und Verbraucher 2 miteinander verglichen werden (Abb. 118), sieht man, daß der Einfluß der Kapazitätserhöhung auf die Verbesserung der Kapazitätsnutzung beim Abnehmer 2 kleiner ist als beim Abnehmer 1. Dies trifft in noch größerem Maße zu für den Verbraucher, der im Diagramm unter dem Verbraucher 2 im Vergleich zum Verbraucher 1 angeordnet ist. Daraus kann man schließen, daß die größte Erhöhung der Kapazitätsnutzung durch zusätzliche Erzeugungsanlagen bei den Abnehmern mit den kleinsten, durch die Stromlieferungsbeschränkungen verursachten Verlusten, erreicht werden kann.

Bei der abschließenden Betrachtung der Lieferungsbeschränkungen elektrischer Energie an die verschiedenen Abnehmer sind in einigen

Fällen innerhalb der Anlagen des gleichen Abnehmers verschiedene Betriebe mit verschiedenen Verlusten infolge der Strombeschränkungen zu unterscheiden. So sind z. B. innerhalb einer Aluminiumfabrik die Erzeugung der Aluminiumtonerde, die Elektrolyse und das Walzwerk verschieden zu behandeln. Mit Rücksicht auf die Größe $\varkappa_w$ kommt es zu zeitweiligen Betriebseinstellungen der Aluminiumelektrolyse. Deswegen dürfte es unter Umständen empfehlenswert sein, die Erzeugung der drei Betriebsabteilungen untereinander abzustimmen. Es wären dann Lagerungsmöglichkeiten für die Aluminiumtonerde, für den Zeitraum der verminderten Kapazitätsausnützung der Elektrolyse, wie auch die Möglichkeit der Einlagerung der Rohaluminiumblöcke, in der Zeit des Einsatzes der Reservekapazität oder eventuell auch der Zusatzkapazität der Elektrolyse, vorzusehen.

VII. Der energiewirtschaftliche Wert von Wasserkraftwerken

1. Grundlagen zur Bestimmung des energiewirtschaftlichen Wertes von Wasserkraftwerken

a) Der Wert eines Wasserkraftwerkes, bezogen auf die Kostenhöhe

Zur Vereinfachung der Darstellung werden die Verhältnisse in einem Verbundsystem und einem hydrologischen Jahr untersucht, in dem der Energiebedarf durch die Kurve (1) und die werktätigen Höchstbelastungen durch die Kurve (3) in Abb. 119 gezeigt sind. In diesem Verbundsystem arbeiten Wasserkraftwerke, deren Energie gemäß den Kurven (2) ausgenützt wird. Diese Wasserkraftwerke können im Augenblick der Höchstlast eine der Kurve (4) in Abb. 119 entsprechende Leistung abgeben. Die Differenz zwischen den Kurven (1) und (2) und zwischen den Kurven (3) und (4) bedeutet die erforderliche Stromerzeugung bzw. erforderliche Leistung der Wärmekraftwerke. Zur Bestimmung der nutzbaren Energie und Leistung der Wasserkraftwerke, wie auch der erforderlichen Energie und Leistung der Wärmekraftwerke kann z. B. die Methode der konstanten und veränderlichen Energie angewendet werden (Kapitel IV, 3).

Außer den Wasserkraftwerken, die eine Energiemenge W_{ho} erzeugen, sind zur Bedarfsdeckung noch Wärmekraftwerke erforderlich. Diese müssen eine verfügbare Leistung P_{to} und Energieerzeugung W_t haben. Die jährlichen Gesamtkosten im System betragen

$$K_1 = K_{ho} + \varrho\, b_t\, P_{to} + k_{bs}\, W_t \tag{213}$$

K_{ho} sind die jährlichen Stromerzeugungskosten in den bestehenden Wasserkraftwerken, ϱ der Reservefaktor in den Wärmekraftwerken, b_t die festen jährlichen spezifischen Kosten für die Leistungseinheit an den abgehenden Leitungen der Wärmekraftwerke — $b_t = \alpha_t B_t$, definiert durch die Beziehung (134) —, und k_{bs} die veränderlichen mittleren spezifischen Kosten je kWh in den Wärmekraftwerken.

Mit der Errichtung eines neuen Wasserkraftwerkes entsteht der in Abb. 120 dargestellte Zustand. Dieses neue Kraftwerk kann während des Jahres die Energiemenge W_h abgeben. Außerdem ist es möglich im kritischen Zeitabschnitt die Leistung P_{hKR} auszunutzen. Deshalb wird die erforderliche Höchstleistung der Wärmekraftwerke P_t kleiner als

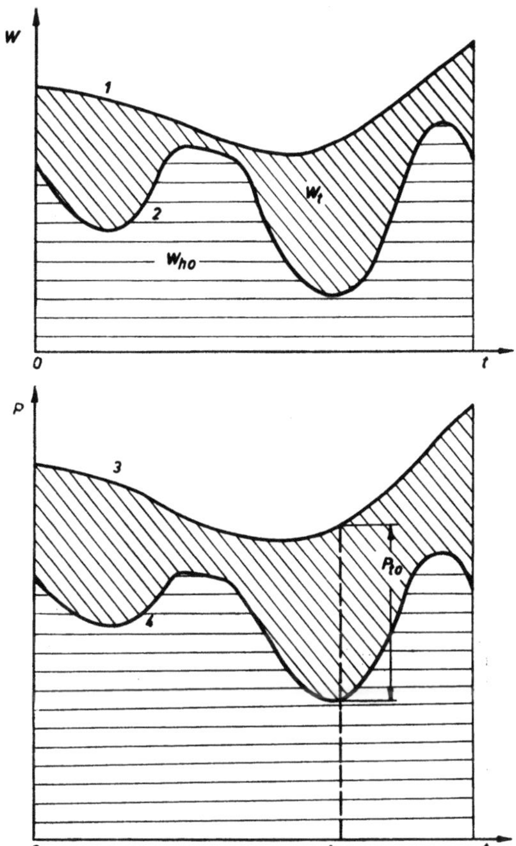

Abb. 119. Die Verhältnisse in einem Verbundsystem vor Ausbau eines neuen Wasserkraftwerkes. (*1*) Energiebedarf, (*2*) Energieerzeugung der Wasserkraftwerke, (*3*) Höchstlasten, (*4*) Nutzleistung der Wasserkraftwerke

die Leistung P_{to} in Abb. 119. Dann wird die erforderliche Stromerzeugung des Wärmekraftwerkes kleiner und beträgt W'_t. Die gesamten jährlichen Kosten betragen nun

$$K_2 = K_{ho} + K_h + \varrho\, b_t\, P_t + k'_{bs}\, W'_t \tag{214}$$

wobei K_h die jährlichen Kosten des neuen Wasserkraftwerkes und k'_{bs} die durchschnittlichen veränderlichen spezifischen Kosten je kWh in den Wärmekraftwerken nach der Errichtung des neuen Wasserkraftwerkes sind. Wenn man berücksichtigt, daß

$$P_{hKR} = P_{to} - P_t \tag{215}$$

und

$$W_h = W_t - W'_t \tag{216}$$

ist, kann die Formel (214) in der Form

$$K_2 = K_{ho} + K_h + \varrho\, b_t\,(P_{to} - P_{hKR}) + k'_{bs}\,(W_t - W_h) \tag{217}$$

geschrieben werden.

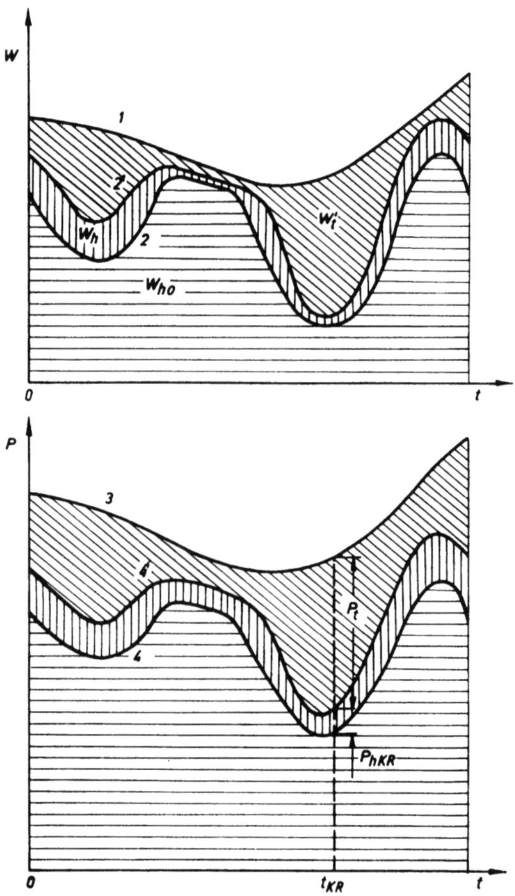

Abb. 120. Die Verhältnisse in einem Verbundsystem nach Ausbau eines neuen Wasserkraftwerkes. (*1*) Energiebedarf, (*2*) Energieerzeugung der bestehenden Wasserkraftwerke, (*2'*) Energieerzeugung in den bestehenden und im neuen Wasserkraftwerk, (*3*) Höchstbelastungen, (*4*) nutzbare Leistung der bestehenden Wasserkraftwerke, (*4'*) nutzbare Leistung der bestehenden und des neuen Wasserkraftwerkes

Der Ausdruck (217) zeigt also die jährlichen Kosten im System, wenn zu den bestehenden Wasserkraftwerken ein neues errichtet wird. Es kann daher angenommen werden, daß die Formel (213) die jährlichen Kosten bedeutet, wenn das neue Wasserkraftwerk durch ein

Wärmekraftwerk der entsprechenden Leistung und Erhöhung der Stromerzeugung in den Wärmekraftwerken, ersetzt wird. Daher drücken die Formeln (213) und (217) die jährlichen Kosten für zwei Alternativen aus, die vom Standpunkt der Verbrauchsdeckung gleichwertig sind. Demnach können sie auch vom Kostenstandpunkt aus untereinander verglichen werden. Wenn nämlich

$$K_1 > K_2 \tag{218}$$

ist, dann wird die Errichtung eines neuen Wasserkraftwerkes wirtschaftlich günstiger als der Bau eines Wärmekraftwerkes. Selbstverständlich handelt es sich dabei nicht um den Vergleich eines Wasserkraftwerkes mit einem Wärmekraftwerk der gleichen installierten Leistung wie auch nicht um den Vergleich eines Wasserkraftwerkes mit einem Wärmekraftwerk der gleichen Stromerzeugung. Verglichen werden untereinander ein Wasserkraftwerk mit einem Wärmekraftwerk, die untereinander in energiewirtschaftlicher Hinsicht vertauscht werden können. Dabei ist meistens die installierte Leistung des Wasserkraftwerkes größer als die des Wärmekraftwerkes. Dagegen ist die Stromerzeugung des Wärmekraftwerkes (es handelt sich ja um ein neues Wärmekraftwerk mit niedrigeren veränderlichen spezifischen Kosten als in den vorhandenen Wärmekraftwerken) gewöhnlich größer als die nutzbare Energie des Wasserkraftwerkes.

Wenn die Bedingung (218) erfüllt ist, gilt auch die Ungleichung

$$K_h < Sb_t P_{hKR} + k_b W_h \tag{219}$$

Es bedeutet k_b die mittleren veränderlichen spezifischen Kosten in den Wärmekraftwerken, in denen die Erzeugung durch den Ausbau des neuen Wasserkraftwerkes verringert wurde. Die Größe k_b bestimmt sich aus

$$k_b = k'_{bs} - (k'_{bs} - k_{bs}) \frac{W_t}{W_h} \tag{220}$$

Dieser Ausdruck wird aus den Beziehungen (213) und (217) wie aus der Bedingung (219) gefunden.

Die rechte Seite der Ungleichung (219) bedeutet die Einsparung an festen und veränderlichen Kosten in Wärmekraftwerken durch den Ausbau des neuen Wasserkraftwerkes. Dieser Ausdruck zeigt also auch den energiewirtschaftlichen Wert des neuen Wasserkraftwerkes im Vergleich mit den Wärmekraftwerken. Der energiewirtschaftliche Wert des Wasserkraftwerkes kann daher durch die Formel

$$E_h = \varrho b_t P_{hKR} + k_b W_h \tag{221}$$

dargestellt werden, die den absoluten energiewirtschaftlichen Wert des Wasserkraftwerkes bedeutet. Mit Rücksicht auf die verschiedene Größe der Wasserkraftwerke und daraus auch auf die unterschiedliche Höhe der Kosten kann der Absolutwert täuschen. Deswegen ist es empfehlenswert, den relativen energiewirtschaftlichen Wert in Abhängigkeit von den Kosten K_h durch die Beziehung

$$e = \frac{\varrho\, b_t\, P_{hKR} + k_b\, W_h}{K_h} \tag{222}$$

auszudrücken.

Wenn $e > 1$, dann ist das behandelte Wasserkraftwerk in Bezug auf die Kosten wirtschaftlicher als Wärmekraftwerke. Für den Fall, daß $e < 1$ ist, dann ist der Bau eines Wärmekraftwerkes mehr gerechtfertigt als der Bau des behandelten Wasserkraftwerkes.

Durch den Vergleich der relativen energiewirtschaftlichen Werte von Wasserkraftwerken können auch diese untereinander verglichen werden. Ein Wasserkraftwerk mit einem höheren Relativwert ist wirtschaftlicher als ein solches mit einem niedrigeren Relativwert.

Es ist verständlich, daß eine Analyse der energiewirtschaftlichen Bewertung von Wasserkraftwerken nicht auf die hydrologischen Verhältnisse eines einzigen Jahres beschränkt werden kann, wie dies für Darstellungszwecke in Abb. 119 und 120 gezeigt wird. Auch in diesem Fall muß eine Analyse auf Grund der Verhältnisse in einer Anzahl von Jahren durch Wahrscheinlichkeitskurven für die Nutzungsmöglichkeiten der Wasserkraftwerke bestimmt werden (Kapitel V, 2). Mit diesen Kurven ist die nutzbare Energie der Wasserkraftwerke und besonders die nutzbare Leistung in kritischen Zeitabschnitten zu ermitteln. Dabei ist die erforderliche Sicherstellung der Versorgung der Abnehmer zu berücksichtigen (Kapitel VI).

Außerdem ändern sich mit der Zeit die Verhältnisse in Verbundsystemen. Hier sind unter „Verhältnisse" der Anteil der Wasserkraftwerke an der Gesamterzeugung und die Charakteristiken der Stromerzeugung der Wasserkraftwerke zu verstehen. Durch die Veränderungen ändert sich auch die nutzbare Leistung der Wasserkraftwerke im kritischen Zeitabschnitt P_{hKR} und deren Nutzenergie W_h. Es seien mit P_{hKR_n} die nutzbare Leistung im n-ten Jahr nach der Inbetriebsetzung, mit W_{hn} die nutzbare Energie im gleichen Jahr, mit k_{bn} die veränderlichen spezifischen Kosten und mit b_{tn} die festen spezifischen Kosten der Wärmekraftwerke bezeichnet. Wenn nun die Kosten im n-ten Jahr auf das erste Jahr der Untersuchung bezogen werden, erhält man folgenden Ausdruck für den energiewirtschaftlichen Wert des Wasserkraftwerkes im n-ten Jahr:

$$E_{hn} = \frac{\varrho\, b_{tn}\, P_{hKRn}}{(1+p)^n} + \frac{k_{bn}\, W_{hn}}{(1+p)^n} \tag{223}$$

Darin ist p der Zinssatz, der bei einer z. B. 6%igen Verzinsung 0,06 beträgt.

Der Gesamtwert der Wasserkraftwerke durch n-Jahre, umgerechnet auf den Beginn des ersten Jahres, beträgt

$$\sum_1^n E_{hn} = \sum_1^n \frac{b_{tn}\, P_{hKRn}}{(1+p)^n} + \sum_1^n \frac{k_{bn}\, W_{hn}}{(1+p)^n} \tag{224}$$

daher ist der relative energiewirtschaftliche Wert eines Wasserkraftwerkes

$$e_n = \frac{\sum_1^n{}' E_{hn}}{\sum_1^n \frac{K_{hn}}{(1+p)^n}} \tag{225}$$

weil auch sämtliche jährliche Kosten des Wasserkraftwerkes auf den Beginn des ersten Beobachtungsjahres umgerechnet werden müssen.

b) Der energiewirtschaftliche Wert eines Wasserkraftwerkes, bezogen auf die Investitionen

In manchen Fällen interessiert der energiewirtschaftliche Wert eines Wasserkraftwerkes nur in bezug auf die Investitionen. Anhand der Abb. 119 und 120 können die für die erforderlichen Anlagekosten notwendigen Formeln für beide Fälle aufgestellt werden. Es wird dies

$$I_1 = I_{ho} + \varrho B_t P_{to} \tag{226}$$

und

$$I_2 = I_{ho} + I_h + \varrho B_t (P_{to} - P_{hKR}) \tag{227}$$

Darin sind I_{ho} die Anlagekosten der bestehenden Wasserkraftwerke, I_h die Anlagekosten für das neue Wasserkraftwerk und B_t die spezifischen Anlagekosten der Leistungseinheit für Wärmekraftwerke. Unter den gleichen Überlegungen wie im vorigen Abschnitt ermittelt man den energiewirtschaftlichen Wert des Wasserkraftwerkes, der durch

$$E_{hi} = \varrho\, B_t\, P_{hKR} \tag{228}$$

ausgedrückt werden kann. Daraus ergibt sich der relative energiewirtschaftliche Wert, bezogen auf die Investitionen

$$e_i = \frac{\varrho\, B_t\, P_{hKR}}{I_h} \tag{229}$$

c) Der energiewirtschaftliche Wert eines Wasserkraftwerkes, bezogen auf die Summe der Investitionen und Betriebskosten

Eine weitere Vergleichsmöglichkeit gibt die Summe der Investitionen und Betriebskosten in einer Reihe von n-Jahren. Dabei sind die Betriebskosten unter Berücksichtigung eines Zinssatzes p auf den Anfang des ersten Betriebsjahres des neuen Wasserkraftwerkes umgerechnet. Unter Betriebskosten sind zu verstehen: Personalausgaben, Brennstoffkosten, Kosten des Betriebsmaterials, Instandhaltung- und Reparaturkosten u. ä. Es sind damit alle Ausgaben außer Zinsendienst, Abschreibungen und Rücklagen erfaßt. In Wasserkraftwerken sind die Betriebskosten praktisch proportional den Anlagekosten. Der Proportionalitätsfaktor wird mit α'_h bezeichnet. Es wird darauf hingewiesen, daß α'_h wesentlich kleiner ist als der Faktor α_h der in (133) zur Bestimmung der Gesamtkosten in Wasserkraftwerken benützt wurde. In Wärmekraftwerken sind die Betriebskosten in zwei Gruppen aufzuteilen: jene, die proportional den Investitionen sind (Proportionalitätsfaktor α'_t), und jene, die proportional der Stromerzeugung sind. Diese letztere Kostengruppe bestimmt man gemäß Kapitel V, 3c.

Unter Benützung der bereits früher angeführten Bezeichnung erhält man für den energiewirtschaftlichen Wert eines Wasserkraftwerkes im n-ten Jahr bei Berücksichtigung der Summe der Anlagekosten und der Betriebskosten, bezogen auf den Beginn des ersten Betriebsjahres, die Beziehung

$$E_{hsn} = \frac{\varrho\, B_{tn}\,(P_{hKRn} - P_{hKR1})}{(1+p)^n} + \frac{\alpha'_t\,\varrho\, B_{tn}\, P_{hKRn}}{(1+p)^n} + \frac{k_{bn}\, W_{hn}}{(1+p)^n} \tag{230}$$

Darin sind B_{tn} die spezifischen Anlagekosten der Leistungseinheit in Wärmekraftwerken im n-ten Jahr nach Errichtung des Wasserkraftwerkes. P_{hKR1} ist die nutzbare Leistung des Wasserkraftwerkes im kritischen Zeitabschnitt des ersten Jahres. Das erste Glied des Ausdrucks (230) bedeutet den Einfluß der Änderung der nutzbaren Leistung des Wasserkraftwerkes im kritischen Zeitabschnitt.

Der Gesamtwert des Wasserkraftwerkes in energiewirtschaftlicher Hinsicht durch n-Jahre, bezogen auf den Beginn des ersten Betriebsjahres, beträgt

$$\sum_1^n E_{hsn} = \varrho B_{t1}\, P_{hKR1} + \sum_1^n \frac{\varrho\, B_{tn}\,(P_{hKRn} - P_{hKR1})}{(1+p)^n} + \\ + \sum_1^n \frac{\alpha'_t\,\varrho\, B_{tn}\, P_{hKRn}}{(1+p)^n} + \sum_1^n \frac{k_{bn}\, W_{hn}}{(1+p)^n} \tag{231}$$

Indessen ist der relative Wert des Wasserkraftwerkes in bezug auf Anlage- und Betriebskosten

$$e_{sn} = \frac{\sum_1^n E_{hsn}}{I_h + \sum_1^n \frac{\alpha'_h\, I_h}{(1+p)^n}} \tag{232}$$

d) Zusätzliche Bemerkungen zur Ermittlung des energiewirtschaftlichen Wertes von Wasserkraftwerken

In eine Begründung, inwieweit die Anwendung der verschiedenen Arten der Bewertung von Wasserkraftwerken gerechtfertigt ist, soll nicht eingegangen werden. Erörterungen dieser Art gingen über den Rahmen dieser Betrachtungen, die ausschließlich die elektroenergetischen Grundlagen für die Bestimmung des Wertes von Wasserkraftwerken behandeln. Um daher die Ausdrücke zur Bestimmung des energiewirtschaftlichen Wertes von Wasserkraftanlagen anzuwenden, müssen folgende elektroenergetische Begriffsgrößen bekannt sein:

die nutzbare Leistung des behandelten Wasserkraftwerkes im kritischen Zeitabschnitt P_{hKR};

die nutzbare Energie des behandelten Wasserkraftwerkes W_h;

die mittleren zusätzlichen spezifischen Kosten k_b (bzw. das Produkt $k_b W_h$) jener Wärmekraftwerke, deren Erzeugung sich durch die Errichtung des behandelten Wasserkraftwerkes verkleinert;

die spezifischen Investitionen B_t je Leistungseinheit der Wärmekraftwerke.

Indem die Größe B_t gegeben ist, sind auch die festen jährlichen spezifischen Kosten bestimmt. Der Wert von B_t ist vom technischen Fortschritt und von der Größe der Maschinensätze in Wärmekraftwerken abhängig. Die restlichen Größen aber sind von den Verhältnissen im Verbundsystem abhängig. Wie diese zu bestimmen sind, wird in den folgenden Abschnitten dieses Kapitels behandelt.

Um die energiewirtschaftlichen Werte der Wasserkraftwerke zu bestimmen, ist es nicht allein erforderlich, die genannten Größen im Zeitpunkt der Inbetriebsetzung zu bestimmen, sondern auch noch für eine Reihe von Jahren nachher. Dazu sind umfangreiche Kenntnisse von Einzelheiten der Verhältnisse in der Entwicklung eines Verbundsystems notwendig. Große Schwierigkeiten bereiten Voraussagen über die zukünftige Entwicklung der Stromerzeugung von Wasserkraftwerken einschließlich deren übrige Charakteristiken. Daher kann man in Verbundsystemen, die in Gebieten liegen, deren Wasserkräfte bereits in größerem Ausmaß ausgebaut sind, annehmen, daß sich durch deren weiteren Ausbau die Charakteristiken der Wasserkrafterzeugung nicht wesentlich ändern dürften. Durch diese Voraussetzung werden die Untersuchungen vereinfacht.

Es muß jedoch betont werden, daß alle Größen, die auf die zukünftige Entwicklung bezogen werden, immer weniger das Endresultat beeinflussen, je weiter man den Zeitpunkt in die Zukunft verschiebt. Alle Werte sind ja auf den Beginn des ersten Jahres der Betrachtungen umgerechnet.

2. Bestimmung der nutzbaren Leistung von Wasserkraftwerken im kritischen Zeitabschnitt

Der Ausgangspunkt sei die Belastungsdauerkurve im kritischen Zeitabschnitt (Abb. 121), die mögliche veränderliche Energieerzeugung W_{hv} und die konstante Energieerzeugung W_{hk} der bestehenden Wasserkraftwerke. Berücksichtigt werden das Verhältnis der möglichen Wasserkrafterzeugung zum Gesamtbedarf im kritischen Zeitabschnitt, das Verhältnis der variablen zur erforderlichen Gesamtenergie und das Verhältnis des möglichen variablen Energiedargebotes zur möglichen Gesamterzeugung der Wasserkraftwerke. Prinzipiell sind für die Lage von Wasserkraftwerken in der Belastungsdauerkurve zwei Fälle möglich. Im ersten Fall (Abb. 121a) ist es nicht möglich, mit der veränderlichen Energie der Wasserkraftwerke den Gesamtbedarf an veränderlicher Energie zu decken. Im zweiten Fall (Abb. 121 b) besteht sogar Überschuß an variabler Energie. Wenn das behandelte Wasserkraftwerk, das W_{hKR_v} an veränderlicher und W_{hKR_k} an konstanter Energie erzeugen kann, errichtet wird, dann vergrößert sich um diese Mengenbeträge die mögliche Erzeugung variabler und konstanter Energie. Die Folge davon ist eine Verringerung der erforderlichen Leistung aus Wärmekraftwerken. Diese Verringerung entspricht der

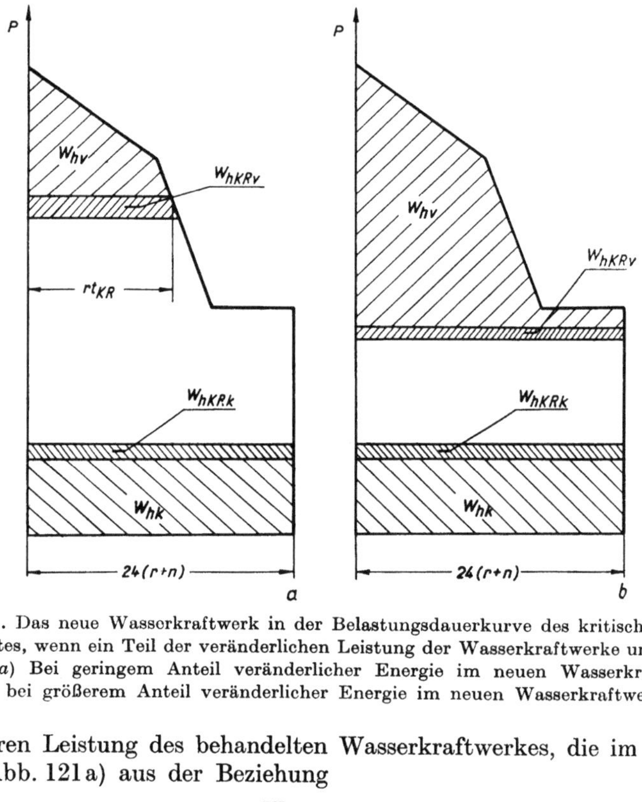

Abb. 121. Das neue Wasserkraftwerk in der Belastungsdauerkurve des kritischen Zeitabschnittes, wenn ein Teil der veränderlichen Leistung der Wasserkraftwerke ungenutzt bleibt. (*a*) Bei geringem Anteil veränderlicher Energie im neuen Wasserkraftwerk, (*b*) bei größerem Anteil veränderlicher Energie im neuen Wasserkraftwerk

nutzbaren Leistung des behandelten Wasserkraftwerkes, die im ersten Fall (Abb. 121 a) aus der Beziehung

$$P_{hKR} = \frac{W_{hKR_v}}{r\, t_{KR}} + \frac{W_{hKR_k}}{24\,(r+n)} \tag{233}$$

und im zweiten Fall (Abb. 121 b) aus der Beziehung

$$P_{hKR} = \frac{W_{hKR_v} + W_{hKR_k}}{24\,(r+n)} \tag{234}$$

gefunden wird.

Die Bedeutung des Produktes rt_{KR} ist in Abb. 121 a definiert. In größeren Verbundsystemen kann als rt_{KR} die obere Seite des Trapezes, das die Energie W_{hKR_v} anzeigt, betrachtet werden. Denn dann ist die mögliche Stromerzeugung des behandelten Wasserkraftwerkes im Vergleich zum Energiebedarf gering.

Im ersten Fall besteht daher eine größere Leistung P_{hKR} als im zweiten, wenn in beiden Fällen die Werte für W_{hKR_v} und W_{hKR_k} gleich sind. Der zweite Fall wird in solchen Verbundsystemen auftreten, in denen der Großteil der Energie in Wasserkraftwerken erzeugt wird.

Die Beziehungen (233) und (234) gelten für Speicherkraftwerke wie auch für Laufkraftwerke. Selbstverständlich muß für ein Laufwerk $W_{hKR_v} = 0$ in Rechnung gestellt werden. Jetzt hat der Anteil der Wasserkraftenergie an der Gesamterzeugung des Systems auf die Größe der Leistung P_{hKR} keinen Einfluß.

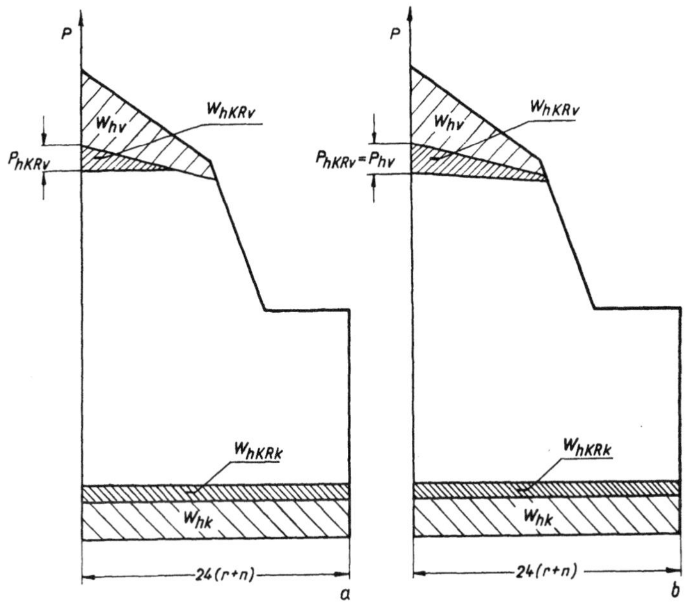

Abb. 122. Das neue Wasserkraftwerk in der Belastungsdauerkurve des kritischen Zeitabschnittes, wenn die veränderliche Leistung der Wasserkraftwerke voll ausgenutzt ist; (*a*) bei geringem Anteil veränderlicher Energie im neuen Wasserkraftwerk, (*b*) bei größerem Anteil veränderlicher Energie im neuen Wasserkraftwerk

Die in Abb. 121 gezeigten Verhältnisse treten dann auf, wenn ein Teil der variablen Leistung nicht ausgenützt wird. In diesem Fall ist es nämlich möglich, die Stromerzeugung der Wärmekraftwerke zwischen zwei horizontalen Geraden des Belastungsdiagramms unterzubringen. Ungenutzte veränderliche Leistung der Wasserkraftwerke erscheint im kritischen Zeitabschnitt bereits bei etwas größerem Anteil von Wasserkraftenergie an der Gesamterzeugung. Wenn dagegen in den Wasserkraftwerken keine ungenutzte variable Leistung vorhanden ist, dann treten die in Abb. 122 dargestellten Verhältnisse auf. Es besteht dann kein fester Zusammenhang zwischen P_{hKR_v} und W_{hKR_v}. Die Leistung P_{hKR_v} ist nämlich nicht allein von der Größe W_{hKR_v} abhängig, sondern auch vom gesamten veränderlichen Leistungsdargebot der Wasserkraftwerke. Die Leistung P_{hKR_v} kann jetzt graphisch nach Abb. 122

gefunden werden. Für kleinere Mengen W_{hKR_v} bestehen Verhältnisse wie in Abb. 122a, während für größere Energiemengen W_{hKR_v} (Abb. 122b) $P_{hKR_v} = P_{hv}$ wird. Die nutzbare Leistung wird also gleich der verfügbaren Leistung für die Erzeugung variabler Energie. Für Verhältnisse wie sie in Abb. 122 gezeigt sind, wird die nutzbare Gesamtleistung durch den Ausdruck

$$P_{hKR} = P_{hKR_v} + \frac{W_{hKR_k}}{24\,(r + n)} \tag{235}$$

bestimmt.

Die Lage des behandelten Wasserkraftwerkes im Belastungsdiagramm ist in bezug auf andere Wasserkraftwerke weder durch betriebliche noch durch wirtschaftliche Bedingungen bestimmt. Ebenso soll das behandelte Wasserkraftwerk gegenüber anderen Wasserkraftwerken weder bevorzugt noch benachteiligt sein. Die einzige Forderung, die im Rahmen der vorliegenden Untersuchungen gestellt wird, ist, das Betriebswasserdargebot nach Möglichkeit voll auszunutzen. Daher ist zur Bestimmung der nutzbaren Leistung des untersuchten Wasserkraftwerkes die nutzbare Leistung jener Wasserkraftwerke, die im beobachteten Zeitpunkt ohne das behandelte Wasserkraftwerk in Betrieb sein werden, mit der nutzbaren Leistung der Wasserkraftwerke einschließlich des behandelten Wasserkraftwerkes zu vergleichen. Diese Regel gilt auch für die Bestimmung der nutzbaren Leistung in späteren Jahren und nicht allein für das erste Betriebsjahr des behandelten Wasserkraftwerkes.

3. Verfahren zur Bestimmung der Möglichkeit des Energieabsatzes des behandelten Wasserkraftwerkes

a) Bestimmung des Absatzes der Wasserkraftenergie für verschiedene Fälle

Ausgehend von den Verhältnissen in einem Verbundsystem, die aus den verschiedenen Betriebsfällen aus Abb. 70 bekannt sind, und bei bekannten Erzeugungsmöglichkeiten der veränderlichen und konstanten Energie im untersuchten Wasserkraftwerk ist es möglich, für jeden Fall die Absatzmöglichkeit für die Energie des behandelten Kraftwerkes zu bestimmen. Dabei ist die Gleichzeitigkeit der Erscheinungen zu berücksichtigen

Wenn in einem Verbundsystem Verhältnisse, die den Fällen 1 bis 5 (Abb. 70) entsprechen, vorliegen, kann ohne eine eingehende Analyse festgestellt werden, daß die Energie aus dem behandelten Wasserkraftwerk im System nicht ausgenützt werden kann. Daher ersetzt die Energie aus dem behandelten Wasserkraftwerk nicht die Erzeugung der Wärmekraftwerke. Durch den Ausbau des behandelten Wasserkraftwerkes wird demnach die Erzeugung der Wärmekraftwerke nicht verringert. Wenn mit w_t die Verringerung der Stromerzeugung der Wärmekraftwerke in den einzelnen Betriebsfällen bezeichnet wird, ist demnach jetzt $w_t = 0$.

Die übrigen Fälle 6 bis 18 sind um so näher zu untersuchen.

Vorerst soll der Fall 6, der in Abb. 123 gezeigt ist, untersucht werden. Die veränderliche Energie w_v des behandelten Wasserkraftwerkes kann voll an Stelle der Energie aus den Wärmekraftwerken ausgenützt werden, so lange dies nicht mit einem Teil der konstanten Energie w_k durchgeführt werden kann. Die Möglichkeit der Nutzung konstanter Energie hängt von der verfügbaren konstanten Energie im System ab. Diese kann durch die Zeit $r\,t_h$ (Abb. 123) ausgedrückt werden. Daher kann durch die Energie aus dem behandelten Wasserkraftwerk folgende Stromerzeugung der Wärmekraftwerke ersetzt werden

$$w_t = w_v + \frac{r t_h}{24\,(r + n)}\, w_k \tag{236}$$

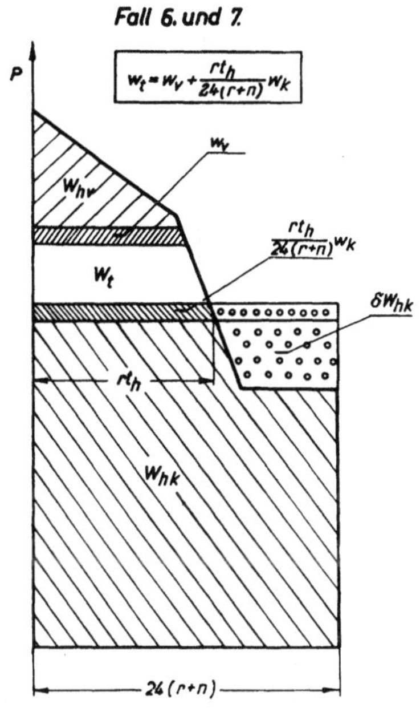

Abb. 123. Das neue Wasserkraftwerk in der Belastungsdauerkurve, wenn im System die Fälle 6 und 7 (Abb. 70) auftreten

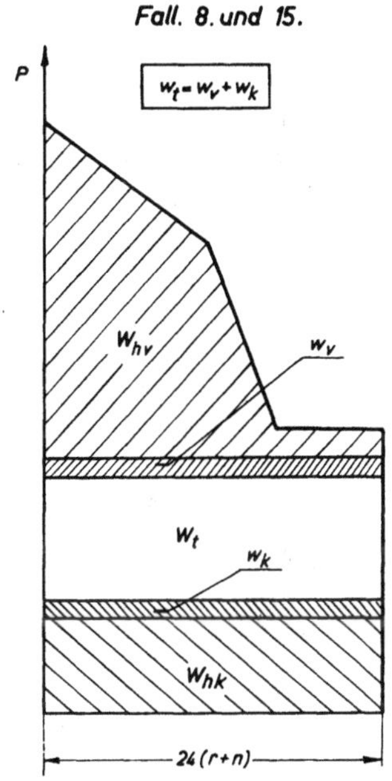

Abb. 124. Das neue Wasserkraftwerk in der Belastungsdauerkurve, wenn im System die Fälle 8 und 15 (Abb. 70) auftreten

Bei der Betrachtung des Falles 6 wie auch aller übrigen Fälle wurde vorausgesetzt, daß sich die Charakteristiken der einzelnen Fälle nicht ändern. Diese Annahme ist gerechtfertigt, da man ja in einem etwas ausgedehnteren Verbundsystem damit rechnen kann, daß die mögliche Stromerzeugung eines einzelnen Wasserkraftwerkes im Vergleich zur Gesamterzeugung gering ist.

Im Hinblick auf die Nutzungsmöglichkeit der Energie aus dem betrachteten Wasserkraftwerk bestehen die gleichen Verhältnisse für den Fall 7 (Abb. 123) und den Fall 14 (Abb. 128). In beiden genannten Fällen kann die gesamte variable Energie, jedoch nur ein Teil der konstanten Energie ausgenützt werden. Daher gilt die Formel (236) auch für die Fälle 7 und 14.

Der Fall 8 (Abb. 124) erlaubt unterdessen die Ausnützung der gesamten variablen und konstanten Energie. Die Energiemenge der Wärmekraftwerke, die durch die Energieerzeugung des untersuchten Wärmekraftwerkes ersetzt werden kann, beträgt

$$w_t = w_v + w_k \tag{237}$$

Gleiche Verhältnisse liegen vor in den Fällen 9 (Abb. 125), 15 (Abb. 124), 16 (Abb. 129), 17 und 18 (Abb. 130).

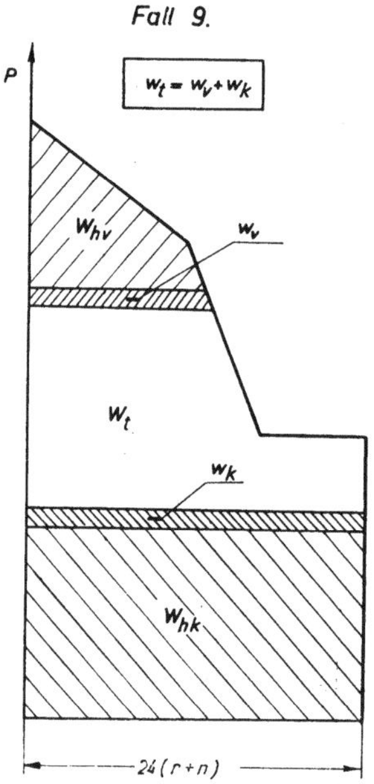

Abb. 125. Das neue Wasserkraftwerk in der Belastungsdauerkurve, wenn im System der Fall 9 (Abb. 70) auftritt

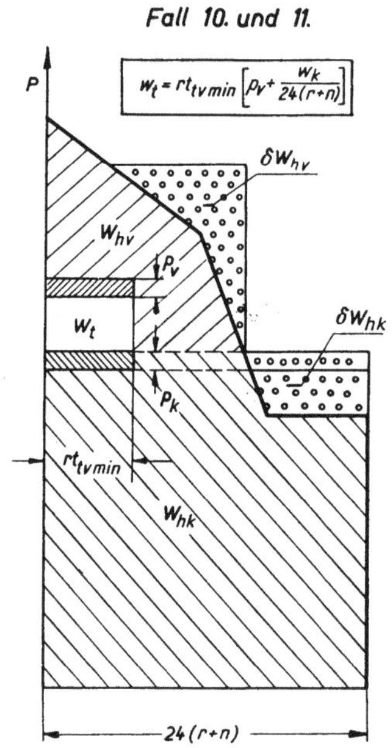

Abb. 126. Das neue Wasserkraftwerk in der Belastungsdauerkurve, wenn im System die Fälle 10 u. 11 (Abb. 70) auftreten

Es bleiben schließlich die Fälle 10 und 11 (Abb. 126) sowie 12 und 13 (Abb. 127) übrig. In diesen Fällen herrscht im System Energieüberschuß bei gleichzeitigem Leistungsmangel. Durch das neue Wasserkraftwerk verringert sich die erforderliche Leistung der Wärmekraftwerke, damit auch die erforderliche Stromerzeugung, die durch die Ausnützung dieser verringerten Leistung während der Zeit $r\,t_{tv\,\min}$ bedingt ist (Kapitel IV, 3a). Die Energiemenge der Wärmekraftwerke, die durch die Energie aus dem behandelten Wasserkraftwerk ersetzt werden kann, erhält man aus der Beziehung

$$w_t = rt_{tv\,\min}\left[p_v + \frac{w_k}{24\,(r+n)}\right] \tag{238}$$

In diesem Ausdruck ist p_v die verfügbare variable Leistung des be-

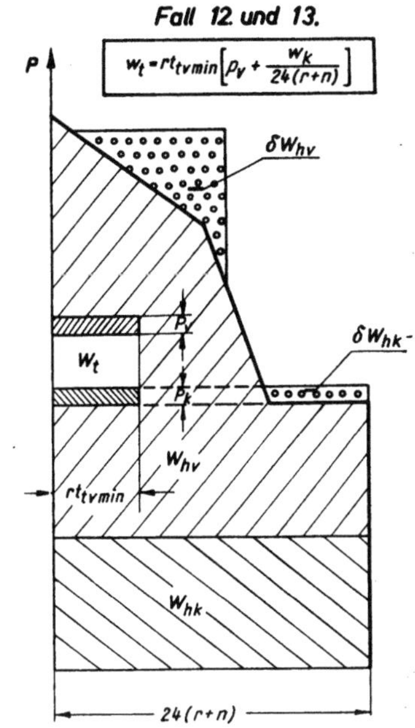

Abb. 127. Das neue Wasserkraftwerk in der Belastungsdauerkurve, wenn im System die Fälle 12 u. 13 (Abb. 70) auftreten

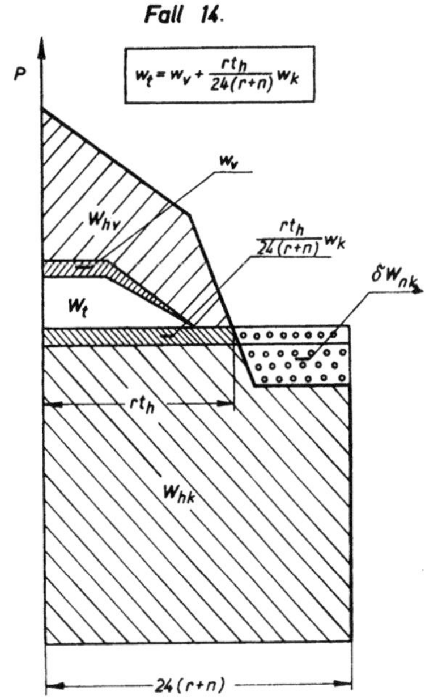

Abb. 128. Das neue Wasserkraftwerk in der Belastungsdauerkurve, wenn im System der Fall 14 (Abb. 70) auftritt.

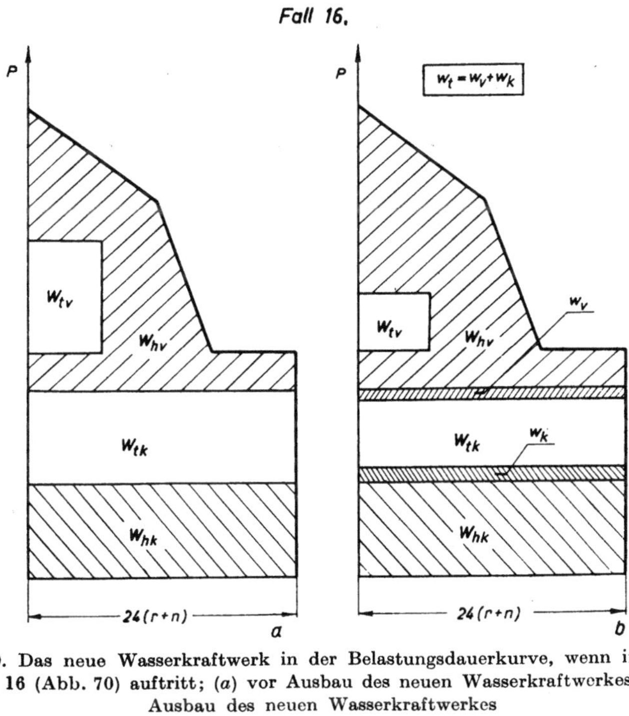

Abb. 129. Das neue Wasserkraftwerk in der Belastungsdauerkurve, wenn im System der Fall 16 (Abb. 70) auftritt; (*a*) vor Ausbau des neuen Wasserkraftwerkes, (*b*) nach Ausbau des neuen Wasserkraftwerkes

handelten Wasserkraftwerkes. Das zweite Glied des Ausdruckes zwischen den eckigen Klammern stellt die verfügbare konstante Leistung dar.

Alle 18 Fälle aus der Abb. 70 können in vier Gruppen (Tab. 28) auf-

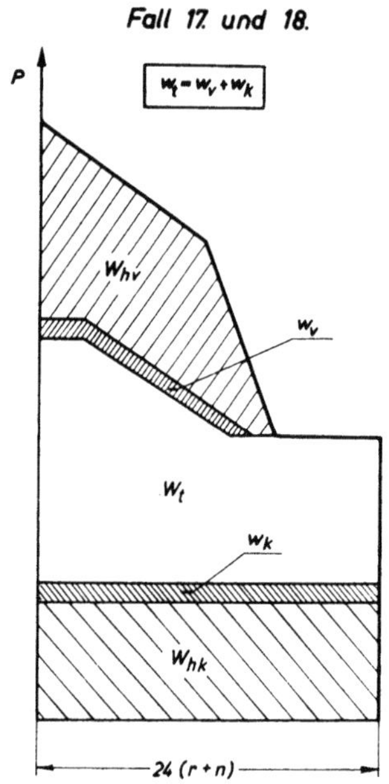

Abb. 130. Das neue Wasserkraftwerk in der Belastungsdauerkurve, wenn im System die Fälle 17 und 18 (Abb. 70) auftreten

Tabelle 28. *Zusammenstellung der Gruppen und Formeln für die nach Abb. 70 auftretenden Fälle zur Bestimmung jener Energie aus Wärmekraftwerken, die durch die Energie aus neuen Speicher- und Laufkraftwerken ersetzt werden kann*

Gruppen der Fälle	Fälle nach Abb. 70	Formeln zur Bestimmung jener Energie aus Wärmekraftwerken, die durch die Stromerzeugung des behandelten Wasserkraftwerkes ersetzt werden kann	
		Speicherkraftwerk	Laufkraftwerk
A	1. bis 5.	$w_t = 0$	$w_t = 0$
B	6., 7. bis 14.	$w_t = w_v + \frac{r t_h}{24\,(r+n)}\, w_k$	$w_t = \frac{r t_h}{24\,(r+n)}\, w_k$
C	8., 9., bis 15. 18.	$w_t = w_v + w_k$	$w_t = w_k$
D	10. bis 13.	$w_t = r t_{tv\,\min} \left[p_v + \frac{w_k}{24\,(r+n)} \right]$	$w_t = \frac{r t_{tv\,\min}}{24\,(r+n)}\, w_k$

geteilt werden. In der gleichen Tabelle sind auch die Formeln für die Berechnung der ersetzten Energie von Wärmekraftwerken für Energie aus einem Speicherkraftwerk (auf das sich die angegebenen Ausdrücke für w_t beziehen) und für Energie aus einem Laufkraftwerk (wofür $w_v = 0$ und $p_v = 0$ ist) angegeben.

Abb. 131 zeigt ein Beispiel zur Bestimmung der Fälle nach Abb. 70 bzw. der einzelnen Gruppen dieser Fälle nach Tab. 28 die in einem Monat für drei verschiedene Verbrauchsmengen in Erscheinung treten ($1{,}00 \cdot W_m$, $1{,}50 \cdot W_m$ und $2{,}00 \cdot W_m$). Die im linken Diagramm

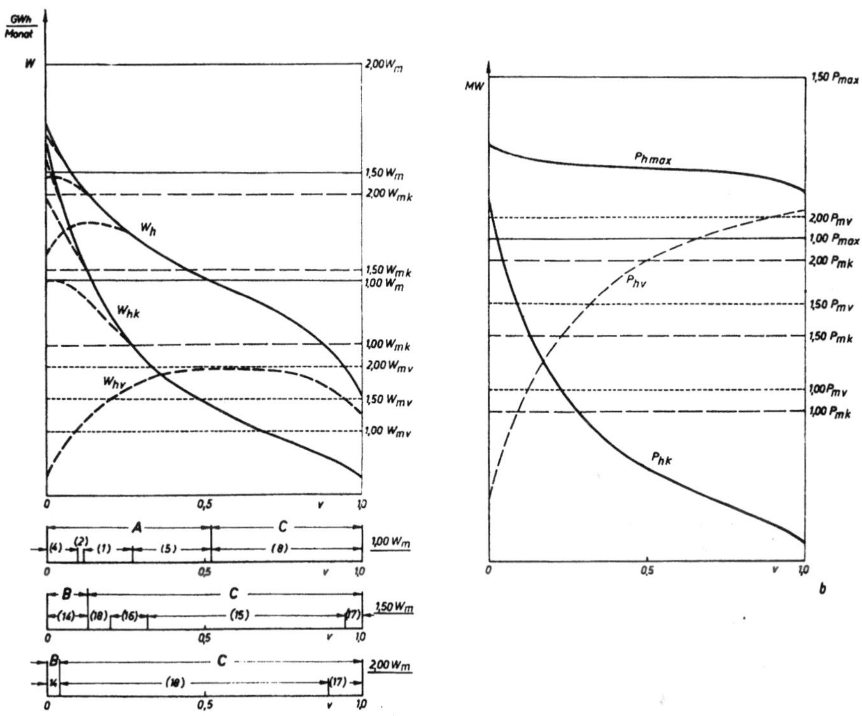

Abb. 131. Bestimmung der Fälle nach Abb. 70 und Gruppen von Fällen nach Tab. 28, die in einem Monat für drei verschiedene Stromverbrauchsmengen auftreten ($1{,}00\ W_m$, $1{,}50\ W_m$ und $2{,}00\ W_m$) (Beispiel)

gestrichelt gezeichneten Teile der Kurve für W_{hk} und W_h bedeuten die Erzeugung der konstanten Energie und die Gesamterzeugung der Wasserkraftwerke, die für die Verbrauchsdeckung ausgenützt werden kann. Die Nutzung der konstanten Energie wurde mit Hilfe der Energieinhaltslinie (Kapitel I, 1 d) bestimmt. Unter dem linken Diagramm sind die Grenzen, innerhalb welcher die verschiedenen Fälle und Gruppen dieser Fälle vorkommen, angegeben.

Bei Betrachtung der Verbrauchszunahme von W_m bis $2{,}00 \cdot W_m$ und Verfolgung der Grenzverschiebungen zwischen den einzelnen Fällen, ist es möglich, die Grenzen der Fälle als Funktion des Bedarfs zu bestimmen. Dabei wird vorausgesetzt, daß die Stromerzeugungsmöglichkeiten der Wasserkraftwerke unverändert bleiben. In Abb. 132 sind die Grenzen der Fälle des Beispiels aus Abb. 131 dargestellt. Die Kurven, die in Abb. 132 die Grenzen zwischen den einzelnen Fällen zeigen, sind gleichzeitig die Kennlinien der gleichen Erzeugungsmöglichkeiten der Wasserkraftwerke und des Bedarfs der Abnehmer.

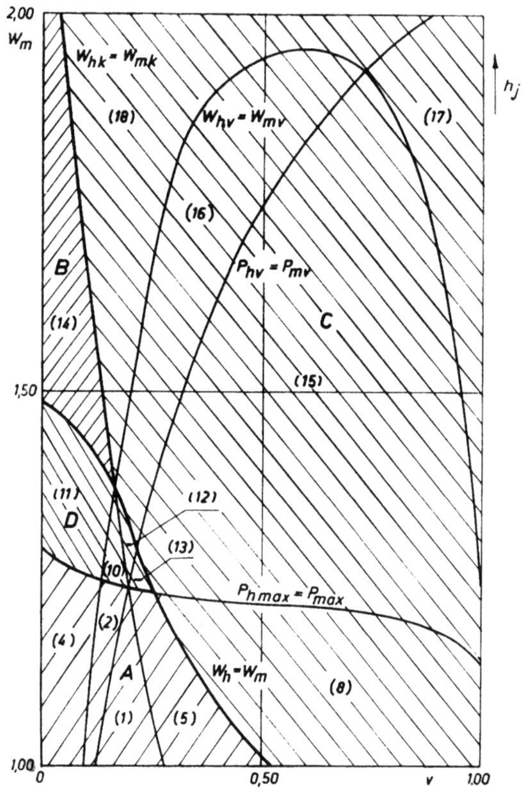

Abb. 132. Grenzen der Fälle nach Abb. 70 und Gruppen von Fällen nach Tab. 28 in Abhängigkeit vom Verbrauchsbedarf W_m bzw. vom Anteil der Wasserkraft h_j an der Gesamterzeugung

So ein Diagramm kann auch zur Bestimmung der Grenzen zwischen den einzelnen Fällen, bzw. den einzelnen Gruppen für die zukünftige Entwicklung dienen, wenn man voraussetzt, daß es in Zukunft zu keiner Änderung der Erzeugungscharakteristiken der Wasserkraftwerke kommt. Unter dieser Voraussetzung kann an Stelle des Energiebedarfs W_m auf die Abszisse der jährliche Anteil der Wasserkrafterzeugung h_j an der gesamten Stromerzeugung des Systems aufgetragen werden.

Es können aber die Diagramme auch wie in Abb. 132 gezeigt wird, unter der Voraussetzung, daß es in Zukunft nach und nach zu einer schrittweisen Änderung der Charakteristiken der Wasserkraftwerke kommen werde, aufgestellt werden.

b) Bestimmung des Energieabsatzes aus dem untersuchten Wasserkraftwerk

Der Absatz der elektrischen Energie aus dem untersuchten Wasserkraftwerk hängt von den Erzeugungsmöglichkeiten im Verbundsystem und im behandelten Wasserkraftwerk ab. Vorausgesetzt sei, daß die gleichzeitig auftretenden Erzeugungsmöglichkeiten beobachtet werden.

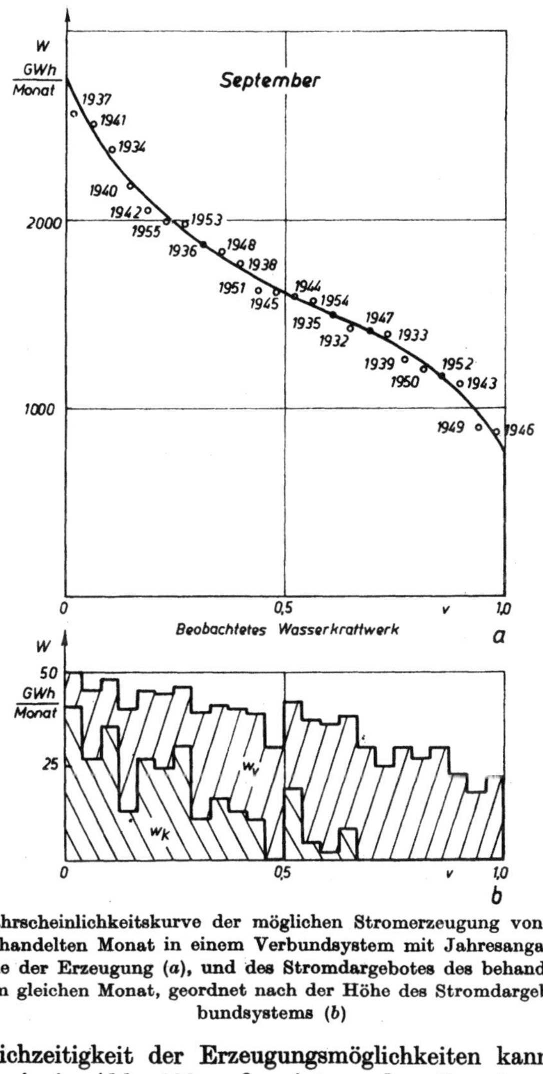

Abb. 133. Wahrscheinlichkeitskurve der möglichen Stromerzeugung von Wasserkraftwerken im behandelten Monat in einem Verbundsystem mit Jahresangaben, geordnet nach der Höhe der Erzeugung (*a*), und des Stromdargebotes des behandelten Wasserkraftwerkes im gleichen Monat, geordnet nach der Höhe des Stromdargebotes des Verbundsystems (*b*)

Die Gleichzeitigkeit der Erzeugungsmöglichkeiten kann in einem Diagramm wie in Abb. 133 aufgezeigt werden. Im oberen Teil der

Abb. 133 sind sowohl die Wahrscheinlichkeitskurve der möglichen Monatserzeugung der Wasserkraftwerke des Systems, wie auch die Punkte der Monatserzeugung einer Reihe von Jahren, auf deren Grund die Wahrscheinlichkeitskurve bestimmt wurde, angegeben (Kapitel V, 2a). Für jeden Punkt ist das Jahr, in dem im beobachteten Monat die aufgegebene Erzeugung auftreten würde, vermerkt (bezogen auf den be-

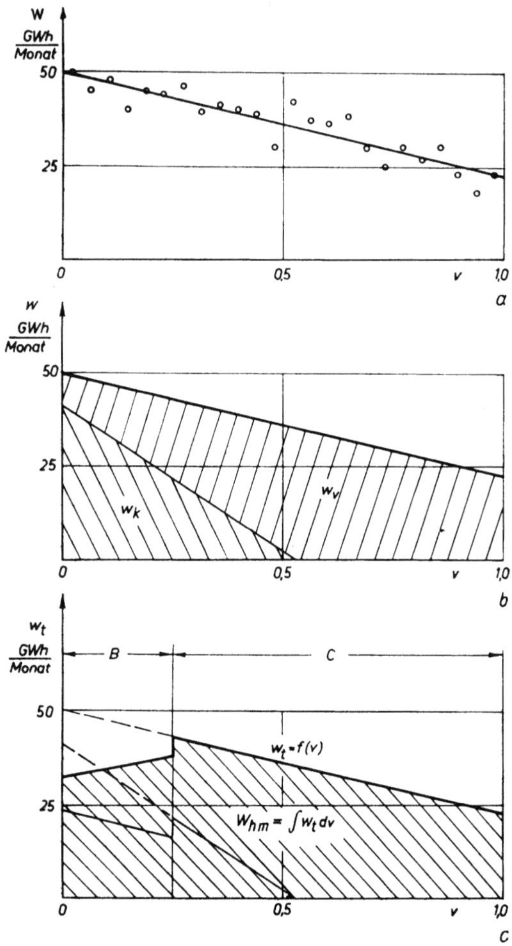

Abb. 134. Annäherung der möglichen Erzeugung des behandelten Wasserkraftwerkes mit Geraden (*a*) für das Beispiel in Abb. 133, Aufteilung auf veränderliche und konstante Energie (*b*), und Energie des behandelten Wasserkraftwerkes, mit der die Erzeugung der Wärmekraftwerke ersetzt wird (*c*)

handelten Ausbauzustand der Wasserkraftwerke). Indem die möglichen Energieerzeugungen des behandelten Wasserkraftwerkes gemäß den nacheinander folgenden Jahren, die im Diagramm für das ganze Verbundsystem angegeben sind (oberes Diagramm in Abb. 133) eingetragen werden, erhält man das Diagramm der Erzeugungsmöglichkeit des behandelten Wasserkraftwerkes, in dem die gleichzeitig auftretenden Erscheinungen berücksichtigt sind (unteres Diagramm in Abb. 133). In Anwendung der Ausführungen in Kapitel II, 3 bzw. Kapitel II, 4 kann man die Menge der veränderlichen und konstanten Energie bestimmen. Mit Hilfe der Tab. 28 ermittelt man die von den Wärmekraftwerken gelieferte Energiemenge, die durch das behandelte Wasserkraftwerk ersetzt werden soll bzw. jene Energie aus dem behandelten Wasserkraftwerk, die ausgenützt werden kann. Hiebei ist es allerdings notwendig, daß die Grenzen der einzelnen Gruppen der auftretenden Betriebsfälle, die im vorhergehenden Abschnitt definiert wurden, bekannt sind.

Die Behandlung auf der Grundlage des unteren Diagramms in Abb. 133 würde viel Zeit beanspruchen. Besonders dann, wenn man in Betracht zieht, daß es erforderlich wäre, die Nutzungsmöglichkeit der Energie des behandelten Wasserkraftwerkes zumindest für einige Jahre im voraus zu bestimmen, um ein Bild über den Einfluß der weiteren Entwicklung des Systems auf die Nutzungsmöglichkeit des untersuchten Wasserkraftwerkes zu erhalten. Deshalb kann die gebrochene Kennlinie in Abb. 133 durch eine Annäherungsgerade ersetzt werden, unter der Bedingung, daß die Summe der Quadrate der Abweichungen ein Minimum ist. Eine derartige Annäherung für den Fall in Abb. 133 zeigt Abb. 134 a. Nun kann, einfacher, die variable Energie von der konstanten getrennt werden (Abb. 134, b). Mit Hilfe der Tab. 28 kann $w_t = f(v)$ bestimmt werden, die mit den bezeichneten Gruppen in Abb. 134 c dargestellt ist. Die unter der Kurve $w_t = f(v)$ befindliche Fläche entspricht der Wärmekraftenergie, die durch das behandelte Wasserkraftwerk ersetzt wird bzw. der nutzbaren Energie des behandelten Wasserkraftwerkes im untersuchten Monat, die in Abb. 134 c mit W_{hm} bezeichnet ist, da sich die untersuchten Verhältnisse auf die Zeit eines Monats erstrecken. Die Summe der nutzbaren Energiemengen aus dem behandelten Wasserkraftwerk von 12 Monaten ist die Größe, die in die Formel zur Bestimmung des Wertes eines Wasserkraftwerkes eingesetzt wird. (Kapitel VII, 1).

Die Annäherungsdarstellung durch Gerade (Abb. 134 a) ist in diesem Fall gerechtfertigt, da normalerweise die Erzeugung des behandelten Kraftwerkes wesentlich kleiner als die Erzeugung der übrigen Wasserkraftenergie im System ist.

4. Bestimmung der veränderlichen Erzeugungskosten von Wärmekraftwerken, deren Erzeugung durch das behandelte Wasserkraftwerk verringert wurde

In den Formeln zur Bestimmung des energiewirtschaftlichen Wertes von Wasserkraftwerken (Kapitel VII, 1) erscheinen die veränderlichen spezifischen Kosten k_b der Stromerzeugung in den Wärmekraftwerken, die infolge der Errichtung des behandelten Wasserkraftwerkes verringert wurde. Wenn, wie bereits erwähnt, vorausgesetzt wird, daß die Erzeugung des behandelten Wasserkraftwerkes im Vergleich zur übrigen Erzeugung der Wasserkraftenergie im Netz sehr klein ist, kann zur Bestimmung der Größe k_b das in Abb. 135 gezeigte Verfahren angewendet werden.

Die linksseitige Kurve in Abb. 135 ist das geordnete Tageshöchstbelastungsdiagramm der Wärmekraftwerke (Kapitel V, 3b), jedoch so dargestellt, daß kleinen Wahrscheinlichkeitswerten kleine Belastungen entsprechen. Eine derartige Darstellungsweise der täglichen Maximallasten eines Wärmekraftwerkes entspricht der Darstellung des möglichen Stromdargebotes der Wasserkraftwerke (z. B. in Abb. 131). Im System besteht nämlich so eine Lage, daß gleichzeitig mit großen Stromerzeugungsmöglichkeiten in Wasserkraftwerken die Notwendigkeit kleiner Höchstbelastungen in Wärmekraftwerken auftritt und umgekehrt. Bei Anwendung der Darstellungsmethode der Wahrscheinlichkeitskurven für die Erzeugungsmöglichkeiten von Wasserkraftwerken, beschrieben in Kapitel V, 2a, kann man erkennen, daß zwischen den Wahrscheinlichkeitskurven für Wasserkraftwerke und dem geordneten Tages-Höchstlastdiagramm von Wärmekraftwerken, wie in Abb. 135 dargestellt, eine Gleichzeitigkeit der Erscheinungsformen besteht. Die Kurve im linken Diagramm der Abb. 135 kann demnach als Grundlage zur Bestimmung jener Leistung der Wärmekraftwerke dienen, die infolge des Ausbaues des behandelten Wasserkraftwerkes verringert werden kann.

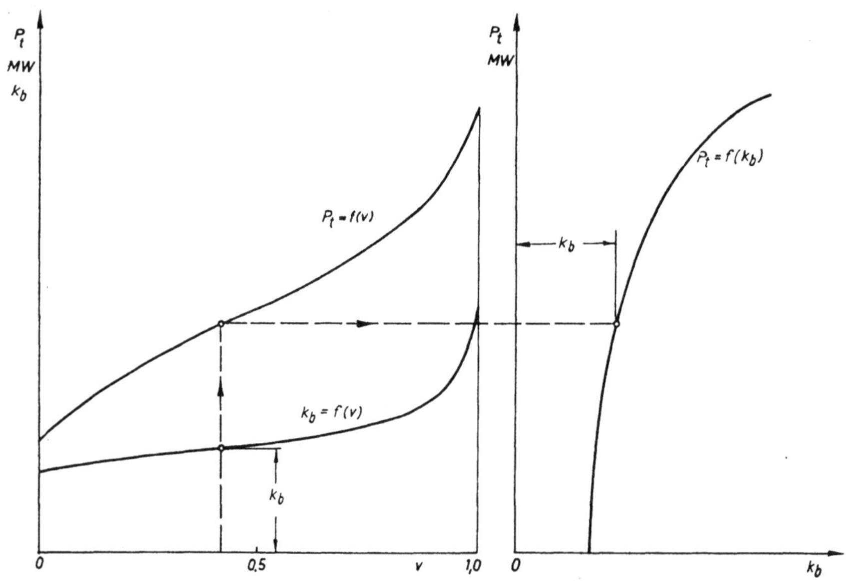

Abb. 135. Ermittlung der veränderlichen spezifischen Kosten $k_b = f(v)$ der Wärmekraftwerkserzeugung, die durch den Ausbau des behandelten Wasserkraftwerkes verringert wurde

Im rechtsseitigen Diagramm der Abb. 135 ist die Kurve $P_t = f(k_b)$, deren Konstruktion in Kapitel V, 3c beschrieben ist, abgebildet. Mit der in Abb. 135 gezeigten Konstruktion ermittelt man die Kurve $k_b = f(v)$, durch welche die veränderlichen spezifischen Kosten k_b für die verminderte Erzeugung der Wärmekraftwerke w_t gefunden werden. Diese verminderte Erzeugung w_t erscheint gleichzeitig mit der Leistung P_t, die zur Bestimmung der veränderlichen spezifischen Kosten k_b dient.

Da die Abhängigkeit $w_t = f(v)$, deren Darstellungsweise in Abb. 134 gezeigt wird und $k_b = f(v)$ bekannt sind, erhält man durch Multiplikation dieser beiden Kennlinien die Kurve $k_b\, w_t = f(v)$. Ein Beispiel für eine solche Kurve erläutert Abb. 136. Die Multiplikation dieser beiden Kurven ist erlaubt, da für die gleiche Wahrscheinlichkeit auch die Gleichzeitigkeit der Zustandserscheinungen auftritt. Die Fläche unter der Kurve $k_b\, w_t = f(v)$ bedeutet den Wert des Produkts $k_{bm}\, W_{hm}$ für den betrachteten Monat. Die Summe dieser Multiplikationsprodukte für 12 Monate ergibt die Gesamtermäßigung der veränderlichen Kosten der Wärmekraftwerke, die in den Formeln zur Bestimmung des Energiewertes der Wasserkraftwerke mit $k_b\, W_h$ bezeichnet ist.

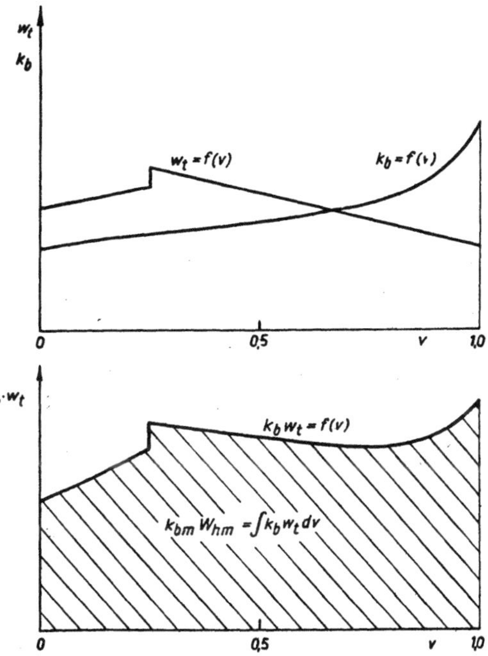

Abb. 136. Ermittlung der herabgesetzten veränderlichen Kosten in Wärmekraftwerken $k_b\, W_{hm}$ in einem Monat, die durch den Ausbau des behandelten Wasserkraftwerkes erreicht wurden

Die beschriebene Methode zur Bestimmung der Abhängigkeit $k_b\, w_t$ gilt genau für die Fälle 8, 10 bis 13 und 15 (Abb. 70). Dabei wird wie bereits erwähnt, vorausgesetzt, daß es sich um ein Wasserkraftwerk handelt, dessen Stromerzeugung im Vergleich zur übrigen Erzeugung der Wasserkraftenergie im Verbundsystem sehr klein ist. Es entstehen auch keine Fehler in den Fällen 1 bis 5, weil $w_t = 0$ ist und dementsprechend auch das Produkt $k_b\, w_t$. Fehler aber erscheinen in den restlichen Fällen, da sich dann durch den Einfluß des behandelten Wasserkraftwerkes die Stromerzeugung nicht nur in den Wärmekraftwerken mit dem größten k_b verringert, sondern auch in jenen mit kleinerem k_b. Daher sind die veränderlichen Kosten der Wärmekraftwerke, die auf die erwähnte Art bestimmt werden, etwas höher als die tatsächlichen Kosten. Dieser Unterschied aber wird um so kleiner, je größer der Anteil der variablen Energie an der Gesamterzeugung des behandelten Wasserkraftwerkes ist. Denn die veränderliche Energie ist im höchsten Bereich des Belastungsdiagramms der Wärmekraftwerke konzentriert, weswegen diese Energie gerade jene Stromerzeugung der Wärmekraftwerke ersetzt, die mit den höchsten veränderlichen spezifischen Kosten verbunden ist.

VIII. Ausnützung der Saisonspeicherung von Wasserkraftwerken

1. Allgemeines

In den bisherigen Untersuchungen (Kapitel II, 3 und II, 4) wurde die Rolle der Speicherbecken in bezug auf die Anpassung an das Tagesbelastungsdiagramm behandelt. Dies kann schon mit sehr kleinen Speicherbecken erreicht werden. Speicherbecken größeren Umfanges (Saisonspeicherungen) erlauben außer der Anpassung an das Tagesbelastungsdiagramm auch noch eine Regulierung des Wasserzulaufes zu den Turbinen während des Jahres, um die Wasserdarbietung möglichst den Anforderungen der Abnehmer anpassen zu können. Nach den Ausführungen im Kapitel II, 1 sind Saisonspeicherbecken solche Staubecken, für deren Entleerung durch die Wasserturbinen des eigenen Kraftwerkes 400 Stunden und mehr benötigt werden.

Inzwischen besteht ein wesentlicher Unterschied in der Betrachtungsweise der Speicherbecken, ob mit ihnen eine Anpassung an das Tagesbelastungsdiagramm gewünscht wird oder aber, ob eine Regulierung der Wasserdarbietung erreicht werden soll, um die Stromerzeugung der Wasserkraftwerke so weit als möglich den saisonmäßigen Verbrauchsschwankungen der elektrischen Energie anzugleichen. Im ersten Fall genügt zur Bestimmung wie ein Speicherbecken zu verwerten ist, die Kenntnis des Belastungsdiagramms und der Wasserdarbietung höchstens für einige Tage im voraus. Das kann mit ziemlicher Sicherheit geschätzt werden. Dagegen sind zur Bestimmung der Ausnutzung eines Saisonspeicherbeckens der Energiebedarf und die Wasserdarbietung der Wasserkraftwerke für einige Monate oder sogar ein Jahr vorzusehen. Von dieser Vorausbestimmung, die äußerst unsicher ist, hängt die Füllung und Entleerung eines Speicherbeckens ab.

Das Füllungs- und Entleerungsprogramm der Speicherbecken ist von wesentlicher Bedeutung für die Projektierung eines Wasserkraftwerkes, ebenso wie für den Betrieb des errichteten Wasserkraftwerkes mit Saisonspeicherung. Für die richtige Bewertung des Energiewertes des behandelten Wasserkraftwerkes, von der häufig die Entscheidung über dessen Ausbau abhängt, ist es unbedingt notwendig, daß die Ausnutzung der Speicherung, die als Grundlage zur Bestimmung der Stromerzeugungsmöglichkeit und der Rolle des Wasserkraftwerkes im Verbundsystem dient, möglichst ähnlich der Ausnutzung der Speicherung während des tatsächlichen Betriebes des Wasserkraftwerkes ist. Nur unter solchen Voraussetzungen ist es möglich, im Projekt den wahren energiewirtschaftlichen Wert des Wasserkraftwerkes aufzuzeigen.

Es kann jedoch nicht außer acht gelassen werden, daß in der Bearbeitung des Projektes sämtliche Untersuchungen auf Grund von hydrologischen Unterlagen aus der Vergangenheit erfolgen. Daher sind alle Verhältnisse, die im untersuchten Zeitabschnitt auftreten können, im voraus bekannt. Dagegen können im Laufe des Betriebes die hydrologischen Verhältnisse mit gewisser Sicherheit nur für eine kurze Zeit vorausbestimmt werden.

2. Einige Gesichtspunkte für die Ausnützung der Speicherbecken von Wasserkraftwerken

Es ist möglich, für die Ausnützung von Saisonspeicherbecken einige Kriterien aufzustellen, und zwar:

a) Ausgleich der Darbietung oder Stromerzeugung eines Speicherkraftwerkes, um im behandelten Speicherkraftwerk die Energieerzeugung möglichst gleichmäßig über den Zeitraum einiger Jahre oder eines Jahres oder einer Saison zu verteilen.

b) Das Kriterium der Brennstoffeinsparung in den Wärmekraftwerken, um die Wasserdarbietung der Wasserkraftwerke möglichst auszunützen.

c) Das Kriterium der gesicherten Stromabgabe an die Verbraucher mit dem Ziel, die Stromerzeugung in Zeiten geringer Wasserdarbietung so sicher wie möglich zu gestalten.

d) Das Kriterium des Ausgleichs der Stromerzeugung in Wärmekraftwerken, indem man bestrebt ist, die aus den Wärmekraftwerken benötigte Energie im Laufe des Jahres mit möglichst geringer Leistung zu erzeugen.

Anhand eines wesentlich vereinfachten Beispiels sollen die angegebenen verschiedenen Gesichtspunkte für die Ausnützung von Speicherwerken verglichen werden. Abb. 137 zeigt die mögliche Stromerzeugung von Laufwasserkraftwerken innerhalb von drei Jahren und die Energie, deren Erzeugung mit dem in ein Speicherbecken zufließenden Wasser in einem Speicherkraftwerk möglich ist. Bei der Ermittlung der Energie, die durch den Zufluß in die Speicherung erzeugt werden könnte, wurde eine Begrenzung infolge der Ausbaugröße des Speicherkraftwerkes nicht berücksichtigt, da das Wasserdargebot durch das Speicherbecken geregelt werden kann. Abb. 137 zeigt ebenfalls den Energiebedarf.

a) Ausgleich der Stromerzeugung in Speicherkraftwerken

Um die Ausgleichsmöglichkeit des Wasserdargebots durch ein Speicherbecken zu bestimmen, geht man meistens von der Wasserdargebots-Summenganglinie [28, 29] aus. Diese Kurve zeigt die Gesamtwassermenge, die vom Beginn der Beobachtungen durch das behandelte

Ausflußprofil durchgeflossen ist. Für energetische Untersuchungen ist es jedoch vorteilhafter, von der Summenganglinie der Stromerzeugungsmöglichkeit auszugehen. Diese zeigt, analog der Summenganglinie der Wasserdarbietung, die gesamte mögliche Stromerzeugung vom Beginn der Beobachtungen. In Abb. 138a ist die Summenganglinie der Erzeugungsmöglichkeit eines Speicherkraftwerkes gezeigt, deren Angaben in Abb. 137 enthalten sind. Diese Darstellungsweise ist sehr unvorteilhaft, da ein Maßstab zu wählen ist, der die Zeichnung der Summenlinie auf einem entsprechend günstigen Papierformat ermöglichen soll. Dadurch ist es aber kaum möglich, in der Summenlinie irgendwelche Unter-

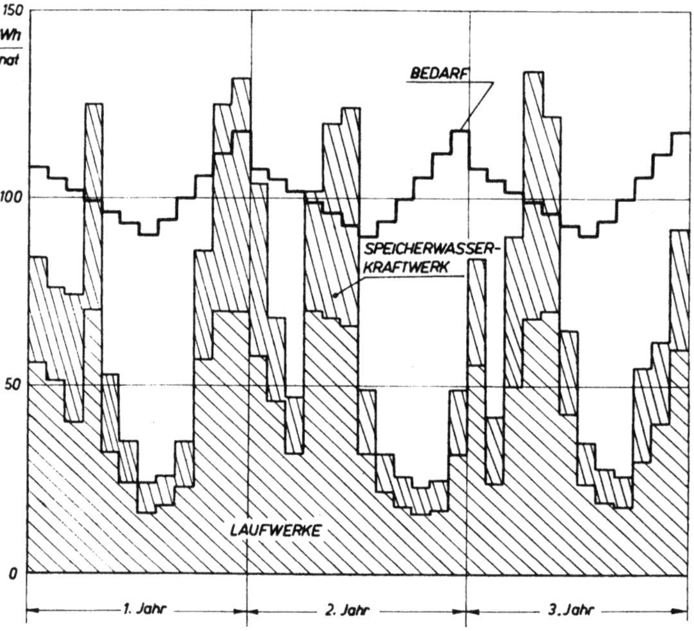

Abb. 137. Unterlagen für den Bedarf und die Erzeugung der Wasserkraftwerke für drei Jahre. Grundlage zum Vergleichsbeispiel für das Kriterium der Speichernutzung

schiede zu erkennen, besonders dann, wenn es sich um eine längere Reihe von Jahren handelt. Deshalb wird die Summenganglinie meistens in einem schiefwinkeligen Koordinatensystem dargestellt (Abb. 137b). Der Drehungswinkel α wird meistens so gewählt, daß die Gerade, die diesen Winkel mit der Abszissenachse bildet, die Summenganglinie einer Erzeugung bedeutet, die stets ungefähr gleich der durchschnittlichen monatlichen Stromerzeugung im behandelten Zeitabschnitt wäre.

Durch die Neigung der Summenlinie wird im rechtwinkligen wie auch im schiefwinkligen Koordinatensystem die monatliche Energiemenge definiert. Aus der Neigung können mit Hilfe des Strahlenbündels in Abb. 138c dann die monatlichen Stromerzeugungen ermittelt werden.

Bei bekanntem Energiespeicherungswert W_a besteht die Möglichkeit, außer der Grundsummenlinie noch eine Hilfssummenganglinie einzutragen, die gegenüber der Grundsummenlinie um den Energiespeicherungswert verschoben ist. Abb. 139 zeigt die Hilfssummenlinie für $W_a = 60$ und $W_a = 120$ GWh, für die restlichen Energiespeicherungswerte sind diese Kurven nur teilweise eingezeichnet. Durch die Einsetzung von Geraden oder Kurven zwischen der Grundsummenganglinie und Hilfslinie wird die geregelte Stromerzeugung des behandelten Wasserkraftwerkes bestimmt. Diese Stromerzeugung erfolgt durch das dem Speicherbecken zufließende Wasser und die Ausnützung der Speicherung.

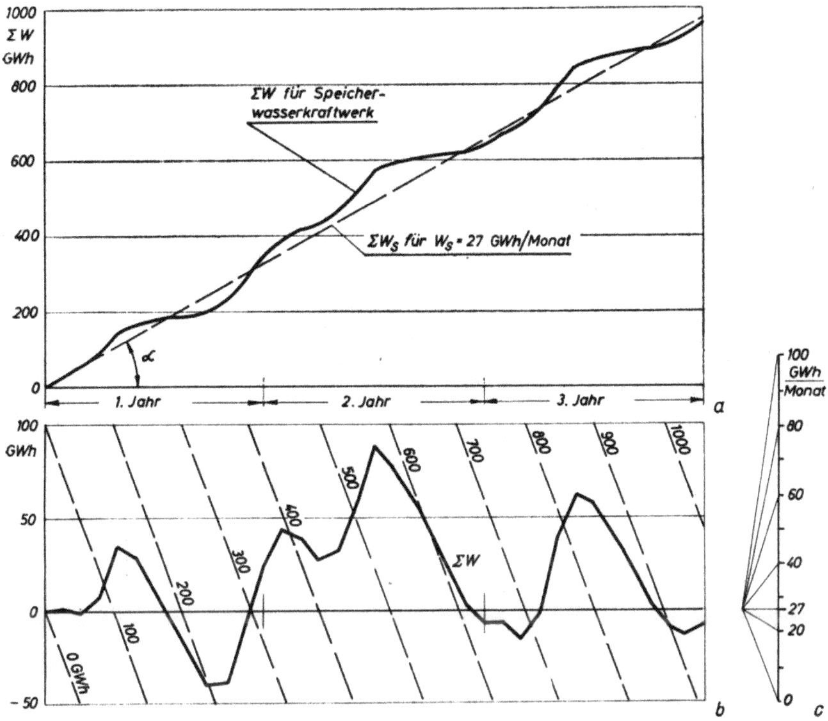

Abb. 138. Summenganglinie der Stromerzeugung eines Speicherkraftwerkes mit natürlicher Zulaufverteilung; (*a*) im rechtwinkligen, (*b*) im schiefwinkligen Koordinatensystem, (*c*) Strahlenbündel zur Bestimmung der Monatserzeugung aus der Summenganglinie

Wenn die Gerade oder Kurve der geregelten Stromerzeugung die Hilfssummenlinie berührt, bedeutet dies, daß das Speicherbecken voll ist. Dagegen bedeutet die Berührung mit der Grundsummenganglinie die Entleerung der Speicherung. Beim Ausgleich der Erzeugung wird die geregelte Stromerzeugung durch gebrochene Linien (Abb. 139 und 140) angezeigt. Die Art der Linienführung zwischen der Grund- und Hilfssummenlinie hängt vom Prinzip der Erzeugungsregelung ab.

Man kann die Forderung stellen, daß eine derartige Ausnützung der Speicherung vorgesehen wird, daß eine möglichst gleichmäßige Energieerzeugung, oder wie häufig genannt, ein möglichst guter Erzeugungsausgleich (Kriterium a_1) erreicht wird. Dieser Ausgleich kann

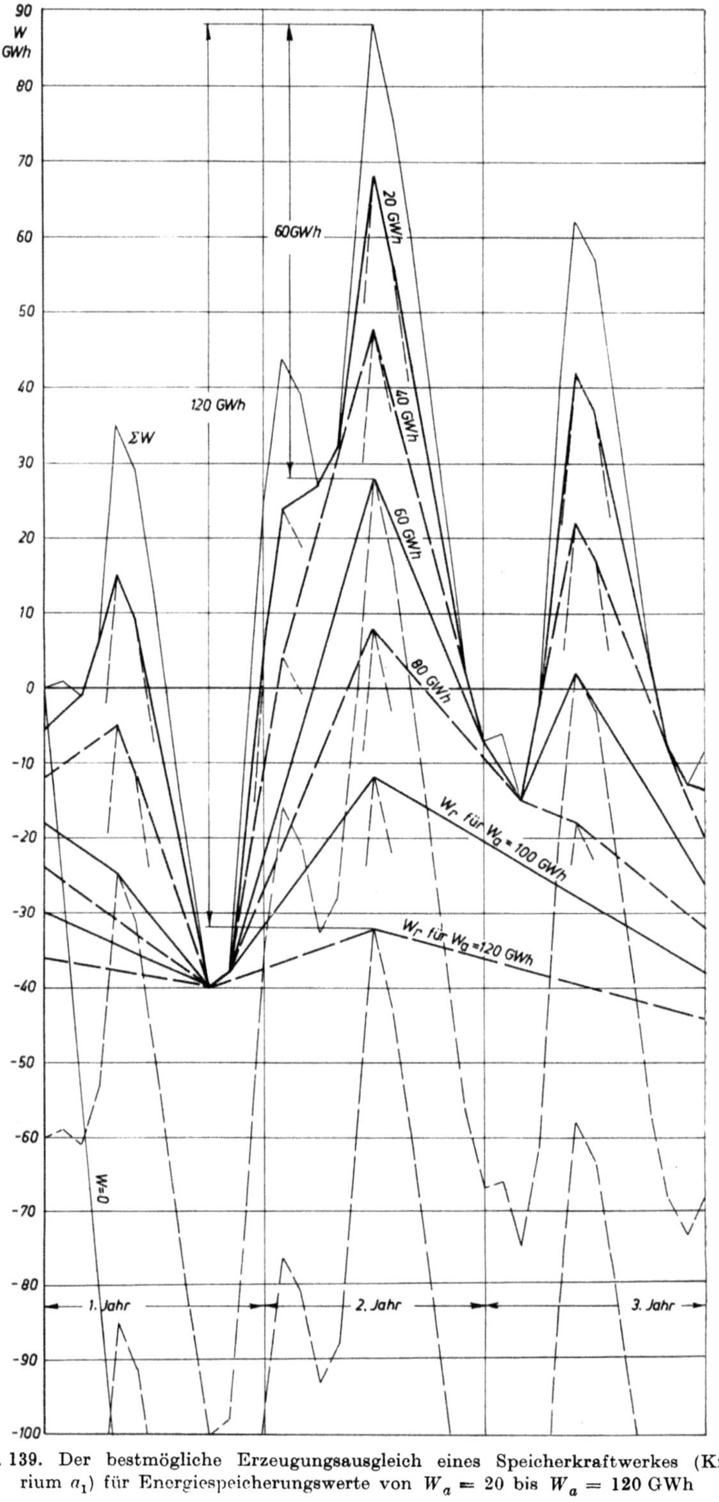

Abb. 139. Der bestmögliche Erzeugungsausgleich eines Speicherkraftwerkes (Kriterium a_1) für Energiespeicherungswerte von $W_a = 20$ bis $W_a = 120$ GWh

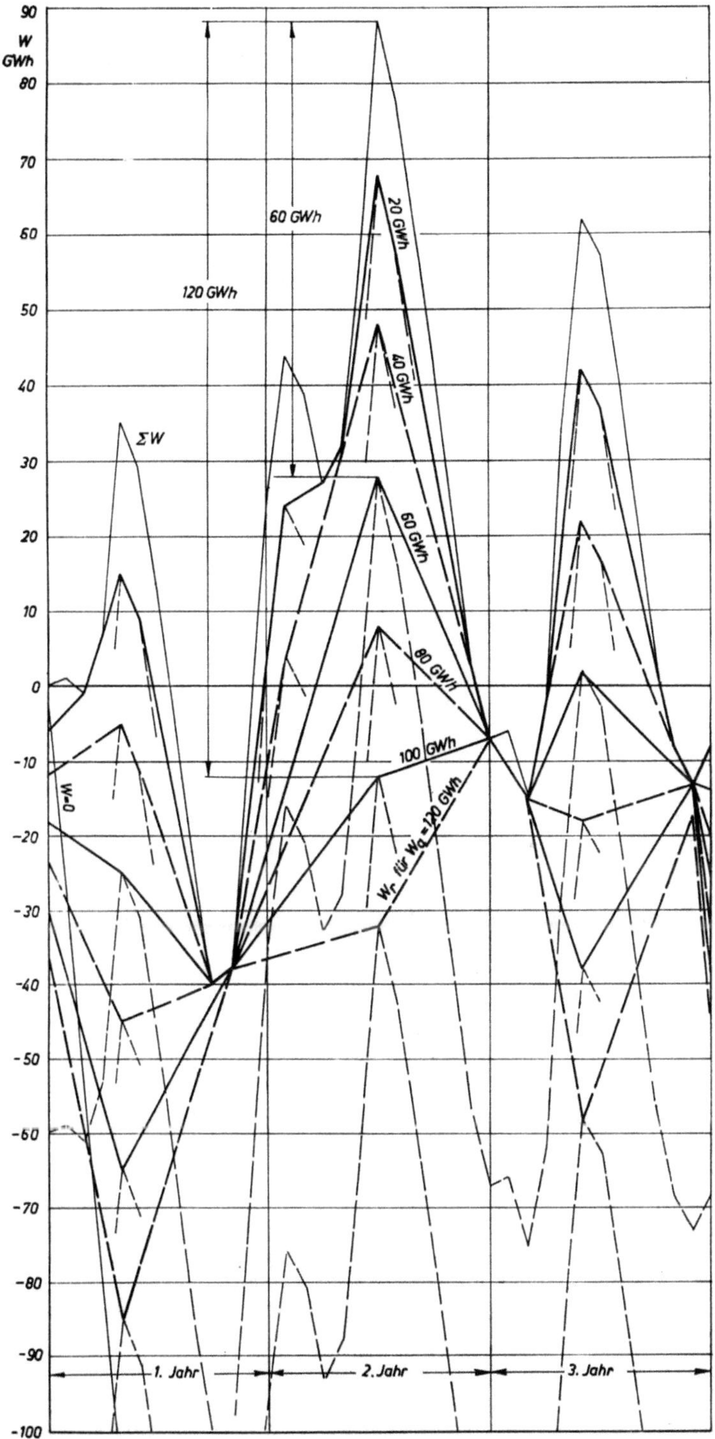

Abb. 140. Saisonmäßiger Erzeugungsausgleich eines Speicherkraftwerkes (Kriterium a_2) für Energiespeicherungswerte von $W_a = 20$ bis $W_a = 120$ GWh

sich über den Zeitraum einer Saison, eines Jahres oder auch mehrerer Jahre erstrecken. Er ist abhängig vom Ablauf der Wasserdarbietungen und von der Größe des Speicherbeckens. Eine solche Ausnützung eines Speicherbeckens für ein Speicherkraftwerk, dessen ungeregelte Stromerzeugung in Abb. 137 gezeigt wird, ist durch gebrochene Linien W_r zwischen den Summenganglinien in Abb. 139 eingetragen. Bei der Bestimmung dieser Geraden wurde berücksichtigt, daß zu Beginn des ersten und am Ende des dritten Beobachtungsjahres im Speicherbecken eine so große Wassermenge gespeichert ist, daß diese 30% des Energiespeicherungswertes beträgt.

Eine weitere Möglichkeit besteht, indem man das Jahr in zwei Abschnitte aufteilt: auf die Naß- und die Trockenperiode. Jetzt kann die Ausnützung der Speicherung nach der Forderung festgelegt werden, daß am Ende der Naßperiode das Becken voll ist. Während der Trockenperiode aber wird das Wasser verbraucht, und zwar so, daß die Speicherung vor Beginn der Naßperiode erschöpft ist. Dieser Gesichtspunkt (a_2) kann auch abgewandelt werden, indem z. B. bestimmt wird, daß die Monatserzeugung während der Füllung des Speicherbeckens eine bestimmte Menge nicht unterschreitet oder aber, daß am Ende der Trockenperiode im Becken ein festgelegter Prozentsatz der möglichen gespeicherten Energie vorhanden ist. Abb. 140 zeigt die Ausnützung der Speicherung nach dem Kriterium a_2, jedoch ohne die erwähnten Modifizierungen. Auch in diesem Fall ist, ebenso wie für den in Abb. 139 dargestellten Gesichtspunkt, mit dem gleichen Stand der Speicherung zu Beginn und am Ende des untersuchten Zeitabschnittes zu rechnen.

In beiden Fällen ist die Ausgleichsmöglichkeit der Stromerzeugung für einige Energiespeicherungswerte bestimmt. Für relativ kleine Energiespeicherungswerte findet man in beiden Fällen den gleichen Energieausgleich.

b) Brennstoffeinsparung in Wärmekraftwerken

Zwecks Brennstoffeinsparung in den Wärmekraftwerken ist eine möglichst große Stromerzeugung in den Wasserkraftwerken erforderlich. Dies ist erreichbar, wenn die Überläufe des Betriebswassers auf ein Minimum herabgesetzt werden. Am ehesten kann das erreicht werden, wenn das Speicherbecken möglichst leer gehalten wird, um dann im Bedarfsfall möglichst große Wassermengen aufzunehmen. Mit anderen Worten: das Speicherbecken sollte nur dann gefüllt werden, wenn Überschußwassermengen auftreten, die nicht ausgenützt werden können. Dagegen sollte das Speicherbecken entleert werden, sobald eine Nutzungsmöglichkeit des gespeicherten Wassers auftritt, um das Becken so rasch wie möglich instandzusetzen, neue Wassermengen, die unter Umständen auftreten können, aufzunehmen. Die Ausnützung der Speicherung bei konsequenter Durchführung des vorbeschriebenen Grundsatzes soll als Kriterium b_1 bezeichnet werden.

Diese Art der Ausnützung der Speicherung führt dazu, daß die Speicherung überhaupt keinen Einfluß auf die Betriebsverhältnisse im kritischen Zeitabschnitt hat. Denn die erforderliche Energieerzeugung und Leistung der Wärmekraftwerke im kritischen Zeitabschnitt bleibt in diesem Fall unverändert ohne Rücksicht auf das Vorhandensein der Speicherung. Deshalb kann der früher dargestellte Gesichtspunkt dahin abgeändert werden, daß er nur in der Naßperiode angewendet wird. Dagegen wird das gespeicherte Wasser in der Trockenperiode für eine Vergrößerung der Stromerzeugung in den am meisten trockenen Monaten zurückgehalten. Es wird dann unter der Bedingung verwendet, daß die Erzeugung der Wärmekraftwerke ausgeglichen wird (Kriterium b_2). Damit besteht die Möglichkeit, die erforderliche Stromerzeugung und Leistung der Wärmekraftwerke während des kritischen Zeitraumes wesentlich herabzusetzen.

c) Sicherstellung der Stromlieferungen an Abnehmer

Dieses Kriterium ist das entgegengesetzte Extrem zum Gesichtspunkt der Brennstoffeinsparung. Um eine möglichst weitgehende Sicherstellung elektrischer Energielieferungen an die Abnehmer zu erreichen, ist es am zweckmäßigsten, das Staubecken möglichst lange in gefülltem Zustand zu erhalten. Die Entleerung beginnt erst dann, wenn alle anderen Energiequellen vollständig eingesetzt worden sind und eine Drosselung der Energielieferung ohne Heranziehung der Speicherenergie unvermeidlich wäre. Um eine möglichst weitgehende Sicherheit der Energieversorgung zu erreichen, ist es demnach notwendig, für eine möglichst rasche Füllung des Speicherbeckens zu sorgen, selbst unter Einsatz der vollen verfügbaren Leistungen der Wärmekraftwerke und der Wasserüberläufe, die später durch die forcierte Auffüllung des Speicherbeckens entstehen könnten. Durch diese Betriebsart wird im kritischen Zeitabschnitt die kleinste Stromerzeugung und Leistung der Wärmekraftwerke benötigt, jedoch treten relativ bedeutende Wasserüberläufe in den Speicherkraftwerken auf.

d) Stromerzeugungsausgleich von Wärmekraftwerken

Wie bereits zu Beginn erwähnt wurde, wäre es möglich, die erforderliche Stromerzeugung der Wärmekraftwerke bei der kleinsten dafür erforderlichen Leistung zu erreichen, indem die Ausnutzung der Wasserspeicher so geregelt wird, daß die Wärmekraftwerke täglich die gleiche Energieerzeugung hätten. In diesem Fall wäre die beste Leistungsnutzung der Wärmekraftwerke möglich. Der Ausgleich der Wärmestromerzeugung ist jedoch einerseits von den Bedarfsschwankungen, andrerseits aber von Schwankungen der Stromerzeugung aus den Lauf-Wasserkraftwerken und von den Speichermöglichkeiten abhängig.

Da es sich um den Ausgleich der Erzeugung handelt, kann auch jetzt die Summenganglinie benützt werden, im vorliegenden Fall die Summenganglinie der erforderlichen Stromerzeugung der Wärmekraftwerke. Die Summenganglinie für die erforderliche Erzeugung der Wärmekraftwerke wird aus der Differenz der Summenlinie der erforderlichen Energie und der Summenganglinie der möglichen Stromerzeugung der Wasserkraftwerke gebildet (Abb. 141). Unter der möglichen Erzeugung der Wasserkraftwerke ist einerseits die mögliche Stromerzeugung der Laufwasserkraftwerke zu verstehen (dabei sind die Beschränkungen der möglichen Erzeugung durch die Ausbauleistung berücksichtigt). Aus-

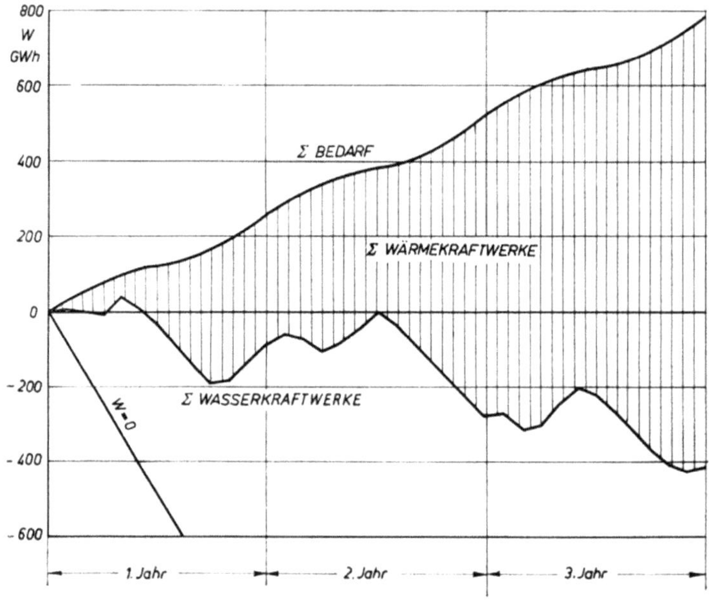

Abb. 141. Bedarfs-Summenganglinie und Dargebots-Summenganglinie von Wasserkraftwerken für die in Abb. 137 dargestellten Verhältnisse

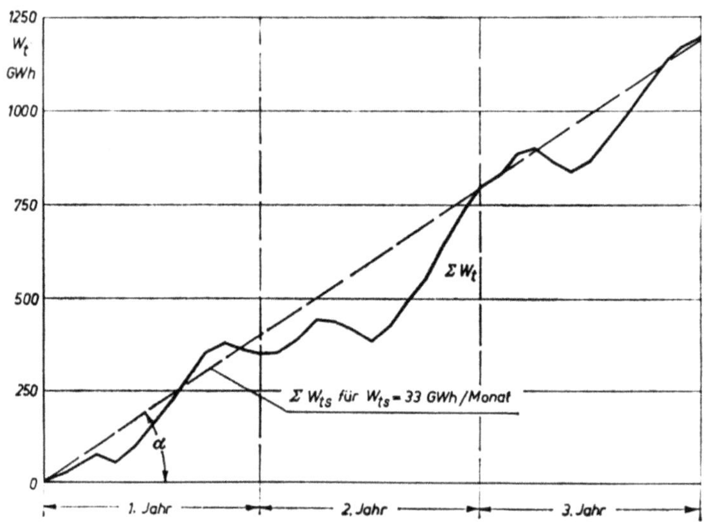

Abb. 142. Summenganglinie der erforderlichen Stromerzeugung von Wärmekraftwerken, dargestellt als Differenz der Summenganglinien in Abb. 141

serdem ist auch die mögliche Stromerzeugung der Speicherkraftwerke entsprechend den natürlichen Schwankungen gemäß der Verteilung der Zuflüsse in die Speicherungen ohne Drosselung der möglichen Erzeugung durch die Ausbauleistung des Wasserkraftwerkes, in dem das Speicherwasser genutzt wird, zu beachten.

Unter Berücksichtigung der Differenzen der Bedarfs-Summenlinie und Erzeugungs-Summenlinien der Wasserkraftwerke (Abb. 141) kann die Summenganglinie der erforderlichen Stromerzeugung der Wärmekraftwerke gezeichnet werden (Abb. 142). Unterschiedlich von den Summenlinien der Wasserkraftwerkserzeugungen, bei denen die Ordinaten nicht kleiner werden können, können bei den Summenganglinien der erforderlichen Stromerzeugung der Wärmekraftwerke auch Verkleinerungen der Ordinaten auftreten. Dieser Fall erscheint dann, wenn die Gesamterzeugung der Wasserkräfte größer ist als der Bedarf; man rechnet dann mit einer negativen Stromerzeugung der Wärmekraftwerke. Es ist notwendig, in dieser Weise vorzugehen, um auch das der Speicherung zufließende Wasser, das gerade infolge des Bestehens eines Speicherbeckens verwertbar wird, rechnerisch zu erfassen.

Durch Übergang auf das schiefwinkelige Koordinatensystem wie bei der Betrachtung des Erzeugungsausgleichs der Wasserkraftwerke (Abb. 138b), gelangt man zur Summenganglinie der erforderlichen Erzeugung der Wärmekraftwerke in einem für weitere Untersuchungen geeigneten Maßstab (Abb. 143). Um die ursprüngliche Bedeutung der Grund- und Summenhilfslinie und die gegenseitige Lage dieser beiden Kurven im Diagramm beizubehalten, wird das Vorzeichen der Differenz zwischen der Summenlinie W_t und Geraden ΣW_{ts} (Abb. 142) umgekehrt. Dadurch erhält man die gleichen Grundlagen zur Bestimmung der Erzeugung in Wärmekraftwerken, durch welche die Stromerzeugung eines Speicher-Wasserkraftwerkes geregelt wird, wie auch für die Bestimmung der Erzeugungsregelung von Wasserkraftwerken (Abb. 139 und 140). Auch jetzt ist es notwendig, außer der Summen-Grundganglinie die Summen-Hilfslinie der erforderlichen Wärmekrafterzeugung, versetzt nach unten um den Energiespeicherungswert, aufzuzeichnen. Die zwischen diesen beiden Summenganglinien liegenden Strecken bedeuten die für die Bedarfsdeckung notwendige geregelte Erzeugung der Wärmekraftwerke, unter der Bedingung, daß die Erzeugung des Speicher-Wasserkraftwerkes im Rahmen der Speicherungsmöglichkeiten verbleibt. Der Berührungspunkt der Geraden mit der Summen-Grundlinie bzw. Hilfslinie bedeutet, daß das Speicherbecken voll bzw. leer ist.

Abb. 143 zeigt den Erzeugungsausgleich der Wärmekraftwerke für verschiedene Energiespeicherungswerte nach der Summenganglinie aus den Abb. 141 und 142. Es muß daran erinnert werden, daß bei der Eintragung der Geraden für die Darstellung der Erzeugung der Wärmekraftwerke die Tatsache zu berücksichtigen ist, daß im Speicherbecken nur jene Wassermenge, die dem Becken zufließt, gespeichert werden kann. Deshalb entstehen auch die gebrochenen Linien am Beginn des ersten Jahres (Abb. 143) für die Speicherungswerte 100 und 120 GWh.

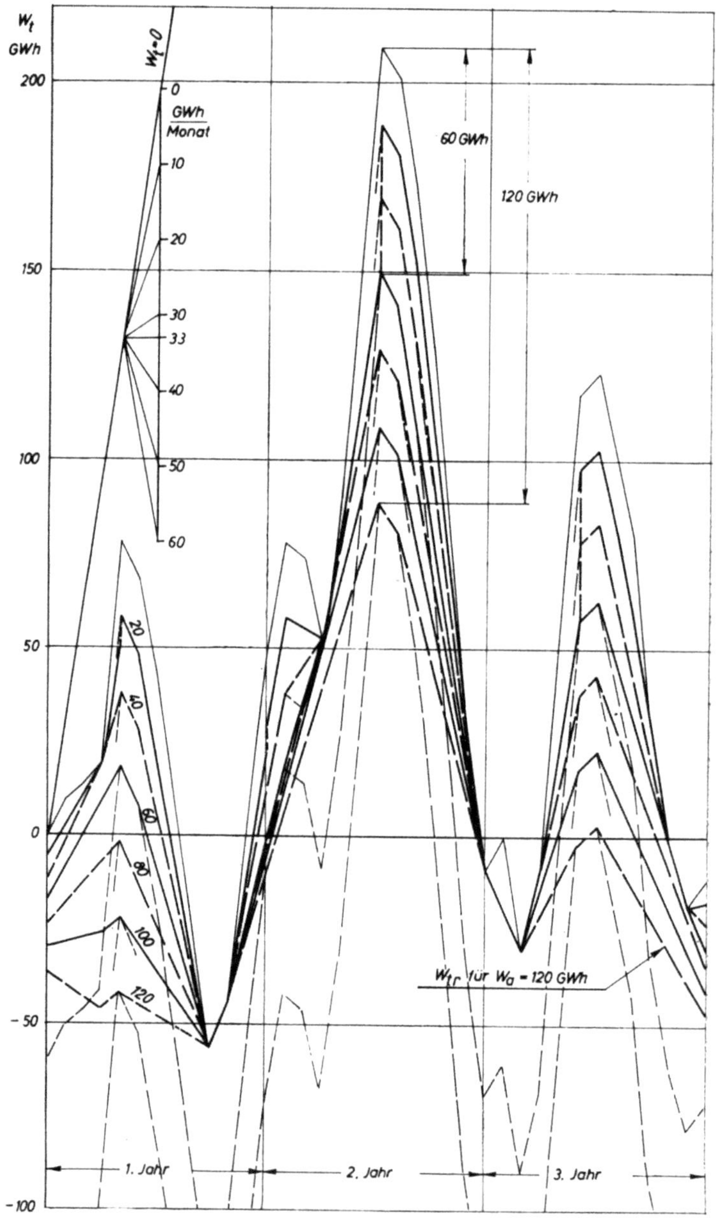

Abb. 143. Stromerzeugungsausgleich von Wärmekraftwerken (Kriterium d) für Energiespeicherungswerte $W_a = 20$ bis $W_a = 120$ GWh

e) Vergleich der einzelnen Kriterien

Die Art der Verwertung einer Speicherung hat keinen Einfluß auf die Gestehungskosten in den Wasserkraftwerken. Für eine Gegenüberstellung der einzelnen Gesichtspunkte ist deshalb die Auswirkung der Benutzungsart der Speicherbecken auf die Leistungserhöhung der Wärmekraftwerke und deren Erzeugungssteigerung maßgebend.

In den vorangegangenen Abschnitten wurde die Erzeugung eines Speicherkraftwerkes für die betrachteten Gesichtspunkte der Ausnutzung eines Speicherbeckens bestimmt. Damit sind sämtliche Erzeugungs-

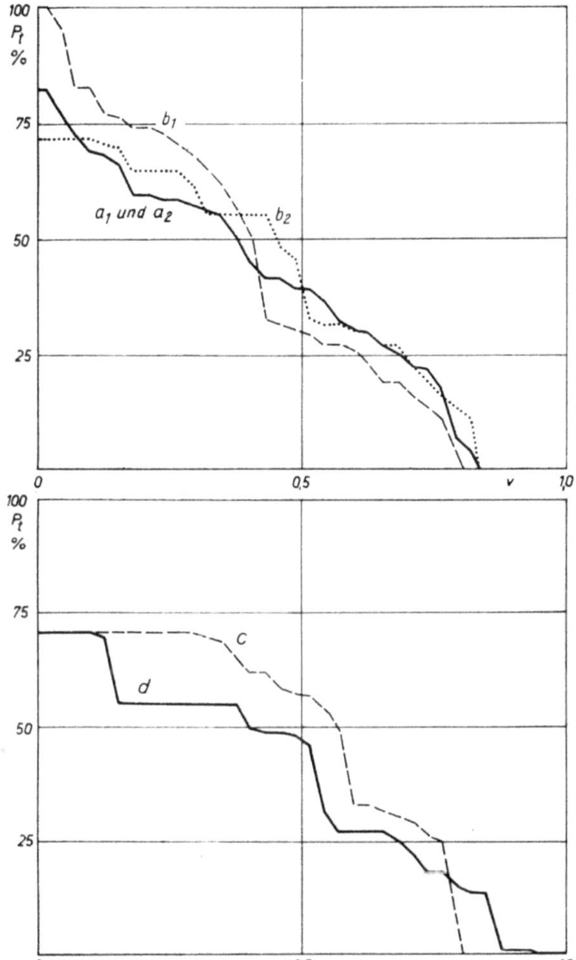

Abb. 144. Belastungsdauerkurven von Wärmekraftwerken für die behandelten Kriterien der Speichernutzung für einen Energiespeicherungswert $W_a = 60$ GWh

möglichkeiten von Wasserkraftwerken definiert. Mit der Methode der konstanten und veränderlichen Energie (Kapitel IV, 3) kann die erforderliche Leistung und Stromerzeugung von Wärmekraftwerken ermittelt werden und daraus auch (Kapitel V, 3a) die Belastungsdauerkurven der Wärmekraftwerke. Diese Kurven sind für $W_a = 60$ GWh in Abb. 144

und in Abb. 145 für einen Energiespeicherungswert $W_a = 120$ GWh eingetragen. Es besteht, wie ersichtlich, ein wesentlicher Unterschied zwischen den Belastungsdauerkurven der Wärmekraftwerke für die verschiedenen Gesichtspunkte. Die größte Leistung aus Wärmekraftwerken ist für das Kriterium b_1 erforderlich (Einsparung von Brenn-

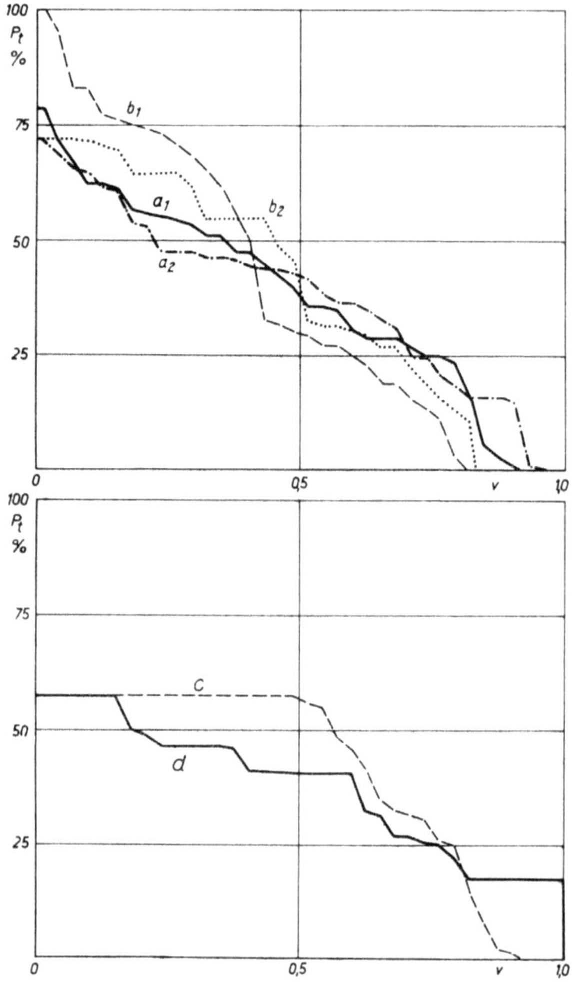

Abb. 145. Belastungsdauerkurven von Wärmekraftwerken für die behandelten Kriterien der Speichernutzung für einen Energiespeicherungswert $W_a = 120$ GWh

stoff, konsequent durchgeführt), während dagegen die kleinste Leistung der Wärmekraftwerke für die Kriterien c (Sicherstellung der Verbrauchsversorgung) und d (Ausgleich der Erzeugung der Wärmekraftwerke) erforderlich ist. Für kleine Energiespeicherungswerte gleicht sich entsprechend der Höchstleistung der Wärmekraftwerke mit den Gesichts-

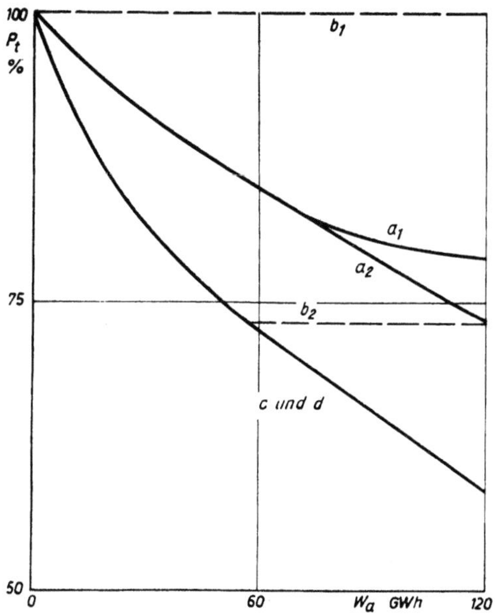

Abb. 146. Für die Bedarfsdeckung erforderliche Höchstleistung von Wärmekraftwerken entsprechend den behandelten Kriterien der Speichernutzung in Abhängigkeit vom Energiespeicherungswert

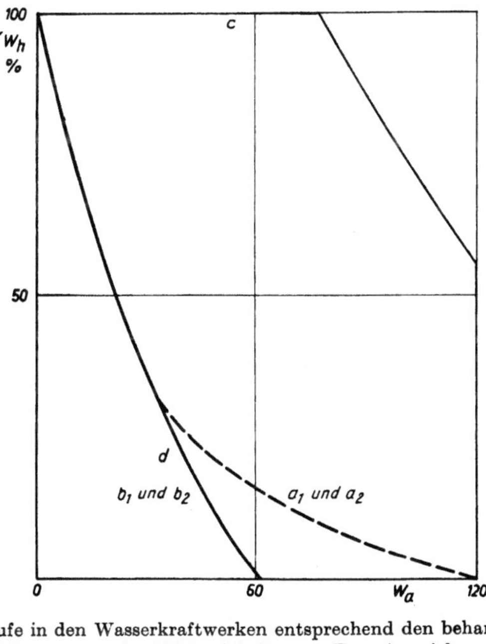

Abb. 147. Überläufe in den Wasserkraftwerken entsprechend den behandelten Kriterien der Speichernutzung in Abhängigkeit vom Energiespeicherungswert

punkten c und d noch der Gesichtspunkt b_2 aus (Einsparung von Brennstoff in Naßperioden bei Einsparung von Speicherwasser in der Trockenperiode des Jahres).

In Abb. 146 sind die für die Bedarfsdeckung erforderlichen verfügbaren Höchstleistungen der Wärmekraftwerke in Abhängigkeit vom Energiespeicherungswert dargestellt.

Beim Vergleich der Belastungsdauerkurven von Wärmekraftwerken für die Kriterien c und d (untere Diagramme in Abb. 144 und 145) bemerkt man, daß die unter den Kurven liegenden Flächen für das Kriterium c größer sind als für d. Das bedeutet, daß beim Kriterium c größere Wasserüberläufe in den Wasserkraftwerken auftreten. Wenn man außerdem auf die in Kapitel V, 3c, beschriebene Weise die gesamten veränderlichen Kosten in Wärmekraftwerken bestimmen würde, so

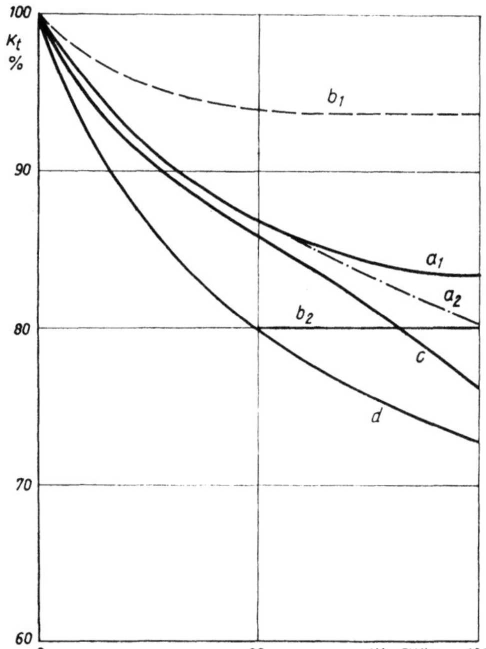

Abb. 148. Gesamtkosten der Stromerzeugung in Wärmekraftwerken entsprechend den behandelten Kriterien der Speichernutzung in Abhängigkeit vom Energiespeicherungswert

würde man konstatieren, daß die veränderlichen Kosten für den Gesichtspunkt c größer als für d sind. Beim Kriterium c besteht eine größere Stromerzeugung in Wärmekraftwerken mit geringerer Wirtschaftlichkeit und geringere Stromerzeugung in Kraftwerken mit größerer Wirtschaftlichkeit.

In bezug auf die Größe des Wasserüberlaufs unterscheidet man drei Gruppen von Gesichtspunkten. Die geringsten Überläufe entstehen bei der Benützung der Speicherung nach den Gesichtspunkten b_1, b_2 und d, die größten Überläufe treten auf für das Kriterium c. Die Kriterien a_1 und a_2 (in diesem Beispiel) sind hinsichtlich der Überläufe gleichwertig, obgleich das nicht stets der Fall sein muß und was von den Charakteristiken der Wasserkraftwerke im System abhängt. In bezug auf die Überlaufmenge sind die Kriterien a_1 und a_2 ungünstiger als das Kriterium d (für höhere Energiespeicherungswerte). Denn in den ersten zwei Fällen gleicht man die Stromerzeugung der Speicherwasserkraftwerke ohne Rücksicht auf die übrigen Verhältnisse im Verbundsystem aus.

In Abb. 147 wird die Abhängigkeit des Wasserüberlaufs vom Energiewert des Speicherbeckens gezeigt. Mit 100% ist die Energiemenge bezeichnet, die nicht für den Energiespeicherungswert $W_a = 0$ ausgenützt werden kann.

Bezugnehmend auf die erforderliche Höchstleistung und Stromerzeugung der Wärmekraftwerke erhält man die Gesamtkosten in den Wärmekraftwerken für die untersuchten Gesichtspunkte der Speichernutzung (Abb. 148). Die Gesamtkosten sind in Prozenten von jenen Gestehungskosten der Wärmekraftwerke, die für die Bedarfsdeckung bei $W_a = 0$ genügen würden, ausgedrückt. Ein Speicherbecken wird demnach am vorteilhaftesten nach dem Gesichtspunkt des Ausgleichs der Wärmekraftwerke ausgenützt. Bei der Betrachtung des Diagramms in Abb. 148 ist zu berücksichtigen, daß Brennstoffkosten unter der Voraussetzung gleichbleibender veränderlicher Kosten bestimmt wurden. Wenn man die Belastungsdauerkurven berücksichtigen würde (Abb. 144 und 145), würde es sich gewiß herausstellen, daß der Gesichtspunkt des Erzeugungsausgleichs der Wärmekraftwerke im Vergleich zu den anderen Kriterien noch günstiger ist. Daher sind die Änderungen der veränderlichen spezifischen Kosten der Wärmekraftwerke mit deren eingesetzter Leistung in Betracht zu ziehen.

3. Anwendung des Gesichtspunktes der Ausgleichsstromerzeugung der Wärmekraftwerke

Der Vergleich der Kriterien für die Benutzung der Speicherbecken von Wasserkraftwerken erfolgte unter der Voraussetzung, daß die Wasserdarbietungen in den Laufkraft- und Speicherkraftwerken im voraus bekannt sind. In Wirklichkeit gibt es so etwas nicht. Deshalb muß so eine Art der Benutzung von Speicherbecken bestimmt werden, die auf Grund der Verhältnisse in der Vergangenheit zu erwarten wäre, wobei die günstigste Nutzung der Speicherung in Betracht zu ziehen ist.

Um die Nutzung von Speicherbecken zu ermitteln, muß man vom Ausbauzustand der Wasserkraftwerke im behandelten Zeitpunkt und von den erforderlichen Energien und Leistungen zur gleichen Zeit ausgehen. Wenn der Ausbauzustand der Wasserkraftwerke und das Wasserdargebot für eine Reihe von Jahren bekannt ist, dann ist es möglich, die Stromerzeugung der Laufkraftwerke und jene Energie, die durch den Wasserzufluß in den Saisonspeicherbecken erzeugt werden könnte, zu bestimmen. Wie bereits erwähnt (Kapitel VIII, 2a), darf bei der Bestimmung der Energiemengen, die durch den Zufluß in die Speicherbecken erzeugt werden könnten, die Ausbaugröße jener Wasserkraftwerke, die das Betriebswasser aus Saisonspeicherbecken beziehen, nicht in Betracht gezogen werden. Erwähnt sei, daß die Stromerzeugung aller Wasserkraft nach ungeregelter Wasserdarbietung ermittelt wird. Durch Summierung der auf diese Weise erhaltenen möglichen Stromerzeugungen in sämtlichen Wasserkraftwerken für jede Dekade oder jeden Monat getrennt, findet man die grundlegenden Unterlagen zur Bestimmung der Wasserkraftwerkserzeugung-Summenlinie (Abb. 141). Da, wie bereits zu Beginn vorausgesetzt, der Energiebedarf bekannt ist, kann auch die Bedarfs-Summenganglinie bestimmt werden. Aus diesen Angaben erhält man dann die Summenlinie der erforderlichen Stromerzeugung der Wärmekraftwerke zum Wasserdargebot der Wasserkraftwerke.

Die folgenden Überlegungen gelten wieder unter der Voraussetzung, daß die Wasserdarbietung bzw. die mögliche Erzeugung der Wasserkraftwerke und die erforderliche Energie für den ganzen behandelten Zeitabschnitt bereits im voraus bekannt sind. Bei einer derartigen Voraussetzung ist es möglich, den günstigsten Ausgleich der Stromerzeugung der Wärmekraftwerke zu ermitteln, der bei den gegebenen Bedingungen möglich ist. Außerdem sei vorausgesetzt, daß nur ein Speicherbecken besteht, in das alle Zuflüsse geleitet werden, die in die verschiedenen Speicherbecken einmünden, und daß nur ein Speicherkraftwerk arbeitet, welches das Wasser aus dem erwähnten gedachten Speicherbecken ausnutzt. Die Annahme eines einzigen Speicherbeckens und eines einzigen Speicherwasserkraftwerkes ist als Grundlage für die weiteren Untersuchungen unbedingt notwendig.

Davon ausgehend können der mögliche Erzeugungsausgleich der Wärmekraftwerke und auch die Verhältnisse im Speicherbecken mittels der Summenganglinien ermittelt werden, wie dies in Kapitel VIII, 2d erläutert wurde. Es ist dabei in Betracht zu ziehen, daß in einer Dekade oder in einem Monat nicht eine größere Wassermenge gespeichert wird als zugeflossen ist und daß aus dem Speicherbecken nicht mehr Wasser entnommen wird als die Wasserkraftwerke, die dieses Speicherbecken ausnützen, verbrauchen können. So ist es möglich, jenen Füllungswert im Speicherbecken am Ende jeder Dekade oder jeden Monats festzustellen, der zu erreichen wäre, um einen möglichst vorteilhaften Ausgleich der Erzeugung der Wärmekraftwerke bei den bekannten natürlichen Zuflüssen und Charakteristiken der Wasserkraftwerke zu erzielen.

Natürlich unterscheiden sich die Wasserstände im Speicherbecken der gleichen Monate in verschiedenen Jahren, da der gewünschte Zustand der Wasserspeicherung hauptsächlich von der Wasserdarbietung abhängt. In den Diagrammen in Abb. 149, in denen auf der Abszisse die Wahrscheinlichkeitswerte aufgetragen sind, sind beispielsweise die Speicherungswerte für zwei Monate (Mai und September) für ein bestimmtes Verbundsystem eingezeichnet. Auf Grund der Verhältnisse eines 30jährigen Zeitabschnittes sind auf der gleichen Abb. 149 die

Wahrscheinlichkeitskurven der Füllungswerte im Speicherbecken eingetragen. Von den auf diese Weise gefundenen Wahrscheinlichkeitskurven bestimmt man die Füllungs- und Entleerungskennlinien eines Speicherbeckens zu einer gegebenen Wahrscheinlichkeit der Füllungsgrade im Speicherbecken (Abb. 150). Es ist anzunehmen, daß die Füllungsgrade im Speicherbecken, die dem Wahrscheinlichkeitswert 0,50 entsprechen, die erwünschten Füllungszustände sind, da man auf diese Weise der Forderung eines Ausgleichs der Erzeugung in den Wärmekraftwerken am ehesten entspricht. Wenn die Füllung und Entleerung eines Speicherbeckens nach Kurven, die einem Wahrscheinlichkeitswert entsprechen, der kleiner ist als 0,50, erfolgt, so nähert man sich dem

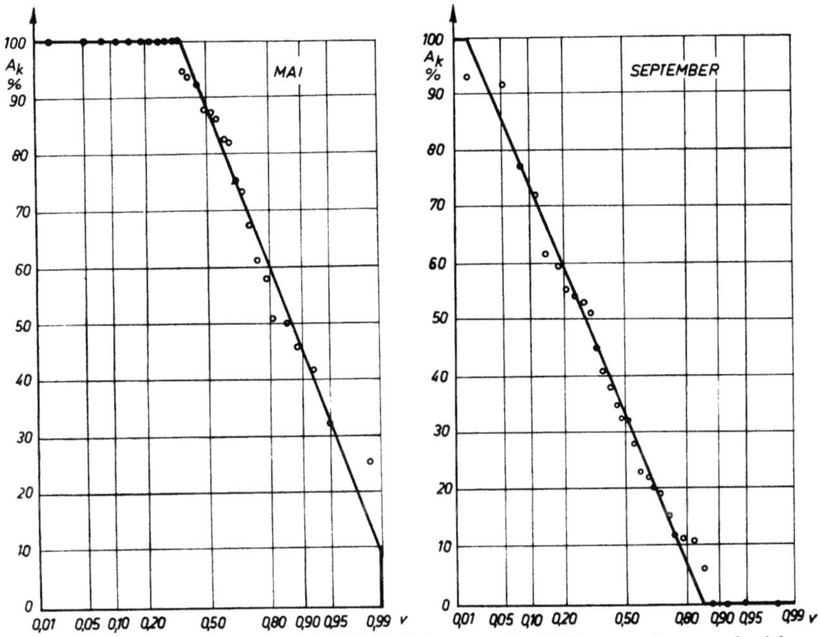

Abb. 149. Beispiele von Wahrscheinlichkeitskurven des Füllungsgrades von Speicherbecken entsprechend dem Kriterium des Erzeugungsausgleiches von Wärmekraftwerken

Kriterium der Sicherstellung der Stromversorgung der Abnehmer. Die Betriebsführung nach Kurven mit einem Wahrscheinlichkeitswert über 0,50 führt zum Kriterium der Brennstoffeinsparung in den Wärmekraftwerken.

Wenn die gezeigte Füllungs- und Entleerungskurve eines Speicherbeckens als jene Kennlinie akzeptiert wird, deren Verwirklichung bei der Betriebsführung der einzelnen Speicherbecken anzustreben ist, kann natürlich nicht so eine Verteilung der Erzeugung der Wärmekraftwerke erreicht werden wie dies anhand der Summenlinien bestimmt wurde. Die hauptsächliche Ursache ist, daß bei der Vorausbestimmung der Verteilung der Erzeugung der Wärmekraftwerke durch Summenganglinien vorausgesetzt wurde, daß für den ganzen behandelten Zeitraum im voraus die Wasserdarbietung bekannt ist. Wenn jedoch die Benutzung von Speicherbecken auf Grund von Füllungs- und Entleerungskennlinien erfolgt, sind die Wasserdarbietungen nicht im voraus bekannt. In Abb. 151 sind die Dauerkurven der mittleren Monatsbelastungen der Wärmekraftwerke des behandelten Verbundsystems dargestellt, und zwar (a) nach Erzeugungen, die auf Grund der Summenganglinien bestimmt wurden und (b) nach den Erzeugungen der Wärmekraftwerke, indem die Speicherbecken gemäß der Kurve in Abb. 150 gefüllt und entleert werden.

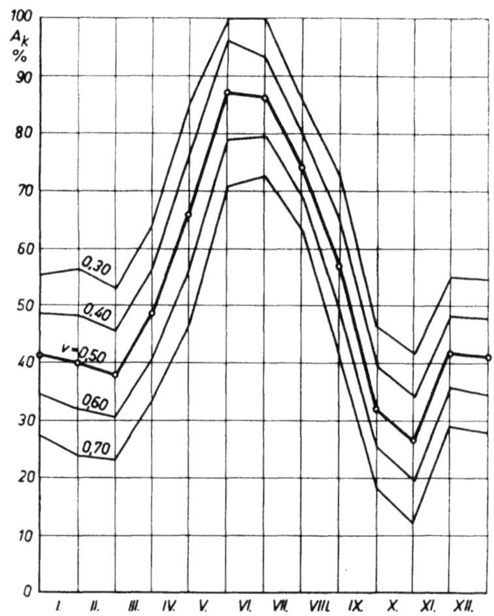

Abb. 150. Füll- und Entleerungskennlinien von Speicherbecken unter der Bedingung gleicher Wahrscheinlichkeiten der Stauhöhe. Die Kennlinien sind auf Grund der Wahrscheinlichkeitskurven (Abb. 149) ermittelt

Um die Kurve (*b*) in Abb. 151 zu bestimmen, wurde jedes Speicherbecken für sich betrachtet, wobei die Schwankungen des Zuflusses und die Ausbaugröße des Wasserkraftwerkes, in dem das Wasser aus dem Speicherbecken verbraucht wird, berücksichtigt wurde. Deshalb sind in der Kurve (*b*) auch die Einflüsse der einzelnen Speicherbecken einbezogen. Bei der Bestimmung der Füllung und Entleerung der einzelnen Wasserspeicher wurde eine möglichst große Annäherung an die Füllungs- und Entleerungskennlinie (Abb. 150) angestrebt. Jedoch wurden auch Abweichungen von dieser Kennlinie gemacht, um in einem Fall Wasserüberläufe zu vermeiden und im andern Fall die monatliche Minimalerzeugung des Wasserkraftwerkes, in dem das Speicherwasser ausgenutzt wird, zu ermöglichen und damit den Anteil des Wasserkraftwerkes bei der Deckung der Spitzenlast sicherzustellen.

Selbstverständlich ist es nicht möglich, in jedem Jahr die Füllung und Entleerung eines Speicherbeckens nach einer aufgestellten Kennlinie durchzuführen. Denn es treten zeitweise in Monaten, in denen eine Füllung des Speichers vorgesehen wurde, geringe Wasserdargebote auf und umgekehrt. Deshalb ist die Füllung und Entleerung so zu planen, daß eine möglichst große Annäherung an die gewünschte Kurve erreicht wird.

Die in der beschriebenen Weise bestimmte Füllungs- und Entleerungskurve ist dann zweckmäßig, wenn der vorgesehene Prozentsatz der Speicherentleerung auch zweckentsprechend im unterwasserseitigen

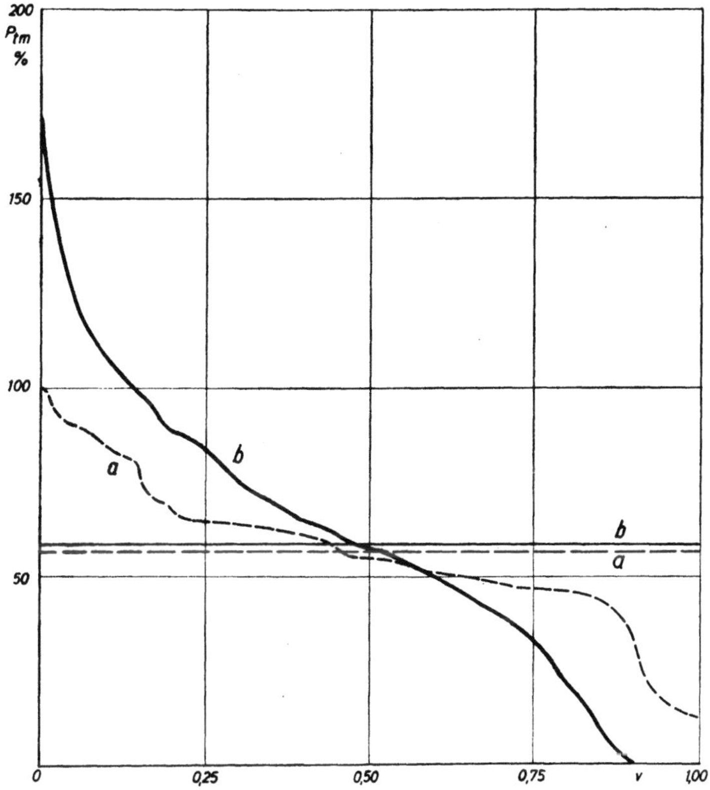

Abb. 151. Dauerkurven der mittleren Monatsbelastung von Wärmekraftwerken des behandelten Systems; (*a*) unter Voraussetzung bekannter Wasserdarbietung für den ganzen behandelten Zeitabschnitt nach dem Gesichtspunkt des Stromerzeugungsausgleichs der Wärmekraftwerke, (*b*) ermittelt aus der Füll- und Entleerungskurve (50%) in Abb. 150

Wasserkraftwerk ausgenutzt werden kann. Gleichzeitig ist auch der Zufluß des Speicherbeckens zu berücksichtigen, denn auch dieser muß im unterseitigen Wasserkraftwerk verbraucht werden. Wenn es sich um relativ große Speicherungen handelt, muß deshalb das Speichervolumen oder der Energiespeicherungswert aufgeteilt werden. Der eine

Teil wird gefüllt und entleert nach der Füllungs- und Entleerungskennlinie eines Jahres (die in der beschriebenen Weise ermittelt wurde). Der zweite Teil des Speicherbeckens wird nach einer langjährigen Füllungs- und Entleerungskurve ausgenutzt.

Um die Größe des Anteils W_{a0} für die Sicherstellung der Jahresschwankungen eines Speicherbeckens zu bestimmen, muß man von der Füllungs- und Entleerungskurve ausgehen, die als Beispiel in Abb. 150 gezeigt wird. Die größte Entleerung $\Delta A_{k\max}$ % erfolgt in diesem Beispiel im September. Wegen der im Verbundsystem herrschenden Verhältnisse ist es erforderlich, auch die Ausnutzung jenes Wassers, das aus dem Speicherbecken abgelassen wird, sicherzustellen. Außer der Wassermenge, die der Entleerung des Speicherbeckens entspricht, muß noch der laufende natürliche Zufluß ausgenützt werden. Es sei angenommen, daß die oben angeführten Bedingungen auch dann zu erfüllen sind, wenn dem Speicherbecken die mittlere monatliche Wassermenge im beobachteten Monat zufließt und daß mit dieser Wassermenge im unterwasserseitigen Wasserkraftwerke die Energie W_{ms} erzeugt werden kann. Wenn mit $W_{h\max}$ die maximale Monatserzeugung im Wasserkraftwerk, welches das Speicherwasser ausnützt, bezeichnet wird, muß folgende Bedingung erfüllt sein:

$$W_{h\max} = W_{ms} + \frac{\Delta A_{k\max} W_{a0}}{100} \tag{239a}$$

Der für die Sicherstellung der jährlichen Energieinhaltsschwankungen des Staubeckens notwendige Teil W_{a0} ist demnach

$$W_{a0} = \frac{W_{h\max} - W_{ms}}{\Delta A_{k\max}} \cdot 100 \tag{239b}$$

Diese Formel bedeutet den Energiespeicherungswert, auf den sich die Prozente beziehen, mit deren Hilfe die Füllungs- und Entleerungskurve des Speicherbeckens in Abb. 150 bestimmt wurde. Dies gilt für jene Fälle, in denen der Energiespeicherungswert W_a größer als W_{a0} ist. Wenn jedoch $W_a < W_{a0}$ ist, hat der Energiespeicherungswert W_{a0} keine Bedeutung. Dann muß die Füllungs- und Entleerungskennlinie aus W_a aufgestellt werden.

Falls $W_a > W_{a0}$ wird, ist der zweite Teil des Speicherbeckens, dessen Energiewert mit der Beziehung

$$W_{az} = W_a - W_{a0} \tag{240}$$

gegeben ist, an den Jahresschwankungen des Speicherinhaltes unbeteiligt. Er dient dann zur Erhöhung der Erzeugung in außerordentlichen Trockenmonaten oder -dekaden, indem dieser Teil der Speicherung in jenen Monaten oder Dekaden, in denen die Erzeugung der Wasserkraftwerke besonders groß ist, wieder aufgefüllt wird.

Daher sind zwei Füllungs- und Entleerungskurven aufzustellen. Eine über eine Zeitperiode eines Jahres, die andere über eine wesentlich längere Zeitperiode (meistens über den ganzen Zeitraum der durchgeführten Untersuchungen).

Wie ermittelt man die Inhaltsschwankungen im zweiten Teil im Staubecken? Offensichtlich ist es nicht möglich, eine gemeinsame, für die Projektierung und den Betrieb brauchbare Füllungs- und Entleerungskurve aufzustellen. Der Grund besteht darin, daß es eine Gesetzmäßigkeit für das Auftreten von ausnahmsweisen Trocken- oder Naßmonaten oder -dekaden in einer längeren Reihe von Jahren, aus denen man auf Grund von Erscheinungen früherer Jahre auf die Zukunft schließen könnte, nicht gibt. Es ist jedoch unbedingt erforderlich, die Ausnutzung des zweiten Teiles der Speicherung W_{az} vorauszubestimmen, um bei der Projektierung des behandelten Wasserkraftwerkes dessen Erzeugungsmöglichkeit wie auch dessen Rolle im Verbundsystem festzulegen. Man muß versuchen, daß die vorgesehene Benutzung des Wasserkraftwerkes möglichst den tatsächlichen Betriebsverhältnissen entspricht, ohne Rücksicht auf den Zeitpunkt, wann diese Umstände

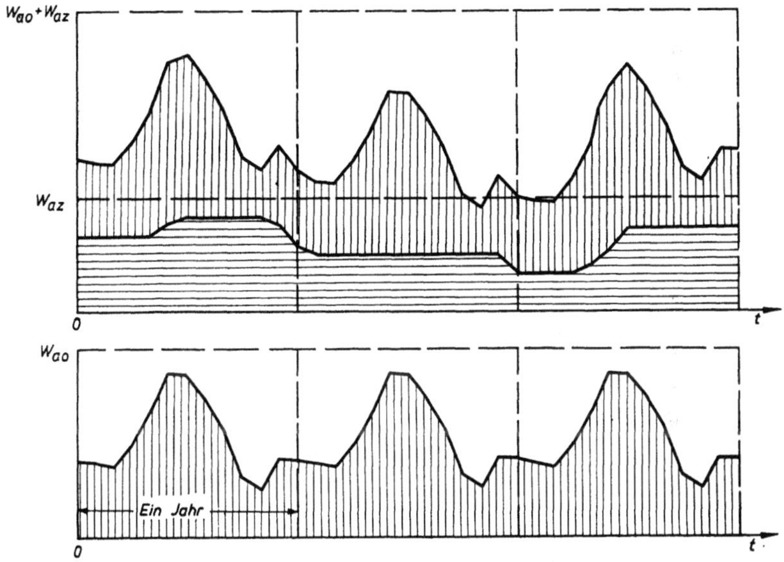

Abb. 152. Beispiel von Füll- und Entleerungskennlinien eines großen Speicherbeckens. W_{ao} erster Teil, W_{az} zweiter Teil des Speicherbeckens

eintreten. Ohne Zweifel dürfte es aber in bezug auf die in einem Verbundsystem herrschenden Verhältnisse vorteilhaft sein, den zweiten Teil der Speicherung zu entleeren, wenn eine besonders große Erzeugung der Wärmekraftwerke gefordert wird, oder, daß bei kleinem Wärmekraftbedarf das Speicherbecken gefüllt wird. In welchen Monaten oder Dekaden die Füllung oder Entleerung des zweiten Teils der Speicherung erwünscht ist, kann anhand der Monats- oder Dekadenerzeugungen der Wasserkraftwerke im Verbundsystem, nachdem der erste Teilinhalt W_{a0} der Speicherungsenergie ausgenützt wurde, ermittelt werden. Allgemein ist festzustellen, daß die Erscheinungen von außerordentlichen Trocken- oder Naßmonaten keiner Gesetzmäßigkeit unterliegen.

Daher gibt es für die Auswahl dieser Monate auch keine Regel. Man sieht aber, daß die Wahl der Monate von der Größe des zweiten Teils des Staubeckens und von der Ausbaugröße des zugehörigen Wasserkraftwerkes abhängt. Da es für ein Verbundsystem vorteilhaft ist, nach Möglichkeit die größtmögliche Stromerzeugung des unterwasserseitigen Wasserkraftwerkes, in dem das Speicherwasser ausgenutzt wird, sicherzustellen (dessen Maximalerzeugung ist von der Ausbaugröße abhängig), ist diese Forderung schon bei der Wahl der Monate oder Dekaden, in denen das Staubecken zu füllen oder zu entleeren ist, aufzustellen. Wieviele Monate oder Dekaden für die Erfüllung der obigen Forderung notwendig sind, ist abhängig von der zeitlichen Folge außerordentlicher Trocken- und Naßperioden, von der Größe des zweiten Teils der Speicherung, vom Wasserdargebot in diesen Zeitabschnitten und von der Notwendigkeit, in diesen Zeitabschnitten den ersten Teil des Speicherbeckens zu füllen oder zu entleeren. Wenn gefordert wird, daß ein Wasserkraftwerk in abnormal trockenen Monaten dauernd mit seiner Höchstleistung arbeitet und wenn die Anzahl dieser extremen Trockenperioden (Monate oder Dekaden) so gewählt wird, daß der steilste Teil der Kennlinie in Abb. 151 kleiner wird, kann man durch Versuche die Anzahl der abnormalen Trockenperioden ermitteln, in denen der zweite Teil des Speicherbeckens zu füllen ist. Wie groß die Anzahl der Zeitabschnitte, in denen das Speicherbecken gefüllt werden soll, gegenüber der Anzahl der vorzusehenden Entleerungen des zweiten Speicherteils ist, hängt von der gegenseitigen zeitlichen Verteilung von extremen Naß- und Trockenperioden, von der Größe des zweiten Teiles des Speicherbeckens und dem Zufluß in das Speicherbecken im Vergleich zu den hydrologischen Charakteristiken der übrigen Wasserkraftwerke des Verbundsystems ab.

Durch derartige Versuche findet man bestimmte Zeitabschnitte (Dekaden, Monate), in denen der zweite Teil eines Speicherbeckens zu füllen oder zu entleeren ist. Die für die Entnahme in Betracht kommenden Wassermengen sind gegeben durch die Ausbaugröße bei Berücksichtigung der Zuflüsse in die Speicherung und der erforderlichen Einhaltung der Speicherungsschwankungen im ersten Teil des Staubeckens. Die Wassermenge, die für die Füllung des zweiten Teils der Speicherung erforderlich ist, wird allein durch die Einhaltung der Schwankungen des ersten Teiles des Staubeckens beeinflußt.

IX. Die installierte Leistung von Wasserkraftwerken und die Größe des Speicherbeckens

1. Spezifische und zusätzliche spezifische Anlagekosten von Wasserkraftwerken

a) Spezifische Anlagekosten

Die Beziehung der für den Ausbau einer Wasserkraftanlage erforderlichen Anlagekosten kann angenähert [30] mit dem Ausdruck

$$I_h = A + BP_i \tag{241}$$

dargestellt werden. A und B sind von Terrainverhältnissen und von der Type des Wasserkraftwerkes abhängige Konstanten, P_i ist die installierte Leistung. Die Größe A wird hauptsächlich von der Staumauer, die Größe B durch die Zuleitung und das Gefälle beeinflußt.

Das Verhältnis der Investitionen und möglichen Erzeugung

$$i_w = \frac{I_h}{W_h} \tag{242}$$

wird als spezifische Investition für die Stromerzeugungseinheit eines Wasserkraftwerkes bezeichnet. Die Anlagekosten eines untersuchten Wasserkraftwerkes sind eine Funktion der installierten Leistung (241),

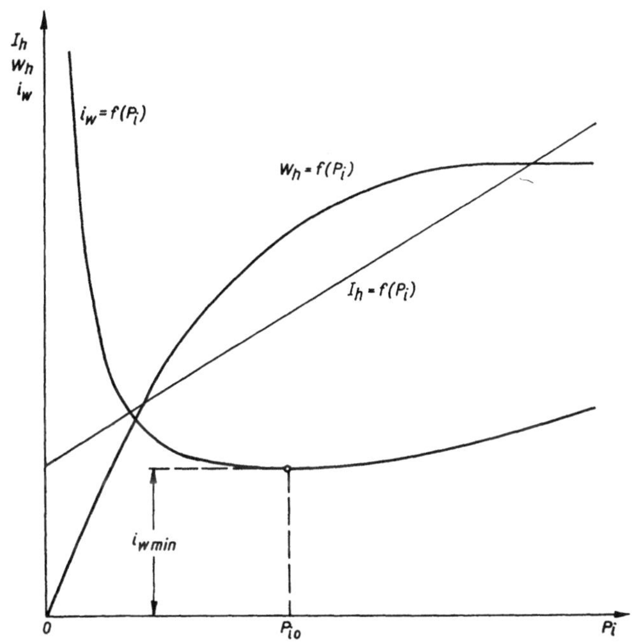

Abb. 153. Mögliche Stromerzeugung W_h, Investitionskosten I_h und spezifische Investitionskosten i_w je kWh in Abhängigkeit von der installierten Leistung eines Wasserkraftwerkes

ebenso wie auch die mögliche Stromerzeugung, und demnach auch die spezifischen Investitionen i_w. In Abb. 153 wird der Verlauf dieser Funktionen gezeigt. Die Funktion $i_w = f(P_i)$ hat bei P_{i0} ein Minimum. Bei dieser installierten Leistung erscheinen die niedrigsten Stromerzeugungskosten, da die jährlichen Kosten proportional den Anlagekosten sind. Die minimalen spezifischen Anlagekosten sind jedoch kein Kriterium für die Ausbaugröße, wie dies später erläutert wird. Daher ist auch P_{i0} nicht der Bestwert für die Ausbaugröße eines Wasserkraftwerkes. Trotzdem aber können die spezifischen Anlagekosten, bezogen auf die Einheit der Erzeugung, erste Anhaltspunkte für die Wirtschaftlichkeit eines Wasserkraftwerkes bieten.

Außerdem können die spezifischen Anlagekosten, bezogen auf die Leistungseinheit, mit der Formel

$$i_p = \frac{I_h}{P_i} = \frac{A}{P_i} + B \tag{243}$$

ausgedrückt werden, deren Verlauf aus Abb. 154 ersichtlich ist. Aus dem Ausdruck (243) und aus dem Diagramm in Abb. 154 ist ersichtlich,

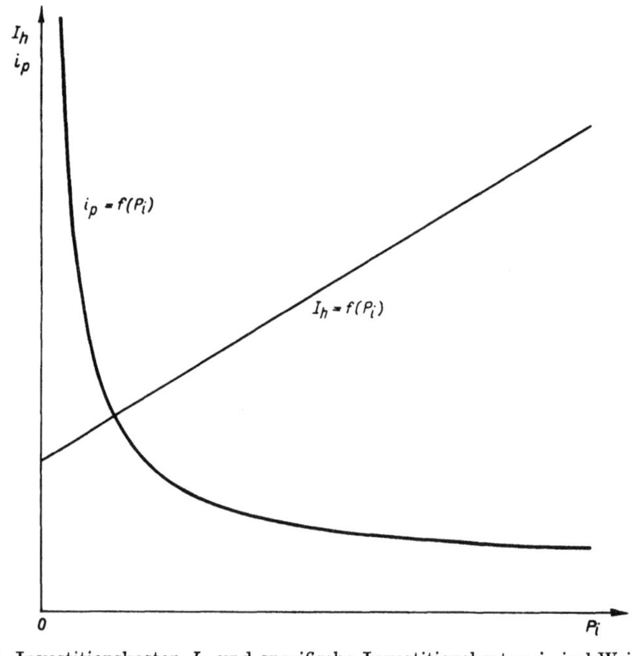

Abb. 154. Investitionskosten I_h und spezifische Investitionskosten i_p je kW in Abhängigkeit von der installierten Leistung eines Wasserkraftwerkes

daß für einen endlichen Wert P_i die spezifischen Anlagekosten i_p nicht ein Minimum werden. Daraus kann man schließen, daß die spezifischen Investitionen i_p kein Anhaltspunkt für die Wirtschaftlichkeit eines Wasserkraftwerkes sind. Mit steigender Ausbauleistung eines Wasserkraftwerkes können die spezifischen Anlagekosten herabgesetzt werden. Bei sonst gleichartigen Bedingungen könnte es den Anschein haben, als ob ein Wasserkraftwerk mit einer größeren Ausbauleistung vorteilhafter wäre.

b) Zusätzliche spezifische Anlagekosten

Die Konstante B bedeutet den erforderlichen Zuwachs der Anlagekosten für eine zusätzliche installierte Leistung von 1 kW. Demnach kann man den Wert B als zusätzliche spezifische Anlagekosten bezeichnen.

Der Ausdruck für die Anlagekosten kann auch in folgender Form geschrieben werden:

$$I_h = A + B_1 Q_i \tag{244}$$

Darin sind Q_i die Ausbaugröße des Wasserkraftwerkes, B_1 die zusätzlichen spezifischen Anlagekosten je m³/sek. Unter Bezugnahme auf den Ausdruck (53) kann der Wert B_1 auch aus B durch die Formel

$$B_1 = k H B \tag{245}$$

gefunden werden.

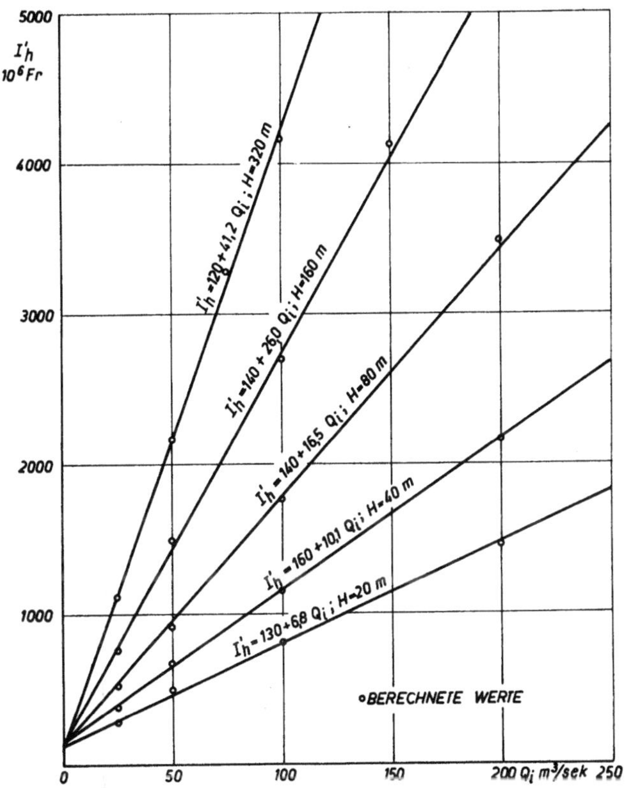

Abb. 155. Investitionskosten I'_h als Funktion der Ausbaugröße in Abhängigkeit von der Ausbaugröße Q_i m³/sek und der Fallhöhe H

Aus den weiteren Untersuchungen ist ersichtlich, daß die zusätzlichen Anlagekosten aus zwei Teilen bestehen: der erste B_h bzw. B_{1h}, der von der Fallhöhe, und der zweite, B_l bzw. B_{1l}, der hauptsächlich von der Wasserzu- und -ableitung, jedoch in geringerem Maße von der Ausbaugröße abhängt.

Um den ersten Teil der zusätzlichen Investitionskosten vom zweiten zu trennen, sollen zuerst die zusätzlichen Anlagekosten eines Talsperrenkraftwerkes untersucht werden, da bei dem der Wasserzu- und -ablauf entfällt. Zwecks Ermittlung der erwähnten zusätzlichen Anlagekosten sind die Gesamtinvestitionskosten für Turbinen, Generatoren, Transformatoren, Hilfsantriebe, Schaltanlage, Druckrohrleitungen mit Zubehör, Kräne und Gebäude, also für alle Anlageteile, die von der Ausbaugröße Q_i und Fallhöhe H abhängen, bestimmt. Die Anlagekosten werden unter folgenden Voraussetzungen berechnet: im Wasserkraftwerk sollen drei Maschinensätze aufgestellt werden, die Generatoren sind mit den Transformatoren in Blockschaltung an die 30 kV Sammelschienen (wenn die Leistung eines Generators unter 10 MVA ist) bzw. an die 110 kV Sammelschienen angeschlossen. Die Anzahl der Druckrohrleitungen entspricht der Anzahl der Aggregate, die Länge ist um 50% größer als die Fallhöhe. Die Gewichte und Preise der einzelnen Anlageteile wurden nach den Angaben in [31] bestimmt. Die gesamten Investitionskosten sind für die Ausbaugrößen von 25, 50, 100 und 200 m³/sek und schließlich für eine Fallhöhe von 320 m bei einer Aus-

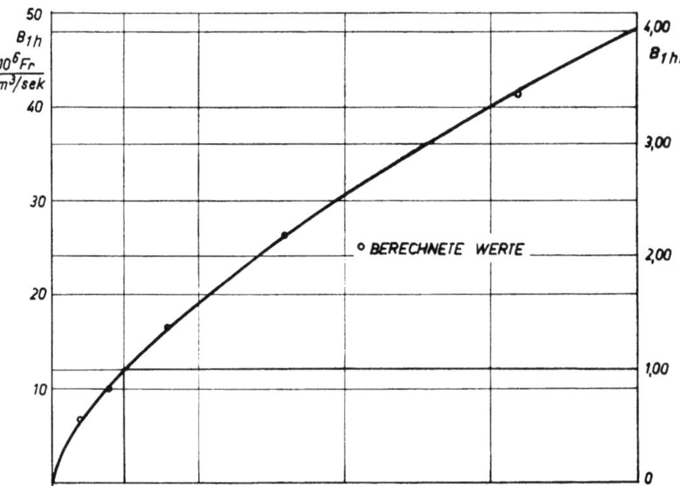

Abb. 156. Zusätzliche spezifische Investitionskosten B_{1h} je m³/sek in Abhängigkeit von der Fallhöhe H

baugröße von 25, 50, 75 und 100 m³/sek zusammengestellt. Mit Einsetzung der berechneten Anlagekosten I'_h in das Diagramm in Abb. 155 in Abhängigkeit von der Ausbaugröße findet man, daß die Investitionen in Abhängigkeit zur Ausbaugröße bei konstanter Fallhöhe durch eine Gerade angenähert werden können. Die Gleichungen dieser Geraden lauten:

$$I'_h = A' + B_{1h} Q_i \tag{246}$$

Wenn dieser Formel rechtsseitig noch die Anlagekosten A'' hinzugefügt werden, die für die Errichtung der Staumauer und der übrigen Arbeiten erforderlich sind, erhält man den Ausdruck der gesamten Investitionskosten eines Talsperrenkraftwerkes. Die oben erwähnten Kosten A'' sind unabhängig von der Ausbaugröße und der Fallhöhe.

Ausgehend von der Geraden in Abb. 155 kann man darauf schließen, daß die Größe A' praktisch von der Fallhöhe unabhängig ist. Also ist $B_{1h} = f(H)$. Durch Eintragung der Werte für B_{1h} in das Diagramm in Abb. 156 kann die Annäherung der Abhängigkeit B_{1h} bestimmt und weiter durch den Ausdruck

$$B_{1h} = 0{,}89 \sqrt[3]{H^2} \cdot 10^6 \quad \text{Fr/m}^3\text{/sek} \tag{247}$$

dargestellt werden.

Übergehend auf Relativwerte der zusätzlichen spezifischen Anlagekosten B_{1hr} soll angenommen werden, daß die relativen spezifischen Zusatzkosten für eine Fallhöhe $H = 50$ m den Wert $B_{1hr} = 1{,}00$ haben. Der Ausdruck für die relativen zusätzlichen spezifischen Anlagekosten lautet dann

$$B_{1hr} = 0{,}0738 \sqrt[3]{H^2} \tag{248}$$

worin H in m einzusetzen ist.

Aus den Formeln (247) und (248) kann auch die Abhängigkeit der zusätzlichen spezifischen Anlagekosten von der Leistungseinheit B_h ermittelt werden. Zwischen den zusätzlichen spezifischen Investitionskosten B_{1h} und B_h besteht dieselbe Beziehung wie zwischen B_1 und B (245). Wenn für $k = 8$ eingesetzt wird (Kapitel II, 2), erhält man für die zusätzlichen spezifischen Anlagekosten, bezogen auf die Leistungseinheit, die Beziehung

$$B_h = \frac{111}{\sqrt[3]{H}} 10^3 \quad \text{Fr/kW} \tag{249}$$

Wenn man auch jetzt annimmt, daß für eine Fallhöhe $H = 50$ m die zusätzlichen spezifischen Investitionskosten $B_{hr} = 1{,}00$ sind, erhält die Formel für die relativen zusätzlichen spezifischen Anlagekosten die Form

$$B_{hr} = \frac{3{,}684}{\sqrt[3]{H}} \tag{250}$$

Die Abhängigkeit der Werte B_h und B_{hr} von der Fallhöhe zeigt Abb. 157.

Bei steigender Fallhöhe verringern sich die zusätzlichen spezifischen Anlagekosten je Leistungseinheit. Daher sind Talsperrenkraftwerke mit großer Fallhöhe als Spitzenkraftwerke wirtschaftlich gerechtfertigt. Praktisch ist es allerdings kaum möglich — Sonderfälle ausgenommen —, Talsperrenkraftwerke oder Wasserkraftwerke mit außerordentlich kurzer Wasserzuleitung und großer Fallhöhe auszubauen. Deshalb haben die zusätzlichen spezifischen, in Abb. 157 gezeigten Investitionskosten für große Fallhöhen einen überwiegend theoretischen Vergleichswert.

Bei Wasserkraftwerken mit etwas längeren Wasserzuleitungen beeinflußt deren Länge entscheidend die zusätzlichen Anlagekosten. Um sich ein Bild über den Einfluß dieser Länge auf die zusätzlichen spezifischen Anlagekosten machen zu können, ist daher eine eingehendere Behandlung dieser Frage am Platze.

Bei Benutzung der Unterlagen aus [31] kann bei konstanter Wassergeschwindigkeit ($v = 3$ m/sek) im Zuleitungsstollen mit einer relativen Rauhheit 0,02% bei einer Stollenauskleidung, die einem Druck von 10 bis 30 m WS bei Ausbau in gewachsenem Gestein entspricht, folgender Ausdruck für die Anlagekosten für 1 km Zuleitungsstollen angewendet werden:

$$i'' = 11{,}3\ Q^{0{,}73} \quad 10^6\ \text{Fr/km} \tag{251}$$

Für kleine Stollenlängen ($L \leqq 2$ km) werden die Gesamtinvestitionen durch Multiplikation des Ausdruckes (251) mit der Stollenlänge ermittelt:

$$I''_h = 11{,}3\ Q^{0{,}73} \cdot L \quad 10^6\ \text{Fr} \tag{252}$$

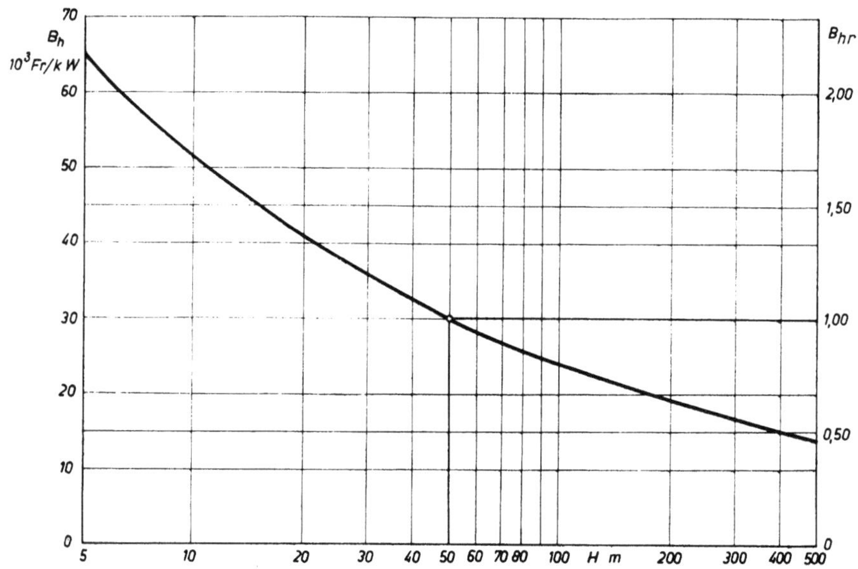

Abb. 157. Zusätzliche spezifische Investitionskosten B_h je kW in Abhängigkeit von der Fallhöhe H

Für größere Stollenlängen sind die Anlagekosten im Verhältnis zur Länge des Bauloses bzw. zur Anzahl der Angriffspunkte zu vergrößern. Die Erhöhung der Investitionen in Prozenten je Längeneinheit eines Bauloses beträgt

$$\lambda = 8{,}6\ (L' - 1)\ \% \tag{253}$$

Das bedeutet, daß keine Erhöhung der Anlagekosten eintritt, wenn die Länge des Bauloses $L' \leqq 1$ km beträgt. Negative Werte für λ bleiben bei der Berechnung unberücksichtigt. Vorausgesetzt, daß beim Stollenbau nur zwei Angriffspunkte angesetzt werden, erhält man die Erhöhung der Investitionskosten λ, indem $L' = 0{,}5\ L$ gesetzt wird. Es ist dann

$$\lambda = 4{,}3\ (L - 2)\ \% \tag{254}$$

Die gesamten Investitionen betragen

$$I''_h = 11{,}3\ Q^{0{,}73}\ L\left(1 + \frac{\lambda}{100}\right) \qquad 10^6\ \mathrm{Fr} \tag{255}$$

und nach Einsetzung der Werte für λ erhält man

$$I''_h = 11{,}3\ Q^{0{,}73}\ L\ (0{,}914 + 0{,}043\ L) \qquad 10^6\ \mathrm{Fr} \tag{256}$$

Dieser Ausdruck (256) gilt für $L \geqq 2$ km.

Wenn jedoch für den Stollenbau drei Angriffsstellen zur Verfügung stehen, von denen eine in der Mitte der Stollenführung gelegen ist, dann ist in (253) für $L' = 0{,}25\ L$ einzusetzen. Es lautet nun die Formel für die Investitionskosten

$$I''_h = 11{,}3\ Q^{0{,}73}\ L\ (0{,}914 + 0{,}0215\ L) \qquad 10^6\ \mathrm{Fr} \tag{257}$$

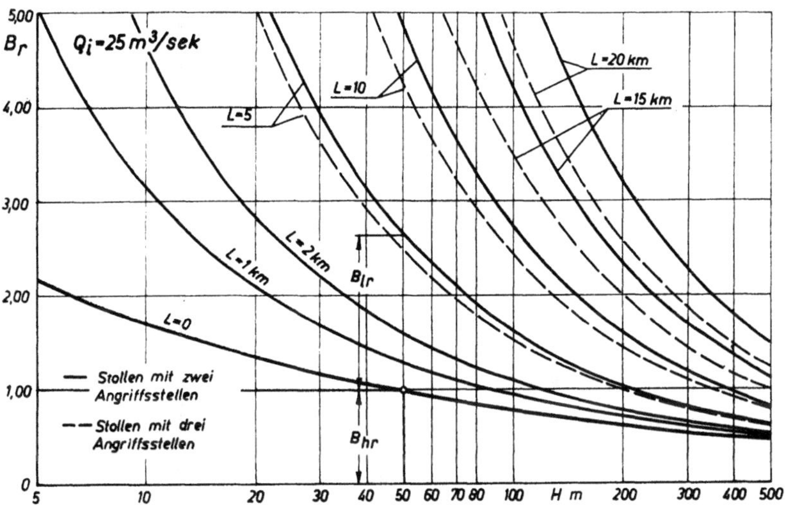

Abb. 158. Zusätzliche relative spezifische Gesamtkosten $B_r = B_{hr} + B_{lr}$ je kW in Abhängigkeit von der Fallhöhe H und Länge der Wasserzuführung L km für $Q_i = 25\ \mathrm{m^3/sek}$

Die zusätzlichen Anlagekosten für die Vergrößerung der Ausbaugröße um 1 m³/sek können durch Differenzierung der Ausdrücke (252), (256) oder (257) nach der Ausbaugröße ermittelt werden. Für $L \leq 2$ km erhält man dann

$$B_{1l} = 8{,}25\ Q^{-0{,}27}\ L \qquad 10^6\ \mathrm{Fr/m^3/sek} \tag{258}$$

Für $L > 2$ km und den Fall, daß zwei Angriffsstellen vorhanden sind, ist die rechte Seite des Ausdruckes (258) mit dem eingeklammerten Wert der Formel (256) zu multiplizieren. Bei drei Angriffspunkten im Stollenbau ist in gleicher Art mit dem eingeklammerten Wert der Formel (257) vorzugehen.

Auch jetzt ist es möglich, aus (258) mit Hilfe der Formel (245) auf die zusätzlichen spezifischen Anlagekosten je Leistungseinheit überzugehen. Für $L \leqq 2$ km findet man

$$B_l = 1030 \frac{L}{Q^{0,27} H} \; 10^3 \text{ Fr/kW} \tag{259}$$

Für $L > 2$ km mit zwei Angriffsstellen erhält man

$$B_l = 1030 \frac{L}{Q^{0,27} H} (0{,}914 + 0{,}043\,L) \quad 10^3 \text{ Fr/kW} \tag{260}$$

Mit drei Angriffsstellen

$$B_l = 1030 \frac{L}{Q^{0,27} H} (0{,}914 + 0{,}0215\,L) \quad 10^3 \text{ Fr/kW} \tag{261}$$

Die Summen der zusätzlichen spezifischen Investitionen B_{1h} und B_{1l} bzw. B_h und B_l ergeben die gesamten zusätzlichen spezifischen Investitionskosten,

$$B = B_h + B_l \tag{262}$$

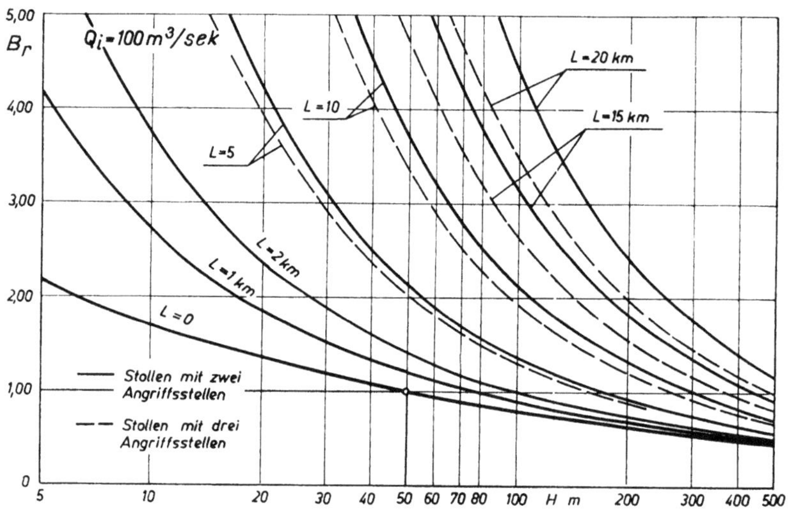

Abb. 159. Zusätzliche relative spezifische Gesamtkosten $B_r = B_{hr} + B_{lr}$ je kW in Abhängigkeit von der Fallhöhe H und Länge der Wasserzuführung L km für $Q_i = 100$ m³/sek

In Abb. 158 und 159 sind die gesamten relativen zusätzlichen spezifischen Investitionen in Abhängigkeit von der Fallhöhe für die Ausbaugrößen 25 und 100 m³/sek und für Zuleitungsstollen mit zwei und drei Angriffsstellen dargestellt.

Die zusätzlichen spezifischen Anlagekosten, bezogen auf die Leistungseinheit, sinken mit zunehmender Fallhöhe und steigen mit zunehmender Länge der Zuleitung. Je kleiner die Fallhöhe, um so größer ist dieser Anstieg.

Schließlich ist noch zu bemerken, daß alle errechneten Anlagekosten nur Anhaltspunkte für deren Höhe geben. Es ist natürlich mit analytischen Formeln nicht möglich, alle Einflüsse auf die Investitionskosten zu erfassen. Jedoch können trotzdem die dargestellten Beziehungen der zusätzlichen Anlagekosten ein Bild über die relative Höhe dieser zusätzlichen Kosten ergeben.

2. Die optimale installierte Leistung von Wasserkraftwerken

a) Bestimmung der optimalen installierten Leistung eines Wasserkraftwerkes

Ausgehend von der Forderung, die Abnehmer im untersuchten Verbundsystem bei möglichst niedrigen Kosten mit der notwendigen Leistung und Energie zu versorgen, soll die optimale installierte Leistung von Wasserkraftwerken in folgenden Betrachtungen behandelt werden.

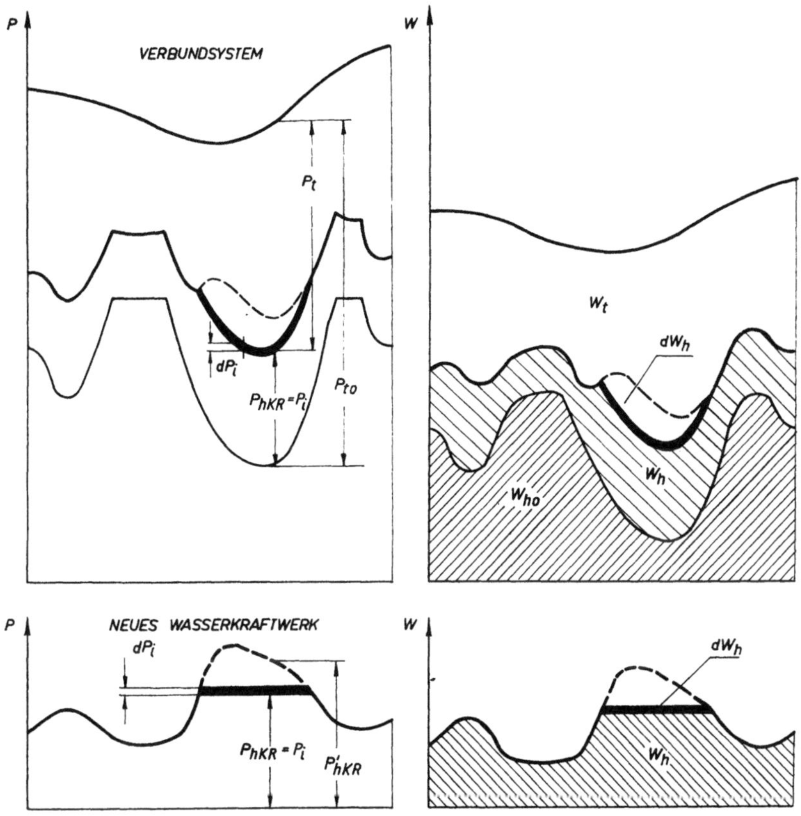

Abb. 160. Die Verhältnisse in einem Verbundsystem nach Ausbau eines neuen Wasserkraftwerkes, wenn $P_{hKR} = P_i$ ist und bei Erhöhung der installierten Leistung um $d\,P_i$

Untersucht wird ein Verbundsystem, in dem bereits ausgebaute Wasser- und Wärmekraftwerke bestehen. Durch den steigenden Verbrauch wurde der Ausbau eines neuen Wasserkraftwerkes beschlossen. Jedoch wird es gleichzeitig erforderlich — im allgemeinen — für die Ergänzung auch die installierte Leistung der Wärmekraftwerke zu erhöhen, sei es durch den Ausbau neuer Wärmekraftwerke, sei es durch Erweiterung der bestehenden.

Der gesamte Energiebedarf W wird dann durch die Stromerzeugung der bestehenden Wasserkraftwerke W_{h0}, des neuen Wasserkraftwerkes W_h und der Wärmekraftwerke W_t (Abb. 160 und 161) gedeckt.

$$W = W_{h0} + W_h + W_t \tag{263}$$

Die Werte W_{h0} und W_h bedeuten die mögliche Stromerzeugung der Wasserkraftwerke, da vorausgesetzt wird, daß die ganze Energie vom Netz übernommen werden kann. Diese Voraussetzung ist deshalb möglich, da anzunehmen ist, daß zumindest in einigen Jahren nach

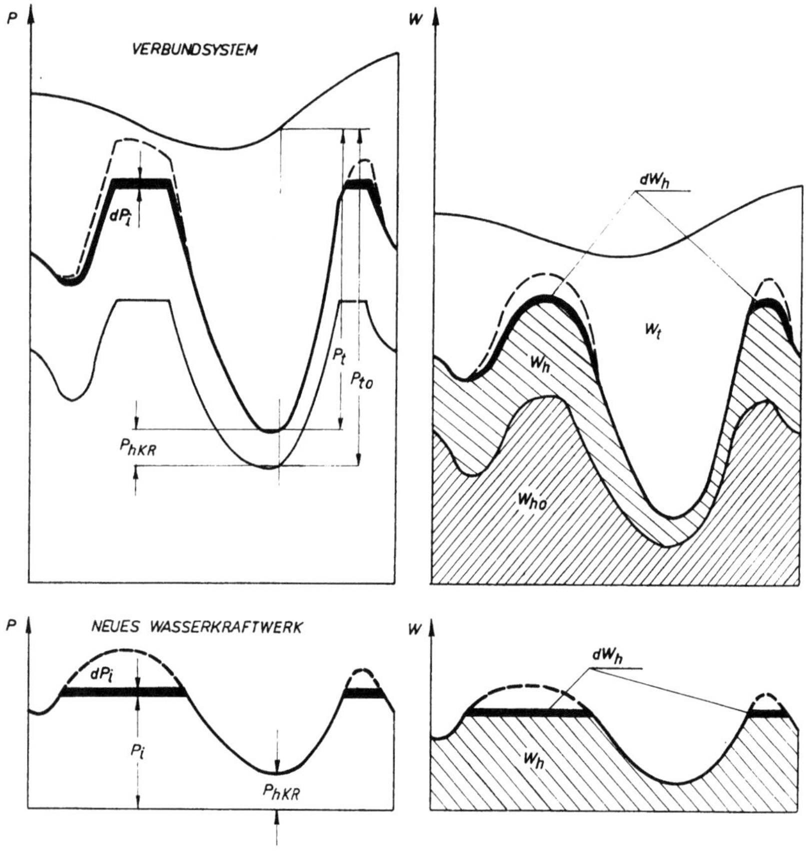

Abb. 161. Die Verhältnisse in einem Verbundsystem nach Ausbau eines neuen Wasserkraftwerkes, wenn $P_{hKR} < P_i$ ist und bei Erhöhung der installierten Leistung um $d P_i$

Errichtung des neuen Wasserkraftwerkes der Verbrauch so weit zunehmen dürfte, daß die ganze mögliche Stromerzeugung der erwähnten Wasserkraftwerke abgegeben werden kann.

Durch die erhöhte Erzeugung setzen sich die Kosten K aus den Kosten der bestehenden Wasserkraftwerke K_{h0}, des neuen Wasserkraftwerkes K_h und der Wärmekraftwerke K_t zusammen. Daher ist

$$K = K_{h0} + K_h + K_t \tag{264}$$

Wenn die Stromerzeugungskosten der Wärmekraftwerke, unter der Voraussetzung, daß die veränderlichen spezifischen Kosten k_b eine Konstante sind, bestimmt werden, und wenn mit b_t die festen spezifischen Kosten der Wärmekraftwerke je Leistungseinheit, mit ϱ der Reservefaktor bezeichnet und die Formel (263) berücksichtigt wird, kann die Kostenformel in der Form

$$K = K_{h0} + K_h + \varrho\, b_t\, P_t + k_b\,(W - W_{h0} - W_h) \tag{265}$$

geschrieben werden. P_t ist die erforderliche zur Verfügung stehende Leistung der Wärmekraftwerke im kritischen Zeitabschnitt. Diese Leistung kann als Differenz der erforderlichen Leistung der Wärmekraftwerke P_{t0}, die dann notwendig wäre, wenn das neue Wasserkraftwerk nicht errichtet werden würde, und der nutzbaren Leistung des neuen Wasserkraftwerkes P_{hKR} im kritischen Zeitabschnitt, aufgefaßt werden. Daher ist (Abb. 160 und 161)

$$P_t = P_{t0} - P_{hKR} \tag{266}$$

Bei Berücksichtigung dieser Formel (266) lautet die Beziehung (265)

$$K = K_{h0} + K_h + \varrho\, b_t\,(P_{t0} - P_{hKR}) + k_b\,(W - W_{h0} - W_h) \tag{267}$$

In diesem Ausdruck (267) erscheint die Größe P_{hKR}. Sie muß näher behandelt werden, da sie, wie man sehen kann, einen maßgebenden Einfluß auf die weiteren Ausführungen hat. Der Wert P_{hKR} ist von der Ausbaugröße Q_i bzw. der installierten Leistung P_i nur dann abhängig, wenn die Leistung P'_{hKR} (Abb. 160), die das untersuchte Wasserkraftwerk in bezug auf die Wasserdarbietung und seine Lage im Belastungsdiagramm hat, größer ist, als die installierte Leistung im kritischen Zeitabschnitt. Das kann vorkommen, wenn das Wasserdargebot des behandelten Wasserkraftwerks im kritischen Zeitabschnitt groß ist, sei es durch die Verteilung der natürlichen Zuflüsse, sei es infolge eines vorhandenen Staubeckens. Oder dann, wenn in einem Verbundsystem solche Verhältnisse herrschen, daß im kritischen Zeitabschnitt auch bei geringerem Wasserdargebot in den Wasserkraftwerken eine große Leistung ausgenutzt werden kann. In solchen Fällen (Abb. 160) ist in die Formel (267)

$$P_{hKR} = P_i \tag{268}$$

einzusetzen, da die Leistung des Wasserkraftwerkes im kritischen Zeitabschnitt nicht größer als P_i sein kann.

Ist jedoch die Leistung P_{hKR} kleiner als P_i (Abb. 161), wird die Leistung im kritischen Zeitabschnitt unabhängig von der installierten Leistung, da man die Größe P_{hKR} nicht beeinflussen kann, ohne Rücksicht darauf, wie weit man auch die installierte Leistung P_i steigern würde. P_{hKR} ist daher konstant.

Die Größe P_{hKR} ist vom jährlichen Ablauf der Wasserdarbietung in den vorhandenen und neuen Wasserkraftwerken abhängig. Da der Ablauf des Wasserdargebots im neuen Wasserkraftwerk ähnlich dem

Ablauf der Wasserverhältnisse in den bestehenden Wasserkraftwerken ist, ist die Leistung P_{hKR} in den meisten praktischen Fällen gering und unterscheidet sich nicht wesentlich von der Minimalleistung des neuen Wasserkraftwerkes. In Wasserkraftwerken mit wesentlich verschiedener Wasserdarbietung und in Kraftwerken mit Saisonspeicherungen können die Leistungen P_{hKR} jedoch bedeutend sein.

Die Gl. (267) soll für zwei Fälle erörtert werden. Für $P_i < P'_{hKR}$ (Abb. 160) ist

$$K = K_{h0} + K_h + \varrho\, b_t (P_{t0} - P_i) + k_b (W - W_{h0} - W_h) \quad (269)$$

während für $P_i > P'_{hKR}$ (Abb. 161) die Gl. (267) unverändert bleibt, wobei zu bemerken ist, daß für das untersuchte Wasserkraftwerk $P_{hKR} =$ konst. ist.

Das Optimum für ein Verbundsystem wird erreicht, wenn die Gesamtkosten K ein Minimum sind. Es ist daher notwendig, jene Ausbaugröße des neuen Wasserkraftwerkes zu ermitteln, welche die Stromversorgung der Abnehmer mit den kleinsten Kosten ermöglicht, wobei auch die bestehenden Wasserkraftwerke zu berücksichtigen sind. Die Kosten in den bestehenden Wasserkraftwerken K_{h0}, deren Stromerzeugung W_{h0}, die festen spezifischen Kosten der Wärmekraftwerke b_t, deren Reservefaktor ϱ, die erforderliche Leistung der Wärmekraftwerke vor dem Ausbau des neuen Wasserkraftwerkes P_{t0} (Abb. 160 und 161), die veränderlichen spezifischen Kosten der Wärmekraftwerke k_b und der gesamte Energiebedarf W sind von der installierten Leistung P_i des neuen Wasserkraftwerkes unabhängig. Die jährlichen Kosten des neuen Wasserkraftwerkes K_h sind eine Funktion der installierten Leistung P_i. Das gilt auch für die Stromerzeugung des neuen Wasserkraftwerkes W_h. Indem $W_h = f(P_i)$ bzw. $P_i = \varphi(W_h)$, d. h. daß auch $K_h = f(W_h)$ ist, sind auch die Gesamtkosten K eine Funktion der möglichen Stromerzeugung W_h. Durch Ableitung der Ausdrücke (269) und (267) nach W_h kann die Bedingung für das Kostenminimum im Verbundsystem gefunden werden.

Zuerst soll der Fall behandelt werden, daß $P_i < P'_{hKR}$ ist. Durch Differenzierung der Formel (269) erhält man die Bedingung des Kostenminimums

$$\frac{dK}{dW_h} = \frac{dK_h}{dW_h} - \varrho\, b_t \frac{dP_i}{dW_h} - k_b = 0 \quad (270)$$

die auch in der Form

$$k_b = \frac{dK_h}{dW_h} - \varrho\, b_t \frac{dP_i}{dW_h} \quad (271)$$

ausgedrückt werden kann.

Die zweite Ableitung des Ausdrucks (269) wird stets positiv, wenn die Ungleichung

$$\frac{dK_h}{dP_i} > \varrho\, b_t \quad (272)$$

erfüllt ist. Es liegt dann auch ein Minimum der Funktion (269) vor.

Wenn jedoch

$$\frac{dK_h}{dP_i} < \varrho\, b_t \tag{273}$$

ist, wird dann das Kostenminimum für das größte P_i, für welches noch die Gl. (269) genügt, erreicht. Demnach wird die installierte Leistung des Wasserkraftwerkes — für diesen Fall — gleich P_{hKR}.

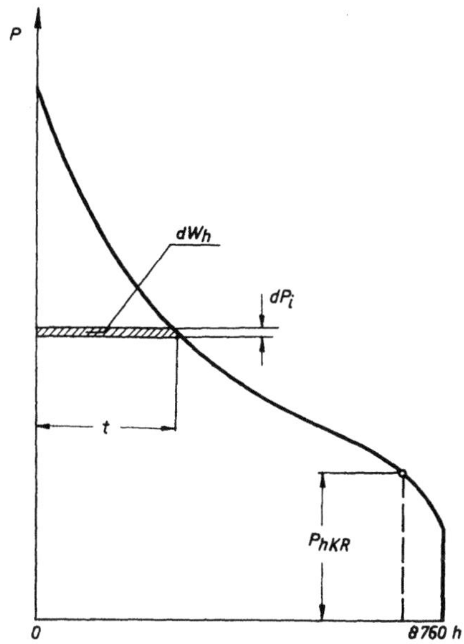

Abb. 162. Leistungsdauerlinie eines Wasserkraftwerkes mit der angegebenen Leistung P_{hKR} im kritischen Zeitabschnitt und Einfluß der Erhöhung der installierten Leistung um dP_i $\left(t = \frac{dW_h}{dP_i}\right)$

Nun untersuche man den Fall, daß $P_i > P_{hKR}$ ist. Indem berücksichtigt wird, daß P_{hKR} nicht von P_i abhängt, findet man durch Ableitung des Ausdruckes (267)

$$\frac{dK}{dW_h} = \frac{dK_h}{dW_h} - k_b \tag{274}$$

bzw.

$$k_b = \frac{dK_h}{dW_h} \tag{275}$$

Da in allen diesen Fällen die zweite Ableitung positiv ist, wird stets ein Minimum der Funktion (267) auftreten.

Zur Bestimmung der optimalen installierten Leistung kann eine graphische Konstruktion angewendet werden. Als Grundlage können die Ausdrücke (271) und (275) dienen. Vorausgesetzt sei, daß die Leistungsdauerkurve des behandelten Wasserkraftwerkes in Abb. 162 dargestellt sei, wo auch die Größe P_{hKR} bezeichnet ist. Auf Grund der Dauerkurve und der Abhängigkeit der jährlichen Kosten der Wasserkraftwerke von der installierten Leistung, die aus der Beziehung der Anlagekosten zur installierten Leistung bestimmt werden kann, ist es möglich, die Kurve in Abb. 163 und 164 aufzustellen. Diese zeigt

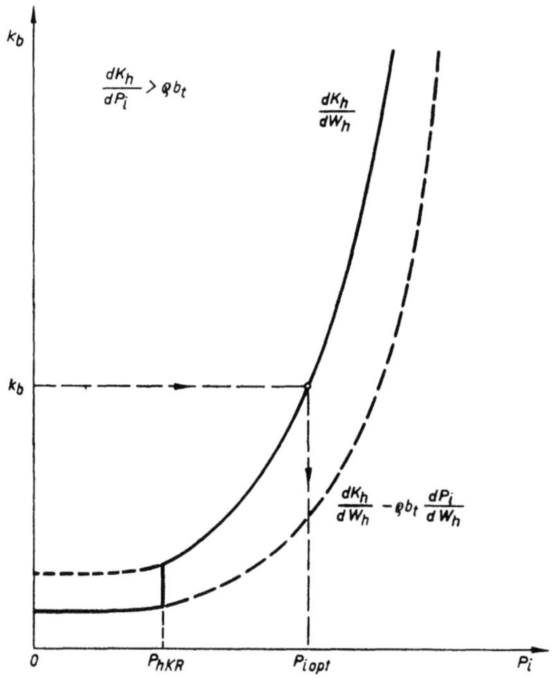

Abb. 163. Kennlinien zur Bestimmung der optimalen installierten Leistung für
$$\frac{d K_h}{d P_i} > \varrho\, b_t$$

die Abhängigkeit des Differentialquotienten $\frac{d K_h}{d W_h}$, was der rechten Seite des Ausdrucks (275) entspricht. Unter Berücksichtigung der Werte b_t und ϱ, wie des Differentialquotienten $\frac{d P_i}{d W_h}$ kann auch die Kurve für die Darstellung der rechten Seite des Ausdrucks (271) gezeichnet werden. Indem (271) für $P_i < P_{hKR}$ und (275) für $P_i > P_{hKR}$ gilt, haben die Kennlinien in Abb. 163 und 164 ihre Bedeutung nur in den entsprechenden Bereichen (voll ausgezogene Kurventeile). Daher besteht auch ein Sprung für den Wert P_{hKR}. In Abb. 163 ist der Fall der erfüllten Ungleichung (272) dargestellt, während Abb. 164 zeigt, wenn diese Ungleichung nicht befriedigt ist. Mit diesen Kurven kann für beliebige veränderliche spezifische Kosten k_b die optimale installierte Leistung $P_{i\,\mathrm{opt}}$ des behandelten Wasserkraftwerkes bestimmt werden. Die Größe k_b wird auf die Ordinate aufgetragen und der Wert $P_{i\,\mathrm{opt}}$ bestimmt, der diesem Wert von k_b entspricht. Die Leistung $P_{i\,\mathrm{opt}}$ genügt den Gl. (271) oder (275).

Beim Vergleich der Diagramme in Abb. 163 und 164 kann man sehen, daß für $\frac{dK_h}{dP_i} > \varrho\, b_t$ die optimale installierte Leistung auch kleiner als P_{hKR} sein kann. Dagegen kann im Fall, daß $\frac{dK_h}{dP_i} < \varrho\, b_t$ ist, die optimale installierte Leistung nicht kleiner als P_{hKR} sein.

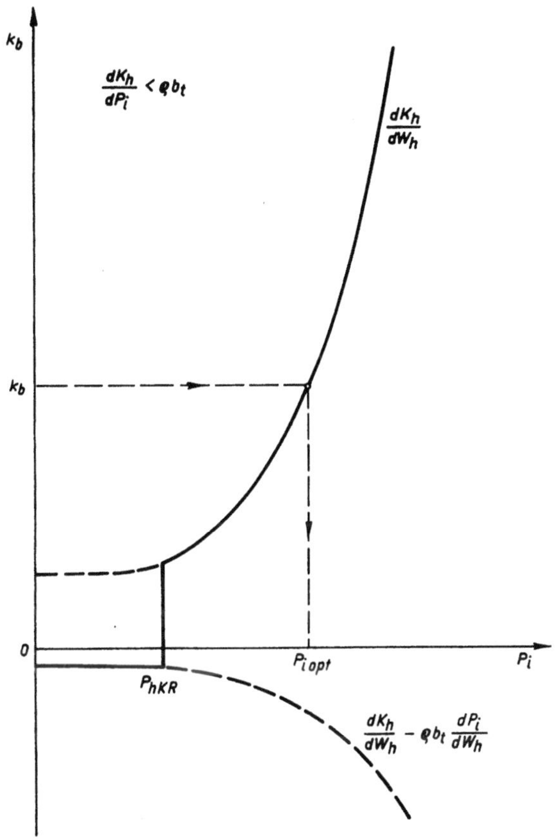

Abb. 164. Kennlinien zur Bestimmung der optimalen installierten Leistung für
$$\frac{dK_h}{dP_i} < \varrho\, b_t$$

Die Lage des Wasserkraftwerkes im Tagesbelastungsdiagramm ist von dessen verfügbarer Leistung und Energie abhängig. Bei Trockenperioden ist es möglich, den größeren Anteil der Stromerzeugung des Wasserkraftwerkes für die Deckung des variablen Bereichs im Belastungsdiagramm auszunutzen, um soweit als möglich dessen Leistung zu verwerten. In dieser Jahreszeit ist die Summe der nutzbaren Leistung der Wasserkraftwerke meistens kleiner als die Summe der Maximalleistungen (Kapitel V, 5). Eine Erhöhung der installierten Leistung der

Wasserkraftwerke ist daher in bezug auf die Angleichung des Belastungsdiagramms bei Trockenperioden ungerechtfertigt.

In der jährlichen Naßperiode kann dagegen nur ein Teil der Wasserkraftwerke im konstanten Bereich des Belastungsdiagramms arbeiten, während der andere Teil der Wasserkraftwerke seine Höchstleistung täglich nur während einer Zeit ausnützen kann, da sich der Betrieb dieser Wasserkraftwerke dem Tagesbelastungsdiagramm angleichen muß. Diese Wasserkraftwerke können deshalb nicht jene Energiemenge erzeugen, die sie ihrer installierten Leistung gemäß erzeugen könnten.

Es sei daher angenommen, daß die in Abb. 162 gezeigte Leistungsdauerkurve eine Dauerkurve unter der Voraussetzung darstellt, daß die Leistung während des ganzen Tages ausgenutzt wird. Wenn nun auf Grund dieser Kurve die optimale installierte Leistung des Wasserkraftwerkes bestimmt ist, dann ist die Bedingung der geringsten Kosten im System erfüllt, wenn das untersuchte Wasserkraftwerk tatsächlich während des ganzen Tages mit konstanter Leistung arbeitet. Daher kann die in Abb. 162 als Grundlage für die Bestimmung der optimalen installierten Leistung dargestellte Kurve dann benützt werden, wenn es sich um ein Laufkraftwerk oder um ein Speicherkraftwerk handelt, das während der Naßperiode mit konstanter Leistung den ganzen Tag durch arbeiten würde. Jedoch können nicht alle Speicherkraftwerke in dieser Art eingesetzt werden. Es ist daher zu untersuchen, wie die optimale Ausbaugröße eines Wasserkraftwerkes sein sollte, das während des Zeitabschnittes mit großem Wasserdargebot einen Teil des veränderlichen Bereichs im Belastungsdiagramm ausfüllen soll. Wenn von einem abflußreichem Zeitabschnitt die Rede ist, dann ist damit der Zeitabschnitt der großen Stromerzeugung in den Wasserkraftwerken gemeint, wobei das Verbundsystem als eine Einheit zu betrachten ist. Dieser Zustand muß bei einem Speicherkraftwerk mit einem großen Speicher zeitlich nicht mit der großen Stromerzeugung dieses Speicherkraftwerkes zusammenfallen.

Vorausgesetzt sei daher, daß das behandelte Wasserkraftwerk in der Naßperiode das Betriebswasser durch t_h Stunden täglich ausnützen wird. Einschließlich Sonn- und Feiertage ist die relative Betriebsdauer eines solchen Wasserkraftwerkes durch die Beziehung

$$\tau = \frac{r t_h}{24\,(r + n)} \tag{276}$$

gegeben. Mit dem Wert τ kann man aus der Dauerkurve in Abb. 162, die der relativen Betriebsdauer $\tau = 1$ entspricht, eine neue Dauerkurve durch Multiplizierung der Abszissen und Dividieren der Ordinaten durch τ aufstellen. Diese Konstruktion einer neuen Dauerkurve ist deshalb begründet, weil die Nutzungszeit der Leistung gekürzt wird, deshalb aber die Leistung vergrößert werden muß. Abb. 165 zeigt außer der Grundkurve für $\tau = 1$ auch die neue Dauerkurve $\tau = 0{,}6$. Ausgehend von der neuen Dauerkurve können die rechtsseitigen Werte der Ausdrücke (271) und (275), die in Abb. 166 gezeigt sind, bestimmt werden. Jetzt bestimmt man die optimale installierte Leistung in gleicher Weise wie für $\tau = 1$.

Bei der Betrachtung der Dauerkurve für $\tau < 1$ und Bestimmung der optimalen installierten Leistung nach dieser Kurve, darf nicht vergessen werden, daß zur Bestimmung der installierten Leistung lediglich die Betriebsart des behandelten Wasserkraftwerkes in Zeitabschnitten mit Hochwasser maßgebend ist, d. h. bei Verhältnissen, die t_{opt} (Abb. 165), entsprechen. In bezug auf die Bestimmung der optimalen installierten Leistung ist es gleichgültig, wie die Leistung

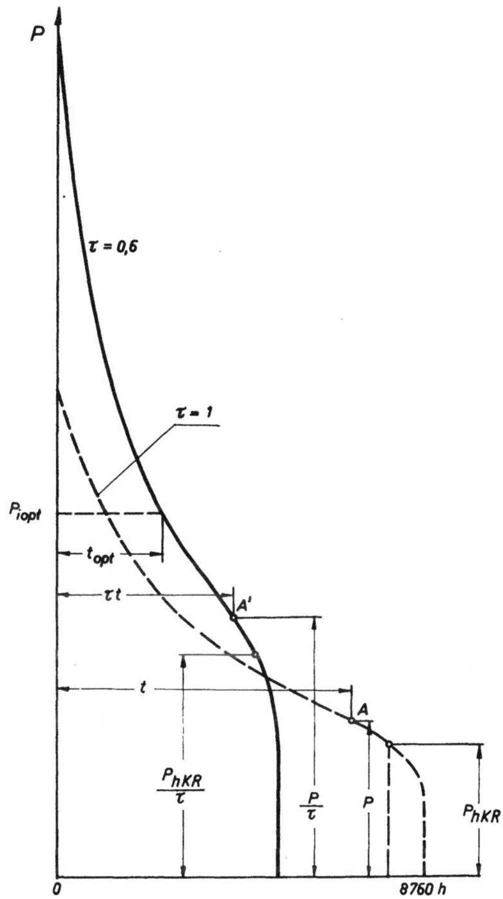

Abb. 165. Leistungsdauerkurve eines Wasserkraftwerkes mit einer relativen Betriebszeit $\tau = 0{,}6$ (Beispiel)

des Wasserkraftwerkes zu anderen Zeiten ausgenutzt wird, da zur Bestimmung des Optimums die Zuwachskosten und die Zuwachserzeugung maßgebend sind.

Anstatt durch die Kennlinien in Abb. 163 und 164 kann die optimale Ausbaugröße auch unmittelbar mit Hilfe der Belastungsdauerkurve gefunden werden. Indem der Zähler und Nenner im rechtsseitigen Teil der Ausdrücke (271) und (275) mit $d\,P_i$ dividiert werden, erhält man die Beziehungen

$$\frac{dW_h}{dP_i} = \frac{1}{k_b}\left(\frac{dK_h}{dP_i} - \varrho b_t\right) \tag{277}$$

und

$$\frac{dW_h}{dP_i} = \frac{1}{k_b}\,\frac{dK_h}{dP_i} \tag{278}$$

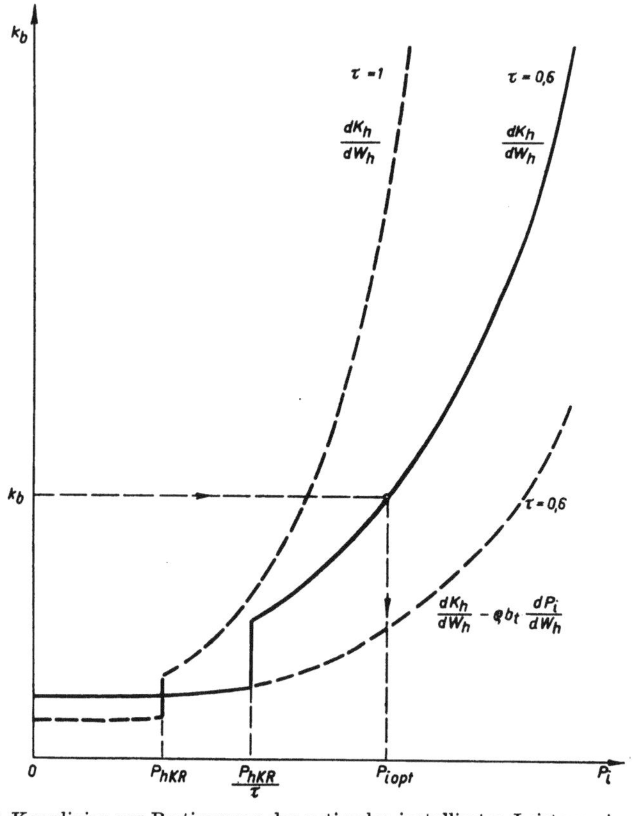

Abb. 166. Kennlinien zur Bestimmung der optimalen installierten Leistung eines Wasserkraftwerkes für $dK_h\ dP_i > \varrho\, b_t$ und $\tau = 0{,}6$

Der Differentialquotient $\frac{dW_h}{dP_i}$ bedeutet die Zeitdauer t in der Dauerkennlinie (Abb. 162), während der Differentialquotient $\frac{dK_h}{dP_i}$ gleich den zusätzlichen spezifischen Kosten b des Wasserkraftwerkes ist. Diese Kosten können durch Multiplikation der spezifischen Anlagekosten B je Leistungseinheit (241) mit der jährlichen Kostenquote errechnet werden. Daher können die Ausdrücke (277) und (278) auch in folgender Form geschrieben werden:

$$t_1 = \frac{b - \varrho\, b_t}{k_b} \tag{279}$$

$$t_2 = \frac{b}{k_b} \tag{280}$$

Wenn im Diagramm, das die Leistungsdauerkurve des behandelten Wasserkraftwerkes zeigt, auf der Abszisse der rechtsseitige Wert der Ausdrücke (279) und (280) aufgetragen wird, kann man aus der Dauerkennlinie die optimale installierte Leistung des Wasserkraftwerkes (Abb. 167) ablesen. In dieser Abbildung ist auch die Dauer t_{KR}, die der Leistung im kritischen Zeitabschnitt entspricht, bezeichnet. Es erhebt sich jedoch die Frage, wann der Ausdruck (279) und wann der

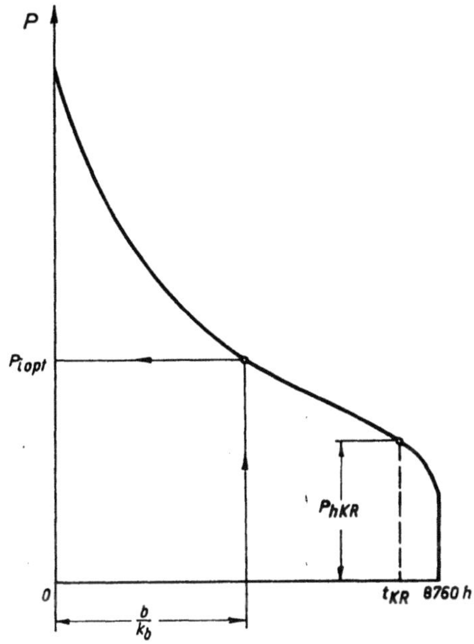

Abb. 167. Bestimmung der optimalen installierten Leistung eines Wasserkraftwerkes durch die Leistungsdauerkurve; b zusätzliche spezifische Kosten des Wasserkraftwerkes je kW, k_b veränderliche spezifische Kosten je kWh der Wärmekraftwerke (Beispiel)

Ausdruck (280) anzuwenden ist. Auch in diesem Falle sind die Ungleichungen (272) und (273) zu berücksichtigen, die in bezug auf den Wert des Differentialquotienten $\frac{d K_h}{d P_i}$ in folgender Form geschrieben werden können:

$$b > \varrho\, b_t \tag{281}$$

$$b < \varrho\, b_t \tag{282}$$

Auf Grund dieser Ausführungen und der Darstellungen in Abb. 163 und 164 kann man darauf schließen, daß in allen Fällen, wenn

$$t_2 \leqq t_{KR} \tag{283}$$

ist, für die Bestimmung der optimalen installierten Leistung die Beziehung (280) maßgebend ist, ohne Rücksicht, ob die Ungleichungen

(281) oder (282) erfüllt sind. Wenn jedoch die Beziehung (283) nicht erfüllt ist, sind die Ungleichungen (281) und (282) zu berücksichtigen. Wenn aber die Ungleichung (281) erfüllt ist, was der Darstellung in Abb. 163 entspricht, unterscheidet man zwei Fälle: erstens, wenn $t_1 < t_{KR}$ ist, denn in diesem Fall ist $t_{\text{opt}} = t_{KR}$. Der zweite Fall: wenn $t_1 > t_{KR}$ dann ist die Beziehung (279) maßgebend. Wenn unterdessen die Ungleichung (282) erfüllt ist, wird für alle Fälle, in denen der Beziehung (283) nicht entsprochen wird, $t_{\text{opt}} = t_{KR}$.

b) Bemerkungen zur Bestimmung der optimalen installierten Leistung

α) Die gegenseitige Beziehung der Leistung P_{io} (Abb. 153) und der optimalen installierten Leistung $P_{i\,\text{opt}}$.

Der Vergleich der optimalen installierten Leistung eines Wasserkraftwerkes $P_{i\,\text{opt}}$ mit der installierten Leistung P_{io} (Abb. 153), mit der die kleinsten spezifischen Investitionen bzw. geringsten spezifischen Kosten k_h je kWh möglich sind, gibt einen Aufschluß über die gegenseitigen Beziehungen dieser beiden installierten Leistungen. Die spezifischen Energieerzeugungskosten eines Wasserkraftwerkes sind aus der Beziehung

$$k_h = \frac{K_h}{W_h} \tag{284}$$

gegeben. Das Minimum der spezifischen Kosten wird erreicht, wenn

$$\frac{K_h}{W_h} = \frac{dK_h}{dW_h} \tag{284a}$$

ist. Da das Verhältnis $\frac{K_h}{W_h}$ jetzt die geringsten spezifischen Kosten $k_{h\,\text{min}}$ darstellt, bedeutet das, daß sich die Kennlinien $k_h = f(P_i)$ und $\frac{dK_h}{dW_h} = f(P_i)$ in einem Punkt, welcher der Leistung P_{io} entspricht, schneiden (Abb. 168). Wenn $k_b = k_{h\,\text{min}}$ ist, wird demnach die optimale installierte Leistung $P_{i\,\text{opt}}$ gleich der installierten Leistung P_{io}. Es wird also mit der gleichen Leistung das Optimum im Verbundsystem und das Optimum im behandelten Wasserkraftwerk erreicht, da mit der gleichen Leistung die geringsten spezifischen Kosten je kWh gleichzeitig für das gesamte Verbundsystem und im behandelten Wasserkraftwerk erzielt werden. Wenn die minimalen spezifischen Kosten im behandelten Wasserkraftwerk $k_{h\,\text{min}}$ von den veränderlichen spezifischen Kosten der Wärmekraftwerke k_b verschieden sind, dann entsteht auch ein Unterschied zwischen $P_{i\,\text{opt}}$ und P_{io}. Daher wird für $k_{h\,\text{min}} < k_b$ die Leistung $P_{i\,\text{opt}} > P_{io}$ und für $k_{h\,\text{min}} > k_b$ die Beziehung $P_{i\,\text{opt}} < P_{io}$ (Abb. 168).

β) Die installierte Leistung und die Rolle der Wasserkraftwerke

Die optimale installierte Leistung der Wasserkraftwerke ist von der Rolle, die ihnen im Belastungsdiagramm zugewiesen wird, bzw.

von der Relativzeit τ (276) abhängig. Wie bereits erwähnt, ist der abflußreiche Zeitabschnitt in einem Verbundsystem für die Bestimmung des Wertes τ maßgebend, da in diesem Zeitabschnitt die größte Leistung der Wasserkraftwerke für die Nutzung des Wasserdargebots erforderlich ist.

Die Lage der Laufkraftwerke im Belastungsdiagramm ist von Beginn an gegeben. Daher haben diese Wasserkraftwerke eine Relativzeit $\tau = 1$.

Große Speicherbecken erlauben große Abflußmengen in Trockenperioden, wodurch sich die Leistung P_{hKR} im kritischen Zeitabschnitt

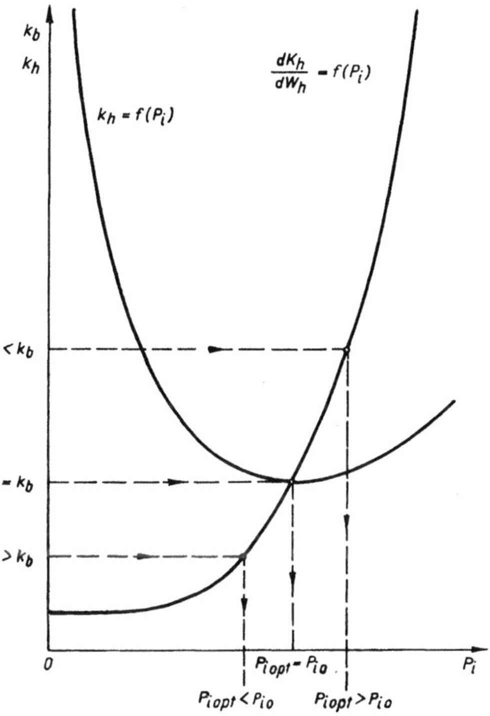

Abb. 168. Beziehung der installierten Leistung eines Wasserkraftwerkes P_{io}, durch welche die niedrigsten spezifischen Stromerzeugungskosten eines Wasserkraftwerkes erreicht werden, zur optimalen installierten Leistung P_{iopt} dieses Wasserkraftwerkes

vergrößert. In Abb. 169 ist ein wesentlich vereinfachtes Leistungsdauerdiagramm eines Wasserkraftwerkes, das aus einem großen Speicherbecken gespeist wird, dargestellt. In einem Verbundsystem mit einem bedeutenden Anteil der Wasserkraftenergie an der Gesamterzeugung während der Trockenperiode darf man mit $\tau = 1$ oder mit einem ziemlich nahe herankommenden Wert rechnen. $P_{i\,\text{opt}}$ wird gleich P_{hKR}, wenn b im Vergleich mit $\varrho\, b_t$ nicht zu groß ist. In Verbundsystemen mit einem geringeren Anteil der Wasserkraftenergie ist die Lage eines solchen Wasserkraftwerkes im Belastungsdiagramm, und auf Grund dieses der Wert τ, zu bestimmen. Diesem entsprechend, wird die optimale installierte Leistung festgesetzt. Für solche Kraftwerke ist die Größe τ von den Verhältnissen im kritischen Zeitabschnitt abhängig.

Für Wasserkraftwerke mit relativ kleinen Speicherungen hängt die Größe τ von den Verhältnissen in der Naßperiode ab. Die Wahl

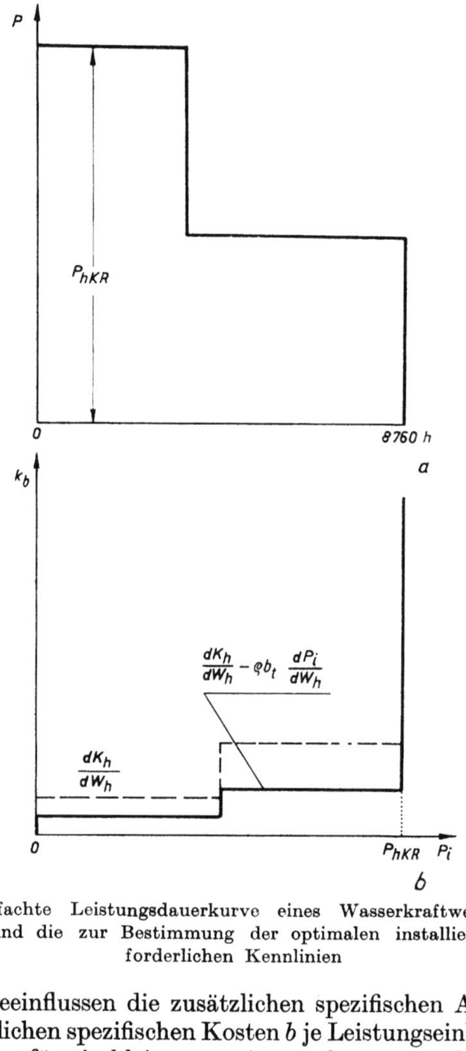

Abb. 169. Vereinfachte Leistungsdauerkurve eines Wasserkraftwerkes mit großer Leistung P_{hKR} und die zur Bestimmung der optimalen installierten Leistung erforderlichen Kennlinien

dieser Größe beeinflussen die zusätzlichen spezifischen Anlagekosten B bzw. die zusätzlichen spezifischen Kosten b je Leistungseinheit. Normalerweise erhält man für ein kleineres τ eine größere optimale Ausbaugröße. Die Größe τ ist von den im System herrschenden Verhältnissen (Form des Belastungsdiagramms, Anteil der Wasserkraftenergie an der Gesamterzeugung) abhängig. Es müssen daher einige Wasserkraftwerke für $\tau = 1$ und andere wieder für kleinere Werte von τ oder eine Reihe von kleineren τ-Werten errichtet werden. Die Wasserkraftwerke sollen daher für eine bestimmte Lage im Belastungsdiagramm ausgebaut werden, wobei natürlich eine Bedarfsdeckung mit möglichst niedrigen Kosten zu fordern ist. Daraus kann man entnehmen, daß es vorteilhafter sein dürfte, jene Wasserkraftwerke, die geringe zusätzliche spezifische Anlagekosten B haben, für einen kleinen τ-Wert vorzusehen, also Wasserkraftwerke mit großer Fallhöhe und kurzer Zuleitung (Abb. 158 und 159). Dagegen sind für den Betrieb mit $\tau = 1$ Wasserkraftwerke mit sehr geringer Fallhöhe oder Wasserkraftwerke mit mittlerer Fallhöhe und sehr langen Zuflußanlagen auszuwählen.

Welche Wasserkraftanlagen und wieviele Wasserkraftwerke mit einer installierten größeren Leistung als jener, die zu einem $\tau = 1$ optimale Werte ergibt, auszubauen sind, kann erst nach einer eingehenden Analyse der Verhältnisse in einem Verbundsystem entschieden werden. Dabei sind bereits ausgebaute Wasserkraftwerke zu berücksichtigen und die Wasserkraftwerke, die für den Ausbau im untersuchten Gebiet in Frage kommen, untereinander zu vergleichen.

γ) Der Zustand nach dem Ausbau der nutzbaren Wasserkräfte

Nach dem gänzlichen Ausbau oder dem Ausbau des überwiegenden Teiles der wirtschaftlich ausbauwürdigen Wasserkräfte muß die weitere Energieerzeugung von Wärmekraftwerken übernommen werden (sei es bisher übliche oder Kernkraftwerke). Von jenem Zeitpunkt an wird den Wasserkraftwerken mehr und mehr die Aufgabe zufallen, im oberen Bereich des Belastungsdiagramms zu arbeiten. Wenn man diese zukünftige Entwicklung in Betracht zieht, wäre es vorteilhaft, die Wasserkraftwerke für eine noch höhere Leistung auszubauen, als dies den Verhältnissen bei noch verfügbaren, aber nicht ausgebauten Wasserkraftquellen entspricht.

Wenn der voraussichtliche Zeitraum bis zur Erschöpfung der Wasserkräfte länger ist als die Lebensdauer der Anlagen, wäre es gar nicht notwendig, die Verhältnisse in dieser fernen Zukunft zu berücksichtigen. Falls aber dieser Zeitraum kürzer ist und besonders dann, wenn er verhältnismäßig kurz ist, ist es vorteilhaft, bei der Wahl der installierten Leistung (Bestimmung von τ) diese Umstände in Betracht zu ziehen.

In Talsperrenkraftwerken kann normalerweise mit einer geringeren Vergrößerung der Anlagekosten bereits im Ausbau die Möglichkeit der Aufstellung von einem oder mehreren Maschinensätzen vorgesehen werden. Die Aufstellung dieser Zusatzaggregate kann dann erfolgen, wenn sich dafür, mit Rücksicht auf die Lage des Wasserkraftwerkes im Belastungsdiagramm, die Notwendigkeit ergibt. Man kann daher behaupten, daß in Talsperrenkraftwerken die Planung der Möglichkeit einer späteren Aufstellung weiterer Maschinensätze durchaus gerechtfertigt ist.

Bei Wasserkraftwerken mit Wasserzuleitung ist diese Möglichkeit nicht im voraus zu bestimmen. Für eine zukünftige Vergrößerung der Anzahl der Maschinensätze oder der installierten Leistung eines solchen Wasserkraftwerkes, müssen bereits zur Zeit des ersten Ausbaues die Zuleitungseinrichtungen vorgesehen werden (Wasserfassung, Einlauf, Stollen, Wasserschloß), die dem Endausbau der installierten Leistung entsprechen. Das bedeutet verfrühte Investitionen. In einigen Fällen können jedoch solche Anlagekosten für den zukünftigen Endausbau gerechtfertigt sein.

Es sei angenommen, daß in n-Jahren von jetzt ab der Einbau einer zusätzlichen Leistung in einem Wasserkraftwerk vorgesehen wurde. Es ist nun zu entscheiden, ob für ein Wasserkraftwerk (a) mit der Zuleitung der Länge L, die sofort auszubauen wäre, die Erhöhung der installierten Leistung nach n-Jahren vorzusehen ist, oder aber, ob für die Vergrößerung der installierten Leistung ein bereits bestehendes

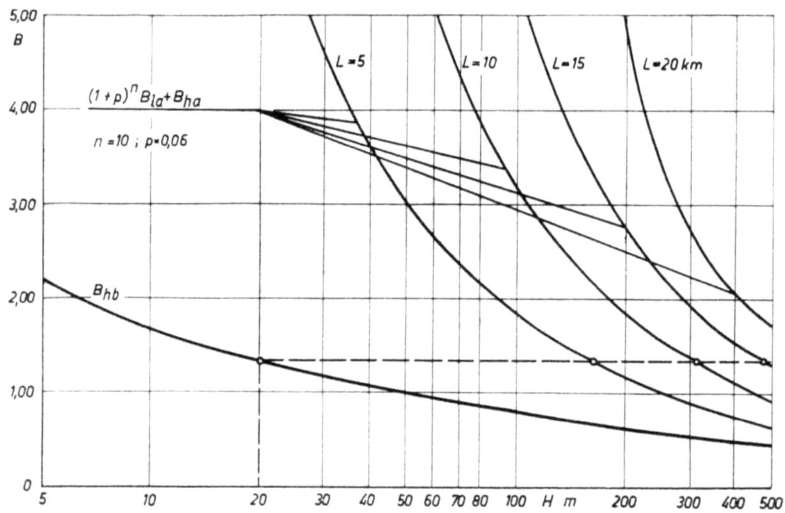

Abb. 170. Vergleich der zusätzlichen spezifischen Investitionskosten eines Wasserkraftwerkes, dessen Zulaufanlagen früher ausgebaut wurden als die erforderliche Zusatzleistung, mit einem Sperrmauerkraftwerk (Beziehung 287)

Talsperrenwerk (b), wenn auch nur mit Tagesspeicher, benützt wird. Die Anlagekosten B_{la} für jedes kW der Erhöhung der installierten Leistung im Wasserkraftwerk (a) müssen dann sofort aufgebracht werden, daher im n-ten Jahr B_{ha} (Kapitel IX-1-b). Auf die Gegenwart bezogen, betragen also die zusätzlichen spezifischen Investitionen

$$B_a = B_{la} + \frac{B_{ha}}{(1+p)^n} \tag{285}$$

In dieser Formel ist p der Zinsfuß in % durch 100 dividiert zu verstehen. Im Talsperrenkraftwerk (b) wäre für die zusätzliche Leistungserhöhung für jedes kW im n-ten Jahr der Betrag B_{hb} zu investieren. Umgerechnet auf den Gegenwartswert wären die Anlagekosten

$$B_b = \frac{B_{hb}}{(1+p)^n} \tag{286}$$

Wenn $B_a < B_b$, beziehungsweise, wenn

$$(1+p)^n B_{la} + B_{ha} < B_{hb} \tag{287}$$

ist, dann sind die vorzeitigen Anlagekosten der größeren Wasserzuführungsanlagen des Wasserkraftwerkes (a) gerechtfertigt.

Zur Erläuterung der Beziehung (287) in Abb. 170 sind die rechte und linke Seite der Ungleichung (287) in Abhängigkeit von der Fallhöhe und verschiedenen Längen L der Wasserzuführung dargestellt. Das Diagramm in Abb. 170 ist auf Grund der Angaben in Abb. 159 zusammengestellt für $n = 10$ Jahre und $p = 0{,}06$. Beim Vergleich des Talsperrenkraftwerkes mit einer Fallhöhe $H = 20$ m und eines Wasserkraftwerkes mit einer Zuleitung von $L = 10$ km kann man erkennen (Abb. 170), daß es günstiger ist, zusätzliche Maschinensätze im Talsperrenkraftwerk aufzustellen als im Wasserkraftwerk mit der langen Wasserzuleitung, wenn die Fallhöhe unter 310 m liegt. Für Wasserkraftwerke mit einer Wasserzuleitung von 5 km Länge beträgt diese Grenzfallhöhe 170 m und für eine Zuleitungslänge von 15 km bis 480 m.

Die Ausbaumöglichkeiten neuer Talsperrenkraftwerke mit größeren Fallhöhen bzw. die Möglichkeit der Aufstellung zusätzlicher Maschinensätze in bereits bestehenden Talsperrenkraftwerken mit größeren Fallhöhen vermindert die Berechtigung vorzeitiger Investitionen für Wasserzuleitungen um so mehr, je weiter der Bedarf an neuer Leistung vom Zeitpunkt der Errichtung entfernt ist, und je kleiner die Fallhöhe und je länger die Wasserzuleitung ist.

In Verbundsystemen mit großen nutzbaren Wasserkräften die noch lange nicht erschöpft sind, haben vorzeitige Aufwendungen für lange Wasserzuleitungsanlagen keine wirtschaftliche Rechtfertigung, insoferne sie nur für den zukünftigen Energiebedarf bestimmt sind. In solchen Systemen ist es günstiger, Erweiterungsmöglichkeiten der installierten Leistung in Talsperrenkraftwerken vorzusehen und das auch dann, wenn es sich um Wasserkraftwerke dieser Art mit geringer Fallhöhe handelt.

Anderseits sind in Verbundsystemen, deren Wasserkräfte knapp vor dem Vollausbau stehen, eingehend die Verhältnisse zu untersuchen, um auf Grund dieser Untersuchungen entscheiden zu können, welche Wasserkraftwerke mit Wasserzuleitungen so auszubauen sind, daß zu einem späteren Zeitpunkt eine Vergrößerung der installierten Leistung möglich ist. Diese Entscheidungen sind von der Fallhöhe, von der Länge der Wasserzuleitung des behandelten Wasserkraftwerkes und von den Fallhöhen der Talsperrenkraftwerke, die noch ausbaufähig sind oder deren installierte Leistung erhöht werden kann, abhängig.

3. Bestimmung des optimalen Speicherinhaltes

a) Allgemeines

Wie bei der Bestimmung der optimalen installierten Leistung eines Wasserkraftwerkes, so geht man auch in dieser Frage von der Forderung der Energiebedarfsdeckung zu möglichst niedrigen Kosten aus. Ausgehend vom derzeitigen Stand in einem Verbundsystem, das bereits über ausgebaute Wasser- und Wärmekraftwerke verfügt, soll vorausgesetzt werden, daß die Errichtung eines neuen Speicherkraftwerkes notwendig ist. Die entsprechenden topographischen und geologischen Bedingungen bestehen und es erhebt sich die Frage, wie groß der Speicherinhalt dieses Staubeckens sein soll.

Unter Benutzung der Bezeichnungen in Abschnitt 2a dieses Kapitels kann für die Gesamtkosten in einem Verbundsystem dieselbe Gleichung wie (267) aufgestellt werden. In dieser sind auch die Kosten der bestehenden und des neuen behandelten Wasserkraftwerkes eingeschlossen. Die Glieder dieser Formel können in zwei Gruppen geteilt werden: die erste sind jene Glieder, die vom neuen Wasserkraftwerk unabhängig sind, demnach auch vom Speicherinhalt, die zweiten sind jene

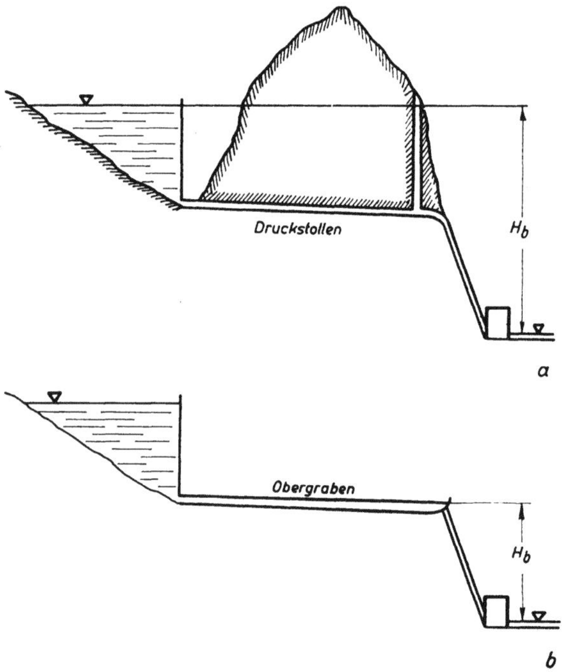

Abb. 171. Schema eines Wasserkraftwerkes mit Druckstollenzulauf (a) und Freispiegelzulauf (b)

Glieder, die vom Speicherinhalt des untersuchten Wasserkraftwerkes abhängen. Bezugnehmend auf diese Verteilung lautet die Formel (267)

$$K = [K_{h0} + \varrho\, b_t\, P_{t0} + k_b\, (W - W)] + K_h - \varrho\, b_t\, P_{hKR} - k_b\, W_h \tag{288}$$

Die eckig eingeklammerten Glieder gehören in die erste Gruppe und können durch eine Konstante K_0 ersetzt werden, die keinen Einfluß auf die weiteren Untersuchungen hat. So erhält man

$$K = K_0 + K_h - \varrho\, b_t\, P_{hKR} - k_b\, W_h \tag{289}$$

Wie man später sehen wird, kann dieser Ausdruck als Grundlage zur Bestimmung des optimalen Speicherinhaltes benützt werden.

Für diesen Zweck sind der Nutzinhalt (A_k) und der geometrische Inhalt (A_g) der Speicherung zu unterscheiden. Der Nutzinhalt und der geometrische Inhalt sind bereits in Kapitel II, 1 definiert worden. Außerdem sind zu unterscheiden Speicherkraftwerke mit Druckstollen (Abb. 171a) von Wasserkraftwerken mit Freispiegelzufluß (Abb. 171b). Im ersten Fall wird die Nettofallhöhe des Wasserkraftwerkes durch den Wasserstand im Speicherbecken beeinflußt. Im zweiten Fall besteht kein derartiger Einfluß.

b) Der optimale Speicherinhalt eines Druckstollenkraftwerkes

Die Anlagekosten für ein Wasserkraftwerk können nach (241) in zwei Teile geteilt werden. Analog können auch die jährlichen Kosten durch die Beziehung

$$K_h = a + b\,P_i \tag{290}$$

ausgedrückt werden. Dabei sind die Quoten der jährlichen Kosten, mit denen die Größen A und B zu multiplizieren sind, um die Werte a und b zu erhalten, berücksichtigt. Bei der Untersuchung der instal-

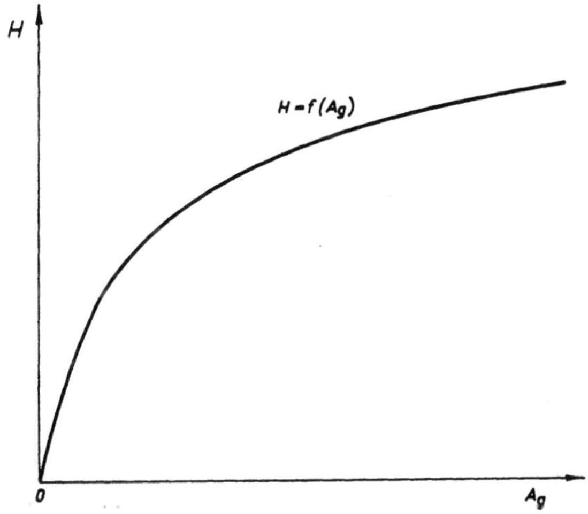

Abb. 172. Abhängigkeit der Stauhöhe H eines Speicherbeckens vom geometrischen Rauminhalt A_g einer Speicherung (Beispiel)

lierten Leistung wurde gerechnet, daß A und B bzw. a und b Konstanten sind. Das darf zur Bestimmung des Speicherinhaltes nicht vorausgesetzt werden, da beide Größen vom Speicherinhalt abhängig, jedoch unabhängig oder praktisch unabhängig von der installierten Leistung sind.

Das erste Glied auf der rechten Seite des Ausdruckes (290) ist außer von topographischen, geologischen und anderen Bedingungen auch von der Höhe der Sperrmauer abhängig. Für ein gegebenes Wasserführungsprofil ist mit der Höhe der Sperrmauer der geometrische Speicherinhalt definiert. Abb. 172 zeigt ein Beispiel der Abhängigkeit des höchsten Wasserstandes im Speicherbecken vom geometrischen

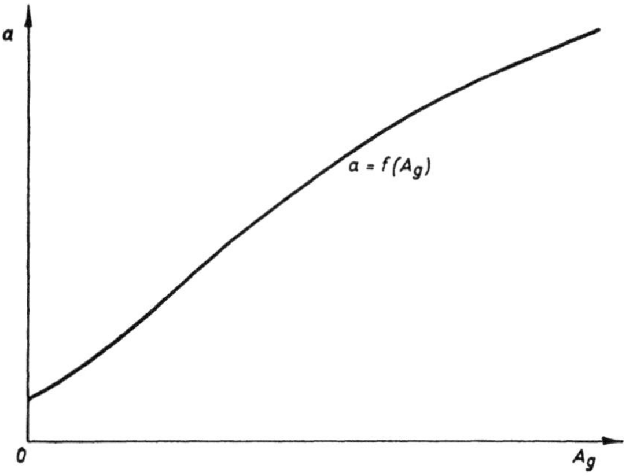

Abb. 173. Jährliche Kosten a eines Wasserkraftwerkes, die von der installierten Leistung unabhängig sind, in Abhängigkeit vom geometrischen Speicherinhalt A_g (Beispiel)

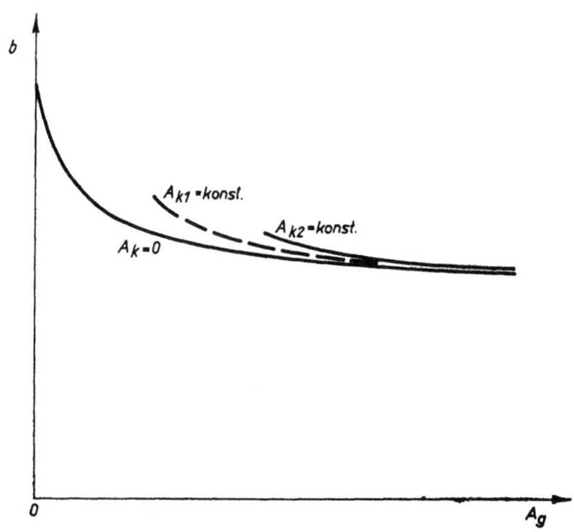

Abb. 174. Zusätzliche spezifische Kosten b je kW eines Wasserkraftwerkes in Abhängigkeit vom geometrischen Speicherinhalt A_g für verschiedene Werte der nutzbaren Speicherung A_k (Beispiel)

Speicherinhalt. Auf die Größe a hat jedoch der Nutzinhalt der Speicherung keinen Einfluß, da es in bezug auf diese Kosten gleichgültig ist, ob für die Regulierung des Wasserdargebotes ein größeres oder kleineres Speichervolumen ausgenutzt wird. Daher ist

$$a = f(A_g) \tag{291}$$

Ein Beispiel für den Verlauf dieser Funktion zeigt Abb. 173.

Die zusätzlichen spezifischen Kosten je Leistungseinheit b für das untersuchte Wasserkraftwerk sind auch vom geometrischen und Nutzinhalt der Speicherung abhängig. Die Größe b ist nämlich von der Fallhöhe abhängig. Die maßgebliche Fallhöhe, die für die Turbinenkonstruktion maßgebend ist, hängt aber vom geometrischen und Nutzinhalt der Speicherung ab. Wenn man annimmt, daß der Nutzinhalt der Speicherung konstant ist, erhöht sich mit dem geometrischen Rauminhalt auch die maximale Fallhöhe, und damit auch die für die Konstruktion der Turbinen maßgebende Fallhöhe. Bei Berücksichtigung der Erörterungen im Abschnitt 1b dieses Kapitels verursacht diese Vergrößerung der Fallhöhe eine Verminderung der zusätzlichen spezifischen Kosten b. Dabei ist allerdings auch der Einfluß der Drucksteigerung im Stollen zu beachten. Daher ist

$$b = f\,(A_g, A_k) \tag{292}$$

Ein Beispiel für den Verlauf dieser Funktion zeigt Abb. 174 für einige Werte des Nutzinhaltes A_k.

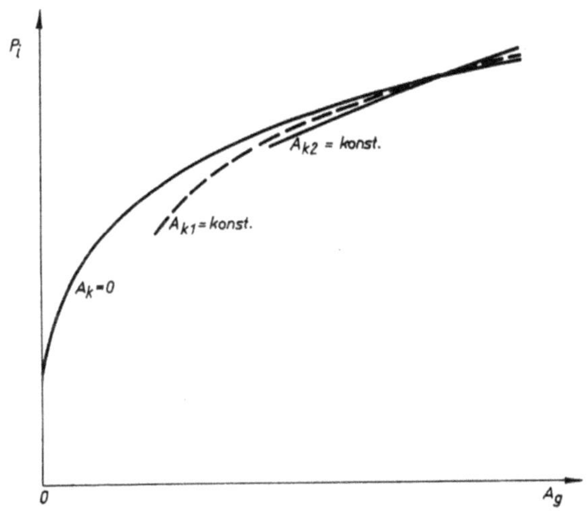

Abb. 175. Installierte Leistung P_i eines Wasserkraftwerkes in Abhängigkeit vom geometrischen Speicherinhalt A_g für verschiedene Werte der nutzbaren Speicherung A_k (Beispiel)

Mit Hilfe der zusätzlichen spezifischen Kosten b kann man die optimale installierte Leistung ermitteln. Die dazu erforderliche Methode ist im Abschnitt 2a dieses Kapitels beschrieben, wobei auch die Kurvenform der Belastungsdauerlinie zu berücksichtigen ist. Ebenso muß die durch die Nutzung des Speicherbeckens entstehende Formänderung der Belastungskurve in Betracht gezogen werden. Die installierte Leistung ist nicht allein abhängig vom Nutz- und geometrischen Speichervolumen — wegen des Einflusses dieser Größen auf den Wert b — sondern auch deshalb, weil der Nutz- und geometrische Speicherinhalt die Fallhöhe des Wasserkraftwerkes beeinflussen.

In Abb. 175 ist ein Beispiel für diese Abhängigkeit

$$P_i = f(A_g, A_k) \tag{292}$$

dargestellt. Dabei ist darauf hinzuweisen, daß die Form der Belastungsdauerkurve die Größe der installierten Leistung wesentlich beeinflußt.

Die Leistung eines Wasserkraftwerkes im kritischen Zeitabschnitt P_{hKR} hängt vom regulierten Wasserdurchsatz der Turbinen und von der durch diesen Durchfluß genutzten Fallhöhe ab. Der Wasserdurchsatz der Turbinen ist allein vom Speicherinhalt, die Fallhöhe im kritischen Zeitabschnitt vom nutzbaren und geometrischen Speicherinhalt abhängig. Bei gleichem geometrischen Speicherinhalt verringert sich nämlich mit der Vergrößerung des Nutzinhaltes die Fallhöhe im kritischen Zeitabschnitt. Dadurch kann es trotz eines größeren Wasserdargebotes vorkommen, daß die Leistung im kritischen Zeitabschnitt kleiner wird (Abb. 176). Diese Erscheinung tritt bei kleineren geometri-

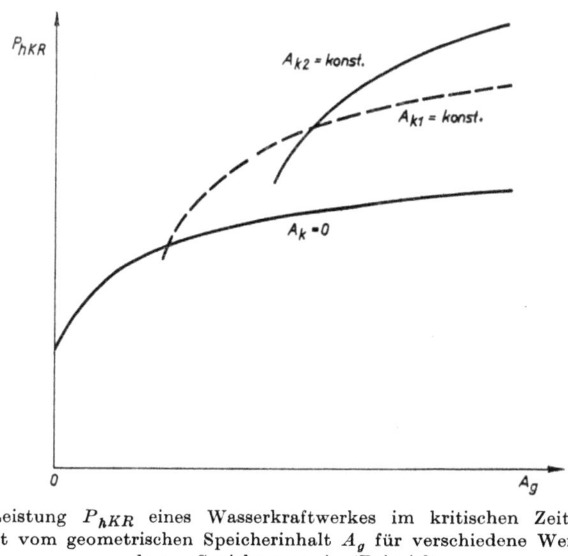

Abb. 176. Leistung P_{hKR} eines Wasserkraftwerkes im kritischen Zeitabschnitt in Abhängigkeit vom geometrischen Speicherinhalt A_g für verschiedene Werte der nutzbaren Speicherung A_k (Beispiel)

schen Speicherinhalten auf. Es ist selbstverständlich, daß die Leistung P_{hKR} auch von der Form der Wassermengendauerlinie und der Kurve $H = f(A_g)$ (Abb. 172) abhängig ist. Deshalb ist auch

$$P_{hKR} = f(A_g, A_k) \tag{293}$$

Für die Stromerzeugungsmöglichkeit des behandelten Wasserkraftwerkes (Abb. 177) gilt, daß

$$W_h = f(A_g, A_k) \tag{294}$$

ist. Mit steigendem geometrischen Speicherinhalt und gleichem Nutzinhalt der Speicherung wächst die Stromerzeugungsmöglichkeit eines

Wasserkraftwerkes, da die Ausbaugröße (durch Verringerung der zusätzlichen spezifischen Kosten b) und die Fallhöhe größer wird. Mit der Vergrößerung des Nutzinhaltes der Speicherung kann bei gleichem geometrischen Fassungsraum die Stromerzeugung wegen Verkleinerung der Fallhöhe absinken.

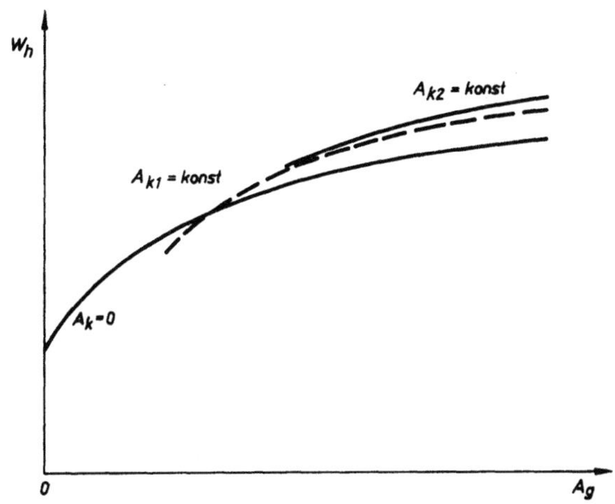

Abb. 177. Mögliche Stromerzeugung W_h eines Wasserkraftwerkes in Abhängigkeit vom geometrischen Speicherinhalt A_g für verschiedene Werte der nutzbaren Speicherung A_k (Beispiel)

Es muß betont werden, daß die in den Abb. 172 bis 177 dargestellten Abhängigkeiten ausschließlich der Erläuterung dienen, da sie nur für das behandelte Wasserkraftwerk Geltung haben.

Auf Grund der Darlegungen kann man sehen, daß die Gesamtkosten in einem Verbundsystem

$$K = f(A_g, A_k) \tag{295a}$$

betragen. Indem die früher erwähnten Beziehungen bekannt sind, ist es möglich, die Gesamtkosten im System als Funktion des geometrischen Speicherinhaltes mit dem Nutzinhalt als Parameter aufzuzeigen. Auf Grund einer solchen Kurvenschar kann auch der optimale geometrische Inhalt und der optimale Nutzinhalt eines Speicherbeckens gefunden werden.

Bei der Bestimmung des optimalen Fassungsraumes einer Speicherung ist auch der Einfluß dieser auf unterwasserseitig gelegene Wasserkraftwerke rechnerisch zu erfassen. Zu betonen ist, daß auf diese Wasserkraftwerke nur der Nutzinhalt einen Einfluß hat. Dieses Speichervolumen kann sich jedoch nur auf die installierte Leistung nicht ausgebauter, unterwasserseitig gelegener Wasserkraftwerke auswirken. Es beeinflußt aber die Vergrößerung der Leistung P_{hKR} und die Erhöhung der möglichen Stromerzeugung W_h (wenn ohne diese Speicherung die Gesamtwassermenge noch nicht voll ausgenützt wurde).

In manchen Fällen sind durch das Nutzungsschema der Wasserführung die Staumauerhöhen festgelegt und damit auch der geometrische Inhalt der Speicherungen. Bei der Planung des behandelten Wasserkraftwerkes ist in solchen Fällen nur der Nutzinhalt der betreffenden Speicherung zu bestimmen. Das kann wieder mit Anwendung des Ausdruckes (289) erreicht werden, indessen ist jetzt nur die Abhängigkeit aller Größen von A_k zu ermitteln, weil das geometrische Speichervolumen bereits festliegt. Dabei ist zu erwähnen, daß die Größe a, die im Ausdruck für K_h (290) vorkommt, jetzt konstant ist. Mit dem geringsten Kostenaufwand

$$K = f(A_k) \tag{295b}$$

wird der optimale Nutzinhalt einer solchen Speicherung gefunden.

c) Der optimale Speicherinhalt eines Wasserkraftwerkes mit Freispiegelzuleitung

Für Wasserkraftwerke mit Freispiegelzuleitung besteht kein Unterschied zwischen dem geometrischen und dem Nutzinhalt der Speicherung, daher ist $A_k = A_g$ zu setzen. Bei einer Freispiegelzuführung hat nämlich die Stauhöhe des Speichers keinen Einfluß auf die Fallhöhe des betreffenden Wasserkraftwerkes; daher ist es zweckmäßig, das gesamte Speichervolumen auszunutzen. Eine nur teilweise Verwertung der gespeicherten Wassermenge würde sich lediglich in einer Verminderung der Leistung P_{hKR} und des Stromdargebotes W_h auswirken.

Demnach ist

$$K = f(A_g) \tag{296}$$

Das optimale Volumen wird auch in diesem Fall durch die Beziehung (289) gefunden. Zu betonen ist, daß nun die zusätzlichen spezifischen Kosten b eine konstante Größe sind. Die installierte Leistung ist demnach allein von der Form der Belastungsdauerkennlinie abhängig. Die Leistung P_{hKR} ist proportional der Turbinenzuflußmenge im kritischen Zeitabschnitt, während die mögliche Stromerzeugung proportional dem nutzbaren Dargebotsvolumen des Wasserkraftwerkes ist.

Bei den unterwasserseitigen Wasserkraftwerken herrschen die gleichen Verhältnisse wie bei Wasserkraftwerken mit Druckstollen, da diese allein vom Nutzinhalt der Speicherung beeinflußt werden.

X. Bewertung der Übertragungs- und Umspannungsverluste

1. Leistungs- und Energieverluste

Die Leistungsverluste in einer Fernleitung können in der Form

$$\Delta P_m = F \frac{P^2_m}{q} \tag{297}$$

ausgedrückt werden. Es ist F ein konstanter Wert, abhängig von der Länge l, von der Leitfähigkeit des Leiterwerkstoffes λ, von der Spannung am Ende der Leitung U_2 und vom Leistungsfaktor am Ende der Leitung $\cos \varphi_2$. P_m ist die maximale Wirklast am Ende der Leitung und q der Leiterquerschnitt.

Bei Leitungen mit geringer Länge kann der Einfluß der Leitungskapazität vernachlässigt werden. Der Wert der Größe F wird dann

$$F = \frac{l}{\lambda\, U_2^2 \cos^2 \varphi_2} \tag{298}$$

Für Leitungen mit größeren Längen, wo man mit genügender Zuverlässigkeit das π-Schema (Abb. 178) anwenden kann, in welchem Schema in den parallelen Ersatzkapazitäten je die Hälfte der Leitungskapazität besteht, kann die Konstante F ebenfalls durch den Ausdruck (298) gefunden werden. Der Wert $\cos \varphi_2$ bedeutet aber nun nicht mehr den Leistungsfaktor des Abnehmers, sondern den Leistungsfaktor am Ende der Leitung vor der paralelen Ersatzkapazität. Dieser neue Leistungsfaktor wird durch den Ausdruck

$$\cos \varphi'_2 = \frac{P_m}{\sqrt{P_m^2 + \left(Q_m - U_2^2 \cdot \frac{\omega C}{2}\right)^2}} \tag{299}$$

dargestellt. In dieser Formel bedeutet C die Leitungskapazität die dem Produkt $l\, C_1$ gleich ist, l die Leitungslänge und C_1 die auf die

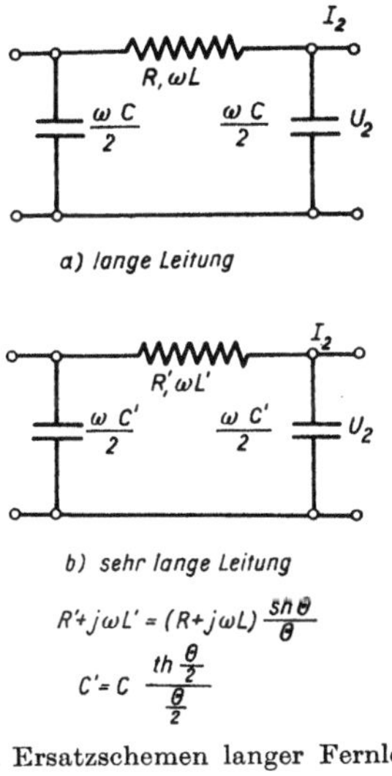

Abb. 178. Ersatzschemen langer Fernleitungen

Längeneinheit bezogene Kapazität, ω die Kreisfrequenz und Q_m die Blindbelastung am Leitungsende.

Für sehr lange Leitungen kann nicht das gleiche π-Schema wie für lange Leitungen (Abb. 178) angewendet werden, wo die Leitungskonstanten R, L, C als Produkte der Leitungskonstanten je Längeneinheit R_1, L_1, C_1 und der gesamten Leitungslänge ermittelt werden. Für sehr lange Leitungen wird die Ersatz-Längsimpedanz im Schema in Abb. 178 durch die Formel

$$R' + j\,\omega\,L' = (R + j\,\omega\,L)\,\frac{sh\,\Theta}{\Theta} \tag{300}$$

ausgedrückt, während die kapazitive Ersatz-Leitfähigkeit

$$\omega\,C' = \omega\,C\,\frac{th\,\frac{\Theta}{2}}{\frac{\Theta}{2}} \tag{301}$$

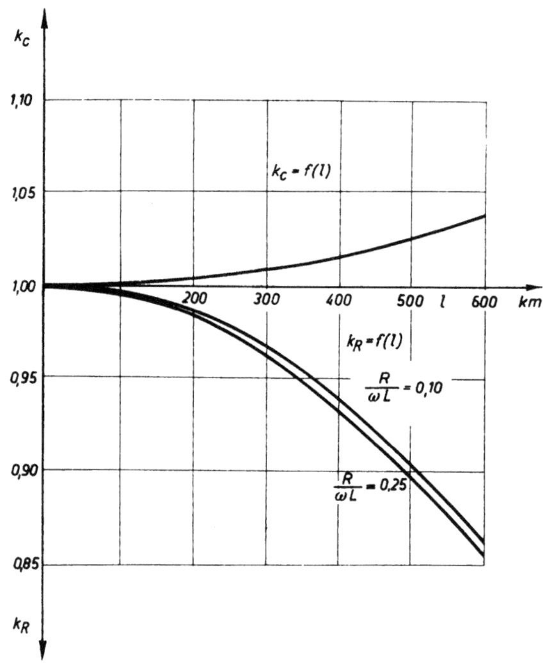

Abb. 179. Abhängigkeit der Größen k_R (303) und k_C (305) von der Länge einer Fernleitung

ist. In den Beziehungen (300) und (301) ist

$$\Theta = \sqrt{j\,\omega\,C\,(R + j\,\omega\,L)} \tag{302}$$

Der reale Teil der Formel (300) bezeichnet den Wirkwiderstand R', der für die Bestimmung der Leitungsverluste maßgebend ist. Es kann

$$R' = k_R \cdot R \tag{303}$$

gesetzt werden, wo die Größe k_R praktisch nur eine Funktion der Leitungslänge ist. Für Freileitungen kann man nämlich

$$\frac{1}{\sqrt{L_1\,C_1}} = \text{konst.} \tag{304}$$

annehmen. Der Einfluß von $\frac{R}{\omega\,L}$ ist unbedeutend, was aus dem Diagramm in Abb. 179, in dem die Größe $k_R = f(l)$ für $\frac{R}{\omega L} = 0{,}10$ und $\frac{R}{\omega L} = 0{,}25$ gezeigt wird, entnommen werden kann. Innerhalb dieser Grenzen schwankt dieses Verhältnis.

Die Ersatzkapazität C' kann durch die Beziehung

$$C' = k_C C \tag{305}$$

ausgedrückt werden. Für den Wert k_C gilt wiederum, daß er praktisch allein von der Leitungslänge abhängig ist, weil jetzt der Einfluß der Beziehung $\frac{R}{\omega L}$ noch geringer wird als im Fall der Größe k_R.

Bei sehr langen Leitungen erhält man den Leistungsverlust aus dem Ausdruck (297), jedoch hat jetzt die Größe F den Wert

$$F = \frac{k_R\, l}{\lambda\, U_2{}^2 \cos^2 \varphi_2{}''} \tag{306}$$

in dem der Leistungsfaktor mit der Formel

$$\cos \varphi''_2 = \frac{P_m}{\sqrt{P^2_m + \left(Q_m - k_C \frac{\omega C}{2}\right)^2}} \tag{307}$$

ausgedrückt wird.

Den Energieverlust während der Zeit t_o (Stunden) findet man aus der Beziehung

$$W = \delta \Delta P_m t_o \tag{308}$$

worin δ den Verlustfaktor bedeutet, der angenähert mit dem Belastungsfaktor bestimmt ist (310), falls die Belastungsdauerlinie, mit welcher auch die Verlustdauerkurve aufgestellt werden kann, unbekannt ist. Der Belastungsfaktor ist

$$m = \frac{W}{P_m\, t_o} \tag{309}$$

Der Verlustfaktor kann nach [32] gemäß der Formel

$$\delta = 0{,}7\ \mathrm{m}^2 + 0{,}3\ \mathrm{m} \tag{310}$$

oder nach den Formeln, die besser den Belastungscharakteristiken [33] entsprechen, bestimmt werden.

2. Der Einfluß der Verluste auf die in einem Verbundsystem herrschenden Verhältnisse

Wie bereits erwähnt wurde (Kapitel VI, 1), wird die zusätzliche, zur Bedarfsdeckung während des kritischen Zeitabschnittes erforderliche Leistung und Energie wirtschaftlich am besten durch den Bau von Wärmekraftwerken sichergestellt. Es kann nämlich auf diese Weise die volle Leistung und die größtmögliche Stromerzeugung der zusätzlichen

Wärmekraftwerke ausgenutzt werden. Dies ist mit einem Wasserkraftwerk nicht zu erreichen, da dessen Erzeugungsmöglichkeit von der Wasserdarbietung abhängt, die normal im kritischen Zeitabschnitt sehr gering ist. Daher bliebe unter solchen Umständen ein wesentlicher Teil der Erzeugungskapazität von Wasserkraftwerken ungenutzt. Um im kritischen Zeitabschnitt mit einem Wasserkraftwerk die gleiche große Stromerzeugung zu erreichen, müßten für den Bau von Wasserkraftanlagen meistens weitaus größere finanzielle Mittel aufgewendet werden.

Der größere Bedarf im kritischen Zeitabschnitt muß daher durch einen vergrößerten Ausbau von Wärmekraftwerken ergänzt werden. Mit diesen und der höheren Stromerzeugung in den Wärmekraftwerken sind jedoch auch die erhöhten Verluste zu decken.

Indem der kritische Zeitabschnitt unberücksichtigt bleibt, erfordert anderseits eine Erhöhung der Anforderungen und der Verluste während des Jahres nicht einen weiteren Ausbau von Kraftwerken, sondern allein eine Vergrößerung der Stromerzeugung, sei es in Wasser- sei es in Wärmekraftwerken. Kraftwerke, die den Bedarfsanforderungen während des kritischen Zeitabschnittes genügen können, sind auch in der Lage, diese Forderungen außerhalb des kritischen Zeitabschnittes zu erfüllen. Wenn ein größerer Verbrauch oder größere Verluste durch die Erzeugung aus Wasserkraftwerken gedeckt werden können, so entstehen dadurch keine neuen Kosten. Dagegen aber entsteht bei der Vergrößerung der Stromerzeugung in Wärmekraftwerken eine Erhöhung des veränderlichen Kostenanteils dieser Kraftwerke.

a) Die zur Deckung der Verluste erforderliche zusätzliche Leistung

Es wurde bereits darauf hingewiesen, daß zur Bestimmung der erhöhten Wärmekraft-Zusatzleistung die Lage im kritischen Zeitabschnitt maßgebend ist. Deshalb geht man von den maximalen Leistungsverlusten ΔP_{mk} in diesem Zeitabschnitt aus, die durch

$$\Delta P_{mk} = F \frac{P^2_{mk}}{q} \tag{311}$$

dargestellt werden. Darin ist P_{mk} die Höchstbelastung der behandelten Leitung im kritischen Zeitabschnitt.

Wie man weiter erkennen kann, ist es möglich, die erforderliche Zusatzleistung in Wärmekraftwerken ΔP_t durch die Beziehung mit den Leistungsverlusten auszudrücken

$$\Delta P_t = k \, \Delta P_{mk} \tag{312}$$

worin k einen Wert bedeutet, der von dem im System herrschenden Verhältnis der Wasserkraft zur Wärmekraft im kritischen Zeitabschnitt und von der Gleichzeitigkeit der Höchstlast in den Leitungen zur Höchstlast des Systems abhängig ist.

Zuerst sollen die Verhältnisse für den Fall (Abb. 180) untersucht werden, wenn im Verbundsystem ausschließlich Laufkraftwerke und Wärmekraftwerke arbeiten bzw. wenn im System nur Wärmekraftwerke vorhanden sind. Auf die wegen der Übertragungsverluste erforderliche Zusatzleistung hat die Stromdarbietung der Laufkraftwerke keinen Einfluß und braucht daher nicht berücksichtigt zu werden. Wenn also in einem Verbundsystem ausschließlich Wärmekraftwerke arbeiten und vorausgesetzt wird, daß die Höchstlast in der behandelten Leitung gleichzeitig mit der Höchstlast des Systems auftritt, ist der Wert von k

$$k = 1 \tag{313}$$

weil gemäß Abb. 180

$$\Delta P_t = \Delta P_{mk} \tag{314}$$

ist.

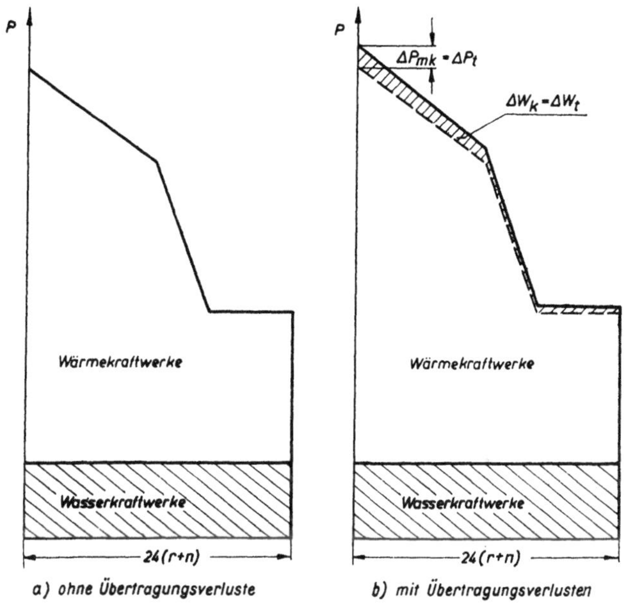

Abb. 180. Die Verhältnisse im kritischen Zeitabschnitt eines Verbundsystems, das ausschließlich aus Wärmekraftwerken bzw. Wärmekraftwerken und Wasser-Laufkraftwerken zusammengesetzt ist

Wenn die vorausgesetzte Gleichzeitigkeit der Höchstlast nicht besteht und wenn die Belastung der Leitung bei Höchstlast des Systems mit P'_{mk} der Leistungsverlust in der Leitung im gleichen Zeitpunkt mit $\Delta P'_{mk}$ bezeichnet wird, erhält man für k den Wert

$$k = \frac{\Delta P'_{mk}}{\Delta P_{mk}} < 1 \tag{315}$$

Den gegenteiligen Grenzfall in bezug auf das System zeigt Abb. 181. Wenn im kritischen Zeitpunkt das veränderliche Energiedargebot der Wasserkraftwerke so groß ist, daß damit der variable Bereich des Belastungsdiagramms im kritischen Zeitabschnitt ausgefüllt werden kann, dann wird die durch die Verluste notwendige Vergrößerung der

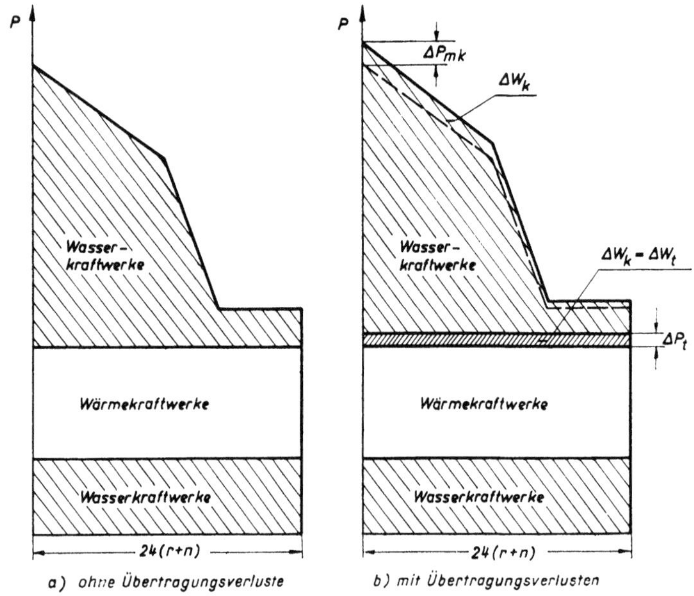

Abb. 181. Die Verhältnisse im kritischen Zeitabschnitt eines Verbundsystems, wenn die Erzeugung der veränderlichen Energie der Wasserkraftwerke zur Deckung des veränderlichen Bereichs im Belastungsdiagramm mindestens ausreicht

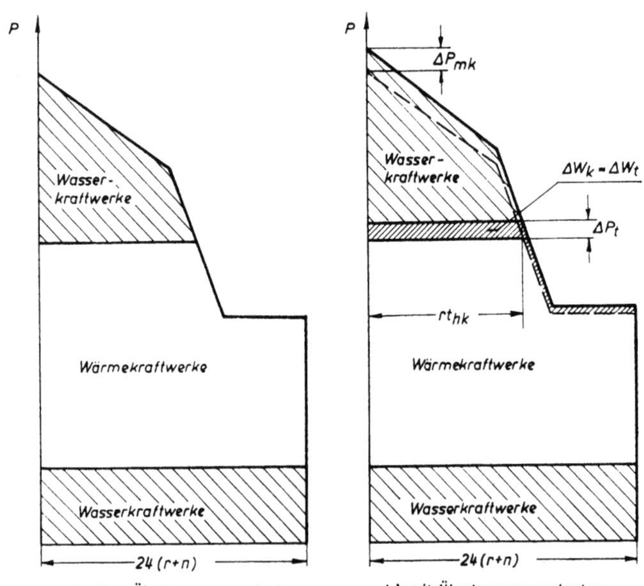

Abb. 182. Die Verhältnisse im kritischen Zeitabschnitt eines Verbundsystems, wenn die Erzeugung der veränderlichen Energie der Wasserkraftwerke zur Deckung des veränderlichen Bereiches im Belastungsdiagramm nicht ausreicht

Energieerzeugung von Wärmekraftwerken übernommen. Allerdings mit konstanter Leistung während des ganzen kritischen Zeitabschnittes, da sich die Speicherkraftwerke dann der neuen Bedarfslage anpassen können und weil im kritischen Zeitabschnitt bei einem beträchtlichen Dargebot variabler Energie die Wasserkraftwerke über eine Leistung verfügen, die nicht genutzt werden kann.

Man kann den Energieverlust in einer untersuchten Leitung während des kritischen Zeitabschnittes durch den Ausdruck

$$\Delta W_k = \delta_k \Delta P_{mk} \cdot 24 (r + n) \tag{316}$$

bestimmen, worin δ_k den Verlustfaktor im kritischen Zeitabschnitt und $24 (r + n)$ die zeitliche Dauer dieses Zustandes in Stunden bedeutet.

Die notwendige Zusatzleistung ΔP_t ist gleich der Leistung, mit der innerhalb von $24 (r + n)$ Stunden die Energiemenge ΔW_k (316) erzeugt werden kann. Daher ist

$$\Delta P_t = \delta_k \Delta P_{mk} \tag{317}$$

Nach (312) ist also

$$k = \delta_k \tag{318}$$

Die Beziehung (318) gilt ohne Rücksicht darauf, ob eine Gleichzeitigkeit der Maximallast der Leitung und des Systems vorliegt.

Es soll nun ein Fall (Abb. 182) untersucht werden, der zwischen den bereits besprochenen Fällen (Abb. 180 und 181) liegt. Jetzt genügt nämlich das veränderliche Energiedargebot nicht mehr, um den variablen Bereich des Belastungsdiagramms auszufüllen. Durch die größeren Verluste verschiebt sich die Erzeugung der Wasserkraftwerke noch mehr in einen höheren Bereich des Belastungsdiagramms. Die Deckung der Verluste übernehmen während der Zeit rt_{hk} (Abb. 183) jetzt die Wärmekraftwerke mit konstanter Leistung. Außerhalb dieser Zeit entspricht die Zusatzerzeugung der Wärmekraftwerke den zusätzlichen durch die Verluste bedingten Anforderungen in bezug auf Leistung wie auch in bezug auf die Energiemengen.

Für die Bestimmung der erforderlichen Zusatzleistung der Wärmekraftwerke sind allein die Verluste während der Zeit rt_{hk} maßgebend. Außerhalb dieser Zeit ist in den Wärmekraftwerken Leistungsüberschuß vorhanden, deshalb ist für die Deckung dieser Verluste keine zusätzliche Leistung aus Wärmekraftwerken notwendig.

In der Zeit rt_{hk} sind die Energieverluste in einer behandelten Leitung

$$\Delta W'_k = \int_0^{rt_{hk}} \Delta P \, dt \tag{319}$$

Daher beträgt die erforderliche Zusatzleistung

$$\Delta P_t = \frac{1}{rt_{hk}} \int_0^{rt_{hk}} \Delta P \cdot dt \tag{320}$$

Mit Einsetzung der Beziehung (319) in die Formel (320) und Aufstellung der Ausdrücke für die relative Dauer der konstanten Belastung von Wärmekraftwerken im variablen Bereich des Belastungsdiagramms

$$\tau_{hk} = \frac{r t_{hk}}{24\,(r+n)} \tag{321}$$

und der relativen Verluste während der Zeit $r t_{hk}$

$$w' = \frac{\varDelta W'_k}{\varDelta W_k} \tag{322}$$

findet man bei Berücksichtigung der Formel (316) die für die Zusatzleistung eines Wärmekraftwerkes erforderliche Formel

$$\varDelta P_t = \frac{w'}{\tau_{hk}}\,\delta_k\,\varDelta P_{km} \tag{323}$$

Daraus ergibt sich der Wert für k

$$k = \frac{w'}{\tau_{hk}}\,\delta_k \tag{324}$$

Die Beziehung (324) ist der allgemeine Ausdruck der Größe k für beliebige Verhältnisse in einem Verbundsystem. Indem für Umstände, die in Abb. 180 dargestellt sind, vorausgesetzt wird, daß die Maximalverluste $\varDelta P_{mk}$ und daher die Höchstlast $r\,\varDelta t$ dauern, erhält man die Relativverluste w' unter Benutzung der Beziehung (316) aus der Formel

$$w' = \frac{\varDelta P_{mk}\,r\,\varDelta t}{\delta_k\,\varDelta P_{mk}\,24\,(r+n)} \tag{325}$$

Zu bemerken ist, daß die Dauer der Höchstlast beliebig kurz angenommen werden kann.

Im Fall (325) beträgt auch die relative Dauer der konstanten Belastung der Wärmekraftwerke

$$\tau_{hk} = \frac{r\,\varDelta t}{24\,(r+n)} \tag{326}$$

Daher ist $k = 1$, was mit den vorhergehenden Überlegungen übereinstimmt. Für das in Abb. 181 gezeigte Beispiel ist $w' = 1$ und $\tau_{hk} = 1$, weswegen $k = \delta_k$ wird.

Auf Grund der bisherigen Erörterungen darf man jedoch nicht annehmen, daß sich Wert von k zwischen δ_k und 1 bewegt, obwohl dieser Fall am häufigsten auftritt. Man kann sich wohl einen Abnehmer vorstellen, bei dem

$$w' < \tau_{hk} \tag{327}$$

ist. Das bedeutet, daß die relativen Verluste w' in der Zeit $r t_{hk}$ kleiner sind als die Relativdauer τ_{hk} der konstanten Belastung der Wärmekraftwerke. Das kann dann vorkommen, wenn die Belastung der behandelten Leitung zur Zeit der Maximalbelastungen klein ist, und umgekehrt. Als Extremfall kann die Leitung sogar während der Zeit $r t_{hk}$ unbelastet sein; es werden dann $w' = 0$ und $k = 0$. Dies könnte eintreten, wenn über eine Leitung eine Industrieanlage versorgt wird, die nur Nachtenergie nutzt oder aber, wenn die an dieser Leitung liegende Industrieanlage während des kritischen Zeitabschnittes ihren Betrieb stillegt.

Daraus ist ersichtlich, daß sich der Wert k in folgenden Grenzen bewegt

$$0 \leqq k \leqq 1 \tag{328}$$

Bei einer weiteren Analyse der auf den Wert k (324) einwirkenden Einflüsse wird man feststellen können, daß diese Größe von den Verhältnissen im Verbundsystem und den Belastungscharakteristiken der in Frage kommenden Fernleitung abhängt. Die im System herrschenden Verhältnisse wirken sich auf die Relativzeit τ_{hk}, und die Belastungscharakteristiken der Leitung auf den Verlustfaktor δ_k aus. Die relativen Verluste während der Zeit τ_{hk} werden von den im Verbundsystem bestehenden Verhältnissen und Belastungscharakteristiken der Leitung beeinflußt.

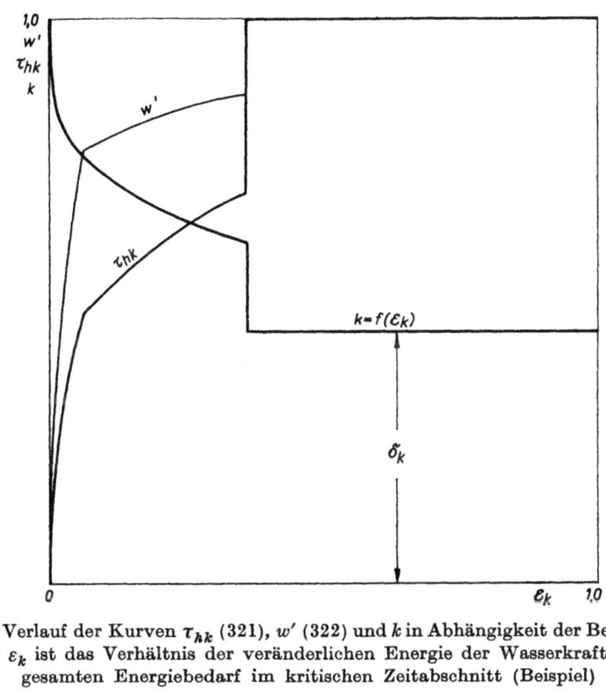

Abb. 183. Verlauf der Kurven τ_{hk} (321), w' (322) und k in Abhängigkeit der Beziehung ε_k. Der Wert ε_k ist das Verhältnis der veränderlichen Energie der Wasserkraftwerke zum gesamten Energiebedarf im kritischen Zeitabschnitt (Beispiel)

Als eine charakteristische Größe eines Verbundsystems kann die Beziehung ε_k zwischen der veränderlichen Energie der Wasserkraftwerke und dem Gesamtenergiebedarf im kritischen Zeitabschnitt betrachtet werden. Dieses Verhältnis charakterisiert das untersuchte Verbundsystem hinsichtlich der Verteilung der Wasserkraftenergie während des Jahres und in bezug auf das Verhältnis der Laufkraftwerke zu den Speicherkraftwerken. Als Beispiel bringt Abb. 183 eine

Darstellung der Beziehung von τ_{hk} und w' zu ε_k für einen bestimmten Verlustfaktor der behandelten Fernleitung. Die Sprünge in den Kurven der Abb. 183 ergeben sich aus der Annäherung mit drei Geraden an die Belastungsdauerkurve (Kapitel I, 1c).

Den Verlauf der Kennlinien zeigt Abb. 183. Sie gelten für eine Übertragungsleitung in ein Versorgungsgebiet mit verschiedenartigen Verbrauchscharakteristiken. Für eine rasche Orientierung ist es vorteilhaft, den Wert von k für Versorgungsleitungen von Abnehmern mit einfachen Charakteristiken und für solche Leitungen, die als Verbindung von Kraftwerken mit dem übrigen Verbundnetz dienen, zu kennen.

Der Belastungsfaktor einer Leitung, welche für die Energieversorgung von Abnehmern mit konstantem Verbrauch (z. B. Karbidwerke, Aluminium-Elektrolysen) und einer Kupplungsleitung eines Laufkraftwerkes mit den Verbundnetz dient, beträgt in der kritischen Zeitperiode $m_k = 1$, daher ist der Verlustfaktor zur gleichen Zeit $\delta_k = 1$. Unter solchen Umständen sind die relativen Verluste w' gleich der relativen Zeit τ_{hk}, also

$$w' = \tau_{hk} \tag{329}$$

Demnach ist, gemäß (324), $k = 1$.

Die Größe k einer Leitung, welche ein Wärmekraftwerk mit dem übrigen Verbundsystem kuppelt, kann durch folgende Betrachtung ermittelt werden. Während der kritischen Zeitperiode müssen die Wärmekraftwerke mindestens in der Zeit t_{hk} mit konstanter Belastung gefahren werden, um mit ihrer Leistung P_{mk} die größtmögliche Energiemenge unter Berücksichtigung des Belastungsdiagramms erzeugen zu können. Unter dieser Voraussetzung und für ein beliebiges Belastungsdiagramm außerhalb der Zeit rt_{hk} können die relativen Verluste durch folgenden Ausdruck dargestellt werden

$$w' = \frac{\Delta P_{mk}\, r\, t_{hk}}{\Delta P_{mk}\, r\, t_{hk} + \Delta W''_k} \tag{330}$$

während der Verlustfaktor mit

$$\delta_k = \frac{\Delta P_{mk}\, r\, t_{hk} + \Delta W''_k}{\Delta P_m \cdot 24\,(r + n)} \tag{331}$$

ausgedrückt wird.

Darin sind $\Delta W''_k$ die Leitungsverluste außerhalb der Zeit rt_{hk}. Unter Berücksichtigung der Formeln (321) und (324) ist zu erkennen, daß in allen Fällen $k = 1$ ist, und zwar ohne Rücksicht auf den Wert der Verluste $\Delta W''_k$.

Es kann daher mit einer für diese Betrachtungen genügenden Genauigkeit vorausgesetzt werden, daß ein Speicherkraftwerk in einem Teil des kritischen Zeitabschnittes mit konstanter Leistung arbeitet. Diese Voraussetzung gilt annähernd für Wasserkraftwerke, die nach einem Fahrplan betrieben, erstreckt sich jedoch nicht auf solche, die zur Frequenzregulierung herangezogen werden. Unter der erwähnten Voraussetzung kann die Verlustdauerkennlinie einer Leitung, über die ein Speicherwerk mit dem übrigen Netz gekuppelt ist, durch ein rechtwinkliges Viereck (Abb. 184) mit der Höhe ΔP_{mk} und Basis τ_v, welche die relative Belastungsdauer bedeutet, dargestellt werden. Man kann voraussetzen, daß die Energieerzeugung eines Wasserkraftwerkes auf die Zeit der Hochlast konzentriert ist. Wenn $\tau_{hk} < \tau_v$ ist, fällt τ_{hk} (321) in den Bereich der Zeit τ_v. Falls jedoch $\tau_{hk} > \tau_v$ wird, dann fällt τ_v in den Bereich der Zeit τ_{hk}.

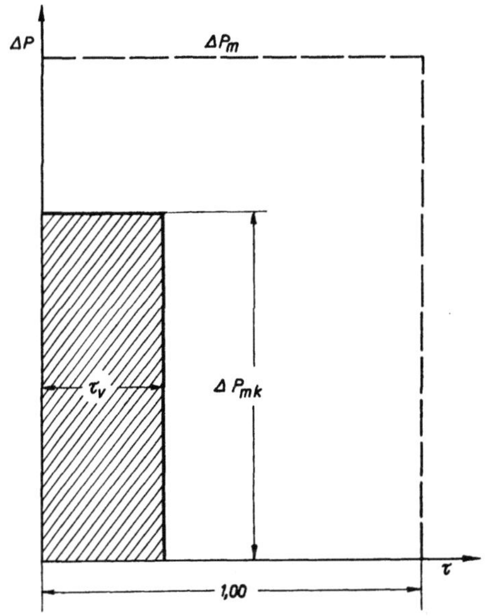

Abb. 184. Angenäherte Darstellung der Verlustdauerkurve der Kupplungsleitung eines Speicherkraftwerkes mit dem Verbundsystem

Der Verlustfaktor, der durch den Ausdruck (308) definiert wurde, beträgt für das vorausgesetzte Belastungsdiagramm in allen Fällen

$$\delta_k = \tau_v \tag{332}$$

Nun sollen die Verhältnisse für den Fall, daß

$$\tau_{hk} < \tau_v \tag{333}$$

ist, betrachtet werden.

Dann sind die relativen Verluste, durch die Beziehung definiert, gleich

$$w' = \frac{\tau_{hk}}{\tau_v} \tag{334}$$

Somit ist gemäß dem Ausdruck (324) $k = 1$. Falls jedoch

$$\tau_{hk} > \tau_v \tag{335}$$

wird, werden die relativen Verluste $w' = 1$, und es wird

$$k = \frac{\tau}{\tau_{hk}} \tag{336}$$

Die Größe von k (312) wird durch die Maximalbelastung bzw. durch die größten Verluste im kritischen Zeitabschnitt bestimmt. Bei Berücksichtigung der anschließenden Erörterungen ist es zweckmäßiger, anstatt mit der Maximalbelastung im kritischen Zeitabschnitt, mit der jährlich auftretenden Höchstlast zu rechnen. Deshalb wird die Beziehung β zwischen den größten Verlusten im kritischen Zeitabschnitt ΔP_{mk} und den größten jährlichen Verlusten ΔP_m eingeführt. Somit ist die Bezugsgröße β durch das Verhältnis

$$\beta = \frac{\Delta P_{mk}}{\Delta P_m} \leqq 1 \tag{337}$$

bestimmt.

Diese Größe kann auch durch die Maximalbelastungen ausgedrückt werden; der Ausdruck lautet dann:

$$\beta = \left(\frac{P_{mk}}{P_m}\right)^2 = \sigma^2 \leqq 1 \tag{338}$$

Auch für die Bezugsgröße β können die Kenngrößen der einzelnen Leitungen für die Versorgung der Abnehmer mit konstantem Verbrauch bzw. der Kupplungsleitungen zwischen den Wärme- und Wasserkraftwerken mit dem übrigen Verbundsystem angegeben werden.

Für Verbraucher mit konstanter Belastung nimmt β mit Rücksicht auf die Eigenschaften der Verbraucher den Wert $\beta = 1$ an. Das gilt für alle Fälle, wo nicht mit einer Verbrauchseinschränkung dieser Abnehmer in der kritischen Periode zu rechnen ist. Wenn jedoch eine Verbrauchsbeschränkung dieser Abnehmer in Frage kommt und diese Reduzierung in die kritische Zeitperiode fällt, so muß dieser Umstand in der Rechnung berücksichtigt werden. Die erforderliche Leistung eines Abnehmers mit konstanter Belastung kann unter Berücksichtigung der Verbrauchsbeschränkungen im kritischen Zeitabschnitt durch die Beziehung

$$P_{mk} = \sigma P_m \tag{339}$$

ausgedrückt werden, worin P_m die Höchstleistung bzw. konstante Leistung ohne Verbrauchsbeschränkung bedeutet. Demnach ist

$$\beta = \sigma^2 \tag{340}$$

In diesem Fall kann $\beta = 0$ werden, wenn nämlich eine vollständige Betriebseinstellung dieses Abnehmers in Frage kommt.

Für eine Kupplungsleitung eines Wärmekraftwerkes mit dem Verbundsystem ist in allen Fällen im kritischen Zeitabschnitt damit zu rechnen, daß das Wärmekraftwerk mit seiner Höchstleistung eingesetzt wird. Somit wird in allen Fällen $\beta = 1$.

Für eine Verbindungsleitung eines Wasserkraftwerkes mit dem übrigen Verbundnetz kann β gleichzeitig für Lauf- und Speicherkraftwerke definiert werden. Wie bei Verbrauchern mit konstanter Belastung kann auch in diesem Fall die Maximallast im kritischen Zeitabschnitt durch die Formel (339) dargestellt werden, wo P_m die Höchstleistung des Wasserkraftwerkes bedeutet. Daher ist die Bezugsgröße β durch die Beziehung (340) bestimmt.

Demnach ist β allein von den Belastungscharakteristiken der behandelten Fernleitung abhängig. Durch die im Verbundsystem herrschenden Verhältnisse wird dieser Wert nicht beeinflußt.

Die Zusatzleistung aus Wärmekraftwerken, die für die Leitungsverluste erforderlich ist, wird durch den Ausdruck

$$\Delta P_t = k \beta \Delta P_m \tag{341}$$

ermittelt.

Nach den vorhergehenden Ausführungen ist die Größe k von den Verhältnissen im Verbundsystem und den Charakteristiken der Belastungen der behandelten Leitung, β aber nur von den Charakteristiken der Belastung der betrachteten Leitung abhängig. Demnach sind die Größen k und β für ein bestimmtes Verbundsystem bzw. für einen gegebenen Entwicklungszustand des untersuchten Verbundsystems wie auch für gegebene Belastungscharakteristiken einer Leitung konstante Werte, die von der Höchstlast in der Leitung unabhängig sind. Man kann daher — unter Berücksichtigung der oben angegebenen Einschränkungen — schreiben

$$\Delta P_t = f(\Delta P_m) \tag{342}$$

Aus der Analyse der gegenseitigen Beziehungen der erforderlichen Zusatzleistung ΔP_t und der Maximalverluste ΔP_m, kann man sehen, daß sich ΔP_t in folgenden Grenzen bewegt

$$0 \leqq \Delta P_t \leqq \Delta P_m \tag{343}$$

da auf Grund der vorhergehenden Erläuterungen

$$0 \leqq k \beta \leqq 1 \tag{343a}$$

ist.

b) Die zu Deckung der Verluste erforderliche zusätzliche Stromerzeugung

Wie bereits erwähnt, werden die Leitungsverluste durch eine Vergrößerung der Stromerzeugung der Kraftwerke gedeckt. Diese zusätzliche Stromlieferung wird entweder von den Wasserkraft- oder den Wärmekraftwerken übernommen. Eine Erhöhung der Stromerzeugung der Wasserkraftwerke hat keinen Einfluß auf die Erhöhung der Gesamtkosten, dagegen entstehen bei einer Erhöhung der Stromlieferung aus Wärmekraftwerken zusätzliche Kosten. Es sollen nun die Folgen der Energieverluste auf die Vergrößerung der Stromlieferung aus Wärmekraftwerken erörtert werden.

Wie bereits im Kapitel VII, 3a kann man auch hier alle in Abb. 70 gezeigten Fälle in vier Gruppen einteilen, die mit den Gruppen in Tab. 28 identisch sind.

Für die Fälle der Gruppe A (Fall 1 bis 5 in Abb. 70) kann angenommen werden, daß

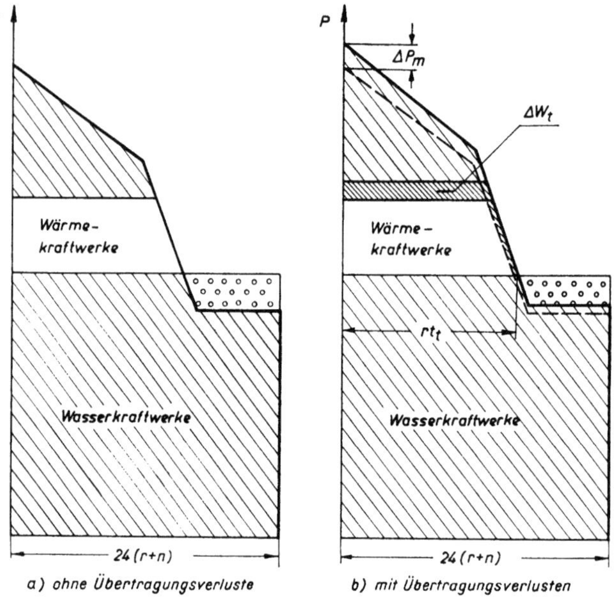

Abb. 185. Erforderliche Erhöhung der Stromerzeugung in Wärmekraftwerken durch die Übertragungsverluste in einem Verbundsystem, dessen Betriebsverhältnisse den Fällen 6, 7 und 14 (Abb. 70) entsprechen

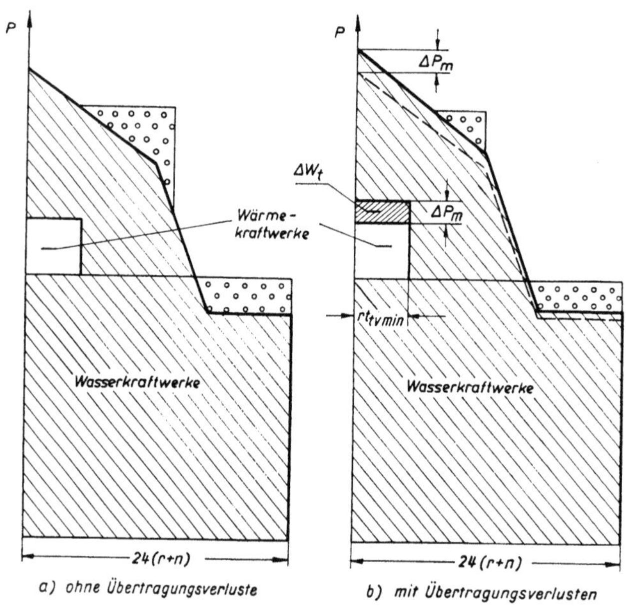

Abb. 186. Erforderliche Erhöhung der Stromerzeugung in Wärmekraftwerken durch die Übertragungsverluste in einem Verbundsystem, dessen Betriebsverhältnisse den Fällen 10, 11, 12 und 13 (Abb. 70) entsprechen

$$\Delta W_t = 0$$

ist, da sämtliche Verluste ΔW durch eine vergrößerte Stromerzeugung der Wasserkraftwerke ersetzt werden. Eine Erhöhung der Stromerzeugung der Wärmekraftwerke ΔW_t ist daher nicht notwendig.

Die für die Gruppe B in Frage kommenden Umstände (Fälle 6, 7 und 14) zeigt Abb. 185. Die notwendige Vergrößerung der Stromerzeugung in den Wärmekraftwerken kann aus der Formel

$$\Delta W_t = \int_0^{r t_t} \Delta P \, dt \tag{344}$$

bestimmt werden, die durch die Beziehung

$$\Delta W_t = w'' \, \Delta W \tag{345}$$

dargestellt werden kann, wobei w'' das Verhältnis des Integralwertes auf der rechten Seite (344) und der Gesamtverluste bedeutet.

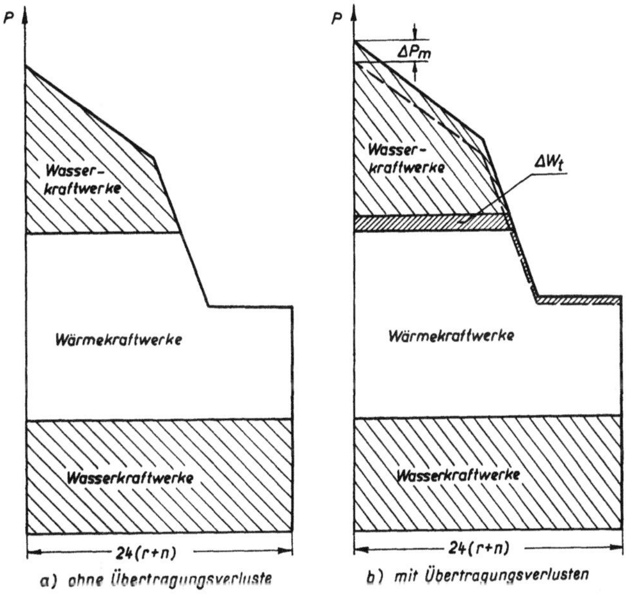

Abb. 187. Erforderliche Erhöhung der Stromerzeugung in Wärmekraftwerken durch die Übertragungsverluste in einem Verbundsystem, dessen Betriebsverhältnisse den Fällen 8, 9, 15, 16, 17 und 18 (Abb. 70) entsprechen

Für die Fälle der Gruppe D (Fälle 10 bis 13) ist die prinzipielle Darstellung der Verhältnisse aus Abb. 186 ersichtlich. Die durch die Verluste bedingte Erhöhung der Stromerzeugung in Wärmekraftwerken ist hier mit den Leistungsverlusten ΔP_m im Zeitpunkt der Höchstlast des Verbundsystems bestimmt. Diese Vergrößerung der Wärmestromerzeugung beträgt

$$\Delta W_t = \Delta P_m \, r \, t_{tv\,\min} \tag{346}$$

Der Wert $rt_{tv\,\text{min}}$ bedeutet die kürzeste Dauer der eingesetzten Wärmekraftwerksleistung während des beobachteten Zeitabschnittes (Kapitel IV, 3a).

Zur Gruppe C, die zuletzt betrachtet wird, zählen die Fälle 8, 9 und 15 bis 18 (Abb. 187). Die wegen der Verluste notwendige Vergrößerung der Stromerzeugung in Wärmekraftwerken ist jetzt gleich groß den Energieverlusten, daher gilt die Beziehung

$$\Delta W_t = \Delta W \tag{347}$$

Wenn die Erscheinungsformen der einzelnen Fälle in den verschiedenen Gruppen während eines Monats, was aus Abb. 131 ersichtlich ist und in Kapitel VIII, 3b gezeigt wurde, bekannt sind, wird die Beziehung

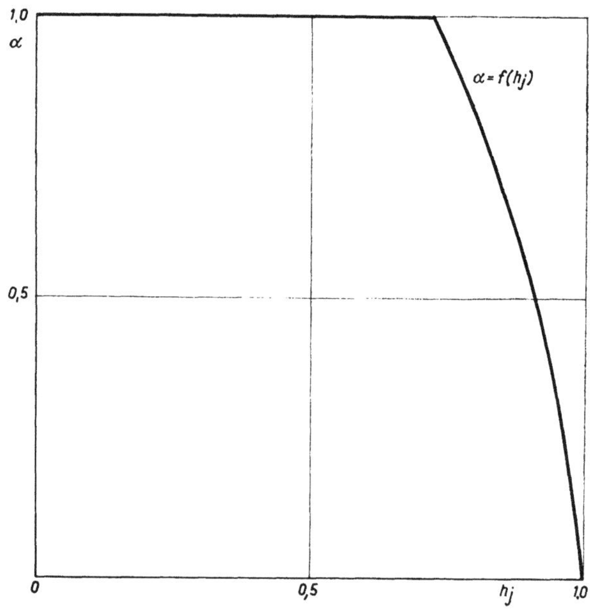

Abb. 188. Abhängigkeit des Wertes α (350) vom prozentuellen Anteil der Wasserkraftenergie h_j an der Gesamterzeugung (Beispiel)

der erhöhten Wärmestromerzeugung im beobachteten Monat ΔW_{tm} im Verhältnis zu den Energieverlusten im gleichen Monat ΔW_m mit

$$\alpha_m = \frac{\Delta W_{tm}}{\Delta W_m} \tag{348}$$

ausgedrückt. Es wird vorausgesetzt, daß die Energieverluste an allen Werktagen während des untersuchten Monats untereinander gleich sind. Der Wert α_m kann durch

$$\alpha_m = v_B\, w'' + v_D \frac{\Delta P_m\, r\, t_{tv\,\text{min}}}{\Delta W_m} + v_C \tag{349}$$

bestimmt werden. Darin sind v_B, v_C und v_D die Werte der relativen Dauer für die einzelnen Gruppen der Fälle.

Wenn μ das Verhältnis der Verluste in den einzelnen Monaten zu den jährlichen Gesamtverlusten bedeutet, dann gilt für die Beziehung zwischen dem jährlichen Stromerzeugungszuwachs aus Wärmekraftwerken und den jährlichen Energieverlusten

$$\alpha = \sum_{m=1}^{12} \alpha_m \mu_m \tag{350}$$

Ein Beispiel der Abhängigkeit der Beziehung α vom Anteil der Wasserkraftenergie h_j an der Gesamterzeugung eines Verbundsystems zeigt Abb. 188. Erwähnt sei, daß Abb. 188 lediglich als Beispiel dient und nur für ein gegebenes Verbundsystem anwendbar ist, ebenso wie für die untersuchte Fernleitung.

Indem man berücksichtigt, daß die Fälle der Gruppe B und D selten auftreten (Abb. 132), entsteht kein bedeutender Fehler, wenn in (349) der Wert $w'' = 1$ gesetzt wird und das zweite rechte Glied auf der rechten Seite im Ausdruck (349) vernachlässigt wird. Es ist dann

$$\alpha_m = v_B + v_C \tag{351}$$

was als erste Annäherung für die Größe α_m betrachtet werden kann.

Indem auf die gesamten Jahresverluste (308) und die Beziehung α (350) Bezug genommen wird, beträgt der durch die Verluste bedingte Stromerzeugungszuwachs in den Wärmekraftwerken

$$\Delta W_t = \alpha \, \delta \Delta P_m t_o \tag{352}$$

worin $t_o = 8760$ h/Jahr bedeutet.

3. Bewertung der Verluste

Der Wert der Verluste in einem Verbundnetz wird durch die von ihnen verursachten Kosten bestimmt.

Nach den bisherigen Ausführungen können diese in zwei Gruppen eingeteilt werden:

Verluste, durch die eine Vergrößerung der installierten Leistung in Wärmekraftwerken erforderlich ist, und

Verluste, die eine Erhöhung der Stromerzeugung in Wärmekraftwerken bedingen.

Die jeweils erforderliche Vergrößerung der installierten Leistung in Wärmekraftwerken ist durch Ausdruck (341) definiert. Wenn es jedoch wünschenswert ist, daß die erforderliche Energie gerade im kritischen Zeitabschnitt gesichert ist, muß eine entsprechende Reserve berücksichtigt bzw. muß der Ausdruck (34) mit einem entsprechenden Reservefaktor ϱ multipliziert werden. Die Leistung ΔP_m ist als Leistung an den abgehenden Leitungen des Kraftwerkes zu verstehen. Um die wirklichen Kosten zu erfassen, ist es notwendig, die Formel (341) noch mit den spezifischen Leistungskosten der Wärmekraftwerke b_t in Geldwert/Jahr je kW an den abgehenden Leitungen zu multiplizieren.

Die erforderliche Steigerung der Stromlieferung der Wärmekraftwerke ist aus der Formel (352) zu entnehmen. Zur Bestimmung der Kostenerhöhung ist diese mit den mittleren spezifischen Brennstoffkosten (k_b Geldwert/kWh) auf die abgehenden Leitungen der Kraftwerke umzurechnen, da die Verluste sowohl durch die wirtschaftlichsten Wärmekraftwerke (zur Zeit des hohen Wasserstandes) wie auch durch die unwirtschaftlichsten Wärmekraftwerke (zur Zeit eines außerordentlich niedrigen Wasserstandes) gedeckt werden.

Für eine genauere Bestimmung der veränderlichen spezifischen Kosten k_b kann auch in diesem Fall die in Kapitel VII, 4 behandelte Methode angewendet werden.

Demnach wird die Bewertung der Verluste durch folgenden Ausdruck dargestellt

$$E_v = \Delta P_m (\varrho\, b_t\, k\, \beta + k_b\, \alpha\, \delta\, t_o) \text{ Geldwert/Jahr} \tag{353}$$

Dieser Ausdruck (353) gilt für Übertragungsleitungen, in denen die Leerlaufverluste vernachlässigt werden können. Wenn jedoch Leitungen mit sehr hohen Spannungen untersucht werden, sind diese Verluste nicht zu vernachlässigen. Ebenso können sie nicht unberücksichtigt bleiben, wenn Transformatorenverluste behandelt werden.

In solchen Fällen sind zu den bisher angeführten Verlusten noch die Leerlaufverluste ΔP_o zu addieren (Korona- oder Eisenverluste), da diese von der Belastung unabhängig sind. Außerdem kann vorausgesetzt werden, daß eine Leitung oder ein Transformator während des ganzen Jahres in Betrieb ist, was auch tatsächlich zutrifft.

Es handelt sich dabei um einen konstanten Verbraucher. Die Größen k und β sind gleich 1. Den gleichen Wert hat auch der Verlustfaktor δ. Dagegen wird das Verhältnis α, jetzt mit α_o bezeichnet, aus der Beziehung (350) gefunden, wobei zu berücksichtigen ist, daß $\mu_1 = \mu_2 \ldots = \frac{1}{12}$ ist.

Demnach ergibt sich für die Bewertung der Verluste folgende Beziehung

$$E_v = (k\, \beta\, \Delta P_m + \Delta P_o)\, \varrho\, b_t + (\alpha\, \delta\, \Delta P_m + \alpha\, \Delta P_o)\, k_b\, t_o \tag{354}$$

Diese Ausdrücke (353) und (354) bieten die Möglichkeit zu energiewirtschaftlichen Untersuchungen, von denen eine im nächsten Abschnitt näher behandelt wird.

4. Der optimale Leitungsquerschnitt

a) Bedingung der geringsten Kosten im Verbundsystem

Es sei vorausgesetzt, daß in einem Verbundsystem die Errichtung einer Leitung mit bestimmter Länge und gegebener Leitungsführung für die Versorgung eines Gebietes oder Kupplung zweier Bezirke notwendig ist. Weiters sei vorausgesetzt, daß am Ende der Leitung eine Maximalleistung P_m und eine jährliche Energiemenge W verfügbar sein soll.

Bei Berücksichtigung der erforderlichen Zusatzleistung ΔP_t und erforderlichen zusätzlichen Stromerzeugung ΔW_t der Wärmekraftwerke, deren Größe durch die Beziehungen (341) und (352) gegeben ist, können die Gesamtkosten in einem Verbundsystem mit Wärme- und Wasserkraftwerken durch folgende Gleichung bestimmt werden

$$\mathrm{K} = K_h + \varrho\, b_t\,(P_t + \Delta P_t) + k_b\,(W_t + \Delta W_t) + K_v \tag{355}$$

Darin bedeuten: K_h die jährlichen Kosten der Wasserkraftwerke, P_t die erforderliche Leistung der Wärmekraftwerke im Fall, daß in der untersuchten Fernleitung keine Verluste auftreten, ΔP_t die Zusatzleistung der Wärmekraftwerke, die für die Deckung der Verluste in der untersuchten Leitung erforderlich ist, k_b die Brennstoffkosten in den Wärmekraftwerken je kWh, W_t die erforderliche Stromerzeugung der Wärmekraftwerke, wenn keine Leitungsverluste auftreten würden, ΔW_t die für die Verlustdeckung erforderliche zusätzliche Stromerzeugung und K_v die festen jährlichen Kosten der Fernleitung.

Die Werte von K_h, ϱ, b_t, P_t, k_b und W_t sind von der Leitung, deren Querschnitt zu bestimmen ist, unabhängig. In den Werten für P_t und W_t ist zwar der Stromverbrauch der Abnehmer über die untersuchte Leitung einbezogen, doch haben die Verluste auf deren Größe keinen Einfluß. Die Größen von ΔP_t, ΔW_t und K_v sind von der Leitung abhängig.

Von allen Größen, die für die Kennzeichnung einer Leitung in Frage kommen, hat allein der Leiterquerschnitt Einfluß auf das Verbundsystem. Die Masttypen, deren Material, Isolatorentypen u. a. m. beeinflussen nicht die übrigen Teile des Systems. Daher ist eine optimale Lösung in bezug auf Masttypen, Material, Isolatorentypen u. ä. für eine gegebene Leitung gleichzeitig auch die optimale Lösung für das betreffende Verbundsystem. Ohne Zweifel wird ein Verbundsystem durch die Spannung einer gegebenen Leitung beeinflußt. Da jedoch genügend große Abstufungen bei den normierten Nennspannungen bestehen, ist es mit einer gewissen Übung nicht besonders schwierig, im voraus die erforderliche Nennspannung zu bestimmen, wenn die Leitungslänge und Größe der Übertragungsleistung bekannt sind. Daher kann vorausgesetzt werden, daß die Spannung eine von vornherein gegebene Größe darstellt. Jedoch steht nichts im Wege, daß Vergleiche zwischen Alternativen verschiedener Spannung angestellt werden und die besser zusagende Lösung gewählt wird.

Demnach sind bei einer bestimmten Masttype und deren Material, Isolatorentype u. ä. die Investitionen für eine Fernleitung die Funktion des Querschnittes q, daher sind auch die festen jährlichen Kosten der Leitung

$$K_v = f\,(q) \tag{356}$$

Für eine Leitung eines gegebenen Verbundsystems und gegebene Charakteristik der Belastung sind die Zusatzleistung und zusätzliche Stromerzeugung von den maximalen Leistungsverlusten gemäß Formel (341) und (352) abhängig. Es ist daher

$$\Delta P_t = f\,(\Delta P_m) \tag{357}$$

$$\varDelta W_t = f(\varDelta P_m) \tag{358}$$

Für eine Leitung bestimmter Nennspannung und Länge, aus bestimmtem Material mit bestimmter Belastung und bestimmten Leistungsfaktor sind die Leistungsverluste eine Funktion des Querschnittes der Leiter, daraus sind

$$\varDelta P_t = f(q) \tag{359}$$

$$\varDelta W_t = f(q) \tag{360}$$

Es ist daher möglich, für die Gesamtkosten im Verbundsystem

$$K = f(q) \tag{361}$$

zu setzen. Die Bedingung eines minimalen Kostenaufwandes wird erfüllt, wenn

$$\frac{dK}{dq} = 0 \tag{362}$$

$$\frac{d^2 K}{dq^2} > 0 \tag{363}$$

sind.

Durch Ableitung des Ausdruckes (355) nach q erhält man

$$\frac{dK}{dq} = \varrho b_t \frac{d(\varDelta P_t)}{dq} + k_b \frac{d(\varDelta W_t)}{dq} + \frac{dK_v}{dq} = 0 \tag{364}$$

Für $\varDelta P_t$ erhält man auf Grund der Formeln (341) und (297)

$$\varDelta P_t = \frac{k \beta F P^2{}_m}{q} \tag{365}$$

Anstelle von $\varDelta W_t$ kann nach den Formeln (352) und (297) eingesetzt werden

$$\varDelta W_t = \frac{\alpha \delta t_o F P^2{}_m}{q} \tag{366}$$

wobei der Ausdruck (364) die Form

$$q^2 \frac{dK_v}{dq} = F P^2{}_m (\varrho b_t k \beta + k_b \alpha \delta t_o) \tag{367}$$

erhält.

Die zweite Ableitung des Ausdrucks (364) lautet

$$\frac{d^2 K}{dq^2} = \frac{2 F P^2{}_m}{q^3} (\varrho b_t k \beta + k_b \alpha \delta t_o) + \frac{d^2 K_v}{dq^2} \tag{368}$$

Darin sind im ersten Glied auf der rechten Seite alle positiven Größen enthalten, während das zweite Glied die Ableitung der ansteigenden Funktion darstellt. Deshalb ist die zweite Ableitung des Ausdruckes positiv. Damit ist die Ungleichung (363) erfüllt. Durch Erfüllung der Bedingungen aus (367) erhält man das Minimum der Kosten in einem Verbundsystem.

Die Bestimmung des optimalen Querschnittes einer Fernleitung nach dem Ausdruck (367) kann daher graphisch, wie dies in Abb. 189 dargestellt ist, erfolgen.

Alle bisherigen Betrachtungen gelten für den Fall, daß in allen Jahren während der Lebensdauer einer Fernleitung die gleichen Verhältnisse in der Fernleitung und im Verbundsystem herrschen. Es ist jedoch kaum denkbar, daß in der Praxis so ein Fall auftreten könnte. Deshalb müssen die Untersuchungen unter Voraussetzung einer Änderung der Verhältnisse im System und der Leitung durchgeführt werden.

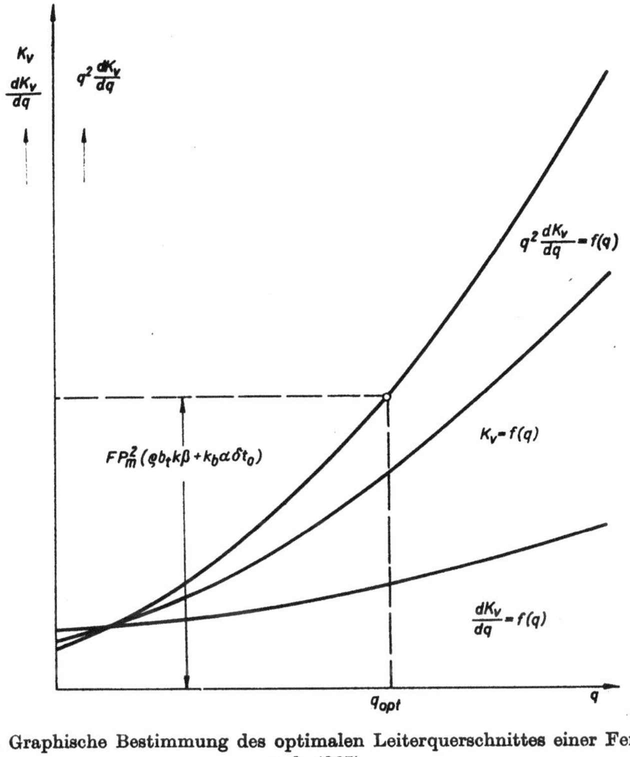

Abb. 189. Graphische Bestimmung des optimalen Leiterquerschnittes einer Fernleitung nach (367)

Ausgehend von der Gl. (355), durch welche die Gesamtkosten im Verbundsystem dargestellt werden und die nun in der Form

$$K = K_o + \varrho\, b_t\, \Delta P_t + k_b\, \Delta W_t + K_v \tag{369}$$

geschrieben wird, ist ersichtlich, daß K_o alle jene Glieder erfaßt, die vom Querschnitt der Fernleitung unabhängig sind.

Die gesamten Kosten werden auf den Beginn des ersten Jahres bezogen, daher sind die Kosten im Netz, wenn mit p der Zinsfaktor bezeichnet wird, im n-ten Jahre

$$K_n = \frac{K_{on}}{(1+p)^n} + \frac{\varrho\, b_{tn}\, \Delta P_{tn}}{(1+p)^n} + \frac{k_{bn}\, \Delta W_{tn}}{(1+p)^n} + \frac{K_v}{(1+p)^n} \tag{370}$$

Die Gesamtkosten für n-Jahre — entsprechend der Lebensdauer der betreffenden Fernleitung — werden als Summe der Kosten in n-Jahren ermittelt

$$\begin{aligned}\sum_1^n K_n = \sum_1^n \frac{K_{on}}{(1+p)^n} + r \sum_1^n \frac{\varrho\, b_{tn}\, \Delta P_{tn}}{(1+p)^n} + \\ + \sum_1^n \frac{k_{tn}\, \Delta W_{tn}}{(1+p)^n} + K_v \sum_1^n \frac{1}{(1+p)^n}\end{aligned} \tag{371}$$

Auch nun besteht die Möglichkeit, das Kostenminimum im Verbundnetz zu bestimmen. Das Minimum wird erreicht, wenn

$$\begin{aligned}q^2 \frac{dK_v}{dq} \sum_1^n \frac{1}{(1+p)^n} = \sum_1^n \frac{b_{tn}\, k_n\, \beta_n\, F_n\, P^2_{mn}}{(1+p)^n} + \\ + t_o \sum_1^n \frac{k_{bn}\, \alpha_n\, \delta_n\, F_n\, P^2_{mn}}{(1+p)^n}\end{aligned} \tag{372}$$

wird.

Die Gl. (372) ist unter der Voraussetzung entwickelt, daß sich alle Größen, die von den im Verbundsystem herrschenden Verhältnissen (k, α) und von dessen Entwicklung (b_t, k_b) wie auch jene, die von den Belastungscharkateristiken einer Fernleitung (k, β, δ, F und P_m) abhängig sind, im Laufe der Zeit ändern.

b) Einfluß auf den optimalen Leitungsquerschnitt

Für eine genaue Bestimmung des optimalen Leiterquerschnittes ist es notwendig, im voraus die Entwicklung des Verbundsystems und die Entwicklung der Belastung der untersuchten Fernleitung zu kennen. Einige Veränderungen treten indessen rascher ein, andere dagegen langsamer, weswegen die Betrachtungen vereinfacht werden, letztere als konstant während der ganzen Zeit zu behandeln.

Allgemein kann gesagt werden, daß Veränderungen in den Verhältnissen eines Verbundnetzes langsam auftreten, besonders, wenn dieses ausgedehnt ist und wenn es noch nicht am Wendepunkt seiner Entwicklung durch die Erschöpfung der Wasserkräfte angelangt ist. Deshalb darf die Größe α als ungefähr konstant angesehen werden, was auch für die Beeinflussung der Verhältnisse auf die Größe k gilt, die durch Veränderungen der relativen Zeit τ_{hk} in der Formel (324) erkennbar wird.

Die festen spezifischen Kosten und die spezifischen Brennstoffkosten in Wärmekraftwerken zeigen eine rückläufige Tendenz wegen der ständig wachsenden Dampfdrücke und Temperaturen und der Aufstellung immer größerer Maschinensätze. Jedoch darf nicht eine rasche Abnahme der festen spezifischen Kosten b_t wegen der Anwendung immer höherer Dampfparameter und Verbesserungen der Wärmeschemen in modernen Kraftwerken erwartet werden.

Die Verringerung der spezifischen Brennstoffkosten k_b in neuen Wärmekraftwerken hat keinen wesentlichen Einfluß, weil in die Formel (372) die mittleren spezifischen Brennstoffkosten einzusetzen sind, da die Zusatzverluste ebenso von den wirtschaftlich am besten, wie auch am schlechtesten arbeitenden Wärmekraftwerken getragen werden. Deshalb kann als erste Annäherung angenommen werden, daß b_t und k_b konstante Größen sind.

Die Charakteristiken der Belastung eines Verbrauchsbezirkes, wie die Größen β, Verlustfaktor δ, Leistungsfaktor $\cos \varphi$ (der die einzige variable Größe in F darstellt), der relativen Verluste w' (322), ändern sich ebenfalls sehr langsam. Deshalb darf man in der ersten Überschlagrechnung ebenso die Werte von k, β, F und δ als konstante Größen betrachten.

Bei Berücksichtigung der oben erwähnten Vereinfachungen geht die Gl. (372) in die neue Form

$$q^2 \frac{dK_v}{dq} \sum_1^n \frac{1}{(1+p)^n} = (\varrho\, b_t\, k\, \beta + k_b\, \alpha\, \delta\, t_o)\, F \sum \frac{P^2{}_{mn}}{(1+p)^n} \quad (373)$$

über. In dieser wird mit einer Veränderung der Höchstbelastung der behandelten Fernleitung gerechnet, deren Belastung im Laufe der Jahre dann den meisten Veränderungen unterworfen ist, falls diese Leitung für die Versorgung eines Verbrauchsgebietes dient.

Eine Änderung der Höchstbelastung der Leitung tritt jedoch nicht auf, wenn diese als Kupplung eines Kraftwerkes mit dem übrigen Netz dient, da unter dieser Voraussetzung die Maximalbelastung der Leitung durch die maximale Leistung des Kraftwerkes gegeben ist. In solchen Fällen geht die Gl. (372) in die Gl. (367) über, wenn man damit rechnet, daß alle übrigen Größen konstant sind, was bereits früher vorausgesetzt wurde.

Die Anwendung der Gl. (372) erfordert Kenntnisse der Entwicklungstendenzen des betreffenden Verbundsystems, in das die untersuchte Fernleitung einbezogen werden soll, wie auch Kenntnisse über die zukünftige Entwicklung der Belastung der behandelten Leitung. Auf Grund dieser Unterlagen ist es dann möglich, die erforderlichen Berechnungsgrößen zu bestimmen. Ohne Zweifel ist es jedoch leichter, Entwicklungstendenzen in naher Zukunft abzuschätzen, als aber in einer ferneren Zukunft. Es könnten deshalb vielleicht Bedenken entstehen, die entwickelten Formeln anzuwenden. Doch ist der Einfluß der weiteren Zukunft auf die Höhe der Summen, die in den entwickelten Formeln enthalten sind, um so geringer, je weiter man die zukünftige Entwicklung in Betracht zieht, da der Ausdruck im Nenner mit der Vergrößerung von n wächst.

Außerdem haben auch die Unsicherheiten in den Voraussagen über die zukünftige Entwicklung, demnach auch eine gewisse Unsicherheit in der Bestimmung der rechten Seite der Gl. (372), keinen wesentlichen Einfluß auf die Bestimmung des optimalen Leiterquerschnittes, wie dies vielleicht der erste Eindruck sein könnte. Auf der linken Seite der erwähnten Formel erscheint nämlich der Querschnitt in quadratischer Größe, weswegen sich ein Fehler in der Bestimmung der rechten Gleichungsseite nicht in vollem Ausmaß auf den optimalen Querschnitt auswirkt, weil der Querschnitt q proportional der Quadratwurzel auf der rechten Seite des Ausdruckes (372) ist.

Wenn man unterdessen noch berücksichtigt, daß man bei der Auswahl der Leiterquerschnitte an normierte Querschnitte gebunden ist, wird der Einfluß der Unsicherheit in den Voraussagen noch geringer.

Größere feste Kosten von Wärmekraftwerken b_t und größere spezifische Brennstoffkosten k_b rechtfertigen größere Leiterquerschnitte. Ebenso wirken sich auch ein höherer Verlustfaktor δ und demnach ein höherer Belastungsfaktor einer Fernleitung m nach der Formel (310) im Sinne einer Vergrößerung des optimalen Leiterquerschnittes aus. Dies gilt auch für β als Verhältnis zwischen der Maximalbelastung in der kritischesten Zeitperiode und der maximalen Jahresbelastung der Fernleitung.

Die Größen k und α sind von den Umständen im Verbundsystem abhängig, wie dies bereits festgestellt wurde. Daher kann allgemein gesagt werden, daß die Werte von k und α um so größer werden, je kleiner der Anteil der Wasserkraftwerke in der gesamten Stromerzeugung eines Verbundsystems ist. Das heißt, daß in Verbundnetzen mit kleinem Anteil an Wasserkraftanlagen größere Leiterquerschnitte in der Fernleitung eher berechtigt sind als in Netzen, in denen der überwiegende Anteil der Energie von Wasserkraftwerken geliefert wird. Daher kann letzten Endes für Verbundnetze mit einem Anteil an Wasserkraftwerken von 95% und darüber angenommen werden, daß $\alpha = 0$ ist. Somit kann das zweite Glied der Gl. (367) und (372) vernachlässigt werden, indem k (im ersten Glied) die kleinstmögliche Größe annimmt, die von den Belastungscharakteristiken der Fernleitung abhängig ist.

Bei gleicher Veränderung der Konstanten während einer Reihe von Jahren werden die Glieder auf der rechten Seite der Gl. (367) und (372) um so geringer, je größer der Zinsfuß p wird. Das bedeutet mit anderen Worten, daß in Ländern mit hohem Zinsfuß der optimale Leiterquerschnitt kleiner gewählt werden sollte. Diese Ansicht ist auch begründet, da ein hoher Zinsfuß Kapitalknappheit bedeutet und sich mit einer Verringerung des Leiterquerschnittes die Anlagekosten bzw. Investitionen für den Bau der Fernleitungen ermäßigen.

Die Länge der Fernleitung hat keinen praktischen Einfluß auf den optimalen Leiterquerschnitt. Dieser Gesichtspunkt trifft bei kürzeren Leitungen zu, bei denen es nicht erforderlich ist, Leitungsverluste mittels der Ausdrücke (306) und (307) in Rechnung zu stellen. In den Gl. (367) und (372) kann man nämlich an Stelle der Gesamtkosten der Fernleitung K_v den Ausdruck $l\,K_{v1}$ setzen, worin K_{v1} die jährlichen Kosten der Fernleitung je km bedeutet. Außerdem erscheint in der Größe F (298), welche im Zähler auf der rechten Seite der Gleichung vorkommt, die Leitungslänge l, so daß sich die Länge l in der Gleichung kürzt. In Anbetracht dessen, daß alle übrigen Größen von der Leitungslänge unabhängig sind, besteht keinerlei Abhängigkeit des optimalen Leiterquerschnittes von der Länge.

Für besonders lange Leitungen ist es allerdings nicht möglich, so exakte Überlegungen durchzuführen. Zur Bestimmung der Verluste in solchen Leitungen ist die Gl. (306) anzuwenden, in der außer der Länge auch die Größe k_R, die von der Länge abhängig ist, erscheint. Nach Kürzung der linken und rechten Seite der Gl. (367) und (372) durch l bleibt auf der rechten Seite noch die Größe F, in der k_R und k_C (Abb. 179) enthalten und von der Länge der Leitung abhängig sind. Der Wert von k_R fällt bei zunehmender Länge, dagegen steigt k_C in diesem Falle. Gemäß den Ausdrücken (306) und (307) wird F bei zunehmender Leitungslänge kleiner. Man kann daraus schließen, daß für besonders lange Leitungen bei sonst unveränderten Voraussetzungen, der optimale Querschnitt um so kleiner wird, je länger die Fernleitung ist. Jedoch ist dieser Einfluß geringfügig, da verhältnismäßig kleine Änderungen der Größen k_R und k_C vorkommen und weil der Querschnitt q in der linken Gleichungsseite als quadratischer Wert erscheint.

c) Einfluß der Leitungsverluste im Verbundnetz

Bei der Behandlung der Einflüsse, die durch die Verluste in der untersuchten Leitung im Verbundsystem hervorgerufen werden, wurde angenommen, daß der Widerstand des Netzes zwischen den Kraftwerken und Sammelschienen, an welche die untersuchte Fernleitung

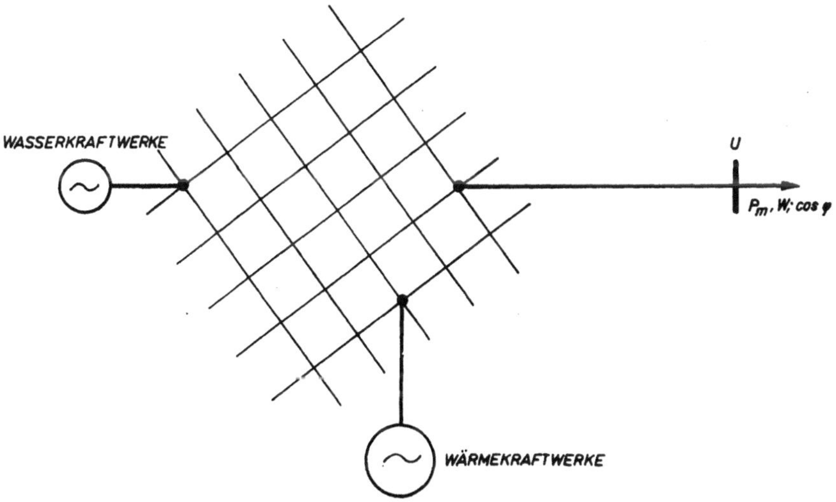

Abb. 190. Schema des Verbundsystems mit der behandelten Fernleitung

angeschlossen ist, so gering ist, daß er vernachlässigt werden kann (Abb. 190). Nun hat aber der Netzwiderstand eines Verbundsystems doch einen endlichen Wert, daher sind die Netzverluste des Verbundnetzes abhängig von der Größe der Verluste in der untersuchten Fernleitung. Daraus ist, bei Berücksichtigung der vorhergehenden Überlegungen ersichtlich, daß der optimale Leiterquerschnitt vom Verbundnetz beeinflußt wird.

In Abb. 191 ist das Netz des Verbundsystems durch die Fernleitung der Länge l_s mit dem Querschnitt q_s dargestellt. Von den Sammelschienen, an welche die untersuchte Fernleitung angeschlossen ist, werden noch andere Verbraucher gespeist, deren Verbrauch unabhängig vom Strombedarf am Ende der betrachteten Fernleitung ist.

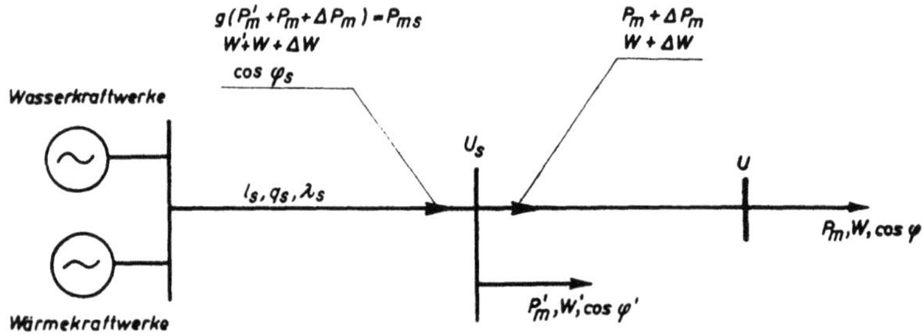

Abb. 191. Schematische Darstellung des Verbundsystems mit der behandelten Fernleitung und der Ersatz-Fernleitung für das zwischen der behandelten Fernleitung und den Kraftwerken liegende Netz

Die Gesamtkosten im Verbundnetz können nun mit der Gl. (355) bzw. die Bedingung des Minimums durch die Gl. (367) und (372) ausgedrückt werden. Dabei ist es notwendig, die Größen ΔP_t und ΔW_t unter Berücksichtigung der veränderten Verhältnisse zu definieren.

Die Zusatzleistung der Wärmekraftwerke ΔP_t ist in der Formel (341) durch die maximalen Leistungsverluste einer untersuchten Fernleitung definiert. Nun setzt sich der Leistungsverlust zusammen aus den Verlusten in der betrachteten Fernleitung und der Leitung, durch die das Verbundnetz ersetzt wird. Demnach setzt sich der maximale Leistungsverlust im kritischen Zeitabschnitt aus

$$\Delta P''_{mk} = \Delta P_{mk} + \Delta P_{msk} \tag{374}$$

zusammen, wobei der Index „s“ jene Größe bezeichnet, die sich auf jene Fernleitung bezieht, die das Verbundnetz ersetzt. Da die Größen k und β bekannt sind, und das getrennt für die untersuchte Fernleitung und getrennt für die das Verbundnetz ersetzende Leitung (k_s und β_s), die in diesem Fall untereinander verschieden sind, kann ΔP_t (die notwendige Erhöhung der Leistung der Wärmekraftwerke durch die Gesamtverluste) so ausgedrückt werden

$$\Delta P_t = k\,\beta\,\Delta P_m + k_s\,\beta_s\,\Delta P_{ms} \tag{375}$$

Die Maximalbelastung der Leitung P_{ms}, die anstelle des Verbundnetzes gesetzt wurde, unterscheidet sich allgemein von der Summe der Höchstbelastungen P'_{ms} der Leitungen, die an die erwähnte Leitung angeschlossen sind, da die Maximalbelastungen nicht gleichzeitig auftreten. Das Verhältnis der Maximalbelastung der Leitung zur Summe der Höchstlasten wird durch den Faktor g ausgedrückt, der mit

$$g = \frac{P_{ms}}{P'_{ms}} = \frac{P_{ms}}{P'_m + P_m + \Delta P_m} \leqq 1 \tag{376}$$

definiert ist.

ΔP_{ms} ist daher, gemäß Formel (297), unter Berücksichtigung der in Abb. 191 verwendeten Bezeichnungen:

$$\Delta P_{ms} = \frac{F_s g^2}{q_s} (P'_m + P_m + \Delta P_m)^2 \tag{377}$$

Durch Quadrierung des eingeklammerten Teiles der Gl. (377) — wobei der Wert für ΔP^2_m infolge seiner Kleinheit als Größe zweiter Ordnung im Vergleich mit der Summe $P'_m + P_m$ vernachlässigt werden kann — erhält man

$$\Delta P_{ms} = \frac{F_s g^2}{q_s} [(P'_m + P_m)^2 + 2 \Delta P_m (P' + P_m)] \tag{378}$$

Wenn man nun in die Formel (375) für ΔP_m den Wert aus der Gl. (297) und für ΔP_{ms} den Wert aus (378) einsetzt und nach q ableitet, erhält man

$$\frac{d(\Delta P_t)}{dq} = - k \beta F \frac{P^2_m}{q^2} \left[1 + 2 \frac{k_s \beta_s}{k \beta} \cdot \frac{F_s}{q_s} g^2 (P'_m + P_m)\right] \tag{379}$$

Die Energieverluste in den Übertragungsleitungen können aus der Gl. (308) getrennt für die untersuchte Fernleitung ΔW und getrennt für die das Verbundnetz ersetzende Fernleitung ΔW_s errechnet werden. Die Gesamtverluste betragen demnach

$$\Delta W'' = \Delta W + \Delta W_s \tag{380}$$

Bei Benützung der Bezeichnung für den Leistungsverlust aus (375) und der Gl. (352) erhält man

$$\Delta W_t = t_o (\alpha \delta \Delta P_m + \alpha_s \delta_s \Delta P_{ms}) \tag{381}$$

Mit Anwendung des Ausdruckes (378) ergibt sich

$$\frac{d(\Delta W_t)}{dq} = - \alpha \delta t_o F \frac{P^2_m}{q^2} \left[1 + 2 \frac{\alpha_s \delta_s}{\alpha \delta} \cdot \frac{F_s}{q_s} g^2 (P'_m + P_m)\right] \tag{382}$$

Als erste Annäherung kann man setzen:

$$k \beta = k_s \beta_s \tag{383}$$

$$\alpha \delta = \alpha_s \delta_s \tag{384}$$

Sie beruht auf der Tatsache, daß k und α in größerem Ausmaß von den im Verbundsystem herrschenden Verhältnissen abhängen, denn beide Leitungen arbeiten ja im gleichen System, während β_s und δ_s ausschließlich von den Verhältnissen in der das System ersetzenden Leitung beeinflußt werden. Dieser Einfluß ist um so größer, je kleiner die Belastung P'_m im Vergleich mit P_m ist, oder, je kleiner W' im Vergleich zu W (Abb. 191) ist.

Wenn noch

$$\gamma = 2 \frac{F_s}{q_s} g^2 (P'_m + P_m) \tag{385}$$

sein soll, kann die Bedingung für das Minimum der Kosten analog der Gl. (367) in der Form

$$q^2 \frac{d K_v}{d q} = F P^2_m (1 + \gamma) (\varrho\, b_t\, k\, \beta + k_b\, \alpha\, \delta\, t_o) \tag{386}$$

ausgedrückt werden. Diese unterscheidet sich um den Faktor $(1 + \gamma)$ vom Ausdruck (367), der unter der Voraussetzung gilt, daß der Netzwiderstand vernachlässigbar klein ist, bzw. daß $q_s = \infty$ ist.

Nun soll untersucht werden, welche Werte der Wert γ annehmen kann. In diesem Fall ist vor allem maßgebend der größte Wert von γ, den man für den Fall einer langen Leitung mit kleinem Querschnitt durch die Höchstbelastung $(P'_m + P_m)$ ermittelt. Falls es sich um eine 110 kV-Leitung handelt, können als Grenzwerte angenommen werden:

$$\begin{aligned} l_s &= 150 \text{ km} \\ q_s &= 120 \text{ mm}^2 \text{ Cu} \\ P'_m + P_m &= 50 \text{ MW} \\ \cos \varphi_s &= 0{,}8 \\ g &= 1{,}00 \end{aligned}$$

Daraus erhält man

$$F_s = \frac{l_s}{\lambda_s U^2 \cos^2 \varphi_s} = \frac{150 \cdot 10^3}{56 \cdot 110^2 \cdot 0{,}8^2} = 0{,}345 \tag{387 a}$$

und

$$\gamma = 2 \cdot 0{,}345 \frac{50}{120} = 0{,}288$$

Wie man sieht, wird der Einfluß des Netzes durch den Faktor $1 + \gamma = 1{,}288$ dargestellt. Da sich auf der rechten Seite der Gl. (386) der Wert für q^2 befindet, erhöht sich bei Berücksichtigung der Netzverluste auch im ungünstigsten Fall der optimale Querschnitt um höchstens 13%, da $\sqrt{1{,}288} = 1{,}13$ ist.

Wenn man eine Fernleitung 220 kV als anderen Grenzfall mit folgenden Daten zugrunde legt

$$\begin{aligned} l_s &= 400 \text{ km} \\ g_s &= 360 \text{ mm}^2 \text{ Al} \\ P'_m + P_m &= 150 \text{ MW} \\ \cos \varphi_s &= 0{,}9 \\ g &= 1{,}00 \end{aligned}$$

findet man

$$F_s = \frac{k_R\, l}{\lambda_s U^2 \cos^2 \varphi_s} = \frac{0{,}96 \cdot 400 \cdot 10^3}{36 \cdot 200^2 \cdot 0{,}9^2} = 0{,}272 \tag{387 b}$$

und dazu

$$\gamma = 2 \cdot 0{,}272 \frac{150}{360} = 0{,}272$$

Demnach vergrößert sich der Querschnitt um etwa 11%.

In praktischen Fällen dürfte es sich allerdings um Fernleitungen geringerer Länge und größeren Querschnittes handeln, die nicht bis zur höchsten übertragbaren Leistungsgrenze belastet werden und eine oder mehrere Netzmaschen bilden. Deshalb dürfte auch die Größe γ wesentlich kleinere Werte annehmen, wodurch noch in größerem Ausmaß der Einfluß der Leistungsverluste im Netz auf die Dimensionierung der Fernleitungen vernachlässigt werden kann. Wenn man daher z. B. voraussetzt, daß die Sammelschienen, an welche die untersuchte Fernleitung angeschlossen ist, über zwei Leitungen gleicher Länge und gleichen Querschnittes wie die vorhin genannten Leitungen gespeist werden und sich die Gesamtleistung auf diese beiden Leitungen verteilt, beträgt die Querschnittsvergrößerung für den Fall der 110 kV-Leitung etwa 7%, für den Fall der 220 kV-Leitung etwa 6%.

Auch wenn man den größten möglichen Einfluß der Netzverluste auf die Bestimmung des optimalen Leiterquerschnittes annehmen würde, so bliebe trotzdem der Leiterquerschnitt der Fernleitung praktisch unverändert, da die normierten Querschnitte untereinander Unterschiede von über 20% aufweisen.

Falls jedoch die Dimensionierung einer Fernleitung, die an eine bereits bestehende Leitung großer Länge mit einem relativ kleinen Querschnitt angeschlossen wird, bestimmt werden soll, muß auch der Einfluß dieser Leitung berücksichtigt werden, was unter Benützung der Gl. (379) und (382) erfolgen kann.

XI. Belastung der Fernleitungen in einem Verbundsystem

1. Allgemeines

Eine eingehende Untersuchung der in Hochspannungsnetzen herrschenden Verhältnisse ist ohne Verwendung eines Wechselstromnetzmodells kaum denkbar. Es ist jedoch erforderlich, vor Beginn der Arbeiten am Netzmodell, umfangreiche vorbereitende Untersuchungen durchzuführen. Dies ist besonders dann notwendig, wenn Verhältnisse in einem Netz zu untersuchen sind, dessen überwiegender Teil erst projektiert werden soll und wenn es sich um ein Netz handelt, in dem Wasserkraftanlagen eine wesentliche Rolle spielen. Vor Beginn der Arbeit am Analysator müssen nämlich sämtliche Unterlagen über die Wirkbelastung sämtlicher Kraftwerke, über den Verbrauch von Wirk- und Blindstrom in den Knotenpunkten des Netzes und über die Möglichkeiten der Erzeugung von Blindstromenergie für gegebene Wirklast zur Verfügung stehen. In der Erzeugung und im Verbrauch, die gegenseitig ausgeglichen sein müssen, sind die Verluste im zu untersuchenden Netz nicht inbegriffen. Deshalb müssen ein oder mehrere Kraftwerke, die über nichtausgenützte Leistung verfügen und mit ihrer erhöhten Stromerzeugung die Netzverluste decken könnten, für diese Zwecke herangezogen werden.

Um alle diese Unterlagen zu ermitteln, muß eine eingehende Analyse der im Verbundnetz herrschenden Verhältnisse durchgeführt werden, wobei die Kraftwerks- und Verbrauchscharakteristiken (besonders der Wasserkraftwerke) bekannt sein müssen.

2. Wirkbelastung von Fernleitungen

Die Möglichkeiten der Ausnutzung von Wasserkraftwerken und die Notwendigkeit des Einsatzes von Wärmekraftwerken in einem Verbundsystem als Ganzes wurden im Kapitel IV behandelt. Die auf diese Weise aufgestellten Energiebilanzen für ein ganzes Verbundsystem dienen als Grundlage zur Bestimmung der Belastungen der Fernleitungen.

Bei bekanntem Energie- und Leistungsbedarf und bekannten Stromerzeugungsmöglichkeiten der Wasserkraftwerke in den einzelnen Verbrauchsbezirken des untersuchten Verbundnetzes kann man für diese wie auch für das Verbundsystem als Ganzes die Unterschiede zwischen dem Bedarf und Erzeugungsdargebot der Wasserkraftwerke bestimmen. In den Tabellen 30 und 31 sind die Unterschiede für zwei Fälle dargestellt, für die in Tab. 29 die Energiebilanz des Systems aus-

Tabelle 29. *Beispiele für Leistungs- und Energiebilanzen eines Verbundsystems (Fall a und b)*

	Fall a		Fall b	
	W	P	W	P
Zusammen				
Wasserkraftwerke	93,8	220,0	152,4	240,0
Bedarf	130,0	230,0	130,0	230,0
Differenz	− 36,2	− 10,0	+ 22,4	+ 10,0
Veränderlicher Bereich				
Wasserkraftwerke	50,0	160,0	21,0	60,0
Bedarf	25,1	86,3	25,1	86,3
Differenz	+ 24,9	+ 73,7	− 4,1	− 26,3
aus dem konstanten Bereich	—	—	+ 4,1	+ 26,3
in den konstanten Bereich	− 24,9	− 34,1	—	—
Wärmekraftwerke	—	—	—	—
Ungenutzt	—	− 39,6	—	—
Konstanter Bereich				
Wasserkraftwerke	43,8	60,0	131,4	180,0
Bedarf	104,9	143,7	104,9	143,7
Differenz	− 61,1	− 83,7	+ 26,5	+ 36,3
aus dem veränderlichen Bereich	+ 24,9	+ 34,1	—	—
in den veränderlichen Bereich	—	—	− 4,1	− 26,3
Wärmekraftwerke	+ 36,2	+ 49,6	—	—
Ungenutzt	—	—	− 22,4	− 10,0
Wärmekraftwerke gesamt	36,2	49,6	—	—
Ungenutzt gesamt	—	39,6	22,4	10,0

Tabelle 30. *Beispiel von Leistungs- und Energiebilanzen für vier Versorgungsbezirke eines Verbundsystems (Fall a in Tab. 29)*
Fall a

	Versorgungsbezirke							
	A		B		C		D	
	W	P	W	P	W	P	W	P
Zusammen								
Wasserkraftwerke	40,0	120,0	29,5	40,0	24,6	60,0	—	—
Bedarf	10,0	20,0	27,0	50,0	40,0	60,0	53,0	100,0
Differenz	+ 30,0	+ 100,0	+ 2,2	— 10,0	— 15,4	—	— 53,0	— 100,0
Veränderlicher Bereich								
Wasserkraftwerke	40,0	120,0	—	—	10,0	40,0	—	—
Bedarf	2,7	10,0	6,9	22,5	5,0	12,0	10,5	41,8
Differenz	+ 37,3	+ 110,0	— 6,9	— 22,5	+ 5,0	+ 28,0	— 10,5	— 41,8
Korrektur	— 24,9	— 73,7	—	—	—	—	—	—
Korrigierte Differenz	+ 12,4	+ 36,3	— 6,9	— 22,5	+ 5,0	+ 28,0	— 10,5	— 41,8
Wärmekraftwerke	—	—	—	—	—	—	—	—
Bezirksbilanz	+ 12,4	+ 36,3	— 6,9	— 22,5	+ 5,0	+ 28,0	— 10,5	— 41,8
Konstanter Bereich								
Wasserkraftwerke	—	—	29,2	40,0	14,6	20,0	—	—
Bedarf	7,3	10,0	20,1	27,5	35,0	48,0	42,5	58,2
Differenz	— 7,3	— 10,0	+ 9,1	+ 12,5	— 20,4	— 28,0	— 42,5	— 58,2
Korrektur	+ 24,9	+ 34,1	—	—	—	—	—	—
Korrigierte Differenz	+ 17,6	+ 24,1	+ 9,1	+ 12,5	— 20,4	— 28,0	— 42,5	— 58,2
Wärmekraftwerke	—	—	—	—	—	—	+ 36,2	+ 49,6
Bezirksbilanz	+ 17,6	+ 24,1	+ 9,1	+ 12,5	— 20,4	— 28,0	— 6,3	— 8,6

Tabelle 31. *Beispiel von Leistungs- und Energiebilanzen für vier Versorgungsbezirke eines Verbundsystems (Fall b in Tab. 29)*
Fall b

	Versorgungsbezirke							
	A		B		C		D	
	W	P	W	P	W	P	W	P
Zusammen								
Wasserkraftwerke	82,0	120,0	43,8	60,0	26,6	60,0	—	—
Bedarf	10,0	20,0	27,0	50,0	40,0	60,0	53,0	100,0
Differenz	+ 72,0	+100,0	+16,8	+ 10,0	— 13,4	—	— 53,0	—100,0
Veränderlicher Bereich								
Wasserkraftwerke	9,0	20,0	—	—	12,0	40,0	—	—
Bedarf	2,7	10,0	6,9	22,5	5,0	12,0	10,5	— 41,8
Differenz	+ 6,3	+ 10,0	— 6,9	— 22,5	+ 7,0	+ 28,0	— 10,5	41,8
Korrektur	+ 4,1	+ 26,3	—	—	—	—	—	—
Korrigierte Differenz	+ 10,4	+ 36,3	— 6,9	— 22,5	+ 7,0	+ 28,0	— 10,5	— 41,8
Wärmekraftwerke	—	—	—	—	—	—	—	—
Bezirksbilanz	+ 10,4	+ 36,3	— 6,9	— 22,5	+ 7,0	+ 28,0	— 10,5	—41,8
Konstanter Bereich								
Wasserkraftwerke	73,0	100,0	43,8	60,0	14,6	20,0	—	—
Bedarf	7,3	10,0	20,1	27,5	35,0	48,0	42,5	58,2
Differenz	+ 65,7	+ 90,0	+ 23,7	+ 32,5	— 20,4	— 28,0	— 42,5	— 58,2
Korrektur	— 26,5	— 36,3	—	—	—	—	—	—
Korrigierte Differenz	+ 39,2	+ 53,7	+ 23,7	+ 32,5	— 20,4	— 28,0	— 42,5	— 58,2
Wärmekraftwerke	—	—	—	—	—	—	—	—
Bezirksbilanz	+ 39,2	+ 53,7	+ 23,7	+ 32,5	— 20,4	— 28,0	— 42,5	— 58,2

gearbeitet ist. Es sei vorausgesetzt, daß das Verbundsystem in vier Bezirke eingeteilt ist. In den Bezirken A, B und C befinden sich Wasserkraftwerke (die Werke A und C sind Speicherwerke, das Werk B ist ein Laufkraftwerk), während sich in den Bezirken B und D Wärmekraftwerke (mit einer Höchstleistung von 36 und 64 MW an den abgehenden Leitungen) befinden. Es sei noch vorausgesetzt, daß das im Bezirk D liegende Wärmekraftwerk mit geringeren spezifischen veränderlichen Kosten arbeitet als das im Bezirk B befindliche.

Der Ausgleich zwischen Erzeugung und Verbrauch wird durch Verlagerung der Energie und Leistung der Wasserkraftwerke aus einem Bereich des Belastungsdiagramms in den andern Bereich erreicht, indem ein Teil der Energie und Leistung der Wasserkräfte unausgenützt bleiben kann und Wärmekraftwerke eingesetzt werden. Alle diese Maßnahmen sind im System einheitlich durchzuführen, ohne Rücksicht darauf, welches Wasserkraftwerk die Korrekturen übernimmt und welches von den Wärmekraftwerken eingesetzt werden soll. Als Korrekturen in den Wasserkraftwerken sind solche Betriebsveränderungen zu verstehen, die, sei es als Folge von Verlagerungen im Belastungsdiagramm, sei es als Folge von nicht ausgenützter Leistung oder der möglichen Stromerzeugung auftreten.

Wenn dagegen die Verhältnisse für die einzelnen Versorgungsbezirke zu bestimmen sind, müssen die Korrekturen in den Wasserkraftwerken und der Einsatz der Wärmekraftwerke auf die einzelnen Gebiete verteilt werden. Diese Entscheidungen sind eine sehr delikate Aufgabe, denn von ihnen können die Resultate der Untersuchungen und Bedingungen der Übertragung abhängen. Um zu brauchbaren Ergebnissen zu gelangen, die den im zukünftigen Betrieb des Verbundsystems herrschenden Verhältnissen möglichst nahe kommen sollen, ist es erforderlich, folgendes zu beachten:

die Verlagerung der Energie aus einem Teil des Belastungsdiagramms in den anderen soll nur dann erfolgen, wenn im untersuchten Gebiet Überschuß an solcher Energie, die man verlagern will, besteht (konstante oder variable Energie);

ungenutzte Energie (Überläufe des Betriebswassers) und Leistung ist für solche Bezirke vorzusehen, in denen Überschüsse von Energie oder Leistung vorkommen und die von den Mangelbezirken sehr entfernt liegen;

bei den Entscheidungen, ob ein Teil der variablen Wasserkraftleistung nicht ausgenutzt wird, ist die Möglichkeit zu berücksichtigen, die variable Stromerzeugung mit der restlichen variablen Leistung abzugeben;

die Reihenfolge des Einsatzes der Wärmekraftwerke ist entsprechend den veränderlichen spezifischen Kosten vorzusehen.

Bei Berücksichtigung dieser Gesichtspunkte ist es möglich, die Korrekturen in den Wasserkraftwerken und den Einsatz der Wärmekraftwerke auf die einzelnen Bezirke einheitlicher zu verteilen und die Energiebilanzen dieser Bezirke aufzustellen, wie dies für zwei Fälle in den Tabellen 30 und 31 gezeigt wurde.

Unterlagen über Überschuß- und Fehlbeträge der veränderlichen und konstanten Energie und Leistung genügen allerdings noch nicht für eine Analyse der Verhältnisse im Verbundnetz. Sie vermitteln jedoch Angaben, durch welche die Situation in den Zeitabschnitten der Hoch- und Tieflast leichter und einfacher geklärt werden kann. Überschuß- oder Fehlleistung in Zeitabschnitten hoher Belastungen bedeutet gleichzeitig Überschuß- oder Fehlleistung im Moment der Höchstlast eines Verbundsystems. Sie wird als Summe der Überschuß- oder Fehlbeträge der Leistung im veränderlichen und im konstanten Bereich der Belastung dargestellt, wobei auf die Vorzeichen der Leistung zu achten ist.

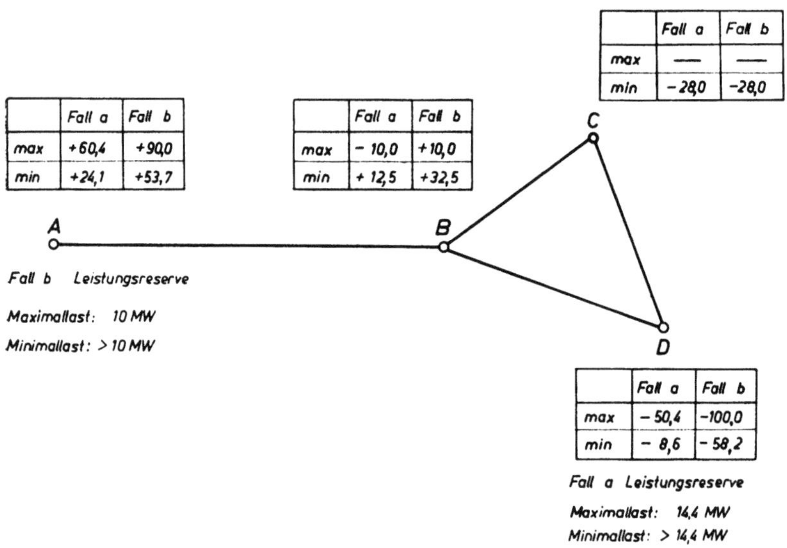

Abb. 192. Beispiel eines Netzschemas mit Angaben der Überschuß- und Fehlleistung im Zeitpunkt der Maximal- und Minimalbelastung (nach Tab. 32 und 33)

Überschüsse oder Fehlbeträge der konstanten Leistung bedeuten gleichzeitig Überschuß oder Mangel in Zeitabschnitten kleiner Belastung bzw. im Moment des Belastungsminimums eines Verbundsystems. Auch die Energie kann man in Zeitperioden großer und geringer Belastung aufteilen. Es soll die gesamte veränderliche Energie in die Zeitabschnitte mit hoher Belastung eingeteilt werden, während die konstante Energie auf die Zeitabschnitte der großen und geringen Belastungen entsprechend der Zeitdauer dieser Betriebsperioden einzuteilen ist.

Die Tabellen 32 und 33 stellen Energiebilanzen der behandelten Versorgungsbezirke des Verbundsystems dar, während Abb. 192 einen Überblick der Überschuß- und Fehlleistung im Zeitpunkt der maximalen und minimalen Belastung für zwei behandelte Fälle geben soll. In Abb. 192 sind neben den einzelnen Bezirken auch die Leistungs-

Tabelle 32. *Beispiel von Leistungs- und Energiebilanzen für vier Versorgungsbezirke im Zeitabschnitt der Hoch- und Tieflast (für Fall a in Tab. 30)*
Fall a

	Versorgungsbezirke							
	A		B		C		D	
	W	P	W	P	W	P	W	P
Zeitabschnitte mit Hochlast								
Veränderlicher Bereich	+ 12,4	+ 36,3	− 6,9	− 22,5	− 5,0	+ 28,0	− 10,5	− 41,8
Teilabschnitt des konstanten Bereichs ...	+ 10,8	+ 24,1	+ 5,6	+ 12,5	− 12,5	− 28,0	− 3,9	− 8,6
Zusammen	+ 23,2	+ 60,4	− 1,3	− 10,0	− 7,5	—	− 14,4	− 50,4
Zeitabschnitte mit Tieflast								
Teilabschnitt des konstanten Bereichs ...	+ 6,8	+ 24,1	+ 3,5	+ 12,5	− 7,9	− 28,0	− 2,4	− 8,6

Tabelle 33. *Beispiel von Leistungs- und Energiebilanzen für vier Versorgungsbezirke im Zeitabschnitt der Hoch- und Tieflast (Fall b in Tab. 31)*
Fall b

	Versorgungsbezirke							
	A		B		C		D	
	W	P	W	P	W	P	W	P
Zeitabschnitte mit Hochlast								
Veränderlicher Bereich	+ 10,4	+ 36,3	− 6,9	− 22,5	+ 7,0	+ 28,0	− 10,5	− 41,8
Teilabschnitt des konstanten Bereich	+ 24,1	+ 53,7	+ 14,6	+ 32,5	− 12,5	− 28,0	− 26,1	− 58,2
Zusammen	+ 34,5	+ 90,0	+ 7,7	+ 10,0	− 5,5	—	− 36,6	−100,0
Zeitabschnitte mit Tieflast								
Teilabschnitt des konstanten Bereichs ...	+ 15,1	+ 53,7	+ 9,1	+ 32,5	− 7,9	− 28,0	− 16,4	− 58,2

reserven, welche zur Deckung der Netzverluste herangezogen werden müßten, dargestellt. Die Größen dieser Verluste können erst durch Messungen am Netzmodell ermittelt werden.

Es kann auch der Fall eintreten — worauf besonders hinzuweisen ist —, daß die maximale Belastung einer Fernleitung, die den untersuchten Bezirk mit dem Verbundnetz kuppelt, weder in die Zeit der maximalen noch in die Zeit der minimalen Belastung fällt. So ein Fall kann dann vorkommen, wenn eine außerordentlich hohe oder außerordentlich niedrige Ausnutzung der variablen Leistungen der Wasserkraftwerke in einem Bezirk des Systems vorliegt. Wenn für einen derartigen Fall zu erwarten wäre, daß die Höchstlast in der untersuchten Leitung außerhalb des Zeitpunktes der Maximal- oder Minimalbelastung des Systems eintreten wird — wobei alle analysierten Betriebszustände im Netz zu berücksichtigen sind —, ist es erforderlich, eine bis in Einzelheiten gehende Analyse durchzuführen. Dabei sind die Belastungsdauerkennlinien der Abnehmer und die der Kraftwerke in Betracht zu ziehen. Außerdem muß gefordert werden, daß sich die Belastungsdauerkurven der Kraftwerke möglichst weitgehend den Belastungsdiagrammen der Abnehmer anpassen.

Die beschriebene Methode, die Belastung von Netzknotenpunkten zu bestimmen, die für einen einfachen Fall dargestellt wird, ist jedoch auch für ausgedehnte Netze anwendbar. Sie soll für solche Verbundsysteme angewendet werden, in denen die Wasserkraftwerke in der gesamten Stromerzeugung des Verbundsystems einen wesentlichen Anteil haben. Dagegen genügt für Untersuchungen in Systemen mit einem weitaus überwiegendem Anteil an Wärmekraftwerken in der gesamten Stromerzeugung eine Analyse auf Grund der Leistungen in den Zeitpunkten der Höchst- und Mindestbelastungen.

In Systemen, in denen Wärmekraftwerke beinahe ausschließlich an der Stromerzeugung beteiligt sind, ist die Untersuchung aller charakteristischen Situationen im Übertragungsnetz erst dann erschöpft, wenn die Verhältnisse in den Zeitabschnitten der größten und kleinsten Belastungen analysiert worden sind. Indessen gilt dies nicht für solche Verbundnetze, in denen die Wasserkraftwerke einen bedeutenden Anteil an der Stromerzeugung haben. In solchen Fällen müssen die charakteristischen Betriebszustände für die Gesamtbelastung des Systems (im Zeitabschnitt der größten und kleinsten Belastungen) und für die mögliche Stromerzeugung der Wasserkraftwerke (im Zeitabschnitt von sehr hohen und sehr niedrigen Stromerzeugungsmöglichkeiten dieser Werke) untersucht werden. Unter Umständen ist es notwendig, noch weiter zu gehen. Wenn nämlich in einem Verbundsystem z. B. zwei Bezirke mit Wasserkraftwerken verschiedener Art der Wasserführung vorhanden sind, muß man außer den angeführten charakteristischen Betriebszuständen noch weitere auswählen, bei denen gleichzeitig in den Wasserkraftwerken des einen Bezirks große Stromerzeugungsmöglichkeiten und in den Wasserkraftwerken des andern Bezirks kleine Stromerzeugungsmöglichkeiten bestehen und umgekehrt.

Weiters ist zu beachten, daß die größten Übertragungsschwierigkeiten meistens in Zeiten hohen Wasserstandes vorkommen, da die Wasserkraftwerke normalerweise weiter entfernt von den Verbrauchszentren liegen als die Dampfkraftwerke und man bestrebt ist, mit möglichst geringen Überläufen der Wasserkraftwerke zu arbeiten.

Abschließend ist darauf hinzuweisen, daß es nicht immer notwendig ist, Analysen für sämtliche Bereiche eines Verbundsystems auszuarbeiten (z. B. alle Netzknotenpunkte 110 und 220 kV). Wenn nämlich lediglich ein Teil des Netzes untersucht wird, dann ist das betreffende Verbundsystem auf so viele Bezirke aufzuteilen, als dies zur Darstellung des behandelten Netzteiles notwendig ist. Wenn die Verbindung dieses Netzteiles mit dem übrigen Verbundnetz Gegenstand der Untersuchung ist, kann in diesem Fall der überwiegende Teil des Netzes als ein Bezirk betrachtet werden. Auf diese Art vereinfacht man die Untersuchungen.

3. Blindbelastung von Freileitungen

Die Messungen und Untersuchungen am Wechselstromanalysator sind mit der Ermittlung der Wirkbelastungen nur teilweise erfüllt; es ist nämlich notwendig, auch die erforderlichen Blindleistungen und die Grenzen der Erzeugung von Blindleistung in den einzelnen Bezirken festzustellen. Die erforderliche Blindleistung ist für die einzelnen Verbraucher in der Zeit der Hoch- und Tieflast durch die Wirkbelastung und den Leistungsfaktor definiert. Die Erzeugungsmöglichkeit der Blindleistung kann aber nicht in jener Weise definiert werden wie die Erzeugungsmöglichkeit der Wirkleistung. Denn einerseits hängt die Erzeugungsmöglichkeit direkt weder von der verfügbaren Wassermenge in den Wasserkraftwerken noch von der Zusatzstromerzeugung der Wärmekraftwerke ab, während anderseits die Verteilung der Blindlast auf die einzelnen Kraftwerke auch von den Spannungsverhältnissen abhängt. Deshalb muß man vorerst die Grenzen der möglichen Blindleistungserzeugung bestimmen und dann diese Werte als maßgebende Unterlagen für die Arbeiten am Netzmodell einsetzen.

Die Erzeugung von Blindleistung in den Kraftwerken wird nicht nur durch die Charakteristiken der Generatoren (Reaktanzen, Nennleistungsfaktor, Bereich der Spannungsregelung bei der Nennscheinleistung), sondern auch durch die Wirkbelastung der Generatoren und die Anzahl der in Betrieb befindlichen Aggregate beeinflußt.

a) Belastungsgrenzen der Generatoren

α) Leistungsdiagramme

Ausgehend vom Spannungsdiagramm eines Turbogenerators (Abb. 193) sei vorausgesetzt, daß der Strom I hinter der Spannung V an den Generatorklemmen um den Winkel φ zurückbleibt. Wenn der Wirkwiderstand eines Generators vernachlässigt wird, was keine größeren Fehler bedeutet und deshalb zulässig ist, steht der Spannungsabfall in der synchronen Reaktanz $I \cdot X_d$ rechtwinklig auf dem Stromvektor. Durch die Summe der Spannungen an den Generatorklemmen und der Spannungsabfälle ist der Vektor E der Erregung bestimmt. Die Erregung E ist eine Spannung, die an den Generatorklemmen auftreten würde, wenn im behandelten Fall der Strom $I = 0$ wäre. Nachdem die induzierte Spannung um 90° hinter dem magnetischen Fluß zurückbleibt, steht die Längsachse senkrecht auf dem Vektor der Erregung E. Die Querachse fällt daher mit dem Vektor E zusammen. Durch die Definition der Längs- und Querachse kann auch der Strom I in eine Längskomponente I_d und eine Querkomponente I_q zerlegt werden.

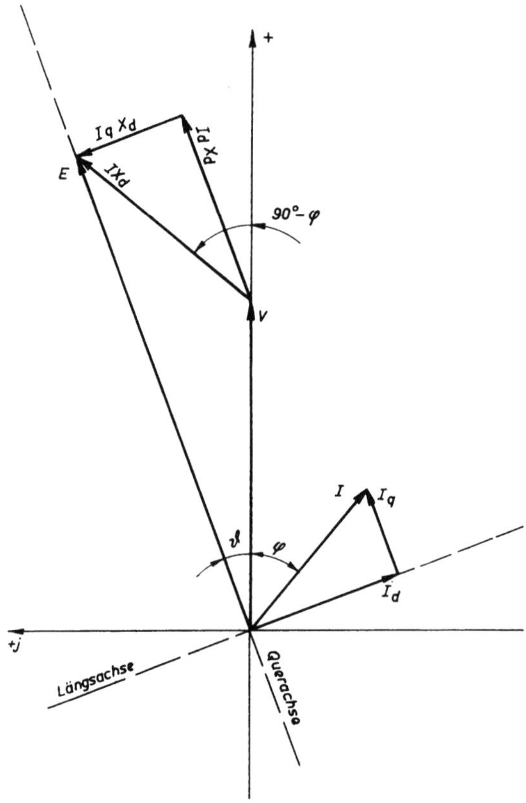

Abb. 193. Spannungs-Vektordiagramm eines Turbogenerators

Ebenso kann man den Spannungsabfall zerlegen, und zwar auf den Spannungsabfall der durch die Längskomponente des Stromes durch die Längs-Synchronreaktanz X_d entsteht und den Spannungsabfall der Querkomponente des Stromes, der durch die synchrone Querreaktanz X_q verursacht wird. Indem $X_q = X_d$ ist, sind die Spannungsabfälle $I_d \cdot X_d$ und $I_q \cdot X_d$.

Falls alle Spannungen im Spannungsdiagramm durch die Synchronreaktanz jX_d dividiert werden, was der Multiplikation mit $-j\frac{1}{X_d}$ gleichbedeutend ist, erhält man das Strom-Vektordiagramm (Abb. 194). Im

Spannungsvektordiagramm fällt die Spannung V (Abb. 193) in die reale Achse und hat eine positive Richtung. Durch Multiplizierung mit $-j$ fällt sie in die imaginäre Achse und erhält eine negative Richtung (Abb. 194). Damit ist der positive Sinn der imaginären und somit auch der realen Achse definiert. Durch Division von V mit X_d erhält man den Strom I'_{ko}, womit auch die synchrone Reaktanz [33] bestimmt ist.

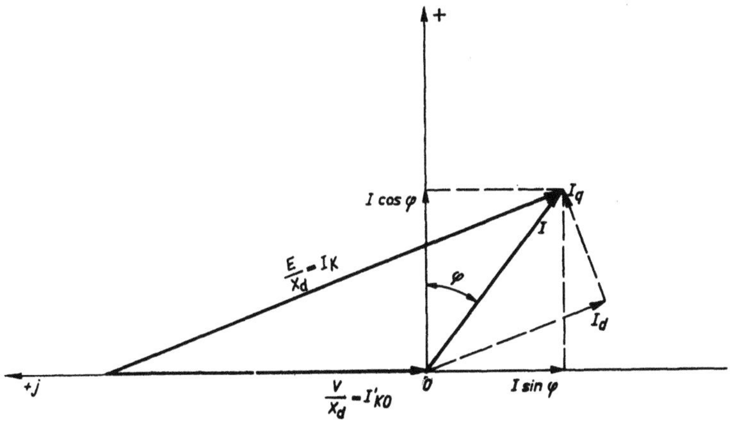

Abb. 194. Strom-Vektordiagramm eines Turbogenerators

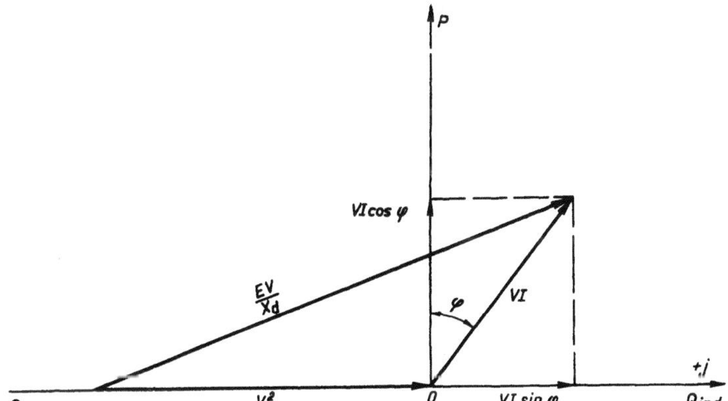

Abb. 195. Leistungs-Vektordiagramm eines Turbogenerators

Indem man die Erregung E mit X_d dividiert, erhält man den Kurzschlußstrom, der durch den Generator bei einem Klemmenkurzschluß fließen würde, wenn der Generator an den Klemmen im Leerlauf die Spannung E hätte. Die Summe der Ströme I'_{ko} und des Belastungsstromes I entspricht genau dem Strom I_k. Indem der Belastungsstrom auf die reale und imaginäre Achse projiziert wird, erhält man eine reale und eine imaginäre Stromkomponente, weil der Winkel zwischen dem Strom I und der realen Achse genau der Phasenverschiebung des Stromes zur Spannung entspricht. Der Winkel zwischen der Spannung V und dem Spannungsabfall $I \cdot X_d$ (in Abb. 193) ist nämlich ein Komplementärwinkel des Winkels φ.

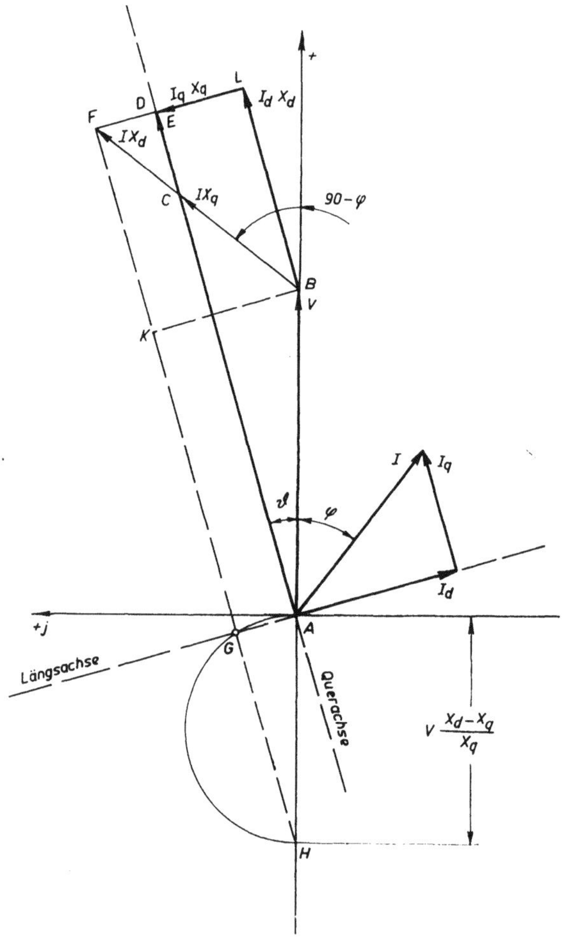

Abb. 196. Spannungs-Vektordiagramm eines Generators mit ausgeprägten Polen

Aus der Multiplizierung des konjugiert-komplexen Ausdrucks für den Strom mit der Spannung V an den Generatorenklemmen erhält man die Klemmenleistung. Da die Klemmenspannung als konstant vorausgesetzt wird, hat das Leistungs-Vektordiagramm, das durch Multiplizierung mit der Spannung gefunden wird, die gleiche Form wie das Stromdiagramm. Der einzige Unterschied ist der positive Sinn der imaginären Achse (Abb. 195). Jetzt bedeutet der Vektor $V \cdot I$ die Scheinleistung einer Generatorenphase; die Projektionen auf die Koordinatenachsen sind dann die Wirk- und Scheinleistung (induktive Leistung im positiven Sinn, kapazitive Leistung im negativen Sinn der imaginären Achse).

Das gleiche Verfahren wie für einen Turbogenerator ist auch für einen Generator mit ausgeprägten Polen anzuwenden. Die Grundlage ist ebenso das Spannungs-Vektordiagramm (Abb. 196). Um die Richtung der Erregung zu bestimmen, wird zur Spannung V noch der Spannungsabfall $I \cdot X_q$ beigefügt, um den Punkt C, durch den der Vektor E der Erregung verläuft, zu finden. Die Erregung, die der Länge $\overline{AC}$ entspricht, würde genügen, wenn auch die synchrone Längsreaktanz gleich X_q wäre. Da jedoch $X_d > X_q$ ist, benötigt man eine größere Erregung. Diese wird durch Zerlegung des Stromes in eine Längs- und Querkomponente bestimmt. Dies ist möglich, sobald die Richtung des Vektors E gegeben ist. Die Längskomponente des Stromes bewirkt einen Spannungsabfall in der synchronen Längsreaktanz $I_d \cdot X_d$, die Querkomponente des Stromes einen Spannungsabfall in der Querreaktanz $I_q \cdot X_q$. Indem diese Spannungsabfälle zur Klemmenspannung addiert werden, findet man die erforderliche Erregung E. Wie weiter ersichtlich, ist es zweckmäßig, die Erregung durch die Strecke $\overline{FG}$ darzustellen, die mit dem Vektor E der Erregung parallel ist und auf welcher der Punkt F am Ende des Vektors $\overline{BF}$, der den Spannungsabfall $I \cdot X_d$ anzeigt, liegt. Die Verlängerung der Strecke $\overline{FG}$ schneidet die reale Achse im Punkt H. Die Länge $\overline{AH}$ ist

$$\overline{AH} = V \frac{X_d - X_q}{X_q} \tag{388}$$

Dazu gelangt man durch das Verhältnis

$$\overline{AH} : (V + \overline{AH}) = \overline{AG} : \overline{BK} \tag{389}$$

indem man berücksichtigt, daß

$$\overline{AG} = I_q (X_d - X_q) \tag{390}$$

und

$$\overline{BK} = I_q X_d \tag{391}$$

ist. Da die Strecke $\overline{AH}$ vom Strom I und von der Phasenverschiebung unabhängig ist und die Längen $\overline{AG}$ und $\overline{HG}$ zueinander senkrecht stehen, liegt der Punkt G stets am Halbkreis des Durchmessers $\overline{AH}$.

Indem die Größen aus den Spannungsdiagrammen mit $j X_d$ dividiert werden, erhält man das Stromvektorbild (Abb. 197). Der Stromvektor der Belastung verbindet jetzt nicht die Ströme $I'_{ko} = \frac{V}{X_d}$ und $I_k = \frac{E}{X_d}$ die den gemeinsamen Punkt A berühren. Der Grund dafür ist, daß jetzt wegen der kleineren Querreaktanz für den gleichen Strom eine geringere Erregung als für Turbogeneratoren benötigt wird. Diese Verringerung der Erregung zeigt der Vektor $\overline{FD}$ (Abb. 196) bzw. $I_q (X_d - X_q)$ im Spannungsdiagramm oder der Vektor

$$I_q \cdot \frac{X_d - X_q}{X_d}$$

im Stromdiagramm. Diese Verkleinerung entspricht dem Vektor $\overline{AG}$ im Spannungs- und Stromdiagramm.

Durch Multiplizierung der einzelnen Größen des Stromdiagramms mit der Spannung V erhält man das Leistungsschaubild (Abb. 198).

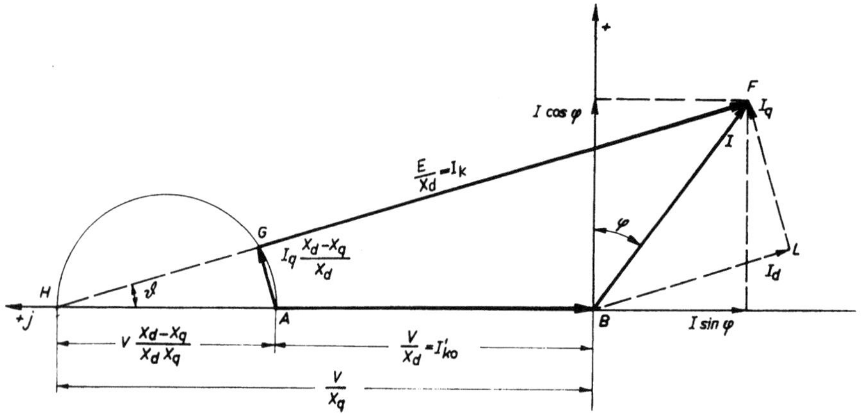

Abb. 197. Strom-Vektordiagramm eines Generators mit ausgeprägten Polen

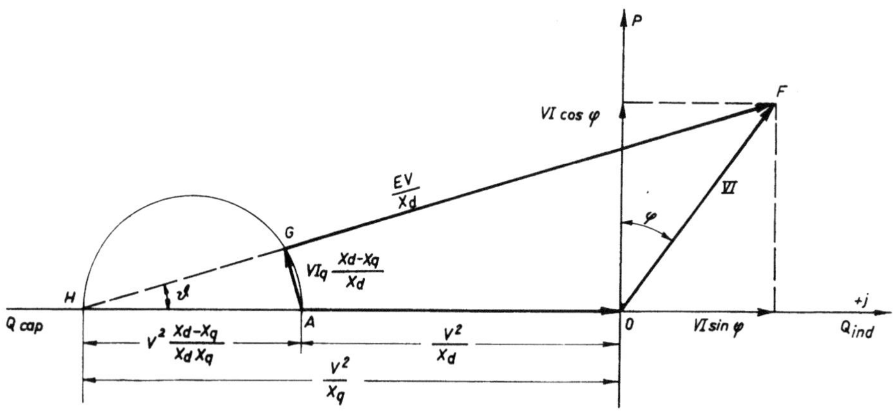

Abb. 198. Leistungs-Vektordiagramm eines Generators mit ausgeprägten Polen

Ausgehend vom Vektordiagramm eines Generators mit ausgeprägten Polen (Abb. 196) können die Strom- und Spannungsgleichungen aufgestellt werden:

$$I = I_q - j\, I_d \tag{392}$$

$$V = V \cos \vartheta - j\, V \sin \vartheta \tag{393}$$

Wenn die Spannung, die Erregung und die Spannungsabfälle einmal auf die Längsachse und dann auf die Querachse projiziert werden, erhält man:

$$E = V \cos \vartheta + I_d X_d \tag{394}$$

$$O = V \sin \vartheta - I_q X_q \tag{395}$$

Aus den obigen Gleichungen findet man die Stromkomponenten

$$I_d = \frac{E - V \cos \vartheta}{X_d} \tag{396}$$

$$I_q = \frac{V \sin \vartheta}{X_q} \tag{397}$$

In die Formel (392) eingesetzt, erhält man den Ausdruck für den Strom

$$I = \frac{V \sin \vartheta}{X_q} - \dot{j} \frac{E - V \cos \vartheta}{X_d} \tag{398}$$

Zur Ermittlung der Scheinleistung ist es erforderlich, die Spannung (393) mit dem konjugiert-komplexen Ausdruck für den Strom (398) zu multiplizieren. Der reale Teil bedeutet die Wirkleistung, der imaginäre die Blindleistung. Für die Wirkleistung erhält man

$$P = \frac{E\,V}{X_d} \sin \vartheta + \frac{V^2}{2} \frac{X_d - X_q}{X_d X_q} \sin (2\,\vartheta) \tag{399}$$

Für die Blindleistung

$$Q = \frac{E\,V}{X_d} \cos \vartheta - \frac{V^2}{2} \frac{X_d + X_q}{X_d X_q} + \frac{V^2}{2} \frac{X_d - X_q}{X_d X_q} \cos (2\,\vartheta) \tag{400}$$

Die hier angegebenen Gleichungen gelten für einen Generator mit ausgeprägten Polen. Um die für einen Turbogenerator geltenden Beziehungen zu erhalten, ist $X_q = X_d$ zu setzen. Dann ist

$$P = \frac{E\,V}{X_d} \sin \vartheta \tag{401}$$

und

$$Q = \frac{E\,V}{X_d} \cos \vartheta - \frac{V^2}{X_d} \tag{402}$$

Es wurde bereits darauf hingewiesen, daß die Gl. (399) und (400), und damit auch die Gl. (401) und (402) die Leistung in einer Phase bedeuten. Um die Leistung eines Drehstromgenerators zu ermitteln, sind die Gleichungen rechtsseitig mit 3 zu multiplizieren. Man kann jedoch noch einfacher vorgehen, indem man alles mit Hilfe der bereits angegebenen Formeln berechnet und dann das Endresultat mit 3 multipliziert. Dieser Vorgang bedeutet praktisch, daß die Verhältnisse in einem Generator durch Leistungsvektordiagramme (Abb. 195 und 198) dargestellt werden, daß aber die Leistungen P und Q auf Skalen mit dreifacher Leistung abzulesen sind.

β) *Konstruktion des Betriebsschaubildes (Betriebskarte)*

Das Betriebsschaubild (die Betriebskarte) eines Generators veranschaulicht die Zustände eines Generators im stationären Betriebszustand bei Voraussetzung konstanter Klemmenspannung. Die Betriebskarte eines Generators wird in ein Leistungs-Koordinatensystem eingezeichnet und zeigt die Belastungsgrenzen eines Generators bei Berücksichtigung seiner Wirk- und Blindbelastung.

Die Grenzerwärmung des Stators ist durch den Nennstrom I_n gegeben. Unter der Bedingung, daß an den Generatorenklemmen die Nennspannung V_n herrscht, ist die Belastungsgrenze durch die Erwärmung des Stators mit dem Produkt $V_n \cdot I_n$ festgelegt. Dieser Aus-

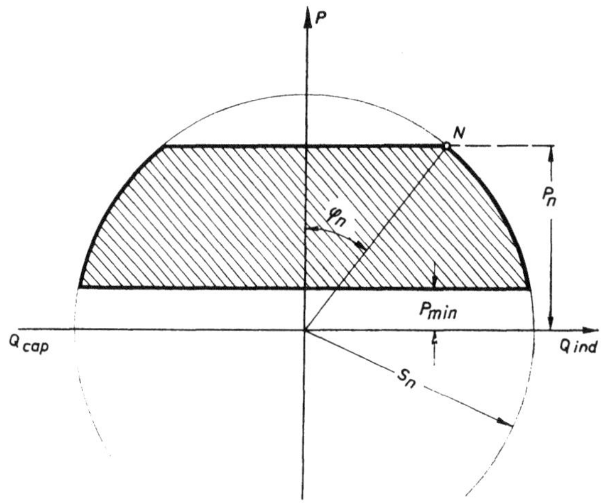

Abb. 199. Begrenzung der Belastung eines Generators durch die Antriebsmaschine und Statorerwärmung

druck bedeutet ein Drittel der Nennleistung des Generators oder die Nennleistung einer Generatorphase. Diese Leistung kann ein Generator mit Rücksicht auf die Erwärmung des Stators abgeben, jedoch ohne Rücksicht auf das Verhältnis zwischen der Wirk- und Blindleistung. Wenn $S_n = V_n \cdot I_n$ ist, kann die Belastungsgrenze durch die Gleichung

$$S^2_n = P^2 + Q^2 \tag{403}$$

dargestellt werden. Die Grenze der Belastung durch die Statorerwärmung ist durch einen Kreis mit dem Radius S_n, dessen Mittelpunkt im Achsenkreuz des Leistungskoordinatensystems liegt (Abb. 199), gegeben.

Ein Generator kann also in bezug auf die Erwärmung der Statorwicklung mit jener Leistung belastet werden, deren Punkt im Leistungskoordinatensystem innerhalb oder auf den Rand des Kreises mit dem Halbmesser S_n fällt.

Für Untersuchungen einer Synchronmaschine als Generator ist jene Kreishälfte maßgebend, die positive Wirkleistungswerte enthält. Die restliche Kreishälfte bedeutet den Motorenbereich.

Die Wirkleistung, die vom Generator erzeugt werden kann, ist von der Antriebsmaschine abhängig. Die maximale Wirkleistung einer Phase an den Generatorenklemmen ist daher

$$P_n = V_n I_n \cos \varphi_n \tag{404}$$

Es sind: V_n die Nennspannung, I_n der Nennstrom, $\cos \varphi_n$ der Nennleistungsfaktor. Die Leistung P_n ist die Maximalleistung einer Phase, selbstverständlich nur dann, wenn es sich um einen Generator handelt, der gerade jener Antriebsmaschine entspricht, die für den Antrieb dieses Generators dient. In diesem Fall ist durch den Schnittpunkt der Strecke $P_n =$ konst. und des Kreises mit dem Halbmesser S_n im induktiven Bereich der Punkt der Nennbelastung des Generators bestimmt (Punkt N in Abb. 199).

In gewissen Fällen kann die Antriebsmaschine nicht unter einer Minimallast belastet werden (technisches Minimum). Auch dieser Umstand bedeutet eine Belastungsbeschränkung seitens der Antriebsmaschine. Diese Beschränkung wird durch eine zur Abszisse parallelen Strecke dargestellt $P_{\min}$. Die schraffierte Fläche in Abb. 199 bedeutet den möglichen Betriebsbereich des Generators mit Rücksicht auf die Erwärmung des Stators und die Antriebsmaschine.

Dem Punkt der Nennlast eines Generators N entspricht auch der Nennleistungsfaktor $\cos \varphi_n$.

Um die Gleichung der Kurve der konstanten Erregung zu finden, muß zuerst der Schnittpunkt der Geraden $\vartheta =$ konst. mit der Abszisse bestimmt werden. Aus der Gleichung für P (399) bestimmt man zuerst die Größe E aus

$$E = \frac{X_d}{V \sin \vartheta} \left[P - \frac{V^2}{2} \frac{X_d - X_q}{X_d X_q} \sin (2\,\vartheta) \right] \tag{405}$$

Dieser Wert in (400) eingesetzt, ergibt

$$Q = P \operatorname{ctg} \vartheta - \frac{V^2}{X_q} \tag{406}$$

was eine Gerade für jedes $\vartheta =$ konst. bedeutet. Alle Geraden $\vartheta =$ konst. schneiden sich in der Abszissenachse. Der Schnittpunkt ist mit $P = 0$ und

$$Q = -\frac{V^2}{X_q} \tag{407}$$

bestimmt. Dieser Ausdruck gilt für Generatoren mit ausgeprägten Polen, während für Generatoren mit Turboläufer $X_q = X_d$ gilt und dann

$$Q_0 = -\frac{V^2}{X_q} \tag{408}$$

wird. Die Geraden für $\vartheta =$ konst. zeigt Abb. 200 für einen Generator mit ausgeprägten Polen und Abb. 201 für einen Generator mit Turboläufer.

Für eine beliebige Belastung, sei es eines Generators mit ausgeprägten Polen oder eines Turbogenerators, kann

$$\sin \vartheta = \frac{P}{\sqrt{P^2 + (Q - Q_o)^2}} \tag{409}$$

$$\cos \vartheta = \frac{Q - Q_o}{\sqrt{P^2 + (Q - Q_o)^2}} \tag{410}$$

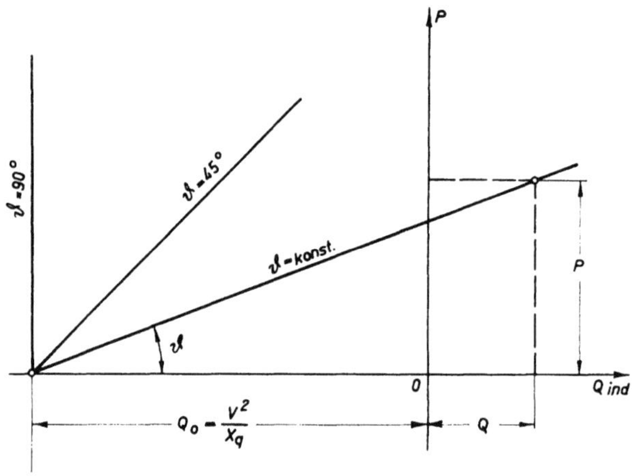

Abb. 200. Gerade für ϑ = konst. eines Generators mit ausgeprägten Polen

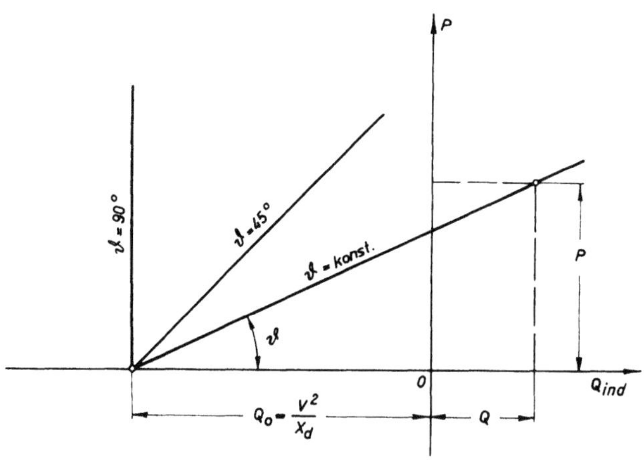

Abb. 201. Gerade für ϑ = konst. eines Turbogenerators

gesetzt werden. Durch Einsetzen der Werte für $\sin \vartheta$ und $\cos \vartheta$ in die Gl. (399) findet man

$$\begin{aligned} &[P^2 + (Q - Q_0)^2]^2 - \\ &\quad - [P^2 + (Q - Q)^2] \left[\left(\frac{E\,V}{X_d} \right)^2 + 2\,V^2 \frac{X_d - X_q}{X_d\,X_q} (Q - Q_0) \right] + \\ &\quad + V^4 \left(\frac{X_d - X_q}{X_d\,X_q} \right)^2 \cdot (Q - Q_0)^2 = 0 \end{aligned} \tag{411}$$

Dieser Ausdruck (411) ist die Gleichung der Kurve im Leistungskoordinatensystem für $E =$ konst., da alle übrigen Größen des behandelten Generators konstant sind (V, X_d, X_q und Q_0).

Indem man in die Gl. (411) $E = 0$ einsetzt, findet man nach der Umformung in das Quadrat eines Binoms die Gleichung

$$P^2 + (Q - Q_0)^2 - V^2 \frac{X_d - X_q}{X_d X_q} (Q - Q_0) = 0 \qquad (412)$$

Nach der Erweiterung durch

$$\frac{V^4}{4} \left(\frac{X_d - X_q}{X_d X_q} \right)^2 \qquad (413)$$

erhält man den Ausdruck

$$P^2 + \left(Q + \frac{V^2}{2} \frac{X_d + X_q}{X_d X_q} \right)^2 = \frac{V^4}{4} \left(\frac{X_d - X_q}{X_d X_q} \right)^2 \qquad (414)$$

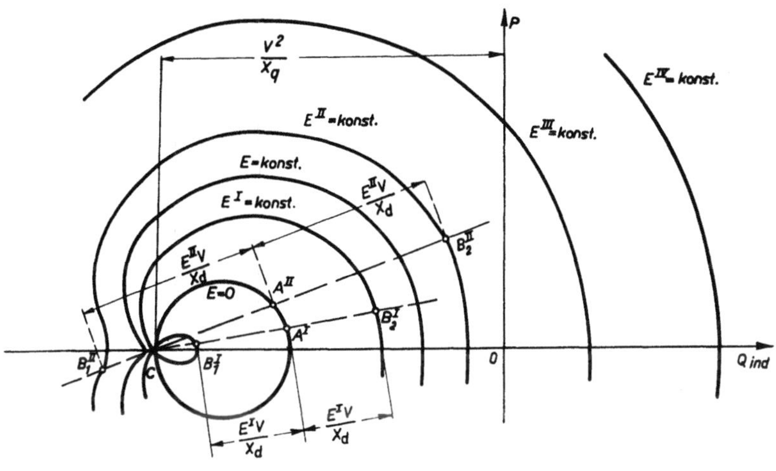

Abb. 202. Kurven der konstanten Erregung und deren Konstruktion für einen Generator mit ausgeprägten Polen

Dieser Ausdruck bedeutet einen Kreis mit dem Koordinatenmittelpunkt

$$p = 0 \qquad (415\text{ a})$$

$$q = -\frac{V^2}{2} \frac{X_d + X_q}{X_d X_q} \qquad (415\text{ b})$$

und dem Halbmesser

$$r = \frac{V^2}{2} \frac{X_d - X_q}{X_d X_q} \qquad (416)$$

Dieser Kreis ist in das Diagramm in Abb. 198 eingezeichnet.

Für $E \neq 0$ ist die Konstruktion mit $E =$ konst. in Abb. 202 dargestellt. Zuerst soll die Konstruktion der Kurve, die der Erregung E'' entspricht, untersucht werden. Es wird zu Beginn der Kreis für $E = 0$

nach den Formeln (415) und (416) gezeichnet, anschließend zeichnet man die Strecke für ϑ = konst., welche die Abszissenachse im Punkt C und den Kreis für $E = 0$ im Punkt A'' schneidet. Mit den Punkten B''_1 und B''_2, die um $E'' \frac{V}{X_d}$ vom Punkt A'' entfernt sind und an der Strecke ϑ = konst. liegen, sind zwei Punkte in der Kurve E'' = konst. ermittelt. Indem man analog für andere Strecken ϑ = konst. vorgeht, ist es möglich, die Kurve E'' = konst. zu konstruieren.

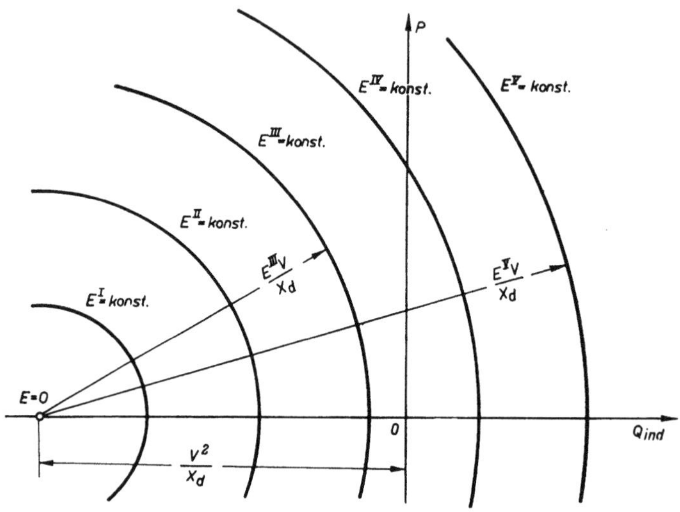

Abb. 203. Kreise der konstanten Erregung eines Turbogenerators

Nachdem für Turbogeneratoren $X_d = X_q$ ist, geht die Formel (411) in die Form

$$P^2 + (Q - Q_0)^2 = \frac{E^2 V^2}{X^2_d} \tag{417}$$

über. Die Kennlinien konstanter Erregung sind konzentrische Kreise mit den Mittelpunktkoordinaten

$$p = 0 \tag{418a}$$

$$q = -\frac{V^2}{X_d} \tag{418b}$$

und dem Halbmesser

$$r = \frac{E\,V}{X_d} \tag{419}$$

Abb. 203 zeigt die Kreise der konstanten Erregung für einen Turbogenerator.

Die Rotorwicklung eines Generators ist für einen Erregerstrom entsprechend der Nennlast dieses Generators dimensioniert. Diese Last ist durch den Punkt N in Abb. 199 definiert. Es kann also die für die Nennlast erforderliche Erregung als Nenn-Erregung (E_n) bezeichnet werden. Vorausgesetzt, daß die Rotorwicklung nicht überlastet werden kann, bedeutet die Kurve E_n = konst. die durch die Erregung gegebene Belastungsgrenze. Diese Begrenzung ist für Generatoren mit ausgeprägten Polen in Abb. 204, für Generatoren mit Turboläufern in Abb. 205 dargestellt.

Bei den Betrachtungen zur Begrenzung durch die Erregung ist nicht nur die maximale Erregung (Nennerregung), sondern auch die Minimalerregung zu berücksichtigen. Die durch die Minimalerregung bedingte Lastbegrenzung erscheint stets und ohne Rücksicht auf die Bauart der Erregermaschine. Es darf nämlich nicht gestattet werden, daß die Erregung unter einen Kleinstwert fällt, um so die Wirkung des Spannungsreglers sicherzustellen. Gewöhnlich ist der Wert der zulässigen Minimalerregung 10% der Nennerregung. Die Wirkung des Spannungsreglers wäre aber aufgehoben, wenn die Erregung auf den Wert 0 fallen würde.

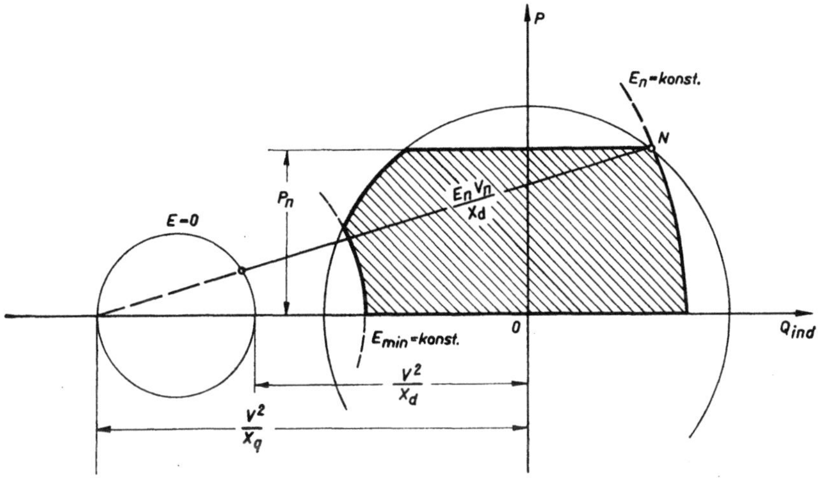

Abb. 204. Begrenzung der Belastung eines Generators mit ausgeprägten Polen durch die Erregung

Falls es sich um eine Erregermaschine mit Selbsterregung handelt, ist die Begrenzung nach unten eine Folge des unstabilen Betriebes der Erregermaschine bei kleinen Spannungswerten [34].

Die Abb. 204 und 205 zeigen auch die durch die Minimalerregung gegebenen Betriebsgrenzen. Daher sind die Begrenzungen infolge der Erwärmung des Ständers S_n, der Antriebsmaschine P_n und $P_{\min}$ (letzterer Wert nur für Turbogeneratoren), der Erwärmung des Läufers (Nennerregung E_n) und der zulässigen Minimalerregung $E_{\min}$ berücksichtigt. Nun ist der Betrieb eines Generators auch noch im Bereich der induktiven und kapazitiven Belastungen beschränkt. Der Bereich der zulässigen Belastung ist durch eine schraffierte Fläche bezeichnet.

Die Grenze der statischen Stabilität ist durch die Beziehung

$$\frac{dP}{d\vartheta} = 0 \tag{420}$$

gegeben. Aus der Formel (399) ermittelt man für Generatoren mit ausgeprägten Polen

$$\cos \vartheta_s = \frac{E}{4\,V}\,\frac{X_q}{X_d - X_q} + \sqrt{\left(\frac{E}{4\,V}\,\frac{X_q}{X_d - X_q}\right)^2 + \frac{1}{2}} \tag{421}$$

In der Beziehung (421) ist ϑ_s der Winkel für die Erreichung der Stabilitätsgrenze. Für Turbogeneratoren ist $\vartheta_s = 90^0$ für jede beliebige Erregung.

Die Stabilitätsgrenze im Leistungskoordinatensystem wird für Generatoren mit ausgeprägten Polen wie folgt konstruiert. Entweder geht man von den Kurven E = konst. (wenn diese im Diagramm eingezeichnet sind) aus, oder aber von den Formeln (399) und (400) für Wirk- und Blindleistung. Im ersten Fall wird für eine gegebene Er-

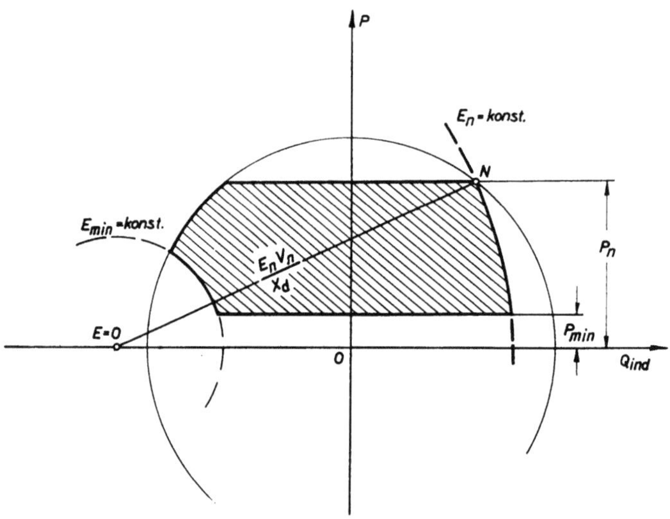

Abb. 205. Begrenzung der Belastung eines Turbogenerators durch die Erregung

regung der Winkel ϑ_s aus (421) bestimmt. Dann ist der Schnittpunkt der Strecke ϑ_s = konst. mit der Kurve E = konst. ein Punkt der Stabilitätsgrenze. Im zweiten Fall werden mit Hilfe des Winkels ϑ_s aus den Gl. (399) und (400) die Koordinaten eines Punktes der gewählten Erregung bestimmt.

Außerdem kann die Stabilitätsgrenze auch auf einfache Weise so konstruiert werden, daß die Scheitelwerte der Kennlinien E = konst. miteinander verbunden werden, weil bei einer gegebenen Erregung dieser Punkt die maximale, vom Generator erreichbare Wirklast, darstellt. In diesem Fall bleiben selbstverständlich die durch den Ständer und die Antriebsmaschine bedingten Begrenzungen unberücksichtigt.

Die so gefundene Stabilitätsgrenze bedeutet die theoretische Begrenzung, die im Betriebszustand nicht erreichbar ist, weil dann durch jede weitere, auch die geringste Zusatzbelastung die Maschine außer Tritt fallen würde. Deshalb ist es erforderlich, die praktische Stabilitätsgrenze zu bestimmen. Diese wird so häufig gefunden, daß 10% der Nenn-Scheinleistung des Generators als Reserve bis zur theoretischen Stabilitätsgrenze belassen werden. Das heißt, wenn die theoretische

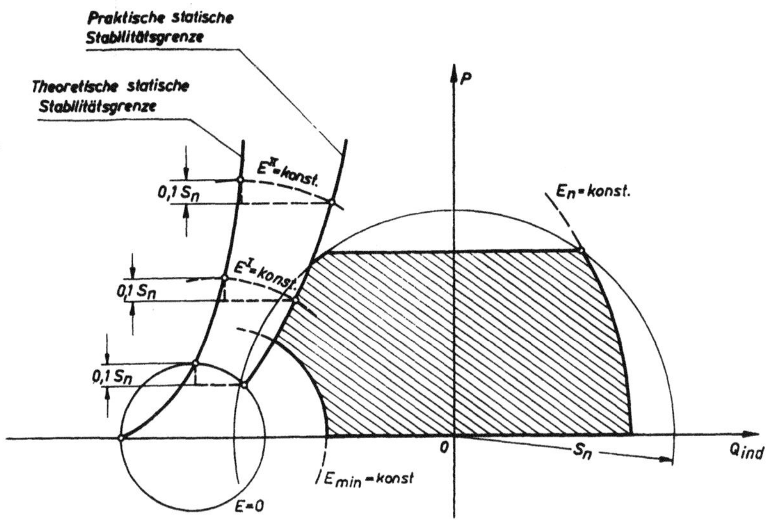

Abb. 206. Theoretische und praktische statische Stabilitätsgrenze eines Generators mit ausgeprägten Polen

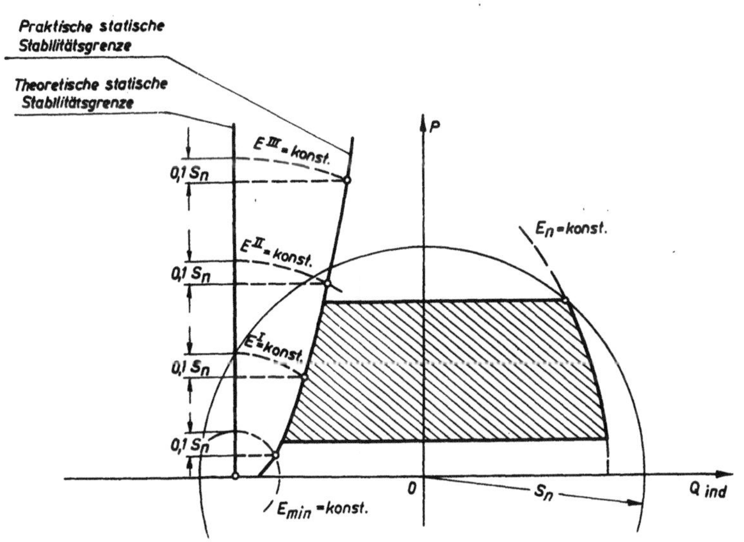

Abb. 207. Theoretische und praktische statische Stabilitätsgrenze eines Turbogenerators

Stabilitätsgrenze 50 MW und die Nennleistung des Generators 80 MVA beträgt, ist die praktische Stabilitätsgrenze 50 – 0,1.80 = 42 MW. Diese praktische Stabilitätsgrenze wird natürlich mit der gleichen Erregung wie die zugehörige theoretische Grenze erreicht. Darauf beruht auch die Konstruktion (Abb. 206 und 207).

Die gezeigte Konstruktion des Generator-Betriebsschaubildes (Betriebskarte) beruht auf der Voraussetzung, daß die synchrone Reaktanz konstant und unabhängig von der Erregung und Belastung ist. Diese Voraussetzung ist jedoch nur ungefähr zutreffend. Deshalb gibt auch die in der beschriebenen Form aufgestellte Betriebskarte nur die ungefähren Belastungsgrenzen eines Generators. Wenn jedoch die genauen Belastungsgrenzwerte erwünscht sind, ist deren Aufnahme am ausgeführten Generator am vorteilhaftesten. Eine auf diese Weise aufgestellte Betriebskarte ist dann für die Betriebsführung verwendbar.

Besonders zweckmäßig ist es, das Generator-Betriebsschaubild anstatt mit absoluten, mit relativen Größen aufzustellen. Für diesen Zweck wird $V_n = 1$ und $S_n = 1$ eingesetzt, die Reaktanzen sind ebenfalls in Relativwerten einzusetzen. In diesem Fall ist $E = 1$ im Leerlauf, die Erregung findet man dann in Relativwerten aus der Erregung im Leerlauf.

Eine Betriebskarte vermittelt daher die Belastungsgrenzen eines Generators und kann als erste Annäherung zur Bestimmung der Grenzwerte der Blindleistungserzeugung dienen.

b) Grenzen der Blindlast in Knotenpunkten

Um die Ausgangsdaten der verschiedenen Probleme für die Untersuchungen am Netzmodell zu definieren, ist es, wie bereits erwähnt, notwendig, für jeden Bezirk des Verbundsystems bzw. jeden Netzknotenpunkt auch die Höchst- und Mindestwerte der Blindleistung zu bestimmen. Diese Blindleistung setzt sich zusammen aus dem Blindleistungsbedarf der Abnehmer und der möglichen Blindleistungserzeugung in den Kraftwerken des behandelten Versorgungsbereiches. Mit $-Q_v$ wird der induktive Blindleistungsbedarf der Abnehmer bezeichnet. Das Minuszeichen ist deshalb eingeführt, um anzudeuten, daß diesem Verbrauchsbezirk induktive Leistung zugeführt werden muß. Es sind selbstredend die Verluste, wie auch der Blindleistungsbedarf der Transformatoren und der Fernleitungen im behandelten Bereich zu berücksichtigen bzw. muß der Leistungsfaktor $\cos\varphi$ im betrachteten Netzknotenpunkt in Rechnung gesetzt werden.

Indem mit $+Q_{\text{ind}}$ die induktive Blindleistung, die im behandelten Zeitpunkt von den Kraftwerken des behandelten Bereichs abgegeben werden kann, und mit $-Q_{\text{kap}}$ die von den Kraftwerken des gleichen Bezirks abzugebende mögliche kapazitive Leistung bezeichnet werden, sind die Grenzen der für diesen Versorgungsbezirk erforderlichen Blindleistung durch folgende Beziehungen bestimmt

$$Q_{\text{min}} = -Q_v + Q_{\text{ind}} \tag{422}$$

$$Q_{\text{max}} = -Q_v - Q_{\text{kap}} \tag{423}$$

Q_{min} bedeutet den Zustand des kleinsten, Q_{max} dagegen den Zustand der größten, für den in Frage kommenden Versorgungsbezirk notwendigen induktiven Blindleistung.

Zur Darstellung dieser Zustände sei vorausgesetzt, daß bei einer gegebenen Wirkbelastung eines Kraftwerkes, dieses in Lage ist, $Q_{ind} = 25$ MVAr induktiver Leistung und $Q_{kap} = 20$ MVAr kapazitive Leistung zu erzeugen, während die Abnehmer 16 MVAr induktiver Leistung anfordern. In diesem Fall betragen die Grenzen der erforderlichen Blindleistung für den behandelten Netzknotenpunkt

$$Q_{min} = -16 + 25 = +\ 9 \text{ MVAr}$$
$$Q_{max} = -16 - 20 = -36 \text{ MVAr}$$

Daraus ist ersichtlich, daß aus dem behandelten Netzknotenpunkt in einem Grenzfall 9 MVAr induktiver Leistung in das Netz geliefert werden kann, im anderen Grenzfall könnte demgegenüber das behandelte Versorgungsgebiet 36 MVAr induktiver Leistung aus dem Netz beziehen.

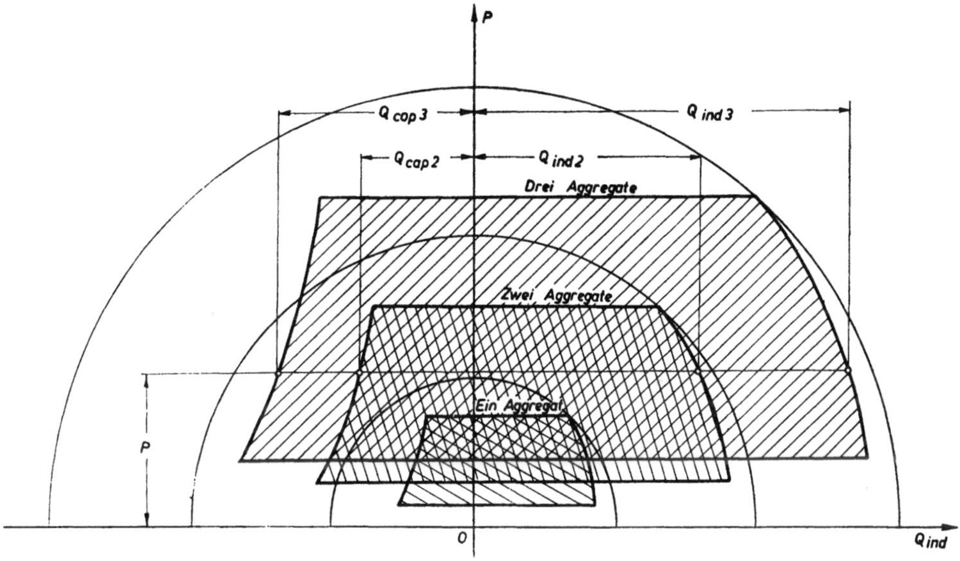

Abb. 208. Bestimmung der maximalen und minimalen Blindlast eines Kraftwerkes mit drei gleichen Maschinensätzen bei bekannter Wirkbelastung (Beispiel)

Die Leistungen Q_{ind} und Q_{kap} bestimmt man anhand der Betriebsschaubilder (Betriebskarten) der Generatoren mit Berücksichtigung der Wirklast und Anzahl der voraussichtlich in Betrieb befindlichen Maschinensätze. In Abb. 208 ist ein Fall eines Kraftwerkes mit drei Maschinensätzen dargestellt, die eine Wirkleistung P erzeugen sollen. Dafür müßten mindestens zwei Aggregate in Betrieb sein. Die Generatoren könnten in diesem Fall eine induktive Maximalleistung $Q_{ind\,2}$ und kapazitive Maximalleistung $Q_{kap\,2}$ erzeugen. Wenn jedoch eine größere induktive bzw. größere kapazitive Leistung benötigt wird, dann kann das durch die Inbetriebsetzung des dritten Maschinensatzes erreicht werden. Dann ist Q_{ind3} die induktive Höchstleistung und Q_{kap3} die kapazitive Höchstleistung des betrachteten Kraftwerkes.

Diese Darstellungen gelten für den Fall, daß die Maschinensätze untereinander gleich sind und die Belastung gleichmäßig auf alle Aggregate verteilt sind. Wenn jedoch in einem Kraftwerk Generatoren mit verschiedenen Charakteristiken vorhanden sind, muß jeder Maschinensatz für sich behandelt werden.

Falls in einem Netz ein Synchronphasenschieber arbeitet, dann muß auch seine mögliche Blindlasterzeugung bestimmt werden. Diese Möglichkeit ist in diesem Fall durch die größte und kleinste Erregung gegeben. Meistens ist die Maximalerregung so groß, daß $Q_{\text{ind}} = S_n$ ist. Dagegen bestimmt man Q_{kap} bei bekanntem E_{min} in der gleichen Weise wie für einen Synchrongenerator, natürlich unter Bedingung, daß $P = 0$ ist.

Wie bereits erwähnt wurde, gelten die Betriebskarten der Generatoren bei konstanter Spannung. Meistens werden sie für die Nennspannung aufgestellt. Erst auf Grund von durchgeführten Messungen am Netzmodell kann die zukünftige Betriebspannung des Netzknotenpunktes bzw. an den Kraftwerkssammelschienen oder Generatorenklemmen bestimmt werden. Wenn die Messungen am Analysator ergeben, daß die Generatoren nicht die maximale Blindleistung abgeben sollen (Q_{ind} bzw. Q_{kap}), erübrigt sich eine Kontrolle für die Erzeugung dieser Leistung bei geänderter Spannung. Wenn aber die maximale Blindleistung gefordert wird, die Betriebsspannung aber nicht gleich der Nennspannung ist, muß anhand des korrigierten Betriebsschaubildes nachgeprüft werden, ob diese Erzeugung überhaupt möglich ist. Dabei ist zu berücksichtigen, daß Änderungen der Spannung auf die maximale Erregung und den Nennstrom keinen Einfluß haben. Außerdem muß auch der zulässige Regulierbereich der Generatorspannung bei seiner Nennscheinleistung in Betracht gezogen werden.

XII. Die Wahl des günstigsten Zeitpunktes der Inbetriebsetzung eines neuen Wasserkraftwerkes im Zusammenhang mit der Entwicklung des Verbundsystems

1. Einleitende Bemerkungen

Durch den energetischen Wert der Wasserkraftwerke, der gemäß den Ausführungen im Kapitel VII ermittelt wurde, ergibt sich auch die Reihenfolge des Ausbaues von Wasserkraftwerken. Es ist ohne Zweifel günstiger, ein Wasserkraftwerk mit einem großen energetischen Wert eher auszubauen als eines mit einem kleineren. Bei der Betrachtung eines solchen Wasserkraftwerkes in einem Verbundsystem ist es natürlich notwendig, zu den Anlagekosten und jährlichen Kosten eines solchen Kraftwerkes noch die Investitionen und Kosten für den Anschluß dieses Wasserkraftwerkes an den entsprechenden Netzknotenpunkt, der für die Übernahme der Energie und Leistung aus diesem Kraftwerk in Betracht kommt, zuzurechnen.

Der gegenseitige Vergleich von Wasserkraftwerken in bezug auf deren energiewirtschaftlichen Wert gibt aber keinen Aufschluß darüber, was für eine Struktur der Stromerzeugung bzw. was für ein Verhältnis der Wasserkraftwerke zu den Wärmekraftwerken im behandelten Verbundsystem anzustreben ist. Ebensowenig kann der erwähnte Vergleich darauf antworten, zu welchem Zeitpunkt die behandelten Wasserkraftwerke zu errichten sind.

Um die optimale Struktur der Stromerzeugung in einem Verbundsystem bzw. das optimale Verhältnis zwischen Wasser- und Wärmekraftwerken zu bestimmen, kann man wie in [35] angeführt, vorgehen. Die verschiedenen Energiequellen werden auf einige Gruppen aufgeteilt: Lauf-Wasserkraftwerke, Wasserkraftwerke mit Tages-, Monats- oder Saisonspeicherung, Kraftwerke mit Dampf- und Gasturbinen, Kernkraftwerke und Gezeitenkraftwerke. Es entsteht die Frage, welcher Anteil der verschiedenen Kraftwerksarten sich am günstigsten auswirkt. Die Höhe des Anteils der einzelnen Kraftwerksarten sind demnach unbekannte Werte, die man feststellen muß. Da die Charakteristiken der einzelnen Kraftwerke bekannt sind, ist es möglich, für jede Kraftwerksgruppe folgendes zu bestimmen: nutzbare Leistung im kritischen Zeitabschnitt, Höchstleistung und Jahreserzeugung. Es sind so viele Kraftwerke zu errichten, daß im kritischen Zeitabschnitt und bei Höchstlast der Bedarf gedeckt ist und daß die Kraftwerke innerhalb des Jahres zumindest so viel Energie erzeugen können als die Abnehmer anfordern. Man kann dementsprechend drei Ungleichungen aufstellen, durch die der Bedarf im kritischen Zeitabschnitt und zur Zeit der Höchstlast, wie auch der Bedarf in bezug auf die Energiemenge ausgedrückt wird. Die optimale Zusammensetzung der Erzeugung ist dann erreicht, wenn die Gesamtkosten ein Minimum erreichen. Außerdem ist zu berücksichtigen, daß die Anteile der einzelnen Kraftwerksgruppen nicht negative Werte annehmen können und daß auch die Wasserkräfte begrenzt sind, wie auch daß auch die Investitionsmittel begrenzt sind, falls so eine Forderung gestellt wird. Alle diese Umstände können ebenso durch Ungleichungen ausgedrückt werden.

Ein System von Ungleichungen kann unter der Bedingung, daß der Ausdruck für die Gesamtkosten ein Minimum darstellt, durch lineare Programmierung gelöst werden [36], [37], da stets lineare Ausdrücke in Frage kommen.

Um die erwähnte Methode anwenden zu können, ist es erforderlich, repräsentative Charakteristiken der einzelnen Arten von Wasserkraft- und Wärmekraftwerken, sowohl in bezug auf die energetischen Charakteristiken als auch in bezug auf Anlage- und Erzeugungskosten auszuwählen. Das führt zu Annäherungen und Vereinfachungen, wodurch die einzelnen Wasserkraftwerke ihre spezifischen Charakteristiken verlieren. Deshalb ist die erwähnte Methode sehr gut geeignet, Unterlagen für die Richtung des Ausbaues zu geben. Jedoch ist sie nicht geeignet, um darüber zu entscheiden, welches von den Wasserkraftwerken auszubauen ist und wann dieses in Betrieb zu setzen wäre.

2. Die in einem Verbundsystem herrschenden Verhältnisse als Funktion des Verbrauches

Ausgehend von einem bestimmten Ausbauzustand von Wasserkraftwerken, z. B. Ausbauzustand nach Fertigstellung der im Bau befindlichen Wasserkraftwerke, soll untersucht werden, wie sich die Verhältnisse im behandelten Verbundsystem ändern, wenn der Stromverbrauch ansteigt, ohne daß neue Wasserkraftwerke gebaut werden.

Die Gesamtkosten K der Energieerzeugung können durch den Ausdruck

$$K = \alpha_h I_h + \alpha_t \varrho B_t P_t + k_b (W - W_h) \tag{424}$$

dargestellt werden. In dieser Formel sind I_h die Anlagekosten für die Wasserkraftwerke, α_h Anteil der jährlichen Kosten der Wasserkraftwerke, α_t Anteil der jährlichen Kosten der Wärmekraftwerke, ϱ der Reservefaktor, B_t die spezifischen Investitionen bezogen auf die Leistungseinheit an den abgehenden Leitungen der Wärmekraftwerke, P_t die für die Bedarfsdeckung erforderliche Leistung an den abgehenden Leitungen der Wärmekraftwerke, k_b die veränderlichen spezifischen Kosten in den Wärmekraftwerken, W der gesamte Energiebedarf des Systems und W_h die nutzbare Energie der Wasserkraftwerke. Im behandelten Verbundsystem sind unter der Voraussetzung, daß keine neuen Wasserkraftwerke ausgebaut werden, in der Formel (424) konstante Größen, ausgenommen P_t, W und W_h. Für die erste Annäherung kann angenommen werden, daß B_t und k_b von der Entwicklung des Stromverbrauchs im Verbundsystem unabhängige Werte sind. Bei Berücksichtigung der angegebenen Voraussetzungen sind außerdem die erforderliche verfügbare Leistung der Wärmekraftwerke P_t und die nutzbare Energie der Wasserkraftwerke W_h vom Gesamtenergiebedarf W des ganzen Systems abhängig. Man kann daher schreiben

$$K = f(W) \tag{425}$$

Die spezifischen Energieerzeugungskosten k im betrachteten System erhält man aus der Beziehung

$$k = \frac{K}{W} = \frac{\alpha_h I_h}{W} + \frac{\alpha_t \varrho B_t P_t + k_b (W - W_h)}{W} \tag{426}$$

Daraus findet man

$$k = f(W) \tag{427}$$

Wenn die Verhältnisse einer Reihe von hydrologischen Jahren — z. B. nach der in Kapitel IV beschriebenen Methode — für verschiedenen jährlichen Energiebedarf W — analysiert werden, ist es möglich, im behandelten Verbundsystem die nutzbaren Energiemengen der Wasserkraftwerke W_h in Abhängigkeit von W (Abb. 209) zu bestimmen. Für geringe jährliche Energiemengen $0 \leqq W \leqq W_1$ (Abb. 209) gilt die Beziehung $W_h = W$, weil in diesem Fall der ganze Bedarf durch die Energie der Wasserkraftwerke allein gedeckt werden kann. Bei größerem Bedarf $W_1 \leqq W \leqq W_2$ muß zusätzliche Energie aus Wärmekraftwerken

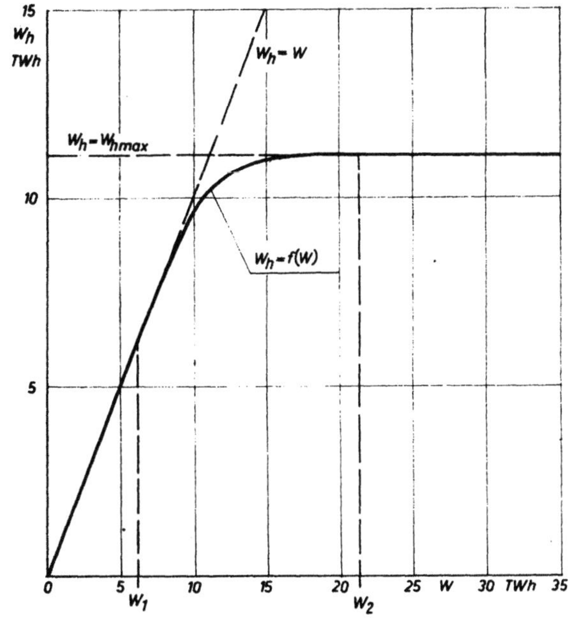

Abb. 209. Abhängigkeit der nutzbaren Energie aus Wasserkraftwerken W_h vom Jahres-Energiebedarf W (Beispiel)

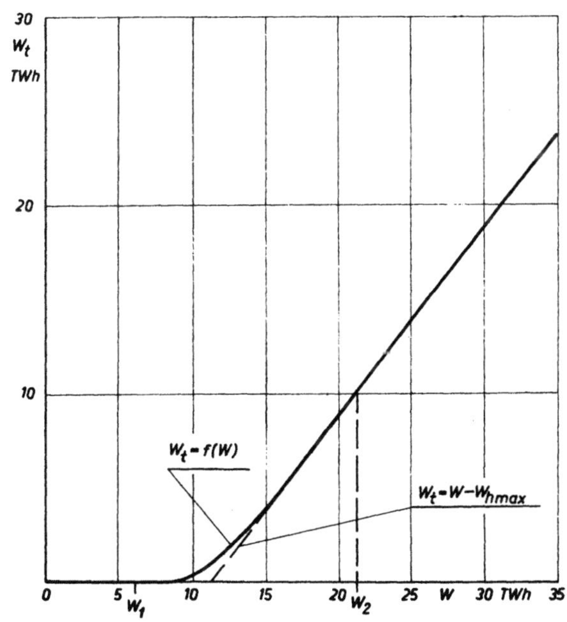

Abb. 210. Abhängigkeit der erforderlichen Stromerzeugung der Wärmekraftwerke W_t vom Jahresenergiebedarf W (Beispiel)

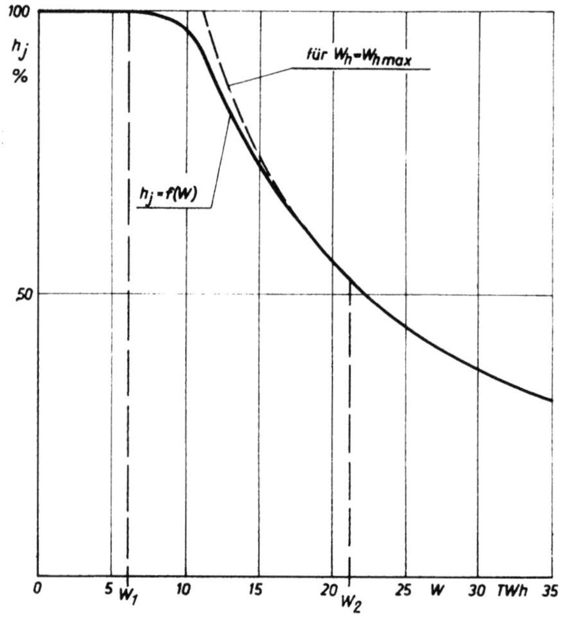

Abb. 211. Abhängigkeit des Anteils der Wasserkraftenergie h_j an der gesamten Jahreserzeugung vom Jahresenergiebedarf W (Beispiel)

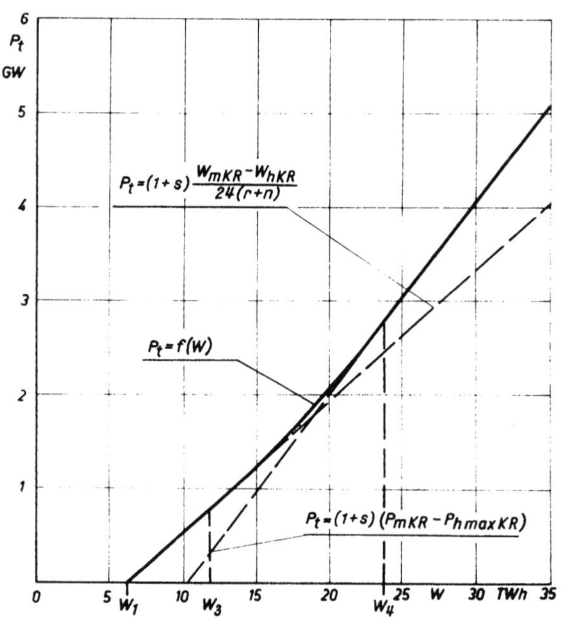

Abb. 212. Abhängigkeit der erforderlichen Leistung der Wärmekraftwerke P_t für die Bedarfsdeckung im kritischen Zeitabschnitt vom Jahresenergiebedarf W (Beispiel)

(Abb. 210) beansprucht werden, obwohl gleichzeitig auch in den Wasserkraftwerken Überlauf vorhanden ist (Abb. 209). Für noch größeren Energiebedarf $W > W_2$ kann die gesamte mögliche Stromerzeugung der Wasserkraftwerke $W_{h\,\max}$ ausgenutzt werden, dann ist $W_h = W_{h\,\max}$. Für einen derartigen Verbrauch $W > W_2$ ist die notwendige Stromerzeugung der Wärmekraftwerke W_t gleich der Differenz zwischen dem Verbrauch und der möglichen Stromerzeugung der Wasserkraftwerke ($W_t = W - W_{h\,\max}$), wie das in Abb. 210 gezeigt wird.

Indem die nutzbare Energie der Wasserkraftwerke als Funktion des Verbrauchs $W_h = f(W)$ bekannt ist, kann auch leicht der Anteil der Wasserkraftenergie h_j an der gesamten Erzeugung als Funktion des Jahresbedarfs bestimmt werden (Abb. 211).

Die erforderliche Leistung der Wärmekraftwerke P_t zur Bedarfsdeckung im kritischen Zeitabschnitt ist ebenfalls, wie bereits gesagt, eine Funktion des Gesamtbedarfs W (Abb. 212). Für einen relativ geringen Bedarf $0 \leqq W \leqq W_1$ ist keine Zusatzleistung aus Wärmekraftwerken notwendig, daher ist $P_t = 0$. Für einen höheren Bedarf $W_1 \leqq \leqq W \leqq W_3$ kann die für die Deckung des Bedarfs im kritischen Zeitabschnitt erforderliche Leistung aus der Formel

$$P_t = (1 + s) \frac{W_{mKR} - W_{hKR}}{24 (r + n)} \tag{428}$$

bestimmt werden.

In diesem Ausdruck ist s das Verhältnis der Eigenbedarfsleistung zur abgegebenen Leistung an den abgehenden Leitungen des Wärmekraftwerkes, W_{mKR} die erforderliche monatliche Energie im kritischen Zeitabschnitt und W_{hKR} die monatliche Erzeugung der Wasserkraftwerke im kritischen Zeitabschnitt. Die Beziehung (428) gilt so lange, als die Wasserkraftwerke über so viel veränderliche Energie verfügen, daß allen Anforderungen dieser Energieart genügt werden kann. Dann arbeiten nämlich die Wärmekraftwerke nur im konstanten Bereich des Belastungsdiagramms (Kapitel V, 4). Diese Grenze ist im Beispiel in Abb. 212 mit W_3 bezeichnet. Für größeren Energiebedarf $W_3 \leqq W \leqq \leqq W_4$ werden die Wärmekraftwerke während des kritischen Zeitabschnittes im veränderlichen und auch im konstanten Bereich des Belastungsdiagramms eingesetzt; allerdings bleibt ein Teil der Leistung der Wasserkraftwerke dann ungenutzt. Für noch größere Jahresenergieanforderungen $W > W_4$ im kritischen Zeitabschnitt ist die Gesamtleistung der Wasserkraftwerke auszunutzen. Man bestimmt dann die erforderliche Leistung der Wärmekraftwerke aus der Beziehung

$$P_t = (1 + s)(P_{mKR} - P_{h\,\max KR}) \tag{429}$$

in der P_{mKR} die Maximallast und $P_{h\,\max KR}$ die Maximalleistung der Wasserkraftwerke, beides im kritischen Zeitabschnitt, ist.

Bei bekannter erforderlicher Leistung der Wärmekraftwerke P_t und bekannten Anlagekosten I_h der bestehenden Wasserkraftwerke ist es

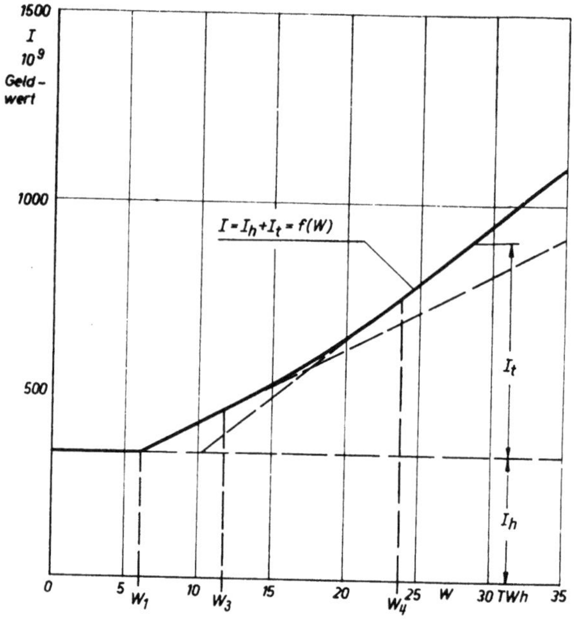

Abb. 213. Abhängigkeit der erforderlichen Investitionen I vom Jahresenergiebedarf W (Beispiel)

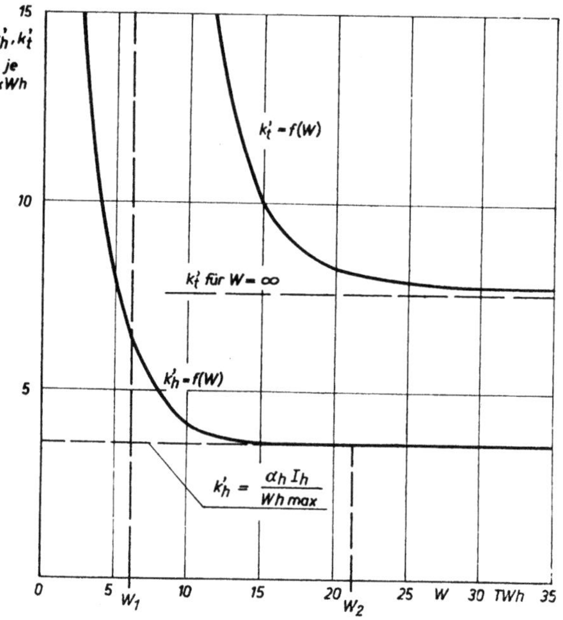

Abb. 214. Abhängigkeit der spezifischen Stromerzeugungskosten der Wasserkraftwerke k'_h (431) und der Wärmekraftwerke k'_t (432) vom Jahresenergiebedarf W (Beispiel)

möglich, die Beziehungen der gemeinsamen Investitionen I zum Gesamtbedarf durch den Ausdruck

$$I = I_h + \varrho\, B_t\, I_t \qquad (430)$$

zu bestimmen. Dieser Ausdruck ist für das behandelte Verbundsystem in Abb. 213 dargestellt.

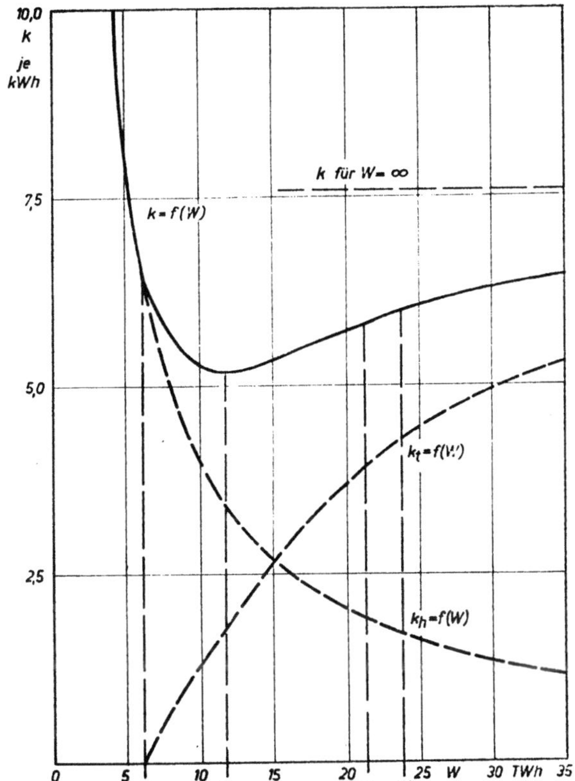

Abb. 215. Abhängigkeit der partiellen spezifischen Stromerzeugungskosten der Wasserkraftwerke k_h und Wärmekraftwerke k_t und Abhängigkeit der gesamten spezifischen Stromerzeugungskosten k (426) vom Jahresenergiebedarf W (Beispiel für die in Abb. 209 bis 214 dargestellten Verhältnisse)

Interessant ist es zu betrachten, wie sich die spezifischen Stromerzeugungskosten, gesondert in Wasser- und Wärmekraftwerken, ändern.

Diese Kosten bestimmt man aus den Beziehungen

$$k'_h = \frac{\alpha_h I_h}{W_h} \qquad \text{(für Wasserkraftwerke)} \qquad (431)$$

und

$$k'_t = \frac{\alpha_t \varrho\, B_t\, P_t}{W_t} + k_b \qquad \text{(für Wärmekraftwerke)} \qquad (432)$$

Die Abhängigkeit dieser spezifischen Erzeugungskosten vom Gesamtbedarf zeigt Abb. 214. Diese Kosten in Wasserkraftwerken k'_h nehmen mit wachsendem Verbrauch ab, bis der Verbrauchswert W_2 erreicht wird, bei dem die gesamte mögliche Erzeugung der Wasserkraftwerke ausgenutzt werden kann. Auch die spezifischen Erzeugungskosten der Wärmekraftwerke k'_t nehmen mit wachsendem Verbrauch ab und erreichen ein Minimum für $W = \infty$, wenn der Bedarf praktisch allein durch Wärmekraftwerke gedeckt wird. Wie jedoch aus den weiteren Ausführungen ersichtlich sein wird, hat die Untersuchung der spezifischen Erzeugungskosten k'_h und k'_b keine Bedeutung für die in einem Verbundsystem herrschenden Verhältnisse. Für diese sind in erster Linie die aus der Beziehung (426) ermittelten spezifischen Stromerzeugungskosten maßgebend.

Die Abhängigkeit der spezifischen Erzeugungskosten vom Bedarf gemäß der Beziehung (426) zeigt Abb. 215 für die in den Abb. 209 bis 214 dargestellten Umstände. Bei einem relativ geringen Verbrauch nehmen mit wachsendem Verbrauch die spezifischen Stromerzeugungskosten ab, um bei einem gewissen Verbrauch ein Minimum zu erreichen. Mit weiterer Verbrauchszunahme werden die Erzeugungskosten größer, um bei $W = \infty$ den Wert der spezifischen Erzeugungskosten der Wärmekraftwerke zu erreichen. Außer den spezifischen Gesamterzeugungskosten zeigt Abb. 215 auch die partiellen spezifischen Erzeugungskosten, die durch das erste bzw. zweite Glied der rechten Seite in der Formel (426) definiert sind.

Die Kurve $k = f(W)$ in Abb. 215 ist die Grundlage zur Bestimmung des günstigsten Zeitpunktes für den Ausbau des neuen Wasserkraftwerkes.

3. Bestimmung des günstigsten Zeitpunktes für den Ausbau des neuen Wasserkraftwerkes

Im Sinne der Ausführungen im Kapitel VII sei vorausgesetzt, daß von den untersuchten Wasserkraftwerken die Werke A, B und C den größten energetischen Wert aufweisen und daß sie dementsprechend als erste für den Ausbau in Betracht kommen. Die Frage ist nun, wann der günstigste Zeitpunkt für die Betriebsaufnahme dieser Wasserkraftwerke eintritt bzw. wann der Bau dieser Kraftwerke beginnen soll, da die Bauzeit bekannt ist.

Ausgangspunkt sei der Ausbauzustand der Wasserkraftwerke im Zeitpunkt dieser Betrachtungen bzw. der Zustand nach Beendigung des Baues jener Kraftwerke, deren Bau bereits läuft. Für diesen Ausgangszustand ist es möglich, in der beschriebenen Weise die Abhängigkeit der spezifischen Erzeugungskosten vom Verbrauch zu ermitteln. Diese Abhängigkeit für den Ausgangszustand zeigt die Kurve O in Abb. 216.

Nun soll angenommen werden, daß das Wasserkraftwerk A ausgebaut ist. Indem die mögliche Erzeugung und Leistung dieses Wasserkraftwerkes zu den möglichen Erzeugungen und Leistungen der Wasserkraftwerke für den Ausgangszustand addiert werden, erhält man Unterlagen über die Verhältnisse im System nach Ausbau des Wasserkraftwerkes A. Nun ist es möglich, die Abhängigkeit der spezifischen Stromerzeugungskosten nach dem Ausbau des Wasserkraftwerkes A vom Verbrauch zu bestimmen. Diese Abhängigkeit zeigt die Kurve A in Abb. 216. Bei geringerem Bedarf liegt die Kurve A ober der Kurve O. Wenn aber das behandelte Wasserkraftwerk wirtschaftlich günstiger liegt als Wärmekraftwerke, verläuft bei größerem Bedarf die Kurve A unter der

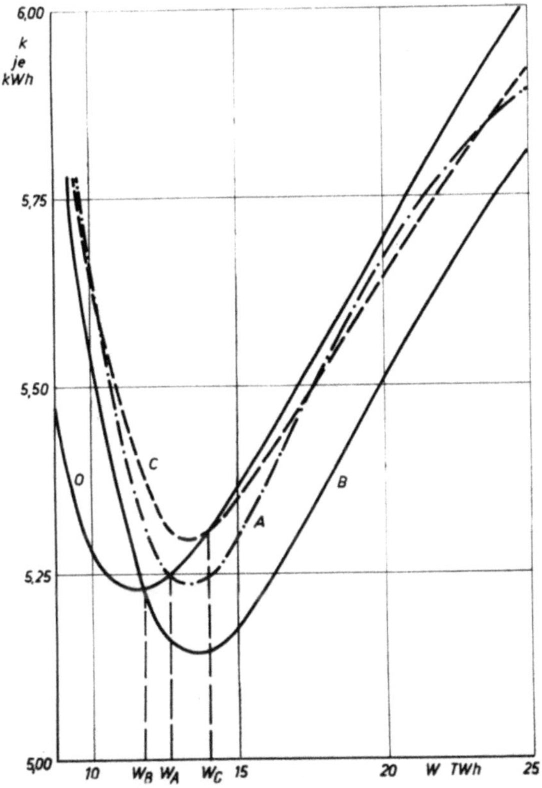

Abb. 216. Abhängigkeit der gesamten spezifischen Stromerzeugungskosten vom Jahresenergiebedarf W; vor Ausbau des neuen Wasserkraftwerkes (Kennlinie O) und nach Ausbau der Wasserkraftwerke A, B und C (Kennlinien A, B und C)

Kurve O. Der Schnittpunkt der Kurve O und der Kurve A, der für den Verbrauch W_A (Abb. 216) erscheint, bedeutet den günstigsten Zeitpunkt für die Aufnahme des Betriebes in diesem Wasserkraftwerk. Der Betriebsbeginn zu einem früheren Zeitpunkt würde nämlich größere Kosten erfordern als jene, die ohne das Wasserkraftwerk A auftreten. Die Inbetriebsetzung dieses Wasserkraftwerkes zu einem späteren Zeitpunkt würde dagegen höhere Kosten verursachen als jene, die erscheinen würden, wenn das Wasserkraftwerk A eher fertiggestellt wäre. Wenn die Verhältnisse in einem Verbundsystem unter der Vorausetzung (die ja stets erfüllt ist) untersucht werden, daß der Strombedarf ständig zunimmt, ist es denkbar, daß auf die Abszisse anstatt des Energiebedarfs W die Zeit aufgetragen wird. Demnach bedeutet auch der Verbrauch W_A zeitmäßig einen bestimmten Entwicklungszustand des untersuchten Verbundsystems.

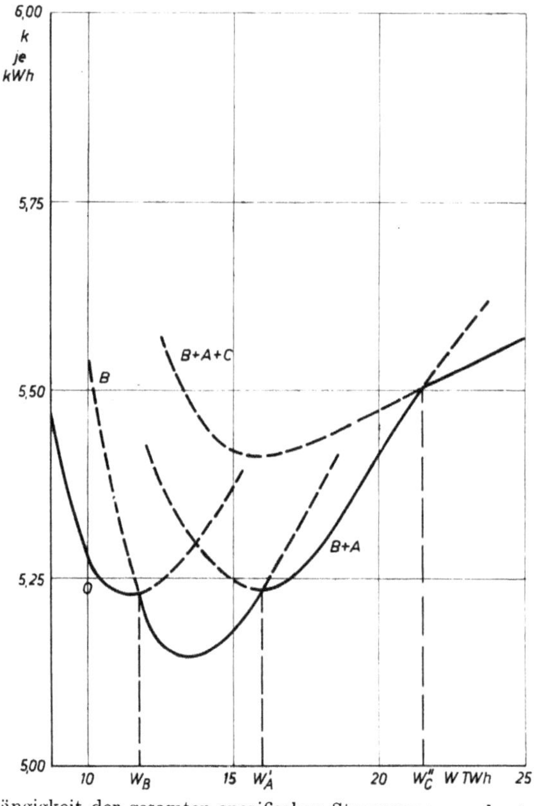

Abb. 217. Abhängigkeit der gesamten spezifischen Stromerzeugungskosten vom Jahresenergiebedarf W. Kennlinie O: vor Ausbau des neuen Wasserkraftwerkes; Kennlinie B: nach Ausbau des Wasserkraftwerkes B; Kennlinie $B + A$: nach Ausbau der Wasserkraftwerke B und A; Kennlinie $B + A + C$: nach Ausbau der Wasserkraftwerke B, A und C

Wenn jetzt zur Kurve A in Abb. 216 noch die Kurven B und C bestimmt werden, die man unter der Voraussetzung erhält, daß als erstes neues Wasserkraftwerk das Kraftwerk B bzw. C errichtet wird, findet man zwei neue Schnittpunkte mit der Kennlinie O. Die Abszissen dieser beiden Schnittpunkte sind W_B und W_C.

Indem man die Abszissen der Schnittpunkte im Beispiel in Abb. 216 untereinander vergleicht, kann festgestellt werden, daß $W_B < W_A < W_C$ ist. Daraus ist zu entnehmen, daß es am günstigsten wäre, als erstes

Wasserkraftwerk das Werk B in Betrieb zu nehmen. Seine Kurve schneidet nämlich die Kennlinie O beim geringsten Verbrauch. Durch den Verbrauch W_B wird auch der Zeitpunkt der Inbetriebsetzung des Wasserkraftwerkes B bestimmt.

Auf gleiche Art kann man auch den günstigsten Zeitpunkt für die Inbetriebsetzung des zweiten Wasserkraftwerkes ermitteln. In diesem

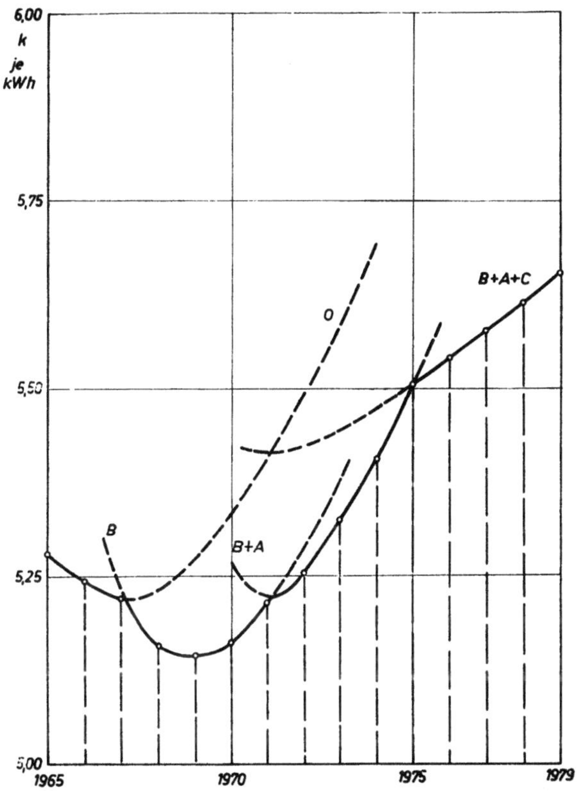

Abb. 218. Abhängigkeit der gesamten spezifischen Stromerzeugungskosten von der Entwicklung des behandelten Verbundsystems in den nächsten Jahren. Kennlinie O: vor Ausbau des neuen Wasserkraftwerkes; Kennlinie B: nach Ausbau des Wasserkraftwerkes B; Kennlinie $B + A$: nach Ausbau der Wasserkraftwerke B und A; Kennlinie $B + A + C$: nach Ausbau der Wasserkraftwerke B, A und C

Fall geht man vom Zustand im System nach dem Ausbau des ersten Wasserkraftwerkes aus (im angeführten Beispiel vom Zustand nach der Errichtung des Wasserkraftwerkes B als Ausgangszustand). Im weiteren verfährt man wie oben dargestellt wurde, um den günstigsten Zeitpunkt für die Inbetriebsetzung des nächsten Wasserkraftwerkes zu finden.

In Abb. 217 sind außer den Kennlinien O und B auch noch die Kurven $B + A$ und $B + A + C$, welche die Abhängigkeit der spezifischen Kosten im System angeben, wenn die Wasserkraftwerke A als zweites

Werk und C als drittes Werk ausgebaut werden. Der Zeitpunkt der Inbetriebsetzung ist auch in diesem Fall durch den Verbrauch W'_A und W''_C gegeben.

Um auf die Abszisse die Zeit anstatt des Verbrauchs W aufzutragen, ist es notwendig, den voraussichtlichen Verbrauchszuwachs zu kennen. Es werden dann auf die Abszisse anstelle des Verbrauchs die Jahre aufgetragen. Abb. 218 zeigt die Kurven O, B, $B + A$ und $B + A + C$ als Funktionen der Zeit, vorausgesetzt, daß $W = 10$ TWh/Jahr im Jahre 1965 erreicht wird und daß der jährliche Verbrauchszuwachs 7% beträgt.

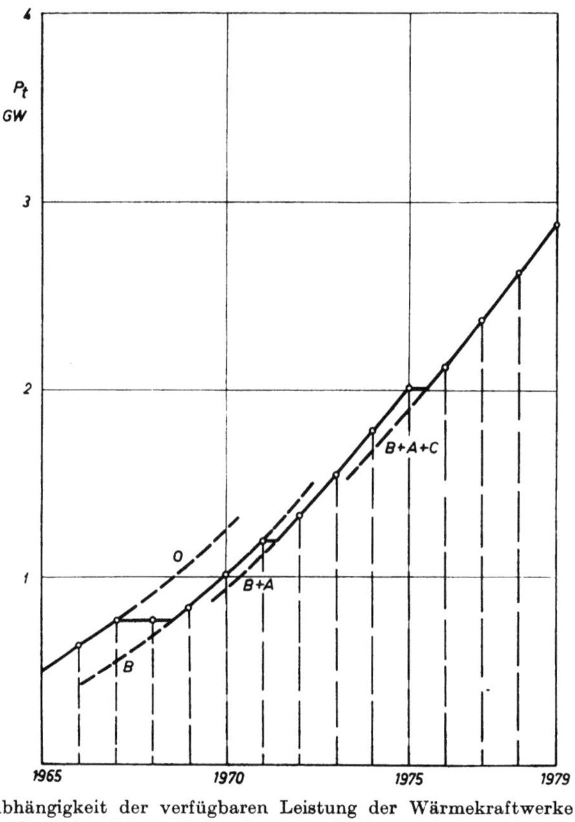

Abb. 219. Abhängigkeit der verfügbaren Leistung der Wärmekraftwerke P_t von der Entwicklung des behandelten Verbundsystems in den nächsten Jahren. Kennlinie O: vor Ausbau des neuen Wasserkraftwerkes; Kennlinie B: nach Ausbau des Wasserkraftwerkes B; Kennlinie $B + A$: nach Ausbau der Wasserkraftwerke B und A; Kennlinie $B + A + C$: nach Ausbau der Wasserkraftwerke B, A und C

Es erscheint als selbstverständlich, daß man ein richtiges Bild über die Notwendigkeit des Ausbaues erst dann erhält, wenn der Verbrauch über das ganze Jahr als ein Ganzes betrachtet wird. Denn der kritische Zeitabschnitt erscheint nicht in einem beliebigen Monat, sondern in einem bestimmten Monat oder in bestimmten Monaten. Deshalb ist das Diagramm in Abb. 218 nicht so zu verstehen, daß z. B. das Wasserkraftwerk B im ersten Vierteljahr 1967 den Betrieb aufnimmt, sondern zu Beginn des Jahres, falls man die spezifischen Erzeugungskosten, die dem Verbrauch für 1967 entsprechen, zu erreichen wünscht. Daher sind von Bedeutung nur jene Punkte der Kennlinien, die den auf der Abszisse bezeichneten Jahren entsprechen und die durch kleine Kreise im Diagramm der Abb. 218 bezeichnet sind.

Wenn der Zeitpunkt des Betriebsbeginns der neuen Wasserkraftwerke und die für die Deckung des Strombedarfs im kritischen Zeitabschnitt erforderliche Leistung der Wärmekraftwerke in Abhängigkeit vom Bedarf W und vom Ausbau der Wasserkraftwerke bekannt sind, kann man für die einzelnen Jahre das notwendige Leistungsdargebot der Wärmekraftwerke an den Generatorklemmen (Abb. 219) festlegen. Allerdings haben auch in diesem Fall nur jene Punkte der Kennlinien eine Bedeutung, die den auf der Abszisse angegebenen Jahren entsprechen. Zu bemerken ist, daß die Leistung P_t für die einzelnen Jahre spätestens mit Beginn des kritischen Zeitabschnittes des zugehörigen Jahres zur Verfügung stehen muß. Ob es notwendig ist, neue Leistung aus Wärmekraftwerken für einen früheren Zeitpunkt bereitzustellen und wie hoch die Leistung ist, die vor Beginn des kritischen Zeitabschnittes benötigt wird, hängt ab vom Ablauf der Wasserdargebote im behandelten Verbundsystem bzw. vom Wahrscheinlichkeitsgrad des Auftretens kleiner Wasserdargebote in den dem kritischen Zeitabschnitt vorangehenden Monaten.

Das eben geschilderte Verfahren zur Bestimmung des günstigsten Zeitpunktes für die Betriebsaufnahme neuer Wasserkraftwerke beruht auf den jährlichen Kosten im Verbundsystem. Ähnliche Untersuchungen können auch hinsichtlich der erforderlichen Investitionen für den Ausbau neuer Kraftwerke durchgeführt werden. Auf Grund solcher Analysen ist es unter Umständen möglich, das Ausbautempo der Wasserkraftwerke zu regeln, was besonders dann von Bedeutung ist, wenn für deren Errichtung im behandelten Zeitabschnitt nicht genügenden Mittel verfügbar sind.

Literatur

[1] ROSSANDER, C. A.: Die Anwendung der symbolischen Belastungskurven für die Elektrizitätswerke. ETZ **1913**, S. 489.

[2] SOSCHINSKI B.: Die Vorausberechnung der Selbstkosten von Elektrizitätswerken. ETZ **1918**, S. 125 und 135.

[3] WOLF, M., und H. JUNGE: Belastungskurven und Dauerlinien in der elektrischen Energiewirtschaft. (Enzyklopädie der Energiewirtschaft, Bd. II.) Berlin-Göttingen-Heidelberg: Springer 1959.

[4] U.C.P.T.E.: Bulletin trimestriel, IV. 1960, S. 16 und II. 1960, S. 18.

[5] Die österreichische Elektrizitätsversorgung im Juli 1960. ÖZE: **1960**, Nr. 10, S. 648, — Die österreichische Elektrizitätsversorgung im Dezember 1960. ÖZE **1961**, Nr. 3, S. 98.

[6] Dnevna opterećenja mreže udružene Elektroprivrede (Tagesbelastungsdiagramm des Verbundnetzes). Elektroprivreda, Beograd **1960**, Nr. 9, S. 500. — Dnevna opterećenja mreže udružene Elektroprivrede (Tagesbelastungsdiagramm des Verbundnetzes) Elektroprivreda, Beograd **1961**, Nr. 2, S. 99.

[7] STEPHENSON, H.: Ermittlung von Fehlbedarfs- und Überschußenergie, ÖZE **1950**, Nr. 6, S. 161.

[8] JERIĆ, J.: Perspektivno planiranje potrošnje i proizvodnje električne energije (Perspektive Verbrauchs- und Produktionsplanung elektrischer Energie). Elektroprivreda, Beograd **1952**, S. 212.

[9] POŽAR, H.: Praktična upotreba konzumnog okvira za izradu elektroenergetskih bilanca (Praktische Anwendung des Verbrauchsrahmens bei der Aufstellung von elektroenergetischen Bilanzen). Elektroprivreda, Beograd **1952**, S. 216.

[10] Die Stromerzeugung in den Wärmekraftwerken der U.C.P.T.E.-Länder im Jahre 1959 mit Rückblick auf die Jahre 1955—1959. U.C.P.T.E.-Jahresbericht 1959 bis 1960.

[11] WASSEIGE, H.: Projet de normalisation des définitions des termes en exploitation des centrales hydroélectriques Congrès UNIPEDE 1952, Ref. III., 9.

[12] ROGGENDORF, A.: Der Eigenbedarf mittlerer und großer Kraftwerke. Berlin-Göttingen-Heidelberg: Springer. 1952.

[13] Electricité de France: Essai de détermination d'un critérium de valeur des équipements. Electricité de France, Direction de l'équipement Paris 1953.

[14] MUSIL, L.: Die Gesamtplanung von Dampfkraftwerken, 2. Aufl. Berlin-Göttingen-Heidelberg: Springer. 1948.

[15] PILGRAM, W.: Der Einsatz von Dampfturbosätzen großer Leistung zur Spitzendeckung und Frequenzhaltung in Verbundnetzen. Siemens-Z. **1957**, S. 435.

[16] SCHURING, W.: Nachtlastbetrieb in Wärmekraftwerken. Brennstoff-Wärme-Kraft **1954**, S. 301.

[17] RICARD, J.: Equipement thermique des usines génératrices d' énergie électrique. Paris: Dunod. 1948.

[18] NAGEL, H., und R. EHRLICH: Neuere Erfahrungen beim täglichen Schnellstart von Dampfturbinen. Elektrizitätswirtschaft **1961**, S. 191.

[19] HAAS, H., und W., TRASSL: Das Anfahren von Dampfturbinen. Siemens-Z. **1958**, S. 665 und 735.

[20] Härry, X.: Die Ökonomie der Wasserkraftnutzung. Winterthur: P. G. Keller. 1957.

[21] Steinberg, M. J., und T. H. Smith: Economy Loading of Power Plants and Electric Systems. New York: Wiley and Sons. 1943.

[22] Bolotov, V. V.: Teoretičeskie osnovy vyboru ekonomičnego režimi složnoj elektroenergetičeskoj sistemy (Theoretische Grundlagen bei der Wahl des wirtschaftlichen Betriebes im Verbundsystem). Moskva -Leningrad 1947.

[23] Požar, H.: Ekonomična raspodjela opterećenja u elektroenergetskom sistemu (Wirtschaftliche Lastverteilung im Verbundsystem). Zagreb: Školska knijga. 1953.

[24] Schuring, W.: Wärmewirtschaftliche Nachkalkulation und Lastverteilung. Brennstoff-Wärme-Kraft **1953**, S. 1.

[25] Gibrat, R.: Aménagement hydroélectrique des cours d'eau. Statistique mathematique et calcul de probabilité. Rev. Gén. Elect. **1932**, S. 493 und 525.

[26] Tonini, M.: Elementi per l'elaborazione statistica dei dati caratteristici dei corsi d'acqua con particolare referimenti agli avvenimenti rari. Energia elett. **1939**, S. 283 und 348.

[27] Jerić, J.: Primjena statističko-matematskih metoda u elektroprivredi (Die Anwendung mathematisch-statistischer Methoden in der Elektrizitätswirtschaft). Elektroprivreda, Beograd **1958**, S. 394.

[28] Morozov, A. A.: Ispolzovanie vodnii energii (Die Ausnützung von Wasserkräften). Moskva-Leningrad 1948.

[29] Ludin, A.: Wasserkraftanlagen I. Berlin: Springer 1934.

[30] Mostkov, M. A.: Osnovi teorii gidroenergetičeskogo proektovania (Theoretische Grundlagen der Projektierung von Wasserkraftanlagen). Moskva-Leningrad. 1948.

[31] Electricité de France: Eléments pour l'établissement des avant-projets d'aménagement hydroélectriques.

[32] Wolf, M.: Arbeitsverlustfaktor, Verluststunden und verwandte Begriffe. Elektrizitätswirtschaft **1958**, S. 325, 708 und 741.

[33] Kimbark, E. W.: Power System Stability, Vol. III. New York: Wiley and Sons. 1956.

[34] Buchhold, Th., und H. Happoldt: Elektrische Kraftwerke und Netze. 3. Auflage. Berlin-Göttingen-Heidelberg: Springer. 1956.

[35] Massé, P.: Le choix des investissements. Paris: Dunod. 1959.

[36] Charnes A., W. W. Cooper, and A. Henderson: An Introduction to Linear Programming. New York: Wiley and Sons. 1953.

[37] Metzger, R. W: Elementary Mathematical Programming. New York: Wiley and Sons. 1958.

Sachverzeichnis

MIX
Papier aus verantwortungsvollen Quellen
Paper from responsible sources
FSC® C105338

If you have any concerns about our products,
you can contact us on
ProductSafety@springernature.com

In case Publisher is established outside the EU,
the EU authorized representative is:
Springer Nature Customer Service Center GmbH
Europaplatz 3, 69115 Heidelberg, Germany

Printed by Libri Plureos GmbH
in Hamburg, Germany